AF356491

NOUVEAU
DUHAMEL,

OU

TRAITÉ

DES ARBRES ET ARBUSTES

QUE L'ON CULTIVE EN FRANCE.

TOME CINQUIÈME.

NOUVEAU
DUHAMEL,

OU

TRAITÉ DES ARBRES ET ARBUSTES

QUE L'ON CULTIVE EN FRANCE,

Rédigé par G.-L.-A. Loiseleur Deslongchamps, Doct.-Méd. de la Faculté de Paris, et Membre de plusieurs Sociétés savantes, nationales et étrangères ;

Avec des figures d'après les dessins de MM. P.-J. Redouté et P. Bessa.

DÉDIÉ A SA MAJESTÉ L'IMPÉRATRICE JOSÉPHINE.

. . . . Nobis placeant ante omnia sylvæ.

TOME CINQUIÈME.

A PARIS,

Chez { Etienne MICHEL, Éditeur, rue de Turenne, n°. 42, au Marais ;
{ Et ARTHUS-BERTRAND, Libraire-Éditeur, rue Hautefeuille, n°. 23.

1812.

CERASUS. CERISIER. (1)

PRUNUS, Linn. Classe XIII. *Icosandrie.* Ordre I. *Monogynie.*

CERASUS, Juss. Classe. XIV. *Dicotylédones polypétales ; étamines insérées au tour de l'ovaire.* Ordre X. Les Rosacées. §. VII. Ovaire simple, supérieur, libre, monostyle. Fruit drupacé ; noyau à une ou deux semences.

GENRE.

CALICE.
: Inférieur, monophylle, campanulé, caduc, à cinq divisions obtuses et concaves.

COROLLE.
: Cinq pétales, presque ronds, concaves, ouverts, insérés sur le calice par leurs onglets.

ÉTAMINES.
: Vingt à trente, à filamens subulés, insérés sur le calice, presque aussi longs que la corolle, portant des anthères courtes et à deux lobes.

PISTIL.
: Ovaire supérieur, presque rond, surmonté d'un style filiforme, de la longueur des étamines, terminé par un stigmate orbiculaire.

FRUIT.
: Drupe charnu, arrondi, glabre, légèrement silloné d'un côté, contenant un noyau lisse, arrondi, marqué sur un côté d'un angle plus ou moins saillant, renfermant une ou deux graines.

Caractère essentiel. Calice campanulé, caduc, à cinq lobes. Cinq pétales. Vingt à trente étamines. Un style. Drupe charnu, presque rond, glabre, légèrement silloné d'un côté, contenant un noyau lisse, arrondi, anguleux latéralement, à une ou deux semences.

Rapports naturels. Le genre Cerisier a la plus grande affinité avec les genres Prunier et Abricotier, auxquels Linné l'avait réuni ; il s'en distingue seulement par le noyau de son fruit, qui est lisse et arrondi avec un angle un peu saillant, au lieu d'être ovoïde, comprimé, un peu raboteux et pointu au sommet comme dans le Prunier, ou au lieu d'être, comme dans l'Abricotier, marqué sur les côtés de deux sutures saillantes, dont l'une est aiguë et l'autre obtuse. Ces différences assez prononcées, si l'on ne considère que les Cerisiers, les Pruniers et les Abricotiers domestiques, dans lesquels l'inspection seule du fruit suffit pour les faire distinguer, deviennent très-difficiles à saisir dans les nombreuses espèces sauvages

---

(1) La cession que nous a faite Mme. Troussel-Dumanoir des manuscrits et dessins que feu M. Le Berriays, collaborateur de Duhamel, pour son *Traité des Arbres Fruitiers*, avait destinés pour les Tomes trois et quatre de cet important ouvrage, nous facilitera beaucoup, lorsque dans nos livraisons, nous aurons à traiter des Arbres dans leur état Sauvage et Domestique.

M. Le Berriays, retiré à sa campagne de *Bois-Guérin*, près d'Avranches, où son goût le retenait, s'était occupé en grand de la culture des Arbres Fruitiers ; non-seulement il les décrivait, mais il les peignait avec soin et exactitude. Il avait disposé tous les changemens utiles, les corrections et additions à faire aux deux premiers Volumes de l'ouvrage, qui dans le tems a paru sous le nom seul de Duhamel ; il avait peint tous les fruits dont il devait enrichir les deux autres. Nous espérons que nos Lecteurs nous sauront gré de leur faire connaitre les changemens que M. Le Berriays avait préparés.

Nous saisirons toutes les occasions qui se présenteront dans le cours de cet ouvrage, pour rendre à M. Le Berriays la portion de gloire et de reconnaissance que ses travaux lui assurent parmi les savans Agronomes qui ont illustré la France, et nous le présenterons toujours comme le collaborateur de Duhamel, qui nous apprend dans sa préface que son Traité des Arbres Fruitiers n'aurait jamais vu le jour, si son ami, M. Le Berriays, ne se fût occupé d'une partie des dessins et de la rédaction du texte.   (*Note de l'Éditeur.*)

5.

I

ou exotiques, et les limites entre chaque genre sont souvent très-peu tranchées. Ces considérations avaient sans doute déterminé Linné à réunir en un seul, les trois genres dont il est question ; et si de célèbres Botanistes français (MM. de Jussieu et Ventenat) ont rétabli depuis les trois genres adoptés par Tournefort, on peut croire qu'ils ont admis cette distinction, moins à cause des différences dont nous avons parlé, que pour s'accommoder au langage vulgaire, et parce que cette distinction est, d'ailleurs, autorisée et consacrée par un usage général et fort ancien. C'est aussi d'après ces dernières considérations, que nous avons cru devoir suivre, dans un ouvrage sur la culture des arbres, la division des Botanistes français, préférablement à la réunion des genres, faite par le Botaniste suédois.

ÉTYMOLOGIE. *Cerasus* dérive de Cerasonte, nom d'une ville de Pont, dans l'Asie-Mineure.

ESPÈCES.

§. I. *Fleurs disposées en grappes.*

1. CERASUS Padus. *Tab.* 1.

C. *floribus racemosis ; racemis subpendulis ; foliis deciduis, ovato-lanceolatis, duplicato-serratis, subrugosis ; petiolis biglandulosis.*

1. CERISIER à grappes. *Pl.* 1.

C. à fleurs en grappes un peu pendantes ; à feuilles annuelles, ovales-lancéolées, un peu ridées, dentées ; à pétioles chargés de deux glandes.

CERASUS *Padus.* DECAND. Fl. Fr. n. 3781.

Cerasus racemosa quibusdam, aliis padus. J. B. Hist. 1. lib. 2. pag. 228.

Prunus Padus LIN. Sp. 677. Fl. Dan. t. 205. WILLD. Sp. 2. pag. 984. POIR. Dict. 5. pag. 664. PERS. Synop. 2. pag. 34. LOIS. Fl. Gall. 288.

Padus Theophrasti. DALECH. Hist. 1. pag. 312.

Padus foliis annuis. LIN. Fl. Lapp. 198.

Padus avium. MILL. Dict. n. 1.

Padus foliis ovato-lanceolatis, serratis. HALL. Helv. 2. n. 1086.

Pseudoligustrum. DOD. Pempt. 777.

Vulgairement MERISIER à grappes, LAURIER-PUTIET ou PUTIET, et encore FAUX BOIS DE SAINTE-LUCIE.

ϛ. *Prunus* (rubra) *floribus racemosis ; racemis erectis ; foliis deciduis, tenuissimè duplicato-serratis, lœvibus ; petiolis biglandulosis.* WILLD. Arb. 237. tab. 4. fig. 2. (exclus. syn.)

Grand arbrisseau qui s'élève à dix, douze pieds et d'avantage, dont le tronc revêtu d'une écorce lisse, d'un brun rougeâtre, se divise en rameaux étalés, garnis de feuilles. Ces feuilles sont alternes, pétiolées, ovales-lancéolées, glabres, un peu ridées, dentées en scie, d'un vert gai en dessus, traversées en dessous par des nervures un peu saillantes, et munies de deux glandes à leur base ou sur leur pétiole. Les fleurs sont blanches, pédonculées, disposées en grappes un peu pendantes et plus longues que les feuilles ; leurs pétales sont ovales-oblongs, un peu denticulés à leur sommet. Les fruits qui leur succèdent, sont arrondis, à peu-près de la grosseur d'un pois, noirs lors de leur parfaite maturité dans l'espèce sauvage, rouges dans la variété cultivée dans les jardins.

Le Cerisier à grappes croît spontanément dans les bois de l'Europe ; on le trouve en France dans plusieurs forêts et dans les pays de montagnes ; il est cultivé dans les bosquets à cause de ses grappes de fleurs qui paraissent au mois de mai, et qui font un bel effet. Il se multiplie facilement, soit de semence, soit de drageons, ou par la greffe sur le Merisier sauvage ; une fois planté, il ne demande aucun soin particulier. Ses fruits sont douceâtres, mais leur saveur est peu agréable et nauséeuse ; on n'en fait aucun usage en France : J. Bauhin et d'autres auteurs disent que les oiseaux en

CERASUS Padus.

CERISIER à grappes.

P. J. Redouté pinx.

Lemaire Sculp.

sont avides; Haller assure positivement le contraire; mais si , comme on le rapporte, les hommes les mangent en Suède et au Kamtzchatka , on peut croire que Haller n'a pas observé le fait avec assez d'exactitude.

2. CERASUS Virginiana.

CERISIER de Virginie.

C. *floribus racemosis; racemis rectis; foliis deciduis, oblongis, acuminatis, duplicato-dentatis, lœvibus; petiolis subquadri-glandulosis.*

C. à fleurs en grappes droites ; à feuilles annuelles, oblongues, aiguës, doublement dentelées, lisses ; à pétioles portant quatre glandes.

CERASUS *Virginiana.* Mich. Fl. Boreal. - Amer. 1. pag. 285.

Prunus Virginiana. Lin. Sp. 677. Willd. Arb. 238. tab. 5 fig. 1. Sp. Pl. 2. pag. 985. Poir. Dict. 5. pag. 664. Pers. Synop. 2. pag. 34.

Prunus rubra. Ait. Kew. 2. pag. 162.

Ce Cerisier a beaucoup de rapport avec celui qui précède , mais il paraît en être suffisamment distinct. Il forme un arbre de quinze à vingt pieds de haut, dont les feuilles sont oblongues , acuminées , finement dentées en scie , d'un vert gai. Ces feuilles sont plus larges que celles du Cerisier à grappes , elles sont plus lisses en dessous , leurs nervures n'étant pas du tout saillantes ; leur pétiole est chargé de quatre glandes. Les grappes formées par les fleurs sont plus longues , plus droites , plus serrées , et les pédoncules sont plus courts que dans l'espèce précédente. Enfin les pétales sont arrondis et non ovales , et les fruits rouges , trois à quatre fois plus gros.

Cette espèce est originaire de la Virginie et de la Caroline ; on la cultive en pleine terre dans les jardins et les bosquets ; on la multiplie de la même manière que la précédente.

3. CERASUS serotina.

CERISIER tardif.

C. *floribus racemosis; racemis laxis; foliis deciduis, ovato-lanceolatis, simpliciter serratis; serraturis infimis subglandulosis ; costá mediá basi pubescente.*

C. à fleurs en grappes lâches; à feuilles ovales-lancéolées , bordées de dents , dont les inférieures sont glanduleuses, et dont la nervure moyenne est pubescente à sa base.

Prunus serotina. Willd. Arb. 239. tab. 5. fig. 2. Sp. Plant. 2. pag. 986. Poir. Dict. 5. pag. 665. Pers. Synop. 2. pag. 34.

Prunus Virginiana. Mill. Dict. n. 2.

Cet arbre a beaucoup de ressemblance avec les deux espèces dont il a déjà été question, mais on l'en distingue à ses feuilles très-glabres, dont les glandes , au lieu d'être sur le pétiole , sont quelquefois placées à la pointe des dentelures inférieures , et sur-tout à leur nervure principale qui est garnie en dessous et vers la base d'un double rang de poils courts. Au reste les fleurs sont en grappes lâches , alongées , un peu pendantes ; leurs pétales sont blancs , très-entiers ; il leur succède des fruits noirs.

Ce Cerisier croît naturellement dans l'Amérique septentrionale; il est cultivé dans quelques jardins : sa culture est la même que celle des deux précédens.

4. CERASUS Canadensis.

CERISIER du Canada.

C. *floribus racemosis; foliis deciduis, eglandulosis, lato-lanceolatis, rugosis, utrinqué pubescentibus.*

C. à fleurs en grappes; à feuilles annuelles, dépourvues de glandes, larges, lancéolées, ridées, pubescentes.

CERASUS *racemosa, foliis amygdalinis, Americana.* Pluk. Alm. 97. tab. 58 fig. 5.

Prunus Canadensis. Lin. Sp. 678. Willd. Sp. 2. pag. 986. Poir. Dict. 5. pag. 665. Pers. Synop. 2. pag. 34.

Le Cerisier du Canada, croît naturellement dans le nord de l'Amérique septen-trionale ; il n'est pas encore cultivé en France ; mais il pourrait l'être avec facilité , puisque le pays dont il est originaire , annonce qu'il ne craint pas le froid.

5. CERASUS elliptica. — **CERISIER à feuilles elliptiques.**

C. *floribus racemosis ; foliis ellipticis , ser-ratis , obtusiusculis , venosis , glabris.* — C. à fleurs en grappes ; à feuilles elliptiques , dentées en scie , un peu obtuses , veinées , glabres.

Prunus elliptica. Thunb. Fl. Jap. 199. Willd. Sp. 2. pag. 986. Poir. Dict. 5. pag. 666. Pers. Synop. 2. pag. 34.

Arbre de moyenne grandeur , dont les branches et les rameaux sont alternes , noueux , glabres , ridés et marqués de points blancs ; dont les feuilles ramassées sur les plus petits rameaux , sont éparses , courtement pétiolées , elliptiques , un peu obtuses , veinées , glabres , étalées , longues comme le doigt. Les fleurs sont en petite quantité , disposées en grappes ; il leur succède des fruits oblongs de la grosseur d'un grain de raisin.

Cet arbre est cultivé au Japon ; il ne l'est pas en France : la description que nous en avons donnée est empruntée de Thunberg.

6. CERASUS Occidentalis. — **CERISIER Occidental.**

C. *floribus racemosis ; racemis lateralibus ; foliis perennantibus, eglandulosis, oblongis, acuminatis, integerrimis , utrinqué gla-bris.* — C. à fleurs en grappes latérales ; à feuilles persistantes , oblongues , acuminées , très-entières , dépourvues de glandes , glabres sur leurs deux faces.

CERASUS *latiore folio , fructu racemoso purpureo majore.* Catesb. Carol. 2. pag. 94. tab. 94 ?
Prunus Occidentalis. Swartz. Prodr. 80. Fl. Ind. Occid. 2. pag. 925. Ait. Hort. Kew. 2. pag. 163. Willd. Sp. 2. pag. 987. Poir. Dict. 5. pag. 666. Pers. Synop. 2. pag. 34.
Amygdalus foliis magnis. Nicols. Doming. 154.

Ce Cerisier forme un grand arbrisseau qui croît dans les Antilles , sur les montages ; ses fleurs sont purpurines : il n'est pas cultivé en France , il l'est en Angleterre.

7. CERASUS sphærocarpa. — **CERISIER à fruit globuleux.**

C. *floribus racemosis ; racemis axillaribus ; foliis perennantibus , eglandulosis , integer-rimis , nitidis ; fructibus subglobosis.* — C. à fleurs en grappes axillaires ; à feuilles per-sistantes , très-entières , luisantes , dépour-vues de glandes ; à fruits presque globuleux.

Prunus sphærocarpa. Swartz. Prodr. 81. Fl. Ind. Occid. 2. pag. 927. Willd. Sp. 2. pag. 987. Poir. Dict. 5. pag. 666. Pers. Synop. 2. pag. 34.
Amygdalus foliis parvis. Nicols. Doming. 145.
Myrtifolia arbor , foliis latis subrotundis , flore albo. Sloan. Jam. 162. Hist. 2. pag. 9. tab. 193. fig. 1. (malé). Royen. Dendr. 36.

Arbrisseau dont les rameaux sont d'un brun cendré , les feuilles alternes , cour-tement pétiolées , ovales , épaisses , très-glabres , toujours vertes , luisantes en leur face supérieure , très-entières , dépourvues de glandes. Les fleurs sont blanches , petites , disposées en grappes axillaires , redressées , plus courtes que les feuilles ; il leur succède des fruits globuleux.

Le *Prunus sphærocarpa* de Michaux, (*Flor. Boreal.-Amer.* 1. pag. 284) paraît assez différent et former une espèce distincte de celle que nous venons de décrire.

Le Cerisier à fruit globuleux croît naturellement dans les forêts des montagnes de la Jamaïque , de la Nouvelle-Espagne et de la Caroline ; il n'est pas encore cultivé en France.

8. CERASUS Lusitanica.

CERISIER de Portugal.

C. *floribus racemosis ; racemis rectis, axil-*
laribus, folio longioribus ; foliis perennan-
tibus, ovato-lanceolatis, serratis, eglan-
dulosis.

C. à fleurs en grappes droites, axillaires, plus
longues que les fenilles ; à feuilles persistantes, ovales-lancéolées, dentées en scie,
dépourvues de glandes.

Prunus Lusitanica. Lin. Sp. 678. Willd. Sp. 2. pag. 987. Willd. Arb. 241. Ait. Hort. Kew.
2. pag. 163. Poir. Dict. 5. pag. 666. Pers. Synop. 2. pag. 34.

Prunus floribus racemosis, foliis sempervirentibus, eglandulosis. Mill. Icon. 131. tab. 196.
fig. 1.

Padus Lusitanica. Mill. Dict. n. 5.

Lauro-Cerasus Lusitanica, minor. Tourn. Inst. 628. Dill. Elth. 193. tab. 159. fig. 193.
Duham. Arbr. 1. pag. 346. n. 4.

Asarero des Portugais.

Le Cerisier de Portugal est un grand arbrisseau toujours vert, qui s'élève à Paris,
dans les jardins, à huit ou dix pieds, et beaucoup plus haut dans les pays chauds.
Ses rameaux, couverts d'une écorce rougeâtre qui devient grisâtre en vieillissant,
sont garnis de feuilles alternes, pétiolées, ovales-lancéolées, pointues, dentées,
très-glabres sur leurs deux faces, luisantes et d'un vert foncé en dessus ; leur pétiole
est dépourvu de glandes. Les fleurs forment des grappes serrées, droites, placées
dans les aisselles des feuilles et plus longues que celles-ci ; leur corolle est blanche.
Les fruits qui leur succèdent sont petits, ovales, d'un rouge foncé ou presque
noirs lorsqu'ils sont dans leur maturité.

Cette espèce, originaire de Pensylvanie et du Portugal, est cultivée depuis long-
tems dans les jardins ; elle y fait dans tous les tems un bel effet, à cause de son
feuillage toujours vert ; et elle est plus belle encore lorsqu'au mois de juin elle se
couvre de ses longues grappes de fleurs. Comme elle craint les fortes gelées, plusieurs
personnes la plantent dans des pots ou dans des caisses, afin de la rentrer l'hiver dans
l'orangerie ; mais alors elle ne devient jamais aussi belle ; il vaut mieux la risquer en
pleine terre, avec la précaution de la couvrir lorsqu'il survient des froids rigoureux.
Elle ne demande pas d'autres soins particuliers ; on la multiplie de marcottes ou de
graines ; celles-ci ne mûrissent pas toujours dans le climat de Paris, si ce n'est
quelquefois sur les vieux pieds ; mais dans les Départemens Méridionaux les fruits
parviennent toujours à une maturité parfaite.

9. CERASUS Caroliniana.

CERISIER de Caroline.

C. *racemis axillaribus, folio brevioribus ;*
foliis perennantibus, lanceolato-oblongis,
mucronatis, integris, eglandulosis.

C. à fleurs en grappes axillaires, plus courtes
que les feuilles ; celles-ci persistantes, oblongues-lancéolées, mucronées, entières,
dépourvues de glandes.

CERASUS *Caroliniana.* Mich. Fl. Boreal.-Amer. 1 pag. 285.

Prunus Caroliniana. Ait. Hort. Kew. 2. pag. 163. Willd. Sp. 2. pag. 987. Poir. Dict. 5.
pag. 667. Pers. Synop. 2. pag. 34.

Padus Caroliniana, foliis lanceolatis, acuté denticulatis, sempervirentibus. Mill. Dict. n. 6.

Le Cerisier de Caroline est un bel arbre, de hauteur moyenne, dont les rameaux
sont redressés et forment une espèce de pyramide. Ces rameaux sont couverts d'une
écorce brune, garnis de feuilles persistantes, courtement pétiolées, oblongues-
lancéolées, mucronées, lisses, un peu coriaces, entières. Les fleurs sont disposées
en grappes axillaires plus courtes que les feuilles. Il leur succède de petits fruits
presque globuleux, aigus, très-peu charnus et qui restent attachés à l'arbre pendant
tout l'hiver.

2

Cette espèce est originaire de la Caroline et de la Floride ; elle est cultivée dans quelques jardins ; on la multiplie de marcottes, de boutures et de graines venues d'Amérique : les fruits jusqu'à présent n'ont pas mûri à Paris.

10. **CERASUS** Lauro-Cerasus.   **CERISIER** Laurier-Cerise.

C. *floribus racemosis ; racemis folio sub-* *æqualibus ; foliis perennantibus, ovato-lanceolatis, remotè serratis, subtùs bi-quadriglandulosisve.*

C. à fleurs en grappes à peu-près égales à la longueur des feuilles ; celles-ci persistantes, ovales-lancéolées, munies de dents écartées, et en dessous de deux à quatre glandes.

CERASUS *folio laurino*. Bauh. Pin. 450.
Prunus Lauro-Cerasus. Lin. Sp. 678. Willd. Sp. 2. pag. 988. Poir. Dict. 5. pag. 667. Pers. Synop. 2. pag. 34. Blackw. Herb. tab. 512.
Lauro-Cerasus. Clus. Hist. 4. Camer. Hort. tab. 23. Tournef. Inst. 628. J. B. Hist. 1. lib. 4. pag. 420. Rai. Hist. 1549. Duham. Arb. 1. pag. 346. n. 1. tab. 133.
Padus Lauro-Cerasus. Mill. Dict. n. 4.
Lotus secunda. Dalech. Hist. 349
Vulgairement Laurier-Cerise, Laurier-Amandier.

Ce Cerisier est un grand arbrisseau toujours vert qui s'élève à douze ou quinze pieds dans le climat de Paris, et beaucoup plus haut dans nos Départemens Méridionaux. Ses rameaux nombreux et étalés sont recouverts d'une écorce cendrée et garnis de feuilles ovales-oblongues de quatre à cinq pouces de long sur deux de large, portées sur de courts pétioles, rétrécies en pointe à leur sommet, munies en leurs bords de quelques dents courtes et écartées, très-lisses, luisantes, persistantes, d'un vert gai en dessus, et chargées en dessous de deux à quatre glandes sur les côtés de leur nervure principale qui est très-prononcée. Les fleurs sont pédonculées et disposées en grappes axillaires de la longueur des feuilles ; elles ont une odeur d'amande amère qui est assez agréable ; leurs pétales sont ovales, très-ouverts ; le style est saillant, aussi long que les étamines. Les fruits qui leur succèdent sont de petits drupes ovales, pointus, très-peu charnus, noirâtres lorsqu'ils sont mûrs.

Le Laurier-Cerise est originaire de Trébisonde, sur les bords de la Mer Noire, d'où il a été transplanté en Europe dans l'année 1576. Il est aujourd'hui naturalisé dans les contrées méridionales de cette région, et il y croît comme dans son pays natal, sans exiger le moindre soin. Dans les pays qui sont plus au nord, mais où les hivers ne sont pas cependant très-rigoureux, comme à Paris, la culture de cet arbre n'a rien de particulier ; il n'a besoin que d'une bonne exposition et d'être mis à l'abri des fortes gelées, car il résiste en pleine terre à celles qui ne font pas descendre le thermomètre au-dessous de quatre ou cinq degrés. Nous reviendrons sur le Laurier-Cerise pour parler de ses propriétés et de ses usages.

11. **CERASUS** Mahaleb. *Tab.* 2.   **CERISIER** de Sainte-Lucie. *Pl.* 2.

C. *floribus racemosis ; racemis subcorymbosis, foliosis, sparsis ; foliis ovato-subrotundis, deciduis, margine denticulatis, glandulosis.*

C. à fleurs en grappes corymbiformes, éparses, munies de folioles ; à feuilles ovales-arrondies, annuelles, dentées et glanduleuses en leurs bords.

CERASUS *Mahaleb*. Mill Dict. n. 4. Decand. Fl. Fr. n. 3782.
Cerasus sylvestris amara, Mahaleb putata. J. B. Hist. 1. lib. 2. pag. 227. Rai. Hist. 1549. Tournef. Inst. 627. Duham. Arb. 1. pag. 148. n. 6. tab. 55.
Cerasus foliis subrotundis, serratis, petiolis multifloris. Hall. Helv. n. 1084.
Ceraso affinis. Bauh. Pin. 451.

T. 5. N.º 2.

CERASUS Mahaleb. **CERISIER** de Sainte Lucie.

Prunus Mahaleb. Lin. Sp. 678. Willd. Sp. 2. pag. 988. Jacq. Fl. Aust. tab. 227. Roth. Germ. 1. pag. 211. part. 2. pag. 539. Poir. Dict. 5. pag. 665. Pers. Synop. 2. pag. 34. Lois. Fl. Gall. 288.

Mahaleb. Matth. Valgr. 173. (*icon mala*). Camer. Epitom. 91.

Mahaleb Gesneri et *Matthioli.* Lob. Ic. 2. pag. 133. (*malé*).

Vaccinium Plinii, Lacatha Theophrasti. Dalech. Hist. 255.

Vulgairement Arbre ou Bois de Sainte-Lucie, et dans quelques Départemens Quénot , Malagué.

Ce Cerisier est un arbre de troisième grandeur, qui s'élève à quinze ou dix-huit pieds et même davantage, quand il est cultivé dans un bon terrein ; son tronc et ses rameaux sont couverts d'une écorce d'un brun rougeâtre. Les feuilles sont alternes, pétiolées, ovales, presque rondes, glabres, d'un vert gai, un peu pointues, munies en leurs bords de dents serrées, très-courtes et glanduleuses. Les fleurs se développent en même tems que les feuilles ; elles sont portées sur des pédoncules de six à huit lignes de longueur, et disposées en grappes lâches, qui ont l'aspect d'un corymbe, parce que les pédoncules inférieurs sont plus longs que les supérieurs ; ces grappes, ordinairement formées de six à huit fleurs, sont éparses sur les rameaux ; leur pédoncule commun est chargé d'une ou deux folioles, et chaque pédicelle est accompagné d'une petite bractée. Chaque fleur est composée d'un calice à cinq divisions obtuses, réfléchies en dehors ; d'une corolle à cinq pétales ovales , de couleur blanche : les étamines et le pistil sont de la longueur des pétales. Les fruits, moitié plus petits qu'une Cerise ordinaire, sont noirâtres, d'une saveur très-amère ; il n'y a que les oiseaux qui les mangent : J. Bauhin dit que les Grives et les Merles en sont fort avides.

Cet arbre a deux variétés ; la première est caractérisée par la largeur de ses feuilles, et la seconde par la couleur de ses fruits qui sont jaunes ; cette dernière variété est plus répandue que la première.

Le Bois de Sainte-Lucie croît naturellement dans diverses contrées de l'Europe ; il n'est pas rare en France , sur-tout dans les pays de montagnes , et il est très-commun aux environs de Sainte-Lucie, dans les Vosges, d'où il a pris le nom qu'il porte. On le plante dans les bosquets pour servir à leur ornement ; ses fleurs, qui paraissent au mois d'avril, font un assez joli effet. Lorsqu'on le greffe sur le Merisier commun, il devient beaucoup plus vigoureux et il s'élève bien davantage ; il est d'ailleurs très-rustique, puisque dans les lieux où il croît spontanément, on le trouve souvent dans les fentes des rochers, et il est inutile de lui donner, lorsqu'on le cultive, aucun soin particulier ; on peut, après qu'il est planté, l'abandonner à la nature.

Le Bois de Sainte-Lucie sert de sujet pour greffer toutes les variétés ou espèces de Cerises ; il réussit beaucoup mieux dans les terreins marneux et argilleux que le Merisier. C'est une erreur de croire, que les fruits des Cerisiers greffés sur cet arbre, prennent une saveur amère ; les variétés à fruits doux conservent parfaitement la qualité de leur eau. MM. Descemet et Noisette, Pépiniéristes , qui s'occupent avec beaucoup de succès de l'éducation des arbres fruitiers, nous ont confirmé ces faits, et ils nous ont assuré qu'il était tout-à-fait indifférent de prendre pour sujet le Bois de Sainte-Lucie , à fruit noir ou à fruit jaune. Quelques personnes avaient prétendu, sans fondement, que le dernier seul pouvait donner, étant greffé, des Cerises qui ne seraient pas amères, parce qu'il est de fait, d'ailleurs, que son fruit est un peu plus doux.

12. **CERASUS** paniculata.

C. *floribus paniculatis, patulis ; foliis ovatis, glabris, acutè dentatis.*

CERISIER paniculé.

C. à fleurs en panicule très-étalée ; à feuilles ovales, glabres, chargées de dents aiguës.

Prunus paniculata. Thunb. Fl. Jap. 200. Willd. Sp. 2. pag. 988. Poir. Dict. 5. pag. 668. Pers. Synop. 2. pag. 34.

La tige de ce Cerisier est arborescente, entièrement glabre, chargée de branches et de rameaux redressés. Les feuilles sont éparses, pétiolées, ovales, longues de deux pouces et plus, aiguës, finement dentées, veinées, inégales, portées sur des pétioles redressés, d'une ligne de long. Les fleurs sont blanches, disposées en panicule ample et très-étalée.

Nous ne connaissons pas cet arbre, qui est indigène du Japon, et qui n'est pas cultivé en France; la description que nous venons de donner est empruntée de Thunberg : il ressemble beaucoup au Cerisier de Sainte-Lucie, mais il en diffère, selon cet auteur, par sa panicule plus considérable et très-étalée, par ses fleurs plus petites, par ses feuilles plus alongées, rétrécies vers leur base, et munies en leurs bords de dents aiguës.

Le Cerisier paniculé mériterait d'être cultivé en France, comme arbre d'ornement : il est probable qu'on l'acclimateroit facilement, sur-tout dans les Départemens Mériridionaux, où la température est à peu près celle du Japon.

§. II. *Fleurs solitaires ou en ombelle.*

13. **CERASUS** semperflorens. *Tab.* 9.
C. *floribus axillaribus terminalibusque, solitariis, subracemosis; foliis ovatis, serratis, glabris, basi subbiglandulosis; foliolis calycinis dentatis.*

CERISIER toujours fleuri. *Pl.* 9.
C. à fleurs axillaires et terminales, solitaires, disposées presque en grappe; à feuilles ovales, glabres, dentées en scie, munies d'une ou deux glandes vers leur base; à divisions du calice dentées.

CERASUS *semperflorens.* Decand. Fl. Fr. n. 3783.

Cerasus racemosa. J. B. Hist. 1. lib. 2. pag. 223.

Cerasus fructu serotino, cum pediculo longiori foliato. Tournef. Inst. 626.

Cerasus sativa, æstate continuè florens ac frugescens. Duham. Arb. Fruit. 1. pag. 178. pl. 7.

Prunus semperflorens. Willd. Arb. 247. Sp. Plant. 2. pag. 992. Poir. Dict. 5. pag. 672. Pers. Synop. 2. pag. 35.

Prunus serotina. Roth. Catalect. 1. pag. 58.

Vulgairement Cerisier ou Griottier de la Toussaint ou tardif. Roz. Dict. 2. pag. 645. pl. 25. et encore Cerisier à la feuille ou Cerisier de la St.-Martin.

Le Cerisier toujours fleuri est un arbre moyen dont les branches sont touffues, faibles et pendantes. Ses feuilles sont alternes sur les rameaux, pétiolées, ovales un peu lancéolées, dentées en scie, aiguës : les deux dents les plus rapprochées de la base de la feuille portent ordinairement chacune une glande. Ses fleurs naissent sur de petits rameaux garnis de feuilles; elles sont solitaires, axillaires et terminales, portées sur de longs pédoncules, qui sont munis vers leur base d'une petite bractée particulière, outre la feuille dans l'aisselle de laquelle ils sont placés. Ces fleurs, au nombre de quatre à huit sur chaque rameau, sont écartées les unes des autres et ne forment qu'une grappe fort imparfaite. Les divisions du calice sont dentées, réfléchies; les pétales sont ovales, blancs, peu ouverts. Les fruits, de la grosseur des plus petites cerises, ont la peau dure, d'un rouge clair, et la chair blanche, acide, d'une saveur peu agréable.

Ce fruit d'une médiocre qualité ne mériterait pas d'être cultivé s'il ne mûrissait vers la fin de l'automne, saison où il n'y a plus d'autres fruits de ce genre. Ce Cerisier a cela de particulier, c'est que ses premières fleurs paraissent au mois de juin; celles-ci sont remplacées par d'autres qui se succèdent sans cesse pendant tout le reste de l'été; et les fruits produits par les premières fleurs venant à mûrir dans l'ordre ordinaire, l'arbre est souvent, à l'automne, chargé en même-tems de fleurs, de fruits verts et de fruits mûrs.

Le Cerisier de la Toussaint est cultivé dans les jardins sans qu'on sache d'où il est originaire; M. Willdenow pense qu'il pourrait être une espèce hybride; mais nous ne voyons pas à la réunion de quelles espèces il pourrait devoir son existence, puisque nous n'en connaissons aucune avec laquelle il paraisse avoir des rapports bien marqués. D'autres ont été d'opinion qu'il n'était qu'une variété du Cerisier commun, ce que nous n'admettons pas d'avantage. Nous sommes bien plus portés à croire, d'après les caractères très-prononcés de cet arbre, qu'il est une espèce particulière, dont le Cerisier a la feuille, qui croît, dit-on, spontanément dans les bois, mais que nous n'avons jamais trouvé et que nous n'avons pu nous procurer, est sans doute l'individu sauvage.

Quand on cultive le Cerisier tardif, il faut avoir soin de le dégarnir d'une prodigieuse quantité de branches chiffonnes, sans cela les fleurs des branches du milieu de l'arbre avortent; il faut aussi le débarrasser pour la propreté de tous les petits rameaux qui, après avoir porté du fruit, se dessèchent l'hiver suivant.

14. CERASUS Pensylvanica.

C. *umbellis subsessilibus, aggregatis, multifloris, tandem paniculæ formibus; foliis oblongo-lanceolatis, acuminatis, glabris, basi bi-glandulosis.*

CERISIER de Pensylvanie.

C. à ombelles sessiles, agrégées, multiflores, prenant enfin la forme d'une panicule; à feuilles oblongues-lancéolées, pointues, glabres, à deux glandes à leur base.

Prunus Pensylvanica. Lin. fil. Suppl. 252. Ait. Kew. 2. pag. 165. Willd. Arb. 248. Sp. Plant. 2. pag. 992. Poir. Dict. 5. pag. 673. Pers. Synop. 2. pag. 35.
Prunus lanceolata. Willd. Arb. 240. tab. 3. fig. 3.

Cet arbre a le port du Cerisier commun, mais ses rameaux sont marqués de points blancs, épars, comme dans celui de Virginie. Les feuilles ressemblent aussi assez à celles du Cerisier; elles sont ovales-lancéolées, lisses, dentées en scie, munies à leur base de deux glandes ordinairement rougeâtres; mais les fleurs sont plus petites, disposées en une espèce d'ombelle qui s'alonge souvent et prend la forme d'une grappe.

Cette espèce croît naturellement dans l'Amérique septentrionale : c'est de la Pensylvanie qu'elle a été apportée en Europe; on la cultive en Angleterre et en Prusse; elle ne l'est pas encore en France, et nous ne l'avons pas vue; nous en avons emprunté la description dans Linné fils et dans Willdenow.

15. CERASUS Persicifolia.

C. *floribus umbellatis; umbellis paucifloris, sessilibus; foliis lanceolatis, glabris, obtusé dentatis, basi uná alteráve glandulá munitis.*

CERISIER à feuilles de Pêcher.

C. à ombelles sessiles, composées d'un petit nombre de fleurs; à feuilles lancéolées, glabres, munies de dents obtuses et d'une ou deux glandes à leur base.

Prunus *persicifolia.* Desf. Hort. Par. Catal. 179.

L'arbre de cette espèce, que nous avons vu au Jardin des Plantes de Paris, pousse avec beaucoup de vigueur et croît très-rapidement; un cultivateur, qui l'a planté dans ses propriétés, nous a assuré qu'il pouvait s'élever à la même hauteur que le Merisier sauvage, c'est-à-dire à trente-six ou quarante pieds; comme lui il s'élève bien droit et ses rameaux forment la pyramide. L'écorce de son tronc est d'un brun rougeâtre, assez unie; celle de ses jeunes rameaux est lisse et rougeâtre. Les fleurs sont petites, à peu près de la grandeur de celles du Bois de Sainte-Lucie; elles forment des ombelles peu fournies et sessiles. Les fruits, portés sur de longs pédoncules, sont d'un rouge foncé, de la grosseur d'un pois; leur chair est rouge, d'une saveur un peu acide et acerbe. Les fleurs paraissent au commencement du mois de mai; les fruits sont mûrs vers le milieu de juillet.

Nous ignorons quel est le pays natal de cette espèce nouvelle, cultivée depuis quelques années au Jardin des Plantes de Paris, et chez quelques Pépiniéristes; mais, par la rapidité de son accroissement, elle peut devenir utile comme arbre d'ornement; elle formerait de belles avenues si on voulait la planter de cette manière; elle paraît aussi très-propre à servir de sujet pour greffer toute espèce de Cerisier qu'on destine au plein-vent; elle pourrait enfin être considérée comme arbre forestier : son bois, plus dur et plus rouge que celui du Merisier, serait employé avec avantage pour les ouvrages de tour et de menuiserie.

16. CERASUS avium. *Tab.* 3.

CERISIER Merisier. *Pl.* 3.

C. *umbellis sessilibus, paucifloris ; foliis ovato - lanceolatis, acutis, serratis, subpendulis, infrà subpubescentibus, basi biglandulosis.*

C. à ombelles sessiles, peu garnies de fleurs; à feuilles ovales-lancéolées, aiguës, dentées en scie, un peu pendantes, légèrement pubescentes en dessous, munies de deux glandes à leur base.

CERASUS *avium.* Moench. Method. 672. Decand. Fl. Fr. n. 3786.

Cerasus nigra. Mill. Dict. n. 2.

Cerasus major ac sylvestris, fructu subdulci, nigro colore inficiente. Bauh. Pin. 450. Tourn. Inst. 626.

Cerasus sylvestris, fructu rubro et nigro. J. B. Hist. 1. lib. 2. pag. 220.

Cerasus foliis ovato-lanceolatis, infernè subhirsutis, mucrone producto. Hall. Helv. n. 1082.

Cerasus sylvestris septentrionalis anglica, fructu rubro, parvo, serotino. Rai. Hist. 1539.

Cerasus major sylvestris, fructu cordato, minimo, subdulci aut insulso. Duham. Arb. Fr. vol. 1. pag. 156.

Cerasia nigra. Tabern. Ic. 986.

Prunus avium. Lin. Sp. 680. Willd. Sp. 2. pag. 991. Blackw. Herb. tab. 425. Desf. Fl. Atl. 1. pag. 394. Poir. Dict. 5. pag. 671. Lois. Fl. Gall. 289. Pers. Synop. 2. pag. 35.

Cette espèce, appelée vulgairement Merisier, est un arbre dont le tronc, en acquérant la grosseur d'un homme et plus, s'élève à trente ou quarante pieds. Ses branches sont peu étalées et peu touffues, assez redressées ; leur écorce est d'un gris cendré avec une teinte rougeâtre. Les feuilles sont longues de trois à quatre pouces, ovales, aiguës, dentées en scie, glabres, d'un vert luisant en dessus, très-légèrement pubescentes en dessous, et d'un vert blanchâtre : elles portent ordinairement deux glandes à leur base, où ces glandes sont placées sur les pétioles : ceux-ci ont douze à quinze lignes de longueur; ils sont rougeâtres, grêles et faibles, ce qui fait que les feuilles sont toujours plus ou moins pendantes. Les fleurs, portées de même sur des pédoncules grêles, de quinze à vingt lignes de long et davantage, sont aussi pendantes, disposées de deux à quatre, rarement en plus grand nombre, en ombelle sessile, et quelquefois tout à fait solitaires : leur calice est réfléchi; leur corolle est blanche, peu ouverte, à pétales ovales, échancrés en cœur à leur sommet. Les fruits qui succèdent aux fleurs sont petits, ils n'ont qu'environ quatre lignes de diamètre sur cinq de hauteur; ils sont à peu près également larges à leurs deux extrémités, de manière que leur forme est plutôt ovoïde qu'en cœur : leur peau est d'un rouge foncé ou noirâtre; leur chair est de la même couleur, peu abondante, d'une saveur âcre et amère avant la

CERASUS Avium.

P. J. Redouté pinx.

CERISIER Merisier.

Lemaire Sculp.

maturité, et fade lorsque le fruit est parfaitement mûr. Le noyau est ovale, très-adhérent à la chair, fort gros pour le volume du fruit.

Le Merisier fleurit en avril, et ses fruits sont mûrs en juin. Cet arbre croît spontanément dans les bois de l'Europe; il se trouve aussi en Afrique; il est commun en France dans les grandes forêts, et sur-tout dans les pays montagneux.

Variétés du Merisier.

La culture ayant beaucoup multiplié les différentes variétés de Cerisier dont on mange les fruits, il est assez difficile aujourd'hui de rapporter avec certitude quelques-unes de ces variétés ou espèces jardinières aux espèces principales regardées comme le type de toutes les autres, et il n'est pas étonnant que les auteurs qui se sont essayés sur cette matière, aient été d'un sentiment différent. Linné n'a admis que deux de ces espèces principales, le MERISIER (*Prunus avium*. LIN.) et le CERISIER ordinaire (*Prunus Cerasus*. LIN.) M. Decandolle, dans sa Flore Française, a admis deux autres espèces qu'il regarde comme distinctes, le GUIGNIER (*Cerasus Juliana*. DECAND.) et le BIGARREAUTIER (*Cesarus Duracina*. DECAND.) Ces deux arbres paraissent en effet s'éloigner assez du Merisier sauvage, si on ne considère que leurs fruits; mais si l'on fait attention qu'on ne les trouve point sauvages, et que les différences de forme et de saveur qu'on observe dans ces fruits, sont évidemment produites par la culture, tandis que ces arbres n'offrent d'ailleurs dans leur port, dans leur feuillage, dans leur floraison, aucun autre caractère ou différence sensible, on conviendra avec nous qu'on peut douter raisonnablement de l'existence de ces prétendues espèces : aussi ne les considérons nous que comme des variétés ou espèces jardinières, que les Botanistes ne doivent pas admettre au nombre des espèces naturelles.

Linné nous paraît donc avoir bien fait en ne reconnaissant que deux espèces; mais il avait commis une erreur, dans son *Species Plantarum*, en prenant pour type de tous les Cerisiers cultivés, le Cerisier commun (*Prunus Cerasus*. LIN.) et en laissant le Merisier comme un arbre unique en son espèce, n'ayant aucune variété. Dans le *Prunus Cerasus* de Linné, les variétés que cet auteur désigne sous les noms de *Juliana*, *Bigarella*, *Duracina*, doivent évidemment être rapportées au Merisier (*Prunus avium*. LIN.); et Linné lui-même corrigea en partie cette erreur, dans son *Mantissa*, en reportant les variétés *Bigarella* et *Duracina* à son *Prunus avium*; mais nous croyons qu'il eut tort de laisser encore la variété *Juliana* au *Prunus Cerasus*; elle doit aussi être rapportée au Merisier; et sur cela nous nous appuyons de l'opinion de Duhamel, Rozier et Le Berriays, qui ont partagé les Cerisiers en deux divisions naturelles, l'une contenant les arbres dont le fruit est en cœur, et l'autre, ceux dont le fruit est arrondi. Ceux de la première division, connus sous les noms vulgaires de Guigniers, Bigarreautiers, Heaumiers, et que nous regardons comme trois races issues du Merisier, ont en général pour caractères communs avec cet arbre, de former de grands arbres qui s'élèvent droits, soutiennent bien leurs branches, qu'ils étendent sans confusion ; d'avoir les feuilles un peu pendantes, parce qu'elles sont portées sur des pétioles longs et faibles; d'avoir les pétales peu ouverts, ovales, échancrés en cœur. Leurs fruits sont souvent plus longs que larges, légèrement déprimés, ovoïdes, ou ayant le plus ordinairement à peu près la forme d'un cœur; la chair en est fade, douce ou sucrée, jamais acide, adhérente à la peau, dont la couleur varie du blanc jaunâtre au rouge noirâtre.

Première race. MERISIER.

Var. 1. MERISIER à fleurs doubles.
Cerasus major ac sylvestris, multiplici flore. TOURNEF. Inst. 627.
Cerasus major sylvestris, flore pleno. DUHAM. Arb. Fr. 1. pag. 157.

Ce Cerisier a le même port et le même feuillage que le Merisier des bois, mais il ne devient pas si grand et ses ombelles sont plus garnies. Ses fleurs ont depuis un pouce jusqu'à dix-huit lignes de diamètre; elles sont composées d'une quarantaine de pétales d'un blanc éclatant, disposées en rose, d'une trentaine d'étamines et d'un pistil monstrueux qui avorte. Cet arbre est au printems un des plus beaux ornemens des bosquets. On ne le cultive que pour la beauté de ses fleurs, puisqu'il ne donne pas de fruit; on le multiplie en le greffant sur le Merisier sauvage.

Var. 2. Merisier à gros fruit noir. Grosse Merise noire. Pl. 4. Fig. D.
Cerasus major sylvestris, fructu cordato, nigro, subdulci. Duham. Arb. Fr. vol. 1. pag. 158.

Cette variété ne s'élève pas autant que les autres Merisiers dont le fruit est plus petit; ses feuilles sont d'un vert plus foncé et leurs nervures sont ordinairement d'une couleur rougeâtre. Le fruit approche, pour la grosseur, de celui des petites Guignes; il est alongé et il pend à une longue queue; sa chair est tendre, d'un rouge très-foncé, presque noir, douce, sucrée, mais un peu fade. Ce Merisier est cultivé pour ses fruits, que les marchands de liqueurs emploient pour colorer les ratafias; ils servent surtout à la fabrication du Kirschenwasser, comme nous le dirons plus bas.

Var. 3. Merisier à fruit blanc. Merise blanche. Pl. 4. Fig. B. et C.

Cette Merise, cultivée dans beaucoup de jardins, sous les noms impropres de Cerise blanche ou Cerise ambrée, est d'un blanc tirant sur le jaune couleur d'ambre, et légèrement teinte de rouge dans la partie exposée au soleil : elle est douce, sucrée, fort agréable; aussi, de toutes les Merises, est-elle la variété la plus répandue; les autres le sont fort peu et ne méritent pas de l'être davantage.

Var. 4. Merisier à fruit jaune. Merise jaune. Pl. 4. Fig. A.

Cette variété se distingue de la précédente, parce que son fruit est tout jaune et que sa saveur est moins agréable.

** *Seconde race.* Guigniers.

Le Guignier (*Prunus Cerasus Juliana.* Lin., *Cerasus Juliana.* Decand.) est un arbre presque aussi grand que le Merisier, mais il est plus touffu; ses branches sont plus menues, et elles se soutiennent mal. Ses feuilles sont deux fois dentées, nombreuses, moins pendantes que celles des arbres des autres races; elles ont au reste beaucoup de ressemblance, ainsi que les fleurs, avec celles du Merisier. Les fruits ont à peu près la forme d'un cœur; leur chair est tendre et aqueuse, couverte d'une peau adhérente, rouge, noirâtre ou quelquefois blanchâtre et à peine colorée.

Var. 5. Guigne précoce, Guigne de la Pentecôte. Pl. 15. Fig. A.

Ce fruit commence à paraître dès la fin de mai; il est alors petit, blanc, d'un rouge très-clair et d'une saveur un peu insipide; mais comme c'est un des premiers fruits, il est recherché pour la décoration des desserts. A la mi-juin, lorsqu'il a acquis toute sa grosseur et qu'il est parfaitement mûr, il a quelquefois plus de neuf lignes de diamètre sur sept de hauteur; la couleur de sa peau, devenue plus foncée, est d'un beau rouge sur un fond jaune clair; sa chair est plus nourrie, assez ferme et de bon goût. Cette Guigne a une sous-variété qui n'a pas d'autre différence que d'être beaucoup moins grosse.

Var. 6. Guigne rouge.

Elle est plus alongée que la Guigne précoce, et elle est en tout un peu plus grosse,

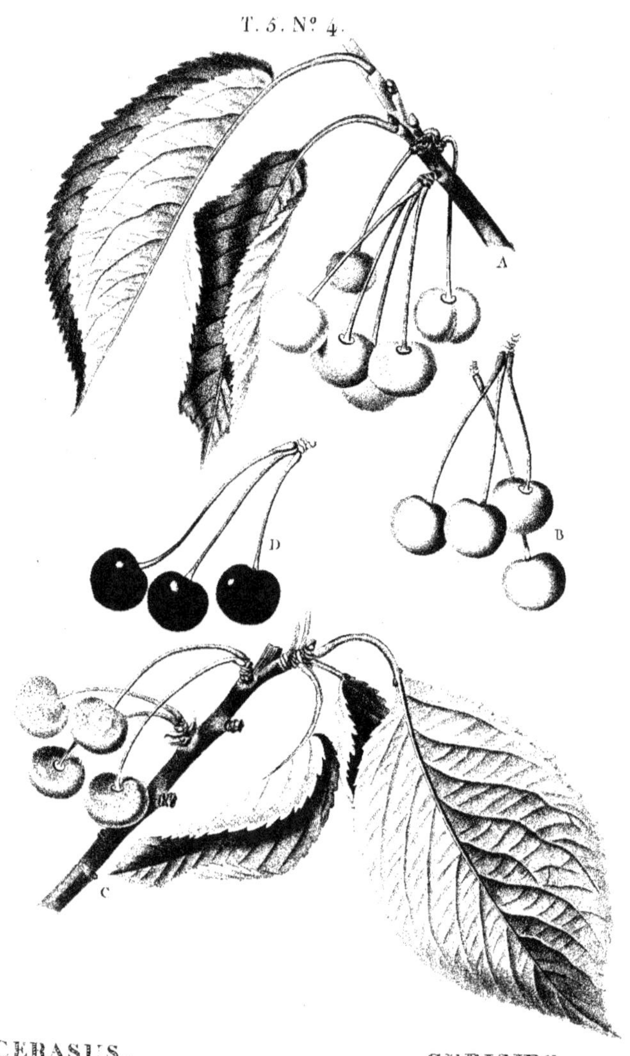

CERASUS.   CERISIER.

ayant neuf lignes de hauteur sur autant de diamètre. Sa peau, entièrement rouge, recouvre une chair mollasse d'un goût peu relevé.

Var. 7. GUIGNE blanche. GUIGNIER à gros fruit blanc. DUHAM. Arb. Fr. vol. 1. pag. 161. pl. 1. fig. 3.
Cerasus major hortensis, fructu cordato, partim albo, partim rubro, carne tenerâ et aquosâ. DUHAM. l. c.

Cette variété est moins large que la précédente, mais plus alongée; le côté qui est à l'ombre est d'un blanc sale; celui qui est exposé au soleil est lavé de rouge ou couleur de chair, et lorsque les fruits sont bien exposés, il n'est pas rare qu'il y en ait quelques-uns qui se teignent presque par-tout d'un rouge clair. Cette Guigne mûrit vers le milieu de juin; sa chair est blanche, un peu ferme, d'un goût agréable.

Var. 8. GUIGNE noire. PL. 15. FIG. B. GUIGNIER à fruit noir. DUHAM. Arb. Fruit. 1. pag. 158. pl. 1. fig. 1.
Cerasus major hortensis, fructu cordato, nigricante, carne tenerâ et aquosâ. DUHAM. l. c.

Cette Guigne, plus petite que les deux précédentes, a sa peau fine, d'un brun presque noir lorsque le fruit est bien mûr; sa chair est d'un rouge très-foncé, tendre sans être molle et ayant assez de saveur : elle mûrit dans le commencement de juin.

Var. 9. Petite GUIGNE noire. PL. 16. FIG. C. GUIGNIER à petit fruit noir. DUHAM. Arb. Fr. vol. 1. pag. 160. pl. 1. fig. 2.
Cerasus major hortensis, fructu cordato, minore, nigricante, carne aquosâ et subdulci. DUHAM. l. c.

Ce Guignier ne diffère du précédent que parce que son fruit est moins alongé; sa chair est aussi d'un rouge moins foncé et plus fade. Il mûrit à la même époque.

Var. 10. GUIGNE Bigaudelle. LE BERR. Traité des Jard. 1. pag. 231.

Elle ressemble, pour la forme, à la Guigne précoce, mais sa peau est d'un rouge brun, qui devient presque noir lors de la parfaite maturité du fruit; sa chair est d'un rouge foncé, un peu ferme et d'une saveur relevée dans les terres chaudes et légères. Cette Guigne mûrit au commencement de juillet, un peu après la Noire Luisante, à laquelle elle est inférieure en bonté.

Var. 11. GUIGNE noire luisante. GUIGNIER à gros fruit noir luisant. DUHAM. Arb. Fr. vol. 1. pag. 162. var. 5.
Cerasus major hortensis, fructu cordato, nigro, splendente, carne tenerâ, aquosâ et sapidissimâ. DUHAM. l. c.

Cette Guigne est noire, unie et luisante; sa chair est rouge, tendre sans être molle, d'un goût agréable et relevé. Elle mûrit vers la fin de juin; si elle était plus hâtive, elle mériterait d'être cultivée de préférence à toutes les autres.

Var. 12. GUIGNE piquante, GUIGNE à piquet. PL. 16. FIG. A.

Cette variété est ainsi nommée parce qu'une partie du pistil devient dure, ligneuse, et forme une espèce de pointe piquante à l'extrémité du fruit, qui a, plus que toutes les autres Guignes, la forme d'un cœur; son diamètre est de huit lignes sur un peu moins de hauteur; sa peau est d'un rouge foncé du côté du soleil, d'un rouge clair de l'autre ou même jaunâtre; sa chair est ferme, croquante, d'un goût assez relevé, mais un peu amer. On ne cultive guère ce fruit, parce qu'il mûrit en même tems que beaucoup de bonnes variétés de Cerises qui lui sont bien préférables.

5.

Var. 13. GUIGNE blanche tardive, GUIGNE de Dure-Peau. PL. 16. FIG. D.

Cette variété est presque ronde comme une Cerise, mais sillonnée longitudinalement par une gouttière assez profonde ; sa peau est blanche et d'un jaune d'ambre très-pâle, lavé d'un rouge léger ; sa chair est ferme, d'assez bon goût : elle ne mûrit qu'en septembre.

Var. 14. GUIGNE rouge tardive.
Cerasus major hortensis, fructu cordato, rubro, serotino, carne tenerá et aquosá. DUH.
    Arb. Fr. vol. 1. pag. 162.

Cette variété, qu'on appelle en quelques endroits GUIGNE DE FER, GUIGNE DE SAINT-GILLES, est tout-à-fait ronde, d'un violet foncé tirant sur le noir. Elle est peu cultivée, parce qu'elle ne mûrit qu'en septembre et octobre, mois pendant lesquels on ne manque pas de fruits beaucoup meilleurs.

Var. 15. GUIGNE Cœur de Poule. CERISE Cœur de Poule. CALV. Pépin. 2. pag. 139.
Cerasus sativa, fructu cordato, maximo, rubro, admodùm nigricante, carne rubrá, saporis suavissimi. CALV. l. c.

« Ce fruit, dit M. Calvel, peu commun aux environs de Paris, est cultivé dans les Départemens Méridionaux, sur-tout aux environs de Toulouse, où il est connu sous la dénomination de *Cor dè Galino.* Greffé sur le Merisier, cet arbre acquiert, en bon terrein, une hauteur aussi considérable que celle des plus forts Guigniers et Bigarreautiers. Ses feuilles sont longues, d'un vert foncé, avec de fortes nervures. Ses boutons sont gros et produisent une ou deux grandes fleurs, dont les pétales sont plus grands que ceux des Bigarreautiers. Son fruit mûrit dans les premiers jours de septembre; il est soutenu par un pédoncule long d'environ dix-huit lignes ; sa forme est exactement celle d'un cœur; il a plus d'un pouce de long, quelquefois quinze lignes, et presque autant à son plus grand diamètre. A l'époque de sa maturité, il est presque noir, et son suc est très-colorant, d'un rouge foncé. »

Var. 16. GUIGNE de quatre à la livre. GUIGNIER à feuilles de Tabac. PL. 20.
Cerasus decumana. DE LAUNAY, Alman. du Bon Jard. 1808.

Il n'y a que quelques années que cette nouvelle variété a été apportée de Hollande en France. Elle est remarquable par la grandeur de ses feuilles qui, sur les nouvelles pousses, ont souvent un pied, et quelquefois jusqu'à quinze et dix-huit pouces de long sur cinq à huit de large. Ces feuilles sont tombantes et ont l'air flétri ; celles des rameaux qui portent fruit sont de moitié ou des deux tiers plus petites. Il s'en faut de beaucoup que les fruits de cet arbre justifient le nom qu'on leur a donné, sans doute avant de les avoir vus : on s'est grandement trompé en croyant qu'ils répondraient au volume des feuilles; ils ne sont pas plus gros que les autres Guignes de grosseur moyenne. Ils ont cela de particulier, c'est qu'ils sont terminés par une petite protubérance en forme de mamelon : leur peau est d'un rouge tendre, parce qu'ils sont trop cachés dans les feuilles; ils deviendraient probablement d'un rouge plus foncé s'ils étaient bien exposés au soleil. Cet arbre a donné en 1808, pour la première fois, des fruits chez M. Noisette, Pépiniériste-Fleuriste, faubourg St.-Jacques, à Paris, lequel l'a introduit le premier en France, ainsi que plusieurs autres nouvelles variétés d'arbres fruitiers, et sur-tout beaucoup d'arbrisseaux et arbustes d'ornement. C'est dans ses pépinières qu'ont été peintes la plus grande partie des figures des différentes variétés de Cerises que nous donnons au public; les autres ont été peintes et gravées d'après les dessins originaux de Le Berriays.

Var. 17. Guignier à rameaux pendans.

Cet arbre se fait remarquer par la disposition de ses rameaux qui sont pendans comme dans le Cerisier de la Toussaint. Il est au reste peu répandu parce que ses fruits sont de médiocre qualité.

*** *Troisième race.* BIGARREAUTIERS.

Le Bigarreautier (*Prunus, Cerasus-Bigarella et Duracina.* Lin. Sp. 679., *Cerasus Duracina.* Decand. Fl. Fr. pag. 483.) est un arbre qui ressemble beaucoup au Guignier; il s'élève autant que lui; ses branches sont moins nombreuses, plus grosses et mieux nourries. Ses feuilles sont pendantes, d'un vert clair, garnies de beaucoup de nervures; ses fleurs sont peu ouvertes, comme celles des Merisiers et des Guigniers. Les fruits sont tout-à-fait en cœur, un peu comprimés, marqués d'un sillon longitudinal sur une de leurs faces : leur chair est ferme, cassante, très-adhérente à la peau; celle-ci varie, pour la couleur, du rouge clair au rouge le plus foncé, presque noir.

Var. 18. Petit Bigarreau blanc hâtif. Bigarreautier à petit fruit hâtif. Duham. Arb. Fr. vol. 1. pag. 165.
Cerasus major hortensis, fructu cordato, minore, hinc albo, indè dilutè rubro, carne durâ, dulci. Duham. l. c.

Ce Bigarreau a environ huit lignes de hauteur sur un peu plus de diamètre. Le sillon longitudinal, qui est très-marqué sur les autres Bigarreaux, n'est sur celui-ci qu'une simple ligne, qui n'est sensible que par un léger changement de couleur. La peau est d'un rouge clair du côté exposé au soleil, d'un blanc mêlé d'une très-légère teinte de couleur de rose, du côté qui est à l'ombre. La chair est blanche, moins dure que dans les autres Bigarreaux, mais cassante et beaucoup plus ferme que celle de la Guigne blanche (var. 7.) à laquelle elle ressemble d'ailleurs beaucoup; son goût est relevé lors de la parfaite maturité, qui arrive vers le milieu de juin, un peu sur si le fruit n'est pas bien mûr.

Var. 19. Petit Bigarreau rouge, Cœuret. Bigarreautier à fruit rouge, hâtif. Duham. Arb. Fr. vol. 1. pag. 166.
Cerasus major hortensis, fructu cordato, minore, rubro, carne durâ, dulci. Duham. l. c.

Ce Bigarreau, selon Le Berriays, est un peu plus gros que le précédent, et un peu plus pointu qu'aucun autre. Sa peau est teinte d'un rouge clair sur un fond blanchâtre, et sa chair blanche, un peu ferme, de bon goût. Ce fruit mûrit quinze jours plus tard que le petit Bigarreau blanc, environ vers la fin de juin. Duhamel paraît douter qu'il puisse être considéré comme une variété distincte de ce dernier; il croit que, s'il en diffère, ce n'est que lors qu'il est plus exposé au soleil et qu'on laisse les fruits plus long - tems sur l'arbre, ce qui fait qu'ils deviennent plus colorés.

Var. 20. Bigarreau Cœur de Pigeon, gros Bigarreau hâtif. Pl. 18. Fig. D.

Ce fruit a neuf lignes de hauteur sur un diamètre égal; il est presque également rétréci à la base et à la pointe, de manière à avoir plutôt la forme d'un ovale raccourci que celle d'un cœur. Il est convexe d'un côté, applati de l'autre et marqué d'un sillon longitudinal très-sensible. Le côté exposé au soleil est d'un rouge foncé, l'autre est d'un blanc jaunâtre, avec une légère teinte de rose. Sa chair est ferme, croquante, de bon goût. Ce Bigarreau mûrit à la fin de juin.

Var. 21. Gros Bigarreau rouge. Bigarreautier à gros fruit rouge. Duham. Arb. Fr. vol. 1. pag. 163. pl. 2.

Cerasus major hortensis, fructu cordato, majore, saturè rubro, carne durá, sapidissimá. Duham. l. c.

Ce Bigarreau est plus gros que le précédent, il a plus de dix lignes de diamètre sur une hauteur égale; il a bien la forme d'un cœur; il est un peu échancré à la pointe, applati sur ses deux faces principales, qui sont marquées chacune d'un sillon. Sa peau est luisante, d'un rouge foncé du côté exposé au soleil, d'un rouge plus tendre sur celui qui est à l'ombre. La chair est blanchâtre, ferme, succulente, d'un goût très-relevé et excellent. Ce fruit est le meilleur de ceux de son espèce; il mûrit à la fin de juillet et au commencement d'août.

Var. 22. Gros Bigarreau blanc. Bigarreautier à gros fruit blanc. Duham. Arb. Fr. 1. pag. 165.

Cerasus major hortensis, fructu cordato, majore, hinc albo, indè dilutè rubro, carne durá, sapidá. Duham. l. c.

Ce Bigarreau est de la même forme et de la même grosseur que le précédent, il n'en diffère que parce que les couleurs de sa peau sont plus pâles : le côté exposé au soleil, au lieu d'être rouge foncé, n'est que couleur de chair, et le côté opposé est blanchâtre. Sa chair est aussi un peu moins ferme, d'un goût moins relevé.

Var. 23. Bigarreau commun, ou Belle de Rocmont. Pl. 17. Bigarreautier commun. Duham. Arb. Fr. vol. 1. pag. 167.

Cerasus major hortensis, fructu cordato, medio, carne durá, sapidá. Duham. l. c.

Celui-ci est moins applati et moins alongé que le gros Bigarreau rouge; il a dix lignes de hauteur sur onze de diamètre; le côté qui se trouve légèrement déprimé n'est pas marqué d'un sillon sensible, il n'a qu'une ligne blanchâtre peu prononcée. La peau est unie, luisante, d'un beau rouge du côté qui regarde le soleil, et marbrée ou finement tiquetée de blanc par places, d'un rouge très-clair ou presque tout-à-fait blanchâtre du côté opposé. Sa chair est ferme, cassante, d'un goût relevé, très-agréable. Ce fruit tient le milieu, pour le tems où il mûrit, entre les Bigarreaux précoces et les tardifs; sa maturité arrive au mois de juillet.

Les arbres de cette variété et ceux de la précédente portent beaucoup de fruit; c'est ce qui fait qu'ils sont plus répandus et qu'on les cultive de préférence à tous les autres Bigarreautiers, qui, en général, chargent beaucoup moins.

Var. 24. Bigarreau couleur de chair.

Ce fruit est très-bon; il ressemble beaucoup au précédent dont il n'est qu'une sous-variété, qui se distingue seulement par sa peau couleur de rose.

Var. 25. Gros Bigarreau tardif. Pl. 18. Fig. C.

« Il est, dit Le Berriays, un peu moins gros que le gros Bigarreau rouge, et plus tardif. Sa peau est d'un rouge assez foncé du côté de l'ombre; l'autre côté est d'un rouge brun presque noir; ce qui le fait nommer quelquefois Bigarreau noir. Sa chair est ferme, son eau excellente. »

Var. 26. Bigarreau noir, Cerise de Norwege. Pl. 18. Fig. B.

Les feuilles de ce Bigarreautier se soutiennent mieux que celles des autres variétés voisines. Son fruit n'est pas sensiblement applati; il a neuf lignes de hauteur sur un diamètre égal; sa forme est un peu oblongue sans être cordiforme; sa peau, lorsqu'il est bien mûr, est aussi noire que celle de certaines Guignes; la chair est très-ferme, peu aqueuse, rouge et d'un goût peu relevé.

Var. 27. Bigarreau noir, tardif. Pl. 18. Fig. A.

Ce fruit est moins gros que le précédent, à peine a-t-il neuf lignes de diamètre sur huit de hauteur; il n'est pas cordiforme, mais à peu près également rétréci à sa base et à sa pointe, légèrement applati sur un côté, et très-rarement marqué d'un sillon longitudinal. Sa peau, d'abord d'un rouge brun très-foncé, devient noire lors de la maturité parfaite, qui arrive vers la fin d'août. La chair est rouge, un peu sèche, très-ferme.

**** *Quatrième race.* Heaumiers.

« Le Heaumier, selon Le Berriays, ressemble presque au Bigarreautier; sa taille égale celle du Merisier. Ses feuilles, d'un vert clair, d'une étoffe mince, grandes, alongées, finement dentelées, quoique portées par d'assez grosses queues, se soutiennent encore moins que celles du Bigarreautier, et se plient ou se roulent en dedans. Ses fleurs ressemblent à celles des Guigniers. Ses fruits participent, pour la qualité, des Guignes et des Bigarreaux, étant plus fermes que celles-là, mais moins que ceux-ci; d'un goût moins relevé que les derniers, meilleurs et plus agréables que les premières. »

Var. 28. Heaume blanc.

Ce fruit, presque rond à la base, applati à la pointe, a huit lignes de hauteur sur neuf de diamètre; il est d'un rouge assez prononcé du côté qui reçoit les rayons du soleil, d'un jaune pâle presque blanc du côté opposé. Sa chair, presque aussi ferme que celle du Bigarreau, est aqueuse, d'un goût agréable quoique peu relevé; elle est sujette à se crevasser lorsqu'il tombe beaucoup de pluie, depuis le milieu de juin jusqu'au milieu de juillet, époque de la maturité de ce fruit.

Var. 29. Heaume rouge. Pl. 19. Fig. B.

Ce fruit ressemble peu au précédent; il a beaucoup plus que lui la forme d'un cœur; son diamètre, égal à sa hauteur, est de huit lignes; sa peau est partout d'un rouge assez foncé; sa chair, moins ferme, est aussi moins bonne et sujette à être véreuse. L'arbre porte beaucoup de fruit, qui mûrit vers le milieu de juillet.

Var. 30. Heaume noir. Pl. 19. Fig. A.

Celui-ci est à peu-près de la même grosseur que le Heaume rouge, mais il est plus oval, moins en cœur et d'un meilleur goût. Sa peau devient d'un noir brillant lors de la maturité du fruit, qui arrive au commencement de juillet. Il a, comme le précédent, plus de rapports avec les Guignes qu'avec les Bigarreaux.

Les différentes variétés que nous venons de décrire sous les dénominations de Merisiers, Guigniers, Bigarreautiers et Heaumiers, comme issues du Cerisier-Merisier, ne sont pas, sans doute, toutes celles qui ont été produites par cet arbre;

5.

mais ce sont les principales, celles qui sont le plus généralement cultivées, celles enfin qui produisent les meilleurs fruits. Comme il est déjà assez difficile de bien distinguer, par la vue, le toucher et le goût, toutes ces variétés, parce que plusieurs d'entre elles se confondent souvent l'une dans l'autre, et qu'il est encore plus difficile de leur assigner des caractères qui puissent servir à les faire reconnaître, nous avons jugé superflu de présenter encore plusieurs autres variétés beaucoup moins distinctes, et qui n'offriraient d'autres différences que celles qui auraient été produites par le changement de terrein et d'exposition. Nous négligerons aussi plusieurs variétés demi-sauvages qu'on rencontre dans les campagnes et qui sont fort inférieures, soit pour la grosseur, soit pour la bonté des fruits, à celles que nous avons rapportées; nous négligerons ces variétés, parce que nous jugeons qu'elles ne valent pas la peine d'être nommées et encore moins celle d'être cultivées. L'observation que nous venons de faire pour le Merisier, nous l'appliquons d'avance aux variétés de qualité inférieure, que nous pourrons omettre à dessein dans l'article du Cerisier vulgaire, qui va suivre immédiatement.

17. CERASUS vulgaris.

C. *umbellis subsessilibus, paucifloris; foliis deciduis, ovato-lanceolatis, dentatis, glabris.*

CERISIER vulgaire.

C. à fleurs en ombelles sessiles, peu fournies; à feuilles annuelles, ovales - lancéolées, dentées, glabres.

CERASUS *vulgaris.* Mill. Dict. n. 1.

Cerasus caproniana. Decand. Fl. Fr. n. 3784.

Cerasus sativa, fructu rubro et acido. Tournef. Inst. 625.

Cerasus foliis glabris serratis ovato-lanceolatis, mucrone producto. Hall. Helv. n. 1083.

Cerasus vulgaris, fructu rotundo. Duham. Arb. Fr. vol. 1. pag. 170.

Cerasia acida. Tabern. Ic. 985.

Cerasa rubra. Blackw. Herb. tab. 449.

Prunus cerasus. Lin. Sp. 679. (excl. var. ε, ϰ et λ.) Mantis. 396. Willd. Sp. 2. pag. 991. Poir. Dict. 5. pag. 668. Pers. Synop. 2. pag. 34.

Cerisier à Paris, *Griottier* dans beaucoup de départemens.

Le Cerisier proprement dit, s'élève moins que le Merisier, son tronc acquiert quelquefois la même grosseur, mais sa hauteur n'est ordinairement que de vingt à vingt-quatre pieds. Ses branches et ses rameaux sont plus étalés, se soutiennent moins bien et forment plutôt une tête arrondie qu'une espèce de pyramide, comme le fait le Merisier et la plupart de ses variétés. Les feuilles sont ovales, dentées, glabres, moins alongées, moins grandes, d'un verd plus foncé, portées sur des pétioles plus courts, plus fermes, et qui les soutiennent mieux. Les fleurs, plus petites que celles du Merisier, sont d'ailleurs disposées de même en ombelles presque sessiles et peu fournies; leurs pétales sont ovales, entiers, rarement ou peu sensiblement échancrés, plus courts et beaucoup plus ouverts. Les fruits sont arrondis, fondans, pleins d'une eau plus ou moins relevée et presque toujours sensiblement acide; leur peau est rouge, mais elle passe, selon les variétés, de la teinte la plus pâle à la plus foncée et jusqu'au pourpre noirâtre; cette peau se sépare facilement de la chair, tandis qu'elle est toujours plus ou moins adhérente dans tous les fruits des différentes variétés du Merisier.

L'arbre que nous venons de décrire n'est point le Cerisier spontanée qu'on n'a point encore trouvé dans nos forêts, et que nous ne connoissons pas; c'est le Cerisier commun à fruit rond, de Duhamel, qui s'élève de noyau dans les vignes, les vergers et qui croît dans les campagnes, sans qu'on en prenne aucun soin. Nous supposons que cet arbre, venu de graine, s'éloigne moins que les autres variétés de l'espèce primitive, dont sa manière de croître et de se propager doit le rapprocher.

Les variétés du Cerisier vulgaire, telles que les Jardiniers et les Cultivateurs les considèrent, et telles qu'ils les qualifient du nom d'espèces, sont beaucoup plus difficiles à distinguer les unes des autres, que ne le sont les variétés du Merisier entre elles. Dans celles-ci, le fruit, depuis la forme très-prononcée d'un cœur qu'il a dans la Guigne Cœur-de-Poule et le gros-Bigarreau rouge, jusqu'à la forme ovoïde de la Merise sauvage, en présente plusieurs autres assez distinctes; la chair ferme et cassante de plusieurs Bigarreaux est bien différente de celle de la plupart des Guignes et des Merises; enfin la couleur pâle de la Guigne blanche et du Bigarreau blanc contrastent beaucoup avec la couleur foncée de la Guigne noire et du Bigarreau noir. Dans les Cerises au contraire, la forme du fruit est moins variable, elle est presque toujours sphérique, un peu applatie vers la base, et, excepté quelques variétés, la peau est assez constamment rouge; ce n'est donc que dans une teinte ou plus foncée ou plus pâle, dans un fruit un peu plus gros ou un peu plus petit, dans une saveur ou plus ou moins relevée, ou plus ou moins acide, qu'on pourra trouver les caractères qui serviront à faire reconnoître les différentes variétés. Cela n'a pas empêché les Jardiniers et les Pépiniéristes de prendre les plus légères différences, les simples nuances même, qu'ils ont pu remarquer entre ces fruits, pour leur donner des dénominations différentes et les qualifier d'espèces distinctes. L'observateur exact, en cherchant des caractères constans d'après lesquels il puisse désigner ces prétendues espèces, non-seulement en peut rarement trouver, mais encore il lui arrive souvent de pouvoir à peine reconnaître les différences qu'on lui indique et qu'on lui montre.

Au lieu de toutes ces nombreuses variétés, dont plusieurs n'ont pas de caractère bien prononcé, et qui sont pour la plupart si peu constantes qu'elles changent souvent selon le climat, l'exposition, le terrein et quelquefois selon l'âge des arbres; au lieu, disons-nous, de toutes ces variétés mal déterminées, ne serait-il pas plus utile de chercher à les réunir en un certain nombres de grouppes, qui seroient alors plus distincts et mieux caractérisés. Les observations qu'il faudrait avoir pour composer un travail complet en ce genre, sont si longues à faire, et si difficiles à rassembler, qu'il eût fallu, pour pouvoir l'exécuter en entier, des circonstances beaucoup plus favorables que celles dans lesquelles nous nous sommes trouvés cette année, où la plupart des Cerisiers n'ont pas porté de fruits, dans les pépinières où nous nous proposions de les observer. Nous offrirons donc seulement quelques rapprochemens, et une nouvelle manière de distribuer les Cerises, manière qui pourra présenter quelques avantages et faciliter l'étude, ainsi que la détermination des différentes variétés.

* *Fruits dont la chair est blanchâtre, et la saveur plus ou moins acide.*

Var. 1. Cerisier à fleur semi-double. Duham. Arb. Fr. vol. 1. pag. 173. pl. 5.
Cerasus vulgaris duplici flore. Lob. Ic. 2. tab. 172.

Les fleurs de cette variété ont quinze à vingt pétales disposés sur trois à quatre rangs, et un ou deux pistils. Lorsqu'un des deux n'avorte pas, les fruits sont jumeaux; mais il n'y a guère que les vieux arbres qui en produisent de tels. Quelques fleurs sont tout-à-fait stériles, parce que les pistils se développent sous la forme de petites feuilles vertes. Le fruit qui provient des autres fleurs est médiocrement gros, d'un rouge clair et vif, peu charnu, trop acide pour être agréable; aussi cet arbre n'est-il cultivé que pour ses fleurs.

Var. 2. Cerisier à fleur double.
Cerasus hortensis, pleno flore. Bauh. Pin. 450. Tournef. Inst. 662.
Cerasus pleno flore. J. B. Hist. 1. lib. 2. pag. 223.
Cerasus multiflora prima. Tabern. Ic. 983.

Cette variété est tout-à-fait stérile, toutes les étamines étant changées en pétales, et le pistil en petites feuilles vertes qui occupent le centre de la fleur. Celle-ci est moins large et moins belle que celle du Merisier de même nom; mais comme l'arbre s'élève beaucoup moins, et qu'on peut le tenir en buisson, il se trouve propre à occuper, dans un jardin d'ornement, des places qui ne pourroient convenir au Merisier. Le Cerisier à fleur double se greffe ordinairement sur le Bois de Sainte-Lucie.

Var. 3. Cerisier à fleurs de Pêcher.
Cerasus hortensis flore roseo. Bauh. Pin. 450. Tournef. Inst. 626.
Cerasus multiflora secunda. Tabern. Ic. 984.

Cette variété n'est remarquable que par la couleur de ses fleurs qui sont roses, au lieu d'être blanches.

Var. 4. Cerisier à feuilles panachées.

Ce Cerisier se cultive, avec les trois précédens, dans quelques jardins d'agrément, mais en général ces variétés sont aujourd'hui peu recherchées; elles deviennent même rares, parce qu'on leur préfère une multitude d'arbres et d'arbrisseaux qui, depuis trente ans, ont été apportés de l'Amérique et de la Nouvelle-Hollande.

Var. 5. Cerisier nain à fruit rond précoce. Duham. Arb. Fr. vol. 1. pag. 168. pl. 3. Roz. Dict. 2. pag. 643. pl. 26. fig. 1.
Cerasus pumila, fructu rotundo, minimo, acido, præcociori. Duham. l. c.

De toutes les variétés du Cerisier celle-ci est la plus petite, car l'arbre ne s'élève guère qu'à six ou huit pieds lorsqu'on le laisse venir en plein vent, et il devient encore moins haut si on le met en espalier. Il est, pour cette raison et à cause de la flexibilité de ses rameaux, plus propre que tous les autres Cerisiers à être tenu en palissades, aussi est-ce de cette manière qu'on le cultive le plus ordinairement. La seule chose qui donne quelque valeur au fruit de ce petit Cerisier, c'est qu'il est très-précoce, il mûrit dès la fin de mai ou au commencement de juin; mais il est d'une grosseur moindre que tous les autres, et sa chair est peu abondante, très-acide, même un peu acerbe. La couleur de sa peau est rouge. On peut le greffer sur les drageons du Cerisier commun, ou sur de jeunes pieds venus de noyau; mais plus souvent, on préfère le placer sur l'arbre de Sainte-Lucie, afin qu'il reste bas, et au contraire on évite de le mettre sur le Merisier, sur lequel il s'élèverait trop.

On cultive beaucoup de Cerisiers nains à Montreuil, près de Paris; leurs premiers fruits, qui paraissent avant toutes les autres Cerises, servent à faire de petits bouquets que les marchandes garnissent de feuilles de Muguet, pour leur donner un aspect plus agréable, et dont les enfans s'amusent et se régalent.

Var. 6. Cerisier hâtif. Duham. Arb. Fr. vol. 1. pag. 170. pl. 4. Roz. Dict. 2. pag. 643. pl. 24. fig. 2.
Cerasus sativa, fructu rotundo, medio, rubro, acido, præcoci. Duham. l. c.

Cet arbre s'élève beaucoup plus que le Cerisier nain (Var. 5), mais moins que la plupart des suivans; il ne forme qu'une tête peu étendue et il laisse pendre ses branches, surtout quand celles-ci sont très-chargées de fruit, ce qui arrive assez ordinairement, car il est d'un grand rapport : il n'est pas rare de voir réunis en une seule ombelle les pédoncules de six à huit fruits. Ce Cersier étant très-fécond et ses fruits très-hâtifs, on en cultive beaucoup aux environs de Paris, et il fournit les premières Cerises aux marchés de cette capitale ; mais on en mange les trois-quarts avant qu'elles soient vraiment mûres, parce que les gens de la campagne, pour profiter de la valeur qu'elles ont comme hâtives, se pressent de les cueillir dès que leur peau est teinte d'un rouge clair ; alors leur chair est très-acide et de mauvais goût : si au contraire on les laissait bien mûrir, la peau deviendrait d'un rouge assez foncé, la chair serait plus douce et beaucoup meilleure ; mais aussi elles auraient perdu le mérite de la nouveauté.

Var. 7. Cerisier Marasquin, Griottier Marasquin.

Cet arbre vient de la Dalmatie, et il est cultivé à Paris dans quelques jardins, entre autres chez M. Cels. On pourrait croire, dit M. Bosc, que c'est le type sauvage des Cerisiers ; mais il faudrait avoir, sur la manière dont il croît dans son pays natal, des renseignemens plus certains que ceux que nous avons. Son fruit est petit et acide.

Var. 8. Cerise à trochet. Pl. 10. Fig. A. Cerisier très-fertile, Cerisier à trochet. Duham. Arb. Fr. vol. 1. pag. 175.
Cerasus sativa, multifera, fructu rotundo, medio, saturè rubro. Duham. l. c.

La hauteur de cet arbre est moyenne entre celle du Cerisier nain et celle du Cerisier hâtif. Ses Cerises sont d'une grosseur médiocre, d'un rouge foncé lors de la parfaite maturité ; leur chair est délicate, mais un peu trop acide. Cet arbre charge beaucoup, et il porte souvent une si grande quantité de fruits, que les rameaux, qui sont longs et menus, se courbent et succombent quelquefois sous le poids, ce qui rendroit son port désagréable dans la saison du fruit, si, comme dit Duhamel, un Cerisier dont les branches ressemblent à autant de guirlandes de Cerises pouvoit déplaire à la vue.

Var. 9. Cerise à bouquet. Pl. 10. Fig. B. Cerisier à bouquet. Duham. Arb. Fr. vol. 1. pag. 176. pl. 6. Roz. Dict. 2. pag. 645. pl. 26. fig. 2.
Cerasus sativa fructus rotundos, acidos, uno pediculo, plures ferens. Duham. l. c.
Cerasus racemosa hortensis. Bauh. Pin. 450. Tournef. Inst. 626.
Cerasus uno pediculo plura ferens. J. B. Hist. 1. lib. 2. pag. 223.
Cerasia uno pediculo plura. Tabern. Ic. 987.
Prunus Cerasus avium. Lin. Sp. 679. var. 1.

Cet arbre a le port du précédent ; il est, comme lui, très-fertile, fort touffu ; ses branches sont de même, faibles et pendantes, mais ses fleurs ont un caractère particulier, caractère qui serait suffisant pour en faire une espèce bien distincte, si ce Cerisier se trouvait sauvage dans les forêts, et si l'on n'était pas porté à croire que la singularité qu'il présente n'est qu'une monstruosité. Ses fleurs sont disposées, comme dans les autres variétés, en ombelles assez fournies ; il n'est pas rare d'en voir quatre à six sortir du même bouton. Les calices et les pétales n'offrent rien de particulier, mais le centre de la fleur est occupé par plusieurs pistils, un à douze, dont une partie avorte ordinairement, mais dont plusieurs se développent et deviennent des fruits parfaits. Ces fruits, au nombre de trois, quatre, cinq et plus, sont sessiles à l'extrémité de leur pédoncule, fort serrés es uns contre les autres, comprimés par les côtés où ils se touchent, mais bien distincts, nullement adhérens ensemble, et munis chacun d'un noyau. Duhamel dit que ce n'est que sur les vieux arbres qu'on trouve des bouquets de huit à douze Cerises, et que sur les jeunes le même pédoncule ne porte qu'une, deux, trois ou au plus cinq Cerises. Ce fruit mûrit vers le milieu de juin : sa chair est blanche, mais trop acide pour qu'on puisse la manger autrement qu'en compote ou glacée de sucre.

Les auteurs qui ont parlé de cet arbre vraiment singulier, ne disent pas s'il se propage autrement que par la greffe : s'il se reproduisait de noyaux, et qu'il présentât ce caractère constant de Polygynie, on pourroit croire qu'il est une espèce distincte : il resterait à savoir dans quel pays elle est spontanée, et par qui elle a été introduite dans les jardins.

Var. 10. CERISE à noyau tendre. DUHAM. Arb. Fr. vol. 1. pag. 174.
Cerasus vulgaris, fructu rotundo, nucleo fragili. DUHAM. l. c.

« Quoique plusieurs livres d'agriculture fassent mention de Cerises sans noyau,
» et même proposent avec confiance les moyens d'en avoir de telles, je doute
» de l'existence de la chose et du succès des moyens de la produire. Ce Cerisier-ci
» est une variété du Cerisier commun, dont le fruit a environ huit lignes de
» diamètre et autant de hauteur. Sa queue est très-menue, longue de treize ou
» quatorze lignes. Son noyau est ligneux, mais fort mince et facile à rompre. » DUH.

La Cerise à noyau tendre, dont parle Duhamel, a beaucoup de rapports avec la Cerise de Hollande, et pourrait bien n'en être qu'une sous-variété. L'arbre porte beaucoup de fruit, mais il est de médiocre qualité.

Var. 11. CERISE à courte queue, GOBET. PL. 12. FIG. B. LE BERR. Traité des Jard. 1. pag. 244.
Cerasus sativa, fructu rotundo, acido, brevi pediculo. LE BERR. l. c.

« L'arbre, dit l'auteur du Nouveau La Quintinye (1), ressemble beaucoup au CERISIER hâtif, par sa taille, son bois menu et pendant, la grandeur et la forme de ses feuilles. Son fruit, de grosseur un peu plus que médiocre, (neuf lignes de diamètre sur huit de hauteur) est sphérique, applati par les extrémités, souvent divisé sur un côté, suivant sa hauteur, par une gouttière profonde ; d'un rouge clair, qui se fonce peu dans l'extrême maturité ; porté par une queue longue de six à huit lignes ; un peu trop relevé d'acide. Sa maturité est vers la mi-juillet. Rarement l'arbre charge beaucoup. »

Var. 12. CERISE de Montmorency, ordinaire. PL. 6. CERISIER de Montmorency. DUHAM. Arb. Fr. vol. 1. pag. 181.
Cerasus sativa, fructu rotundo, magno, rubro, gratè acidulo. DUHAM. l. c.

Cet arbre ressemble beaucoup au CERISIER hâtif, par sa taille, son port, ses feuilles, sa fertilité, etc. Le fruit est moins gros que celui du GROS-GOBET, et porté sur des pédoncules plus longs, ils ont quinze à seize lignes ; sa peau est d'un rouge foncé lors de la parfaite maturité ; sa chair est blanche, pas trop acide et d'un goût agréable. Cette Cerise mûrit au commencement de juillet. On la cultive aux environs de Paris, de préférence au Gros-Gobet, quoiqu'elle lui soit inférieure en grosseur et en bonté, parce que l'arbre est d'un grand rapport et plus hâtif. Les cultivateurs

---

(1) Nous avons annoncé à nos lecteurs la cession qui nous a été faite des dessins et des manuscrits que M. LE BERRIAYS avoit destinés pour les tomes III et IV du Traité des ARBRES FRUITIERS, de DUHAMEL ; mais cet agronome estimable ayant fait imprimer dans son *Traité des Jardins* une partie de ces mêmes manuscrits, au lieu de faire mention de ceux-ci, on a cité et on citera toujours le *Traité des Jardins* ou LE NOUVEAU LA QUINTINYE.

(Note de l'Editeur.)

trouvent par-là plus d'avantage à le planter que le suivant, qui, comme ils le disent, ne donne son fruit que lorsque les Parisiens sont rassasiés de Cerises. Au reste, le Cerisier de Montmorency n'est pas aujourd'hui plus commun dans la vallée de ce nom qu'ailleurs; il y est même devenu un peu rare depuis la révolution, époque funeste, pendant laquelle on a abattu et arraché une grande partie des arbres qui bordaient les chemins et qui couvraient la plupart des champs de ce canton. Aujourd'hui on cultive plus de Cerisiers aux environs des villages de Sceaux, de Fontenay-aux-Roses et de Châtillon qu'à Montmorency; mais les fruits y sont, en général, inférieurs en qualité à ceux de la vallée autrefois si renommée, et l'on a conservé à Paris l'usage de nommer Cerises de Montmorency, non - seulement l'espèce qui porte particulièrement ce nom, mais encore la plupart des bonnes Cerises.

Var. 13. Gros - Gobet, Gobet à courte queue, Cerise de Kent. Pl. 12. Fig. A. Cerisier de Montmorency, à gros fruit. Duham. Arb. Fr. vol. 1. pag. 180. pl. 8. Roz. Dict. 2. pag. 646. pl. 24. fig. 3.
Cerasus sativa, fructu rotundo, majore, acuté et splendidé rubro, brevi pediculo. Duham. l. c.

Ce Cerisier donne beaucoup de fleurs, mais il noue difficilement son fruit, et n'en rapporte ordinairement que peu, ce qui l'a fait nommer par quelques cultivateurs Cerisier coulard. Ce fruit, porté sur un pédoncule très-court (de cinq à sept lignes), est gros, applati à sa base et à son extrémité opposée; son diamètre est de onze lignes et sa hauteur d'un peu plus de huit; sa peau est d'un rouge vif et brillant, peu foncé; sa chair, d'un blanc jaunâtre, est peu acide, très-agréable. Cette excellente Cerise, une des meilleures qu'on puisse cultiver, n'est que peu répandue, pour les raisons que nous avons déjà données; on ne la trouve guère dans les grands vergers, on ne la rencontre que dans les jardins de quelques particuliers qui préfèrent la qualité d'un fruit à sa quantité. Elle mûrit vers le milieu de juillet.

** *Fruits dont la chair est blanchâtre, et la saveur douce ou à peine acide.*

Var. 14. Cerise de Villennes, Guindoux (1) rouge. Pl. 7.
Cerisier à gros fruit rouge pâle. Duham. Arb. Fr. vol. 1. pag. 182. pl. 9. Roz. Dict. 2. pag. 646. pl. 24. fig. 4.
Cerasus sativa, fructu rotundo, majore, dilutiùs rubro, gratissimi saporis vix aciduli. Duham. l. c.

Cet arbre est un des plus grands de toutes les variétés du Cerisier vulgaire, et il soutient mieux ses branches que la plupart des autres. Ses bourgeons sont une fois plus gros que ceux du Gros-Gobet. Ses feuilles sont terminées par une pointe alongée et aiguë. Son fruit a onze lignes de diamètre sur dix de hauteur; il est porté par un pédoncule bien nourri, long de dix à seize lignes. La peau est fine, teinte de rouge clair. La chair, blanche, succulente, légèrement acide, a un goût très-agréable. Cette belle Cerise est une des meilleures qu'on puisse manger crue, et on doit la préférer à toute autre pour faire des confitures : elle mûrit à la fin de juin et au commencement de juillet.

---

(1) Dans plusieurs provinces de France, le Cerisier se nomme *Guin*, et les Cerises *Guines*. Si ce sont des variétés sans acide dans leur maturité, telles que les Griottes et quelques autres, les Cerises se nomment *Guindoux* ou *Guindoles*, et les arbres *Guindoliers*. *Guin* est un terme bas-breton, qui signifie Vin. Vraisemblablement on a donné ce nom au Cerisier, parce qu'on fait avec les Cerises une liqueur forte et vineuse; le bois même du Cerisier, mis vert dans le feu, exhale une odeur vineuse.   (*Note de* Le Berbiays, *Traité des Jardins.*)

Var. 15. Guindoux de Paris, Guindoux rose. Le Berr. Traité des Jardins. 1. p. 252.
Cerasus sativa, rotundo fructu, majore, rubello, suavissimo. Le Berr. l. c.

Ce Cerisier devient médiocrement grand, et il soutient mal ses branches. Ses fruits sont de la même grosseur que ceux du précédent, et ils mûrissent un peu plutôt : leur peau est teinte d'un rouge encore plus clair, comme couleur de rose ; la chair est douce et excellente.

Var. 16. Cerisier de Hollande, Coulard. Duham. Arb. Fr. vol. 1. pag. 184. pl. 10. Roz. Dict. 2. pag. 647. pl. 26. fig. 3.
Cerasus sativa, paucifera, fructu rotundo, magno, pulchrè rubro, suavissimo. Duham. l. c.

Cette variété est la plus grande de toutes les espèces du Cerisier commun ; elle donne beaucoup de fleurs, mais peu de fruits. Une grande partie des fleurs avorte, sans doute parce que le pistil est beaucoup plus long que les étamines, ce qui s'oppose à ce que celles-ci puissent féconder les germes avec facilité. C'est dommage que cet arbre ait cet inconvénient, et que pour cela il soit négligé, car ses Cerises sont grosses et excellentes. Leur pédoncule a quinze à vingt lignes de longueur ; leur peau est d'un beau rouge, et la chair fine, douce, d'un blanc un peu rougeâtre. Le tems de leur maturité arrive à la fin de juin.

Le Cerisier à feuilles de Saule ou de Balsamine n'est qu'une sous-variété du précédent, caractérisée par des feuilles plus alongées et plus étroites, mais dont le fruit ne diffère nullement. Il mérite d'être cultivé à cause de la singularité de son feuillage, et surtout parce qu'il donne de bons fruits, car la forme de ses feuilles n'est pas tellement constante qu'elle ne change jamais, et il arrive quelquefois, lorsqu'un arbre pousse avec beaucoup de vigueur, que plusieurs rameaux portent des feuilles semblables à celles des autres Cerisiers.

Var. 17. Cerise Royale, hâtive ; May-Duke ; Cerise d'Angleterre aux environs de Paris.
Cerasus sativa, rotundo fructu, magno, gratissimo, præcoci. Le Berr. Traité des Jard. 1. pag. 248.

Cet arbre a le bois fort gros, et il soutient bien ses branches. Son fruit a souvent plus de deux pouces et demi de tour, sur près de neuf lignes de hauteur, il est comprimé à ses deux extrémités ; le pédoncule est assez alongé, muni d'une petite feuille vers le tiers de sa longueur ; la peau est d'un beau rouge qui devient très-foncé dans la parfaite maturité ; la chair est blanche, un peu rouge lorsque le fruit est très-mûr, fondante, très-peu acide et fort agréable. Cette Cerise n'est pas sujette à couler ; elle mûrit au commencement de juin, lorsqu'elle est en espalier à l'exposition du midi.

Var. 18. Cerise ambrée, Guindoux blanc. Pl. 8. Fig. B. Cerisier à fruit ambré, à fruit blanc. Duham. Arb. Fr. vol. 1. pag. 185. pl. 11.
Cerasus sativa, fructu rotundo, magno, partim rubello, partim succineo colore. Duham. l. c.

Ce Cerisier est un des plus grands de toutes les variétés de l'espèce, et il soutient bien ses branches qui sont très-longues ; il donne beaucoup de fleurs, mais qui sont sujettes à avorter. Les fruits sont gros, bien arrondis à leur extrémité, un peu applatis à leur base, portés sur des pédoncules de quinze à vingt - quatre lignes de longueur. Leur peau est fine, un peu dure, d'un jaune d'ambre, légèrement teinte de rouge par places, lors de la maturité, et sur-tout du côté exposé au soleil. La chair est blanche, douce, sucrée, excellente. Cette Cerise mûrit au milieu de juillet ; elle est peu répandue, elle mériterait, plus qu'aucune autre, d'être cultivée à cause de sa bonté, si, comme nous l'avons dit, elle n'avait le défaut de nouer difficilement.

Il y a une autre Cerise qui porte le nom d'ambrée ; elle est beaucoup plus petite que celle dont il vient d'être question, et elle lui est aussi très-inférieure du côté du goût ; le seul avantage qu'elle ait, c'est d'être beaucoup plus précoce : elle mûrit au commencement de juin.

Var. 19. Grosse GUINDOLLE. Le BERR. Traité des Jard. 1. p. 253.

Cerasus sativa, rotundo fructu, majore, compresso, diluté rubro Le BERR. l. c.

« Ce Cerisier, cultivé dans les environs de Poitiers, dit l'auteur du *Traité des Jardins*, n'a aucun caractère propre. Ses feuilles, de grandeur médiocre, sont élargies, dentelées assez profondément et surdentelées. Ses fruits, portés par des queues longues de dix-huit lignes, implantées dans une cavité peu large et peu profonde, sont gros, applatis par les extrémités, n'ayant que neuf lignes de hauteur, sur près d'un pouce de diamètre, d'un beau rouge clair. Leur chair est blanche, très-fondante, et leur eau abondante, douce et relevée. Ils mûrissent, en espalier, au commencement de juillet. »

Var. 20. CERISE doucette, BELLE DE CHOISY. Pl. 11. GRIOTTIER de Palembre.

Cerasus sativa, fructu rotundo, magno, diluté rubro, dulcissimi et suavissimi saporis.

Le Cerisier de Choisy s'élève à une hauteur moyenne ; il soutient bien ses rameaux et forme une tête assez arrondie. Ses feuilles sont ovales, très-larges. Son fruit, porté sur un long pédoncule, est d'une bonne grosseur, couvert d'une peau d'un rouge tendre ou presque couleur de rose, si mince qu'elle est souvent transparente, ainsi que la chair, de manière qu'on peut voir le noyau à travers. Ce fruit est fondant, sucré, pas du tout acide, très-délicat, excellent enfin, et peut-être le meilleur de ce genre, qu'on puisse manger ; il mûrit en juillet. Les oiseaux en sont si friands, qu'ils le mangent avec avidité, et qu'il est difficile de le préserver de leur voracité, si l'arbre n'est pas planté près d'une habitation.

Ce Cerisier est venu de semis faits à Choisy par M. Gondouin, qui le premier l'a fait connaître. Louis XV, qui aimait beaucoup les bonnes Cerises, l'avait fait multiplier dans tous ses jardins, mais il y est devenu rare aujourd'hui, et il est en général peu répandu ; il est même probable qu'il ne sera jamais cultivé en grand dans la campagne ; car, outre l'inconvénient de pouvoir difficilement préserver ses fruits de l'avidité des oiseaux, cet arbre en a un autre fort grand pour le commun des cultivateurs, c'est qu'il charge très-peu, quoiqu'il donne beaucoup de fleurs ; mais un propriétaire amateur de Cerises, qui considérera beaucoup plus la qualité d'un fruit que son abondance, ne devra jamais négliger de faire planter le Cerisier de Choisy dans son jardin.

*** *Fruits dont la chair est rougeâtre.*

Les Cerisiers de cette section portent en général le nom de GRIOTTIERS ; leurs fruits, qu'on appelle GRIOTTES, sont d'un rouge très-foncé ou presque noirs ; ils ont la peau moins tendre, la chair plus ferme, moins fondante que celle des Cerises proprement dites, et cette chair est plus ou moins colorée en rouge, acide dans les cinq premières variétés, douce dans toutes les autres, mais toujours avec une petite pointe d'amertume.

Les Griottiers donnent en général une grande quantité de fleurs ; mais lorsque le tems n'est pas beau pendant la floraison, qu'il fait froid ou qu'il tombe de grandes pluies, la plupart des fleurs avortent et les arbres portent très-peu de fruit ; il est

5.

même des variétés qui n'en donnent jamais qu'en petite quantité, quelle que soit la saison.

Var. 21. Grosse Griotte noire, tardive. Pl. 14. Fig. A. Cerisier à gros fruit noir, tardif. Le Berr. Traité des Jardins. 1. pag. 245.
Cerasus sativa, rotundo fructu, maximo, nigricante, serotino. Le Berr. l. c.

L'auteur du *Traité des Jardins* place cet arbre parmi les Cerisiers proprement dits, sans-doute parce que son fruit est très-acide et même amer; mais il nous semble que sa couleur doit le rapprocher des Griottiers. « Cet arbre, dit cet auteur est d'une taille médiocre, bien garni de bois menu qui se soutient mal, et dont il périt beaucoup lorsqu'il n'est pas taillé. Ses feuilles sont petites, finement dentées et presque aussi aiguës vers le pétiole qu'à la pointe. Ses fruits, attachés à des pédoncules très-longs (de deux à deux pouces et demi), sont bien arrondis par la tête et sur leur diamètre, peu applatis vers la base. Ils sont lents dans leur accroissement, mais ils acquièrent jusqu'à trente-huit lignes de circonférence. La peau devient d'un rouge très-foncé, presque noir; la chair est rouge, pleine d'eau très-acide et amère, que l'extrême maturité corrige un peu. En espalier au nord, ces Cerises se conservent bien jusqu'en octobre; ce qui, joint à la beauté, peut leur mériter quelque considération ».

Var. 22. Griotte du Nord, Cerise du Nord. Pl. 5. Fig. B.
Cerasus sativa, fructu rotundo, magno, rubro, acido et subamaro, serotino.

Cette Griotte paraît avoir beaucoup de ressemblance avec la précédente, peut-être même qu'elle n'en est que peu ou pas du tout différente; elle est, comme elle, fort tardive, et ne mûrit qu'au mois de septembre. Elle est portée sur un pédoncule d'un pouce et demi à deux pouces; sa forme est presque sphérique, son diamètre étant de onze lignes et sa hauteur de dix; sa peau est d'un rouge foncé ainsi que sa chair. Ce fruit est beau, il acquiert quelquefois la grosseur d'une moyenne Prune de Reine-Claude; mais il est très-acide, même un peu amer.

Il y en a une sous-variété qui est beaucoup plus agréable, en ce qu'elle est plus douce et moins amère.

Ce Cerisier est encore rare aux environs de Paris; il est au contraire très-répandu dans le nord. En Hollande, c'est presque le seul qu'on cultive en grand; il est aussi cultivé avec beaucoup de succès dans la Belgique. Son fruit est employé, dans ces deux pays, à faire des confitures, et sur-tout une espèce de vin qui est très-agréable, et dont les particuliers aisés font une assez grande consommation. Les Hollandais ont tiré cet arbre de la Russie.

Var. 23. Griotte à ratafia. Cerisier à petit fruit noir. Duham. Arb. Fr. vol. 1. pag. 189.
Cerasus vulgaris, fructu rotundo, parvo, atro-rubente, subacri et subamaro, serotino. Duh. l. c.

Les branches de cet arbre s'élèvent assez droites et sans confusion. Ses feuilles, de médiocre grandeur, se soutiennent bien sur leur pétiole. Les divisions du calice des fleurs sont dentées comme dans la plupart des Cerises vulgaires venues de noyau. Le fruit est petit, il n'a que sept à huit lignes de diamètre, sur six à sept de hauteur; sa peau est épaisse, d'un rouge obscur presque noir; sa chair est aussi d'un rouge foncé, âcre et amère lors de la parfaite maturité, qui arrive au mois d'août. Il est rare qu'on mange cette Griotte; on ne l'emploie guères que pour la composition des ratafias et pour faire du vin de Cerises.

Var. 24. Petite Griotte à ratafia. Cerisier à très-petit fruit noir. Duham. Arb. Fr. vol. 1. p. 190.
Cerasus vulgaris, fructu rotundo, minimo, atro-rubente, acri et amaro, serotino. Duham. l. c.

Cette Griotte est plus petite que la précédente; son pédoncule est plus long et souvent muni d'une petite feuille à la base ; sa peau est de même d'un rouge foncé, et sa chair a encore plus d'acidité, d'âcreté et d'amertume. On l'emploie aux mêmes usages ; elle est plus tardive, sa maturité n'arrive qu'à la fin d'août.

Var. 25. Griotte d'Allemagne, Griotte de Chaux. Griottier d'Allemagne. Duham. Arb. Fr. vol. 1. pag. 192. pl. 14. Roz. Dict. 2. pag. 648. pl. 27. fig. 3.
Cerasus sativa, fructu subrotundo, magno, è rubro nigricante. Duham. l. c.

Les branches de ce Griottier sont menues, alongées et se soutiennent mal. Ses feuilles sont élargies et ses fleurs s'ouvrent médiocrement. Son fruit, porté sur un pédoncule de quinze à vingt lignes, en a onze de diamètre, sur presque autant de hauteur ; il est couvert d'une peau d'un rouge-brun tirant sur le noir, et sa chair est d'un rouge foncé. Cette Griotte est belle, c'est dommage qu'elle soit sujette à couler et trop acide, même aigre lorsqu'elle est cultivée dans un terrein froid et humide ; elle mûrit vers le milieu de juillet.

Var. 26. Griotte commune. Griottier. Duham. Arb. Fr. vol. 1. pag. 187. pl. 12. Roz. Dict. 2. pag. 647. pl. 27. fig. 1.
Cerasus sativa, fructu rotundo, magno, nigro, suavissimo. Duham. l. c.

Cet arbre est grand, il porte bien son bois, et charge beaucoup ; c'est un des plus intéressans à multiplier pour le produit. Son fruit est de moyenne grosseur, comprimé à la base, porté sur un pédoncule de dix-huit à vingt-quatre lignes de longueur ; il a neuf à dix lignes de diamètre, sur huit lignes ou un peu plus de hauteur ; sa peau est luisante, d'un rouge foncé, presque noire lors de l'extrême maturité ; sa chair est de la même couleur, très-douce et très-agréable. Cette Griotte, qui mûrit vers le milieu de juillet, est un excellent fruit.

Var. 27. Grosse Griotte. Le Berr. Traité des Jard. vol. 1. pag. 254.
Cerasus sativa, rotundo fructu, magno, nigro, suavissimo. Le Berr. l. c.

Cette Griotte ressemble à la précédente, mais elle mûrit un peu plutôt, et elle est plus grosse. Sa peau est fine, noire et luisante ; sa chair, d'un rouge très-foncé, est ferme, douce et d'un goût agréable.

Var. 28. Griotte Royale. Pl. 13. Fig. B. Cherry-Duke. Duham. Arb. Fr. vol. 1. pag. 193. pl. 15.
Cerasus sativa, multifera, fructu rotundo, magno, è rubro subnigricante, suavissimo. Duh. l. c.

Cet arbre, de moyenne grandeur, soutient ses branches plus mal qu'aucun autre Cerisier, mais il est ordinairement d'un très-grand rapport. Les fruits, portés sur des pédoncules assez courts, sont un peu comprimés à la base et au sommet ; ils ont environ dix lignes de diamètre, sur huit de hauteur ; leur peau est d'un rouge foncé tirant sur le noir, et leur chair rouge, ferme, douce, quelquefois même un peu trop fade : ils mûrissent vers le milieu de juillet.

Var. 29. Griotte de Poitou. Pl. 12. Fig. C. Guindoux de Poitou. Le Berr. Tr. des Jard. 1. p. 252.
Cerasus sativa, rotundo fructu, majore, nigricante, suavissimo. Le Berr. l. c.

« Ce Guindolier, dit Le Berriays dans son *Traité des Jardins*, devient un peu plus grand que le Cerisier de Villennes (Var. 14) ; ses branches sont moins nombreuses, mais un peu plus grosses ; ses feuilles sont beaucoup plus grandes, plus élargies, garnies de dents plus grandes et plus profondes. Son fruit, à peu près de même grosseur et de forme semblable, est lavé d'un rouge clair dans son premier degré de maturité, mais il devient ensuite d'un rouge très-foncé, moins noir cependant que les autres Griottes. Sa chair est aussi d'un rouge foncé, tendre, remplie d'eau d'un goût relevé et excellent. Son noyau est petit, sa queue assez grosse et médiocrement longue. Il mûrit à la fin de juin. » Cet arbre a, comme les autres Griottiers, le défaut de donner peu de fruit, même en espalier.

Var. 3o. Griotte de Portugal. Pl. 16. Fig. B. Griottier de Portugal. Duham. Arb. Fr. vol. 1. pag. 190. pl. 13. Roz. Dict. 2. pag. 648. pl. 27. fig. 2.
Cerasus sativa, fructu rotundo, maximo, è rubro nigricante, sapidissimo. Duham. l. c.

Cet arbre est vigoureux, de moyenne grandeur et d'un assez bon rapport. Son fruit est très-gros, applati à sa base, à son sommet et sur un côté ; il a près d'un pouce sur son plus grand diamètre et huit à neuf lignes de hauteur ; il est porté sur un pédoncule d'une longueur moyenne, et assez gros, surtout dans la partie où s'attache le fruit. La peau est cassante, d'un rouge brun tirant sur le noir ; la chair, ferme, croquante, d'un rouge foncé, n'est pas acide, mais elle a une légère amertume qui ne l'empêche pas d'être très-agréable, excellente même au goût de beaucoup de personnes, qui estiment qu'elle est la meilleure de toutes les Cerises, comme elle est aussi une des plus grosses. Elle mûrit vers le milieu de juillet.

Var. 31. Griotte d'Espagne. Pl. 12. fig. D. Le Berr. Traité des Jard. 1. pag. 257.
Cerasus sativa, subcordato fructu, maximo, è rubro subnigricante. Le Berr. l. c.

Cette Griotte ressemble beaucoup à la précédente, dont elle n'est peut-être qu'une sous-variété ; elle est encore plus grosse, ayant quelquefois plus d'un pouce de diamètre, sur onze lignes de hauteur. « Elle est, dit Le Berriays, de forme alongée, moindre par la tête que vers le pédoncule, qui est fort gros et médiocrement long, un peu applatie sur son diamètre, mais moins cordiforme que la Cerise-Cœur (Var. 33). La peau est d'un rouge très-brun ou violet foncé tirant sur le noir, un peu lavé de bleu. La chair est rouge comme celle des Griottes, un peu ferme et moins fondante que celle des bonnes Cerises, douce et peu relevée. Ce beau fruit mûrit dans le commencement de juillet : s'il survient des pluies lorsqu'il est mûr, elles le font gercer et pourrir. »

Var. 32. Griotte - Guigne , Cerise d'Angleterre. Pl. 14. Fig. B. Cerise - Guigne. Duham. Arb. Fr. vol. 1. pag. 195. pl. 16. fig. 1. Roz. Dict. 2. pag. 649. pl. 27. fig. 4.
Cerasus sativa, multifera, fructu subcordato, magno, è rubro nigricante, suavissimo. Duham. l. c.

Ce Griottier devient assez grand, et il rapporte beaucoup. Ses fleurs sont grandes, disposées trois à cinq ensemble par ombelles, qui sont grouppées au nombre de dix à quinze à l'extrémité des rameaux. Ses fruits ont dix lignes de diamètre, sur neuf de hauteur ; ils sont plus gros à leur base qu'à leur sommet, et un peu applatis sur les côtés, ce qui leur donne la forme d'une grosse Guigne racourcie. Le pédoncule est grêle, long d'un pouce et demi à deux pouces. Lors de la parfaite maturité, qui arrive à la fin de juin, la peau devient d'un rouge foncé tirant moins sur le noir que dans la plupart des autres Griottes. La chair est rouge, douce, agréable, mais peu relevée. Cette variété est une des plus répandues.

Var. 33. Griotte-Coeur. Cerise-Coeur. Le Berr. Traité des Jard. 1. pag. 257.
Cerasus sativa, cordato fructu, magno, saturé rubro. Le Berr. l. c.

« Cet arbre, selon Le Berriays, devient assez gros, et son bois est de grosseur médiocre. Ses feuilles, d'une étoffe mince, dentelées finement et peu profondément, se soutiennent mal, étant portées par des queues faibles; elles ne sont pas fort grandes : la plupart sont de forme rhomboïdale, étant presque aussi étroites à leur naissance qu'à la pointe, qui est courte, et leur plus grande largeur étant vers le milieu. Le fruit, plus cordiforme qu'aucun de cette classe, a dix lignes de diamètre, sur neuf de hauteur, et il est applati sur les côtés. Sa peau est d'un rouge brun peu foncé, et sa chair rouge, médiocrement fondante, douce, relevée d'un peu d'amertume. Cette Griotte mûrit vers le milieu de juillet. »

Var. 34. Griotte de Prusse. Pl. 13. Fig. A. Cerise de Prusse. Le Berr. Traité des Jard. 1. p. 258. *Cerasus sativa, medio fructu, nigricante, dulcissimo, præcoci.* Le Berr. l. c.

Ce fruit, porté sur un pédoncule grêle et de quinze à dix-huit lignes de longueur, a rarement plus de neuf lignes de diamètre, sur huit de hauteur; il est un peu en cœur, creusé quelquefois sur un côté, par un sillon longitudinal. Sa peau est d'un rouge foncé, tirant sur le noir dans l'extrême maturité, et sa chair rouge, douce, agréable, moins ferme que celle de plusieurs autres Griottes, et moins fondante que celle de beaucoup de Cerises. En donnant à ce Griottier une bonne exposition, on peut jouir de ses fruits dès le milieu de juin.

Cet arbre n'est pas encore très-répandu, mais il mérite d'être multiplié, parce qu'il charge beaucoup, quoiqu'un peu moins que le Cerisier d'Angleterre (var. 32), et parce que son fruit peut être mis au rang des meilleurs de ce genre.

Var. 35. Cerise d'Italie, Cerise du Pape.

Depuis que les premières pages de l'article du Cerisier sont imprimées, M^r. N. Goix, propriétaire dans la vallée de Montmorency, nous a fait passer une note, que nous allons transcrire, sur une variété de Cerise qui nous paraît nouvelle. Elle n'appartient pas à la section des Griottes; mais elle paraît devoir être rangée dans celle des fruits à chair blanchâtre, dont la saveur est douce et à peine acide. « Pour satisfaire, autant que je le puis en ce moment (18 octobre 1809), à la demande que vous me faites de renseignemens sur le *Cerisier du Pape,* qui est venu d'Italie en France par succession de greffes, et que j'élève dans mon jardin à Montmorency, je vous dirai que cet arbre, ayant été greffé sur un Merisier, ressemble, par sa tige, à tous les Cerisiers; ses feuilles n'ont aussi rien de particulier. Quant au fruit, il est d'un beau rouge, bien arrondi, un des plus gros de toutes les Cerises que j'ai vues ; sa queue est fort longue, et sa chair ressemble à celle du Gros - Gobet, mais elle est plus ferme. Ce fruit n'est bien mûr que vers le 15 juillet, mais alors l'arbre offre une singularité, c'est d'avoir encore des Cerises toutes vertes, lorsque la majeure partie des autres est en maturité. M. Descemet, propriétaire et pépiniériste à St.-Denis près de Paris, a déjà multiplié mon Cerisier dans ses pépinières, et les amateurs peuvent dès à-présent se le procurer chez lui ».

18. CERASUS Chamæcerasus. *T.* 5. Fig. A. CERISIER à feuilles luisantes. *Pl.* 5. Fig. A.

C. umbellis sessilibus, paucifloris ; foliis deciduis, ovato-oblongis, crenatis, obtusiusculis, glaberrimis, vix glandulosis.

C. à ombelles sessiles, peu garnies de fleurs; à feuilles annuelles, ovales-oblongues, crenelées, obtuses, très-glabres, à peine glanduleuses.

Cerasus pumila. Bauh. Pin. 450.

Prunus Cerasus pumila. Lin. Sp. 679. Var. δ

Prunus Chamæcerasus. Jacq. Ic. rar. 1. tab. 90. Villd. Sp. 2. p. 990. Poir. Dict. 5. p. 673. Pers. Synop. 2. pag. 34.

5.

8

Chamœcerasus. Matth. Valgr. 236. Clus. Hist. 64. (*Malè quoad iconem.*)
Vulgairement Cerisier de Sibérie.

Linné n'avait regardé ce petit Cerisier que comme une variété du Cerisier vulgaire,
mais il est trop différent pour qu'on puisse croire ce rapprochement naturel, et c'est
avec raison que Jacquin et les auteurs qui l'ont suivi, l'ont séparé comme formant
une espèce distincte. Cet arbrisseau s'élève à trois ou quatre pieds au plus; il est très-
rameux, et forme un buisson très-touffu. Ses branches et son tronc sont couverts
d'une écorce grisâtre, avec quelques points bruns. Les rameaux sont garnis de feuilles
éparses, courtement pétiolées, ovales-oblongues, très-glabres des deux côtés, luisantes
en dessus, crenelées plutôt que dentelées en leur bord, et ordinairement obtuses,
quelquefois munies de glandes à peine visibles, d'autres fois en étant tout-à-fait
dépourvues. Les fleurs sont portées sur des pédoncules assez longs, solitaires, ou le
plus souvent réunies de deux à cinq en ombelles sessiles et axillaires; leurs
pétales sont petits, de couleur blanche. Il leur succède des fruits d'un rouge vif,
globuleux, de la grosseur de nos plus petites Cerises, et dont la chair est rouge,
très-acide, n'ayant cependant rien de désagréable lors de la parfaite maturité.

Ce petit Cerisier fleurit à la fin d'avril ou au commencement de mai; ses fruits
mûrissent deux mois après. Il croît naturellement dans les lieux secs et sur les collines,
en Autriche, en Moravie, en Hongrie, en Moldavie, etc. On le cultive dans quelques
jardins : il fait, au printems, un assez joli effet dans les bosquets, lorsqu'il est en fleur;
à la fin de l'été, il a encore un aspect fort agréable, que lui donnent ses feuilles luisantes et ses fruits rouges, dont souvent il reste chargé pendant assez long-tems, parce
qu'on ne les recueille pas pour les manger, et que les oiseaux n'en sont pas friands.
Il est susceptible d'être taillé au ciseau, et de prendre toutes les formes qu'on voudra
lui donner; mais nous croyons que si on voulait le rendre utile, ce serait surtout en
le faisant servir de sujet pour greffer les bonnes espèces de Cerises. Nulle autre espèce
ou variété, ne nous paraît aussi propre que ce petit arbrisseau pour former des Cerisiers nains, qu'on pourrait toujours, avec facilité, tenir dans des pots ou dans des
caisses, et qui seraient principalement utiles pour les jardins de peu d'étendue, dans
lesquels on ne plante guère la plupart des Cerisiers ordinaires, parce qu'ils occupent
trop de terrein. Peut-être pourrait-on obtenir, par ces greffes ou par quelqu'autre
procédé qu'on pourrait imaginer selon le besoin, une race constante de Cerisiers nains,
qui seraient dans ce genre, ce que sont les *Paradis* dans celui du Pommier. Nous ne
croyons pas qu'aucun essai de cette nature ait encore été tenté; mais comme les pro-
babilités paraissent être pour la réussite, nous engageons les amateurs et les cultivateurs à ne pas négliger d'en faire.

Le Cerisier à feuilles luisantes se multiplie par ses noyaux, que l'on sème en pleine
terre; sa culture n'exige aucun soin particulier.

19. CERASUS intermedia.   CERISIER moyen.

C. foliis ovatis, glabris, serratis; serraturis   C. à feuilles ovales, glabres, dentées en scie;
infimis glandulosis; umbellis sessilibus; pe-   les dentelures inférieures glanduleuses; à pé-
dunculis folio longioribus.   doncules plus longs que les feuiles, réunis
                                                  en ombelles sessiles.

PRUNUS *intermedia.* Poir. Dict. 5. pag. 674.
Prunus fruticosa. Pall. Ross. 1. pag. 19. tab. 8. B. Gmel. Sib. 3. pag. 171.
Prunus chamœcerasus. 6. Willd. Sp. 2. pag. 990.

Ce Cerisier est un petit arbrisseau qui paraît tenir le milieu entre l'espèce précédente et la suivante. Ses tiges et ses rameaux sont redressés, couverts d'une écorce lisse, grisâtre ou d'un brun rougeâtre. Ses feuilles, portées sur des pétioles courts et presque capillaires, sont alternes, ovales, petites, glabres, d'un verd plus foncé en dessus qu'en dessous, bordées de dents très-fines, dont les inférieures sont glanduleuses. Les pédoncules qui soutiennent les fleurs sont glabres, filiformes, presqu'une fois plus longs que les feuilles, réunis de trois à six en une ombelle sessile. Les pétales sont ovales-oblongs, les divisions du calice réfléchies, les fruits petits et ovoïdes.

On cultive cet arbrisseau dans quelques jardins; il est originaire de la Sibérie, s'il est le même que le *Prunus fruticosa* de Pallas.

20. CERASUS pumila.

C. floribus subumbellatis; umbellis sessilibus, paucifloris; pedunculis folio brevioribus; foliis obovato-lanceolatis, remoté denticulatis, glabris, subtùs glaucescentibus; fructibus ovalis.

CERISIER nain.

C. à ombelles sessiles, peu garnies de fleurs; à feuilles ovales-lancéolées, plus longues que le pédoncule, glabres, glauques en dessous, munies de quelques dentelures écartées; à fruits ovoïdes.

CERASUS *pumila*. Mich. Flor. Boreal. Amer. 1. pag. 286.

Cerasus Canadensis. Mill. Ic. tab. 89. Fig. 2. et Dict. n°. 5.

Cerasus pumila, Canadensis, oblongo-angusto folio, fructu parvo. Duh. Arb. et Arbust. 1. pag. 149.

Prunus pumila. Lin. Mant. 75. Willd. Sp. 2. pag. 990. et Arb. 244. Poir. Dict. 5. p. 673. Pers. Synop. 2. pag. 34.

Prunus sylvestris humilior, fructu rubro, præcoci, minore, radice reptatrice. Gron. Virg. 2. pag. 76.

Vulgairement Ragouminier, Nega ou Minel du Canada.

Les racines de ce petit Cerisier sont rampantes. Ses tiges, ordinairement couchées, se divisent en plusieurs rameaux recouverts d'une écorce rougeâtre, et garnis de feuilles alternes, rapprochées les unes des autres, ovales-lancéolées ou ovales-renversées, oblongues, rétrécies en pétiole à leur base, glabres, glauques en dessous, bordées de quelques dents courtes et écartées. Les fleurs, portées sur des pédoncules deux fois plus courts que les feuilles, sont réunies de deux à quatre, en ombelles sessiles le long des rameaux. Les pétales sont blancs, ovales, oblongs, les fruits petits, ovoïdes, noirs.

Le Ragouminier croît spontanément dans les lieux sabloneux, au bord des lacs, dans le Canada et autres contrées froides de l'Amérique septentrionale, où l'on mange ses fruits. On le cultive dans quelques jardins; il fleurit à la fin d'avril ou au commencement de mai; ses Cerises sont mûres au mois de juillet : les oiseaux en sont assez friands, quoiqu'elles soient un peu amères. Cet arbuste peut se propager de noyaux ou de marcottes; mais, plus ordinairement, on le multiplie en le greffant sur quelque autre espèce de Cerisier ou de Prunier à haute tige, ce qui donne le moyen de l'élever en arbre de six à sept pieds de haut. Comme il est d'un pays plus froid que la France, il brave, en pleine terre, les hivers les plus rigoureux. Par la même raison, « l'exposition » à un moyen soleil lui convient mieux que toute autre; et pour le fortifier, il est à » propos, ajoute l'auteur du Bon Jardinier, de couper, à quatre ou cinq pouces, » les extrémités des branches, au mois de février, ou après la défleuraison, et par » un tems pluvieux. »

21. **CERASUS** pygmæa.

*C. umbellis sessilibus, paucifloris ; foliis ellip-
ticis, acutis, glabris, basi biglandulosis.*

CERISIER pygmée.

C. à ombelles sessiles, peu garnies de fleurs ;
à feuilles elliptiques, aiguës, glabres, chargées de deux glandes à leur base.

PRUNUS *pygmæa*. WILLD. Arb. 248, et Sp. Pl. 2. pag. 993. POIR. Dict. 5. pag. 674. PERS.
Synop. 2. pag. 35.

Cet arbrisseau, d'après la description qu'en donne M. Willdenow, est dépourvu
d'épines, et il n'a que trois à quatre pieds de haut. Ses feuilles sont ovales-elliptiques,
un peu aiguës, glabres des deux côtés, rétrécies à leur base, finement dentées en
scie, la dent inférieure de chaque bord étant terminée par une glande. Ses fleurs,
de la grandeur de celles du Prunelier (*Prunus spinosa.* LINN.), sont réunies par
quatre ou cinq en ombelles sessiles : il leur succède des fruits noirs, de la grosseur
d'un pois et peu succulens.

Ce petit Cerisier croît naturellement dans les pays du Nord de l'Amérique septentrionale ; il est cultivé en Prusse, dans les jardins de Botanique ; nous ne le possédons
pas encore dans ceux de France.

22. **CERASUS** nigra.

*C. umbellis sessilibus, solitariis, paucifloris ;
foliis deciduis, ovatis, acuminatis ; petiolis
biglandulosis.*

CERISIER noir.

C. à ombelles sessiles, solitaires, peu garnies
de fleurs ; à feuilles annuelles, ovales, acuminées, dont le pétiole porte deux glandes.

PRUNUS *nigra*. AIT. Hort. Kew. 2. pag. 165. WILLD. Sp. 2. pag. 993. POIR. Dict. 5. p. 674.
PERS. Synop. 2. p. 35.

Ce Cerisier est très-distinct du précédent, selon M. Willdenow : ses feuilles ovales,
glabres des deux côtés, sont fortement acuminées, inégalement et finement dentées
en scie ; ses ombelles ne sont composées que de trois à quatre fleurs. Il est originaire
de l'Amérique septentrionale, d'où il a été transporté en Angleterre ; il n'est pas
encore cultivé en France.

23. **CERASUS** borealis.

*C. (borealis) arborescens, foliis ovali-oblongis,
acuminatis, membranaceis, glabris ; floribus subcorymbosis ; pedicellis longiusculis ;
fructu subovato.* MICH. Fl. Boreal. Amer. 1.
pag. 286.

CERISIER boréal.

C. arborescent, à feuilles ovales-oblongues,
acuminées, membraneuses, glabres ; à fleurs
portées sur des pédoncules un peu longs,
presque disposées en corymbe ; à fruits
ovoïdes.

PRUNUS *borealis*. POIR. Dict. 5. pag. 674.

Cette espèce n'est peut-être pas distincte de la précédente, et Michaux ne l'a
établie qu'avec doute : ses feuilles sont denticulées, comme rongées sur leurs bords,
et les fruits petits, rouges, d'une saveur douce. Elle croît spontanément sur les
hautes montagnes de la Nouvelle-Angleterre, dans l'Amérique septentrionale.

Pour terminer l'énumération de tous les Cerisiers connus, nous allons rapporter sommairement cinq autres espèces que Thunberg a décrites dans sa Flore
du Japon, et qui sont toutes indigènes de cette région. Aucune d'elles, que nous
sachions, n'a encore été apportée vivante dans nos contrées ; mais si on avait la
faculté de les y transporter, on pourrait espérer de les acclimater dans les parties
méridionales de la France et dans les autres pays de l'Europe où la température
peut être la même. Ces espèces, il est vrai, par la petitesse de leurs fruits, qui
ne sont pas en général plus gros que des pois, ne pourraient présenter aucun

avantage sous le rapport d'une utilité réelle, et elles seraient toujours bien au-dessous des autres arbres fruitiers de ce genre, que nous sommes en possession de cultiver depuis long-tems; mais les botanistes n'en doivent pas moins desirer de les voir réunies dans nos jardins, pour completter la série des autres espèces qui y sont déjà cultivées.

24. **CERASUS** aspera.
C. floribus solitariis, terminalibus; foliis ova-tis, serratis, asperis.

PRUNUS *aspera*. THUNB. Fl. Jap. 201. WILLD. Sp. 2. pag. 993. POIR. Dict. 5. pag. 675. PERS. Synop. 2. pag. 35.
Muk noki. KAEMPF. Amœn. 799.

CERISIER à feuilles rudes.
C. à fleurs solitaires, terminales; à feuilles ovales, dentées en scie, rudes.

On emploie au Japon, pour polir certains ouvrages, les feuilles de cette espèce, dont la face supérieure est rude.

25. **CERASUS** Japonica.
C. pedunculis solitariis; foliis ovatis, acumi-natis, glabris; ramis inermibus.

PRUNUS *Japonica*. THUNB. Fl. Jap. 201. WILLD. Sp. 2. pag. 994. POIR. Dict. 5. pag. 675. PERS. Synop. 2. pag. 35.

CERISIER du Japon.
C. à pédoncules solitaires; à feuilles ovales, acuminées, glabres; à rameaux dépourvus d'épines.

26. **CERASUS** glandulosa.
C. pedunculis solitariis; foliis oblongis, glan-duloso-serratis; ramis inermibus.

PRUNUS *glandulosa*. THUNB. Fl. Jap. 202. WILLD. Sp. 2. pag. 994. POIR. Dict. 5. pag. 675. PERS. Synop. 2. pag. 35.

CERISIER glanduleux.
C. à pédoncules solitaires; à feuilles oblongues, dentées en scie et à dentelures glanduleuses; à rameaux dépourvus d'épines.

27. **CERASUS** incisa.
C. pedunculis solitariis; foliis ovatis, inciso-serratis, villosis; ramis inermibus.

PRUNUS *incisa*. THUNB. Fl. Jap. 202. WILLD. Sp. 2. p. 994. POIR. Dict. 5. pag. 675. PERS. Synop. 2. pag. 35.

CERISIER à feuilles incisées.
C. à pédoncules solitaires; à feuilles ovales, dentées, incisées, velues; à rameaux sans épines.

28. **CERASUS** tomentosa.
C. pedunculis solitariis; foliis ovatis, suprà villosis, subtùs tomentosis.

PRUNUS *tomentosa*. THUNB. Fl. Jap. 203. WILLD. Sp. 2. pag. 995. POIR. Dict. 5. pag. 675. PERS. Synop. 2. pag. 35.

CERISIER tomenteux.
C. à pédoncules solitaires; à feuilles ovales, velues en dessus, tomenteuses en dessous.

RECHERCHES HISTORIQUES, *Usages, Propriétés et Culture.*

Tous les auteurs (1) anciens qui ont parlé du Cerisier se sont accordés pour donner à cet arbre une origine étrangère. Pline assure positivement qu'il n'existait pas en Italie avant la victoire de Lucullus sur Mithridate, et que ce fut ce général qui l'y transporta du Royaume de Pont, l'an de Rome 680 (2). Malgré le témoignage unanime des anciens sur l'origine du Cerisier, quelques auteurs modernes ont

---

(1) Pline, liv. 15. chap. 25.—Athénée, liv. 2. chap. 11.—Saint-Jérôme, liv. 1. épit. 35.—Tertullien, Apologétique.
(2) *Cerasi ante victoriam Mithridaticam L. Luculli non fuére in Italiá. Ad urbis annum DCLXXX is primùm vexit à Ponto.* Lib 15. cap. 25.

5.

révoqué le fait en doute. Rai, Linné (1) et quelques-autres avaient déjà émis cette opinion, lorsque l'abbé Rozier, dans son Cours d'Agriculture, chercha à la prouver par des raisonnemens qui semblent d'abord avoir quelque vraisemblance, mais qui cependant nous paraissent peu solides. Nous combattrons cette opinion de Rai, de Linné et de Rozier, parce que nous ne la trouvons pas exacte, et surtout parce que d'après eux quelques auteurs l'ont adoptée sans examen. Selon Rozier, Lucullus apporta seulement en Italie des espèces, ou pour mieux dire, des variétés meilleures que celles qui y existaient déjà sauvages, et auxquelles les Romains ne faisaient pas d'attention, parce que les fruits amers, trop acides et peu savoureux de ces dernières n'avaient rien qui pût les faire remarquer. Le même auteur veut que le type de toutes les variétés de Cerisier aujourd'hui connues, soit et ait toujours été spontanée dans les forêts de la France.

Nous verrons plus bas qu'aucune espèce de Cerise ne croît naturellement en Italie, au moins dans la partie méridionale ; quant à celles qui effectivement peuvent venir en France, il faut distinguer deux espèces bien tranchées, ne pas les confondre et ne pas conclure de l'une pour l'autre. Sans doute que le Merisier est un arbre spontanée, semé dans nos forêts par les seules mains de la nature ; mais de ce que celui-ci croît et a toujours crû naturellement dans nos bois, doit-on conclure que le Cerisier y croisse aussi ; et si, au contraire, on peut prouver que jamais il n'y vient naturellement, nous pensons qu'il sera alors suffisamment démontré que son origine est exotique. En effet, le Merisier se trouve en France dans la plupart des bois ; il se rencontre au fond des grandes forêts, et il en est qui en sont presque toutes composées ; tandis que si quelques pieds de Cerisier se rencontrent sauvages, c'est toujours dans des lieux voisins des habitations, et ces arbres proviennent évidemment de noyaux répandus par la main des hommes ou disséminés par les oiseaux. On n'a pas fait attention que si le Cerisier était un arbre indigène, que s'il était naturel à nos forêts, il devrait s'y trouver très-abondant, en former même de tout entières.

Le Cerisier, soit cultivé, soit abandonné à la nature, a deux grands moyens de multiplication ; ses fruits nombreux lui fournissent le premier, il tire le second de ses racines. Au tems de Virgile, où cet arbre était encore un arbre tout nouveau, on avait déjà observé la propriété qu'il a de pousser de ses racines une innombrable quantité de rejets, et le poëte latin y fait allusion dans ces vers :

Pullulat ab radice aliis densissima sylva ;
Ut Cerasis Ulmisque ; etiam parnassia Laurus
Parva sub ingenti matris se subjicit umbrá. Georg. lib. 2.

Avec ces puissans moyens de multiplication, le Cerisier pourrait à lui seul former des forêts entières, et à plus forte raison il aurait dû se conserver dans celles de notre pays, si, dans l'origine, il y eût été planté des mains de la nature. Cependant, comme nous l'avons déjà observé, on ne le rencontre jamais ou que bien rarement dans les bois ; et lorsqu'on en trouve quelques pieds disséminés çà et là, c'est toujours dans ceux qui avoisinent le séjour des hommes, et non au centre de ces immenses et antiques forêts, restes de celles qui couvraient autrefois une partie des Gaules ; forêts solitaires, dans lesquelles les hommes n'ont pénétré que fort tard, et dans lesquelles ils ne portent encore que rarement la hache dévastatrice. C'est donc pour avoir manqué d'exactitude, et pour avoir confondu deux arbres bien distincts, le Merisier et le Cerisier, que quelques auteurs modernes se sont écartés de ce que les

_____

(1) Amœn. Acad. vol. 7. pag. 34.

CERASUS.   CERISIER.

P. J. Redouté pinx.   A Cerise de Sibérie. B Cerise du Nord.   Lemaire Sculp.

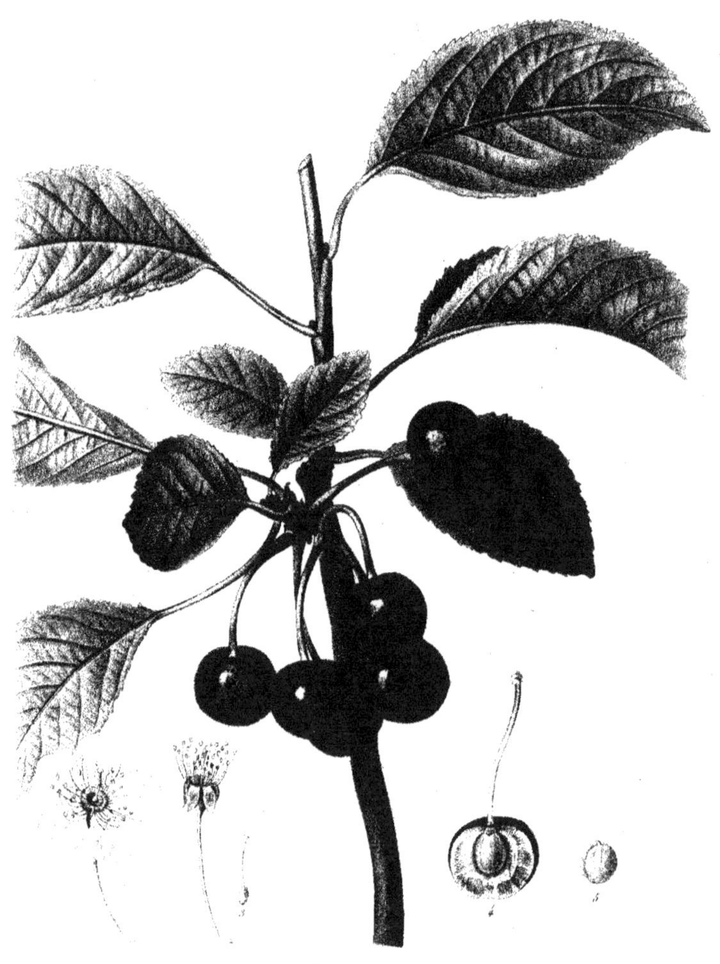

CERASUS.   CERISIER.

P. J. Redouté pinx.   Lemaire sculp.

T. 5. N.º 7.
CERASUS.
CERISIER.

T. 5. Nº 8.

CERASUS.

CERISIER.

P. J. Redouté pinx.

Lemaire sculp.

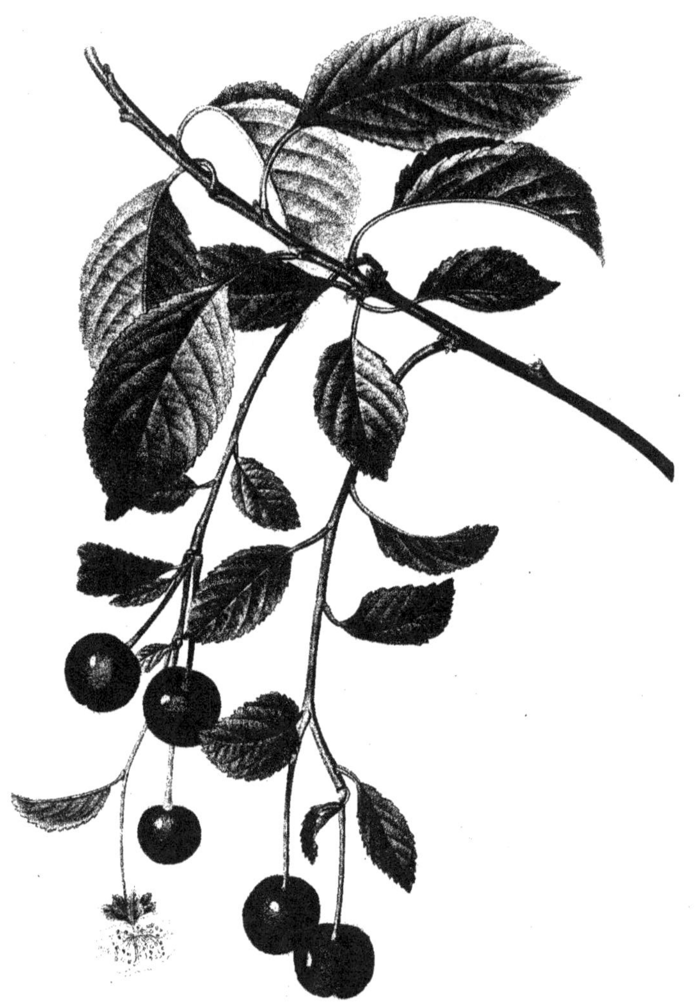

CERASUS semperflorens.

CERISIER toujours fleuri.

P. J. Redouté pinx.

Lemaire sculp.

CERASUS.

A. *Chery - Duke*.

CERISIER.

B . *à Bouquet* .

P . J . Redouté pinx.

Lemaire Sculp .

T. 5. Nº 11.

CERASUS.
CERISIER.

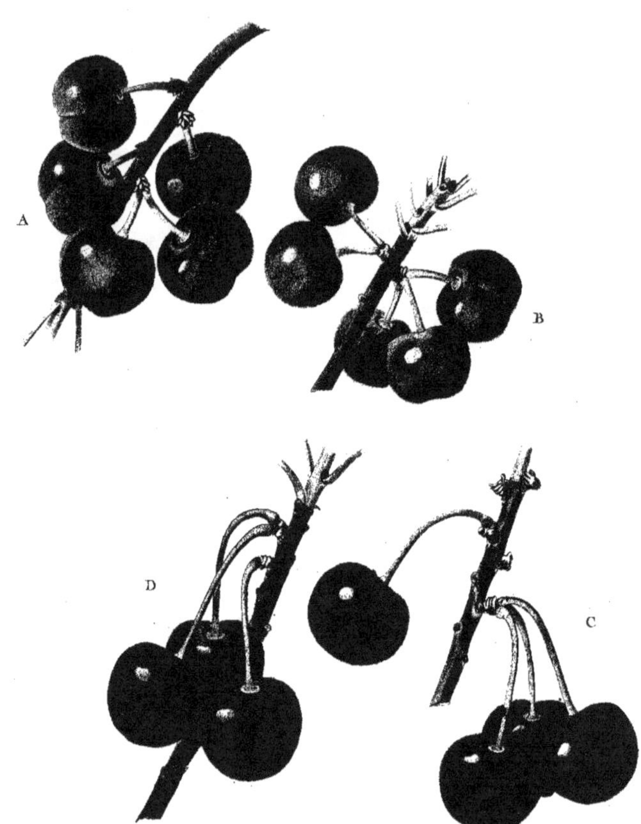

CERASUS.   CERISIER.

A. Gros Gobet. B. Cer. à courte queue. C. Guindoux de Poitou. D. Cer. d'Espagne.

P. J. Redouté pinx.

Lemaire Sculp.

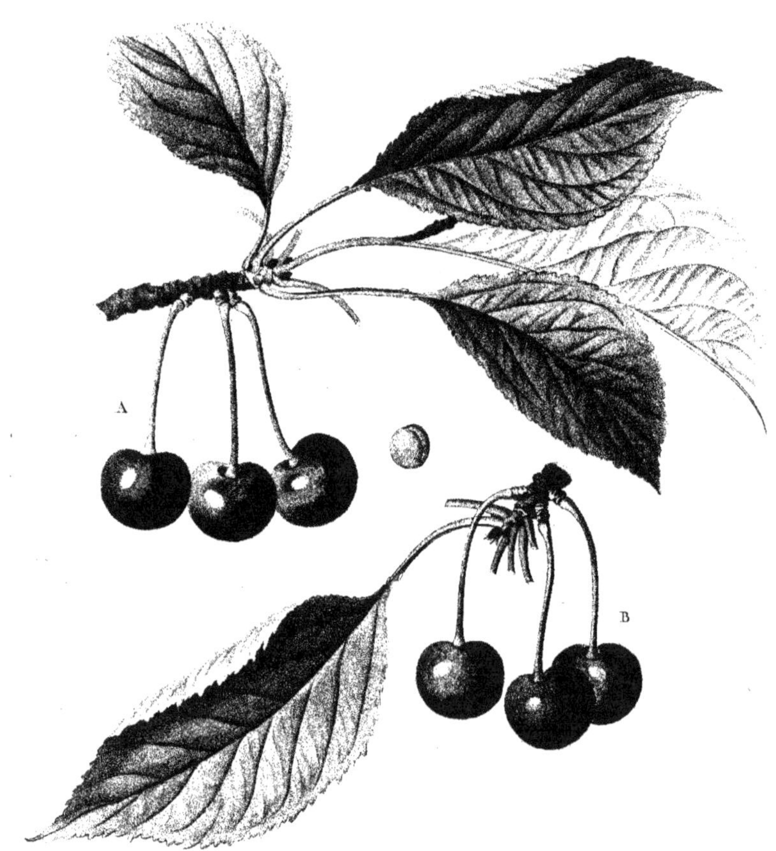

CERASUS.   CERISIER.

A. *Cerise de Prusse.*   B. *Griotte Royale.*

P. J. Redouté pinx.   Lemaire Sculp.

CERASUS.   CERISIER.

A. Griotte à l'Eau de Vie.   B. tardive d'Angleterre.

P.J. Redouté pinx.

Lemaire Sculp.

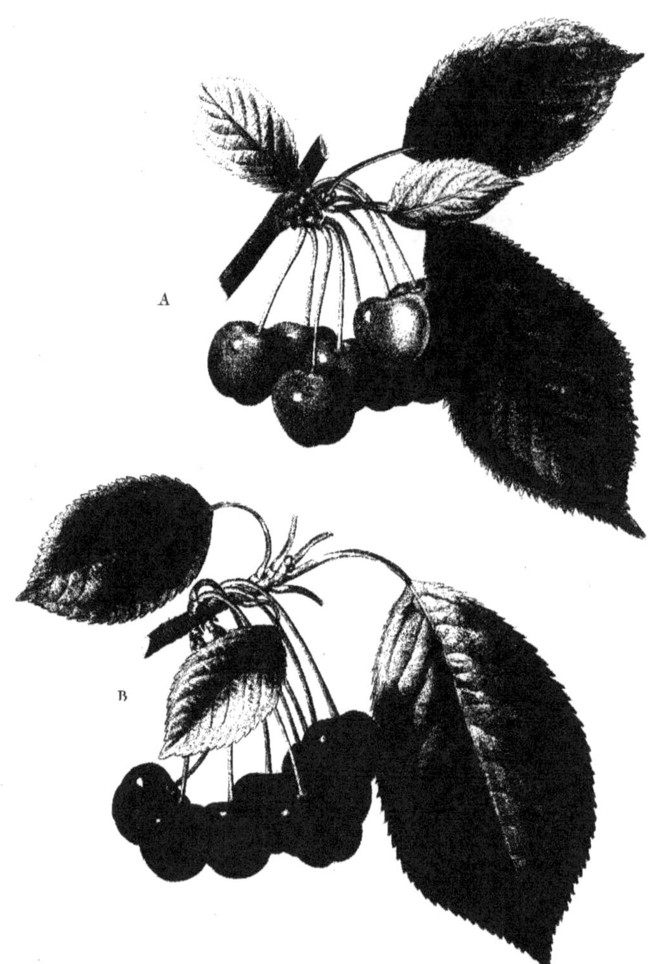

CERASUS

A. Guigne précoce

CERISIER.

B. Guigne noire.

J. Redouté pinx.

Lemaire sculp.

CERASUS.   CERISIER.

A. *Guigne piquante*. B. *Griotte de Portugal*. C. *Petite Guigne noire*. D. *Guigne blanche tardive*.

P. J. Redouté pinx.

Lemaire Sculp.

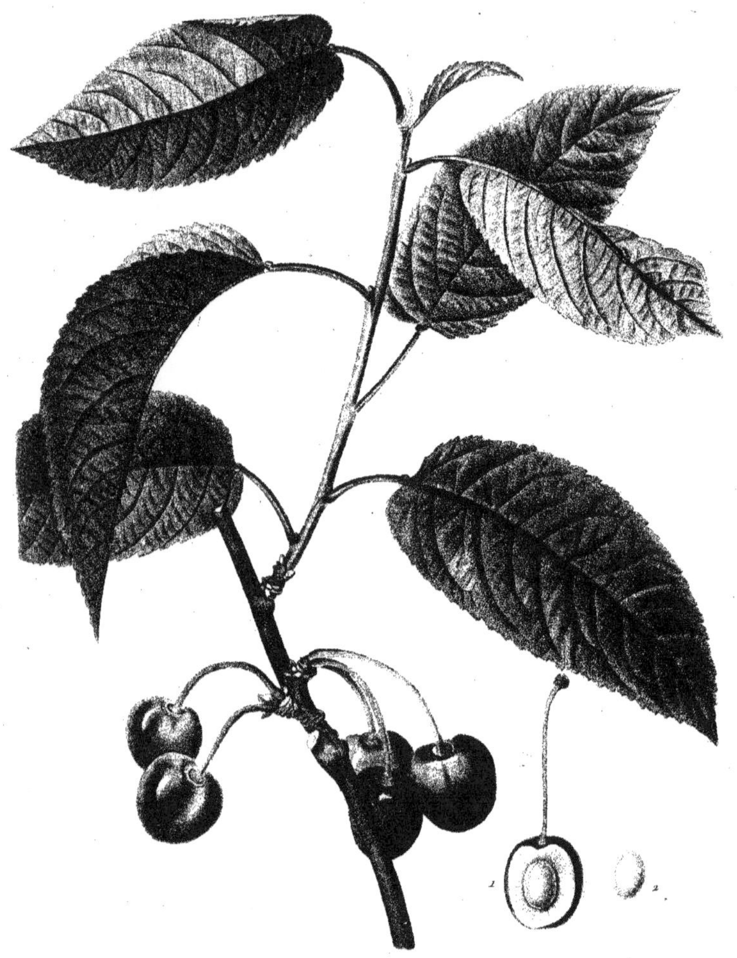

CERASUS.   CERISIER.

Bigarreau Commun.

P. J. Redouté pinx.

Lemaire Sculp.

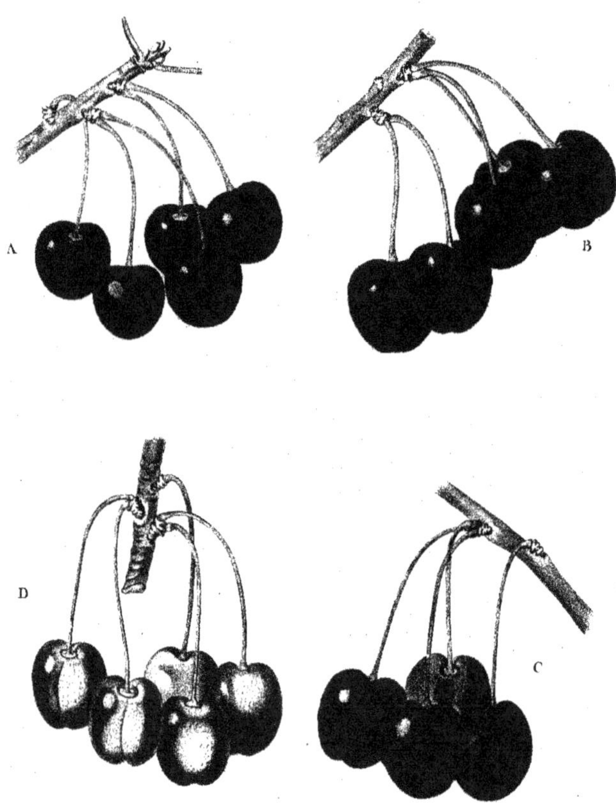

CERASUS.　　　　　CERISIER.

A. *Bigarreau noir tardif.* B. *Bigarreau noir, Cerise de Norwege.* C. *Gros Bigarreau tardif.* D. *Bigarreau hatif.*

P.J. Redouté pinx.

Lemaire Sculp.

CERASUS

CERISIER.

A. *Heaume noir.*

B. *Heaume rouge.*

P. J. Redouté pinx.

Lemaire Sculp.

CERASUS.   CERISIER.

Cerisier à feuilles de Tabac.

P. J. Redouté pinx.   Lemaire Sculp.

anciens avaient écrit sur l'origine du dernier. C'est ainsi que le docteur Thore a été entraîné à suivre l'opinion de Rozier, et qu'il a cru apporter, pour la soutenir, des preuves du plus grand poids, en disant qu'il avait reconnu pour du bois de Cerisier une couche de bois fossile, enterrée à trois pieds de profondeur dans une tourbière près de Dax. Cette découverte de M. Thore serait sans réplique, et elle démontrerait victorieusement que le Cerisier a existé de toute antiquité dans les Gaules, si l'auteur avait attaché au mot Cerisier le même sens que nous lui donnons avec tous les Botanistes; mais comme il est d'ailleurs évident qu'il n'a pas distingué le Cerisier du Merisier, et que le dernier seul existe aujourd'hui sauvage dans les forêts de l'ancienne Aquitaine, il doit être démontré que le bois enterré dans la tourbe des environs de Dax, appartient au Merisier et non au Cerisier.

Il n'existait donc pas, avant Lucullus, de Cerisiers dans les Gaules ni en Italie, quoiqu'il paraisse d'ailleurs, d'après Théophraste (1) et Athénée (2), que les Grecs les connaissaient long-tems avant Lucullus, soit qu'ils fussent indigènes chez eux, comme sur les bords du Pont-Euxin, soit qu'ils les eussent transplantés de ce dernier pays dans le leur. Qu'on ne dise pas que les Romains avaient négligé le Cerisier et ne l'avaient pas remarqué, parce que, resté sauvage, ses fruits n'avaient pas attiré l'attention. Pline a fait l'énumération des arbres sauvages qui ne se trouvaient que dans les forêts, comme de ceux qu'on cultivait dans les jardins et les vergers. Le même auteur a distingué les arbres qui étaient naturels à l'Italie, de ceux qui y avaient été apportés, et outre le chapitre consacré au Cerisier, dans lequel il dit affirmativement que cet arbre n'était pas connu à Rome avant Lucullus, il dit encore ailleurs (3) que c'était un arbre étranger.

Les auteurs qui ont été de notre opinion ont observé avec raison que le nom du Cerisier dérivait évidemment de celui de Cerasonte. Nous ajouterons que cet arbre est encore commun sur les bords de la Mer-Noire et auprès de la même ville dont il a pris le nom (4), et d'où il a été transplanté dans les environs de Rome; ce qui est attesté par ce passage de Tournefort (5) : « La campagne de Cerasonte nous parut fort belle pour herboriser ; ce sont des collines couvertes de bois, où les Cerisiers naissent d'eux-mêmes. »

Quant à l'espèce que nous avons reconnue être indigène en France, on peut croire qu'avant Lucullus elle n'existait pas non plus en Italie, au moins dans les parties méridionales, et que ce fut lui qui en apporta des variétés avec celles du Cerisier proprement dit. Dans les espèces citées par Pline, celle qu'il nomme DURACINE, et celle dont le fruit était très-noir, étaient sans doute quelques-unes de nos variétés de Bigarreaux et de Guignes, variétés qui ont pour type le Merisier. Si cet arbre eût été sauvage et spontanée aux environs de Rome, il aurait eu un nom latin, Pline en aurait parlé, et c'eût été probablement pour lui une occasion de comparer ses fruits à ceux des Cerisiers venus de l'Asie-Mineure ; mais de ce que la langue latine n'a pas de mot particulier pour exprimer le Merisier, et de ce que Pline a gardé sur

(1) Hist. Plant. lib. 3. cap. 13.

(2) *Sic locuto Daphnus quidam ita respondit, virum illustrem Diphilum Siphnium, qui sub Lysimacho, rege uno ex Alexandri successoribus, vixit, multis annis Lucullo antiquiorem, Cerasorum meminisse his verbis : Cerasa stomacho grata sunt,* etc. Athen. lib. 2. cap. 11.

(3) Liv. 12. chap. 3.

(4) Casaubon, scholiaste d'Athénée, et quelques autres ont dit, au contraire, que la ville de Cerasonte avoit pris son nom de la quantité de Cerisiers qui croissaient dans ses environs ; mais que ces arbres aient donné leur nom à la ville, ou qu'ils l'aient emprunté d'elle, cela ne change absolument rien à l'état de la question, puisqu'on peut toujours en conclure que les Cerisiers sont indigènes des contrées voisines du Pont-Euxin.

(5) Voyage au Levant, tom. 2, pag. 221.

lui un silence absolu, cela doit nous prouver assez clairement que cet arbre ne se trouvait pas de son tems dans les parties méridionales de l'Italie, comme il n'y existe pas encore sauvage aujourd'hui. En effet, il ne paroît croître naturellement que dans les montagnes du Piémont et dans celles du pays de Gènes. Seguier, à la vérité, en fait mention dans son énumération des plantes des environs de Vérone, mais plutôt comme d'un arbre cultivé et naturalisé, que comme d'un arbre indigène; enfin M. Savi, dans sa Flore de Pise et de Toscane, n'en parle pas du tout; et M. Petit-Radel, qui, pendant plusieurs années, a parcouru les environs de Rome en observateur éclairé, nous a assuré que, parmi les plantes qu'il avait recueillies à plus de vingt lieues à la ronde, il n'avait jamais vu un seul Merisier sauvage.

Le Cerisier et le Merisier paraissent se plaire beaucoup plus dans les régions tempérées et même un peu froides, que dans les pays chauds, et c'est ce que les anciens avaient déjà observé; car Pline dit que, quelque soin qu'on ait pris, le Cerisier n'a pu se faire au climat de l'Egypte, tandis que, cent vingt ans après son introduction en Italie, il fut transporté jusque dans la Grande-Bretagne. Ce qui prouve bien que les parties un peu septentrionales de l'Europe conviennent mieux à cet arbre que celles qui sont trop au midi, c'est que les plus belles variétés de Cerises que nous possédons aujourd'hui, nous sont venues d'Angleterre, de Hollande, d'Allemagne et de Prusse. M. Bessa (1), qui a voyagé dans le nord de l'Allemagne, nous a assuré qu'il n'avait jamais vu en France des Cerises aussi grosses que celles qu'il avait observées dans ces contrées septentrionales, où beaucoup de ces fruits sont souvent gros comme de moyennes Prunes. M. Desfontaines, au contraire, nous a dit que, pendant un séjour de près de deux ans sur les côtes de Barbarie et dans les nombreuses excursions qu'il avait faites pour recueillir tous les végétaux de ces contrées, il n'avait rencontré nulle part de Cerisiers sauvages, et qu'il n'en avoit vu de cultivés qu'à Tlemsen, ville dans les montagnes sur les confins du royaume de Maroc. Leurs fruits étaient assez bons, mais petits; c'était une espèce de Merise ou de Guigne rouge, que les habitans nommaient *Guindoule*; ce qui annoncerait qu'ils ont tiré cet arbre des provinces méridionales de France, dans lesquelles on donne ce nom aux Cerises. Dans toute la Campagne de Rome, d'après le témoignage de M. Petit-Radel, que nous avons déjà cité, on ne trouve pas un seul Cerisier; ce n'est qu'à huit à dix lieues, au pied de l'Apennin, qu'on cultive ceux qui fournissent du fruit à cette ville.

Le climat favorable ne suffit pas pour avoir de belles Cerises, il faut encore que les cultivateurs donnent à leurs arbres certains soins nécessaires; mais le plus souvent ils négligent trop, soit de les planter dans des expositions favorables, soit de multiplier les bonnes espèces par la greffe. Aux environs de Paris, où la culture du Cerisier peut, plus que partout ailleurs, dédommager le cultivateur par la grande consommation de fruit qui se fait dans la capitale; aux environs de Paris même, les gens de la campagne ne font pas autrement; ils ne plantent communément que les espèces les plus médiocres, nous dirons même les plus mauvaises; les belles et les bonnes Cerises ne se trouvent guère que dans les vergers et dans les jardins d'un petit nombre de propriétaires. Il suit de là, que dans les marchés de Paris, il se vend dix fois plus de mauvaises Cerises que de bonnes; mais le peuple trouve les premières à bon marché, et il est content; le paysan récolte de celles-ci le double de ce qu'il récolterait des autres, et voilà tout ce qu'il lui faut.

---

(1) M. Bessa peintre d'Histoire Naturelle, Éditeur de la magnifique collection de Fleurs et de Fruits, annoncée dans le Moniteur du 19 juillet 1808.

Du tems de Pline, les Romains connaissaient huit espèces ou variétés de Cerises, sur lesquelles ce naturaliste nous a laissé si peu de détails, qu'il serait maintenant impossible de dire avec certitude auxquelles des nôtres elles peuvent appartenir, si ce n'est cependant l'espèce qu'il désigne sous le nom de *Cerasa Duracina*, que plusieurs auteurs modernes ont cru pouvoir rapporter à nos Bigarreaux, en faisant dériver le mot *Duracina* de la dureté de ses fruits. Mais, au lieu de cette étymologie qui paraît bien vraisemblable, un traducteur de Pline, Poinsinet de Sivry, prétend que le mot *Duracina* est d'origine Celtique, qu'il vient de *Dur* ou *Dour*, qui signifie humeur surabondante; d'où il résulterait, selon cet auteur, que les Cerises Duracines des Romains n'auraient pas été des fruits à chair dure et cassante comme les Bigarreaux, mais des Cerises très-grosses et pleines de suc. Cette interprétation du mot *Duracina* ne nous paraît pas devoir être admise; car lorsque les Latins avaient existans dans leur langue les deux mots *dura* et *acina*, dont le sens ne peut être obscur, et qui très-probablement auront été réunis en un seul pour éviter l'hiatus, comment peut-on supposer raisonnablement qu'ils auraient été chercher dans un idiôme étranger un mot qui se serait trouvé en opposition avec leur propre langue? C'est donc encore à tort que Rozier s'appuie de la fausse interprétation du mot *Duracina*, pour prouver que les Romains ne devaient pas à Lucullus toutes les espèces de Cerises qu'ils cultivaient, puisqu'ils avaient emprunté un mot Celtique pour en caractériser une espèce. Pline nous donne ailleurs (1) l'étymologie de ce mot, qui paraît avoir été employé d'abord pour désigner une espèce de raisin dont les grains étaient recouverts d'une peau dure; et Poinsinet lui-même admet dans ses notes (2), en parlant du Pêcher, le mot *Duracina* comme signifiant des Pêches dures dont la chair ne se sépare pas facilement du noyau, telles que celles qu'on nomme ordinairement Brugnons et Pavies.

La plupart des autres espèces de Pline avaient des noms romains, d'où l'on peut croire que quelques-unes de ces variétés avaient été produites depuis la transplantation en Italie, soit par les semis, soit par les greffes, et qu'elles avaient reçu les noms de ceux qui les avaient fait connaître. Ce qui rend cela vraisemblable, c'est que Pline, en parlant des Cerises Laurines, dit positivement qu'à l'époque où il écrivait, il n'y avait que cinq ans qu'on les connaissait, et que le nom qu'on leur donnait venait de ce qu'elles avaient été greffées sur le Laurier: elles avaient une amertune qui n'était pas désagréable. Le peu d'analogie qui paraît exister entre le Laurier et le Cerisier, fait que les cultivateurs les plus éclairés ne peuvent croire à présent que jamais la greffe des Cerisiers sur les Lauriers ait pu réussir. Sans vouloir soutenir le contraire, nous demanderons si on a assez multiplié les essais et les expériences en ce genre, pour pouvoir infirmer le témoignage des anciens. Sait-on jusqu'à quel point la nature a resserré ou étendu les modifications et les changemens divers que nous pourrions faire subir aux arbres, en mariant par la greffe des espèces de différens genres et de différentes familles? Cependant quoiqu'on n'ait peut-être pas encore épuisé la source de toutes les modifications que les arbres fruitiers pourraient éprouver, le Cerisier et le Merisier, au lieu de huit variétés qu'ils comptaient au tems de Pline, en ont maintenant plus de soixante; et il eût fallu sans doute porter ce nombre bien au-delà, s'il eût été possible de rassembler toutes les variétés qui peuvent être cultivées dans les différentes parties de l'Europe. En effet, M. Calvel, dans son Traité des pépi-

____

(1) Pl. liv. 14. chap. 1.

(2) Hist. nat. de Pline, trad. en français, tome 5. pag. 304. note 1.

5

nières, donne la liste de soixante-quinze variétés de Cerises, qu'un amateur d'histoire naturelle, M. le baron de Truchsess, à Bettenburg, en Franconie, est parvenu à se procurer, soit en Allemagne, soit dans les différentes contrées de l'Europe. Cet amateur a envoyé au Jardin des Plantes de Paris, et à la pépinière du Luxembourg, des greffes de toutes ces variétés, qui, excepté une seule, ont bien réussi ; ce qui peut nous faire espérer de voir nos jardins s'enrichir de quelques nouvelles variétés, et notre nomenclature se perfectionner. Cette dernière partie est très-essentielle, car, dans l'état actuel des choses, elle n'est pas assez généralisée, et, comme le dit M. Descemet dans la Bibliothèque des propriétaires ruraux, « chaque pays a sa dénomination particulière, de sorte que les espèces que nous connaissons sous les noms de Cerise de Portugal, d'Angleterre, d'Allemagne, de Hollande, ont dans chacun de ces pays un nom différent de celui que nous adoptons ; la Cerise de Montmorency n'est pas même connue sous ce nom chez l'étranger ; c'est précisément cette diversité de nomenclature qui jette de la confusion dans les idées. Pour obtenir une nomenclature uniforme, qui ne peut être que très-utile sous le rapport de la science, il faudrait se procurer toutes les espèces connues sous les différens noms adoptés dans chaque pays, et, s'il était possible, qu'on y joignît l'historique de leur origine ou de leur introduction. Toutes ces espèces et variétés, rassemblées dans un des établissemens publics consacrés à la science, donneraient lieu à une vérification exacte et à la connaissance parfaite de toutes les espèces ; alors on serait à même d'adopter une nomenclature uniforme et plus appropriée que celle qui existe dans chaque pays. »

La culture des Merisiers et des Cerisiers (nous comprenons sous ces deux dénominations toutes les variétés qui ont pour type l'un ou l'autre de ces arbres.) ne demande aucun soin extraordinaire. Ils ne sont pas difficiles sur la nature du terrain ; on évitera seulement de les planter dans un sol trop humide, trop froid, et dans ceux qui sont argileux, parce que leurs fleurs y sont sujettes à avorter, que les fruits y sont d'un goût moins agréable, et ordinairement plus acides. Les Cerisiers aiment les pays de montagnes et les côteaux élevés : les terrains de nature calcaire, ceux qui sont légers et même sablonneux, pourvu qu'ils ne soient pas trop chauds et trop arides, conviennent bien à ces arbres ; leurs fruits y sont plus délicats, ils y acquièrent une saveur excellente, et ils y viennent aussi en bien plus grande quantité.

Le Merisier et le Cerisier se multiplient ou de semences ou des rejets qui poussent de leurs racines. Le premier en donne fort peu, mais le dernier en fournit une quantité très-considérable et souvent importune, quand il est planté dans des terres légères et sabloneuses. La multiplication par ces rejets est très-facile, mais les bons cultivateurs blâment ce moyen, parce que les arbres élevés ainsi poussent eux-mêmes une trop grande quantité de rejetons, qui les épuisent promptement, et qu'ils sont plus sujets à la gomme que ceux provenus de semences. Dans les vergers, cependant, on profite le plus ordinairement de ces drageons, qui, venus naturellement et sans qu'on en ait pris aucun soin, présentent souvent de beaux sujets qu'on peut greffer sur place dès la seconde année et qui, à cinq ou six ans, peuvent déjà commencer à donner du fruit, tandis que les arbres venus de noyau font attendre le leur un peu plus long-tems.

Les Cerisiers provenus de semences forment toujours des arbres plus élevés et plus vigoureux ; aussi c'est le moyen de multiplication qu'on doit préférer quand on veut avoir des arbres destinés à de grandes plantations, surtout quand il s'agit de former des sujets pour les différentes variétés du Merisier, comme Guigniers,

Bigarreautiers et Heaumiers. On n'est pas d'accord sur l'espèce de Merise qu'il faut choisir pour semer; les uns veulent que ce soit la variété à fruit rouge, les autres celle à fruit noir, parce que la dernière est plus douce et plus sucrée, et que la première a plus d'âcreté. Nous croyons aussi que ce choix ne doit pas être indifférent, et nous pensons qu'on doit prendre la Merise noire lorsqu'on veut se procurer des sujets pour greffer les différentes espèces jardinières, et la rouge lorsque le semis est destiné pour les forêts, parce que les arbres qui proviennent de celle-ci deviennent plus gros et s'élèvent davantage. Dans tous les cas il faudra prendre les noyaux des fruits bien mûrs. On doit les semer aussitôt qu'ils sont récoltés ou peu après; et si, faute de terrein, on était forcé de remettre l'opération au mois de mars, il faudrait les stratifier dans du sable ou de la terre. Si on ne prenait pas cette précaution, les amandes pourraient se dessécher ou rancir et perdre la faculté de germer. On choisit pour faire les semis, une terre légère bien labourée; on y répand les noyaux, soit à la volée, soit dans des rayons formés à cinq ou six pouces l'un de l'autre; on les recouvre d'un pouce de terre, et par dessus, d'un peu de terreau ou de fumier court, pour empêcher la couche supérieure de la terre de se durcir par les pluies ou par les arrosemens qu'on leur donne, lorsque le printems est sec et que la pépinière est favorablement située pour cela.

Lorsque le jeune plant est levé, ce qui arrive vers la fin du printems, il faut avoir soin de le débarrasser des mauvaises herbes qui pourraient l'étouffer, et continuer dans la suite ces sarclages, toutes les fois qu'ils seront nécessaires. Au bout d'un an, les jeunes Merisiers sont en état d'être transplantés en pépinière. Le nouveau terrein dans lequel on les mettra doit être labouré plus profondément que celui dans lequel le semis a été fait, et les jeunes arbres doivent être plantés à deux pieds l'un de l'autre. Les mois convenables pour faire cette transplantation, sont les mois de janvier et de février. Plusieurs cultivateurs sont dans l'usage, en la faisant, de couper le pivot, dans l'intention de faire prendre au jeune arbre une plus grande quantité de chevelu, et qu'il ait par-là plus de facilité à reprendre, lorsque par la suite on voudra le planter à demeure; mais, quel que soit cet avantage, M. Bosc blâme avec raison cette pratique, parce qu'un arbre dont on a coupé le pivot ne pousse jamais avec autant de vigueur et ne devient jamais aussi beau. Nous ajouterons que cela, en favorisant l'accroissement des racines latérales, qui s'étendent horizontalement, donne lieu à une plus grande quantité de drageons qui poussent de tous côtés et qui épuisent l'arbre; enfin, privé de son pivot qui pourrait aller pomper l'humidité à une grande profondeur, il souffre de la sécheresse dans les années où les pluies sont rares; et dans tous les tems il lui est difficile de réussir dans un terrein sec. C'est surtout lorsque le Merisier est destiné à repeupler des bois, qu'il est essentiel de lui conserver son pivot. Comme il est d'une nature très-différente des arbres forestiers, et qu'il vient très-bien à l'ombre, il est très-propre à remplir les clairières des forêts. Il faut alors attendre qu'il ait deux ou trois ans pour le planter à demeure, dans des trous d'un pied en quarré. On pourrait aussi le semer sur place dans des trous dont la terre aurait été convenablement labourée; ou éviterait même par ce moyen de voir mourir une plus ou moins grande partie du plant, dont il périt toujours beaucoup lors de la transplantation. Quand les jeunes Merisiers sont destinés à faire des sujets pour greffer des Cerisiers à fruit, on les laisse en pépinière, et on les greffe à quatre ou cinq ans, lorsque leur tige a acquis trois à quatre pouces de tour. Comme en général ces arbres ne se greffent qu'à la hauteur de six ou sept pieds, on doit couper rez terre, à deux ans, tout ceux qui ne promettent pas d'avoir une tige bien droite et bien vigoureuse. Le plant, ainsi rabattu à la fin de février ou au commencement de mars, s'enracine davantage, et souvent il pousse avec tant de vigueur, qu'à la fin de l'été suivant, on a des pousses de six à sept pieds, surtout si, dans le cours du printems, on a soin de supprimer toutes les petites branches qui poussent au bas de la principale qu'on a choisie pour former une belle tige.

On peut greffer les Merisiers et les Cerisiers de toutes les manières ; mais le plus ordinairement on n'emploie que la greffe en écusson pour les jeunes sujets, et celle en fente pour les vieux arbres. Les premiers se greffent à œil dormant, depuis le milieu d'août jusqu'en septembre, tant que l'arbre est encore en sève. Duhamel dit qu'on peut aussi pratiquer l'écusson à œil poussant, ce qui se fait sur les sujets, lorsque les Cerisiers commencent à fleurir. Quand on a greffé à œil dormant, on coupe, au printems suivant, la tête de ceux qui ont repris, au-dessus et le plus près possible de la greffe. Ensuite, lorsque celle-ci s'alonge, il est bon de l'attacher pour la garantir des coups de vent qui sans cela pourraient l'éclater et la détacher. Il faut aussi avoir grand soin d'ébourgeonner toutes les pousses qui viennent au-dessous de la greffe le long de la tige. Ainsi gouvernés, la plupart de ces arbres seront bons à mettre en place à la fin de l'automne suivant; on gardera dans la pépinière, jusqu'à l'année suivante, ceux dont la tête ne sera pas assez formée. Dans quelques cantons, et particulièrement dans la vallée de Montmorency, les cultivateurs n'attendent pas que les Cerisiers soient greffés pour les mettre en place ; ils plantent les sujets quand ils ont cinq à six pouces de tour, et lorsque leur reprise est assurée, au bout de deux à trois ans, ils placent les greffes sur les jeunes branches nouvellement poussées. L'expérience a prouvé que les Cerisiers conduits de cette manière donnaient du fruit aussi promptement que ceux qui avaient été greffés avant d'être plantés à demeure ; on prétend même qu'ils forment toujours des arbres plus vigoureux.

La greffe en fente ne se pratique que sur les vieux arbres, et encore, comme les plaies faites aux Cerisiers ne se recouvrent que lentement, et que les greffes sont très-sujettes à se décoller, pour éviter cet inconvénient, plusieurs cultivateurs instruits emploient maintenant, pour les vieux arbres, l'écusson de préférence à la greffe en fente. Ils rabattent, à la fin de l'hiver, les grosses branches jusqu'à trois ou quatre pieds du tronc, et ils placent des écussons, au mois d'août de l'année suivante, sur les nouvelles pousses. Ce moyen conserve mieux la forme régulière de la tête des arbres ; mais il n'est nécessaire de l'employer en entier, que lorsqu'on veut changer la nature et la qualité du fruit ; car l'on peut ne le pratiquer qu'en partie, c'est-à-dire, sans mettre de nouvelles greffes, lorsqu'il n'est question que de rajeunir des arbres qui ne rapportent plus de beaux fruits que parce que leur bois est trop vieux, l'observation ayant appris que si on les taille de manière à les forcer de pousser de jeunes branches, celles-ci redonneront de belles Cerises.

Les Merisiers provenus de noyau sont les seuls qui soient propres à former des sujets pour greffer toutes les variétés de Bigarreautiers, de Guigniers, de Haumiers, de même que tous les Cerisiers proprement dits, qu'on destine à former des plein-vents pour placer dans les vergers et dans les champs. Quand on plante une Cerisaie, les arbres doivent être à trente ou trente-six pieds les uns des autres, si l'on veut que la terre qui est dessous ait encore assez d'air pour pouvoir être ensemencée avec avantage. Quant aux différentes variétés de Cerises qu'on veut planter dans les jardins, et celles surtout qu'on veut élever en pyramide ou en quenouille, il faut préférer de les greffer sur des Cerisiers venus de noyau, qui se sèment et se gouvernent comme les Merisiers, et même sur le Mahaleb, qui ne pousse pas avec autant de vigueur et qui s'élève beaucoup moins.

Les différentes variétés du Merisier et du Cerisier ne demandent plus aucun soin particulier lorsqu'elles sont plantées; il suffit que le terrein dans lequel on les a placées soit labouré ou bêché une fois à la fin de chaque hiver ou au commencement du printems. Il est préférable d'employer, pour ce labour, la fourche ou le crochet, plutôt que la bêche, parce que cette dernière coupe et détruit toujours beaucoup de racines. Le fumier leur est plus nuisible qu'utile; les seuls engrais qui puissent leur convenir sont des feuilles d'arbres bien consommées ou des gazons pourris. Excepté quelques variétés de Cerisier, tous les autres arbres veulent croître en liberté; ils ne souffrent point la taille, et la serpette leur est toujours plus ou moins fatale, parce que la moindre plaie est suivie d'un écoulement de gomme d'autant plus préjudiciable qu'il est plus abondant. Il faut pour cette raison être très-réservé quand il s'agit de les débarrasser de leur bois mort, et l'on peut même se dispenser du soin de le retrancher, parce que le vent, en cassant toutes les branches mortes, aura bientôt nettoyé l'arbre.

Quoique la plupart des Cerisiers aiment à croître en plein-vent, où il est d'observation que leurs fruits sont beaucoup meilleurs, les jardiniers de Montreuil, près de Paris, sont parvenus à cultiver quelques variétés en espalier, et par ce moyen ils obtiennent des Cerises environ quinze jours plutôt qu'on ne pourrait en avoir des arbres à plein-vent. Il y a deux variétés surtout qui sont généralement cultivées de cette manière, c'est le Cerisier nain à fruit rond, précoce, et le Cerisier d'Angleterre, hâtif. Pour les accommoder à l'espalier, on leur donne deux branches principales comme aux Pêchers; mais au lieu de les concentrer par des ravalemens, on les taille long; on étend tous les jeunes rameaux, et on ne retranche que ce qu'il est impossible de placer sur le treillage ou sur la muraille, parce que le Cerisier ne donne de fruits que sur le nouveau bois, et que les boutons, au lieu d'être placés dans toute la longueur des branches, sont seulement groupés vers leur extrémité.

Après avoir rapporté les moyens ordinaires par lesquels on multiplie d'une manière certaine les différentes variétés de Cerises connues, il ne sera pas hors de propos de parler de ceux qu'on pourrait employer pour se procurer de nouvelles variétés. C'est encore aux semences qu'il faut avoir recours; mais, au lieu de prendre les noyaux des espèces sauvages et les plus rustiques, on doit au contraire choisir ceux des meilleurs fruits. Les semis seront faits et les jeunes plants seront gouvernés d'après les principes que nous avons donnés en parlant des Merisiers, excepté qu'ils ne seront pas greffés et qu'on attendra avec patience qu'ils donnent leur fruit naturel. Il arrivera alors que beaucoup de ces jeunes arbres ne produiront que des Cerises médiocres, la plus grande partie même tardera à en rapporter ou n'en rapportera que de mauvaises; mais que dans le nombre il s'en trouve seulement un ou deux dont les fruits, par une saveur et une qualité particulière, offrent une variété nouvelle, l'on sera bien dédommagé des peines et des soins que les autres auront coûtés. Quant à ceux qui n'auraient donné que des fruits de médiocre ou de mauvaise qualité, on aura la ressource de les greffer en bonnes espèces; et, comme ils doivent être forts et vigoureux, ils ne tarderont pas à former de beaux arbres et à rapporter beaucoup de fruit, de sorte qu'à la fin on n'aura rien perdu. Pour ajouter aux chances qui peuvent produire de nouvelles variétés, on peut porter les fleurs de certaines variétés sur des arbres différens, et mêler

5.

la poussière des étamines de ces fleurs, aux pistils de celles dont on se propose d'avoir les fruits pour les semer.

Le Merisier croît avec beaucoup de rapidité ; à quarante ans il est presque au terme de son accroissement, et il n'est pas rare d'en voir qui ont alors six à sept pieds de tour. D'après la constitution robuste de cet arbre, les propriétés économiques de son bois et de ses fruits, M. Descemet s'étonne qu'il ne soit pas multiplié davantage ; il pourrait, selon ce cultivateur éclairé, être planté en avenue et remplacer des arbres que l'habitude fait planter, quoiqu'ils restent constamment rabougris lorsque le terrein ne leur convient pas. Cette observation n'avait pas échappé à Duhamel, qui avait fait avec succès de telles plantations dans des lieux où les autres arbres avaient péri. Il est donc certain que le Merisier pourrait former de belles avenues et embellir les bords des routes, soit par son port élevé, soit par son feuillage dont il se pare de bonne heure et qu'il conserve jusqu'aux gelées, soit par ses belles fleurs blanches dont il est tout couvert au printems, et enfin par ses fruits qui leur succèdent au commencement de l'été.

En Allemagne on paraît cultiver une plus grande quantité de Cerisiers qu'en France, et particulièrement les espèces qui s'élèvent beaucoup. Ces arbres pouvant vivre et prospérer dans le nord de l'Europe bien plus loin que la vigne, ils peuvent la remplacer jusqu'à un certain point, car on tire de leur fruits, comme nous le dirons plus bas, du vin, de l'eau-de-vie et du vinaigre. « Aussi les routes, dit M. Calvel, dans plusieurs parties de l'Allemagne, sont bordées de Cerisiers sous la forme d'arbres pyramidaux : il y en a de la hauteur et du diamètre des plus gros Marronniers des Tuileries, sur le chemin de Brün à Olmutz, pendant l'espace de vingt lieues. »

« Le Merisier, selon M. Bosc, était autrefois beaucoup plus commun qu'aujourd'hui dans toutes les montagnes de l'Est de la France, parce qu'il était d'usage de ne le couper que lorsqu'il était arrivé à la décrépitude ; comme cette surabondance nuisait au produit des coupes et à la reproduction du jeune bois, en conséquence d'une loi générale, on les a tous abattus, et actuellement, à chaque coupe, on n'en laisse plus que ceux qu'on compte comme baliveaux réservés par l'ordonnance. Cette loi, quoique sage, a été une calamité pour les pauvres, qui, pendant plusieurs mois de l'année, vivaient, soit directement, soit indirectement, aux dépens des Merises. De la soupe faite de ces fruits, c'est-à-dire du pain bouilli dans de l'eau avec des Merises sèches et un peu de beurre, était, pendant l'hiver, dans ces contrées, la nourriture habituelle des bûcherons et des charbonniers. Aujourd'hui elle leur manque et rien ne la remplace. Le peu de Merises qu'on récolte est mangé sur-le-champ, ou vendu pour faire des liqueurs. »

Personne, que nous sachions, n'a pensé jusqu'à présent à tirer parti de la propriété que les racines du Cerisier ont de tracer au loin et de pousser une grande quantité de rejetons. Ne pourrait-on pas employer cet arbre à faire des plantations dans ces pays stériles dont le sol est un sable mouvant que les vents agitent et bouleversent sans cesse à sa surface, creusant ici de profonds sillons, formant plus loin des monticules, et bientôt comblant les uns et dispersant les autres pour ne plus faire qu'une plaine aride ? On a cherché quels étaient les végétaux propres, par leurs racines, à retenir et à fixer ces sables mobiles : plusieurs plantes peuvent avoir cette propriété ; mais il nous paraît que, parmi les arbres utiles, le Cerisier pourrait être employé avec avantage dans les climats qui ne sont pas trop chauds, comme dans les Landes de Bordeaux. Le sol, dans ces contrées peu élevées au-dessus du niveau de la mer, n'est sec et aride qu'à la surface ; sous la couche brûlante de sable qui le recouvre, se trouve assez d'humidité pour que les racines des grands arbres puissent y pomper les sucs nourriciers. Les Cerisiers, abandonnés à la nature dans ces plaines arides de l'ancienne Aquitaine, étendraient avec facilité leurs racines au milieu des sables; les nombreux rejetons qui en sortiraient fixeraient bientôt la mobilité de ces sables, et à la place de leur triste nudité, on verrait se former des forêts d'un arbre utile sous tous les rapports.

Le bois du Cerisier est naturellement roussâtre et très-susceptible de prendre une couleur plus foncée si on la lui donne; il est employé aux mêmes usages que celui du Merisier, mais en général on lui préfère ce dernier, qui est plus dur et plus serré. Celui-ci pèse, vert, soixante-une livres treize onces, par pied cube; la dessication lui fait perdre un peu plus de la seizième partie de son volume, et il ne pèse plus que cinquante-quatre livres quinze onces. C'est un bois doux et facile à travailler; les menuisiers et les ébénistes le recherchent pour faire des meubles; les luthiers, parce qu'il est sonore, s'en servent pour faire des instrumens de musique; mais les tourneurs, surtout, en font une grande consommation pour faire des chaises et des fauteuils. Les ouvriers se contentaient autrefois de passer sur leurs ouvrages de Merisier un pinceau trempé dans de l'eau de chaux; mais ce bois était alors sujet à pâlir et il ne conservait que peu de tems la teinte rougeâtre qu'on lui avait donnée. Aujourd'hui ils lui font prendre une belle couleur d'un rouge brun, en le mettant pendant vingt-quatre à trente-six heures dans l'eau de chaux, et en le polissant ensuite. La couleur qu'il acquiert par ce moyen est très-solide, elle n'est plus sujette à pâlir, et ce bois indigène peut alors rivaliser avec plusieurs bois exotiques; il imite assez bien l'Acajou uni et foncé. Dans les pays où les Merisiers sont communs dans les forêts, et où ils deviennent très-gros, on en fait de bon bois de charpente, des planches, des douves dont on fabrique des tonneaux qui passent pour donner un goût agréable au vin qu'on y renferme. Comme ces arbres poussent très-droits, ils sont très-propres, quand ils sont jeunes, à faire des échalas pour les vignes, et des cercles pour les cuves ou les tonneaux. Enfin, on se sert aussi de ce bois pour le chauffage; il brûle en donnant beaucoup de chaleur, et il fait de bon charbon. Les Merisiers sont sujets à être attaqués par les Pic-verds, qui, pendant qu'ils sont encore en vigueur, leur font à coups de bec des trous par lesquels l'eau pénètre dans l'intérieur et les pourrit; c'est ce qui fait qu'on trouve tant de ces arbres creux.

La gomme qui découle des fentes de l'écorce des Merisiers et des Cerisiers passe pour avoir les mêmes propriétés que la gomme arabique, dont elle paraît cependant assez différente, non parce qu'elle n'est ni aussi blanche ni aussi transparente, mais parce qu'au lieu de se dissoudre dans l'eau comme celle-ci, elle ne fait que s'y gonfler. L'écoulement de cette gomme paraît tenir à un état de faiblesse et de maladie, car il n'a pas lieu, ou seulement en très-petite quantité, sur les arbres forts et vigoureux, tandis qu'il est bien plus abondant sur les vieux et sur ceux qui sont malades; il est aussi beaucoup plus fréquent pendant l'automne que pendant les autres saisons. Comme cet écoulement trop abondant produit toujours la mort des arbres, et que des incisions qui le provoqueraient sur ceux qui sont bien portans, les exposeraient à les faire périr, il existe une loi qui, sous des peines très-sévères, défend d'entamer l'écorce des Cerisiers sur la propriété d'autrui.

L'écorce des Merisiers et celle des Cerisiers en général, est composée de quatre couches, dont les trois premières sont formées de fibres dirigées transversalement en spirale, et la quatrième de fibres longitudinales. La première et la seconde de ces couches corticales sont dures et coriacées; la troisième et la quatrième sont spongieuses. On dit que ces écorces teignent en jaune. Quelques médecins ont tenté de les employer, à la place du Quinquina, dans le traitement des fièvres intermittentes ; mais les guérisons ont été rares et équivoques.

Tout le monde connaît les Cerises, et chacun peut apprécier la bonté de ce fruit, dont la chair, selon les variétés, est tantôt fondante, douce et sucrée, tantôt ferme et cassante, d'autres fois molle et acide. Nous n'entrerons pas ici dans de nouveaux détails sur les qualités de tous les fruits différens produits par les diverses variétés; nous renverrons nos lecteurs à ceux que nous avons donnés en faisant le tableau des espèces. Nous nous contenterons de dire que les propriétés générales des Cerises sont d'être adoucissantes, laxatives et rafraîchissantes, surtout celles qui sont acides. Le suc de ces dernières, étendu dans de l'eau avec du sucre, fait en été, une liqueur agréable qui peut remplacer la limonade. L'eau distillée des Merises noires, qui se fait en distillant ces fruits sans qu'ils aient fermenté, et qui ne contient rien de spiritueux, est peu en usage parmi les médecins français; mais elle est beaucoup plus employée en Allemagne et en Angleterre : on la donne comme antispasmodique et calmante, dans les convulsions des enfans, dans la coqueluche. Cette eau cohobée acquiert une odeur et une saveur qui approche de l'eau distillée du Laurier-Cerise, et elle ne doit pas être employée sans précaution. On peut faire avec les Merises et les Cerises sèches, bouillies dans l'eau, une tisanne pectorale, utile dans les affections catarrhales. L'infusion aqueuse des pédoncules, appelés vulgairement queues de Cerises, passe pour être très-diurétique; quelques personnes nous ont assuré avoir vu des hydropiques guérir par ce seul moyen; mais nous ne garantissons nullement les effets de ce médicament que nous n'avons jamais employé, et qui l'est très-peu par les gens de l'art.

La consommation des Cerises, des Guignes et des Bigarreaux, qui se fait chaque année, est très-considérable ; c'est une privation lorsque ces fruits manquent, mais il est fort rare qu'ils manquent entièrement. Des gelées survenues cette année (en 1809), au milieu et à la fin d'avril, ont annéanti presque tous les autres fruits d'été, comme Abricots, Prunes et Pêches; les Cerises seules ont résisté, elles ont seulement été moins communes qu'à l'ordinaire. Les Guignes, les Cerises et les Griottes sont aussi saines qu'elles sont agréables à manger, mais la chair des Bigarreaux est indigeste ; il ne faut pas autant manger de ces fruits que des autres espèces. Ils sont beaucoup plus sujets que les vraies Cerises à être piqués par deux espèces de ver qui, les font tomber avant le tems ou qui, lorsqu'ils restent à l'arbre, les rendent désagréables à manger. Ces vers sont la larve d'un charanson et celle d'une mouche figurée dans le second volume des Mémoires de Réaumur, pl. 38, n°s. 22 et 23. Ces insectes déposent leurs œufs sur le fruit peu de tems après qu'il est noué; aussitôt que le ver est éclos, il s'introduit dedans et se nourrit de la pulpe. On n'en trouve ordinairement qu'un dans chaque fruit. Dans certaines années, une si grande quantité de Bigarreaux en sont attaqués, que cela dégoûte beaucoup de personnes d'en manger. On ne connaît pas de moyen pour préserver ces fruits de cet accident. Les Grives, les Merles, les Loriots et autres oiseaux frugivores sont très-friands de Cerises, surtout de celles qui sont douces et sucrées ; les Merises sauvages rendent, au dire des gourmets, la chair de ces oiseaux très-délicate.

Non-seulement une grande quantité de Cerises est mangée crue dans la saison, mais encore certaines espèces se conservent de différentes manières, ou sont employées à divers usages. Quelques personnes font confire les Bigarreaux au vinaigre, comme les cornichons. On fait sécher pour l'hiver plusieurs variétés de Guignes, de Cerises, de Griottes et de Merises, en les exposant, sur des claies serrées, aux rayons du soleil ou à la chaleur modérée d'un four. Cette méthode de conserver les Cerises est fort ancienne ; Pline en parle (1). On les conserve encore dans l'eau-de-vie ; on les confit au sucre ; on en fait des compotes, des marmelades, des confitures. La Cerise à courte queue, celle de Montmorency, celle d'Angleterre et le Gros-Gobet, sont les espèces qu'on emploie le plus communément à ces usages, et pour lesquels on prend ordinairement ces fruits avant qu'ils aient atteint leur parfaite maturité, parce que leur couleur étant plus claire et leur eau plus acide, les confitures sont moins foncées et d'un goût plus relevé. On fait entrer les Cerises dans plusieurs pâtisseries légères ; les distillateurs les emploient dans la composition de certains ratafias, et c'est surtout de Griottes et de Merises noires qu'ils se servent pour leurs liqueurs. Les confiseurs emploient les amandes pour former le centre de certaines dragées. Enfin on peut tirer une très-bonne huile de ces mêmes amandes.

Toutes les différentes espèces dont les fruits se mangent peuvent être employées à faire du vin de Cerises ; mais l'espèce préférable pour cet objet, est la Merise commune à fruit noir ou rouge. Voici ce que M. Bosc dit à ce sujet dans le nouveau Cours d'Agriculture : « Lorsqu'on veut faire du vin, on met les Merises, sans leur queue, dans un tonneau défoncé ; on les écrase avec un pilon, et on les couvre. La fermentation vineuse ne tarde pas à se développer, surtout s'il fait chaud, et on la complète en remuant chaque jour le tout pour en mélanger les parties. Il ne faut que cinq ou six jours de cuvage pour rendre le vin en état d'être transvasé et par suite consommé. Ce vin, bien fait, est fort agréable ; mais il se garde difficilement, même lorsqu'on le met sur-le-champ en bouteille. Autrefois, c'est-à-dire lorsque les vignes étaient plus rares, on en trouvait souvent dans les pays à Merises ; mais depuis long-temps on n'en voit plus que chez quelques particuliers, pour ainsi dire, comme objet de curiosité. » Ne pourrait-on pas donner au vin de Cerise la force qui lui manque pour se conserver plusieurs années, en y ajoutant un cinquième ou un sixième de Kirschenwasser ?

Duhamel indique aussi un procédé pour faire du vin de Cerises, qui serait mieux nommé ratafia, à cause du sucre qu'il faut y ajouter dans des proportions assez considérables.

« On choisit des Cerises acides bien mûres, et préférablement celles dont le suc » est noir ; on les écrase, et après avoir retiré les noyaux, on met le marc et le » jus fermenter comme le vin. Lorsqu'on sent que le tout a pris une odeur vineuse, » on exprime le jus à la presse, et on le verse dans une cruche ou dans un petit » baril, en ajoutant une livre et demi-quarteron de sucre pour chaque pinte de » jus, avec les noyaux qu'on a eu soin de concasser. La fermentation recommence, » et quand elle est cessée, on soutire à clair cette liqueur, ou bien on la passe » à la chausse pour la conserver dans des bouteilles bien bouchées. Il est sin- » gulier que le suc des Cerises prenne, au moyen du sucre, autant de force que » le bon vin, et fasse une liqueur agréable à boire, et qui peut se conserver » pendant plusieurs années. » DUHAM.

La grosse Merise noire entre dans la composition du ratafia de Grenoble, très-bonne liqueur, dont la plus grande consommation se fait dans le midi de la France. Mais de toutes les liqueurs faites avec les Cerises, le Kirschenwasser et le Marasquin sont les plus importantes, parce qu'elles forment des branches de commerce assez considérables pour les pays où on les fabrique. Le Kirschenwasser est une liqueur spiritueuse, une espèce d'eau-de-vie très-forte, qu'on obtient par la distillation,

---

(1) *Siccatur etiam sole, conditurque, ut oliva, cadis.* lib. 15. cap. 25.

5.

et qui est aussi claire et aussi transparente que l'eau la plus limpide. C'est dans les montagnes des anciennes provinces d'Alsace et de la Franche-Comté, en France; dans les cantons de Berne et de Bâle, en Suisse, et dans la Souabe, qu'on en distille le plus : delà cette liqueur se répand dans toute l'Europe. La Merise noire sauvage donne le meilleur Kirschenwasser ; celui pour la fabrication duquel on a employé ou mêlé des Cerises cultivées est beaucoup moins agréable et moins fort. D'après les observations de M. Aumont, insérées dans la Bibliothèque des propriétaires ruraux, après les Merises noires, la liqueur alcoolique retirée des Merises rouges est celle qui a le plus de force ; après celle-ci, celle des Guignes ; enfin, celle des Cerises acides est celle dont la qualité est la plus inférieure. Le degré moyen de la pesanteur du Kirschenwasser est entre 22 et 26 degrés de l'aréomètre de Baumé.

Pour faire le Kirschenwasser, on prend les Merises écrasées, avec le tiers ou la moitié, tout au plus, des noyaux concassés, et au moment où la fermentation vineuse est bien établie, on met le tout dans la cucurbite d'un alambic, en ayant soin de ne la remplir que jusqu'aux deux tiers, et l'on distille jusqu'à ce qu'on ait obtenu environ une pinte de liqueur, sur vingt livres de matière, ou tant que la liqueur passe claire et limpide ; car dès qu'elle cesse de l'être, il faut la séparer, parce que ce qui continuerait à passer serait trouble, laiteux, et gâterait la belle transparence si estimée du Kirschenwasser. On peut néanmoins continuer la distillation en recevant à part cette liqueur trouble qu'on réservera pour une seconde distillation ; il faut seulement prendre garde qu'elle ne contracte le goût de brûlé. Une grande partie du Kirschenwasser du commerce a presque toujours ce goût, et les marchands croient même que cela est inhérent à cette liqueur ; mais on doit l'attribuer à la mauvaise forme des alambics dont on se sert pour cette distillation ; les cucurbites sont trop profondes, pas assez évasées, ce qui fait que le marc s'attache presque toujours à leur fond et s'y brûle. Pour conserver la belle transparence du Kirschenwasser, il faut se garder de le mettre dans des tonneaux, parce qu'il s'y colore ; il faut le tenir dans des vases de terre, de grès ou de verre.

Le Marasquin est une autre liqueur alcoolique, faite avec une petite Cerise acide qu'on appelle *Marasca*, en Italie. Cette liqueur est beaucoup plus douce et plus agréable, au goût de bien des personnes, que le Kirschenwasser, qui est souvent si fort qu'il faut y ajouter de l'eau pour pouvoir le boire. C'est de Venise et de Trieste, de Zara, en Dalmatie, qu'on tire tout le vrai Marasquin qui se trouve dans le commerce. Celui de Zara est le meilleur et le plus estimé ; tous les Cerisiers dont les fruits sont employés à sa confection sont cultivés dans une étendue de dix-huit milles d'Italie, au pied de la montagne Clissa, entre Spalato et Almissa, sur une côte plantée de vignes. Les paysans transportent toutes les Cerises de ce canton à Zara, où on les distille. On a ignoré pendant long-tems, en France, les procédés employés dans cette distillation, et aujourd'hui on n'en est pas encore parfaitement sûr. S'il faut en croire ce que dit l'auteur de l'Art du Distillateur, imprimé en 1779, voici comment se fait le Marasquin : « On recueille les Cerises lorsqu'elles ont atteint leur parfaite maturité. On les sépare de leurs queues ; on écrase fruits et amandes, et le tout est jeté dans une cuve destinée à les faire fermenter ; on délaie ensuite, avec le jus de ce fruit, autant de livres de miel blanc qu'on a écrasé de quintaux de Cerises ; puis on le jette dans la cuve, on foule, et quand le liquide a éprouvé le même degré de fermentation qu'on fait subir aux raisins, on le verse dans de grands alambics, au fond desquels on a préalablement placé une grille construite en deux parties qu'on adapte l'une à côté de l'autre, et dont les mailles sont assez serrées pour que le marc ne se précipite pas au fond du vaisseau qu'on couvre de son chapiteau, muni de son réfrigérant, et on procède à la distillation. Six mois ou un an après avoir converti ce vin en eau-de-vie, on rectifie cette liqueur au bain-marie, et on répète cette opération autant de fois qu'on estime devoir le faire, c'est-à-dire jusqu'à ce que l'esprit soit dépouillé de tout corps hétérogène ; ce qu'on connaît à l'odeur et à la saveur agréable de cette liqueur. On fait fondre ensuite du sucre blanc dans une suffisante quantité d'eau simple, on le mêle avec l'esprit-de-vin, et on laisse vieillir le mélange. »

Le bon et le véritable Marasquin n'est pas commun ; une grande partie de celui qu'on débite dans le commerce n'est que du Kirschenwasser mêlé avec une certaine quantité d'eau et de sucre. On cultive en France, depuis quelques années, le Cerisier-Marasquin ; mais peut-on espérer de tirer jamais de son fruit une liqueur semblable à celle que nous fournit la Dalmatie ? Personne n'ignore que lorsqu'un arbre est transplanté dans un sol étranger, sous un climat différent, ses fruits n'ont plus la même saveur qu'ils avaient dans leur pays natal ; les vignes des meilleurs cantons de Bourgogne, transplantées aux environs de Paris, ne donneront plus qu'un vin médiocre ; et si le Marasquin de Venise est déjà inférieur à celui de Zara, que peut-on espérer de celui qu'on ferait dans le nord de la France ? Cependant Duhamel, cité par M. de Pœderlé, assure que le Cerisier-Marasque est entièrement semblable aux Cerisiers sauvages qui viennent naturellement dans les vignes ; que cela avait paru la même chose à celui qui lui avait appris à faire du Marasquin ; et qu'il avait fait, avec ces Cerises sauvages, de cette liqueur qui fut trouvée excellente ; enfin, que c'était la feuille qui lui donnait le parfum qui le faisait estimer, et qu'il était aisé de l'augmenter, en mêlant quelques feuilles de Bois-de-Sainte-Lucie aux Cerises avant de les distiller.

Le Laurier-Cerise est originaire des mêmes climats que le Cerisier vulgaire. Tous les deux ont été apportés de l'Asie-Mineure en Europe. La transplantation du dernier remonte déjà à une époque assez reculée, et d'ailleurs illustrée dans l'histoire par les victoires de Lucullus sur ce Roi du Pont, qui, pendant quarante ans, balança la fortune des maîtres du monde. Le Général romain, en arrachant le Cerisier aux champs de Cérasonte, et en le transplantant dans ceux de l'Italie, en fit un monument de son triomphe, bien plus durable que ceux que le Sénat ou le Peuple auraient pu lui élever. Le Laurier-Cerise, transplanté d'abord de Trébizonde à Constantinople, n'a pas eu de si brillantes destinées : un envoyé de l'Empereur d'Allemagne, dont le nom est à peine connu aujourd'hui, David Ungnad, en envoya un seul pied vivant à Clusius, à Vienne, il y a 233 ans. Cet auteur, qui nous a conservé le souvenir de ce fait, raconte comment il fut à la veille de perdre cet arbre, et comment, l'ayant heureusement sauvé, il le multiplia et le communiqua à ses amis. Le nom de *Lauro-Cerasus* qui lui avoit été donné par Bélon, qui déjà l'avait observé dans son pays natal, ne rappelle aucun événement mémorable ; il a été emprunté de quelque ressemblance qu'on crut voir entre ses feuilles et celles du Laurier, et de la forme de ses fruits, comparée à celle des Cerises.

La nature a placé dans les feuilles du Laurier-Cerise un arome qui n'existe pas dans les feuilles des autres Cerisiers ou qui n'y est que très-peu développé, et qu'on ne retrouve que dans les noyaux des fruits des autres espèces du même genre, ou de quelques genres de la même famille. Cet arome se retire par l'infusion ou la distillation dans l'eau ou dans l'alcool, mais il ne faut pas que ces liquides en soient trop chargés ; car si l'on distille plusieurs fois de l'eau sur les feuilles de Laurier-

Cerise, on en retire une liqueur qui est un violent poison pour les hommes et pour les animaux.

» J'ai fait sur ce poison diverses expériences : une cuillerée suffit pour tuer sur-
» le-champ un gros chien. La dissection la plus exacte ne me fit apercevoir
» aucune inflammation ; mais lorsque nous ouvrîmes l'estomac, il en sortit une odeur
» d'amande amère très-exaltée, qui pensa nous suffoquer. Ainsi je crois que cette
» vapeur agit sur les nerfs ; car si nous nous étions obstinés à respirer l'odeur qui
» s'exhalait de l'estomac, nous serions tombés évanouis, et peut-être aurions-nous
» aussi été suffoqués. Malgré les fâcheux effets que produit cette eau qu'on a
» distillée sur les feuilles de Laurier-Cerise, elle peut être un bon stomachique,
» étant prise à petite dose ; car si on en fait avaler tous les jours deux à trois
» gouttes à un chien, son appetit augmente et il engraisse. » DUHAMEL.

Avant Duhamel, plusieurs expériences avaient déjà été faites en présence de la Société Royale de Londres, par le D^r. Mortimer, et elles avaient eu des résultats analogues. Ces expériences sont rapportées dans le 37e. volume des Transactions Philosophiques. Avant cela, plusieurs personnes avaient été empoisonnées en Angleterre, pour avoir fait un usage inconsidéré de liqueurs préparées avec les feuilles du Laurier-Cerise ; et même postérieurement aux expériences de Mortimer, il est arrivé, au rapport de John Rutty, qu'un apothicaire d'une ville de province, croyant qu'il n'y avait pas d'inconvénient de substituer à l'eau de Cerises noires, celle des feuilles de Laurier-Cerise, donna de celle-ci à une jeune fille de dix-huit ans, qui en ayant pris tout au plus deux cuillerées, tomba sans connaissance en moins d'une minute, eut de violentes convulsions, et mourut très-peu de tems après, sans qu'il fût possible de lui porter aucun secours.

L'huile essentielle de ces mêmes feuilles est encore plus dangereuse ; on en fabriquait autrefois en Italie, sous le nom d'*Essence d'amande amère*, et elle était employée, soit dans les cuisines, comme assaisonnement, soit par les parfumeurs et les marchands de liqueurs ; mais à cause des accidens funestes qui pouvaient être la suite de son usage inconsidéré, l'autorité a sagement défendu d'en fabriquer et d'en vendre. Fontana, dans des expériences sur cette substance, a fait mourir, avec les mêmes symptômes qui sont la suite de l'insertion du venin de la vipère, un chien, par l'application sur une plaie, d'une seule goutte de cette huile essentielle.

Ce poison du Laurier-Cerise est si subtil, que les émanations de cet arbre ne sont pas sans inconvénient : on assure qu'il suffit de se reposer sous son ombrage, par un tems chaud, pour éprouver des maux de tête et des envies de vomir ; et il pourrait être plus dangereux de s'y endormir.

La gomme du Laurier-Cerise ne paraît pas partager les propriétés malfaisantes des feuilles, et, malgré les mauvais effets qu'on peut reprocher à celles-ci, tous les jours les cuisiniers français en mettent dans les crèmes, les soupes et les œufs au lait. Cela communique à ces préparations un goût d'amande amère fort agréable ; mais il faut être très-réservé sur la dose. Une ou deux feuilles doivent suffire, et il serait même plus prudent de s'abstenir de cet assaisonnement. C'est ce que pense M. Gouan, qui, dans une note particulière qu'il nous a communiquée, nous assure que plusieurs personnes de sa connaissance ont éprouvé des tranchées violentes pour en avoir fait usage. Comment peut-on, pour une saveur un peu plus ou un peu moins agréable, s'exposer à une mort aussi prompte que violente ? car, une fois le principe délétère introduit dans l'économie animale, aucun moyen ne saurait en arrêter les funestes effets ; au moins jusqu'à présent on ne connaît aucun antidote, et les huileux, le lait, l'alkali volatil, non-seulement sont insuffisans, mais encore on n'a pas même le tems d'administrer ces secours impuissans, tant l'action du poison est rapide et instantanée ?

On a essayé aussi d'introduire l'emploi de l'eau distillée du Laurier-Cerise dans la pratique de la médecine ; mais c'est encore un remède très-peu usité, et qui, d'après ce que nous avons exposé, demande à être administré avec beaucoup de prudence. Peut-être deviendra-t-il un jour, entre les mains d'un habile praticien, un moyen très-énergique de guérison. Le médecin anglais qui le premier en a tenté l'usage, dit en avoir donné trente à soixante gouttes, trois à quatre fois le jour, ce qui a agi comme puissant fondant. Le même assure avoir employé, avec beaucoup d'avantage, l'infusion des feuilles dans les obstructions du foie; mais de nouvelles expériences et de nouvelles observations ont besoin de confirmer ces premiers aperçus, et surtout de déterminer les doses d'un médicament qui pourrait devenir funeste s'il était employé sans ménagement.

Dans les parties septentrionales de la France, les fruits du Laurier-Cerise parviennent rarement à une maturité assez parfaite pour servir à la multiplication de l'espèce; mais on la propage avec la plus grande facilité par les boutures et surtout par les marcottes ; cependant les pieds qui sont venus de graines sont plus beaux, plus vigoureux, et ils vivent plus long-tems. Il est facile de se procurer des semences dans les départemens méridionaux, où elles mûrissent tous les ans. Les semis n'exigent aucun soin particulier, il ne faut que les préserver du froid pendant l'hiver. Dans le climat de Paris et dans le Nord, le Laurier-Cerise n'est jamais très-commun ; on en voit dans chaque jardin un ou deux pieds, mais rarement davantage, parce qu'il exige des précautions dans les grands froids, où on est exposé à le voir périr : cependant il périt très-rarement en entier, le plus souvent le tronc et les branches sont seuls atteints de la gelée ; mais les racines repoussent au printems d'autres rameaux qui forment bientôt un nouvel arbre. Dans les départemens du Midi et dans une grande partie de ceux de l'Ouest, où les hivers sont beaucoup moins rigoureux, le Laurier-Cerise peut, par son feuillage toujours vert, faire un très-bel effet dans les jardins-paysages; il est facile, dans ces contrées, de l'élever en arbre sur une tige principale, et en cet état on en voit qui atteignent vingt à vingt-cinq pieds de haut. Il peut aussi, lorsqu'on veut le tenir en haie, faire de superbes rideaux de verdure ; nous nous rappelons de l'avoir vu ainsi aux environs de Bayonne; il formait des berceaux du plus bel effet.

« On a greffé, avec succès, le Laurier-Cerise sur le Cerisier, mais les arbres ne » durent pas. On a aussi greffé, mais sans succès, les Cerisiers sur les Lauriers- » Cerises : on s'était proposé d'avoir ainsi des Cerisiers nains. » DUHAMEL. Le Cerisier à feuilles luisantes nous paraît beaucoup plus propre à cela que l'espèce dont il est maintenant question ; d'abord parce que celui-ci est vraiment nain, secondement parce qu'il ne craint pas du tout le froid. Voyez ce que nous avons dit à ce sujet, à l'article du *Cerasus Chamæcerasus*, 18eme. esp.

Les fruits du Cerisier Sainte-Lucie, ou Mahaleb, ne sont aujourd'hui d'aucun usage, on les laisse aux oiseaux qui, comme nous l'avons dit, en sont fort avides; cependant Dalechamp assure qu'on pourrait s'en servir pour la teinture, et qu'en exprimant le suc qu'ils contiennent, on en retirerait une belle couleur pourpre, propre à teindre les toiles et les cuirs, couleur, ajoute cet auteur, qui n'est pas sujette à passer, mais qui est très-solide et dure long-temps. Haller dit aussi que le suc des Cerises du Sainte-Lucie teint en pourpre. C'est sans doute d'après cette observation que le même Dalechamp a cru que cet arbre pouvait être le *Vaccinium*

5.

de Virgile et de Pline. Presque tous les auteurs qui ont recherché ce que c'était que le *Vaccinium* des anciens, n'ont pu s'accorder; il y a eu sur ce sujet les opinions les plus opposées. Pline, le seul auteur de l'antiquité qui ait donné quelques détails sur cet arbre, en dit encore si peu de chose, qu'il n'est pas étonnant qu'on n'ait pu reconnaître, avec certitude, l'objet dont il a parlé. Le *Vaccinium*, selon cet auteur (1), aime les lieux aquatiques; on le cultive en Italie, parce que ses fruits servent pour la chasse aux oiseaux, et dans les Gaules, à teindre en pourpre les habits des esclaves. Voilà tout ce que Pline nous apprend sur cet arbre, sans nous en laisser un seul mot de description qui puisse nous aider à le reconnaître. Ce n'est donc que d'après ce court énoncé de ses propriétés qu'on peut être guidé dans cette recherche. Cependant, de toutes les opinions qui ont existé sur le *Vaccinium*, celle de Dalechamp nous paraît la plus probable, puisqu'on peut retrouver, dans le bois de Sainte-Lucie, toutes les propriétés énoncées par Pline. Cet arbre, comme le *Vaccinium*, peut croître dans les lieux aquatiques; ses fruits, comme ceux du *Vaccinium*, attirent les oiseaux, surtout les Merles et les Grives qui les recherchent avec avidité, et ils peuvent fournir une couleur purpurine, qui, à la vérité, n'est plus employée, mais qui pourrait l'être; enfin le Cerisier Sainte-Lucie est un arbre et non une plante herbacée. Il nous semble que si les commentateurs, qui se sont exercés sur ce sujet, eussent fait attention que Pline place le *Vaccinium* dans un chapitre où il ne parle que d'arbres ou au moins de grands arbrisseaux, et qu'il intitule : de la Nature des arbres, quant au sol qui leur convient (2), ils n'auraient jamais été tentés de confondre le *Vaccinium* avec l'Hyacinthe, que le même auteur dit positivement être une plante bulbeuse et herbacée. Le *Vaccinium* ne peut, par la même raison, être aucune espèce du genre auquel Linné a attribué ce nom, parce que toutes celles de France et d'Italie, ne sont que des sous-arbrisseaux qui s'élèvent rarement au-delà de douze à vingt pouces, et que Pline n'eût pas rangé une de ces plantes avec des arbres.

Quelques auteurs ont pensé que par *Vaccinium*, les Latins désignaient le fruit du Troëne, et que Virgile, dans ce vers,

Alba Ligustra cadunt, Vaccinia nigra leguntur. Eclog. 2.

avait sans doute voulu comparer les fleurs aux fruits du même arbrisseau; mais cela ne tombe pas sous le sens, puisque Pline les distingue comme deux arbres différens. *In aquosis proveniunt Ligustra... item Vaccinia.* Il nous paraît bien plus probable que le poète latin n'aura fait cette comparaison du Troëne et du *Vaccinium*, que parce qu'ils venaient naturellement dans les mêmes lieux, comme le dit Pline, ou parce qu'on les trouvait alors tous les deux dans les haies, comme on les y trouve encore dans certains pays, où l'usage est resté d'y planter le bois de Ste.-Lucie et le Troëne. Les fruits de ce dernier ne pourraient d'ailleurs fournir qu'un suc noir, qui ne serait propre qu'à teindre de la même couleur, tandis que tous les auteurs anciens, qui ont parlé du *Vaccinium*, s'accordent à dire qu'il fournit une couleur pourpre.

Nec te purpureo velent Vaccinia succo;
Conveniens non est luctibus ille color. Ovid. Trist. Lib. 1. Eleg. 1.

Vaccinium temperantes, et lac miscentes, purpuram faciunt elegantem. Vitruv. lib. 4. cap. ult.

---

(1) *Non nisi in aquosis proveniunt... Ligustra... Item Vaccinia, Italiæ aucupiis satu, Galliæ verò etiam purpuræ tingendæ causá ad servitiorum vestes.* Pl. Lib. 16. Cap. 18.
(2) *De arborum naturá per situs.* Lib. 16. Cap. 18.

Le mot *Mahaleb*, qui est aujourd'hui consacré en latin et même en français comme nom spécifique du Cerisier Ste.-Lucie, est un mot arabe. Les médecins de cette nation avaient introduit l'usage du Mahaleb dans la pratique ; entre autres vertus ils attribuaient aux noyaux de ses fruits la propriété de dissoudre les calculs de la vessie. On trouvait autrefois de ces noyaux dans les pharmacies ; on les apportait alors d'Orient, et on ignora long-tems par quel arbre ils étaient produits ; enfin ils ont été reconnus pour appartenir aux fruits du Ste.-Lucie (1) ; bientôt ils sont tombés en désuétude, et aujourd'hui ils ne sont plus d'aucun usage en médecine. Les parfumeurs les employaient aussi et faisaient entrer les amandes dans les savonnettes, quoique leur odeur ne fût pas agréable et approchât un peu de celle de la punaise. Le bois du même arbre passe pour sudorifique ; ses copeaux ou sa sciure donnent, par la décoction dans l'eau, une teinture qui ressemble beaucoup à la couleur nankin ; mais il n'est en usage sous aucun de ces rapports. Quelques marchands de tabac prennent de ces copeaux, les réduisent en poudre et les mêlent à leurs tabacs pour communiquer à ceux-ci une odeur agréable. Une autre propriété du Mahaleb, qu'il ne sera pas inutile de faire connaître, c'est qu'il procure, par son odeur, le fumet du lapin de garenne au lapin domestique, en introduisant une chevillette de son bois dans le corps de celui-ci, au moment de le faire rôtir. Les feuilles vertes ou sèches peuvent également servir à donner un excellent fumet aux perdrix à la broche ; il en faut une verte ou deux sèches pour chaque pièce de gibier.

Ce bois est dur, compact, assez pesant, sans nœuds ni obier, d'une couleur grise tirant sur le rouge brun. Il est susceptible de recevoir un beau poli ; il a une odeur agréable, qui approche de celle de la violette, et qui augmente à mesure qu'il vieillit. Les ébénistes, les tabletiers et les tourneurs s'en servent pour différens ouvrages ; il est surtout employé à faire des boîtes et des étuis. Sous les rapports de sa dureté, de sa couleur et particulièrement de son odeur, il nous paraîtrait propre à faire toute espèce de meubles, comme commodes, secrétaires, bureaux, fauteuils, etc. pour lesquels cependant on ne l'emploie que fort peu ou même pas du tout, soit parce qu'il est rare d'en trouver des morceaux d'un grand diamètre, soit parce qu'on dit qu'il est sujet à se tourmenter. Dans les ateliers on le confond quelquefois avec le palissandre, bois étranger venant de l'île Ste.-Lucie, qui a la même odeur que lui, mais qui est d'une couleur plus foncée, et surtout d'une pesanteur spécifique plus considérable. On le confond encore avec le Merisier à grappes ou Putiet, qui lui ressemble aussi par la couleur et par l'odeur ; le plus souvent même, les ouvriers ne les distinguent pas l'un de l'autre, et ils les emploient dans leurs ouvrages sous la dénomination générale de Putiet ou de bois de Ste.-Lucie. C'est des montagnes du Jura et des Vosges qu'on tire la plus grande partie de ces deux bois.

Nous avons déjà dit que la culture du Cerisier Ste.-Lucie, n'offrait aucune difficulté ; il suffit, pour le multiplier, de semer ses noyaux dans la saison convenable. Il s'accommode de toute sorte de terrein, il prospère dans les terres marécageuses comme dans les plus arides ; il vient même dans celles qui sont de pure craie, et jusque dans les fentes des rochers ; il est vrai que dans cette dernière situation il ne forme qu'un buisson de quelques pieds de haut. Cette propriété de croître dans les plus mauvais terreins, le rend précieux, parce que l'on peut, par son moyen, mettre en rapport les terres les plus ingrates, en les changeant en bois taillis. Pour se convaincre de cette vérité, on n'a qu'à voir le parti avantageux que M. de Malesherbes a

---

(1) Quelques auteurs de matière médicale ont donné, au contraire, ces mêmes noyaux comme provenant des fruits du Filaria, (*Phyllirea media.* Linn.)

tiré de cet arbre dans ses terres, en en faisant faire des semis et des plantations considérables, dans des terreins qui paraissaient voués à une éternelle stérilité.

Quoique la culture du Mahaleb soit très-facile, cependant, pour ne rien laisser à désirer sur ce sujet, nous allons faire l'extrait de ce que M. Bosc a dit sur la manière de le gouverner lorsqu'on veut le cultiver en grand. « Il y a deux manières de procéder à la multiplication de cet arbre, dit cet auteur : 1°. en semant les graines en place ; 2°. en plantant des jeunes pieds pris dans une pépinière. Pour semer il faudra labourer le terrein à la charrue et répandre la graine aussitôt qu'elle est récoltée, soit à la volée, soit en rayons éloignés de six pouces. Si on n'avait pas de terrein disponible à l'époque de la maturité des fruits, il faudrait les mettre en jauge dans quelque coin, afin qu'ils pussent attendre le printems sans inconvénient. Lorsqu'on ne prend pas ces précautions, et qu'on laisse la graine se dessécher, la plus grande partie ne lève que la seconde année, ou ne lève pas du tout. On doit faire une guerre à outrance aux Campagnols et Mulots dans le lieu où les graines sont semées ou déposées ; car ces animaux, et en général tous les rongeurs, sont aussi avides de leur amande, que les oiseaux de leur pulpe. Pour planter, outre le labour, il faudra faire des trous à la pioche, à trois ou six pieds l'un de l'autre, et y placer le plant au printems. Il faut toujours, autant que possible, lui conserver le pivot, afin qu'il aille chercher l'humidité à une grande profondeur, et les trous doivent être faits en conséquence. Le plant ou les semis n'ont besoin que de quelques sarclages.

» Quand on veut semer ou planter le Mahaleb, pour favoriser la croissance des chênes ou autres arbres, qui, dans leur première jeunesse, ne sauraient supporter l'effet de l'ardeur du soleil, on place ces jeunes arbres dans l'intervalle des pieds de Mahaleb, et on abandonne le tout à la nature. A quatre ou cinq ans on recèpe le tout et on a un taillis dans lequel les chênes ne tardent pas à prendre le dessus. Le Mahaleb peut ensuite être coupé seul aux mêmes époques, de manière à payer, par sa dépouille, les frais de la plantation totale.

» On fait ausi, ajoute M. Bosc, d'excellentes haies de Mahaleb, soit en le semant, soit en le plantant en rigole, parce qu'il pousse des branches dès le collet de ses racines, et que ces branches sont presque horizontales et s'entrelacent les unes dans les autres ; mais elles craignent la dent des bestiaux, et surtout des moutons et des chèvres, qui aiment beaucoup les feuilles et les bourgeons de cet arbre. »

Le Merisier à grappes est presque aussi rustique que le Mahaleb, et tout ce qu'on a dit de ce dernier pour la culture en grand, peut être appliqué au premier. Il faut seulement observer qu'il ne vient pas également bien dans toutes les terres ; un sol trop aride lui est contraire ; mais il s'accommode bien d'une terre un peu légère et chaude. Il ne craint pas le froid ; on le trouve jusqu'en Laponie et en Sibérie. Ses racines tracent beaucoup et poussent quantité de rejetons, mais ceux-ci fleurissent rarement, selon M. Dumont Courset, qui préfère pour cette raison qu'on le multiplie de graines. Cette propriété des racines, de s'étendre au loin et de donner beaucoup de rejets, pourrait peut-être devenir utile, comme nous l'avons déjà dit, pour aider à fixer les sables mouvans.

Haller a commis une erreur en disant que le Merisier à grappes se trouvait seul en Lorraine, et que le Mahaleb ne croissait pas spontanément dans cette province. A la vérité, ce dernier ne croît pas au revers occidental des Vosges; mais il est certain, d'après les renseignemens qui nous ont été communiqués par le docteur Mougeot, botaniste très-éclairé, qui s'est occupé depuis plusieurs années, avec un zèle infatigable, de la recherche des plantes des Vosges et de la Lorraine, il est certain, disons-nous, que le Mahaleb est très-commun aux environs de Nancy et de Toul, où on le rencontre souvent dans les haies et les bois, sous la forme d'un arbrisseau. Pour revenir au Merisier à grappes, nous croyons devoir copier ici quelques détails qui nous ont été transmis sur ce Cerisier, par le même botaniste que nous venons de citer. « Cet arbrisseau, très-répandu dans les Vosges, surtout dans les vallées de la Moselle, de la Vologne et de la Meurthe, devient moins commun en Lorraine, à mesure que l'on s'éloigne de cette chaîne de montagnes; alors on ne le voit plus que ça et là dans les forêts, où il acquiert la force d'un moyen arbre; et il disparaît même entièrement aux environs de Nancy, où on le cultive seulement dans les bosquets, pour la beauté de ses fleurs. Dans les Vosges, il se plaît particulièrement aux lieux humides; il reprend de bouture avec la plus grande facilité, delà son emploi très-fréquent pour la clôture des prairies. Il peut atteindre vingt à vingt-cinq pieds de haut, si on le laisse croître et vieillir en liberté; son tronc principal a souvent alors dix à douze pouces de diamètre. Son bois tendre, dont on se chauffe lorsqu'on éclaircit les haies, n'est pas très-propre à être travaillé; cependant quelques tourneurs l'emploient; on en fait des sabots qui ne gercent pas et qui sont très-légers; les charrons le recherchent pour faire des chevilles, parce qu'il a la fibre longue, qu'il se resserre par la pression, et se dessèche ou se gonfle difficilement par les variations de l'atmosphère. Ses fruits, avant d'être mûrs, sont acerbes, désagréables; mais à leur parfaite maturité, ils deviennent doux au point que les enfans les recherchent et les mangent, sans en ressentir la moindre incommodité, comme on l'avait prétendu autrefois. Sa sève, très-abondante au printems, permet aussi aux enfans, en frappant légèrement sur ses rameaux, d'en enlever l'écorce entière, et d'en faire des sifflets, des trompettes, desquels ils tirent des sons plus ou moins harmonieux, ou pour mieux dire plus ou moins aigus. »

L'écorce des rameaux du Merisier à grappes a une odeur forte et désagréable qui lui a fait donner, dans les Vosges, le nom de Bois-puant; sa saveur est amère, un peu astringente. Dans les Mémoires de l'Académie des Sciences de Stokholm, il y a des observations sur ses vertus antivénériennes, et un médecin habitant des Vosges, Gerard, de Remberviller, a essayé, il y a une cinquantaine d'années, de l'employer, à la place du Quinquina, dans le traitement des fièvres intermittentes; mais les observations faites à ce sujet ne sont pas encore assez nombreuses pour qu'on puisse être parfaitement sûr de ce fébrifuge. Il est à desirer que des médecins se livrent à de nouvelles expériences sur cette écorce, qui, par sa saveur et surtout par son arome approchant de celui des feuilles du Laurier-Cerise, mais moins pénétrant et moins fort, annonce encore qu'elle doit être douée de vertus recommandables. Celles qu'on attribue aux fruits, en Allemagne, tiennent à la superstition; on fait avec ceux-ci des amulettes contre l'épilepsie. M. Bosc parle d'un accident singulier auquel ils sont exposés : « Un insecte du genre des charançons, dit cet auteur, dépose ses œufs dans l'ovaire des fleurs au moment de la fécondation, et il en résulte une monstruosité fort remarquable. Les fruits deviennent très-longs, très-pointus, souvent corniculés, ne prennent point de noyau et restent toujours verts. J'ai vu quelquefois ainsi transformées toutes les grappes de certains arbres. Il n'y a pas de remède à ce mal. »

Le bois du Cerisier de Virginie est rougeâtre, veiné de noir et de blanc, très-odorant; en Amérique, où cet arbre acquiert trente à quarante pieds de haut, on en fait des planches qu'on emploie à faire des meubles; il prend un beau poli.

Le Cerisier de la Caroline, introduit en France depuis quelques années, n'y a pas encore acquis la hauteur à laquelle il parvient dans son pays natal. M. Michaux nous a assuré qu'il s'élevait aussi haut que le Merisier de nos forêts. On plante cet arbre pour l'ornement des jardins ; son feuillage toujours vert le rend propre à décorer les bosquets d'hiver. Il supporte bien les froids du climat de Paris.

EXPLICATION DES PLANCHES.

Pl. 1. Un rameau chargé de fruits, de grandeur naturelle. Fig. 1. Une fleur entière. Fig. 2. Un pétal séparé. Fig. 3. Le calice, les étamines et le pistil. Fig. 4. Le pistil séparé.

Pl. 2. Un rameau avec des fruits. Fig. 1. Une fleur entière. Fig. 2. Le calice, les étamines et le pistil. Fig. 3. Le pistil séparé.

Pl. 3. Un rameau avec des fruits. Fig. 1. Un fruit coupé verticalement. Fig. 2 Un noyau séparé.

Pl. 4. Fig. A. MERISES jaunes. Fig. B. et C. MERISES blanches. Fig. D. GROSSES MERISES noires.

Pl. 5. Fig. A. *Cerasus chamæcerasus*. CERISIER à feuilles luisantes ou CERISIER de Sibérie. Fig. 1 et 2. Un noyau et son amande. Fig. B. GRIOTTES OU CERISES du Nord. Fig. 3. Coupe verticale d'un fruit. Fig. 4 et 5. Le noyau et son amande.

Pl. 6. Un rameau du CERISIER de Montmorency avec des fruits. Fig. 1. Une fleur entière. Fig. 2. Le calice, les étamines et le pistil. Fig. 3. Le pistil séparé. Fig. 4. Coupe verticale d'un fruit. Fig. 5. Un noyau séparé.

Pl. 7. Un rameau du CERISIER de Villennes avec des fruits.

Pl. 8. Fig. A. GUINDOUX de Paris, GUINDOUX rose. Fig. 1. Un noyau séparé du fruit. Fig. B. Rameau du CERISIER à fruit ambré avec des fruits. Fig. 2. Un noyau.

Pl. 9. Un rameau du CERISIER toujours fleuri, vulgairement CERISIER de la Toussaint.

Pl. 10. Fig. A. Un rameau du CERISIER CHERY-DUKE chargé de fruits. Fig. B. CERISE à bouquet. Fig. 1. Un noyau séparé. C'est par inadvertance qu'on a peint ce noyau simple, on aurait dû en représenter trois attachés au même pédoncule, comme on a figuré trois Cerises.

Pl. 11. Un rameau du CERISIER de Choisy avec des fruits. Fig. 1. Fleur entière vue de face. Fig. 2. La même avec le calice et le pistil seulement. Fig. 3. Le noyau. Fig. 4. L'amande.

Pl. 12. Fig. A. CERISES GROS-GOBET. Fig. B. CERISES à courte queue. Fig. C. GRIOTTES ou GUINDOUX de Poitou. Fig. D. GRIOTTES d'Espagne.

Pl. 13. Fig. A. GRIOTTES de Prusse. Fig. B. GRIOTTES Royales.

Pl. 14. Fig. A. GROSSES GRIOTTES noires, tardives. Fig. 1. Un noyau séparé. Fig. B. GRIOTTES-GUIGNES ou CERISES d'Angleterre. Fig. 1. Un noyau séparé.

Pl. 15. Fig. A. GUIGNES précoces. Fig. B. GUIGNES noires.

Pl. 16. Fig. A. GUIGNES piquantes. Fig. B. GRIOTTES de Portugal. Fig. C. Petites GUIGNES noires. Fig. D. GUIGNES blanches tardives.

Pl. 17. Un rameau du BIGARREAUTIER commun avec des fruits. Fig. 1. Un fruit coupé verticalement. Fig. 2. Le noyau séparé.

Pl. 18. Fig. A. BIGARREAUX noirs, tardifs. Fig. B. BIGARREAUX noirs ou Cerises de Norwege. Fig. C. Gros BIGARREAUX tardifs. Fig. D. BIGARREAUX Cœur-de-Pigeon.

Pl. 19. Fig. A. HEAUMES noirs. Fig. B. HEAUMES rouges.

Pl. 20. Un rameau du GUIGNIER à feuilles de tabac, avec des fruits. Fig. 1 Une Guigne coupée verticalement. Fig. 2. Le noyau séparé. Fig. 3. L'amande.

BORONIA pinnata.　　　**BORONIA** à feuilles pennées.

P. J. Redouté pinx.　　　　　　　　　　　　Lemaire sculp.

BORONIA.

BORONIA. Linn. Classe X. *Décandrie*. Ordre I. *Monogynie*.
BORONIA. Juss. Classe XIII. *Dicotylédones polypétales. Étamines hypogynes*. Ordre XXI. Les Rutacées. §. II. Feuilles dépourvues de stipules.

GENRE.

CALICE.	A quatre divisions profondes, persistantes.
COROLLE.	De quatre pétales ovales, insérés sous un disque hypogyne (espèce de nectaire).
ÉTAMINES.	Hypogynes, au nombre de huit, insérées sous le disque nectariforme; filamens planes, courbes, ciliés, recouvrant l'ovaire, et portant chacun à leur sommet une anthère surmontée d'une glande.
PISTIL.	Ovaire ovale-arrondi, creusé de quatre sillons, porté sur un disque orbiculaire et glanduleux, chargé de quatre styles droits, chaque style terminé par un stigmate obtus.
PÉRICARPE.	Formé de la réunion de quatre coques ou capsules, qui s'ouvrent chacune en deux valves.
SEMENCES.	Presque solitaires dans chaque capsule.

Caractère essentiel. Calice persistant, partagé en quatre divisions; nectaire en forme de disque orbiculaire, servant de base à l'ovaire; huit étamines à filamens ciliés, courbés; ovaires surmonté de quatre styles droits, connivens; fruit composé de quatre capsules réunies comme en une seule, chaque capsule s'ouvrant en deux valves, et contenant une ou deux semences.

Rapports naturels. Le Boronia a beaucoup d'affinité avec le genre *Ruta*; mais il en diffère par le nombre des parties de la fructification, et par ses pétales sessiles, dépourvus d'onglet.

Etymologie. Ce genre a été consacré, par M. Smith, à la mémoire de Boroni, Italien, qui avait d'abord été son serviteur, et dont il avait fait son disciple et son ami. Dans un voyage que M. Smith fit en Italie, il prit à son service le jeune Boroni; ayant remarqué ses bonnes qualités, son zèle, son intelligence, et surtout le goût qu'il annonçait pour la botanique, il s'y attacha d'une manière particulière, lui donna des leçons, dont le disciple profita si bien, que le célèbre botaniste anglais en fit bientôt son collaborateur et son ami. Dans la suite Boroni, à la sollicitation de son maître, accompagna en Grèce M. Sibthorp, qui entreprenait le voyage de cette contrée pour en reconnaître et en recueillir les productions naturelles; mais ce voyage lui fut fatal : il périt d'une chute qu'il fit à Athènes, du haut d'un balcon.

ESPÈCES.

1. BORONIA pinnata. *Tab.* 21.
B. *foliis oppositis, impari-pinnatis; pinnis linearibus; floribus axillaribus.*

BORONIA à feuilles ailées. *Pl.* 21.
B. à feuilles ailées avec impaire; à folioles linéaires; à fleurs axillaires.

BORONIA *pinnata*. Smith. *Tracts relating to Natural History*, pag. 290. pl. 4. Andrews, *Botan. Repos.* 58. Vent. Hort. Malm. pag. 38. tab. 38. Pers. synop. 1. pag. 419.

Arbuste d'un joli aspect et d'un port élégant, dont la tige est droite, cylindrique, grêle, flexible, haute de deux à trois pieds, rameuse, recouverte d'une écorce mince, lisse et d'un brun-clair. Les rameaux sont opposés ainsi que les feuilles. Celles-ci sont pétiolées, dépourvues de stipules, ailées avec impaire, composées de deux à trois paires de folioles linéaires, aiguës, très-entières, lisses, d'un vert foncé, longues d'un pouce ou environ ; la terminale est un peu plus longue que les autres. Ces feuilles sont aromatiques et répandent, lorsqu'on les froisse entre les doigts, une odeur qui approche de celle du myrte. Les pédoncules axillaires, simples ou divisés, portent une ou plusieurs fleurs, d'une odeur agréable, et sont munis de bractées opposées, lancéolées, aiguës, très-petites. Chaque fleur est composée d'un calice partagé, presque jusqu'à la base, en quatre divisions ovales, aiguës, très-courtes ; d'une corolle de quatre pétales ovales, sessiles, aigus, alternes avec les divisions du calice, et de couleur rose ; de huit étamines opposées alternativement aux pétales et aux divisions du calice ; leurs filamens sont plus courts que la corolle, velus en dehors, glabres en dedans, courbés, recouvrant l'ovaire, et portant à leur sommet des anthères ovales, penchées, chargées d'une glande. L'ovaire est ovale - arrondi, creusé de quatre sillons, glabre, porté sur un disque orbiculaire et glanduleux, surmonté de quatre styles droits connivens, à stigmates obtus. Le fruit qui succède à la fleur se forme de l'agrégation de quatre coques ou capsules réunies pour n'en former qu'une seule en apparence : chaque capsule s'ouvre en deux valves, et renferme une ou deux semences.

L'espèce que nous venons de décrire est jusqu'à présent la seule de ce genre qui soit connue : elle est originaire des environs du Port-Jackson, dans la Nouvelle-Galles du Sud. On la cultive au Jardin des Plantes, dans celui de la Malmaison et chez quelques amateurs ; mais elle est encore rare. On la multiplie de marcottes ; les boutures reprennent difficilement. Elle demande une terre légère ; celle de bruyère lui convient mieux que toute autre. Elle craint la gelée et a besoin de passer l'hiver dans l'orangerie. Ses fleurs commencent à se développer dès le mois de février, et se succèdent jusqu'en mai.

EXPLICATION DE LA PLANCHE 21.

Un rameau fleuri de grandeur naturelle.

Fig. 1. Fleur un peu grossie, dont on a enlevé trois pétales et six étamines, pour faire voir l'insertion de ces deux parties, le disque glanduleux et le pistil.

que,
nce,
sou
trois
gues
Ce
une
isés,
créée
alice
rtes;
s du
es et
hues,
ières
é ca
té de
ur se
l'une
deux

i soi
es da
quel
tures
vient
bran-
elem

et se
lisque

so

BEJARIA racemosa.　　　　BEJARIA à grappes.

P. J. Redouté pinx.　　　　　　　　　　　　　Lemaire Sculp.

BEJARIA.

BEFARIA. Lin. Classe **XI.** *Dodécandrie.* Ordre **I.** *Monogynie.*
BEFARIA. Juss. Classe **IX.** *Dicotylédones monopétales. Corolle périgyne.*
Ordre II. Les Rosages.

GENRE.

CALICE. Persistant, monophylle, un peu renflé, très-court, partagé à son limbe en sept divisions ovales.

COROLLE. Monopétale, ayant son insertion autour de l'ovaire et à la base du calice, partagée en sept divisions très-profondes et très-ouvertes, oblongues, plus larges vers leur sommet, et obtuses.

ÉTAMINES. Quatorze; filamens subulés, plus courts que la corolle, courbés en dedans vers leur sommet, terminés chacun par une anthère ovale-oblongue.

PISTIL. Ovaire supérieur, arrondi; style cylindrique, persistant; stigmate un peu charnu, marqué de sept stries.

PÉRICARPE. Capsule globuleuse, ombiliquée, déprimée, creusée de sept stries, divisée en autant de loges, et s'ouvrant en sept valves.

SEMENCES. Nombreuses, oblongues, cylindriques, imbriquées.

Caractère essentiel. Calice à sept divisions; corolle monopétale, à sept découpures profondes; étamines au nombre de quatorze; capsule à sept loges polyspermes.

Étymologie. Ce genre est consacré à la mémoire de Béjar, ami intime du célèbre Mutis, et professeur de botanique à Cadix. Linné, dans ses ouvrages, avait substitué, par erreur sans doute, le nom de *Befaria* à celui de *Bejaria*, et tous les auteurs qui sont venus après lui ont copié cette faute sans la reconnaître; mais Ventenat, d'après l'observation de M. Zéa, disciple de Mutis, a cru devoir rétablir le nom de *Bejaria*.

ESPÈCES.

1. BEJARIA racemosa. *Tab.* 22.
B. *foliis sessilibus, ovato-lanceolatis, integerrimis, utrinquè glabris; floribus racemosis, terminalibus; corollis inæqualibus.*

BEJARIA à grappes. *Pl.* 22.
B à feuilles sessiles, ovales-lancéolées, très-entières, glabres des deux côtés; à fleurs en grappes terminales; à corolles inégales.

BEJARIA racemosa Vent. Hort. Cels. 51. tab. 51.
BEFARIA paniculata. Mich. Fl. Boreal. Amer. 1. pag. 280. tab. 26. Pers. Synop. 2. pag. 3.
α. *Caule ramisque hispidis.*
ϛ. *Caule ramisque glabris.*

Arbrisseau de trois à quatre pieds de haut, dont la tige est droite, cylindrique, rameuse, revêtue d'une écorce roussâtre, hérissée de poils roides, légèrement visqueuse vers l'extrémité de ses rameaux; dont les feuilles sont alternes, sessiles ou presque sessiles, ovales-lancéolées, aiguës à leurs deux extrémités, très-entières, glabres, ayant leur nervure moyenne assez prononcée. Ces feuilles persistent pendant l'hiver; elles sont d'un vert sombre et d'une saveur très-amère; les inférieures ont de quinze à vingt lignes de long, et les supérieures n'en ont que quatre à six: les premières sont quelquefois ciliées à leur base, et leur nervure principale est chargée de

5.

quelques poils pareils à ceux qu'on observe sur la tige. Les fleurs sont pédonculées, un peu odorantes, disposées en grappes droites au sommet de la tige et des rameaux. Chaque fleur est composée d'un calice campanulé, glabre, à sept dents ovales, obtuses, très-courtes; d'une corolle monopétale, découpée presque jusqu'à sa base en sept divisions oblongues, obtuses, inégales, d'une couleur blanche, avec une légère teinte purpurine vers le sommet; de quatorze étamines, dont les filamens sont rapprochés à leur base, libres, écartés, très-ouverts dans le reste de leur étendue, portant à leur extrémité une anthère vacillante, ovale, dont le sommet s'ouvre par deux pores; d'un ovaire arrondi, glabre, visqueux, chargé d'un style cylindrique, qui porte à son sommet un stigmate en tête, marqué de sept stries. Le fruit qui succède aux fleurs est une capsule globuleuse, grosse comme un pois, environnée à sa base par le calice à sept stries longitudinales, partagée en autant de loges, s'ouvrant en sept valves, et renfermant des semences nombreuses, oblongues, très-menues, d'une couleur roussâtre.

Cette espèce croît spontanément dans les lieux sablonneux de la Floride occidentale, où elle a été découverte par A. Michaux. Elle est cultivée au Jardin des Plantes de Paris, et dans celui de M. Cels, de graines apportées de Charles-Town en France, par M. Bosc. On la multiplie de graines venues d'Amérique, et encore de marcottes et de boutures. Il faut, pour la conserver, la placer pendant l'hiver dans l'orangerie, et la planter dans une terre légère. Cet arbrisseau fait un joli effet lorsqu'il est en fleur; c'est en juillet, août et septembre qu'il fleurit : il est encore très-rare.

Outre l'espèce dont il vient d'être question, on en connaît encore deux autres qui sont originaires de la Nouvelle-Grenade. Elles ne sont pas cultivées en Europe; l'une est le *Bejaria resinosa*, et l'autre le *Bejaria æstuans* (*Befaria resinosa*. LIN. Suppl. 246. *Befaria æstuans*. LIN. Suppl. 247). MM. Zéa et Ventenat pensent que les *Acunna oblonga* et *lanceolata* du *Systema Veget. Flor. Peruv.* ne diffèrent pas des *Befaria æstuans*, et *Befaria resinosa*. LIN.

EXPLICATION DE LA PLANCHE 22.

Un Rameau fleuri de grandeur naturelle.
Fig. 1. Corolle ouverte et les étamines.
Fig. 2. Le calice, l'ovaire, le style et le stigmate.

NERIUM Oleander.　　　**NERION** Laurier-rose.

NERIUM.   NÉRION.

NERIUM, Linn. Classe V. *Pentandrie*. Ordre I. *Monogynie*.

NERIUM, Juss. Classe VIII. *Dicotylédones monopétales. Corolle hypogyne.* Ordre XIV. Les Apocinées. §. II. Ovaire double. Fruit à deux loges. Semences couronnées d'une aigrette.

GENRE.

CALICE.	Persistant, très-petit, partagé jusqu'à la base en cinq divisions aiguës.
COROLLE.	Monopétale, en entonnoir, dont le tube, plus court que le limbe, est dilaté en sa partie supérieure, et porte, à son entrée, cinq appendices formant une espèce de couronne; le limbe est grand, divisé en cinq découpures, larges, obtuses et obliques.
ÉTAMINES.	Cinq; filamens subulés, très-courts; anthères en fer de flèche, conniventes, se terminant par un long filet.
PISTIL.	Ovaire arrondi, double, surmonté d'un style cylindrique, terminé par un stigmate tronqué, porté sur un rebord orbiculaire.
PÉRICARPE.	Deux follicules droites, allongées, cylindriques, à une loge, s'ouvrant longitudinalement d'un seul côté.
SEMENCES.	Oblongues, nombreuses, embriquées sur plusieurs rangs, couronnées par une houppe de poils; elles ont un périsperme charnu; leur embryon est droit et a la radicule supérieure.

Caractère essentiel. Calice à cinq divisions; corolle monopétale en entonnoir; gorge du tube couronnée par cinq appendices; limbe à cinq divisions obliques; cinq étamines; un style; deux follicules droites; semences aigrettées.

Caractère secondaire. Arbrisseaux à feuilles opposées deux à deux ou trois à trois; à fleurs disposées en corymbe terminal.

Rapports naturels. Les plantes du genre Nerium ont de l'affinité avec celles des genres *Plumeria* et *Echites* : elles diffèrent des premières, parce que les semences des Franchipaniers (*Plumeria*) ne sont pas aigrettées, mais garnies en leur bord d'une aile membraneuse; elles sont distinguées des *Echites* parce que, dans ces dernières, la gorge du tube de la corolle est dépourvue d'appendices.

Etymologie. *Nerion*, *Nerium*, sont dérivés du mot grec Νηρόν, qui signifie humide, parce que l'arbre, auquel on a donné ces noms, habite au bord des eaux. Les noms de *Rhododendron* et de *Rhododaphne*, qu'il portait encore chez les anciens, signifient, le premier, Arbre-Rose, et le second, Laurier-Rose.

ESPÉCES.

1. NERIUM Oleander. *Tab.* 23.

N. *Foliis lanceolatis, oppositis ternisve, subtùs costatis; laciniis calycinis obliquis, tubo triplo brevioribus ; corollarum appendicibus planis subtricuspidatis.*

NÉRION Laurier-Rose. *Pl.* 23.

N. à feuilles lancéolées, opposées ou ternées, chargées en dessous d'une forte nervure; à découpures du calice obliques, trois fois plus courtes que le tube; à corolle à appendices planes, terminés par deux ou trois pointes.

NERIUM *Oleander*. Fuchs. Hist. 541. Linn. Sp. 305. Willd. Sp. 1. pag. 1234. Lam. Dict. 3. pag. 456. Illust. Tab. 174. Desf. Fl. Atl. 1. pag. 208. Pers. synop. 1. pag. 269.

NÉRION, *Rhododaphne seu Rhododendron* Discoridis et Plinii.

NERIUM *sive Rhododendrum*. Mattr. Valgr 1103.

5.

α. NERIUM *sive Rhododendron flore rubro*. J. Bauh. Hist. 2. lib. XV. pag. 140.
NERION *floribus rubescentibus*. Bauh. Pin. 464. Duham. Arb. 2. pag. 46. tab. 12,
NERIUM. Mill. Dict. n°. 1. Blackw. Herb. tab. 531.
Oleander Laurus-Rosea. Lob. Ic. 364.
ε. NERION *floribus albis*. Lob. Ic. 365. Bauh. Pin. 464. Duham. Arb. 2. pag. 46.
    Vulgairement Laurier-Rose, Laurose, Laurelle, Rosage, Rosagine.

Le Laurier-Rose est un grand arbrisseau rameux, qui, dans son pays natal, ne
s'élève qu'à douze ou quinze pieds, si on le laisse croitre en liberté, parce qu'il pousse
beaucoup de rejetons des racines, et qu'il forme un buisson plutôt qu'un arbre ; mais
si, dans le même climat, on le force à pousser sur une tige principale, en ayant soin
de le débarrasser de tous les rejets qui pullulent au pied, son tronc acquiert la grosseur du corps d'un homme, et il s'élève en arbre à la hauteur de vingt-cinq pieds.

L'écorce du tronc et des branches est grisâtre, assez unie ; celle des jeunes rameaux
est verdâtre. Les feuilles sont opposées ou ternées (quelquefois même quaternées),
lancéolées, aiguës, très-entières, coriaces, roides, glabres, d'un vert foncé, persistantes,
chargées en dessous d'une nervure très-saillante, rétrécies à leur base en un court pétiole. Les fleurs sont grandes et belles, ordinairement de couleur rose, quelquefois
blanches, disposées en corymbe au sommet des rameaux. Leur calice est à cinq divisions
lancéolées, un peu obliques, trois fois plus courtes que le tube de la corolle ; celle-ci est
en entonnoir ; son tube, rétréci à sa base, s'évase dans sa partie supérieure, et sa gorge
est munie d'une espèce de couronne formée de cinq appendices à deux ou trois pointes,
et correspondans aux divisions du limbe qui sont très-ouvertes, un peu obliques. Les
étamines sont insérées vers le milieu de la hauteur du tube, dans la partie où il commence à s'évaser ; leurs filamens sont fort courts, gros proportionnellement à leur
longueur : chacun d'eux porte une anthère en fer de flèche, dont les pointes inférieures sont roulées en dedans sur elles-mêmes, et dont la pointe supérieure porte
une espèce d'aigrette à poils courts, un peu frisés ; les cinq aigrettes sont conniventes
et forment une espèce de colonne torse qui s'élève à peine au-dessus du tube. Le style
est cylindrique, terminé par un stigmate tronqué, entouré par les étamines. Les fruits
qui succèdent aux fleurs sont deux follicules cylindriques, longues de trois à cinq
pouces, à une seule loge, s'ouvrant par une fente longitudinale, renfermant un grand
nombre de graines embriquées, oblongues, planes, toutes couvertes de poils courts
et roux, couronnées par une houppe de poils de même couleur et plus longs.

Le Laurier-Rose croît spontanément dans les lieux humides, sur le bord des ruisseaux, dans la partie méridionale de l'Europe, en Barbarie, et dans l'Orient ; on le
trouve en France, aux environs d'Hières, près de Toulon ; dans le pays de Nice et dans
la Rivière de Gènes. On le cultive dans tous les jardins, dont il est un des plus beaux
ornemens, à cause de la beauté de ses fleurs qui se succèdent sans interruption
les unes aux autres, depuis le mois de juillet jusqu'à la fin de septembre. Nous reviendrons sur ses usages, ses propriétés et sa culture.

2. NERIUM odorum.

NÉRION odorant.

N. *foliis lineari-lanceolatis, ternis, subtùs costatis ; laciniis calycinis rectis ; tubo subcam-
panulato ; corollarum appendicibus multi-
partitis filiformibus.*

N. à feuilles linéaires-lancéolées, ternées, chargées en dessous d'une forte nervure ; à découpures du calice droites ; à tube presque
campanulé ; à corolle dont les appendices sont
découpées en plusieurs divisions filiformes.

NERIUM *odorum*. Ait. Kew. 1. pag. 297. Willd. Sp. 1. pag. 1234. Pers. synop. 1. pag. 269.
Nerium odoratum. Lam. Dict. 3. pag. 456.
α. *Nerium Indicum angustifolium, floribus odoratis simplicibus*. Herm. Lugdb. 447. tab. 448.

6. *Nerium Indicum latifolium, floribus plenis odoratis.* Herm. Lugdb. 447. t. 449.

Cette espèce ressemble beaucoup à la précédente, on pourrait même croire qu'elle n'en est qu'une simple variété; mais sses fleurs offrent des différences constantes : elles sont odorantes, les divisions de leur calice sont très-droites et non un peu obliques; la partie de la corolle, qui est rétrécie en tube dans le Nérion Laurier-Rose, est évasée et campaniforme dans le Nérion odorant; enfin les appendices qui forment une couronne à l'entrée de la gorge du tube, sont divisés en filamens filiformes, au lieu d'être planes, terminés par deux ou trois dents; les filets qui terminent les anthères, sont barbus et comme plumeux dans l'une et l'autre espèce.

Le Nérion odorant, ou Laurier-Rose des Indes, croît naturellement sur le bord des rivières et le long des côtes maritimes, dans les Indes orientales. On le cultive en Europe et en France, depuis environ cent ans; il craint le froid et est beaucoup plus délicat que le Laurier-Rose commun. Il faut le tenir l'hiver dans la serre-chaude, l'été au grand soleil, et l'arroser souvent, surtout pendant les chaleurs et pendant qu'il est en fleurs. On le multiplie de marcottes et de boutures; mais le premier moyen est plus sûr et moins long. La variété à fleurs roses et doubles a beaucoup d'éclat et fait le plus bel effet; celle à fleurs doubles, blanches, est fort rare.

Commelin paraît être le premier qui ait cultivé en Europe le Laurier-Rose odorant; il l'avait reçu de Laurent Pijl, gouverneur de Ceylan.

Les six espèces suivantes n'ont pas encore été introduites vivantes en Europe.

3. NERIUM salicinum.   NÉRION à feuilles de saule.

N. *foliis lineari-lanceolatis, ternis, enerviis, obtusis.*   N. à feuilles linéaires-lancéolées, ternées, dépourvues de nervures, obtuses.

NERIUM *salicinum.* Vahl. Symb. 2. pag. 45. Wild. Sp. 1. pag. 1235. Pers. Synop. 1. pag. 269.

Grand arbre qui croît spontanément dans l'Arabie heureuse.

4. NERIUM obesum.   NÉRION rongé.

N. *foliis oblongo-lanceolatis, sparsis, subtùs villosis; corollæ fauce nudá.*   N. à feuilles oblongues-lancéolées, éparses, velues en-dessous; à gorge de la corolle nue.

NERIUM *obesum.* Vahl. Simb. 2. pag. 45. Wild. Sp. 1. pag. 1235. Pers. Synop. 2. pag. 269.

Cette espèce habite dans l'Arabie heureuse.

5. NERIUM Zeylanicum.   NÉRION de Ceylan.

N. *foliis lanceolatis, oppositis; ramis rectis.*   N. à feuilles lancéolées, opposées; à rameaux redressés.

NERIUM *Zeylanicum.* Lin. Sp. 306. Amoen. Acad. 4. pag. 309. Lam. Dict. 3. pag. 457.

Apocynum arborescens, Nerii flore minus. Burm. Zeyl. 23. tab. 12. f. 2.

Cette espèce croît naturellement dans l'île de Ceylan et dans les Indes-Orientales.

6. NERIUM divaricatum.   NÉRION étalé.

N. *foliis lanceolato-ovatis; ramis divaricatis.*   N. à feuilles ovales-lancéolées; à rameaux étalés.

NERIUM *divaricatum.* Lin. Sp. 306. Willd. Sp. 1. pag. 1236. Lam. Dict. 3. pag. 457.

Cet arbrisseau croît dans les lieux sablonneux de l'île de Ceylan et dans l'Inde.

7. NERIUM antidysentericum.   NÉRION anti-dysentérique.

N. *foliis petiolatis, ovatis, acuminatis; folliculis apice connexis.*   N. à feuilles ovales, pétiolées, acuminées; à follicules réunies par leur sommet.

NERIUM *antidysentericum.* Lin. Sp. 306. Willd. Sp. 1. pag. 1236. Lam. Dict. 3. pag. 457. Pers. Synop. 1. pag. 269.

Nerium Indicum, siliquis angustis, erectis, longis, geminis. Burm. Zeyl. 167. tab. 177.

5.

Cet arbrisseau croît naturellement dans l'Inde, au Malabar et dans l'île de Ceylan. Son écorce, broyée et infusée dans du petit-lait, et surtout celle de la racine, est, dit-on, employée dans le pays comme un remède propre à guérir les dysenteries

8. NERIUM coronarium.

N. *foliis ovato-lanceolatis ; pedunculis pauci-floris, ex dichotomiá ramulorum ; corollarum appendicibus coroná duplici.*

NÉRION à bouquets.

N. à feuilles ovales-lancéolées ; à pédoncules pauciflores, naissant dans la bifurcation des rameaux; à appendices de la corolle formant une double couronne.

NERIUM *coronarium.* Jacq. Collect. 1. pag. 138. Ic. Rar. 1. tab. 52. Lam. Dict. 3. pag. 457. *Jasminum Zeylanicum folio oblongo, flore albo, pleno, odoratissimo.* Burm. Zeyl. 129. tab. 59.

Cet arbrisseau croît dans les Indes-Orientales ; on l'y cultive dans les jardins, à cause de la beauté et de la bonne odeur de ses fleurs.

PROPRIÉTÉS, USAGES ET CULTURE.

Quoique le suc propre du Laurier-Rose ordinaire ne soit pas lactescent, cet arbrisseau n'en participe pas moins aux facultés des autres végétaux qui composent avec lui la famille des Apocinées. La plupart de ces plantes contiennent en effet un suc propre, laiteux, âcre et amer, dont les propriétés sont plus ou moins énergiques et même très-dangereuses dans certaines espèces. C'est dans cette famille, ou au moins dans les genres qui, par leurs caractères botaniques, ont de l'affinité avec elle, et qui ne peuvent s'en éloigner beaucoup, que M. de Jussieu a rangé les *Strychnos ;* et c'est d'une des espèces de ce dernier genre qu'on retire dans l'Inde, et principalement dans l'île de Java, un des poisons les plus délétères que puisse fournir le règne végétal. Cette espèce, connue à Java sous le nom d'*Upas tieuté,* est un arbrisseau sarmenteux, dont les naturels du pays recueillent le suc pour le réduire en extrait, et s'en servir à empoisonner leurs flèches. L'action de ce poison est si rapide et si violente, qu'il est difficile d'y porter remède si la dose est très-faible ; et l'on doit croire tous les secours impuissans lorsqu'elle a été plus considérable. La plupart des voyageurs et des auteurs qui ont fait l'histoire de la plante qui fournit cette substance vénéneuse, l'ont accompagnée de fables et de circonstances extraordinaires ; mais M. Leschenault, qui a voyagé dans l'Inde, ayant rapporté de ce poison, en a communiqué à M. Raffeneau-Delile, qui, par plusieurs expériences exactes faites sur des animaux, a fait connaître sa véritable manière d'agir. Nous ne suivrons pas M. Delile dans ses diverses expériences, ce qui nous entraînerait trop loin ; nous nous contenterons d'en rapporter seulement quelques-unes, pour donner une idée de la violence et de la promptitude avec laquelle cette substance peut donner la mort.

Un chien blessé avec un instrument chargé d'un grain et demi de suc d'*Upas,* est mort en quatre minutes. Un autre chien est mort en une heure cinquante-sept minutes, pour avoir été blessé seulement avec un demi-grain. Quinze grains d'*Upas,* introduits au bout d'un morceau de bois pointu, ont tué un cheval en quarante-sept minutes, et huit gouttes de la même substance liquide, injectées dans la veine jugulaire d'un autre cheval, ont produit un tétanos subit et une mort instantanée.

La Noix-Vomique et la Fève de St.-Ignace, qui appartiennent encore à deux espèces de *Strychnos,* ne sont pas moins dangereuses que l'*Upas,* selon M. Delile, et il résulte de ses observations, que l'extrait alcoolique de ces deux substances produit les mêmes phénomènes et agit avec la même violence que le poison de Java. Elles étaient autrefois employées en médecine ; mais elles ont été bannies de la pratique.

Les expériences que M. Delile a faites pour découvrir des moyens de remédier aux funestes accidens causés par l'*Upas*, lui ont appris qu'il n'y en avait aucun d'efficace, si la quantité du poison prise intérieurement, ou introduite dans le système de la circulation, était trop considérable. L'air introduit artificiellement dans les poumons a seulement prévenu l'asphyxie prompte dont les animaux étaient menacés, et a retardé leur mort pendant une demi-heure à cinq quarts-d'heure. L'opium, administré à grande dose, n'a eu aucun succès. Ce qui réussit le mieux, lorsque l'introduction du poison est faite par une blessure, est de retirer promptement l'arme ou l'instrument, afin de ne pas donner le tems au poison de se délayer dans la plaie et à l'absorbtion de se faire; par ce moyen, divers animaux ont été blessés impunément. Si la blessure était plus long-tems en contact avec l'instrument empoisonné, il faudrait cautériser la plaie jusqu'au fond, ou la faire saigner abondamment, en l'élargissant; dans ce dernier cas, le poison est délayé et entraîné par l'hémorragie, et son introduction dans la circulation est efficacement arrêtée. Les ligatures sur les membres blessés, faites au-dessus des plaies, ne font que prévenir et suspendre les accidens, et elles ne peuvent être employées utilement sous ce rapport, que pendant qu'on cautérise les blessures ou qu'on facilite l'hémorragie. Si l'*Upas* était pris intérieurement, le meilleur remède serait d'imiter l'extraction salutaire du poison hors des plaies, en débarrassant le plus promptement possible l'estomac par des émétiques; et pour agir avec plus de célérité, il conviendrait de stimuler l'œsophage avec les barbes d'une plume, en même tems qu'on donnerait de grandes doses d'eau tiède pour procurer sur-le-champ des vomissemens abondans.

Les propriétés du Laurier-Rose ne seraient peut-être pas différentes de celles de l'*Upas*, si le premier habitait des climats aussi chauds que le second; et tel qu'il croît en Europe, c'est encore un arbre dont toutes les parties ne peuvent être employées en médecine sans la plus grande précaution; car elles seraient un véritable poison si elles l'étaient autrement. Les différentes observations que nous allons rapporter, et qui nous ont été communiquées par des naturalistes éclairés (1) qui les ont recueillies sur les lieux, prouveront assez le danger qu'il peut y avoir à faire un usage inconsidéré d'une partie quelconque de l'arbre dont il est ici question.

Lorsque les Français prirent possession de l'île de Corse, pour la première fois, des soldats ayant enfilé des volailles, pour les faire rôtir, avec des baguettes ou broches faites de branches de Laurier-rose, plusieurs de ceux qui mangèrent de ces volailles furent empoisonnés. Probablement que ceux qui le furent avaient mangé la partie de viande qui avait été en contact avec les baguettes. Les Indiens mangent sans danger le gibier qu'ils tuent avec des flèches empoisonnées de suc d'*Upas*; mais ils ont soin d'enlever la partie de l'animal dans laquelle la flèche a pénétré.

Le bois du Laurier-Rose est d'un blanc jaunâtre; les paysans des environs de Nice le rapent pour servir de *mort-aux-rats*. L'écorce en poudre peut être employée au même usage.

Malgré ses propriétés dangereuses, le Laurier-Rose a été et est encore employé en médecine. Il ne faut pas croire à ce que disent Dioscoride et Pline, qui attribuent à ses feuilles et à ses fleurs la faculté d'être utiles contre la morsure des serpens, lorsqu'on les prend dans du vin; mais dans les pays du Midi, les gens du peuple, et même plusieurs praticiens, se servent des feuilles extérieurement et intérieurement dans quelques maladies de la peau. L'application de la décoction de ces feuilles bouillies dans l'huile, et des frictions avec cette même huile, ou celles d'une pommade faite

______

(1) Nous devons une grande partie de ce que vous publions sur le Laurier-Rose, à M. L. Charles, propriétaire-naturaliste, au Luc; à M. G. Robert, de Toulon; à MM. Risso et Loquez, de Nice; et à M. Bertoloni, de Sarzane.

5.   16 *

avec leur poudre et de la graisse, guérissent la teigne et la gale. Les moines mendians se servaient avec succès de leur poudre pour faire périr tous les insectes cutanés. La décoction du bois et de l'écorce, prise à l'intérieur, est un remède efficace dans les maladies vénériennes invétérées; mais la dose doit être très-faible : quinze à vingt grains suffisent pour une pinte d'eau. Si on voulait administrer ces mêmes substances en nature, ce serait peut-être beaucoup d'en donner jusqu'à trois grains. Un malade, qui en prenait ainsi trois grains, en plusieurs fois, dans l'espace de la journée, ennuyé de n'être pas guéri après un mois de traitement, crut qu'il pourrait hâter sa guérison par une plus grande dose que celle qui lui était prescrite : il en prit, en une seule fois, environ dix à douze grains. Cette quantité, prise inconsidérément, causa des accidens assez graves : le malade eut des vomissemens abondans et douloureux, accompagnés d'éblouissemens, de défaillances, de sueurs froides. Une grande quantité d'eau sucrée et quelques cordiaux calmèrent tous ces accidens, qui n'eurent aucune suite fâcheuse.

C'est par leur propriété âcre et irritante que les feuilles de Laurier-Rose sont sternutatoires. Aucun quadrupède herbivore ne les broute; mais ce qui serait un poison mortel pour ces animaux, est dévoré sans inconvénient par la larve d'un papillon. La belle chenille du Sphinx du Nérion en fait sa nourriture.

Le bois du Laurier-Rose est assez dur, mais cassant. En France on ne s'en sert pas pour la menuiserie. Dans l'île de Candie, au rapport de Belon, il devient assez gros pour qu'on puisse en faire des solives, qu'on emploie dans la construction des maisons peu élevées. En Barbarie, les gens du pays le brûlent pour en faire du charbon, qui leur sert dans la composition de la poudre à canon.

Le Laurier-Rose est très-robuste; sa culture dans les jardins n'exige que fort peu de soin : il suffit de le placer au grand soleil et de lui donner de fréquens arrosemens. Dans le climat de Paris, on le tient ordinairement en caisse, afin de pouvoir le mettre à l'abri des froids trop rigoureux. Il pourrait résister en pleine terre, à quatre ou cinq degrés au-dessous du terme de congélation; un froid plus violent le ferait périr. Dans les départemens méridionaux, où il croît naturellement, on en fait des massifs et des palissades qui font le plus bel effet lorsque l'arbre est en fleurs. Comme ses jeunes tiges et ses branches sont assez souples, on peut les entrelacer les unes dans les autres et en former des haies impénétrables. A Hières, les jeunes tiges servent à faire de ces espèces de cerceaux dont on entoure les caisses d'oranges qui doivent être exportées ou passer dans le commerce de l'intérieur.

Le Laurier-Rose se multiplie de drageons qui pullulent abondamment autour des vieux pieds, ou de marcottes. On peut aussi le propager par boutures et par les graines; mais ces deux derniers moyens sont plus lents et peu usités.

EXPLICATION DE LA PLANCHE 23.

Un rameau de grandeur naturelle.

Fig. 1. Une fleur ouverte pour faire voir la disposition des étamines et les appendices qui forment une couronne à l'entrée du tube de la corolle.

Fig. 2. L'ovaire, le style et le stigmate.

Fig. 3. Le calice dans lequel le pistil est resté.

Fig. 4. Les deux follicules qui forment le fruit.

Fig. 5. Les mêmes un peu écartées et entr'ouvertes.

Fig. 6. Une semence surmontée de son aigrette.

OLEA.   OLIVIER.

OLEA. Lin. Classe II. *Diandrie.* Ordre I. *Monogynie.*
OLEA. Juss. Classe VIII. *Dicotylédones monopétales. Corolle hypogyne.*
Ordre IV. Les Jasminées. § II. *Fruit en forme de baie.*

GENRE.

CALICE.	Monophylle, campanulé, petit, persistant, à quatre dents.
COROLLE.	Monopétale, infondibuliforme, à tube court, cylindrique, de la longueur du calice; à limbe plane, divisé en quatre découpures ovales, rarement en cinq.
ÉTAMINES.	Deux, rarement quatre; filamens opposés, subulés, courts, attachés à la corolle au-dessous des angles rentrans formés par ses divisions, terminés par des anthères droites.
PISTIL.	Ovaire arrondi; style simple, très-court; stigmate un peu charnu, en tête, à deux lobes un peu divergens.
PÉRICARPE.	Drupe, ovoïde, lisse, à pulpe adhérente à un noyau ligneux, raboteux, divisé en deux loges contenant chacune une semence. Dans l'Olivier d'Europe la pulpe est oléagineuse, et ce n'est que très-rarement qu'on trouve les deux loges et les deux semences; il y a presque toujours une des semences qui avorte, ainsi que la loge qui devait la contenir.
SEMENCES.	Une amende de la même forme que le noyau, composée de deux lobes, à la base desquels est l'embryon, qui est petit et droit.

Caractère essentiel. Calice petit, à quatre dents; corolle monopétale, à tube court, à limbe partagé en quatre découpures ovales; étamines au nombre de deux; stigmates à deux lobes; un drupe contenant un noyau qui renferme une ou deux graines.

Caractère secondaire. Arbres ou grands arbrisseaux à feuilles entières, toujours vertes, opposées ou très-rarement alternes; à fleurs en grappe ou en panicule axillaire ou terminale.

Rapports naturels. L'Olivier a beaucoup d'affinité avec le *Chionanthus* et le Filaria (*Phylirea* Lin.); ce dernier surtout n'en diffère essentiellement que parce que le noyau de son fruit est globuleux, lisse et constamment à une seule loge. Les greffes de l'Olivier sur le Filaria réussissent très-bien.

Étymologie. Olivier vient du latin *Olea, Oliva,* et les deux mots latins sont dérivés du grec Ἐλάια.

ESPÈCES.

1. OLEA Capensis.

OLIVIER du Cap.

O. *foliis ovatis, obtusis, integerrimis; racemis paniculæformibus, axillaribus et terminalibus, divaricatis.*

O. à feuilles ovales, obtuses, très-entières; à grappes paniculées, axillaires et terminales, étalées.

OLEA *Capensis.* Lin. Sp. 11. Willd. Sp. 1. pag. 45. Lam. Dict. 4. pag. 545. Vahl. Enum. 1. pag. 41. Pers. Synop. 1. p. 8.

5.

α. OLEA (*coriacea*) *foliis ovato-oblongis rigidis planis, petiolis rubris.* Ait. Hort. Kew. 1. pag. 13.

Ligustrum Capense sempervirens, folio crasso subrotundo. Dill. Hort. Elth. 1. pag. 193. tab. 160. f. 194.

β. OLEA (*undulata*) *foliis ellipticis undatis, petiolis viridibus.* Ait. Hort. Kew. 1. pag. 13.

Olea laurifolia. Lam. Ill. n. 79. Lam. Dict. 4. pag. 545.

Sideroxylum foliis oblongis integris. Burm. Afr. 233. tab. 81. f. 1.

Le tronc de cet arbre est revêtu d'une écorce un peu rude, et se divise en rameaux opposés. Les feuilles, pareillement opposées, sont très-entières, rétrécies en pétiole à leur base, glabres des deux côtés, coriaces et ovales, obtuses et quelquefois un peu échancrées dans la première variété; ovales-oblongues, un peu pointues dans la seconde. Les fleurs forment des grappes très-rameuses, ou plutôt des panicules, terminales au sommet des rameaux, ou disposées dans les aisselles des feuilles supérieures: elles sont composées d'un calice court, à quatre petites dents obtuses; d'une corolle de couleur blanche, dont le limbe est à quatre découpures ovales, obtuses, et le tube très-court; de deux étamines et d'un pistil. Les fruits, qui succèdent aux fleurs, sont de petits drupes bleuâtres, de la grosseur d'un pois, un peu terminés en pointe.

Cet Olivier croît dans les forêts du Cap de Bonne-Espérance : on le cultive à Paris, au Jardin des Plantes : il passe l'hiver dans la serre tempérée.

2. OLEA emarginata.   OLIVIER échancré.

O. *foliis ovatis, obtusis, emarginatis; paniculá pauciflorá, terminali; corollis globulosis.*

O. à feuilles ovales, obtuses, échancrées; à panicule terminale, peu garnie de fleurs; à corolles globuleuses.

OLEA *emarginata.* Lam. Ill. Gen. n. 81. tab. 8. f. 2. Lam. Dict. 4. pag. 545. Vahl. Enum. 1. pag. 42. Pers. Synop. 1. pag. 9.

Vulgairement le *Ponai* des Indes.

Cet arbre s'élève, dans son pays natal, à la hauteur de quarante à cinquante pieds; son tronc est couvert d'une écorce d'un gris cendré; ses rameaux sont opposés ainsi que les feuilles. Celles-ci sont ovales, pétiolées, rétrécies vers leur base, arrondies et un peu échancrées à leur sommet, longues de quatre à six pouces et larges de deux à trois; coriaces, très-glabres, luisantes, d'un vert gai, garnies d'une nervure saillante. Cette nervure paraît être le prolongement du pétiole qui est épais, cylindrique, un peu ligneux. Les fleurs sont disposées en une panicule terminale peu garnie; composées d'un calice à quatre dents aiguës; d'une corolle grande, comparativement aux fleurs des autres espèces de ce genre, ayant presque la forme d'un grelot, se divisant en quatre découpures ovales, légèrement aiguës. Les filamens des étamines sont très-courts; ils portent des anthères glanduleuses. Le stigmate est triangulaire. Les fruits sont des drupes ovales, un peu chagrinés, du volume d'une petite noix; ils sont bons à manger.

M. Aubert du Petit-Thouard, Directeur de la Pépinière Impériale du Roule, a fait un genre nouveau de cette espèce, sous le nom de *Noronhia.*

Cet Olivier croît dans l'île de Madagascar, où il a été observé par M. Jos. Martin, qui en a communiqué des échantillons à M. de Lamarck. On le cultive depuis quinze ans au Jardin des Plantes; mais son accroissement y est fort lent et il n'y a pas encore fleuri, quoiqu'on le tienne dans la serre-chaude. Il réussirait beaucoup mieux si on le transportait dans les parties les plus chaudes de nos départemens du Midi, comme aux environs de Toulon, de Nice, de Gênes, etc. Il ne serait pas prudent de l'y risquer tout de suite en pleine terre; mais il y demanderait beaucoup moins de soins que dans le climat de Paris, et peut-être qu'il ne tarderait pas à y fructifier. On le multiplie de marcottes.

3. OLEA Americana.

O. *foliis ovato-lanceolatis, integerrimis; racemis axillaribus; bracteis omnibus persistentibus, connatis, parvis; drupis globosis.*

OLIVIER d'Amérique.

O. à feuilles ovales-lancéolées; à grappes axillaires; à petites bractées, connées, toutes persistantes; à drupes globuleux.

OLEA *Americana.* Lin. Mant. 24. Willd. Sp. 1. pag. 45. Lam. Dict. 4. pag. 543. Vahl. Enum. 1. pag. 41. Mich. Fl. Bor. Amer. 2. pag. 222. Pers. Synop. 1. pag. 9.

Ligustrum lauri folio, fructu violaceo, baccis purpureis. Catesb. 1. pag. 61. t. 61.

Le tronc et les branches de cet arbre sont revêtus d'une écorce assez unie, d'un gris cendré. Les feuilles sont opposées, pétiolées, ovales-lancéolées, quelquefois plus étroites et tout-à-fait lancéolées, longues de trois à six pouces, larges de douze à dix-huit lignes, très-entières, très-glabres, luisantes et d'un beau vert en dessus, plus pâles en dessous. Les fleurs, les unes dioïques ou monoïques, les autres hermaphrodites, sont disposées, dans les aisselles des feuilles, en grappes courtes, rameuses, peu garnies. Leurs pédoncules sont légèrement pubescens, garnis de petites bractées ou écailles opposées et réunies par leur base. Le calice est très-petit, la corolle blanche. Le style est très-court, presque nul, surmonté d'un stigmate bifide. Les fruits sont de petits drupes globuleux, lisses, renfermant chacun un noyau un peu ovale, strié, percé à la base.

Cet arbre croît naturellement dans les parties maritimes de l'Amérique septentrionale, depuis la Floride jusqu'à la Caroline. On le cultive en Europe dans les jardins de botanique; à Paris, on est obligé de le rentrer pendant l'hiver dans l'orangerie; dans le midi de la France, il pourrait rester toute l'année en pleine terre. On le multiplie de marcottes; il réussit très-rarement de boutures.

4. OLEA cernua.

O. *foliis ovato-oblongis, obtusissimis; racemis axillaribus, simplicibus; floribus cernuis.*

OLIVIER à fleurs pendantes.

O. à feuilles ovales-oblongues, très-obtuses; à grappes axillaires, simples, garnies de fleurs pendantes.

OLEA *cernua.* Vahl. Symb. 3. p. 3. Enum. 1. p. 43. Willd. Sp. 1. p. 45. Pers. Synop. 1. p. 9.

Olea obtusifolia. Lam. Illust. n. 74. Dict. 4. pag. 543.

Les rameaux de cet Olivier sont revêtus d'une écorce cendrée; ils sont garnis de feuilles opposées, ovales, arrondies à leur sommet, quelquefois légèrement échancrées, rétrécies en pétiole à leur base, d'une consistance coriace, un peu roulées en leurs bords, glabres, luisantes, longues de dix-huit à vingt-quatre lignes, larges de huit à neuf. Les fleurs sont disposées en grappes simples, placées dans les aisselles des feuilles, et à peu près de la longueur de celles-ci. Les dents du calice sont courtes; la corolle est trois à quatre fois plus grande, à divisions lancéolées, obtuses et d'une couleur blanchâtre.

Les échantillons de cette espèce, que nous avons vus dans l'herbier de M. de Lamarck, ont été recueillis à l'île de Bourbon, par Commerson.

5. OLEA apetala.

O. *foliis ellipticis; floribus racemosis, apetalis.*

OLIVIER sans pétales.

O. à feuilles elliptiques; à fleurs en grappes, dépourvues de pétales.

OLEA *apetala.* Vahl. Symb. 3. pag. 3. Enum. 1. pag. 42. Willd. Sp. 1. pag. 45. Pers. Synop. 1. pag. 9.

Cette espèce croît dans la Nouvelle-Zélande; jusqu'à présent elle n'a pas été apportée vivante en Europe.

5

6. OLEA excelsa.   **OLIVIER élevé.**

O. *foliis ellipticis, acutiusculis; racemis axillaribus simplicibus; bracteis perfoliatis; infimis cyathiformibus persistentibus; superioribus foliaceis, magnis, deciduis.*

O. à feuilles elliptiques, un peu aiguës; à grappes axillaires simples; à bractées perfoliées; les inférieures en forme de coupe, persistantes; les supérieures foliacées, grandes, caduques.

OLEA *excelsa.* Ait. Hort. Kew. 1. pag. 14. Vahl. Symb. 3. pag. 3. Enum. 1. pag. 42. Willd. Sp. 1. pag. 46. Pers. Synop. 1. pag. 9.

L'individu de cette espèce, que nous avons vu dans le jardin de M. Cels, ne formait qu'un arbrisseau de cinq à six pieds de haut; mais d'après la vigueur et la longueur des pousses d'une année, dans de jeunes sujets qui étaient en pleine terre, nous croyons que, dans son pays natal, cet Olivier peut s'élever à vingt ou trente pieds. L'écorce du tronc et des branches est grisâtre. Les feuilles sont opposées, rétrécies à leur base en un court pétiole, ovales et ovales-oblongues, ou obtuses, ou un peu aiguës, très-glabres, luisantes et d'un beau vert. Les fleurs sont blanchâtres, disposées sur des grappes simples, axillaires, munies de bractées embrassantes, dont les inférieures sont persistantes, ayant la forme d'une coupe, et les supérieures grandes, foliacées, caduques. Nous n'avons pas vu les fruits.

Cet Olivier, originaire de l'île de Madère, est cultivé dans les jardins de botanique et chez quelques curieux. Il fleurit en avril et mai. On le multiplie de marcottes. Dans le climat de Paris on le serre, pendant l'hiver, dans l'orangerie; il y a tout lieu de croire qu'on pourrait le conserver en plein air dans les départemens du midi.

7. OLEA fragrans. *Tab.* 24.   **OLIVIER odorant. *Pl.* 24.**

O. *foliis ovato-lanceolatis, serratis; pedunculis subcorymbosis, terminalibus axillaribusque.*

O. à feuilles ovales-lancéolées, dentées en scie; à fleurs axillaires et terminales, disposées un peu en corymbe.

OLEA *fragrans.* Thunb. Fl. Jap. 18. t. 2. Lam. Dict. 4. pag. 544. Willd. Sp. 1. pag. 46. Wahl. Enum. 1. pag. 43. Pers. Synop. 1. pag 9.

Cet Olivier devient un arbre assez fort dans son pays natal; dans les jardins de Paris, où on le tient en caisse, il ne forme qu'un arbrisseau de cinq à six pieds de haut; son écorce est grisâtre, et sa tige droite, rameuse. Les jeunes rameaux, lisses et verdâtres, sont garnis de feuilles opposées, rétrécies en pétiole à leur base, ovales ou ovales-lancéolées, longues de deux à quatre pouces, glabres, lisses, d'un vert un peu foncé en dessus, les unes entières, les autres dentées en scie. Les fleurs sont pédonculées, disposées six à douze ensemble, en petits bouquets, au sommet des rameaux et dans les aisselles des feuilles supérieures. Chaque pédicule particulier n'a que six à huit lignes de long; il est réfléchi de manière que la fleur est un peu pendante, et il porte à sa base une petite bractée. Le calice est très-petit, à peine sensible. La corolle se partage en quatre divisions profondes, ovales-oblongues, obtuses, un peu charnues, de couleur blanche. Les étamines sont très-courtes. Le style est filiforme, terminé par deux stigmates aigus.

L'Olivier odorant croît naturellement à la Chine, au Japon et à la Cochinchine. Il est cultivé au Jardin des Plantes de Paris et dans celui de plusieurs amateurs. Il fleurit dans les mois d'août et de septembre; ses fleurs répandent une odeur délicieuse. Les Chinois les mêlent dans leur thé pour lui donner plus de parfum. Il est probable que cet arbre pourrait s'acclimater dans nos provinces méridionales; on est obligé, dans le Nord, de le mettre en caisse, afin de pouvoir le préserver du froid pendant l'hiver. On le multiplie de marcottes.

T. 5. N.º 24.

OLEA fragrans.   **OLIVIER** odorant.

P. J. Redouté pinx.   Lemaire sculp.

OLEA Europæa.   **OLIVIER** d'Europe.

8. OLEA microcarpa.

O. foliis ellipticis, acuminatis, serratis; racemis terminalibus.

OLEA *microcarpa.* Vahl. Enum. 1. pag. 43.

OLIVIER à petits fruits.

O. à feuilles elliptiques, acuminées, dentées en scie; à grappes terminales.

Cette espèce croît naturellement à la Cochinchine.

9. OLEA lancea.

O. foliis lineari-lanceolatis, acutis; floribus paniculatis terminalibus; drupis ovatis, acutis.

OLEA *lancea.* Lam. Ill. n. 78. Dict. 4. pag. 544. Vahl. Enum. 1. pag. 40. Pers. Synop. 1. pag. 9.

OLIVIER élancé.

O. à feuilles linéaires-lancéolées, aiguës; à fleurs en panicule terminale; à drupes ovoïdes, aigus.

Les rameaux de cet arbre sont grêles, revêtus d'une écorce grisâtre, chargée de quelques points ou tubercules très-petits. Les feuilles sont opposées, linéaires-lancéolées, aiguës, rétrécies en pétiole à leur base, longues de deux à quatre pouces et même plus, larges de six à sept lignes, glabres des deux côtés, lisses et luisantes en dessus, chargées en dessous d'une seule nervure, les nervures latérales n'étant pas sensibles. Les fleurs sont disposées en panicule terminale, dont les premières ramifications partent du même point; les autres se divisent et se subdivisent en pédoncules opposés. Ces fleurs sont petites, d'une couleur blanchâtre; leur calice est très-court. Les fruits sont de petits drupes un peu aigus, de la grosseur et de la forme de nos olives sauvages.

Cette espèce a été observée à l'Isle-de-France par Commerson; nous en avons vu des échantillons cueillis dans leur lieu natal par M. Jos. Martin, et conservés dans l'herbier de M. de Lamarck. Elle n'est pas encore cultivée en France.

10. OLEA chrysophylla.

O. foliis lanceolatis, utrinquè acutis, subtùs rubiginosis nitidis; floribus racemoso-paniculatis, axillaribus.

OLEA *chrysophylla.* Lam. Ill. n. 77. Dict. 4. pag. 544. Pers. Synop. 1. pag. 9.

OLIVIER chrysophylle.

O. à feuilles lancéolées, aiguës à leurs deux extrémités, rouillées et luisantes en dessous; à fleurs en grappes paniculées, axillaires.

Cet Olivier ne diffère de l'espèce commune que parce que les écailles qui recouvrent le dessous de ses feuilles, au lieu d'être argentées, sont rousssâtres, fauves ou couleur de rouille; d'où le nom d'*Olea fulva* ou *O. rubiginosa* lui eût mieux convenu que celui de *Chrysophylla*, qui signifie feuille d'or. Les grappes de fleurs sont aussi, en général, plus rameuses et plus composées que dans l'espèce d'Europe. Quant aux fruits, ils ressemblent entièrement à nos plus petites olives sauvages.

D'après les échantillons de cette espèce, que nous avons vus dans l'herbier de M. de Lamarck, et qui ont été recueillis dans l'île de Bourbon, nous ne croyons pas qu'elle soit suffisamment distincte de l'Olivier d'Europe; et nous pensons qu'elle n'en est qu'une simple variété causée par la différence du climat.

11. OLEA Europæa (1), *Tab.* 25 *ad* 32.

O. foliis lanceolatis, subtùs incanis; floribus racemosis, axillaribus.

OLIVIER d'Europe. *Pl.* 25 à 32.

O. à feuilles lancéolées, blanchâtres en-dessous; à fleurs en grappes axillaires.

---

(1) En traitant de l'Olivier d'Europe, nous croyons devoir prévenir nos lecteurs que nous avons emprunté la plus grande partie de ce que nous dirons sur les différentes variétés et la culture de cet arbre, d'un Mémoire de M. Bernard, qui a remporté le prix, au jugement de l'Académie de Marseille, en 1782. Cet ami estimable a bien voulu nous communiquer aussi les nouvelles observations qu'il a faites depuis la publication de son Mémoire.

Nous devons encore un grand nombre d'observations à M. l'abbé Loquez, ancien Professeur d'Histoire Naturelle à Nice; à M. Risso, de la même ville, auteur d'une Histoire des Poissons de la Méditérannée, qui est sous presse en ce moment; à M. de Suffren, de Salon, qui depuis long-tems cultive avec succès l'Histoire Naturelle et particulièrement la Botanique; à M. G. Galesio, de Finale, qui s'est beaucoup occupé de la culture de l'Olivier et de l'Oranger; à M. G. Robert, de Toulon, qui a enrichi la Flore de France de beaucoup d'espèces nouvelles; et à M. Audibert, propriétaire et pépiniériste, à Tonelle, près de Tarascon.

OLEA *Europæa.* Lin. Sp. 11. Mat. Med. pag. 4. n. 10. Willd. Sp. 1. pag. 44. Lam. Ill. tab. 8. f. 2. Poir. Dict. 4. pag. 537. Gaert. Fruct. 2. pag. 75. tab. 93. f. 3. Vahl. Enum. 1. pag. 40. Pers. Synop. 1. pag. 8. Lois. Fl. Gall. pag. 6.

α. Olea sylvestris, folio duro subtùs incano. Bauh. Pin. 472. Tournef. Inst. 599.

Sylvestris Olea. Clus. Hist. 26.

Oleaster sive Olea sylvestris. J. Bauh. Hist. 1. Lib. VI. pag. 17.

Oleaster Plinii.

    Olivier sauvage.

ζ. Olea sativa. Matth. Valgr. 201. Clus. Hist. 26. J. Bauh. Hist. 1. Lib. VI. pag. 1. Bauh. Pin. pag. 472. Blackw. Herb. tab. 199.

Olea. Dod. Pemp. 821. Duham. Arb. 2. pag. 57.

Olea Gallica, foliis lineari-lanceolatis, subtùs incanis. Mill. Dict. n. 1.

L'Olivier est un arbre dont le tronc acquiert trois à six pieds de circonférence, quelquefois même davantage, et qui s'élève en France, dans la Provence et le Langue-doc, à vingt ou trente pieds, et jusqu'à la hauteur des chênes de nos forêts, dans les climats plus chauds, comme dans les parties méridionales de l'Espagne et de l'Italie, dans l'Orient et l'Afrique. Son écorce est grisâtre, assez unie sur les jeunes arbres, gercée et raboteuse sur les vieux. Le tronc principal s'élève peu au-delà de quelques pieds; bientôt il se divise en plusieurs branches, qui se subdivisent en un grand nombre de rameaux formant rarement une tête arrondie et régulière. L'écorce des jeunes rameaux est lisse, presque entièrement couverte d'une espèce de poussière écailleuse, très-adhérente et de couleur cendrée. Les feuilles sont opposées, persis-tantes, coriaces, lancéolées, aiguës, longues de quinze lignes à deux pouces et demi, dans la plupart des variétés cultivées, et ovales, seulement longues de quatre à huit lignes dans quelques individus sauvages. Ces feuilles, dans toutes les variétés, sont très-entières, d'un vert plus ou moins foncé en dessus, avec quelques points écailleux dans leur jeunesse; elles ont en dessous une nervure longitudinale très-prononcée, et elles sont toute couvertes d'une poussière écailleuse qui leur donne un aspect blan-châtre et argenté. Les fleurs sont blanches, petites, pédonculées, disposées en grappes rameuses, solitaires dans l'aisselle des feuilles, et de la longueur de celles-ci ou à-peu-près. Chaque fleur est composée d'un calice monophylle, campanulé, à bord droit ou presque droit, terminé par quatre dents très-petites; d'une corolle infondibuli-forme, à tube très-court, à limbe partagé en quatre découpures (rarement en cinq), ovales-lancéolées, planes; de deux étamines portées sur des filets blancs, plus courts que le limbe de la corolle; d'un ovaire supérieur, surmonté d'un style cylindrique, court, à peine plus long que le tube de la corolle, terminé par un stigmate en tête et à deux lobes un peu divergens. Les fruits qui succèdent aux fleurs sont des drupes ovoïdes, plus ou moins allongés, à peine plus gros que des grains de groseille (*Ribes rubrum* Lin.), dans les variétés sauvages, et ayant, dans celles qui sont cultivées, six à dix lignes de diamètre sur dix à quinze de hauteur. Dans ces dernières, chaque grappe ne porte ordinairement qu'un ou deux fruits, rarement trois, et les autres fleurs avortent. Dans les Oliviers sauvages, la plupart des grappes ont quatre à six fruits ou davantage. Ces fruits, en général connus sous le nom d'Olives, sont couverts d'une peau lisse et brillante, noirâtre dans le plus grand nombre des variétés : sous cette peau est une pulpe de couleur verdâtre, molle, contenant de l'huile, et adhérente à un noyau très-dur, raboteux, ovale-oblong, aigu à ses deux extrémités, ordinaire-ment à une seule loge (la seconde étant presque toujours avortée), remplie par une graine oléagineuse qui en occupe tout l'intérieur.

    L'Olivier d'Europe, comme tous les arbres dont la culture est fort ancienne, a été

OLEA Europæa, *Sylvestris*.　　OLIVIER d'Europe, *Sauvage*.

P. J. Redouté *pinx*.　　Lemaire *Sculp*.

plus ou moins altéré ou modifié dans sa nature, par les influences variées du sol, des climats, des expositions et des différentes manières dont il a été traité par les hommes qui ont pris soin de le multiplier, et il a produit beaucoup de variétés. Nous allons exposer successivement les plus remarquables de ces variétés qui sont cultivées, ou qui sont maintenant comme spontanées dans les départemens méridionaux formant le littoral de la Méditerranée ou l'avoisinant.

Var. 1. *Olea Europœa sylvestris.* Tab. 26. Fig. A et B.

Olivier d'Europe, *sauvage.*

En Provence, *Aulivier fer, Aulivastré;* en Languedoc, *Oulibié soubagié;* en Italie, *Olivastro.*

L'ordre naturel exige que nous commencions par parler des Oliviers sauvages avant de traiter de ceux qui sont cultivés. En donnant le nom d'Olivier sauvage à l'arbre qui croît aujourd'hui, comme s'il était indigène, dans la Provence, le Languedoc, l'Italie, l'Espagne et autres contrées méridionales de l'Europe, on doit observer que cet arbre est seulement naturalisé et acclimaté, mais non réellement spontanée dans ces différens pays. C'est dans les forêts de l'Orient qu'il faut rechercher l'espèce primitive, car tous les individus sauvages qu'on rencontre maintenant en Europe, quelque multipliés qu'ils soient, ne peuvent être regardés comme le type de cette espèce première puisqu'ils proviennent évidemment des fruits de l'arbre cultivé. Ces arbres sauvages sont nés de noyaux disséminés par les oiseaux qui se nourrissent de la pulpe des Olives cultivées, ou de ceux que la main de l'homme a répandus au hasard; et c'est ce qui fait qu'on observe, parmi les divers individus venus naturellement, des différences très-sensibles, qui permettraient jusqu'à un certain point d'en distinguer plusieurs variétés, la plupart de ces arbres approchant plus ou moins de la variété cultivée à laquelle ils doivent leur naissance, et en conservant les formes, selon qu'ils sont plus rapprochés ou plus éloignés de leur origine. Qu'on suppose, par exemple, qu'une bonne espèce d'Olive cultivée aura été semée naturellement et qu'elle sera tombée dans un bon terrain, cette Olive produira un arbre qui rapportera des fruits approchans beaucoup plus, pour la grosseur et la qualité, de la variété mère, que celle qui sera tombée dans un lieu aride et qui s'y sera multipliée pendant plusieurs générations. Les derniers arbres provenus de cette dernière peuvent être regardés comme des Oliviers tout-à-fait sauvages, tandis que celui de la première ne l'est encore qu'à demi. Dans certains cantons de la Provence où le climat est très-doux, comme dans les parties du département du Var situées dans le voisinage de la mer, il naît tous les ans de ces Oliviers sauvages qui diffèrent les uns des autres par leur port, leur feuillage, leurs fruits; en général, plus les Olives sont petites, plus on en compte sur chaque grappe. Le plus grand nombre de ces Oliviers sauvages donne des fruits qu'on ne peut cultiver avec avantage; mais il s'en trouve souvent qui méritent d'être adoptés par les cultivateurs.

Nous avons trouvé aux environs de Montpellier, dans des terrains arides, nommés *Garigues,* une de ces sous-variétés de l'Olivier sauvage, dont les feuilles étaient ovales-arrondies, n'ayant pas plus de quatre à huit lignes de long : l'arbre était petit, rabougri, et il ne portait pas de fruits. Nous pensons que c'est cette sous-variété que Aiton, dans l'*Hortus Kewensis,* a désignée sous le nom de *Olea* (*buxifolia*) *foliis oblongo-ovalibus, ramis patentibus divaricatis.*

« Cet Olivier à feuilles de buis, nous écrit M. G. Robert, est très-commun aux environs de Toulon; et tous les Oliviers qui croissent dans les mauvais terrains, qui sont exposés aux vents, ou qui sont souvent broutés par les animaux, restent presque toujours ainsi pendant leur jeunesse, bas, rabougris, avec de petites feuilles arrondies. Tant que ces arbres sont dans cet état ils ne fleurissent pas ; mais quand ils ont passé quelques années, et qu'ils ont pris un peu de force, ils se développent souvent assez rapidement ; ils poussent des jets vigoureux, leurs feuilles s'allongent, deviennent lancéolées ; enfin ils donnent des fruits et acquièrent beaucoup de grosseur. On trouve assez fréquemment dans nos montagnes, de ces arbres qui sont fort gros, qui portent une belle tête, et qui ont encore, près de leur pied, beaucoup de petites branches horizontales et toutes tortillées ; les feuilles de ces branches sont presque sessiles, très-petites, d'un vert luisant, tandis que celles des branches supérieures sont trois à quatre fois plus allongées et ont la forme ordinaire. Quelquefois cependant on trouve des Oliviers sauvages qui sont constamment stériles, dont les tiges restent toujours rampantes, sans jamais s'élever, et dont toutes les feuilles sont aussi extrèmement petites ; ce sont ceux qui sont venus dans des lieux qui paraissaient destinés à une stérilité absolue, ceux qui ont pris naissance dans les fentes des rochers ».

Var. 2. *Olea racemosa.* Gouan. Fl. Monsp. p. 7.

Olea minor, rotunda, racemosa. Magn. Bot. Monsp. 190. Hort. 147. Tournef. Inst. 539. Garid. Aix 335. Duham. Arb. 2. pag. 58. n. 13.

Olivier bouquetier. En Languedoc, *Oulibié Bouteillaoü ; Rouget,* à Marseille ; *Rapugan* et *Caïon à grappe,* à Toulon.

Arbre qui devient très-gros, dont le bois est cassant, dont les rameaux sont droits et longs, les feuilles grandes et d'un vert sombre, les fruits un peu allongés, mais bien arrondis à leurs extrémités. Ces fruits donnent moins d'huile que la variété suivante, mais elle est plus estimée pour la qualité, au moins en Provence ; car, en Languedoc, ils ne fournissent que de l'huile grasse. Cet Olivier n'est pas délicat ; il ressemble de loin à un grand chêne vert. Il y a des grappes dont presque toutes les fleurs nouent, mais dont les fruits restent aussi petits que des grains de poivre. Ces Olives, en parvenant à leur maturité, ont presque toujours une forme irrégulière, et elles sont quelquefois très-aplaties.

Var. 3. *Olea fructu minore et rotundiore.* Tournef. Inst. 599. Duham. Arb. 2. pag. 58. n. 5. *Olivolæ.* Cæsalp. 73.

Olivier à petit fruit rond. *Aglandaoü,* à Aix ; *Caïone,* à Marseille.

Arbre moyen dont les rameaux élevés sont redressés, tandis que les inférieurs sont souvent inclinés vers la terre ; dont les feuilles sont courtes, un peu étroites et d'un vert foncé. Les Olives sont hâtives et donnent de bonne huile ; mais elles n'en fournissent que très-peu, parce qu'elles sont trop petites. Cet Olivier a besoin d'être taillé fréquemment : il se plaît dans les terrains secs et élevés ; il craint beaucoup le froid.

Var. 4. *Olea fructu minori, ovato, racemoso.*

Olivier Raymet.

Arbre moyen, dont la tête est assez arrondie, dont les rameaux sont un peu inclinés, les feuilles d'un joli vert et médiocrement rapprochées les unes des autres. Les Olives prennent une couleur rouge ; elles sont rassemblées en grappes : l'huile qu'elles fournissent est très-bonne et abondante. Il faut planter cette variété dans les vallées et les terrains peu élevés.

Var. 5. *Olea variegata.* Gouan. Fl. Monsp. pag. 7.

Olea minor, rotunda, ex rubro et nigro variegata. Magn. Bot. Monsp. 190. Hort. 147. Tournef. Inst. 599. Garid. Aix. 335. Duham. Arb. 2. pag. 58. n. 14.

Olivier à petit fruit panaché. En Languedoc, *Oulibié Pigaoü* et *Pigale.*

OLEA Europæa.   OLIVIER d'Europe.

A et B. Olivier *d'Entrecasteaux*.   C. Olivier *Caillet - roux*.

OLEA Europæa.

A. Olivier *a fruit blanc tache de rouge.*

OLIVIER d'Europe.

B. Olive *Picholine.*

P. J. Redouté pinx.

Lemaire Sculp.

Arbre très-gros, dont les rameaux sont droits et les feuilles assez pressées. Les fruits, un peu oblongs, deviennent d'un noir violet en mûrissant, et ils sont marqués de petits points rougeâtres. Ces fruits sont tardifs : ils donnent une excellente huile, et ils sont, avant leur maturité, très-bons à confire. Cet Olivier est très-estimé aux environs de Montpellier : on en fait aussi beaucoup de cas à Aix ; mais en général il n'est pas assez répandu en Provence. Il faut le tailler et ne pas lui laisser trop de bois, si l'on veut qu'il soit de bon rapport.

Var. 6. *Olea præcox, fructu ovato, minori, subalbido.*
Olivier d'Entrecasteaux. Pl. 27. Fig. A et B; en Italie, *Mortegna.*

Arbre moyen, dont l'écorce est assez lisse, dont les rameaux sont droits, les feuilles d'un vert peu foncé, écartées les unes des autres. Il fleurit un peu plutôt que les autres Oliviers, et ses fruits sont beaucoup plutôt mûrs que ceux des variétés qui ne fleurissent qu'après lui. Ces fruits se colorent, comme tous les autres, lorsqu'ils sont en petite quantité; ils restent blancs lorsqu'ils sont très-nombreux. Dans ce dernier cas, ils sont souvent réunis en grappes, et ils adhèrent fortement aux rameaux. L'huile qu'ils fournissent est très-bonne. Cet arbre se plaît bien sur les côteaux, les lieux élevés et dans les terrains secs; il craint le froid, quand il survient à la fin de l'hiver, parce que ses pousses sont hâtives : il faut le tailler fréquemment, et avant que la sève commence à se mettre en mouvement.

Var. 7. *Olea fructu albo.* Tournef. Inst. 599. Duham. Arb. 2. pag. 58. n. 4.
Olea latiore folio, fructu albo. Garid. Aix. 335.
Olivier à fruit blanc.

Cet arbre a la plus belle apparence; ses rameaux sont pendans, et ses feuilles grandes, luisantes, d'un vert un peu foncé; mais il semble que l'accroissement des feuilles se fasse aux dépens des fruits, car ceux-ci sont petits et très-peu nombreux; ils donnent d'ailleurs de bonne huile, et leur récolte est sujette à peu de variations chaque année. Le nom d'Olivier à fruit blanc n'est pas parfaitement exact, car les Olives finissent par devenir noirâtres comme les autres; mais comme elles sont tardives, elles ne commencent à se colorer que lorsque celles-ci sont parvenues à leur maturité. Cet Olivier est plus commun en Provence qu'en Languedoc.

Var. 8. *Olea fructu minori, ovato, albido, rubro maculato.*
Olivier à fruit blanc taché de rouge. Pl. 28. Fig. A.; à Gênes, *Merlina* ou *Merletta.*

Cet arbre diffère du précédent en ce que ses rameaux sont droits. Ses fruits sont blancs, mais, en mûrissant, ils prennent, vers le pédoncule, une teinte d'un rouge faible, et encore, çà et là, quelques taches de même couleur. Ces fruits sont très-adhérens aux rameaux; ils ne sont jamais attaqués par les insectes, et ils donnent de très-bonne huile. Cet Olivier est cultivé en Provence, aux environs de Draguignan et du Luc : ses récoltes sont alternatives.

Var. 9. *Olea minor Lucensis, fructu (oblongo, incurvo) odorato.* Tournef. Inst. 599. Duham. Arb. 2. pag. 59. n. 16.
Olivier de Lucques; à fruit odorant.

Cette variété est peu répandue en Provence, si ce n'est aux environs d'Entrevaux; on la cultive en Languedoc, aux environs de Béziers, de Montpellier, de Nimes. Elle est peu délicate et peu sensible au froid. Ses fruits sont allongés, odorans et ils se colorent fort tard; ils sont de ceux qu'on confit à la manière de Picholini; d'où vient que dans plusieurs cantons, l'Olive est appelée *Picholine*, quoiqu'elle diffère assez de celle qui porte particulièrement ce nom.

Var. 10. *Olea atro-rubens.* Gouan. Fl. Monsp. pag. 7.
Olea minor, rotunda, rubro-nigricans. Magn. Bot. Monsp. 190. Hort. 147. Tournef. Inst. 599. Garid. Aix. 335. Duham. Arb. 2. pag. 58. n. 15.
Olivier Salierne.

Arbre peu élevé, dont les rameaux sont droits et les feuilles petites. Ses fruits sont petits, terminés par une pointe particulière ; ils sont d'un violet noirâtre et couverts d'une espèce de fleur ou poussière comme les prunes violettes et les raisins noirs. Ces fruits fournissent une huile excellente. Cet Olivier est délicat, ce qui fait qu'il est rare qu'on le rencontre vieux. On le cultive plus communément en Languedoc qu'en Provence.

Var. 11. *Olea fructu oblongo, atro-virente.* Tournef. Inst. 599. Duham. Arb. 2. pag. 58. n. 3.
Olivier à fruit d'un vert foncé.

Il y a plusieurs variétés auxquelles cette phrase peut convenir ; mais elles sont peu multipliées, parce que leurs fruits mûrissent difficilement.

Var. 12. *Olea oblonga.* Gouan. Fl. Monsp. pag. 6.
Olea fructu oblongo minori. Tournef. Inst. 599. Garid. Aix. 334. Duham. Arb. 2. pag. 57 n. 2.
Olea minor, oblonga. Magn. Bot. Monsp. 189. Hort. 147.
Olivier à petit fruit long. Olive picholine. Pl. 28. Fig. B ; à Gênes, *Pignola.*

Arbre assez élevé, dont les rameaux sont inclinés, les feuilles larges, d'un vert assez foncé, et les Olives allongées, d'un noir rougeâtre lors de leur maturité. On cultive plutôt cet Olivier pour en confire les Olives que pour en retirer de l'huile, non qu'elles ne puissent en fournir de très-bonne ; mais parce qu'elles n'en donnent qu'en petite quantité. L'Olive picholine se confit avant la maturité, pendant qu'elle est encore verte ; elle est ainsi appelée, parce qu'un nommé Picciolini, dont les Provençaux, pour se conformer à la prononciation italienne, ont changé le nom en celui de Picholini, est l'inventeur de cette manière de la préparer, ou au moins l'a apportée d'Italie. Les descendans de ce Picholini, établis à St.-Chamas, en Provence, font encore un grand commerce de ces Olives confites. Nous parlerons plus bas de cette manière de préparer les Olives, qui est connue de tout le monde dans les pays où l'on cultive l'Olivier.

« Dans les environs de Pézénas et de Béziers, selon Rozier, on cultive une autre Picholine dont le fruit est presque rond, un peu pointu à son sommet, d'une couleur très-noire, et qui a sa pulpe fortement colorée. Son noyau est lisse, les sutures ne sont presque pas prononcées, et il est de la forme du fruit. La grosseur de la chair et du noyau est de six lignes de longueur environ, sur cinq de largeur : sa feuille est très-étroite, très-allongée ; l'arbre vient facilement partout, charge beaucoup et donne une huile très-fine ».

Var. 13. *Olea media, fructu ovato, nigerrimo.*
Olivier de Callas. Pl. 29. Fig. A ; dans le Pays de Gênes, *Mortina.*

Arbre élevé, dont l'écorce est gercée, dont les rameaux sont droits et courts, les feuilles grandes, rapprochées les unes des autres et d'un vert assez foncé. Les Olives sont d'une grosseur médiocre ; mais il en est peu qui, sous le même volume, puissent fournir autant d'huile ; c'est dommage que celle-ci soit grasse. Cette variété est très-répandue dans l'arrondissement de Draguignan ; on la trouve aussi aux environs de Grasse et à St.-Paul-les-Vence, où on la nomme *Blau*. Les lieux élevés lui con-

OLEA Europæa.   **OLIVIER** d'Europe.

A. Olivier *de Callas*.   B. Olivier *pleureur*.

P. J. Redouté pinx.   Lemaire Sculp.

viennent mieux que les terrains bas. Il faut la tailler fréquemment et lui donner beaucoup d'engrais. Elle offre une sous-variété qui ne se distingue que par son fruit plus petit.

Var. 14. *Olea craniomorpha.* Gouan. Fl. Monsp. pag. 6.
Olea media, oblonga, fructu corni figurâ. Magn. Bot. Monsp. 189. Hort. 147. Tournef. Inst. 599. Garid. Aix. 335. Duham. Arb. 2. pag. 58. n. 9.

Olivier pleureur. Pl. 29. Fig. B. Olivier de Grasse. Bern. Mém. pag. 98. En Languedoc, *Oulivié Courniaoü,* ou *Cormaoü*; dans le Pays de Gênes, *Tagliasca.*

Il n'y a aucune variété d'Olivier qui ait un plus beau port et un plus beau feuillage que celle-ci. Aucune ne s'élève davantage et ne produit des fruits en plus grande quantité. Les rameaux de cet arbre, longs et pendans comme ceux du Saule pleureur, lui donnent un aspect particulier qui le font reconnaître au premier coup-d'œil. Les Olives sont noires, d'une grosseur moyenne, oblongues, plus larges à leur sommet qu'à leur base : elles fournissent une huile excellente. Cet Olivier est un de ceux dont la culture présente le plus d'avantage, ayant tout-à-la-fois celui de fournir des récoltes abondantes et de très-bonne huile; aussi est-il très-répandu en Provence et en Languedoc. Il faut le tailler et l'élaguer avec soin, parce qu'il produit beaucoup de petits rameaux superflus, qui, en le rendant trop touffu, empêchent la libre circulation de l'air et de la lumière, ce qui arrête le développement des fleurs et des fruits. Il craint la sécheresse et réussit mieux dans les vallées que sur les hauteurs.

Var. 15. *Olea media, fructu ovato, subrotundo, acuminato.*
Olivier à bec. Pl. 31. Fig. A.
Aulivo Becu, en Provence.

Arbre moyen, à rameaux droits, à feuilles larges, arrondies à leur sommet, rapprochées les unes des autres, dont le fruit est d'une grosseur moyenne, ovale-arrondi, terminé par une pointe inclinée et qui forme une espèce de bec. Cet Olivier donne ordinairement d'abondantes récoltes : il a tiré le nom qu'il porte de la forme particulière de ses fruits : ceux-ci deviennent très-doux, ce qui fait que les oiseaux en dévorent beaucoup. Lors de leur parfaite maturité, ils sont du petit nombre de ceux qu'on peut manger sans aucune préparation ; ils fournissent une huile très-fine. L'arbre s'accommode bien d'un terrain médiocre, pourvu qu'il soit taillé fréquemment; on peut dire même, que la taille lui est peut-être plus nécessaire que le fumier.

Var. 16. *Olea præcox.* Gouan. Fl. Monsp. pag. 7.
Olea media, rotunda, præcox. Magn. Bot. Monsp. 190. Hort. 147. Tournef. Inst. 599. Garid. Aix. 335. Duham. Arb. 2. pag. 58. n. 11.
Olivier hâtif. En Languedoc, *Oulivié Mouraoü* ou *Moureau.*

Cet arbre a un beau port et forme une tête assez arrondie; ses rameaux sont droits ou très-légèrement inclinés, et les feuilles grandes, rapprochées, d'un vert foncé. Ses fruits sont hâtifs; ils prennent une couleur très-noire et ils se détachent facilement de leur pédoncule quand ils sont parvenus à leur maturité; ils ont une forme ovale-raccourcie, et leur noyau est très-petit comparativement à leur grosseur. Cette variété est une des meilleures qu'on puisse cultiver, à cause de la qualité et de la bonté de l'huile qu'elle fournit, et par la facilité qu'on a pour faire la récolte de ses fruits.

Parmi plusieurs sous-variétés qu'on peut rapporter à cet Oliver, nous n'en citerons que deux qui sont indiquées par Rozier. « On appelle la première la *Morellette* ou la *More* : son fruit est plus noir que celui de la précédente, et rougit moins en se desséchant ou en fermentant : il est demoitié plus petit, d'une forme ovoïde assez exacte,

5.

longuement pédonculé ; son noyau, en forme de carène, est sillonné, tronqué à sa base, pointu à son extrémité. Cette espèce donne beaucoup de fruit, mais peu d'huile, à cause de la grosseur du noyau ; cette huile est bonne, et l'arbre est peu multiplié.

» Dans les environs de Montpellier, on cultive une espèce d'Olivier qui paraît se rapprocher du *Moureau* : on la nomme l'*Amende de Castres*, dénomination tirée du village de Castries ; près de cette ville, où cet arbre est commun, le fruit est un peu plus gros que celui du *Moureau*, et de la même forme ; son noyau est semblable à celui de la sous-variété ci-dessus, mais pointu par ses deux extrémités ; les feuilles sont moins larges, moins longues que celles du *Moureau* ».

Var. 17. *Olea viridula*. Gouan. Fl. Monsp. pag. 6.
Olea media, rotunda, viridior. Magn. Bot. Monsp. 190. Hort. 147. Tournef. Instit. 599. Duham. Arb. 2. pag. 58. n. 12.
Olivier à fruit vert. En Languedoc, *Oulivié Verdale* ou *Verdaou*.

Cet arbre a les feuilles longues, étroites, et d'un vert peu foncé. Ses fruits sont assez gros, presque ronds ; ils restent long-tems verts avant que de mûrir, et ils sont très-sujets à pourrir lorsqu'ils deviennent noirs. L'huile qu'on en retire est des plus médiocres, et ils n'en donnent qu'une petite quantité. Ces olives sont très-peu répandues, soit en Provence, soit en Languedoc, et en général elles ne sont bonnes à cultiver que lorsqu'on les destine à être confites : on les recueille alors pendant qu'elles sont encore vertes ; et comme elles sont assez grosses, elles ont une belle apparence.

Var. 18. *Olea media, rotunda*.
Olivier Araban. Bern. Mém. 2. pag. 103.

Cet arbre n'est guère connu qu'aux environs de Grasse ; il se distingue à son écorce lisse, à ses longues pousses, à ses rameaux légèrement inclinés, à ses feuilles grandes, assez écartées les unes des autres et d'un vert sombre : ses fruits sont ronds, assez gros, pulpeux, d'un vert foncé avant leur maturité, et noirs lorsqu'ils sont parfaitement mûrs : ils donnent une huile grasse qui forme beaucoup de dépôt. Les récoltes sont alternatives, mais abondantes.

Var. 19. *Olea media, fructu subrotundo*.
Olivier de Salon, Plant de Salon.

Cet arbre a ses rameaux pendans ; il est de grandeur médiocre, et doit même être mis au rang des petites espèces. Les feuilles sont assez étroites, obtuses, d'un vert un peu clair. Les fruits sont arrondis, de grosseur moyenne, devenant blancs avant d'être mûrs, et finissant par être noirs lors de la parfaite maturité. Cet Olivier réussit aussi bien dans les terrains secs que dans ceux qu'on arrose ; il mérite d'autant plus l'attention des cultivateurs, qu'il réunit à l'avantage de croître très-promptement, celui de donner du fruit tous les ans, et même l'année où il a été taillé. L'huile qu'il fournit peut être mise au rang des meilleures.

Var. 20. *Olea media, fructu ovato, subalbido*.
Olivier Caillet-blanc. Pl. 30. Fig. B.

Arbre moyen, dont les rameaux sont redressés, les feuilles grandes, rapprochées les unes des autres et d'un vert peu foncé. Les fruits sont très-pulpeux, ordinairement peu colorés, à moins qu'ils ne soient en très-petit nombre ; et lorsque l'arbre en porte beaucoup, ils restent souvent blanchâtres, ou ne prennent qu'une teinte très-

OLEA Europæa.   **OLIVIER d'Europe.**

A. Olivier *Caillet-rouge*.   B. Olivier *Caillet-blanc*.   C. Olivier *de deux Saisons*.

P.J. Redouté pinx.   Sevenne Sculp.

faible de rouge. Ces fruits fournissent une huile abondante, dont la récolte est constante chaque année. Cet Olivier est particulièrement cultivé aux environs de Draguignan : il demande à être beaucoup taillé, parce qu'une partie des rameaux qui ont porté des fruits se dessèchent presque toujours dans le courant de l'hiver suivant.

Var. 21. *Olea media, fructu ovato, diluté rubro.*

Olivier Caillet-rouge. Pl. 3o. Fig. A. Olivier de Figanière. Bern. Mém. 2. pag. 1o5. A Gênes, *Columbara.*

Arbre moyen, dont la tête est un peu arrondie, dont les rameaux sont longs et inclinés, les feuilles grandes, d'un beau vert, rapprochées les unes des autres. Ses fruits sont charnus, et ils restent verts ou blanchâtres lorsqu'il y en a beaucoup sur l'arbre ; ils sont souvent en partie blancs et en partie d'un rouge tendre. L'huile qu'ils donnent est bonne et abondante ; mais il ne faut pas trop tarder de la tirer, car les Olives sont très-sujettes à pourrir si on les laisse sur l'arbre ou qu'on les garde dans le grenier. Cet Olivier se plaît davantage et réussit mieux dans les vallées et les lieux bas que sur les côteaux élevés : il rapporte tous les ans.

Var. 22. *Olea media, fructu ovato, atro-violaceo.*

Olivier Caillet-roux. Pl. 27. Fig. C.

Cette variété ressemble à la précédente par son port, mais elle en diffère par ses fruits moins charnus, moins abondans en huile, et dont les récoltes sont plus incertaines ; ils sont d'ailleurs d'une couleur plus foncée, tirant sur le violet noirâtre. Cet Olivier est particulièrement cultivé aux environs de Draguignan.

Var. 23. *Olea fructu majori, carne crassá.* Tournef. Inst. 599. Garid. Aix. 334. Duham. Arb. 2. pag. 58. n. 7.

Olivæ regiæ. Cæsalp. 73.

Olivier royal. *Aulivo Tripardo,* en Provence.

Arbre moyen, dont les rameaux sont légèrement inclinés, dont les feuilles sont petites, peu pressées et d'un vert peu foncé. Les Olives sont rondes, et les plus grosses de celles qui ont la même forme ; leur surface est souvent inégale et comme raboteuse. Cette variété produit des fruits tous les ans, mais en petite quantité : on les confit. Cæsalpin dit qu'on les estime beaucoup pour conserver, ce qui peut être vrai en Italie ; mais en Provence, ils ont plus d'apparence que de bonté, et il est rare qu'ils ne soient pas piqués par des vers. Leur huile est d'une qualité inférieure, et elle dépose beaucoup de crasse.

Var. 24. *Olea fructu majusculo et oblongo.* Tournef. Inst. 599. Duham. Arb. 2. pag. 58. n. 6.

Olivier cassant. *Aulivo Gros-Ribiés,* en Provence.

Cet arbre est gros et il s'élève beaucoup ; son écorce est très-gercée et raboteuse ; ses rameaux sont droits et courts, chargés de feuilles grandes et larges, d'un vert foncé. Cet Olivier serait très-précieux s'il fleurissait souvent, car il produit beaucoup de fruit toutes les fois qu'il fleurit ; mais il lui arrive fréquemment de se reposer pendant plusieurs années. Les grappes de fleurs sont disposées vers l'extrémité des rameaux, et les parties supérieures de l'arbre en sont beaucoup plus chargées que les branches latérales et inférieures. L'Olive donne une huile claire, d'un beau jaune, mais qui n'a pas le goût délicat. Un terrain gras et humide, des engrais fréquens conviennent à cet arbre, dont le bois est très-cassant, et qu'on doit très-peu tailler, parce que ses pousses sont courtes, et qu'il ne répare pas facilement ce qu'on lui a enlevé par la taille.

Cet Olivier a une sous-variété qui ne diffère que par son fruit plus petit.

Var. 25. *Olea amygdalina.* Gouan. Fl. Monsp. pag. 6.

Olea sativa major, oblonga, angulosa, amygdali forma. Magn. Bot. Monsp. 189. Garid. Aix. 335. Duham. Arb. 2. pag. 58. n. 8.

Olivier Amygdalin. Pl. 31. Fig. B. *Raymet-Bécu,* en Provence; *Amellaoü,* en Languedoc.

Cet arbre est gros, son écorce est lisse, ses rameaux sont pendans, ses feuilles grandes, un peu touffues et d'un assez beau vert. Il produit d'abondantes récoltes et mériterait, sous ce rapport, d'être très-répandu. Ses fruits, qui ont la forme de ceux de l'Amandier, sont gros, pulpeux, propres à être confits, et on en fait beaucoup de cas à Montpellier pour cet usage; ils donnent de bonne huile, de la meilleure même, selon quelques-uns. Les Provençaux des environs de Draguignan appellent cet Olivier *Raymet-Bécu,* parce que son feuillage ressemble au *Raymet* (Var. 4), et que ses fruits sont terminés par une pointe, comme dans l'*Olivier Bécu* (Var. 15).

Var. 26. *Olea sphærica.* Gouan. Fl. Monsp. pag. 6.

Olea maxima, subrotunda. Magn. Hort. Monsp. 147. Tournef. Inst. 599. Garid. Aix. 335. Duham. Arb. 2. pag. 58. n. 10.

Olivier à fruit arrondi. *Aulivo Redouno,* ou *Redounan,* en Provence; *Ampoulaou,* en Languedoc.

Cet arbre s'élève peu; sa tête est un peu arrondie; ses feuilles sont grandes, pressées et d'un assez beau vert. Les grappes de fleurs sont courtes, situées vers l'extrémité des rameaux. Les fruits sont des plus gros de ce genre, arrondis et noirâtres; ils sont bons à confire, et on en tire de l'huile de première qualité; mais ils ont l'inconvénient d'être souvent attaqués par les vers, et de se détacher avant d'être parfaitement mûrs. Cet Olivier est un de ceux qui résistent le mieux aux froids rigoureux; il demande à être planté dans une terre grasse et humide, et il exige des engrais abondans, sans quoi il rapporte peu. Son bois est souple, pliant, et se laisse tordre plutôt que de casser; la serpette est absolument nécessaire pour le nétoyer.

Var. 27. *Olea fructu magno, rotundo, carne nigrá et dulci.*

Olivier à fruits noirs et doux. Bern. Mém. 2. pag. 116.

Arbre moyen, dont les rameaux sont légèrement inclinés, dont les feuilles sont larges et longues, d'un vert peu foncé, et assez rapprochées les unes des autres. Les fruits sont gros, arrondis, lisses; leur pulpe est noire lors de la parfaite maturité : ces Olives sont très-bonnes à confire, et elles fournissent beaucoup d'huile.

Var. 28. *Olea fructu magno, oblongo; ramis pendulis.*

Aulivo Prunaou, en Provence.

Cet Olivier ressemble à celui d'Espagne, par la largeur de ses feuilles et par la grosseur de ses fruits; mais il en diffère par ses rameaux pendans. C'est un arbre d'une hauteur moyenne, dont le feuillage est assez pressé, dont les fruits sont allongés, charnus, noirs, se détachant facilement de leur pédoncule.

Var. 29. *Olea fructu maximo.* Tournef. Inst. 599. Garid. Aix. 334. Duham. Arb. 2. pag. 57. n. 1.

Olivæ maximæ Hispanicæ. Bauh. Pin. 472.

Olivier à gros fruit, ou Olivier d'Espagne. Pl. 32. Fig. A. et B. En Italie, *Olivo di Spagna* ou *Olivoto.*

Les Oliviers qui produisent de gros fruits deviennent ordinairement moins forts que ceux qui n'en donnent que de petits; l'Olivier d'Espagne fait exception : il devient un gros arbre qui s'élève assez haut. Ses rameaux sont droits, un peu inclinés à leur extrémité; son feuillage est peu pressé. En Provence, on ne le cultive que pour confire ses fruits, qui sont les plus pulpeux qu'on connaisse; mais leur délicatesse

T. 5. N.º 31.

OLEA Europæa.   **OLIVIER** d'Europe.

A. Olivier *à bec*   B. Olivier *Amygdalin.*

P. J. Redouté *pinx.*   Lemaire *Sculp.*

OLEA Europæa. **OLIVIER** d'Europe.

A. Olivier *d'Espagne à feuils obtus.* B. Olivier *d'Espagne à feuils pointus.*

P. J. Redouté pinx. Lemaire Sculp.

ne répond pas à leur grosseur, car ils sont très-amers. On leur préfère souvent des Olives moins grosses, qui ont un goût plus agréable. L'huile qu'on en retire est une des moins bonnes, soit pour le goût, soit pour l'odeur. Les récoltes de cet arbre sont alternatives. Il n'est pas très-répandu en Provence, si ce n'est sur les bords de la mer. Il est rare en Languedoc.

L'Olivier d'Espagne offre deux sous-variétés peu différentes par le feuillage, distinctes seulement par la forme des fruits. Dans l'une, les Olives sont arrondies et comme tronquées à leur sommet (Pl. 32. Fig. A.); dans l'autre elles sont terminées en pointe (Pl. 32. Fig. B.). Ces deux fruits, que nous avons fait représenter, ont été peints sur des échantillons cueillis dans un terrain aride. Ces Olives sont plus belles dans les terrains arrosables et dans des climats plus chauds que nos départemens méridionaux.

Après avoir fait l'énumération des différentes variétés d'Olivier qui sont cultivées dans les parties méridionales de la France, nous croyons devoir faire mention de ce que M. Parmentier a rapporté dans le nouveau *Dictionnaire d'Histoire naturelle*, au sujet de trois nouvelles variétés qui ont été observées par M. Battiloro, dans ses terres, situées près de la ville de Venasso, célébrée par Horace sous le rapport de ses Olives et de ses huiles. Nous regrettons seulement, avec M. Parmentier, que les notes communiquées par M. Battiloro, et que nous allons transcrire, ne soient pas accompagnées de descriptions plus exactes et propres à mieux caractériser les variétés dont il est question.

Var. 30. *Olea fructu maximo, dulci.*
Olivier à fruit doux.

« J'ai vu, dit M. Battiloro, dans la ville de Piedemonte d'Alife, à dix lieues de Naples, vers le nord-est, des Olives très-douces, du volume de celles d'Espagne, et qu'on mange, sans aucune préparation, sur l'arbre même. L'évêque de cette ville, et plusieurs gentilshommes qui les ont dans leurs jardins, les appellent *Olive dolci;* ils nous ont assuré que cet arbre produit presque chaque année. On n'a pas essayé d'extraire l'huile des fruits, parce qu'on les mange dans le mois d'octobre, en les cueillant sur l'arbre, et que les oiseaux les dévorent avec une extrême avidité. On m'a assuré que, dans la Pieglia, il y a beaucoup de ces mêmes Olives, et qu'on les nomme encore *Olive dolci* ».

M. Battiloro ne dit pas quelle est la couleur de ces Olives douces; on peut croire que celles-ci sont noirâtres, puisqu'il les compare aux Olives d'Espagne. Elles paraîtraient alors être différentes de celles dont parle M. Bernard, mais sur lesquelles il n'a pas eu lui-même assez de renseignemens positifs pour pouvoir les signaler d'une manière exacte. Voici tout ce qu'on trouve à ce sujet dans l'ouvrage de cet auteur : « On m'a dit à Cuers qu'un particulier avait un Olivier à fruits blancs et doux, et qu'il se détermina à le faire couper, parce qu'on les lui mangeait dès qu'ils commençaient de parvenir à leur maturité ».

M. Loquez, auquel nous avons demandé des renseignemens sur l'Olivier à fruits doux, croit que cet arbre n'est pas une variété particulière; il pense qu'il ne diffère pas de notre variété 15, dont les fruits, à ce qu'il nous assure, deviennent très-doux lorsqu'ils sont parfaitement mûrs, ce qui n'arrive à Nice que dans le mois de décembre. Mais comme les Olives de M. Battiloro sont à leur maturité dès le mois d'octobre, et que le peu de différence qui existe entre le climat de Nice et celui de Naples ne pourrait pas autant influer sur la maturité de ces fruits, nous avons cru devoir rapporter l'Olivier à fruit doux comme variété distincte, ne fût-ce que pour

5.

appeler l'attention des observateurs sur la nécessité de mieux établir les caractères distinctifs des espèces.

Var. 31. *Olea bifera.*
Olivier de deux saisons. Pl. 30. Fig. C.

« La seconde espèce que j'ai le premier observée, dit M. Battiloro, est un Olivier qui est presque commun dans le village de la Rochetta, près de la ville de Venasso. Cet Olivier se nomme, dans le pays et aux environs, *Oliva Santana*. L'arbre est d'une grandeur médiocre ; mais ses branches, toutes régulièrement cintrées, arrondies, font un agréable effet, et l'arbre représente un ballon reposant sur une colonne. L'écorce de sa tige et de ses branches est lisse, bien compacte, et elle n'est pas sujette aux maladies des autres Oliviers. Les feuilles sont plus longues et plus larges, la verdure et la blancheur de ses feuilles est plus brillante que celle des autres ; de sorte que, même à une certaine distance, on reconnaît cet Olivier au milieu des autres, ayant une forme particulière et naturellement fort élégante.

» Cet Olivier produit deux sortes d'Olives, et il donne des fleurs deux fois, mais successivement les unes aux autres. Des premières fleurs sortent des Olives qui sont grosses, longues et terminées en pointes. Leur couleur est vert-clair ; leur chair est médiocre ; leur noyau est d'une grosseur ordinaire ; et dans l'état de leur plus grande maturité, elles ne prennent qu'une couleur rougeâtre obscure. Ces Olives sont disséminées sur les branches à fruit.

» Les Olives qui sortent des secondes fleurs, et qui sont disposées en grappes, sont d'une petitesse extrême, et rondes comme les baies du Genièvre. Elles ont cependant, eu égard à leur volume, une chair très-abondante ; les noyaux sont presque invisibles, mais extrêmement pointus, comme la pointe d'une aiguille. Ces Olives sont fort douces, et ne sont, en quelque sorte, que de petites vessies pleines d'huile excellente ; mais les oiseaux les dévorent dès qu'elles commencent à mûrir ».

Nous croyons devoir rapporter une autre singularité touchant une variété d'Olivier, qui ne nous paraît pas différente de celle de M. Battiloro, et qui nous a été communiquée par M. Bernard. « Je vous adresse, nous écrit ce dernier, de petits rameaux d'un Olivier qui m'appartient, et qui fleurit deux fois l'année, la première au mois de juin, la seconde aux mois d'octobre et de novembre. En allant pour examiner les fleurs de l'automne, j'ai remarqué que mon arbre portait un grand nombre de grappes, dont presque toutes les Olives étaient très-petites, et dont les noyaux n'étaient pas plus gros que des grains de millet. Ces noyaux ne contenaient pas d'amande. Garidel fait mention d'une espèce d'Olivier qui produit des fruits semblables, et je l'ai observée aux environs d'Aix et de Marseille ; mais elle est très-différente de celle dont je vous adresse des échantillons.... Ces petits fruits ne sont pas nés des fleurs tardives, puisque sur les mêmes grappes on trouve des Olives qui ont la grosseur des Olives ordinaires.... Je suis porté à croire qu'il en est de ces petites Olives comme des grains de raisin qui n'ont pas de pépins, et qui sont toujours infiniment plus petits que ceux qui en contiennent ».

N'ayant pu observer sur le vivant les petits fruits que M. Bernard nous a communiqués secs, nous ne hasarderons qu'avec doute quelques conjectures sur la formation de ces fruits singuliers. Ces petites Olives, dont le noyau est dépourvu d'amande, et qui sont évidemment dues aux fleurs du printems, puisqu'elles sont accompagnées, sur les mêmes grappes, de fruits parfaitement conformés, seraient-elles des ovaires demi-avortés faute d'une fécondation suffisante par le pollen des étamines ? Des expériences que nous avons faites, l'été dernier, sur une espèce d'un genre fort différent, à la vérité (*Papaver rhœas*), nous ont appris que si, dans cette espèce, on retranchait les étamines avant l'épanouissement de la fleur, l'ovaire continuait à se développer et à grossir pendant plusieurs jours; le stigmate surtout prenait un accroissement remarquable; enfin les pétales, au lieu de tomber quatre à cinq heures après l'ouverture de la fleur, se fanaient sur la tige, après avoir persisté pendant six à huit jours : le tout sans doute pour attendre les émanations de la poussière fécondante. Dans l'Olivier dont il est maintenant question, ne serait-il pas de même possible qu'une grande partie des fleurs, ayant éprouvé une castration naturelle par l'avortement des étamines, le pistil de ces mêmes fleurs eût pris un développement plus considérable, soit parce que la sève, qui se serait portée sur les étamines, se sera portée toute entière sur les parties femelles; soit parce que celles-ci auront continué à croître pendant quelque tems, en attendant une fécondation qui n'aura pas eu lieu; et enfin, ces pistils, développés en fruits imparfaits, seront restés sur l'arbre, soutenus par la force de la sève de celui-ci ?

Quoique ce ne soit peut-être qu'un objet de curiosité de chercher à connaître d'une manière exacte la formation de ces fruits extraordinaires, nous les avons fait représenter d'après les échantillons qui nous ont été envoyés par M. Bernard, et nous en donnons ici la figure, Pl. 30. Fig. C., en invitant les amateurs, et particulièrement l'observateur éclairé qui nous les a fournis, à examiner de nouveau et à suivre avec attention l'Olivier dont il est ici question, ou les autres variétés qui pourraient peut-être produire quelque phénomène semblable.

Var. 32. *Olea semperflorens.*
Olivier de tous les mois.

« La troisième espèce (ajoute M. Battiloro, dans l'article déjà cité de M. Parmentier) est un Olivier qui rapporte des fruits quatre ou cinq fois par an, suivant la température des saisons. Il commence à fleurir au mois d'avril, et continue jusqu'au mois de septembre. Les Olives sont petites, leur forme est un peu ovale; leur couleur est noirâtre, l'huile est délicieuse. François Longano, renommé en Italie par ses connaissances en littérature, me parlant un jour des Oliviers, me dit avoir lu dans un ancien auteur grec, que dans la ville de Coriolanum, près celle de Venasso, il y avait un Olivier qui donnait des fleurs et des fruits chaque mois, et que ce Grec, dont il ne s'est jamais rappelé le nom, raconte cette chose comme un prodige. Comme cette ville, aujourd'hui devenue un village sous le nom de *Ciurlano,* est peu loin de mon château, j'y suis allé exprès pour voir s'il me serait possible de retrouver quelques traces de cet arbre. Heureusement, par les soins du curé du village, je découvris cinq des Oliviers en question; et y ayant retourné au mois de septembre, j'y trouvai quatre diverses espèces d'Olives, et les dernières fleurs pour la cinquième récolte. Ces Olives sont nommées *Olive d'ogni mese* (Olives de tous les mois) ».

Il serait sans doute plus curieux qu'utile de cultiver en France l'Olivier dont parle M. Battiloro; car, d'après ce qu'il dit de la petitesse des fruits de cet arbre, il ne pourrait être d'un produit avantageux. M. Bernard nous a communiqué quelques observations qu'il a faites sur des Oliviers de Provence, auxquels il arrive souvent de fleurir plusieurs fois dans le courant de l'année; mais il est porté à croire que cette propriété de fleurir plusieurs fois par an appartient à différentes variétés, et que ces fleuraisons multipliées tiennent à la nature du climat, de manière que le même Olivier qui fleurit quatre à cinq fois par an dans le royaume de Naples, ne donne des fleurs que deux à trois fois en Provence, tandis que dans les contrées de l'Orient et du Midi, où le froid de l'hiver ne se fait jamais sentir, et où la végétation des plantes n'est jamais interrompue, le même arbre pourrait, pendant toute l'année, être couvert de fleurs qui se succéderaient sans cesse les unes aux autres. Voici ce que M. Bernard nous écrit à ce sujet : « Quant à l'*Olive de tous les mois*, nous n'avons pas exactement la même variété indiquée par M. Battiloro ; mais il existe dans notre territoire (aux environs de Draguignan) deux Oliviers, dont l'un fleurit très-souvent deux ou trois fois chaque année, tandis que l'autre donne des fleurs deux fois l'an seulement, à des époques éloignées. Le premier arbre est de l'espèce de l'*Olivier de Figanière* (Var. 21). Ainsi vous voyez que la propriété de fleurir deux ou trois fois l'an peut être commune à plus d'une variété. J'ajouterai que cet arbre a souvent les feuilles panachées ».

M. Loquez, de même que M. Bernard, paraît douter que l'*Olea bifera* et l'*Olea semperflorens* puissent être des variétés distinctes ; mais il pense que cette faculté de donner deux fois des fleurs, et d'en produire même pendant plusieurs mois de suite, n'est qu'une singularité ou une espèce d'accident, qui, selon les années et la température, peut devenir commune à plusieurs variétés différentes. Nous ne pouvons pas assurer positivement le contraire, n'ayant pas été à même d'observer les arbres dont il est question ; mais nous croyons qu'on ne doit pas se presser de révoquer en doute le fait avancé par M. Battiloro, et qu'il ne suffit pas, pour prouver la non-existence de l'*Olivier de tous les mois*, de dire que l'organisation de l'Olivier se refuse à ces fleuraisons successives. Il existe d'autres arbres ou arbrisseaux, dont la plupart des espèces congénères n'ont que quelques momens assez limités pour leur fleuraison, et qui cependant ne sont pas assujétis à l'ordre établi par la nature dans le reste du genre. Nous citerons, par exemple, certains Rosiers qui fleurissent trois à quatre fois par an, tandis que la plupart des espèces du même genre ne fleurissent qu'une fois ; et nous ferons surtout remarquer le Cerisier de la Toussaint (*Cerasus semperflorens*), sur lequel les fleurs se succèdent pendant trois à quatre mois de l'année, au lieu que les autres Cerisiers fleurissent presque tous à la même époque, et que leur fleuraison est accomplie en douze ou quinze jours.

Nous terminerons ici l'exposition des différentes espèces jardinières, ou variétés de l'Olivier d'Europe, préférant nous borner à ces espèces déterminées aussi exactement qu'il a été possible pour l'état actuel des connaissances acquises en ce genre plutôt que de grossir cette énumération d'un grand nombre d'autres variétés qui peuvent exister encore, mais qui ne sont pas assez connues, ou qui ne méritent pas l'attention du cultivateur.

Les anciens, au tems de Columelle et de Pline, connaissaient déjà plusieurs variétés d'Olivier ; le premier en porte le nombre à dix, qu'il désigne sous les noms d'*Olea Pausia, Algiana, Liciniana, Sergia, Nevia, Culminia, Orchis, Regia, Circites* et *Murtea* ; mais il n'a pas assez caractérisé ces différentes espèces pour qu'on puisse tenter aujourd'hui, avec quelque certitude, de rapporter leurs noms à quelques-unes des variétés que nous cultivons en France. Depuis Columelle, le nombre des variétés a toujours été en augmentant. OLIVIER DE SERRES, qui écrivait plus de quinze cents ans après, donne la liste de dix-huit espèces (1) d'Olivier connues de son tems ; il n'entre d'ailleurs dans aucun détail à leur égard, de même qu'il ne traite que très en abrégé de la culture de cet arbre.

Magnol, dans son *Hortus Monspeliensis*, où il cite onze espèces cultivées aux environs de Montpellier, et Tournefort, dans ses *Institutiones rei herbariæ*, où on en trouve dix-huit, n'ont donné que des phrases latines sur chaque espèce, phrases le

---

(1) Le mot *espèce*, dont on use ici, comme on en usera dans la suite, pour tout ce qui concerne la culture de l'Olivier d'Europe, ne doit être pris que comme synonyme de *variété*, et non avec la valeur qu'on lui donne ordinairement en Botanique.

plus souvent trop courtes pour caractériser avec exactitude la forme du fruit; car c'est en général dans la forme et la couleur des Olives que ces auteurs ont pris des caractères pour différencier leurs espèces. Garidel, en empruntant, soit les phrases de Magnol, soit celles de Tournefort, donne des détails peu étendus sur douze espèces cultivées dans le territoire d'Aix. Duhamel et M. Gouan ont aussi emprunté les mêmes phrases, mais sans dire rien de particulier sur chaque variété; M. Gouan se borne aux onze espèces de Magnol, et Duhamel aux dix-huit de Tournefort. M. Amoureux, dans un mémoire qui a été jugé digne du premier accessit, lors du concours ouvert par l'Académie de Marseille en 1782, et l'abbé Rozier, qui a beaucoup puisé dans cet ouvrage, ont adopté de même les phrases déjà citées, mais en donnant plus de détails, qu'on n'avait fait avant eux, sur les différentes variétés. Au reste, ils n'en ont pas décrit de nouvelles; M. Amoureux en rapporte dix-sept, et l'abbé Rozier seize seulement, non compris plusieurs sous-variétés.

Ce qui a le plus nui jusqu'à présent à la connaissance exacte de toutes les espèces secondaires que la culture très-ancienne de l'Olivier a fait naître, c'est que les pépinières de cet arbre sont fort rares en France, et que personne n'a cherché à réunir dans un même terrain les diverses variétés qui existent éparses dans différens territoires et dans des contrées plus ou moins éloignées les unes des autres. Un jardin dans lequel ces diverses variétés auraient été rassemblées, était une chose indispensable pour bien étudier leur nature et leurs caractères; mais, privé de ce secours, l'observateur qui a voulu comparer, déterminer et apprécier les différentes races cultivées, a éprouvé des difficultés presque insurmontables. Souvent il a été obligé de se transporter à de grandes distances, et ce n'a été que dans l'espace de plusieurs jours, quelquefois d'une année à l'autre, qu'il a pu voir tous les arbres qui, pour être déterminés et jugés avec précision, auraient demandé à être rassemblés les uns près des autres, et à être, pour ainsi dire, observés du même coup-d'œil.

Déja avant nous, plusieurs de ceux qui ont donné des traités de l'Olivier (1) ont fait sentir la nécessité de former des pépinières d'un arbre qui fait la plus grande richesse de tous les départemens du Midi qui avoisinent le bassin de la Méditerranée. Nous n'entrerons pas dans les détails des pépinières nécessaires aux besoins de chaque département, de chaque canton; mais nous appellerons l'attention du Gouvernement sur l'utilité qu'il y aurait à établir, dans trois points principaux du littoral de la Méditerranée, trois grandes pépinières, à l'instar de celle du Luxembourg, à Paris. Ces pépinières seraient en même tems des écoles où l'on réunirait toutes les variétés de l'Olivier, où elles seraient cultivées avec soin, où on s'assurerait, par des observations suivies, de celles qui donnent le plus de fruit et qui fournissent la meilleure huile, pour les multiplier de préférence aux espèces dont les produits sont peu avantageux ou d'une qualité inférieure; où l'on fixerait enfin une nomenclature exacte; car, dans l'état actuel, on ne peut établir que très-imparfaitement l'identité des espèces, puisque les auteurs ne sont pas d'accord entr'eux sur les noms qui varient d'un canton à l'autre. Ces écoles et ces pépinières pourraient servir, non-seulement à l'éducation des Oliviers, mais à celle de tous les arbres qui sont particuliers aux pays chauds, et qui ne peuvent supporter les rigueurs des hivers dans les contrées septentrionales de la France. C'est dans ces pépinières qu'on planterait toutes les espèces de

---

(1) Des encouragemens ont été donnés, et des récompenses ont été promises par les anciens États de Provence et de Languedoc, par les Préfets et les Sociétés d'Agriculture; mais cela, jusqu'à présent, n'a éveillé l'attention que d'un petit nombre de cultivateurs, et n'a produit que bien peu de chose.

5.

Vignes et de Figuiers dont les fruits ne mûrissent point à Paris ; les Orangers, les Dattiers qu'il est impossible d'y tenir en pleine terre ; enfin les Grenadiers, les Pistachiers, les Caroubiers et autres arbres d'un moindre intérêt. Ces pépinières pourraient encore être utilement employées pour faire des essais sur l'acclimatation des arbres, soit fruitiers, soit forestiers, des climats chauds de l'Asie, de l'Afrique et de l'Amérique, dont on voudrait tenter d'enrichir et d'embellir notre sol. La plantation et la multiplication des arbres utiles étant une des sources les plus fécondes des richesses de l'État, nous croyons que ces considérations ne seront pas déplacées, sous un Gouvernement qui a en vue les différentes branches de prospérité publique, et qui n'en néglige aucune. Aujourd'hui surtout que la France, par les nouvelles réunions du pays de Gènes, de la Toscane et des États Romains, a plus que doublé l'étendue de ses possessions méridionales, la culture de l'Olivier et le commerce des huiles est pour elle d'un grand intérêt.

Ces écoles et pépinières, que nous croyons utile d'établir pour les arbres propres aux contrées méridionales, seraient fondées dans trois points également distans, et leur emplacement devrait être choisi dans un canton qui fût le plus possible à l'abri des froids qui se font toujours plus ou moins sentir chaque hiver ; elles devraient surtout être placées dans le voisinage de la mer, afin de faciliter le transport des sujets qui en sortiraient. La première, qui serait centrale et principale, pourrait être établie entre Nice et Toulon ; peut-être conviendrait-il de la placer près de cette dernière ville, et les environs d'Hières nous paraîtraient très-convenables pour l'exécution d'un pareil projet. Les deux autres écoles ne seraient formées que successivement, et lorsque la plantation de la première serait aussi complète que possible, et que les sujets y seraient assez multipliés pour fournir aux deux autres. L'une de celles-ci pourrait être formée entre Perpignan et Narbonne, et l'autre dans la Toscane. Dans cette distribution nous n'avons pas compris l'île de Corse, parce que ce pays est assez important par lui-même pour avoir seul une telle pépinière. D'après l'état de la végétation aux environs d'Ajaccio, nous croyons qu'aucun emplacement ne serait plus convenable.

L'intérêt du Gouvernement se trouverait lié à celui des propriétaires, s'il ordonnait, non-seulement des pépinières centrales, mais même des pépinières communales, dans les pays où un climat plus doux permet la culture des Oliviers. Pour prouver l'avantage général et particulier qui serait le résultat de ces plantations, nous citerons les réflexions que fait M. Bernard, au sujet de la valeur considérable que peut acquérir un terrain sur lequel on cultive des Oliviers. Voici comme il s'exprime dans son Mémoire, page 166 « La manière dont on estime les champs plantés d'Oliviers, dans les parties de la province (en Provence) où ils réussissent le mieux, peut servir à faire connaître avec exactitude combien cette culture est précieuse. Voici ce que pratiquent les experts : ils entendent par *Olivier réduit* un arbre qui aurait assez de rameaux pour produire un sac d'Olives dans l'année où il donne des fruits. On conçoit aisément qu'il faut souvent plusieurs arbres pour former un *Olivier réduit*, et que d'autres fois un Olivier seul en réunit plusieurs. Le prix de l'*Olivier réduit* varie beaucoup. Dans les grandes villes, il s'élève quelquefois à soixante livres, et il est rare qu'on l'estime moins de vingt-quatre livres dans les lieux où il a le moins de valeur. L'estimation de l'Olivier s'ajoute toujours à la valeur du fonds, qu'on prend à part, et qui varie selon sa qualité.

» Supposons à présent que l'on plante six mille Oliviers dans un terrain où le climat est doux, il ne faudra pas quarante ans à ces arbres pour former trois mille *Oliviers réduits;* par conséquent, au bout de ce tems, le fonds territorial se trouvera augmenté de plus de cent mille francs (1) ».

De tous les auteurs qui ont écrit sur l'Olivier, M. Bernard est sans contredit celui qui a le plus fait pour bien déterminer et bien caractériser toutes les variétés qu'il a pu connaître, et son travail, couronné par l'Académie de Marseille, eût sans doute acquis toute la perfection desirable, si cet auteur eût eu plus de facilité pour faire ses observations. C'est à ce travail, ainsi qu'aux observations manuscrites, aux échantillons et aux dessins qui nous ont été généreusement communiqués par le même auteur, que nous devons la plus grande partie de tout ce que nous avons dit sur chaque espèce d'Olivier en particulier : c'est à l'aide de ce secours puissant, nous aimons à le répéter, que nous avons osé écrire l'histoire d'un arbre qu'un séjour de trois ans à Nice, en Provence et en Languedoc, ne nous avait fait connaître qu'imparfaitement.

Recherches historiques, Usages et Propriétés.

Les monumens les plus anciens font mention de l'Olivier; il en est question dans la Genèse, au sujet d'un événement à jamais mémorable, cette terrible catastrophe, dans laquelle périt une grande partie du genre humain. Après le déluge, la colombe apporta dans son bec un rameau d'Olivier à Noé. Il est encore parlé du même arbre dans plusieurs autres passages des livres sacrés.

Environ seize cents ans avant Jésus-Christ, Cécrops, à la tête d'une colonie d'Égyptiens, vint fonder Athènes, et transplanta avec lui l'Olivier dans l'Attique. Selon d'autres, ce fut Hercule qui, deux ou trois siècles plus tard, et au retour de ses glorieux travaux, apporta cet arbre dans la Grèce, le planta sur le mont Olympe, et le consacra à fournir les couronnes des vainqueurs aux jeux olympiques. Ceux qui avaient remporté les prix dans ces jeux recevaient effectivement une couronne d'Olivier sauvage et une branche de Palmier.

Les généraux qui avaient remporté des victoires sur l'ennemi étaient aussi couronnés d'Olivier. Après la fameuse bataille de Salamine, où la flotte des Grecs défit celle de Xercès, les Lacédémoniens décernèrent une couronne d'Olivier à Thémistocle et à Eurybiade.

Il est peu de parties d'architecture antique dans lesquelles on ne trouve des feuilles d'Olivier employées comme ornemens. Les chapitaux des colonnes antiques les plus estimées en sont souvent décorés.

Les Grecs avaient pour l'Olivier un respect particulier. Ils tâchaient de n'employer à sa culture et à sa récolte que des vierges et des jeunes gens purs. On poussait ce soin jusqu'à faire jurer à ceux auxquels on confiait le soin de recueillir les Olives, qu'ils n'avaient eu commerce qu'avec leur femme légitime. On croyait que ces soins rendaient les récoltes plus abondantes, et l'on n'attribuait qu'à l'observation scrupuleuse de ces pratiques la fécondité des Oliviers de la ville d'Anazarbe, en Cilicie.

Toute l'Attique était couverte d'Oliviers; c'était l'espèce d'arbre dont la culture rapportait le plus au cultivateur, et c'était aussi celle dont on prenait le plus de soin. Les Athéniens l'avaient consacré à Minerve, et ils avaient tant d'estime et de vénération pour lui, que tous les procès, ainsi que la connaissance de tous les délits qui avaient rapport aux Oliviers, étaient portés devant l'Aréopage et jugés par lui. Cet auguste tribunal envoyait de tems en tems dans les campagnes, des inspecteurs chargés de

---

(1) *Nota.* M. Bernard donnait ces aperçus en 1782. Les biens ruraux ayant considérablement augmenté, on peut présumer que les résultats seraient plus considérables aujourd'hui.

veiller à la conservation de ces arbres. Il était défendu aux propriétaires, sous peine d'une amende assez considérable, d'en arracher dans leurs terres plus de deux par an, à moins que ce ne fût pour quelques usages religieux. Les peines étaient encore plus sévères pour celui qui en aurait coupé un pied, même un tronc inutile, dans un bois ou dans un bosquet dédié à Minerve; il eût été puni de l'exil, et tous ses biens auraient été confisqués.

Ce ne fut pas assez que les Athéniens eussent consacré l'Olivier à Minerve, les poëtes voulurent lui donner une origine extraordinaire, et ils attribuèrent à cette déesse l'honneur de l'avoir créé. Voici comme ils racontent cette fable : Neptune et Minerve se disputant, selon les uns, pour donner un nom à la ville d'Athènes que Cécrops venait de bâtir; selon les autres, pour fonder et édifier cette ville, le conseil des Dieux, devant qui cette contestation fut portée, décida que le droit de bâtir ou de nommer la ville en question appartiendrait à celui qui pourrait produire la chose la plus utile. Neptune ayant frappé la terre de son trident, il en sortit un cheval, d'autres disent un port et des vaisseaux; Minerve frappant à son tour la terre de sa lance, il s'en éleva un Olivier chargé de fleurs et de fruits. Les dieux adjugèrent le prix à Minerve.

> *Percussamque suâ simulat de cuspide terram*
> *Edere cum baccis fœtum canentis olivæ,*
> *Mirarique deos. . . . . .*   Ovid. Metam. lib. VI.

> *. . . . . Oleæque Minerva*
> *Inventrix.*   Virg. Georg. I.

L'Olivier était, chez les anciens, le symbole de la paix, et il l'est encore aujourd'hui. Un rameau d'Olivier, entouré de bandelettes de laine, était un signe d'humilité que portaient ordinairement à la main ceux qui se présentaient comme supplians. Après la victoire de Scipion sur Annibal, dix des principaux citoyens de Carthage furent demander la paix au général romain, portés sur un vaisseau couvert de rameaux d'Olivier.

C'est ainsi que Virgile nous représente Enée, aussitôt qu'il eut abordé en Italie; envoyant des députés au vieux roi Latinus :

> *Centum oratores augusta ad mœnia regis*
> *Ire jubet ramis velatos Palladis omnes :*
> *Donaque ferre viro, pacemque exposcere Teucris.*   Æneid. VII.

Enée lui-même se présente ainsi au bon Evandre :

> *Paciferáque manu ramum prætendit Olivæ.*   Æneid. VIII.

Lorsqu'Enée eut remporté un avantage sur les Latins, ceux-ci lui envoyèrent à leur tour des députés pour demander une suspension d'armes, et pour avoir le tems de rendre les devoirs funèbres aux morts. Ces députés portaient aussi des branches d'Olivier.

> *Jamque oratores aderant ex urbe latinâ*
> *Velati ramis Oleæ, veniamque rogantes.*   Æneid. XI.

On trouve dans Stace :

> *Villatæ Laurus, et supplicis arbor Olivæ.*   Theb. XII.

> *. . . . . ramumque precantis Olivæ.*   Id. alibi.

Les Grecs exposaient les morts à la porte de leurs maisons, et plaçaient auprès un vase d'eau lustrale, dont on arrosait ceux qui assistaient aux funérailles. Ces aspersions se faisaient avec une branche d'Olivier. Cet usage s'est conservé jusqu'à nos jours, mais avec quelque modification : dans le midi de la France, et dans les pays où croît l'Olivier, on se sert encore d'un rameau de cet arbre; dans le nord, c'est un rameau de Buis qu'on place auprès du vase d'eau consacrée, et ce sont les passans qui s'en servent pour asperger le mort.

L'Olivier n'était pas moins en honneur chez les Romains que chez les Grecs : Pline rapporte que non-seulement on ne pouvait s'en servir pour des usages profanes, mais qu'il n'était pas même permis de l'employer pour le brûler sur les autels des Dieux. Selon le même auteur, les guerriers auxquels on accordait à Rome l'honneur du petit triomphe, appelé *Ovation*, étaient couronnés de feuilles d'Olivier.

L'huile d'Olive qui, dans l'antiquité, fut long-tems la seule connue, fut aussi employée par la plupart des peuples dans les différentes cérémonies de la religion. Elle était au nombre des substances que les Hébreux offraient dans leurs sacrifices, et elle servait à la consécration de leurs pontifes, de leurs prêtres et de leurs rois. Aaron fut le premier consacré grand-prêtre par l'onction que lui fit Moïse, et Saül devint le premier roi d'Israël par l'huile sainte que le prophète Samuël répandit sur sa tête.

Lors de l'établissement du christianisme, les nouveaux ministres de cette religion retinrent des Israélites l'usage des huiles dans plusieurs de leurs cérémonies ; comme eux ils firent usage des onctions pour la consécration des évêques et des prêtres. Dans la suite, les empereurs et les rois crurent s'imprimer un caractère plus imposant aux yeux de leurs peuples, par l'onction sacrée reçue aux pieds des autels, et l'usage de se faire sacrer fut bientôt adopté de tous les princes chrétiens.

Les Grecs et les Romains employaient aussi l'huile dans leurs cérémonies religieuses; ils faisaient des libations d'huile dans différentes circonstances, et ils en répandaient sur le bûcher des morts. C'était surtout dans les exercices de gymnastique qu'ils en faisaient un grand usage. L'huile dont les athlètes se frottaient tout le corps pour se préparer à la lutte, se nommait *Omphacine ;* on la tirait des Olives vertes; ce n'était veritablement qu'un suc visqueux. Les lutteurs, après s'être frottés de cette huile, se roulaient dans le sable sec, ce qui, mêlé avec les sueurs du corps pendant l'exercice, formait les *Strigmenta,* qu'on faisait racler ensuite avec des espèces d'étrilles (*Strigilis*), dont Mercurial nous a donné la figure dans son Traité de la Gymnastique. Ces raclures, ou pour mieux dire ces ordures, étaient très-estimées des anciens, et Dioscoride les vante beaucoup comme un excellent remède dans plusieurs maladies. Les marchands de *Strigmenta* faisaient d'assez gros bénéfices; Pline dit que les officiers préposés pour l'entretien et la police des Gymnases, tiraient de cette vente jusqu'à quatre-vingts grands sesterces, ce qui peut s'évaluer à 8000 fr. de notre monnaie.

Les anciens étaient encore dans l'usage de se frotter d'huile en sortant du bain ; ils étaient persuadés que cette pratique était très-salubre, parce qu'elle avait le double avantage d'entretenir la souplesse des muscles, celle de toutes les parties du corps, et d'arrêter, en bouchant les pores de la peau, la transpiration trop considérable qui avait été excitée par la chaleur du bain. Démocrite, interrogé sur le moyen de vivre long-tems en bonne santé, répondit : *Si interna viscera melle, externa verò oleo irrigaveris.* La réponse que fit Romulus Pollion à l'empereur Auguste fut à-peu-près la même. Auguste lui demandant par quel moyen, parvenu à l'âge de plus de cent ans, il avait pu conserver la force d'esprit et de corps qu'il montrait encore, ce vieil-

5.

lard lui répondit que c'était en faisant habituellement usage de vin doux à l'intérieur, et d'huile à l'extérieur (*Intùs mulso , foris oleo*).

Diodore de Sicile nous apprend qu'Aristée fut le premier qui cultiva des Oliviers dans cette île, et que les Siciliens lui accordèrent d'aussi grands honneurs que s'il eût été une nouvelle Divinité. On attribue au même philosophe l'invention des meules pour broyer les Olives, et celle des pressoirs pour en extraire l'huile (*Inventor olei esse dicitur*. Cicer. in Verrem).

On raconte de Thalès de Milet, le premier des sept sages de la Grèce, que plusieurs personnes lui ayant reproché le peu d'utilité des sciences, et la pauvreté qui était le partage de ceux qui les cultivaient, il voulut leur prouver par un exemple remarquable qu'elles étaient dans l'erreur, et qu'on pouvait très-bien acquérir beaucoup de fortune, en employant à des vues d'intérêt les connaissances que procurait l'étude des sciences. Ayant prévu que la récolte des Olives manquerait entièrement l'année suivante, et que l'huile deviendrait très-chère, il acheta toutes les huiles de son canton au moment où elles étaient à vil prix; et les choses étant arrivées comme il les avait prévues, il fit un profit immense, en revendant bien cher l'huile qu'il avait eue à très-bon marché; mais, content d'avoir montré l'utilité de son instruction, et d'avoir prouvé qu'il lui serait facile de s'enrichir quand il le voudrait, il remit généreusement le surplus du bénéfice qu'il avait fait, à ceux dont il avait acheté la marchandise.

L'usage qui existe encore aujourd'hui dans l'Inde et dans le nord de l'Afrique, de faire entrer l'huile dans la composition de certains mortiers, donne lieu de croire que les anciens substituaient quelquefois cette matière au bitume liquide qui était employé par les Babyloniens.

L'huile, versée sur les flots de la mer agitée, a la singulière vertu de les appaiser. Cette propriété était connue des anciens, et elle a été confirmée par les modernes. Les premiers savaient aussi, dès le tems d'Aristote, que l'huile fait périr les abeilles et tous les insectes, lorsqu'on en frotte ces petits animaux; mais ils en ignoraient la raison. Les naturalistes modernes ont découvert que, dans ce cas, la mort des insectes était causée par le manque de respiration, l'huile bouchant les trachées, qui sont les organes par lesquels cette fonction s'opère dans cette classe d'animaux.

Les propriétés économiques de l'huile sont très-multipliées. Cette substance est presque exclusivement employée pour l'assaisonnement de la plupart des alimens, dans tous les pays où l'on cultive l'Olivier, et dans les campagnes surtout, où le beurre et les graisses animales ne sont que très-peu usités. L'huile fine est uniquement destinée pour l'usage de la table et pour les préparations médicinales. L'huile d'Olive n'est pas nourrissante, mais elle est relâchante, émolliente, adoucissante et quelquefois purgative, quand elle est prise à une certaine dose. On l'emploie souvent à la place de celle d'amandes douces, avec du sirop, sous forme de potion, dans les rhumes et maladies inflammatoires du poumon, pour calmer la toux : on la donne de même dans celle du bas-ventre, et on l'administre alors dans les lavemens, pour remédier aux constipations, pour calmer les douleurs intestinales. On a observé cependant qu'elle était contraire et qu'elle augmentait les douleurs dans la colique des peintres. Dans les cas d'empoisonnement par des matières minérales corrosives, par des plantes âcres ou par les cantharides, il est utile, pour prévenir les accidens, d'en faire prendre promptement de grandes doses au malade. Elle est aussi bonne contre les vers; mais pour ce dernier cas, on lui préfère en général celle de Ricin.

Les anciens supposaient encore plusieurs autres vertus à l'huile d'Olive; ils n'ignoraient pas ses propriétés contre la morsure des vipères, des serpens et autres animaux venimeux; propriétés qui, dans ces derniers tems, ont été confirmées par les expériences faites devant la Société royale de Londres, et par plusieurs médecins anglais. L'huile, dans ce cas, doit être administrée en frictions sur les parties qui ont essuyé les morsures venimeuses. On l'a aussi essayée de la même manière dans la peste; mais les résultats qu'on a obtenus jusqu'à présent n'offrent encore rien de positif. Dans les pharmacies, l'huile d'Olive entre comme partie essentielle dans la confection de tous les onguens, emplâtres, linimens, cérats, etc., dont le nombre était très-multiplié autrefois, et est aujourd'hui beaucoup plus borné. Elle ne vaut rien pour la peinture, parce qu'elle ne sèche jamais parfaitement.

Les pâtres provençaux l'emploient avec avantage pour leurs troupeaux, dans le cas d'indigestion; ils en font avaler à leurs brebis, qui périraient presque toutes d'une mort prompte, sans ce secours.

Les huiles d'Olive servent dans certaines manufactures d'étoffes de laine, et surtout dans celles de draps, parce qu'elles donnent à la laine un moëlleux nécessaire à la bonne fabrication. Beaucoup de fabricans, dans le Midi, en font aujourd'hui une plus grande consommation qu'autrefois, par la raison que l'huile de poisson, qu'on tire de l'étranger, est plus chère et moins abondante dans le commerce; mais ils ne se servent généralement que des huiles d'Olive les plus communes. Ce sont aussi celles-là qu'on emploie pour brûler dans les lampes; le peuple de tous les pays du midi de l'Europe ne connaît guère d'autre manière de s'éclairer pendant la nuit. On en fait une grande consommation dans les fabriques de savon, l'huile étant un des principaux ingrédiens de cette matière; les autres substances qui font partie de sa composition sont la soude et la chaux vive. Nous n'entrerons pas dans les détails de sa fabrication : ils sont rapportés très-longuement dans Duhamel, depuis la page 74 jusqu'à la page 88, et nous avons cru d'autant moins nécessaire de les copier ici, que l'on pourra encore les trouver dans plusieurs autres ouvrages.

L'Olive est le seul des fruits cultivés en Europe ou indigènes, dont la chair soit oléagineuse. Dans tous les arbres en général qui ont un drupe pour fruit, l'amande est la seule partie qui contienne de l'huile; mais outre ces arbres, tels que l'Abricotier, l'Amandier, le Pêcher, le Prunier, le Cerisier, etc., il existe une grande quantité d'autres végétaux, des graines desquels on peut retirer cette substance. La graine du Hêtre, connue sous le nom de Faine, donne une huile qui est la meilleure après celle d'Olive, et qui a l'avantage de se conserver plusieurs années sans rancir. La Noix, la Noisette, le Pignon du Pin et de plusieurs conifères fournissent aussi beaucoup d'huile. Il serait trop long de rapporter les noms de toutes les plantes herbacées dont les graines sont oléagineuses; il suffira de citer celles qui fournissent les huiles les plus usitées. De ce nombre est celle qu'on retire des semences du Pavot, assez généralement connue sous le nom d'huile d'OEillet (1); celles de Lin, de Chanvre, de Navette, d'une espèce de Chou nommée Colza, et de plusieurs autres plantes crucifères.

L'huile d'Olive est pour les alimens la meilleure de toutes les autres espèces connues; mais comme elle est toujours la plus chère dans les pays du nord, les marchands l'altèrent souvent avec quelques-unes de celles dont nous venons de parler, et le plus communément avec celle de Noix et celle de Pavot ou d'OEillet. Si la fraude a été faite avec la dernière de ces huiles, on peut facilement la reconnaître en agitant fortement la bouteille ou le vase qui contiendra de cette huile suspecte; car si elle est

---

(1) Ce n'est que par méprise que l'huile de Pavot a été nommée huile d'OEillet. Les Espagnols des Pays-Bas et de Flandre, pour la distinguer de l'huile d'Olive, l'appelaient *Olietto*, c'est-à-dire petite huile, huile de qualité inférieure; et c'est de cette expression espagnole mal entendue, que les autres habitans de la Flandre et des pays voisins ont dit huile d'OEillet, au lieu de dire simplement *Oliette*.

mêlée avec celle de Pavot, il se formera une espèce de mousse ou d'écume, ce qui n'arrivera pas si l'huile d'Olive est parfaitement pure.

L'huile est un suc propre dont les principaux caractères sont d'être onctueux, gras, de brûler avec flamme, d'être insoluble et immiscible dans l'eau, si ce n'est au moyen d'une substance intermédiaire, qui est le jaune d'œuf. La pesanteur spécifique de l'huile d'Olive est à celle de l'eau comme 9153 sont à 10,000, c'est-à-dire près de dix fois plus légère ; sa couleur est d'un jaune verdâtre, son odeur douce et sa saveur agréable. Elle cesse d'être liquide, se fige ou se gèle, la température étant bien au-dessus du terme de la congélation ; ce n'est qu'entre huit et dix degrés du thermomètre de Réaumur que les bonnes huiles deviennent fluides, au-dessous elles restent solides et prennent plus ou moins de consistance, selon le froid auquel elles sont exposées, restant cependant toujours un peu molles, et ne prenant jamais la dureté de la glace. C'est en hiver, dans le moment où les huiles sont figées, qu'il convient de les faire voyager : le marchand peut alors être tranquille, il ne sera pas exposé, pendant le transport, aux pertes qui sont la suite du coulage trop fréquent de ces liquides dans les tems chauds. Si on les expédie dans un tems trop doux, il faut les mettre dans des bouteilles de verre blanc, rondes ou quarrées, qu'on a soin de bien boucher, en laissant un peu de vide entre le bouchon et l'huile.

Un auteur italien, qui a écrit sur l'économie publique, a dit que les Oliviers étaient des mines sur la surface de la terre (*miniere soprà terra*) ; en effet, l'huile fait la richesse des pays dans lesquels on la récolte, et elle est une des principales branches du commerce des peuples de l'Orient et du Midi avec ceux du Nord. Dans un tems où l'Olivier n'était pas encore cultivé en Espagne, les Phéniciens faisaient un bénéfice immense en portant de l'huile aux habitans de cette contrée. Aristote nous apprend que ces navigateurs recevaient des barres d'argent en échange de l'huile qu'ils livraient aux Espagnols. Aujourd'hui, les habitans de beaucoup de cantons de la Provence et du Languedoc, ceux du Pays de Gênes presqu'en totalité, de plusieurs parties de l'Italie, et surtout du Royaume de Naples, ainsi que d'une grande portion des côtes de l'Espagne et du Portugal, ne vivent presque entièrement que des profits qu'ils retirent de la récolte et du commerce des huiles.

Non seulement les Olives donnent par expression l'huile dont nous venons de rapporter les principales propriétés, mais encore, préparées et assaisonnées de diverses manières ; elles fournissent au peuple, dans le Midi, un aliment, sinon succulent, au moins assez sain ; elles sont même en possession, dans les pays qui ne les ont pas vu naître, de paraître sur les tables les plus opulentes : on les sert à l'entremets. Les anciens étaient, comme on l'est encore aujourd'hui, dans l'usage de conserver les Olives, et les procédés qu'ils employaient étaient à-peu-près les mêmes que ceux que nous pratiquons maintenant. On trouve indiquées, dans Caton et dans Pline, les différentes manières qui étaient usitées de leur tems pour préparer les Olives. On prenait ces fruits encore verts, un peu avant la maturité, et on les faisait confire, soit en les mettant dans du vinaigre avec du Fenouil, du Lentisque ou autres plantes odorantes, soit en les laissant simplement nager dans de la saumure, ou tremper dans de l'huile ou dans du vin cuit. L'eau bouillante, versée sur les Olives, était aussi un des moyens employés.

Quand on confit les Olives on se propose deux choses : la première est de leur faire perdre une amertume particulière à ces fruits, et qui les empêche d'être mangeables ; et la seconde, de pouvoir les conserver pendant plus ou moins long-tems. On emploie pour cela différens moyens.

« Le plus expéditif est de mettre dans des jarres, qui sont de grands vases de terre vernissée, un lit de plantes aromatiques, savoir, du Fenouil, de l'Anis, du Thym, etc., un lit d'Olives fraîchement cueillies, auxquelles on a donné deux coups de couteau en croix jusqu'au noyau, pour faciliter l'introduction de la saumure. On met sur ce lit d'Olives une couche de sel, puis un autre lit de plantes aromatiques, un lit d'Olives, et ainsi jusqu'à ce que le vase soit presque rempli. Alors on verse assez d'eau bouillante sur les Olives pour qu'elles surnagent ; le lendemain on les met dans de l'eau fraîche, qu'on a soin de changer tous les deux à trois jours, jusqu'à ce que les Olives soient suffisamment adoucies, et l'on finit par verser dessus une saumure chargée de quelques épices. Selon cette méthode, elles sont en très-peu de tems en état d'être mangées ; quelques personnes même les trouvent fort agréables, parce qu'elles ont alors plus de goût ; mais la plupart ne les trouvent pas assez adoucies.

» Les Olives sont meilleures quand elles n'ont pas été échaudées ; mais aussi la préparation en est plus longue, quoiqu'elle ne diffère d'ailleurs qu'en ce que le premier bain dans lequel on met les Olives n'est pas d'eau bouillante, mais d'eau froide, comme tous les autres, et qu'il faut un plus grand nombre de ceux-ci.

« D'autres enfin, pour les préparer à la picholine, c'est-à-dire à la manière de » Picholini, mettent leurs Olives dans une lessive faite avec une livre de chaux vive et » six livres de cendre de bois neuf tamisée. Au bout de six, huit, dix ou douze heures, » et suivant la force de la lessive, si, en coupant les Olives avec un couteau, le noyau » se sépare de la chair, on les retire de la lessive, on les lave bien dans de l'eau fraîche, » qu'on renouvelle toutes les vingt-quatre heures pendant neuf jours, et on les met » enfin dans une saumure faite avec suffisante quantité de sel marin dissous dans de » l'eau pure, et dans laquelle on laisse infuser du Fenouil, de la Coriandre et autres » herbes aromatiques. Afin que la saumure pénètre plus promptement les Olives, les » uns les écachent un peu avec un petit maillet de bois ; d'autres leur font des incisions » avec un couteau ; et enfin d'autres, ne voulant rien précipiter, les laissent entières : » en cet état elles ont moins de goût, mais elles sont plus belles ». Duham.

Duhamel était dans l'erreur, lorsqu'il a dit qu'on écachait les Olives qu'on préparait à la picholine, pour qu'elles fussent plus promptement pénétrées par la saumure. Il a confondu un autre procédé pour obtenir plutôt des Olives bonnes à manger, qui ne perdent pourtant pas le goût du fruit, et que tout le monde ne mange pas avec le même plaisir que la Picholine. La préparation de ces Olives ne consiste qu'à les écacher avec un maillet de bois ou entre deux cailloux, à les mettre ensuite dans de l'eau pure, dont on les change pendant plusieurs jours, jusqu'à ce que ces fruits aient perdu une partie de leur amertume. On les met alors dans un vase de terre vernissé qu'on remplit de nouvelle eau dans laquelle on ajoute du sel marin et des plantes aromatiques. Ces Olives ne tardent pas à être bonnes à manger ; on en garde jusqu'en mars et avril ; mais on n'en prépare que pour le besoin des ménages, et on ne les fait pas passer dans le commerce.

A Aix, on conserve des Olives dans l'arrière-saison pour les manger l'été suivant. Leur préparation est on ne peut pas plus simple : elle consiste à mettre une certaine quantité d'Olives dans un vase de terre vernissé qu'on remplit d'eau pure ; on a soin de bien boucher le vase, et on le garde ainsi jusqu'au commencement de l'été ; à cette époque, on retire du vase les Olives dont on a besoin pour huit ou quinze jours, ou la totalité, si l'on veut ; on coupe chaque fruit dans sa longueur jusqu'au noyau, on le remet dans le vase dont on a changé l'eau, on y ajoute du sel marin en quantité suffisante, avec du Fenouil et de la Coriandre. Huit ou dix jours après, les Olives sont bonnes à manger : elles ne perdent pas beaucoup de leur amertume naturelle ; mais elles ont un goût agréable, aiguisent l'appétit, et peuvent, dans cet état, être très-salutaires à la santé. Nous en avons conservé à Paris qui étaient encore bonnes après deux ans.

A Toulon, on a une manière de manger les Olives sans aucune préparation. Celles qu'on mange ainsi sont appelées *Aulives fachouiles;* ce sont celles qui sont tombées des arbres, sont restées par terre et s'y sont flétries. Elles ne sont plus luisantes; elles ont perdu l'âcreté qui leur est ordinaire quand elles sont fraîches; de même que certains fruits acerbes, comme les Nèfles, les Sorbes, etc., deviennent bons à manger en mollissant. Les gens de la campagne, en se promenant sous les Oliviers, avec un morceau de pain à la main, cherchent parmi les Olives qui sont à terre, celles qui sont les meilleures, et ils les mangent. D'autres ramassent ces mêmes Olives pour les assaisonner avec un peu d'huile, du poivre, du sel et quelques feuilles de Laurier. On peut faire des *Fachouiles* artificiellement, en versant de l'eau bouillante sur des Olives bien mûres, en les y laissant infuser pendant quelque tems, et en les faisant sécher ensuite.

La préparation la plus recherchée qu'on donne aux Olives, lorsqu'elles sont confites à la Picholine, consiste à les ouvrir avec un petit couteau pour enlever le noyau et mettre à la place une câpre et un petit morceau d'anchois; d'autres y introduisent un morceau de truffe, d'autres du thon mariné. On conserve ensuite ces fruits dans des bouteilles pleines d'excellente huile, et ils se gardent long-tems.

Dans tout le Levant, au rapport de M. Olivier, et surtout dans plusieurs îles de l'Archipel, on sale une abondante quantité d'Olives pour les envoyer à Constantinople, où les Grecs, les Arméniens et les Juifs en font, pendant toute l'année, une trè-grande consommation. La préparation qu'on fait à ces Olives consiste à les mettre dans du sel marin, et à les remuer jusqu'à ce qu'elles en soient pénétrées. On les met ensuite pendant quelques jours dans des corbeilles, en les comprimant légèrement pour faciliter l'écoulement de la partie aqueuse; après quoi on les conserve dans des vases de terre.

Quelle que soit la manière qu'on veuille employer pour confire les Olives, on doit choisir les plus grosses, les plus belles et les plus saines; il faut aussi les prendre avant leur maturité, pendant qu'elles sont encore vertes, et le moment convenable est la fin de septembre ou le commencement d'octobre. Pour conserver à ces fruits confits leur couleur verte, on doit les mettre dans l'eau aussitôt qu'ils sont cueillis, et avoir soin, toutes les fois qu'on les change d'eau, de le faire aussi promptement que possible, afin qu'ils ne soient pas exposés au contact de l'air, ce qui les ferait noircir et leur ôterait toute leur apparence.

Lorsqu'on a tiré les Olives de la saumure pour les manger, plusieurs personnes les estiment davantage, et prétendent qu'elles sont meilleures quand elles ont été portées dans la poche, ou comme on le dit vulgairement, pochetées; mais bien des gens ne s'en soucient d'aucune manière, et l'on peut dire en général que les Olives sont un manger peu agréable pour ceux qui n'y sont pas accoutumés de bonne heure.

Nous ne répéterons pas ici le nom des différentes variétés qui sont préférables pour confire, parce que nous en avons parlé dans l'énumération des espèces.

Presque toutes les espèces d'Olives conservent beaucoup d'amertume, même après leur parfaite maturité, et après qu'elles ont été bien colorées; cependant il y en a quelques-unes qui, quand elles sont noires et bien mûres, deviennent assez douces : telle est l'Olive à bec. L'Olive douce (var. 3o), que nous avons citée d'après M. Battiloro, est même assez bonne pour qu'on puisse la manger sur l'arbre sans aucune préparation, et c'est sans doute à cette espèce qu'il faut rapporter les Olives dont parle Pline, qui, étant desséchées, devenaient plus douces que des raisins secs.

Mais ces Olives douces ont toujours été fort rares; et il est étonnant qu'on n'ait pas cherché à les multiplier davantage. Pline dit qu'on n'en trouvait qu'en Afrique et dans la Lusitanie; aujourd'hui nous ne pouvons citer que celles d'un petit canton du royaume de Naples, et il est incertain qu'on les connaisse en Provence.

Quant aux Olives qui perdent une partie de leur amertume en mûrissant, voici comme on les prépare, selon M. Bernard : « On attend pour les cueillir qu'elles soient bien colorées; on les étend alors sur des tables exposées au soleil, et on les fait sécher comme des figues. Quand elles ont perdu la plus grande partie de leur principe aqueux, on les met dans un panier; et lorsqu'on veut en manger, on les assaisonne avec du sel, du poivre et du vinaigre. On ne prépare pas beaucoup d'Olives de cette manière, parce que si on les conservait pendant trop de tems, l'huile qu'elles renferment rancirait, à moins qu'on ne les mît dans des vases remplis d'huile ».

L'Olivier croît lentement et vit très-long-tems. Pline assure que, de son tems, on voyait encore à Linterne, ville de la campagne de Rome, les Oliviers qui y avaient été plantés par Scipion l'Africain, c'est-à-dire deux cent cinquante ans auparavant. Le même auteur cite plusieurs autres exemples de la longévité de cet arbre, mais qui ne peuvent rien prouver, parce qu'ils ne sont appuyés que sur des fondemens fabuleux. Il dit qu'on conservait encore à Athènes, l'Olivier que Minerve avait fait naître pendant sa dispute avec Neptune, et qu'on voyait aussi à Olympie, l'Olivier sauvage dont Hercule avait été couronné le premier.

« Des négocians instruits, qui ont voyagé dans la Palestine, et qui y ont vu de très-grands et de très-vieux Oliviers, ont jugé, à la manière dont ils étaient plantés, qu'ils dataient du tems des Croisades. On trouve sur la côte d'Afrique, dans le royaume d'Alger, non loin des ruines d'anciennes cités romaines, des Oliviers monstrueux, plantés avec symétrie dans des terrains abandonnés. Mais quand même on n'oserait pas conclure de ces observations que ces arbres ont l'ancienneté qu'on leur suppose, on pourrait au moins très-raisonnablement soupçonner que les troncs se sont renouvelés plusieurs fois sur les mêmes racines ». M. Bernard, en rapportant ces faits, ajoute que des arbres de quatre-vingts ans n'avaient guère que neuf pouces de diamètre, tandis qu'il a mesuré d'anciens troncs, dont le diamètre était de trois, de quatre, de cinq et de six pieds.

« Il existe, à deux lieues au nord de Tarascon (en Provence), nous écrit M. Audibert, un très-gros Olivier, dont les rameaux s'étendent à neuf ou dix pas du tronc. Cet arbre, à ce qu'on assure, a non-seulement résisté à l'hiver de 1709, mais encore à un autre plus antérieur; de manière qu'en y comprenant celui de 1788, il a vu périr trois fois tous les autres Oliviers du canton qu'il habite. L'intérieur de son tronc est très-sain, et ses branches sont extrêmement vigoureuses. Cet arbre, cependant, est au centre d'une petite plaine, au sommet d'une colline où le froid se fait vivement sentir : il appartient à la quatorzième variété (*Olivier pleureur*). Dans les environs de Maussane, on trouve un Olivier encore plus extraordinaire; l'on ignore son âge, mais on le regarde comme le plus ancien du pays, et on lui a donné le nom de *Roi*, à cause de sa vétusté et de sa taille gigantesque. . . . . Si l'on tâchait de multiplier de tels arbres, nous ajoute M. Audibert, ne pourrait-on pas espérer d'avoir des individus plus robustes et dans le cas de résister aux froids les plus rigoureux? ne pourrait-on pas aussi les transplanter par gradation dans des climats plus froids? »

D'après ces faits, il est permis de croire que l'Olivier croît pendant cinq ou six siècles, surtout s'il n'est pas exposé à la rigueur des hivers, et la durée de sa vie pourra même être quelquefois beaucoup plus longue encore; car on ne peut guère assigner moins de neuf à dix siècles à celui dont parle Bouche dans son Histoire de Provence.

« Dans le terroir de Ceireste, dit cet auteur, il y a un Olivier encore en vie, qui a le tronc creusé, et si prodigieusement gros, qu'une vingtaine de personnes pourraient s'y mettre à l'abri des injures du tems. Le propriétaire de cet arbre y établit tous les étés son petit ménage, il y couche avec toute sa famille, et il y a encore une petite place pour mettre un cheval. »

Le bois d'Olivier est d'une pesanteur spécifique très-considérable; sa fibre est dure et serrée; il reçoit un beau poli; il n'est pas sujet à se fendre ni à devenir vermoulu. Les anciens, avant d'employer l'airain et le marbre, s'en servaient, à cause de son incorruptibilité, pour faire les statues des Dieux. Ce bois est jaunâtre, agréablement marqué de veines plus foncées; celui de la racine surtout produit de très-beaux effets par la variété et la singularité de ses nuances; il pourrait servir pour faire des meubles qui le disputeraient aux bois étrangers les plus beaux; mais les ébénistes ne l'emploient que fort peu; il est même assez rare, dans les pays où l'Olivier est commun, de le voir servir à cet usage; on n'en fait guère que de petits ouvrages, comme des tabatières, des boîtes, des manches de couteaux. Sur la côte occidentale de Gênes cependant, où l'Olivier devient très-gros et très-élevé, on en fait de gros meubles, tels que lits, commodes, tables, etc. L'espèce qu'on emploie le plus communément est celle connue dans le pays sous le nom de *Columbara* (*Caillet-Rouge*, var. 20); son bois, très-cassant, résiste moins que celui des autres espèces à l'impétuosité des vents et au poids de la neige; il est très-sujet à se rompre, et lorsque cela arrive, on scie le tronc et les branches pour faire des planches. Le bois d'Olivier brûle bien, parce qu'il est chargé de résine (1), et il donne beaucoup de chaleur; c'est même un des meilleurs bois qu'on puisse employer pour cet usage. Après la mortalité des Oliviers, causée par l'hiver de 1709, on s'est long-tems chauffé en Provence du bois des arbres que la gelée avait fait périr. Ce malheur a donné lieu d'observer que les Oliviers ont une quantité considérable de racines qui peuvent subsister en terre pendant plusieurs siècles; et après les ravages de ce grand hiver, quelques particuliers tirèrent des racines plus de bois que du tronc et des branches, et ils en vendirent pour beaucoup d'argent ; mais ceux qui crurent trouver dans cette vente un dédommagement de la perte de leurs arbres, ne tardèrent pas à s'apercevoir qu'ils s'étaient trompés, et ils eurent bientôt le regret d'avoir fait arracher ces racines ; car les propriétaires qui furent moins pressés, virent avec satisfaction que ces racines qu'on avait cru mortes, poussèrent une grande quantité de rejets, qui réparèrent bien plutôt la perte des anciens arbres, que les nouvelles plantations que furent obligés de faire ceux qui avaient tout arraché.

CULTURE. FABRICATION DE L'HUILE.

Quoique l'Olivier soit toujours vert, la pâleur de son feuillage le rend peu agréable à la vue ; son aspect a même quelque chose de triste. Il forme des forêts et ne fournit pas d'ombrage ; il devient gros sans majesté ; son port n'a rien de distingué ; sa tige est basse ; son écorce est rude et sillonnée de gerçures profondes ; ses branches sont sans ordre, nues et tortueuses ; il ne prend des formes élégantes que lorsque la main de l'homme les lui donne ; ses fleurs sont sans éclat et presque sans odeur ; ses fruits sont sans parfum, petits, d'une amertume extrême quand ils sont verts, et sans goût quand ils sont mûrs. Malgré des apparences si peu favorables, Columelle avait placé cet arbre

---

(1) M. Olivier, membre de l'Institut et propriétaire aux Arcs, près de Draguignan, a observé, sur plusieurs Oliviers, de la résine très-transparente, qui, réduite en poudre et jetée dans le feu, brûlait en faisant une flamme très-vive, et en répandant une odeur aromatique très-agréable.

au premier rang : *Olea prima omnium arborum est,* dit cet auteur ; et Pline lui avait accordé le second, réservant la première place à la vigne.

Si l'Olivier n'est pas en effet le premier des arbres, il sera toujours un des plus utiles. Nul autre n'est doué d'une aussi grande fécondité dans toutes ses parties, soit qu'on considère l'immense quantité de ses fleurs et de ses fruits, la multitude de ses rameaux et l'abondance de ses rejetons. Il semble que l'Olivier fasse partager sa fécondité à ceux qui le soignent ; il n'y a aucune culture qui ait une influence plus marquée sur la population, avec cet avantage qu'elle donne de l'aisance plutôt que des richesses, et qu'elle conserve les mœurs, en exigeant un travail constant.

L'Olivier est originaire de l'Asie : c'est de cette contrée qu'il s'est répandu dans les différentes parties de notre continent, où il est aujourd'hui naturalisé. Il fut sans doute porté et cultivé de très-bonne heure en Égypte, puisque ce furent des Égyptiens qui le transplantèrent dans la Grèce, d'où on le transporta par la suite dans les Gaules et en Italie.

Sous le règne de Tarquin le Superbe, selon Pline, il n'y avait pas encore d'Oliviers en Italie, ni en Espagne, ni en Afrique ; mais il paraît qu'une fois introduit, sa culture fit des progrès bien rapides, puisqu'un peu plus de trois cents ans après, douze livres d'huile ne coûtaient à Rome que quelques as, et que, sous le troisième consulat de Pompée, l'Italie était dans le cas de fournir de l'huile à d'autres provinces de l'Empire. Pline pourrait bien s'être trompé, en disant qu'il n'y avait pas d'Oliviers en Afrique l'an 173 de la fondation de Rome ; car il est plus que probable que la colonie phénicienne qui bâtit Carthage, avait transplanté ces arbres précieux des bords de la Syrie sur les rivages de l'Afrique. Nous avons déjà vu que les Phéniciens, avant que l'Olivier fût connu en Espagne, venaient vendre de l'huile aux peuples de cette contrée. Les Carthaginois durent, par la suite, s'emparer de cette branche de commerce, et il y a lieu de croire que l'arbre même qui donne l'huile, fut transporté par eux en Espagne, pendant qu'ils furent maîtres de ce pays et qu'ils y établirent des colonies.

L'introduction de l'Olivier dans les Gaules est plus exactement connue ; on sait que ce furent les Phocéens qui vinrent fonder Marseille, l'an 600 environ avant Jésus-Christ, qui l'apportèrent de la Grèce et en enrichirent notre territoire.

Les anciens avaient remarqué que l'Olivier ne pouvait réussir dans les climats trop chauds et dans ceux qui sont trop froids. Il lui faut en effet un climat tempéré et égal. En Europe, il n'a jamais pu être cultivé avec succès au-delà du quarante-cinquième degré de latitude, quoiqu'on ait pu le conserver en pleine terre beaucoup plus loin dans le nord, et même jusqu'en Angleterre ; mais la brièveté des étés et leurs trop faibles chaleurs ont empêché les arbres de rapporter du fruit, ou au moins ne leur ont jamais permis de mûrir. Les froids nuisent moins à l'Olivier par leur intensité que parce qu'ils succèdent souvent à des tems trop doux. On a vu cet arbre résister à une température de dix à douze degrés au-dessous de la glace, et périr par l'effet d'une gelée ordinaire, lorsqu'il était en sève.

Théophraste a dit que l'Olivier ne pouvait pas venir à plus de 300 stades de la mer (environ douze lieues). Cette opinion a été celle de tous les auteurs anciens et même de plusieurs modernes ; mais elle n'a d'autre fondement que la situation maritime de la plupart des pays de l'Europe dans lesquels l'Olivier peut vivre, comme la Grèce, l'Italie, la Provence et le Languedoc, dont les côtes et les terres ont en général peu de profondeur. Mais en Espagne, dont les terres ont plus de largeur et plus d'étendue, et dont la température est d'ailleurs convenable à l'Olivier, cet arbre croît au centre du royaume, et il y est aussi beau que sur les côtes. En Afrique, selon M. Desfontaines, il croît abondamment dans les montagnes de l'Atlas, trente et quarante lieues de la mer; il y est sauvage et comme spontanée. En Asie, dans l'ancienne Mésopotamie, il a été observé par M. Olivier, à cent lieues de la Méditerranée, au bas des montagnes qui se trouvent aux environs de Merdin, que l'on regarde comme l'ancienne Mardé ou Miridé.

L'Olivier n'est pas délicat sur la nature du terrain, il peut vivre dans le sol le plus ingrat; il réussit très-bien dans les terrains calcaires; il s'accommode de ceux qui sont sablonneux, de ceux qui sont remplis de cailloux, et il devient très-beau dans les terres fertiles et qui ont du fond, pourvu qu'elles ne soient pas marécageuses. C'est donc moins la nature du sol qu'il faut choisir, qu'une exposition convenable. Dans les régions très-chaudes, où l'ardeur des rayons du soleil est extrême, l'Olivier aime et préfère les penchans des montagnes et des collines inclinées au septentrion. Au milieu des montagnes élevées, dans les pays où les froids de l'hiver se font plus ou moins sentir, il n'a d'asile assuré que sur les revers opposés; ce n'est qu'au midi qu'il peut être à l'abri des neiges et de l'haleine glaciale des aquilons.

Les anciens croyaient qu'il existait une telle antipathie entre l'Olivier et le Chêne, que non-seulement ces deux arbres ne pouvaient vivre dans le voisinage l'un de l'autre, mais que le premier périssait encore lorsqu'on le plantait dans un terrain où le second avait été arraché. Pline attribue, dans ce cas, la mort de ces arbres à des vers qui prennent naissance dans les racines des Chênes, et qui de là passent dans celles des Oliviers. La croyance des anciens ne doit être regardée que comme un préjugé qui n'a aucun fondement; car M. Bernard assure positivement qu'il a vu des plantations d'Olivier qui ont très-bien réussi, quoiqu'elles aient été faites sur des côteaux qui étaient auparavant couverts de Chênes; et il est constant qu'en Provence, en Italie et dans les autres contrées du Midi, il croît une grande quantité d'Oliviers sauvages dans les bois où il existe en même tems beaucoup de Chênes.

A mesure que le climat devient rigoureux, l'Olivier périt plus facilement dans les lieux bas, quelle que soit leur fertilité; il court beaucoup moins de risques sur les côteaux, où les vapeurs sont moins abondantes, et où l'effet des gelées est moins dangereux. En général, le sommet et le penchant des collines offre un séjour agréable à l'Olivier. Il se plaît extrêmement dans une exposition où l'air se renouvelle sans cesse; c'est là qu'il donne, toutes choses égales, des récoltes plus abondantes et plus assurées que partout ailleurs; c'est là qu'il se forme dans les Olives une huile véritablement excellente. Pour voir et admirer l'Olivier surchargé de fruits, il faut le chercher autour ou au milieu des champs, des vignobles, lorsque les pieds sont éloignés ou isolés les uns des autres; c'est là qu'il étale le luxe de sa végétation et de sa fécondité. Il est au contraire faible, languissant et presque stérile, s'il se trouve rangé sur plusieurs lignes resserrées, où ses racines n'ont pas suffisamment d'espace pour s'étendre et aller pomper au loin les sucs nourriciers, et où ses rameaux, étouffés les uns par les autres, se trouvent en partie privés des influences si nécessaires de l'air et de la lumière. Lorsque des Oliviers sont trop voisins, toutes les branches latérales et inférieures ne donnent qu'une petite quantité de fruits ou pas du tout; il n'y a que les branches du sommet, vers lesquelles toute la force de la végétation se détermine, qui en soient chargées, et alors la position élevée des Olives les rend très-difficiles à cueillir. Quand on veut former une olivette, il est donc essentiel de bien connaître la distance qu'on doit laisser entre chaque pied d'arbre. Cette distance dépend de la grosseur et de la hauteur auxquelles telle ou telle espèce peut atteindre, et plus encore de la chaleur du climat qui favorise plus ou moins leur végétation. Caton, en parlant des Oliviers d'Italie, fixe vingt-cinq à trente pieds comme l'intervalle qu'il faut laisser entre deux arbres. Cet espace peut être regardé comme un terme moyen, car dans les pays où les Oliviers s'élèvent rarement au-delà de douze à dix-huit pieds, comme dans les environs d'Aix, d'Arles, d'Avignon, de Montpellier, etc., on peut les rapprocher davantage, et ne laisser que dix-huit à vingt pieds d'espace entre chaque. Dans les pays, au contraire, où la végétation est plus vigoureuse, et où les arbres sont beaucoup plus rarement mutilés par les gelées, comme à Grasse, à Nice, dans la Rivière de Gênes, dans l'Italie méridionale, etc., on doit laisser trente-six à quarante pieds entre des Oliviers qui s'élèvent à quarante ou cinquante.

En Afrique, il y a, dit Pline (s'il faut en croire les auteurs qui rapportent ce fait), des Oliviers qu'on appelle milliaires, parce que chaque année ils produisent assez d'Olives pour qu'on en retire mille livres pesant d'huile; aussi, ajoute-t-il, Magon veut qu'on laisse un espace de soixante-quinze pieds entre deux de ces arbres. Nous n'avons pas en France des Oliviers qui aient une telle fécondité. M. Bernard dit qu'on en trouve en Provence qui produisent deux cent cinquante livres d'huile; mais il ajoute qu'ils ne sont pas bien nombreux. M. l'abbé Loquez nous assure qu'aux environs de Nice on trouve plusieurs arbres qui peuvent en rapporter deux cents, et que le plus élevé qu'on ait vu dans le même terroir n'en donnait pas au-delà de trois cents cinquante. Ce dernier nous observe, à ce sujet, que ces prodiges de fécondité ne se manifestent que dans les terrains calcaires, et qu'ailleurs les arbres ne croissent jamais assez pour approcher de ce produit étonnant.

Outre les avantages particuliers aux Oliviers lorsqu'ils sont plantés à des distances convenables, il est encore une autre considération qui n'est pas à négliger; c'est que la terre peut être ensemencée avec plus de facilité et de profit, et qu'on peut y faire des récoltes de grains qui ajoutent aux bénéfices du cultivateur.

Il est préférable d'élever l'Olivier sur une seule tige, à le laisser se partager en plusieurs, et il est bon de donner à ce tronc principal six à huit pieds au-dessus du niveau du sol. Des arbres tenus de cette manière ont un plus beau port, et leurs rameaux les plus bas se trouvent toujours assez élevés pour être à l'abri d'être atteints et mangés par les bestiaux. Varron croyait, à ce sujet, que la chèvre, en broutant l'Olivier, le rendait stérile; mais il ne faut pas croire cela à la rigueur, ou il ne faut l'entendre que des rameaux qui auraient été plusieurs fois attaqués par la dent de cet animal.

Pour former une plantation d'Oliviers, on peut la faire avec des boutures, des rejetons venus aux pieds des vieux arbres, des sujets pris dans des pépinières, ou enfin avec des plants sauvages tirés des forêts.

La méthode des boutures, pour la formation d'une olivette, donne la facilité de se procurer avec certitude toutes les différentes variétés qu'on peut desirer, sans être obligé d'avoir ensuite recours à la greffe; aussi préfère-t-on en général ce moyen à tous les autres, quoique ce ne soit pas celui par lequel on puisse obtenir les arbres les plus beaux et les plus vigoureux. Caton et Pline, en parlant de la manière de faire les boutures, recommandent de leur donner trois pieds de longueur. Nous ne croyons pas qu'il soit utile de prescrire d'autre règle plus positive à ce sujet, si ce n'est qu'on doit en général donner à la branche qu'on destine pour bouture, une longueur proportionnée à sa grosseur. Mais on se gardera bien de l'enfoncer avec un maillet, comme le prescrit Caton, quelque bien labouré que soit le terrain, parce que cette pratique, en blessant et en écorchant l'écorce, nuit à la reprise ; on doit toujours faire faire des trous de trois pieds carrés d'ouverture sur deux de profondeur, y placer la bouture perpendiculairement, en l'enfonçant de manière qu'il ne s'en trouve que le quart, tout au plus le tiers, hors du terrain, la recouvrir de terre aussi meuble qu'il sera possible, avoir soin de l'arroser tout de suite, et continuer les arrosemens, si le printems est sec, jusqu'à ce que la reprise soit assurée. Quand les boutures se font dans un terrain qui n'est pas arrosable, il faut avoir soin de les enfoncer très-profondément, de manière à ne laisser qu'un œil hors de terre. C'est le moyen d'empêcher que la partie qui sera exposée au contact de l'air ne soit desséchée avant que la partie inférieure n'ait poussé des racines. Si, au lieu de boutures, on emploie pour sa plantation de ces rejetons qui croissent aux pieds des vieux arbres, ou des plants tirés d'une pépinière, ou même des plants sauvages, la manière de préparer le terrain sera toujours la même; on donnera seulement plus d'ouverture et de profondeur aux trous, si les sujets que l'on a à planter sont déjà un peu gros et ont beaucoup de racines. M. Bernard conseille, lorsqu'on a du plant arraché depuis quelques jours, d'en faire tremper les racines dans l'eau, pendant une journée, ce qui facilite beaucoup la reprise des arbres.

Quelle que soit l'espèce de plantation qu'on se propose de faire, le tems le plus favorable pour cette opération est la fin de l'hiver, depuis les derniers jours de février jusqu'au milieu de mars, parce que la sève ne tardant pas à monter après cette époque, les arbres n'ont pas le tems de languir et de dépérir, comme cela arrive quand on a fait la plantation avant l'hiver. Les boutures surtout ne doivent jamais être faites avant le mois de mars.

La vieillesse, dans l'homme et dans les animaux, est ordinairement accompagnée de la stérilité, souvent de la caducité et de la décrépitude; dans plusieurs arbres, et surtout dans l'Olivier, la vieillesse réunit à la majesté imposante du grand âge la fécondité de la jeunesse. On admire dans des Oliviers qui ont lutté plusieurs siècles contre l'injure du tems et des saisons, leurs branches gigantesques occupant un vaste espace et portant des fruits nombreux qui récompensent largement les soins du cultivateur. « J'en ai vu quelques-uns, nous écrit M. Loquez, dont le tronc avait été creusé par la foudre, et auxquels il ne restait que l'écorce portée sur une petite portion du corps ligneux, qui, malgré cela, supportaient encore des branches nombreuses, continuaient à végéter et à fructifier avec autant de vigueur que les plus jeunes. »

La longue vie des Oliviers a quelque chose d'étonnant, mais la manière dont ils peuvent renaître d'eux-mêmes est plus surprenante encore, et leur donne en quelque sorte une espèce d'immortalité (*quâdam æternitate consenescunt.* Plin. lib. 17, cap. 18). Qu'un froid rigoureux ait fait périr leurs branches et leurs tiges; qu'un vent impétueux ait abattu leurs troncs, ou qu'ils tombent cariés par la vétusté; que le feu dévorant d'un incendie ait même consumé une forêt d'Oliviers, ces arbres ne sont pas entièrement morts, leurs racines restent, il en sort de nombreux rejetons, qui bientôt forment de nouveaux arbres, dans lesquels on admire tout l'éclat et toute la vigueur de la jeunesse. C'est ce qui avait déjà été observé par les anciens, et que Virgile a exprimé dans ces vers :

> *Præsertim si tempestas à vertice sylvis*
> *Incubuit, glomeratque ferens incendia ventus.*
> *Hoc ubi, non à stirpe valent cæsæque reverti*
> *Possunt, atque imâ similes revirescere terrâ :*
> *Infelix superat foliis Oleaster amaris.*   Georg. II.

C'est ainsi qu'après le cruel hiver de 1709, qui fit périr presque tous les Oliviers en Provence et en Languedoc, et qui maltraita plus ou moins ceux des autres parties de l'Europe, les cultivateurs virent avec surprise et avec joie une nombreuse famille de nouvelles pousses s'élever des anciennes racines et prendre la place des arbres que le froid avait frappés de mort.

Des nombreux moyens par lesquels on peut opérer la multiplication et la propagation de l'Olivier, il en est qui sont vraiment merveilleux. Comme tous les arbres, il se multiplie de graines; on pourrait le propager par marcottes, mais on néglige ce moyen, parce que les boutures, comme nous l'avons déjà dit, reprennent en général avec beaucoup de facilité. Nous avons aussi parlé des rejetons qui poussent en grande quantité du collet de la racine, et qui croissent sur un renflement plus ou moins considérable, qui se manifeste à l'endroit où la racine s'unit à la tige. Mais avec ces moyens de multiplication, qui lui sont communs avec plusieurs autres arbres, il en a encore deux autres qui n'appartiennent peut-être qu'à lui. Qu'on arrache, dans la saison convenable, une certaine quantité de racines d'Olivier, qu'on les coupe par tronçons plus ou moins longs, comme d'un à trois pouces ou environ; qu'on les plante ensuite, en ayant soin de les recouvrir entièrement de quelques pouces de terre bien meuble, et l'on verra bientôt pousser de chaque morceau de racine un ou plusieurs rejetons. La même chose arrivera si on enfouit des morceaux d'écorce tenant à un peu de bois, et qu'on aura séparés d'une branche ou du tronc d'un arbre. Cette manière merveilleuse dont l'Olivier peut se multiplier a été connue de Virgile, comme on le voit par ces deux vers :

Quin et caudicibus sectis (mirabile dictu!)
Truditur è sicco radix oleagina ligno.   Georg. II

M. Loquez nous a confirmé ce fait, en nous assurant qu'ayant mis en terre un morceau d'écorce d'Olivier adhérent à une mince particule d'aubier, il en poussa, dans l'espace de quarante-deux jours, plusieurs rejetons et des racines qui partaient, à ce qu'il observa, des bourrelets de l'écorce, qui s'était cicatrisée dans toute sa circonférence.

C'est sans doute à cette prodigieuse facilité qu'on a pour multiplier l'Olivier, qu'il faut attribuer la négligence que les cultivateurs ont toujours mise à en former des pépinières. Cependant tous les auteurs qui ont écrit sur la culture de cet arbre ont fait sentir la nécessité d'en établir. M. Bernard, dans son Mémoire pour servir à l'Histoire naturelle de l'Olivier, a très-bien développé tous les avantages qu'on pourrait retirer de pareils établissemens, et M. le marquis des Pennes, avant lui, avait publié sur ce sujet les meilleures instructions. En dernier lieu, un magistrat qui saisissait si bien tout ce qui pouvait faire le bien du pays qu'il administrait, en voyant des villages florissans et une population nombreuse sur des terrains qui seraient restés éternellement stériles si on n'y eût cultivé l'Olivier, M. Fauchet, voulons-nous dire, entreprit, lorsqu'il était préfet du Var, de changer en vergers d'Oliviers, les landes qui couvrent encore une grande partie de ce département. Il avait ordonné que chaque commune eût une pépinière; mais l'exécution de son projet ayant d'abord été suspendue par les difficultés relatives aux moyens de former ces établissemens, les choses en sont demeurées là où elles en étaient, et les pépinières projetées restent encore à commencer.

Tous les divers moyens par lesquels on peut multiplier l'Olivier, sont offerts à ceux qui voudront en former des pépinières. La méthode des boutures paraît la plus prompte; c'était presque la seule employée par les anciens : celle par les morceaux de racines, nommés *souquets*, en Provence, n'est pas à négliger, et son exécution est des plus faciles. En découvrant les racines d'un ancien Olivier, on pourra, sans lui nuire, prendre très-aisément de quoi faire une cinquantaine de plants. La plantation de ces morceaux de racines n'exige d'autre préparation qu'une terre bien labourée. La distance, à laquelle on peut les mettre, peut d'abord n'être que de quelques pouces, parce que, lorsqu'ils auront fourni des pousses, on arrachera les moins bien venus, pour donner aux plus beaux sujets environ deux pieds d'intervalle de l'un à l'autre. Si l'on forme des pépinières de rejetons enlevés aux pieds des vieux arbres, il faudra tout de suite leur donner cette distance.

Quel que soit l'avantage qu'on puisse retirer de ces moyens de multiplication, les propriétaires et les cultivateurs qui leur préféreront les plants d'Oliviers sauvages tirés des bois, ou les semis, seront assurés de se procurer des arbres beaucoup plus beaux et bien supérieurs par la vigueur de leur végétation. Au sujet des plants d'Olivier sauvage, nous croyons devoir faire connaître les procédés employés par MM. Aguillon, père et fils, négocians à Toulon, pour convertir en pépinières et en vergers d'Oliviers, des terrains à demi-stériles, remplis de rochers, et où il ne venait que des bois de peu de valeur. Dans une de leurs propriétés, située derrière la chaîne des montagnes qui se trouve au nord de Toulon et à deux lieues de cette ville, ils ont fait défricher, il y a quelques années, des côteaux incultes, couverts de rochers, sur lesquels croissaient naturellement beaucoup d'Oliviers sauvages, avec quelques petits Chênes verts, des Chênes Kermès, des Genevriers oxicèdres et des Lentisques. Tout le petit bois a été arraché, les Olivastres seuls ont été conservés; les roches, plus ou moins grosses, ont été brisées, et elles ont fourni des pierres pour faire les murs de soutenement des terrasses en amphithéâtre qu'on a formées. Chaque année, MM. Aguillon font enlever plusieurs mille de ces Oliviers sauvages, qu'ils font planter en pépinière et greffer ensuite; de manière qu'aujourd'hui ils comptent au moins quinze mille pieds de ces arbres, dont six à sept mille greffés. Les plus anciennement greffés, le sont depuis trois à quatre ans, et plusieurs sont déjà susceptibles d'être plantés à demeure. Comme le terrain ne leur manque pas, ces propriétaires se proposent de faire continuer leurs défrichemens et d'accroître encore beaucoup leurs pépinières. Ils ont le plus grand soin de faire élaguer convenablement les jeunes arbres, de tenir leurs tiges droites, afin de leur donner une belle forme. Nous ne devons pas omettre de dire que, dans les espaces vides, ils ont fait semer du blé, dont les récoltes les indemnisent, en attendant les bénéfices beaucoup plus considérables qu'ils doivent retirer un jour de leurs vastes plantations d'Oliviers.

Reste, pour la formation d'une pépinière, le moyen le plus naturel, celui des graines, auquel le préjugé a toujours été et est encore défavorable; car, à présent même, on ne multiplie guère l'Olivier par les semences; on regarde ce procédé comme trop long et trop incertain. Il mérite cependant toute l'attention de ceux qui voudront former de belles pépinières; car, par aucun autre moyen, on ne peut se procurer des arbres qui deviennent aussi grands et aussi vigoureux. Les procédés à suivre et les précautions à prendre pour faire des semis d'Olivier, étant peu connus, nous croyons utile d'entrer à ce sujet dans quelques détails; détails que nous emprunterons d'une lettre que M. de Gasquet, ancien officier de cavalerie, retiré dans ses terres, à Lorgues (département du Var), a bien voulu nous écrire, pour nous communiquer le résultat heureux de ses expériences à ce sujet. « Depuis long-tems, dit M. de Gasquet, je m'occupe de faire des pépinières d'Olivier. Les difficultés que j'éprouvais chaque année pour me procurer les sujets propres à les former, me donnèrent l'idée de semer des Olives. Je soupçonnai que le moyen le plus naturel de multiplier un arbre, qui est d'en semer le fruit, devait aussi être le meilleur de tous, et je semai des Olives avec leur pulpe, lors de leur parfaite maturité. Ayant renouvelé mes semis plusieurs années de suite, je n'obtins que très-peu d'Oliviers. Cependant, ayant remarqué que dans les bois de ma campagne, il croissait une grande quantité d'Oliviers sauvages, provenant des noyaux qui y sont portés par les oiseaux, les rats et les troupeaux, je persistai dans mon opinion, et j'attribuai mon défaut de succès, à ce que j'avais sans doute employé un mauvais procédé. J'avais cru d'abord que les grives et les merles rendaient le noyau et ne digéraient que la chair des Olives ; mais M. Bernard, qui avait lui-même consigné cette erreur dans son mémoire, me la fit reconnaître, après s'être assuré que les gros oiseaux digèrent la chair et le noyau des Olives, tandis que les petits emportent ces fruits dans les bois, où ils se contentent de les dépouiller parfaitement. Les chèvres et les moutons mangent les Olives et rendent le noyau sans le digérer. Cette observation me fit renoncer à semer des Olives avec leur pulpe, pensant qu'elle était au moins inutile, et même qu'elle pouvait être nuisible au semis, soit en attirant des rats, mulots ou autres animaux friands de cette chair, soit en retenant des parties huileuses qui, conservant le bois du noyau et le préservant de l'humidité, l'empêchent de s'ouvrir dans le tems favorable à la germination de l'amande ; et cette amande, venant dans la suite à rancir, perd alors ses qualités germinatives. J'enlevai donc la chair des Olives, et pour les nétoyer parfaitement, je fis tremper les noyaux dans une lessive de cendres où je mêlai un peu de chaux vive. Ces noyaux ainsi préparés furent semés, aux mois de janvier et de mars, dans un terrain frais et ombragé ; ils levèrent en grande quantité au mois d'octobre, et ce succès m'engagea à continuer mes semis.

« Voici la méthode qui m'a le mieux réussi de toutes celles que j'ai essayées : Il faut prendre, au mois de mars, des Olives bien mûres, produites par les plus belles et les meilleures variétés d'Oliviers. Le fruit du *Gros-Ribié* est celui qui produit les sujets les plus vigoureux. On doit dépouiller ces Olives de leur pulpe, et faire tremper les noyaux, pendant vingt-quatre heures, dans une forte lessive qui les nétoie parfaitement. On les sème ensuite très-près l'un de l'autre dans de petites rigoles, à la profondeur d'environ deux à trois pouces, et dans un endroit abrité. Le terrain doit avoir été défoncé d'avance à la profondeur de trois pieds, et bonifié avec du crottin de chèvres ou de moutons. On doit l'arroser de tems en tems dans le courant de l'été, et en arracher avec précaution les herbes qui pourraient y croître. Les petits Oliviers commenceront à pousser vers le mois d'octobre. Il sera alors à propos de planter, dans l'intervalle des rangées, quelques petites branches d'arbres verts, comme Lentisque, Pin ou Chêne vert. Cette légère précaution suffit pour abriter les jeunes Oliviers, qui ne cessent de pousser presque tout l'hiver. Comme les pieds sont très-près les uns des autres, on arrache les plus faibles dans le courant du second printems. Les plus beaux sujets peuvent avoir alors trente pouces de haut. Si le semis a été bien soigné, au mois de mars du troisième printems, les beaux sujets auront cinq pieds et plus de hauteur, six à sept lignes de diamètre, et un pivot de vingt-huit à trente pouces. Ce moment est celui de la transplantation en pépinière, à trois pieds l'un de l'autre en tout sens. Ces plants seront en état d'être greffés deux ans après, et quatre à cinq années suffiront pour leur faire acquérir la grosseur convenable pour les planter à demeure.

Les Oliviers venus de semences ont toujours un pivot très-long, des racines latérales très-nombreuses, une tige longue et lisse qui annonce la vigueur et la force ; tandis que les plants produits par les autres moyens de multiplication n'ont aucun de ces avantages. Une autre considération importante sur les semis, c'est que, par ce moyen, la vie d'un Olivier commence, tandis que les plants qu'on a détachés du pied des vieux arbres, de même que les *souquets* et les boutures, ne sont, pour ainsi dire, qu'une extension de la vie du sujet dont on les a séparés. Ces origines différentes ne peuvent manquer d'influer sur la vigueur d'un arbre et sur sa durée.

« Ne peut-on pas espérer aussi que les semis nous procureront quelques nouvelles variétés d'Olivier? Je remarque déjà dans des plants produits par des Olives de la même sorte, des différences dans le feuillage, qui m'en annoncent pour le fruit. On doit toujours semer les Olives dont le fruit et l'arbre sont le plus perfectionnés. Les Olives sauvages lèvent en plus grande proportion que les autres; mais elles ne donnent pas des plants aussi lisses et aussi beaux.

» Le plus grand inconvénient que l'on ait pu reprocher aux semis d'Olives, c'est celui de rester si long-tems en terre sans pousser. J'ai essayé de le détruire, et j'y ai réussi, en mettant au mois de mars des noyaux d'Olive dans du sable frais (1), et en les y laissant jusqu'à la fin du mois de janvier suivant. On sème alors ces noyaux, qui ne tardent pas à lever. Si on attendait plus tard, on trouverait tous les germes développés, et la plupart se casseraient en les touchant pour les mettre en place. Cette méthode procure l'avantage que les petits Oliviers ont le tems de devenir forts avant l'hiver, tandis qu'ils courent le danger de succomber aux fortes gelées, quand ils ont commencé à pousser au mois d'octobre, à moins qu'on ne prenne des précautions pour les en préserver. »

Toutes les espèces de greffes peuvent être pratiquées sur l'Olivier, mais celle en écusson est la seule qu'on doive mettre en usage sur les jeunes sujets venus de noyau, ou sur les sauvageons provenans de plant arraché dans les bois. On attendra pour greffer ces derniers qu'ils aient bien repris dans la pépinière ou dans la plantation où ils seront placés. Le moment favorable, pour les uns et les autres, est le mois de mai, tems pendant lequel ils sont dans le fort de la sève. Il est préférable de greffer les sauvageons rez-terre, à le faire autrement, parce qu'alors la sève est plus immédiatement portée vers la greffe, et que, dans le cas où la tige viendrait à périr par un accident quelconque, on a plus d'espérance de voir pousser des rejetons qui n'auront pas besoin d'être entés de nouveau. La greffe en fente et celle en couronne ne conviennent que pour les vieux arbres dont on veut changer la qualité du fruit. On peut cependant les greffer ausssi en écusson, en multipliant les écussons selon qu'il y a de branches principales, et en choisissant, pour les placer sur celles-ci, les endroits où l'écorce est la plus unie. On pose ordinairement sur chaque branche deux écussons opposés l'un à l'autre.

L'Olivier croît lentement (*et prolem tardè crescentis Olivæ*. Virg. Georg. II); mais, comme l'observe Pline, Hésiode a été trop loin, en disant que jamais homme n'avait vu le fruit d'un Olivier qu'il avait planté. Les jeunes arbres venus de noyau, et gouvernés comme nous l'avons indiqué, commenceront à rapporter quelques fruits avant d'avoir dix ou douze ans, et au bout de vingt-cinq à trente, leurs récoltes seront dans le cas de contenter le propriétaire. Les bénéfices qu'on a à espérer d'une nouvelle plantation d'Oliviers, de quelque manière qu'elle ait été faite, sont toujours un peu tardifs, à la vérité; mais si on ne voit pas fructifier tout de suite les arbres qu'on a plantés, comme aussi dans les premiers tems ils ne diminuent nullement la fertilité de la terre, les produits de celle-ci continueront d'être à peu près les mêmes qu'avant la plantation, et le cultivateur, en attendant les fruits de ses arbres, sera dédommagé par les récoltes ordinaires des grains qu'il semera chaque année.

Lorsque l'Olivier est une fois planté et qu'il a pris une certaine force, il ne demande pas beaucoup de soins, et c'était l'opinion des anciens. Columelle a dit : *Omnis tamen arboris cultus simplicior, quàm vinearum est, longèque ex omnibus stirpibus*

---

(1) M. Audibert croit qu'on doit préférer, en général, le terreau au sable pour faire germer des noyaux ou des amandes, parce qu'il s'est aperçu plusieurs fois que la radicule des noyaux germés dans le sable jaunissait au contact de l'air, au moment où l'on voulait les repiquer. Cet inconvénient n'avait pas lieu pour ceux qui avaient été mis dans du terreau bien consommé.

minorem impensam desiderat Olea. Lib. 5. cap. 7. Virgile avait aussi donné le même précepte dans le second livre de ses Géorgiques :

> *Contrà non ulla est Oleis cultura : neque illæ*
> *Procurvam expectant falcem, rastrosque tenaces :*
> *Cùm semel hæserunt arvis, aurasque tulerunt,*
> *Ipsa satis tellus, cùm dente recluditur unco,*
> *Sufficit humorem, et gravidas cum vomere fruges.*
> *Hoc pinguem et placitam paci nutritor Olivam.*

« Lorsqu'on a étudié l'Olivier dans les climats chauds, dit M. Bernard, et lorsqu'on a eu occasion d'en voir un grand nombre de fort beaux et de très-productifs sur les chemins, entre des rochers, dans des terres incultes, et même au voisinage d'autres arbres forestiers, on ne peut guère se dispenser de reconnaître que si les labours sont propres à favoriser le développement de cet arbre nouvellement planté, ils cessent d'être essentiels lorsqu'il a pris son essor, et qu'il a acquis dans les campagnes l'élévation qui lui convient ».

Dans l'île de Corse, en Afrique, et dans plusieurs contrées du Levant, une fois que les Oliviers sont plantés, on les abandonne à la nature et on les laisse croître en liberté, sans jamais les tailler ni les fumer, et souvent même sans les labourer au pied; mais dans des pays moins chauds, sous un climat plus rigoureux, ces arbres exigent plus de soin et de travail; il faut leur donner des labours à des époques déterminées, les fertiliser par des engrais, et enfin les tailler. On laboure les Oliviers deux fois chaque année, en automne et au printems. Comme la plupart de ceux qu'on cultive proviennent de boutures, et que plusieurs de leurs racines rampent près de la surface de la terre, ou au moins n'y sont pas beaucoup enfoncées, les labours doivent être peu profonds, soit qu'on les fasse à la charrue, soit qu'on les fasse à la bêche ; autrement on blesse et on détruit beaucoup de racines, ce qui affaiblit et épuise les arbres. Si les Oliviers sont venus de noyau, comme leurs racines pivotantes s'enfoncent profondément, on peut labourer moins superficiellement. Ces derniers arbres ont toujours un grand avantage sur les premiers, c'est qu'ils supportent beaucoup plus facilement les sécheresses considérables qui arrivent souvent en été, et que, tirant leur nourriture des parties profondes du sol, ils permettent de faire des récoltes plus abondantes à la surface de la terre.

On peut semer également des légumes ou des céréales dans les terres plantées en Oliviers; les uns et les autres y réussiront, si on a soin de répandre sur le terrain des engrais abondans, et s'il y a assez d'intervalle entre chaque arbre pour permettre la libre circulation de l'air et de la lumière. On aura seulement la précaution de ne pas semer trop près du tronc des arbres, et de laisser vide un espace de quelques pieds autour de chacun d'eux.

Les engrais de toute espèce conviennent à l'Olivier; les plus chauds sont les meilleurs. La fiente de pigeon, qu'on appelle, en Provence et en Languedoc, *Colombine*, et les crottins de brebis, conviennent à presque tous les terrains; mais pour les Oliviers placés dans un sol sabloneux et caillouteux (comme celui de la plupart des collines des départemens méridionaux), nul engrais ne leur est plus utile que celui des excrémens humains. Dans les terres calcaires et argilleuses, les vieux chiffons, les rognures de corne et de cuir sont un bon engrais; mais dans les terres légères ils excitent, surtout en été, une chaleur excessive qui dessèche les feuilles des arbres et occasionne la chute prématurée des Olives.

M. Loquez conseille, comme un bon engrais à donner à l'Olivier, une certaine

5.   26

quantité d'eau de mer répandue sur le fumier qu'on lui destine, et il ajoute que, dans le royaume de Valence, on ne fertilise, de tems immémorial, les Oliviers, qu'en versant de cette eau sur leurs racines, et que, par ce moyen, ils y sont du plus grand rapport.

Il n'y a pas de doute que la fécondité de l'Olivier ne soit augmentée par des engrais abondans, pas de doute que l'arbre ne soit d'une végétation plus brillante; mais la qualité du fruit y gagne-t-elle? On peut assurer que non, puisqu'il est constant que l'huile la meilleure et la plus fine est fournie par les Olives sauvages qui croissent naturellement dans les bois, les lieux incultes, et dont l'homme n'a jamais pris le moindre soin. Cependant, comme les propriétaires et les cultivateurs ont le plus grand intérêt à obtenir des récoltes abondantes, personne probablement n'abandonnera l'emploi des engrais, qui d'ailleurs offre encore un autre avantage. « Dans les années de sécheresse, selon M. Bernard, l'arbre bien fumé craint moins que celui qui ne l'a pas été. En effet, celui-ci n'a que des pousses faibles et des feuilles dures, tandis que l'autre a des rameaux plus longs, chargés d'un feuillage plus herbacé, et par conséquent plus propre à aspirer pendant la nuit l'humidité de l'air. »

On peut ne fumer les Oliviers que tous les deux ans; mais si l'on a la possibilité de le faire chaque année, ce sera mieux : c'est trop attendre que d'en laisser passer plus de trois, comme on fait dans le pays de Gênes, où l'on ne fume ces arbres que tous les quatre à cinq ans.

Caton et Columelle ont donné le précepte de fumer les Oliviers à la fin de l'automne ou au commencement de l'hiver, et presque tous les auteurs ont été du même avis. Effectivement, lorsque les fumiers sont enterrés avant l'hiver, les pluies, qui surviennent presque toujours pendant cette saison, décomposent les engrais et charrient, au moyen de l'infiltration, les sucs nourriciers jusqu'aux racines, tandis que si les fumiers ne sont répandus qu'à la fin de l'hiver et qu'il ne pleuve pas abondamment au printems, ils deviennent au moins inutiles aux arbres, si même ils ne leur sont nuisibles. Cependant M. de Suffren, qui nous a communiqué beaucoup de bonnes observations sur la culture des Oliviers, dont il s'occupe depuis nombre d'années, est d'avis que la méthode de fumer les arbres pendant l'automne ne doit pas être généralement suivie dans tous les pays indistinctement, parce que, si elle peut avoir des avantages dans les climats où les rigueurs de l'hiver ne se font que bien rarement sentir, et où l'on a peu à redouter les accidens causés par le froid, elle a de grands inconvéniens dans ceux qui sont exposés à des gelées assez fortes, et surtout à celles qui sont tardives et qui surviennent à la fin de l'hiver ou au commencement du printems. « Voici, pour confirmer mes idées, nous écrit M. de Suffren, ce qui vient d'arriver à la fin de janvier 1810 : Nous venons d'éprouver ici (à Salon, en Provence), des froids assez forts, le thermomètre est descendu à six degrés au-dessous du terme de la congélation (il a même dû descendre plus bas à Arles et à Avignon, car le Rhône y a été entièrement gelé) : des Oliviers, d'autant plus vigoureux qu'on avait établi à leurs pieds des tas d'engrais très-considérables, qui avaient mis la sève de l'arbre en mouvement, ont eu toutes leurs petites branches noircies par la gelée; l'écorce s'est fendue et est prête à se détacher, ce qui est un indice certain que ces branches sont frappées de mort. Peut-être que le corps de l'arbre n'en mourra pas, mais tout espoir de récolte est perdu pour un an ou deux. Un jeune Olivier de sept à huit ans, de la plus belle venue, parce que la terre à l'entour est souvent fumée, a éprouvé le même sort; le collet de la racine, à deux ou trois pouces sous terre, a noirci, l'écorce commence maintenant à se détacher, et les branches à se dessécher. » Au lieu de fumer les Oliviers avant l'hiver, M. de Suffren conseille, dans tous les pays où les gelées sont assez fortes et assez fréquentes pendant cette saison, de chausser le pied des arbres avec de la terre, afin d'empêcher le froid de pénétrer jusqu'à la souche.

On ne taille pas les Oliviers dans tous les pays; il en est encore dans lesquels on les laisse croître en liberté. Les anciens, à ce qu'il paraît, ne les taillaient qu'assez rarement, puisque Columelle dit qu'il suffit de le faire tous les huit ans. En voyant des Oliviers sauvages, dont la nature seule a pris soin, et qui jamais n'ont été soumis au tranchant de la serpette, chargés de fruits, et de fruits beaucoup plus nombreux que les arbres cultivés n'en portent ordinairement, on pourrait douter que la taille fût véritablement nécessaire à l'Olivier; mais tous ceux qui se sont occupés avec soin de la culture de cet arbre, sont d'accord sur l'utilité d'une taille modérée et bien entendue. M. Bernard dit qu'il n'y a pas long-tems qu'on a introduit en Provence l'usage de tailler les Oliviers, et M. de Suffren nous le confirme. « On peut fixer à soixante ans, nous écrit ce dernier, l'époque à laquelle on a commencé à tailler les Oliviers dans tout le pays qui est entre le Rhône et Marseille. Les vieillards de la contrée racontent ainsi l'origine de la taille de ces arbres : Il tomba, il y a environ soixante ans, une si grande quantité de neige au moment de la récolte et lorsque les Oliviers étaient chargés de fruit, qu'ils furent tous ébranchés, et que l'on fit presque toute la cueillette dans les maisons. L'année suivante on fut fort étonné de voir les arbres qui avaient été mutilés pousser de tous côtés et avec beaucoup de vigueur, de sorte qu'au bout de deux ans ils étaient plus beaux qu'ils n'avaient jamais été. On conclut de là que la taille, au lieu d'être nuisible à l'Olivier, pouvait lui être très-utile, et on ne craignit plus de porter la serpette sur cet arbre. » Dans le département du Var, l'usage de tailler les Oliviers est encore plus récent, et M. de Suffren paraît avoir le premier introduit cette pratique à Toulon, il y a à peu près quarante ans.

M. Bernard assure que la taille, à laquelle on a assujéti les Oliviers, a beaucoup contribué à augmenter les productions de ces arbres; mais il dit en même tems que toutes les méthodes qu'on a suivies n'ont pas été également avantageuses. C'est ainsi que les cultivateurs des environs d'Avignon, qui se répandent en Provence pour employer, à la taille de l'Olivier, le tems pendant lequel ils ne sont pas occupés à l'éducation des vers-à-soie, rabaissent trop, en général, les arbres vigoureux; on pourrait dire même qu'ils les mutilent, de manière qu'ils sont un ou deux ans à réparer leurs pertes et à ne donner que très-peu de fruits. Dans plusieurs cantons, on est dans l'usage d'abandonner, à ceux qui font la taille, les émondes des Oliviers; cette pratique est très-préjudiciable aux propriétaires, et destructive des plantations, parce que ces ouvriers, ne voyant que leur intérêt, taillent et coupent sur le gros bois le plus qu'ils peuvent, afin de multiplier leurs profits.

Quand on coupe une grosse branche près du tronc, il faut au moins trois ans à la nouvelle qui croit à la place de celle qu'on a retranchée, pour être en état de donner des fruits; cependant cette espèce de taille, la plus mauvaise de toutes, est celle qui est pratiquée dans quelques cantons, et surtout dans plusieurs parties du Roussillon. Par cette méthode, la taille ne se pratique tous les ans que sur une portion de chaque Olivier; on rapproche une ou deux grosses branches près du tronc, afin de rajeunir les arbres en partie, et leur donner le moyen de refaire du nouveau bois, sans qu'ils cessent cependant de donner du fruit chaque année, par le moyen des autres grosses branches qu'on leur a laissées; mais on n'obtient par ce moyen que des demi-récoltes, une moitié de l'arbre étant toujours occupée à réparer ses pertes, tandis que l'autre rapporte. Cette pratique est d'autant plus mauvaise, qu'elle cause une distribution de sève tout-à-fait inégale, certaines parties des arbres n'ayant que du vieux bois, et d'autres n'en ayant que du jeune, et la sève se dirigeant toujours plus de ce dernier côté. Dans la taille bien entendue, on a grand soin de retrancher les branches gourmandes, qu'on regarde comme très-nuisibles à la production du fruit, parce qu'elles attirent à elles toute la sève; dans celle du Roussillon, on favorise évidemment leur accroissement. Nous ne parlerons pas de la forme inégale et irrégulière que doivent nécessairement avoir des arbres ainsi mutilés.

Dans deux lettres sur les Oliviers, publiées en 1762 par M. Antoine David, membre distingué de la Société d'Agriculture d'Aix, auteur de plusieurs mémoires sur la conduite de la Vigne, du Poirier et du Pêcher, on trouve d'excellens principes sur la taille des Oliviers. Cette opération, selon l'auteur, ne doit être, pour ainsi dire, qu'un simple élaguement. En effet, on ne doit supprimer aucune des branches principales, à moins qu'elles ne soient placées de manière à gêner la culture du terrain; on doit se borner à couper le bois mort, à supprimer les rameaux dont la végétation est languissante, à retrancher ou à arrêter les branches gourmandes, et enfin à diminuer le nombre des rameaux trop pressés ou mal placés, qui, en rendant l'arbre trop touffu, empêcheraient la libre circulation de l'air et de la lumière.

On a conseillé de ne pas tailler les Oliviers pendant l'hiver; mais on ne doit pas non plus attendre trop tard pour le faire. M. Bernard observe avec raison, que c'est une mauvaise pratique d'attendre le mois de mai. Dans ce tems tous les rameaux se sont développés, la force de la sève s'est dirigée également sur tous, et ne peut plus contribuer à augmenter ceux qu'on conserve, autant que s'ils fussent restés seuls au commencement du printems. Le tems le plus convenable est le mois de février ou de mars, selon que le climat est plus ou moins chaud, parce qu'à cette époque la sève ne tarde pas à se mettre en mouvement, et que les plaies faites par la serpette sont bientôt cicatrisées, tandis que leurs bords sont exposés à se dessécher sans pouvoir se cicatriser, si la taille a été faite dès le commencement de l'hiver.

Les différentes variétés d'Olivier ne veulent pas être taillées de la même manière; les unes peuvent l'être tous les ans, les autres tous les deux ans seulement; il faut tailler les unes court, et laisser aux autres des pousses plus longues. Nous avons, sur ce sujet, donné tous les détails qu'il nous a été possible de nous procurer, lorsque nous avons fait l'énumération des espèces.

Lorsque les Oliviers ont été atteints par la gelée, il ne faut pas se presser de les abattre ou de les couper : souvent on en a vu, qu'on croyait morts, pousser au printems avec une nouvelle vigueur, et avoir réparé au bout d'un an le dommage que leur avait fait un hiver rigoureux. C'est une erreur de croire que des Oliviers sont perdus sans ressource, parce que, par l'effet d'un froid subit et violent, ils ont perdu leurs feuilles : ces arbres ne sont pas morts, et, au retour du beau tems, ils se couvriront bientôt de nouvelles feuilles. Lorsque la gelée a pénétré les Oliviers, et les a attaqués jusque dans le cœur, les feuilles ne tombent pas, elles se dessèchent avec les rameaux, et y restent adhérentes.

Dans la plupart des pays où l'on cultive l'Olivier, il ne donne des récoltes que tous les deux ans, et il paraît que cette alternative d'une bonne et d'une mauvaise récolte a subsisté de tout tems; car Caton, Varron, Columelle et autres anciens qui ont écrit sur l'agriculture, en ont parlé, et ils ont attribué cette périodicité, au mauvais moyen employé pour recueillir les Olives l'année de la bonne récolte. Ces auteurs croyaient que les gaules, dont on se servait pour abattre ces fruits, détruisaient et faisaient tomber les bourgeons destinés à produire de nouveaux fruits l'année suivante. Une loi fort ancienne défendait à ceux qui cueillaient les Olives de battre les arbres et d'en arracher les branches sans la permission du propriétaire. Ceux qui faisaient leur récolte avec plus de précaution, ne se servaient que d'un faible roseau, avec lequel ils frappaient les branches de biais, ce qui causait moins de dommage, mais ne le prévenait pas entièrement.

On a reconnu, depuis les anciens, que la méthode d'abattre les Olives avec une gaule, toute mauvaise qu'elle puisse être, ne pouvait seule faire manquer la récolte tous les deux ans; et ce qui le prouve, c'est que l'on cueille les Olives à la main dans plusieurs cantons du midi de la France, et que, cependant, une année d'abondance alterne toujours avec une mauvaise année. Plusieurs agronomes ont alors regardé la taille comme la cause des récoltes alternatives; mais dans un mémoire sur ce sujet, publié en 1792, M. OLIVIER a très-bien prouvé que ce n'était pas encore à cela qu'il fallait attribuer l'espèce de stérilité dont la plupart des Oliviers sont frappés tous les deux ans. En effet, comme l'observe cet auteur, outre que la taille n'est pas la même dans tous les lieux où les récoltes sont alternes, puisque cette taille se fait, ici en coupant peu de bois, là en n'enlevant que le bois rabougri ou à demi-mort, ailleurs en retranchant de gros rameaux ou même de grosses branches : on sait encore que la plupart des cultivateurs ne taillent pas leurs arbres dans le même tems et à la même époque : les uns les taillent de deux ans en deux ans, d'autres de trois en trois, de quatre en quatre, ou même de six en six ans; ils les taillent indifféremment au printems, en automne, en hiver; quelques-uns enfin ne les taillent pas du tout.

Le gaulage des Olives et la taille ne pouvant expliquer le retour périodique et alternatif des récoltes de l'Olivier, l'auteur du mémoire que nous venons de citer a cherché quelle autre cause pouvait produire ce phénomène, et il paraît l'avoir trouvée, en l'attribuant au double épuisement que les arbres éprouvent par l'effet d'une récolte très-abondante, et surtout parce qu'on les a laissé trop long-tems chargés de leurs fruits. Pline paraît avoir eu la même opinion, lorsqu'après avoir dit qu'en abattant les Olives à coups de gaule, on détruit les bourgeons, ce qui empêche les arbres de porter des fruits l'année suivante, il ajoute que la même chose arrive si on attend que les Olives tombent d'elles-mêmes, parce qu'en restant sur l'arbre plus long-tems qu'il ne faut, elles occupent la place des fruits à venir, et absorbent la sève qui leur eût été nécessaire.

M. OLIVIER cite, en faveur de son opinion, une preuve qui paraît incontestable, c'est l'expérience. Dans le territoire d'Aix, on fait la cueillette des Olives dès le commencement de novembre, et tous les ans les récoltes y sont, à peu de chose près, uniformes; tandis qu'au contraire, dans les autres parties de la Provence, en Italie et dans le Levant, où l'on ne commence à cueillir les Olives qu'en décembre, où souvent il y en a encore sur les arbres en mars et avril, et où même, comme dans certains cantons de l'Italie, on attend que l'Olive se détache et tombe toute seule, les récoltes sont toujours bisannuelles.

D'après ce qui vient d'être dit, la cause de la périodicité alternative dans les récoltes de l'Olivier, doit être suffisamment connue, et le moyen d'y remédier est facile. Mais plusieurs préjugés empêcheront probablement encore pendant long-tems les cultivateurs de changer leur routine. Un de ces préjugés est que, plus l'Olive reste sur l'arbre, plus elle donne d'huile, ou, selon le proverbe provençal : *au mai pendé, au mai rendé* (plus elle pend, plus elle rend).

M. OLIVIER, qui a fait des expériences à ce sujet, a encore prouvé que si on obtenait une plus grande quantité d'huile d'une mesure déterminée d'Olives qu'on aurait laissées sur l'arbre pendant l'hiver, que d'une pareille mesure d'Olives cueillies au milieu de l'automne, cette augmentation n'était qu'apparente. « Des Olives cueillies vers le milieu de novembre, au point de leur maturité, dit M. OLIVIER, m'ont donné, les deux sacs, soixante-dix livres d'huile, poids de Marseille ; la même année, les Olives du même sol, cueillies à la fin de décembre, les deux sacs donnèrent près de soixante-douze livres ; en janvier ils donnèrent soixante-quinze ; et en février quatre-vingts livres : ce qui fait une différence de dix livres sur les deux sacs, entre les Olives cueillies en novembre et celles cueillies en février. Cette augmentation de produit vaudrait sans doute la peine d'attendre, si elle était réelle ; mais il est facile de démontrer qu'elle n'est pas fondée. L'Olive doit nécessairement diminuer de grosseur en restant davantage sur l'arbre. En effet, dès les premiers froids de décembre, elle se ride, la partie aqueuse se dissipe de plus en plus, et l'Olive, parvenue vers la fin de l'hiver, ne contient presque plus que de l'huile. D'où il s'ensuit que l'Olive étant plus grosse, et occupant plus de place en novembre qu'en janvier, les deux sacs, remplis par un nombre déterminé d'Olives, dans le premier tems, ne le seraient pas, dans l'autre, par le même nombre de fruits dont le volume n'est plus le même. Ce n'est donc pas l'attente d'une plus grande quantité d'huile qui doit nous arrêter, puisque, outre qu'elle est peut-être moindre par l'évaporation, elle est encore singulièrement diminuée par tous les animaux qui mangent les Olives, et qui ont le tems de s'en nourrir quand on les laisse sur l'arbre. On n'ignore pas que les rats, les merles, les grives, les étourneaux, les petits oiseaux de toute espèce, les corneilles surtout, en font une consommation considérable, et un dégât qu'il est difficile d'apprécier. »

On vient de voir quelle influence avantageuse pouvait avoir la récolte des Olives sur le produit annuel des Oliviers, si elle était faite de bonne heure dans tous les pays ; mais ce qui devrait d'autant plus décider les cultivateurs à adopter une nouvelle pratique à cet égard, c'est que, par ce moyen, on obtiendrait partout de l'huile d'une qualité bien supérieure. Les huiles d'Aix, qui sont aujourd'hui les meilleures qu'on connaisse, doivent moins leur qualité à la nature du sol et à celle des espèces qui y sont cultivées, qu'au soin qu'on a de cueillir les Olives aussitôt qu'elles sont mûres. La cueillette, dans les environs de cette ville, commence chaque année, selon que l'été a été plus ou moins chaud, à la fin d'octobre ou dans les premiers jours de novembre ; tandis que, dans plusieurs autres cantons de la Provence, comme aux environs de Grasse, dans le Pays de Gênes et dans le reste de l'Italie, en Espagne, etc, on commence la récolte au plutôt en décembre, et souvent, comme nous l'avons déjà dit, elle n'est pas terminée au mois d'avril. A Aix, on porte les Olives au moulin aussitôt qu'elles sont cueillies, ou au moins peu de jours après ; dans les autres pays, elles sont amoncelées dans des greniers, dans des angars, ou laissées en tas sous les arbres pendant plusieurs semaines, quelquefois pendant deux à trois mois, parce qu'on est imbu du préjugé qu'il est nécessaire qu'elles subissent une espèce de fermentation, par laquelle la partie aqueuse se dissipe, en même tems que la quantité de l'huile se trouve augmentée. Mais si on obtient, en apparence, une quantité d'huile un peu plus considérable, on perd bien plus qu'on ne gagne dans cette fermentation qu'on fait subir aux Olives ; car, en s'échauffant, elles prennent un mauvais goût, qu'elles communiquent à l'huile qu'on en extrait, et cette huile contracte bientôt une rancidité et une âcreté très-désagréables, et elle n'est plus propre que pour les savonneries, les manufactures de laine, ou pour brûler dans les lampes.

Il est étonnant que la mauvaise pratique de laisser long-tems les Olives sur les arbres, après leur maturité, soit cependant la plus généralement suivie ; car il était déjà connu des anciens que, pour avoir de bonne huile, il fallait faire tout le contraire. Columelle et Pline recommandent en effet de cueillir les Olives quand elles commencent à noircir ; et le dernier observe que plus l'Olive est mûre, plus l'huile est grasse et d'un goût moins agréable. *Quantò maturior bacca, tantò pinguior succus, minùsque gratus.*

Optima autem ætas ad decerpendum, inter copiam bonitatemque, incipiente baccá nigrescere. Plin. lib. 15 cap. 1.

L'Olivier fleurit en mai ou juin, selon la chaleur du climat ou de la saison ; et ce n'est qu'en novembre, cinq à six mois après, que ses fruits sont mûrs. Il faut choisir un beau tems pour faire la récolte des Olives, parce qu'elle sera plutôt achevée, les cueilleurs allant plus rapidement. Il est préférable, comme il a déjà été dit, de les cueillir à la main que de toute autre manière. A Aix, on se sert pour cela d'échelles simples ou doubles, et on emploie des femmes et des enfans à ce travail, qui est assez facile, parce que les arbres sont peu élevés. Dans les pays où les arbres acquièrent une grande élévation, on pourrait aussi, au moyen de longues échelles, cueillir à la main une grande partie des Olives, et on ne devrait se servir de gaules, ou mieux de roseaux, que pour abattre celles des branches les plus élevées, où l'on ne pourrait pas, sans danger, atteindre autrement. Quand les Olives sont cueillies, on doit les transporter à la maison à la fin de chaque journée, et on doit, avant que de les porter au moulin, avoir soin de les nétoyer pour en séparer les feuilles, les fruits gâtés et les corps étrangers qui pourraient y être mêlés. Cette opération est toujours nécessaire quand on veut tirer de l'huile fine; mais elle est indispensable, pour quelque qualité que ce soit, quand les Olives ont été gaulées, parce qu'alors ces fruits se trouvent mêlés, sur les draps qu'on est dans l'usage d'étendre sous les arbres, à une grande quantité de feuilles et même à beaucoup de fragmens de rameaux brisés par les coups dont on frappe les branches. Dans certains cantons, les cueilleurs mondent les Olives à la campagne; mais on perd à cela, pendant le jour, un tems qui pourrait être employé à la cueillette. Comme les soirées sont longues dans la saison de la récolte, il vaut mieux remettre ce travail au soir ou au lendemain matin, lorsque les brouillards de la nuit, en continuant au commencement de la matinée, empêchent de monter sur les arbres pendant les premières heures du jour.

Ce sont encore les anciens qui nous ont appris que, pour avoir de bonne huile, il fallait se hâter de la tirer des Olives le plutôt possible, après que celles-ci étaient cueillies : Caton, Varron, Columelle et Pline sont sur cela du même avis. Caton dit positivement qu'on ne doit pas croire que la quantité de l'huile augmente quand on laisse les Olives sur le plancher; que plus on se presse de l'extraire, plus on gagne sur la quantité et sur la qualité, et que plus les Olives auront, au contraire, resté sur la terre ou sur le plancher, moins on en retirera d'huile, et moins elle sera bonne.

Les différentes espèces d'Olives ne donnent pas toutes de l'huile de la même qualité; les unes en contiennent plus que les autres. Nous ne reviendrons pas sur les détails que nous avons donnés à ce sujet, en faisant l'énumération des espèces. La qualité de l'huile peut aussi dépendre de l'exposition des arbres et de la nature du sol dans lequel ils sont plantés. Il est d'observation qu'une quantité égale d'Olives de la même variété produit plus d'huile, et de l'huile plus fine, si elle provient d'un terrain sec et élevé, que si elle a été recueillie dans une vallée ou dans une terre arrosée. Les marchands d'Olives savent très-bien faire la différence de celles qui ont été récoltées dans un terrain maigre, et de celles venant d'un terrain gras. Une même mesure des premières produit quelquefois un cinquième de plus qu'une des secondes. La même variété fournit aussi d'autant plus d'huile, qu'elle est cultivée dans un pays dont la température est plus douce. La chaleur du climat favorise encore l'accroissement des Olives, et les plus grosses variétés ne se trouvent que dans les pays plus chauds que le nôtre, ou au moins ont été apportées de ces pays en France. L'Olivier à gros fruit (var. 29), cultivé dans quelques cantons de la Provence et du Languedoc, est originaire d'Espagne; ses fruits ont quinze à seize lignes de hauteur sur neuf à dix de largeur. M. Bernard a vu des noyaux d'Olives, apportés de la Palestine, dont le petit diamètre était de neuf lignes, et le grand de quatorze, c'est-à-dire du volume, à peu de chose près, de nos plus grosses Olives; et il estime que les fruits, auxquels ces noyaux avaient appartenu, ne pouvaient pas avoir eu moins de vingt lignes de hauteur, sur quinze de largeur. Au Chili, il y a des Olives qui ont encore un volume plus considérable; elles acquièrent la grosseur d'un petit œuf de poule.

Les grosses Olives fournissent généralement plus d'huile que les petites, si on n'a égard qu'au nombre des unes et des autres; mais si c'est à la mesure qu'on considère leur produit, il arrive souvent que les dernières en donnent autant et même davantage que les plus grosses et les plus charnues. Quant à la qualité, on pourrait croire que pour faire d'excellente huile il ne faut pas des Olives trop grosses. Il est de fait que c'est des Olives sauvages, quoiqu'elles aient très-peu de chair, qu'on retire l'huile la plus limpide, la plus fine et la plus excellente; mais comme ce n'est qu'en très-petite quantité qu'on en obtient, on néglige la fabrication de cette sorte d'huile, parce que le produit n'est pas suffisant pour dédommager des frais qu'il faut faire pour récolter les fruits.

La meilleure huile est celle qu'on retire des Olives vertes et qui ne sont pas encore mûres : c'est l'huile verte de Caton et de Columelle; mais dans cet état, elles n'en fournissent que fort peu, et comme il n'y a pas d'avantage pour les cultivateurs à en préparer, il est fort rare qu'ils en fassent. L'huile vierge, dont nous allons parler, peut d'ailleurs lui être comparée, et elle est aussi bonne.

Quelle que soit l'époque à laquelle on ait récolté les Olives, et quelle que soit leur maturité plus ou moins avancée, l'huile qu'elles fournissent au premier pressurage, et avant qu'on ait employé l'eau bouillante, est la meilleure et la plus pure; on lui donne le nom d'*huile vierge* ou *native*. Quelques propriétaires ont grand soin de la mettre à part, soit pour leur usage particulier, soit pour la vendre. Dans beaucoup de pays on ne la retire pas à part, elle reste mêlée avec celle qui provient du second pressurage. Pour se procurer de l'huile vierge, quelques personnes font séparer les noyaux des Olives; M. Risso nous assure que, par ce moyen, on obtient la meilleure possible. Cette pratique de séparer les noyaux des Olives, a été en usage chez les anciens, qui avaient pour cela une machine particulière, dont nous parlerons plus bas; et il y a environ quarante ans que M. Sieuve, voulant renouveler la manière de faire des anciens, proposa une nouvelle machine à détriter les Olives, avec laquelle on pouvait séparer les noyaux de la pulpe. M. Sieuve donnait sa machine comme un moyen d'extraire des Olives une huile bien supérieure à celle qu'on en retire ordinairement, parce que, selon lui, le noyau contenait une huile brune, chargée de parties visqueuses, fétides et sulfureuses, qui ne pouvait manquer d'altérer celle qu'on extrait de la pulpe. M. Bernard, en appréciant la machine de M. Sieuve, ne la croit pas préférable à celle des anciens, et pense que son usage rendrait plus longue et plus dispendieuse la fabrication de l'huile; et en faisant d'ailleurs l'examen des expériences que M. Sieuve prétend avoir faites, il démontre clairement qu'elles sont supposées. En effet, qui voudra croire que le bois des noyaux d'Olives, bien dépouillé de la pulpe de ces fruits, renferme plus de la moitié de son poids d'huile, quand la chair n'en contient pas au-delà du quart, et souvent beaucoup moins. Non-seulement il n'y a pas dans le bois des noyaux la quantité d'huile que M. Sieuve prétend, mais il n'y en existe pas même du tout. M. Bernard assure en avoir fait réduire en poussière, et n'avoir pu, par la plus forte pression, en extraire une seule goutte de liqueur. Quant à nous, en ayant écrasé plusieurs à coups de marteau, ils nous ont toujours paru très-secs, et leurs fragmens, frottés dans du papier, n'ont laissé aucune tache qui annonçât la présence d'un atôme d'huile. Le bois du noyau ne peut donc aucunement influer sur la bonté de l'huile ; mais l'amande qu'il renferme n'est-elle pas dans le cas contraire ? Cette amande a un goût âcre et amer assez prononcé (1), et l'huile qu'elle contient a la même saveur. Ce serait donc à cause de l'amande qu'il faudrait séparer les noyaux, et probablement qu'on obtiendrait une huile plus douce, plus délicate, et susceptible de se conserver sans altération beaucoup plus long-tems que l'huile ordinaire, qui ne doit peut-être le désavantage qu'elle a de rancir, qu'à ce principe âcre des amandes qui, d'abord neutralisé par le suc beaucoup plus abondant de la pulpe, finit toujours par se développer tôt ou tard et par prendre le dessus. Quoi qu'il en soit, on n'est pas dans l'usage aujourd'hui, dans les moulins ordinaires, de séparer la pulpe d'avec les noyaux, et l'huile retirée des Olives entières ne paraît pas se ressentir, quand elle est fraîche, de cette âcreté particulière aux amandes ; ce qui doit sans doute être attribué à la petite portion d'huile fournie par celles-ci, à la difficulté avec laquelle elle se dégage, à cause de la dureté de l'amande ; comparativement à la quantité d'huile fournie par la chair, à la facilité avec laquelle elle coule, et encore à ce qu'il y a toujours une certaine quantité de noyaux qui ne sont pas écrasés, et qui par conséquent ne peuvent rien donner.

Outre l'huile vierge, dont nous avons parlé plus haut, les gourmets en distinguent encore une autre espèce, c'est la meilleure, on peut l'appeler *mère goutte*, elle ne se trouve pas dans le commerce, il est même peu de propriétaires qui soient dans l'usage de s'en procurer. Pour extraire cette huile, on pratique des creux dans la pâte formée par les Olives bien broyées ; ces trous se remplissent d'huile, qui est d'autant plus excellente qu'elle n'est pas le résultat de la pression : on la retire avec une cuiller.

Après qu'on a obtenu l'huile vierge, et que, par la pression, la pâte ne rend plus rien, on la retire de dessous le pressoir pour la broyer dans les mains. Lorsqu'elle l'a été suffisamment, on la replace sous la presse, on verse dessus une certaine quantité d'eau bouillante, pour détacher et enlever les parties huileuses, et, par une nouvelle pression, on retire une seconde huile, qui, quoique très-bonne, est bien inférieure à l'huile vierge, en ce que l'eau bouillante diminue beaucoup le goût et le parfum de l'Olive ; mais il faut être bon connaisseur pour en faire la différence. On peut encore obtenir, du résidu de tout ce qui a subi les deux premières opérations, une troisième huile, bonne seulement pour les fabriques et pour les lampes ; elle a une odeur et un goût trop désagréables pour qu'on puisse l'employer dans les alimens et dans la pharmacie : les Provençaux la nomment huile d'*enfer*, d'*infer* ou d'*infect*.

L'huile qui provient des Olives trop mûres ou trop fermentées n'a ni goût ni parfum ; elle ressemble assez à celle qu'on extrait de certains végétaux. Quelques personnes la préfèrent à toute autre ; mais presque tout le monde estime mieux celle qui a le goût et le parfum du fruit. Certains marchands ou propriétaires qui fabriquent de cette huile avec des Olives trop mûres, ont imaginé, pour remplacer la saveur et l'odeur du fruit, de faire broyer avec leurs Olives une certaine quantité de feuilles d'Olivier. Cette fraude donne à l'huile une saveur âcre et amère qui est très-désagréable, et fait trouver insupportable ce prétendu goût de fruit.

Du tems de Pline, les huiles d'Italie l'emportaient en bonté sur celles de toutes les autres contrées. L'huile de Vénafre, dans la Campanie, était sur-tout très-renommée,

____

(1) M. de Jussieu croit que cette âcreté de l'amande de l'Olive réside en entier dans l'embryon, ou est communiquée par lui ; mais que le périsperme en est par lui-même dépourvu.

et c'était celle qu'on estimait la meilleure. Horace et Martial y font allusion dans ces vers :

> *Viridi quæ certat bacca Venafro.* Hor. lib. II. od. 6.

> *Hoc tibi Campani sudavit bacca Venafri :*
> *Unguentum, quoties sumis, et istud olet.* Mart. lib. XIII. epig. 98.

Aujourd'hui les huiles d'Italie ont perdu la grande réputation dont elles jouissaient anciennement, et probablement qu'elles ne l'ont perdue que parce que la fabrication n'en est plus aussi soignée qu'elle l'était autrefois. La plupart des huiles d'Espagne et de Portugal ont le même défaut que celles d'Italie : elles ont, en général, plus ou moins d'âcreté, et deviennent facilement rances. La France l'emporte maintenant sur tous les pays de l'Europe pour la bonté de ses huiles : de toutes celles que fournissent la Provence et le Languedoc, on distingue surtout l'huile d'Aix et de quelques territoires qui avoisinent cette ville, et on lui donne avec raison la préférence sur toutes les autres. La qualité distinguée et la réputation méritée des huiles d'Aix tiennent moins peut-être à la nature du sol et à l'espèce d'Olivier qu'on y cultive, qu'à la manière de faire la récolte des Olives, qu'aux soins particuliers qu'on prend pour la fabrication, et qu'à la sévérité de la police qui fait surveiller tous les moulins avec beaucoup d'exactitude, pour s'assurer de leur propreté, et pour prévenir le mélange et l'emploi des Olives trop fermentées, qui nuiraient à la qualité de l'huile.

Dans les pays où l'huile se fabrique, on est dans l'usage de la conserver dans de grands vaisseaux de terre vernissés en dedans. Ces vaisseaux, auxquels on donne le nom de jarres, ont la forme d'une barrique resserrée par ses deux extrémités et renflée par le milieu. Les jarres dont l'ouverture est plus étroite que le fond sont les meilleures ; elles sont plus faciles à fermer hermétiquement, ce qui est essentiel pour la bonne conservation de l'huile : on en fait de différentes grandeurs ; les plus volumineuses peuvent en contenir huit cents et jusqu'à mille livres. Les huiles destinées au commerce sont renfermées dans des barriques, des tonneaux, auxquels on donne différens noms, et qui sont de diverses grandeurs, selon les pays. On n'en fait guère qui puissent contenir moins de cent livres poids de marc, et il y en a qui, étant remplis, pèsent jusqu'à quatorze ou quinze quintaux. On donne vulgairement à ces derniers le nom de *buttes* ou de *pipes*.

L'huile ne peut se conserver qu'un certain tems sans altération. La meilleure peut rester deux ans, et jusqu'à trois, sans s'altérer (telle est celle d'Aix quand elle est bien fabriquée) ; au-delà elle prend un goût âcre et elle contracte une odeur rance. Plus ce goût et cette odeur augmentent, moins elle convient pour assaisonner les alimens. Les lieux frais, où la température n'est pas sujette à beaucoup de variations, comme les caves et les celliers, sont les endroits où il faut de préférence placer l'huile, dans des vases hermétiquement fermés, pour la conserver long-tems dans toute sa bonté. Si on pouvait la garder toujours figée, comme elle est ordinairement en hiver, elle se conserverait beaucoup plus long-tems sans être exposée à se détériorer.

On a publié bien des méthodes pour enlever aux huiles rances leur odeur désagréable et leur âcreté. On a conseillé de les faire fermenter avec des Pommes, des Cerises, ou avec d'autres fruits. Un des meilleurs moyens consiste à les faire chauffer légèrement avec un peu d'alcool, et à les laver ensuite avec une certaine quantité d'eau ; on parvient par-là à les priver du mauvais goût et de l'odeur forte qu'elles avaient contractés. On peut aussi se servir de l'eau de chaux à parties égales, ou de cinq à six grains de potasse caustique par livre d'huile.

Nous avons parlé des grands moyens de multiplication (1) qui avaient été donnés à l'Olivier par la nature ; nous avons parlé de sa longévité ; il nous reste à dire comment il subit la loi commune à tous les êtres, et comment il cesse quelquefois d'exister par des accidens, des maladies qui le font périr. Outre le froid, qui lui est contraire et qui trop souvent, dans nos climats, lui devient funeste, les cultivateurs ont encore à craindre pour lui les ravages de certains insectes, qui sont d'autant plus dangereux, qu'ils sont plus difficiles à prévenir, et qu'il n'est pas rare de les voir s'étendre à presque tous les arbres d'une contrée. M. Bernard ayant fait connaître très en détail les différens insectes qui attaquent l'Olivier et qui vivent à ses dépens, nous ne croyons pas pouvoir mieux faire que de donner un abrégé des observations que cet auteur a faites sur ce sujet, et qu'il a consignées dans son ouvrage.

On trouve quelquefois dans les racines de l'Olivier, la larve du scarabée moine ; mais elle y est rare, et il ne paraît pas qu'elle leur ait jamais fait beaucoup de tort. Il en est de même de la larve du bostriche typographe qui se trouve aussi sur la Vigne, sur le Figuier, et de celle du petit bostriche oléiperde, que M. Bernard appelle *scarabée de l'Olivier.* Ces deux insectes ne vivent, en général, que sous l'écorce des branches mortes, où ils n'attaquent que les rameaux qui sont déjà fort affaiblis par d'autres causes. Le bostriche de l'Olivier, désigné par M. Bernard sous le nom de *vrillette*, pourrait produire plus de dommage, parce que sa larve se nourrit de l'aubier de cet arbre, et vit sur les petites branches qu'elle fait constamment périr ; mais elle est peu répandue. La psylle, dont on trouve la larve sur le même arbre (2), lui est beaucoup plus nuisible : cet insecte vit aux aisselles des feuilles et autour des pédoncules des fleurs, caché sous une matière visqueuse qui ressemble à un duvet blanc. Cette matière, dont les fleurs sont environnées, nuit beaucoup à leur développement. Il est très-avantageux lorsque, pendant que les Oliviers sont en fleurs, il règne un vent du nord-ouest, pourvu qu'il ne soit pas trop violent ; il emporte le coton produit par les psylles, et contribue ainsi à la conservation des fruits.

Mais les scarabées, les bostriches, les psylles, ne font que peu de mal à l'Olivier ; les ravages causés par la cochenille adonide, la chenille mineuse et la mouche de l'Olivier, sont bien plus considérables. La cochenille adonide de Fabricius, cochenille des serres de Géoffroy, que M. Bernard appelle *kermès*, et auquel les cultivateurs donnent le nom de *pou* (pl. 33, fig. 11), et qui vit aussi sur d'autres arbres ou arbrisseaux, entr'autres sur le Myrte, s'attache à la partie inférieure des feuilles et sur les pousses les plus tendres ; elle y cause une telle extravasation de la sève, que, le matin, les arbres infestés par cet insecte sont couverts de gouttes d'eau, et que la surface du terrain qui répond à leur feuillage, est humide. Une transpiration aussi abondante affaiblit les Oliviers, les rend extrêmement languissans ; ils ne portent plus que très-peu de fruits, et ces fruits sont beaucoup plus petits que ceux des autres arbres qui n'ont pas de cochenilles ; enfin, ils finissent par périr si on laisse les insectes se multi-

---

(1) En parlant de la multiplication par les semences, nous avons dit que l'Olivier n'était pas aussi tardif à donner des fleurs et des fruits, que les anciens l'avaient dit, et que les modernes le croyaient encore ; mais nous ne pensions pas nous-mêmes que cet arbre pût être si hâtif qu'il l'est réellement. Voici ce que M. de Gasquet nous écrivait à ce sujet, il y a huit jours (le 10 juin 1810) : «En me promenant, il y a quelques jours, dans mes pépinières d'Oliviers, avec M. Bernard, qui les visitait, j'eus le plaisir, en lui faisant remarquer la grande vigueur d'un Olivier de quatre ans et demi, venu de graine, d'y trouver plusieurs grappes de fleurs. Depuis, j'ai également trouvé des fleurs sur un sujet qui n'est sorti de terre qu'au mois d'octobre 1806, et qui, par conséquent, n'a que trois ans et demi. Je dois ajouter que ce plant est le seul, sur sept ou huit cents, qui ait atteint ce degré de prospérité ; mais je crois que plusieurs de ses frères pourront fleurir l'année prochaine. Je vous avoue que ce fait est si peu conforme aux idées répandues sur les semis d'Oliviers, que je n'oserais le publier, si mes pépinières n'étaient pas ouvertes aux incrédules qui voudraient en douter. »

(2) D'après les observations de M. de Gasquet, la psylle de l'Olivier vit aussi sur le Filaria.

plier de plus en plus, et couvrir toutes les feuilles et toutes les branches. C'est en vain qu'on tenterait, par un moyen quelconque, de nétoyer les Oliviers; la petitesse des insectes, leur adhérence aux feuilles et aux jeunes rameaux, leur nombre prodigieux ne le permettent pas : il n'y a pas d'autre moyen que de retrancher toutes les branches qui sont couvertes par les cochenilles, et de les brûler. Les froids un peu rigoureux contribuent beaucoup à la destruction de ces insectes; aussi, dans les contrées où l'hiver se fait sentir avec un peu de force, les Oliviers sont beaucoup moins sujets à en être attaqués que dans les pays plus chauds.

La chenille mineuse naît d'un œuf déposé à la surface inférieure des feuilles de l'Olivier, par la teigne qui porte le nom de cet arbre; elle s'introduit bientôt dans leur intérieur, se nourrit de leur parenchyme, jusqu'à ce que, devenue plus grosse et ne pouvant plus être contenue dans l'épaisseur des feuilles, elle dévore aussi leur pellicule extérieure. Lorsque cette chenille est née de manière qu'elle ait encore toute sa vigueur au printems, c'est alors qu'elle devient très-nuisible, parce qu'elle attaque les bourgeons naissans, s'y introduit et détruit l'espoir des jeunes pousses en même tems que les boutons à fleurs. Ce mal, déjà très-grand, n'est pas le seul qu'elle cause; souvent, par suite de la piqûre qu'elle a faite à l'aisselle des feuilles, il s'ensuit une extravasation de sève qui donne lieu à des espèces de galles ou à un chancre qui s'étend successivement et qui détruit enfin l'organisation des rameaux. La chenille mineuse n'est pas grosse, puisqu'elle n'acquiert que 4 à 5 lignes de longueur; mais elle fait beaucoup de mal quand elle est très-multipliée, et le meilleur moyen de la détruire est de rabattre les arbres sur le vieux bois, et de supprimer tous les rameaux qui sont attaqués par l'insecte. On peut aussi allumer, à la chute du jour, des feux de paille aux environs des Oliviers, au moment de la naissance des insectes parfaits, pour brûler tous ceux qui viendront voltiger autour des flammes, ce qui en diminuera beaucoup le nombre. Mais le mal que la chenille mineuse fait aux feuilles et aux bourgeons, n'est encore que la moitié du désastre qu'elle peut produire. Elle se nourrit aussi de la chair de l'Olive; le plus souvent même elle pénètre dans l'intérieur du noyau par la partie qui répond immédiatement au pédoncule, et elle en mange l'amande. Lorsqu'on examine des Olives attaquées par cette larve, et qui tombent ordinairement avant la maturité des autres, on trouve la place qu'occupait l'amande, remplie par des excrémens noirs et par la larve elle-même, lorsque le moment de sa métamorphose n'est pas encore arrivé. Communément, cette métamorphose a lieu vers la fin d'août ou dans le courant de septembre; l'insecte parfait sort alors sous la forme d'une teigne de la longueur de deux lignes, et de couleur grise, marquée quelquefois de taches d'un rouge brun. La perte que les cultivateurs éprouvent, lorsque la chenille mineuse attaque les Olives, est souvent très-considérable, et elle est sans remède quand ces fruits tombent à une époque trop éloignée de leur maturité, et lorsqu'ils ne contiennent pas encore d'huile; un peu plus tard, on peut extraire celle qu'ils renferment, en ayant le soin de faire séparer la pulpe d'avec les noyaux, pour que les excrémens de l'insecte, qui sont dans ceux-ci, n'altèrent pas la qualité de l'huile.

La mouche de l'Olivier (pl. 33, fig. 10) n'occasionne pas un moindre dommage que les autres insectes dont nous avons déjà parlé. Cette mouche est souvent très-commune à la fin de septembre et en octobre; elle n'attaque l'Olive que peu de tems avant qu'elle soit parvenue à sa maturité. La femelle se sert d'une pointe fine, située à l'extrémité de son ventre, pour piquer le fruit; elle y dépose un œuf dans l'ouverture qu'elle a faite, et cet œuf donne bientôt naissance à une larve qui se nourrit de la pulpe de l'Olive. Cet insecte paraît avoir deux ou trois générations par an.

On a proposé beaucoup de moyens pour remédier aux ravages causés par les diffé-

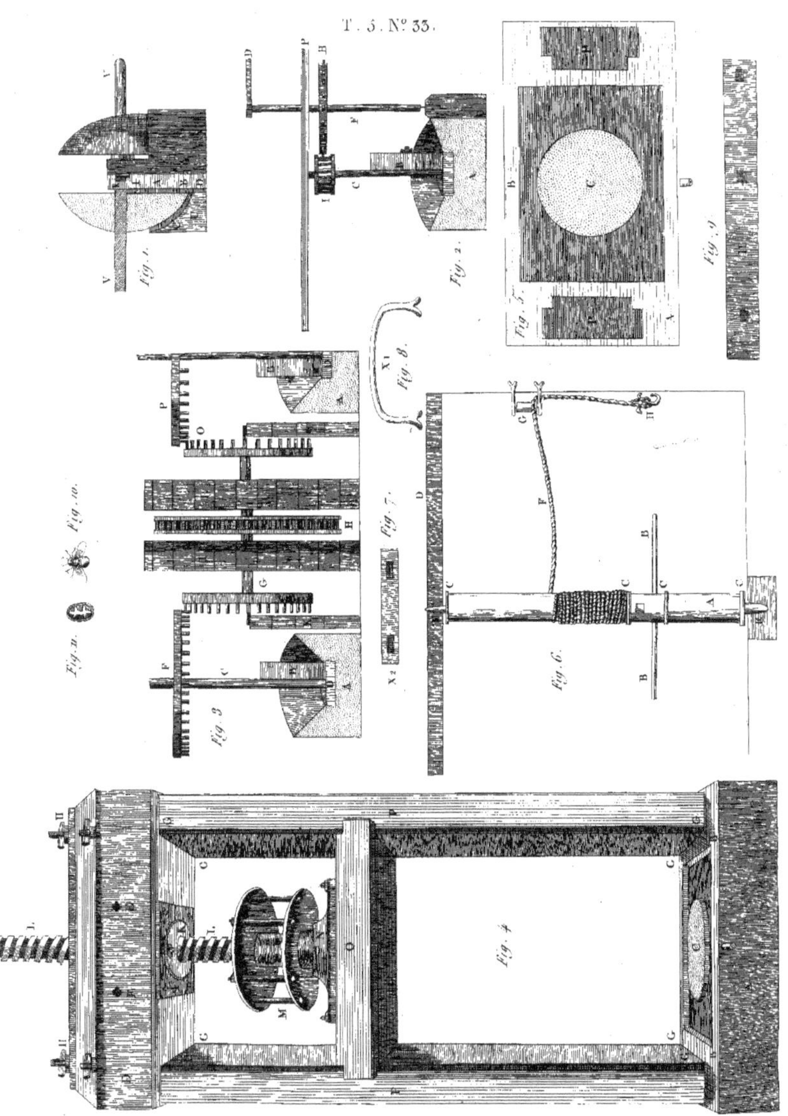

T. 5. N.º 33.
Fig. 1.
Fig. 2.
Fig. 3.
Fig. 4.
Fig. 5.
Fig. 6.
Fig. 7.
Fig. 8.
Fig. 9.
Fig. 10.
Fig. 11.

rens insectes qui attaquent l'Olivier ; mais M. Bernard n'a aucune confiance dans les fumigations, les goudrons, les engrais qui ont été proposés par MM. Sieuve et la Brousse ; il croit que la chose la plus raisonnable qu'on ait prescrite, est d'émonder les arbres tous les ans, de les débarrasser soigneusement des branches qui sont couvertes d'insectes, et de livrer ces branches aux flammes. On avoit proposé de planter du Tabac sous les Oliviers, comme un moyen d'éloigner et de faire périr les insectes ; mais outre que l'efficacité de ce remède n'est pas du tout prouvée, les terrains, le plus souvent secs et arides dans lesquels on cultive ces arbres, ne conviendraient nullement au Tabac, qui a besoin d'un sol gras et humide. Un dernier moyen pour s'opposer, en général, à la propagation des insectes, serait de favoriser celle des petites espèces d'oiseaux insectivores, au lieu de leur faire une guerre opiniâtre pour les détruire. Ces petits animaux, qui ne vivent qu'aux dépens de cette proie, nous débarrasseraient de ces nuées d'insectes qui dévorent nos plantes et nos fruits.

MOULINS ET PRESSOIRS A HUILE. (1).

Ce que nous avons dit plus haut sur la fabrication de l'huile n'étant pas suffisant pour donner une connaissance exacte des divers procédés qu'on emploie pour extraire un liquide aussi précieux, nous allons entrer dans tous les détails de cette partie importante. Pour obtenir l'huile d'Olive, il faut d'abord broyer les fruits et les presser ensuite avec force. Dans la partie de l'Afrique habitée autrefois par les Carthaginois, les Maures percent encore des meules d'un pied et demi de diamètre à leur centre ; ils y fixent un essieu, ils les font tourner autour d'un pivot fixe, par des ânes, et broient ainsi les Olives. C'est-là le moyen le plus simple et le plus ancien qui ait été imaginé pour la trituration de ces fruits et l'extraction de l'huile.

Les Grecs et les Romains, s'apercevant qu'en broyant les noyaux des Olives que le vent faisait tomber dans les mois de septembre et d'octobre, c'est-à-dire dans le tems où les fruits étaient encore verts, et où ils devaient donner une huile plus délicate, ils n'obtenaient cependant qu'une huile qui avait un mauvais goût, attribuèrent au bois des noyaux cette qualité nuisible, au lieu de la rapporter aux excrémens d'une chenille que les noyaux renfermaient. Il s'établit alors un préjugé qui donna lieu à des inventions ingénieuses pour séparer la chair des Olives des noyaux, et pour que ceux-ci ne fussent jamais écrasés.

Les trapètes étaient formés d'un bassin évidé circulairement, où l'on mettait les Olives et dans lequel les meules passaient. Il s'élevait au centre un massif cylindrique réservé de la même masse, appelé *milliaire*, garni d'une colonne de fer verticale, qui était reçue dans l'essieu percé pour cet effet dans son juste milieu, et garni dans son trou d'un canon de fer. Chaque trapète avait deux meules, qui avaient un mouvement horizontal autour de la colonne ou axe de fer dont nous venons de parler, et qui en outre tournaient verticalement sur leur essieu ou sur leur centre. Ces meules avaient la même courbure que le bassin, c'était des segmens de sphère, moindres que la moitié. La longueur totale de l'essieu était de dix pieds. La pl. 33, fig. 1, est une copie des trapètes trouvés à Pompéia et à Stabia. On voit d'un côté l'élévation d'un trapète

---

(1) L'auteur moderne qui a fait les observations les plus exactes sur l'art d'extraire les huiles, est sans contredit M. Bernard. Nous avons puisé, non-seulement dans son Mémoire imprimé, tout ce que nous publions sur cette partie, mais encore dans des notes qu'il a eu la complaisance de nous fournir. Nous nous bornerons à présenter quelques améliorations à introduire dans les pressoirs, dont une construction mieux entendue, plus solide et moins dispendieuse, assurerait aux propriétaires et aux cultivateurs un produit plus considérable d'huile, et anéantirait la cupidité des maîtres de moulins, qui comptent trop sur l'avantage que les recenses leur assureut.

assorti, de l'autre la coupe par le milieu de la même machine. U est le creux du bassin; A le milliaire; I la moitié de l'axe ou colonne de fer autour de laquelle les leviers V V tournent; K est la coupe du canon de fer qui entre dans la colonne; D est le canal qui donne issue aux Olives broyées; B représente l'intervalle entre la meule et le milliaire; C l'intervalle entre le rebord et la meule.

Empruntons de Caton ce qu'il y avait de plus essentiel à faire pour ajuster les machines et pour opérer le triturage. « Que le bassin soit bien de niveau, que les meules en roulant soient constamment éloignées du rebord d'un travers du petit doigt, qu'elles ne touchent pas au champ du bassin, de peur qu'elles ne le meurtrissent; qu'il y ait entre la meule et le milliaire un doigt de jeu; s'il y en a trop, on le revêtira d'une corde dont la grosseur sera égale à ce qu'il y a de trop de jeu; on roulera cette corde autour du milliaire. (Caton, chap. 20.) »

On voit par ces détails que les meules étaient suspendues sur l'essieu; elles n'agissaient donc pas par leurs poids sur les Olives; mais elles déchiraient la chair de ces fruits sans broyer les noyaux. Cette disposition, qui contribuait beaucoup à accélérer le travail, était regardée comme essentielle, parce qu'on croyait qu'en brisant les noyaux des Olives, on donnait à l'huile un mauvais goût. Pour prévenir cet inconvénient, on élevait ou on abaissait les meules, selon le diamètre des Olives. Comme il fallait peu de force pour détacher la chair des Olives des noyaux, le mouvement des meules était entretenu par des hommes ou par des ânes. On ignore le tems où l'on employa des chevaux pour les faire tourner, et celui encore où l'on profita, pour le même objet, de l'action de l'eau, qui avait été appliquée aux moulins à farine du tems d'Auguste. Il est certain qu'en Provence, au commencement du pénultième siècle, les *moulins à sang* étaient mis en mouvement par des mulets ou des chevaux; que les moulins à eau étaient à rodets, comme ceux à farine; qu'il n'existait que deux mauvais pressoirs dans chaque moulin, et que les moulins à recense n'existaient pas encore. C'est depuis le milieu du dernier siècle que l'art d'extraire l'huile d'Olive a commencé à faire de plus grands progrès, et qu'on a employé de meilleurs moyens pour bien broyer les Olives et les bien pressurer. Les recenses sont devenues très-nombreuses pour avoir l'huile, que les procédés des meilleurs moulins ne pouvaient pas parvenir à extraire. On a recensé enfin l'amurque ou la lie qu'on accumulait dans les caquiers. Au lieu de jeter cette amurque, après avoir ramassé l'huile qui s'était élevée à sa surface, on l'a fouillée et exploitée comme une mine précieuse, et les avantages qui en sont résultés pour les propriétaires de moulins, ont dû exciter leur cupidité, diminuer leurs soins au perfectionnement de l'extraction de l'huile, et nuire considérablement aux intérêts des cultivateurs et des propriétaires des Olives.

L'opinion des anciens au sujet du principe nuisible à la qualité de l'huile contenue dans le bois des noyaux, n'était qu'un préjugé; des expériences directes en ont donné la conviction. Comme à Aix on fabrique l'huile la meilleure et la plus délicate qu'on connaisse, en broyant les noyaux d'Olives et en les pressant fortement, il est évident que ces noyaux n'ont pas les mauvaises qualités qu'on leur a supposées, et qu'on leur a faussement attribué ce qui devait être rapporté aux matières excrémentielles de quelques insectes qu'ils contenaient dans certaines circonstances.

La planche 33, fig. 3, indique le plan et l'élévation d'un des meilleurs moulins qui aient été construits. Il est mis en mouvement par le moyen de l'eau; ce moulin a soixante-six pieds de longueur sur dix-huit de largeur. La roue à augets H a douze pieds de diamètre sur dix-huit pouces de largeur; elle est divisée pour recevoir trente-deux augets; l'arbre de la roue à augets porte la roue dentée G, et celle-ci met en mouvement la roue qui est fixée sur le même arbre que la meule. On voit par la figure de l'ensemble, que la pesanteur de l'eau est suffisante pour faire mouvoir deux meules à la fois, et par conséquent broyer en même tems la quantité ordinaire d'Olives pour deux pressurages. Cette quantité de pâte d'Olives, qu'on met en une fois sous le pressoir, se nomme *mooute* en Provence.

Le rapport des diamètres des roues dentées varie beaucoup, selon qu'on veut donner plus ou moins de vitesse à la meule. Quand le volume d'eau est considérable, il suffit de rendre les deux roues égales; d'ailleurs, comme il faut beaucoup plus de tems pour bien pressurer la pâte des Olives, qu'il n'en faut pour la faire en broyant ces fruits, il est inutile de trop accélérer le mouvement des meules pour la trituration.

A est la coupe du massif du bassin dans lequel les Olives sont broyées; D est une pierre de taille d'une épaisseur plus grande que celle de la meule. C'est sur cette pierre horizontale que la meule tourne et que les Olives sont broyées; B indique la meule, qui a environ cinq pieds de hauteur et quinze pouces d'épaisseur. La meule tourne autour de l'arbre C, et sur elle-même autour d'un axe de fer B, dont elle est traversée à son centre. Dans la plupart des moulins, la meule est placée très-près de l'arbre C; mais on pourrait l'en éloigner avec avantage, en faisant porter l'arbre C sur un cylindre de deux pieds de diamètre, réservé de la pierre de taille D, qui forme le lit sur lequel la meule tourne; alors la meule, en faisant un tour, parcourrait un plus grand espace, et le même volume d'Olives serait plus promptement et plus facilement broyé.

Le bassin est revêtu intérieurement de planches parfaitement jointes et assemblées; il est mieux encore de le revêtir en pierre de taille. On donne aux planches ou aux pierres de taille qui forment les parois intérieurs du bassin, une grande inclinaison, afin que la pâte d'Olives, qui est poussée par la meule contre ces parois, retombe d'elle-même, et se place de nouveau sur le passage de la meule.

Lorsque les Olives sont bien broyées, on arrête le moulin; un meûnier descend dans le bassin, et jette avec une pelle de bois, sur une table de pierre placée sur le bord, la pâte d'Olives; deux meûniers en remplissent alors des espèces de paniers appelés cabas, qu'on nomme en langue du pays *scouerto*, ou *scourtin*, et les placent successivement sur le pressoir, et en deux tas, parce que les cabas dont on se sert, au lieu d'être d'une sparterie fine, sont faits avec des cordes fortes, qui joignent au défaut de ne pouvoir être placés en nombre et en une seule pile sous la presse, celui de retenir beaucoup d'huile. Ces pertes n'auraient pas lieu, si on exigeait que les cabas fussent en sparterie fine, qu'on ne se servît que de presses avec des vis en fer, et qu'une plaque de fer fût mise entre chaque scourtin. Étant du pays où se fabrique la meilleure huile, et en ayant long-tems fait fabriquer, M. Michel a pu connaître les vices de cette fabrication, et il a cru devoir nous les indiquer et nous donner ses vues sur les procédés qui pourraient assurer aux propriétaires et aux cultivateurs la conservation de cette portion de denrée que les maîtres de moulins s'approprient avec l'air du plus grand désintéressement. Il pense que vingt-cinq ou trente cabas au plus, faits de sparterie fine, suffiraient pour contenir le triturage de huit émines d'Olives, qui sont, à Aix, la quantité ordinaire qu'on presse en une fois, et qu'ils pourraient être mis en un seul tas sous la presse. Les plaques de fer circulaires qu'on mettrait entre chaque cabas augmenteraient d'autant la force de la pression, et la pâte ainsi comprimée ne retiendrait que très-peu ou pas du tout d'huile, parce qu'elle ne retomberait pas d'un cabas dans l'autre, et celui du fond qui, dans l'état actuel, ne peut être complètement desséché, le serait autant que le plus élevé.

Le moulin et le pressoir, représentés pl. 34, sont ceux en usage pour le détritage des Olives et la pression de la pâte; c'est celui que Duhamel a fait figurer, et c'est sa description que nous transcrivons : La fig. 1 représente le plan, à vue d'oiseau, des meules avec lesquelles on écrase les Olives; la fig. 2 en est le profil; 3 l'élévation en perspective. Ainsi, A est une meule horizontale, arrêtée dans une auge ou massif de maçonnerie, élevé de deux pieds au-dessus du terrain. Ce massif est circulaire et a neuf pieds six pouces de diamètre. Il est couvert autour de la meule A avec des madriers B B, sur lesquels on jette les Olives, qu'on fait ensuite glisser avec une pelle sur la meule horizontale A, afin qu'elles soient écrasées sous la meule verticale C, à mesure qu'elle tourne au moyen de l'axe D E, et de l'arbre vertical F, le pivot de cet arbre, qui est de fer, tournant sur une crapaudine de fonte H, scellée dans la meule horizontale A. Le massif de maçonnerie qui reçoit la meule horizontale A, est en pente depuis le bord I jusqu'au centre de la meule; de façon qu'il a la figure d'un entonnoir extrêmement plat. Duhamel, en décrivant le moulin à huile, a omis de faire mention d'une racloire ou rateau en fer plat, adapté à l'arbre F, qui sert à rassembler et à mettre sous la meule les Olives et la pâte que la rotation en écarte. Les fig. 4 et 5, pl. 34, sont le plan d'une niche de six pieds de large sur quatre de profondeur, adossée au mur du moulin. Le bas de cette niche, qui est en pierre de taille très-dure, forme une cuvette, qui a une petite pente de A en B, afin que l'huile coule dans les seaux C C par les tuyaux D D, lorsque l'on fait agir la vis de la presse. A cinq pieds au-dessus du bord de la cuvette, est scellée dans les pieds droits une forte poutre F F, percée de deux écrous pour recevoir les vis E E, et fortifiée par des liens de fer; cette poutre est encore assujétie dans son milieu par le montant G, et aux deux bouts par les montans H H, qui sont placés sur les parois intérieurs des pieds droits de la niche, le long desquels glisse la banquette, quand on fait agir la vis pour presser la pâte qui est renfermée dans les scourtins.

Le moulin représenté pl. 33, fig. 2, est le même que celui détaillé plus haut, avec la seule différence qu'il présente, que le cheval qui traine ou fait mouvoir la meule, au lieu d'être placé à côté du moulin même, est dans une pièce au-dessus, et peut être placé en-dessous; il n'est question que d'adapter à l'arbre auquel la meule B est attachée, une lanterne I, qui est mise en mouvement par la roue H, garnie de chevilles de bois. D, levier auquel le cheval est attaché. La roue H doit avoir, dans la partie cylindrique où les dents sont attachées, environ cinq pouces d'équarrissage. Les dents de la roue et les fuseaux de la lanterne auront une force suffisante, en leur donnant un pouce et demi.

Les pressoirs actuels sont établis sur des bâtisses en pierre de taille, tels qu'on les voit planche 34, fig. 5; on conçoit aisément, à leur aspect, quelle masse de pierres il faut intérieurement, latéralement et en dessus, pour résister à une forte pression, quand les efforts ne présentent aucun point d'opposition, et qu'on n'a pour règle que les hommes plus faibles ou plus forts, qui agissent selon leurs moyens, et dont l'intérêt peut se trouver à presser un peu moins, pour laisser les *grignons* (c'est le nom qu'on donne aux espèces de pains ou de gâteaux formés par la pâte des Olives) plus gras et plus chargés d'huile.

Le pressoir dont est question a ses montans, et, pour employer le terme propre, est composé de deux jumelles en pierre, dont la base est ordinairement ou doit être aussi profonde que les fondations de la maison. Il se compose d'un levier en bois, d'une vis en bois, cannelée en ligne spirale, qui entre dans l'écrou cannelé sur le même pas de douze à quinze lignes ordinairement. A cette vis est adapté un mouton en bois, nommé *banquette*, qui y est fixé par deux clavettes en fer ou en bois, pour en faciliter l'ascension comme la descente quand on fait agir la presse. Cette banquette a des oreilles de chaque côté pour la contenir dans les cannelures pratiquées aux jumelles, et l'empêcher de suivre les mouvemens circulaires de la vis quand celle-ci

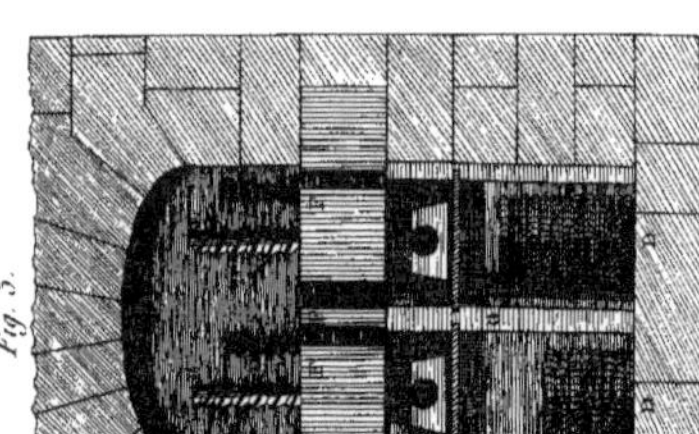
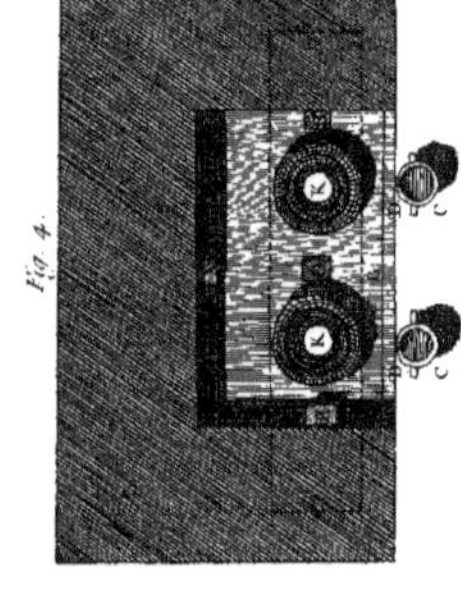
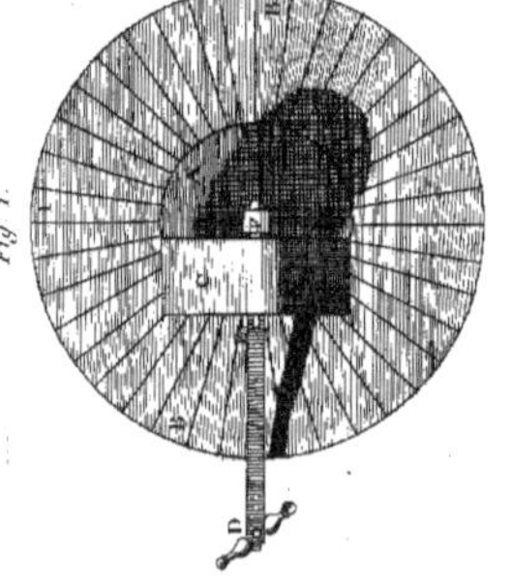
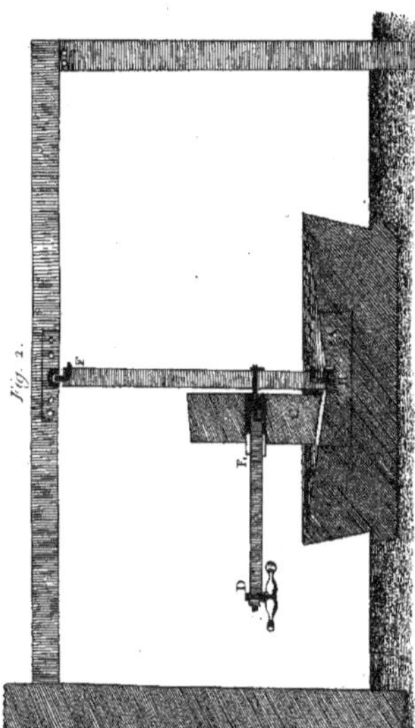

est mise en action. Un fort madrier en bois est appuyé sur les jumelles; il est renforcé
de quatre bandes de fer qui l'entourent, percé au milieu et cannelé en spirale, dans
la même proportion et suivant le pas de la vis à laquelle il sert d'écrou.

A mesure que la pâte d'Olives est pressurée, l'huile qui s'en dégage coule d'abord
pure; elle coule ensuite mêlée avec une plus ou moins grande quantité d'eau de végétation que les Olives contiennent toujours. Lorsque la pâte a été suffisamment pressurée, on desserre la vis, on brise les gâteaux qui se sont formés dans les cabas, et on
les réduit en aussi petits fragmens qu'il est possible. Après cette préparation, on remplit de nouveau les cabas de la pâte qu'on vient de ramollir, on répand sur le premier
à peu près un seau d'eau bouillante, on le replace promptement sous le pressoir, et
l'on continue la même opération sur chaque cabas. L'eau bouillante détache et enlève
l'huile qui était restée dans les premiers gâteaux. On presse de nouveau avec force
les cabas à diverses reprises, jusqu'à ce que l'eau et l'huile soient exprimées, et que
la pâte ait formé des gâteaux bien secs. Cette seconde pression donne une huile moins
parfumée, mais tout aussi bonne que la première; elle est destinée pour les personnes
qui n'aiment pas autant le goût du fruit; quelquefois même on la mêle avec l'huile
non échaudée, pour diminuer le goût du fruit et accélérer la tendance de l'huile à
s'adoucir avec le tems.

L'huile obtenue par le premier pressurage est placée dans des cuviers où elle se
repose. On la transvase des uns aux autres. L'eau et l'huile qu'on obtient par le second
pressurage sont placées dans d'autres cuviers plus grands. L'huile qui vient à la surface
est ramassée, mise à part ou mêlée avec l'huile vierge, ainsi que nous venons de le
dire. Lorsqu'il ne paraît plus d'huile à la surface de l'eau dans ces derniers cuviers, on
fait couler cette eau dans des réservoirs qu'on nomme *infects*, *infers* ou *caquiers*.
Cette eau est chargée d'une grande partie de mucilage qui compose la chair de l'Olive,
et ce mucilage contient encore de l'huile plus ou moins abondamment, selon l'état où
se trouvent les Olives lorsqu'on les broie. Il y a aussi dans cette eau beaucoup de peaux
d'Olives. L'huile n'est jamais plus limpide et ne se dégage jamais plus facilement que
lorsque les fruits sont sains, bien mûrs et qu'ils ont fermenté assez pour s'amollir,
sans cependant être pourris. Dans ce dernier état, les Olives rendent peu d'huile, et
il en reste beaucoup dans le mucilage qui est versé dans les caquiers.

L'eau provenant des lavures de la meule, des paniers, des pressoirs, les fonds qui
restent dans les baquets, et que l'on enlève à chaque pressurage, sont déposés dans de
très-grands bassins, où ils restent jusqu'à la fin de la récolte; il s'en sépare, à la longue,
une huile verdâtre qui contracte l'odeur fétide du marc sur lequel elle repose; elle
est piquante, caustique et insupportable au goût. Pour la rendre limpide et la séparer
du marc et de la mousse qui se forme sur les bassins, on la mélange avec une certaine
quantité de pâte d'Olives; on la repasse sous la meule et dans les paniers, d'où, à l'aide
de l'eau bouillante, on parvient à l'extraire en assez grande quantité pour être dédommagé des frais de fabrication.

La peau des Olives se détache facilement de la chair lorsque les fruits sont mûrs.
Cette peau contient une huile presque concrète et plus pesante que celle qui est pro-
duite par la chair; d'ailleurs l'huile des peaux ne devient pas coulante par l'effet des
premiers pressurages. Outre l'huile contenue dans la chair et dans la peau de l'Olive,
il y en a encore dans l'amande. Cette dernière huile se dégage plus difficilement, parce
que l'amande n'étant pas aussi molle que la chair, n'est jamais aussi bien triturée sous
la meule. Pour retirer l'huile des peaux des Olives restées dans le marc, celle qui est
contenue dans les fragmens des amandes et dans la partie mucilagineuse de la chair,
enfin celle qui est restée combinée avec les différentes matières rassemblées dans

les caquiers, on emploie le moulin à recense. Celui-ci est formé d'un mécanisme semblable à celui du moulin à huile. Il n'y a d'autre différence, sinon que le bassin est un grand cuvier de bois et que la meule est plus petite. On jette dans ce cuvier, selon sa capacité, une quantité plus ou moins grande de marc d'Olives, sur laquelle on dirige un petit canal d'eau vive qui se renouvelle continuellement. La meule étant mise en mouvement, les amandes sont mieux broyées; la substance de ces amandes, la matière mucilagineuse et les peaux des Olives viennent à la surface du cuvier, et elles sont entraînées, au moyen d'un second canal, dans un réservoir où l'eau éprouve encore une chute d'un pied et demi lorsqu'il est plein. Ce réservoir a six pieds de longueur, trois de largeur et autant de profondeur.

Les peaux des Olives, l'huile qui s'est dégagée des amandes par l'espèce d'émulsion qu'on a faite en les broyant, ainsi que l'huile adhérente au marc, viennent à la surface du réservoir. Mais comme ces diverses substances s'échapperaient en venant à la surface, si on laissait trop remplir le bassin, on donne issue à l'eau par un tuyau de six à sept pouces de diamètre, dont l'orifice inférieur est élevé de neuf à dix pouces seulement au-dessus du fond du réservoir, et l'orifice supérieur n'a aucune communication avec le niveau de la surface de l'eau. En sortant du premier réservoir, l'eau est dirigée sur un second semblable au premier, et on lui ménage la même chute. L'expérience apprend que quel que soit le nombre de ces réservoirs, on trouve encore de l'huile dans celui qui est le plus éloigné. On se contente ordinairement d'en construire huit ou dix.

Lorsque le marc qu'on avait mis dans le bassin a été bien lavé, et que toute la matière mucilagineuse est montée, on fait échapper le bois des noyaux par un canal pratiqué au fond du bassin, et on le reçoit dans un réservoir, d'où on le retire pour l'employer au chauffage. On charge ensuite de nouveau le bassin, en y mettant la même quantité de marc que la première fois. Dans chaque réservoir, la matière mucilagineuse se précipite bientôt au fond et entraîne avec elle des particules d'huile et des peaux d'Olives. On bat de tems en tems l'eau de chaque réservoir, et on force cette matière qui s'était déposée au fond, de passer par le tuyau montant placé à leur extrémité. Par cette manœuvre, la matière mucilagineuse est lavée autant de fois qu'il y a de réservoirs, et à chaque fois elle est dépouillée d'une partie de l'huile qu'elle contenait encore, ou des peaux qu'elle retenait.

Les peaux et autres substances huileuses qui sont ramassées à la surface des réservoirs, sont mises dans une chaudière, et on les y fait bouillir pendant environ trois quarts-d'heure. On met ensuite cette matière dans des cabas, sous de forts pressoirs, et on obtient l'huile appelée de *recense*, qui est d'autant moins limpide ou coulante qu'elle est formée de plus de partie de l'huile contenue dans les peaux.

Le marc d'Olives, au sortir du moulin à huile, est composé du bois des noyaux, de fragmens de l'amande, de la matière mucilagineuse qui forme la chair du fruit et de la peau qui le recouvre. Ces diverses substances se séparent à la recense. Le bois des noyaux et les parties de l'amande qui n'ont pas été bien broyées restent au fond du cuvier. La matière mucilagineuse forme une sorte de bouillie, qui, lorsqu'elle est retirée des réservoirs, éprouve, en se desséchant, une retraite comme l'argile, sans avoir toujours la même ténacité et la même ductilité. Les peaux sont la matière principalement avantageuse à exploiter; il faut cependant que les Olives soient bien mûres; car, lorsque le froid surprend ces fruits quand ils sont encore verts, et qu'ils viennent à geler, les peaux ne produisent point ou presque point d'huile.

Les matières des caquiers sont formées du mucilage des Olives, de l'huile qui y est restée adhérente, et de beaucoup de peaux. Ces différentes matières ne sont recensées que depuis peu de tems; on les jetait autrefois, et elles forment à présent une partie considérable du revenu des moulins.

Le bois des noyaux est employé pour le chauffage. Il fournit une bonne braise, mais il flambe peu. Ses cendres sont très-bonnes pour lessiver le linge. La matière mucilagineuse desséchée brûle très-bien et flambe davantage que le bois des noyaux. Cette substance est alors très-légère. Ses cendres sont bonnes. Les gâteaux qu'on fait aux recenses avec les peaux d'Olives brûlent, au sortir du pressoir, comme le papier huilé; ils s'enflamment avec la plus grande promptitude, et ils donnent un feu ardent et durable. M. Bernard a observé plusieurs fois à la recense qu'il a fait construire, que la flamme se montrait au sommet du tuyau de la cheminée du fourneau, quoique le tuyau eût dix-huit pieds de longueur. Les cendres des peaux tachent le linge.

Les cendres du marc d'Olives qu'on tire des moulins à huile, sont employées à présent dans les savonneries et sont payées à raison de cinq francs le quintal. Les eaux des recenses sont excellentes pour fertiliser les prairies et les terres, quelle que soit la culture à laquelle on applique cet engrais. Il faut cependant avoir l'attention de ne l'employer que noyé dans beaucoup d'eau, parce qu'il brûle les plantes délicates.

On voit, par ces détails, que l'art d'extraire l'huile d'Olive est plus compliqué qu'on ne pourrait le croire d'abord, et que sa description ne peut être que le résultat d'une longue suite d'observations comparées. Nous avons décrit les pressoirs qui sont aujourd'hui en usage; nous allons faire connaître maintenant la presse à vis en fer, que nous desirerions voir substituer aux pressoirs ordinaires; nous en donnerons la figure et le moyen de l'appliquer à l'extraction des huiles d'Olive. Cette presse, avec sa vis en fer et son écrou de cuivre est représentée pl. 33, fig. 4; les jumelles, en bois en apparence, sont réellement en fer, et composées de quatre bandes de quatre pouces de largeur sur un pouce et demi d'épaisseur. La longueur des bandes ne peut être fixée que sur les lieux et d'après l'élévation que la localité permet de leur donner; ainsi nous n'en déterminons aucune. Cette presse, agissant plus fortement que celles connues et usitées, doit nécessairement comprimer davantage la pâte et la dessécher au point de satisfaire le cultivateur et le propriétaire des Olives. Voici sa description détaillée : A, madrier en bois très-rustique, d'environ deux pieds d'équarrissage ou d'épaisseur, de la largeur proportionnée à la grandeur du cabas, en observant de laisser tout autour un vide entre celui-ci et le rebord, ce qui formera le récipient de l'huile que la première pression aura fait couler; B, rebord à pratiquer au madrier ci-dessus pour former une espèce de caisse; C, cabas en bois, plus relevé que le niveau du madrier ou de la maye. Cette maye, le cabas en bois et la naissance des bandes de fer, doivent être garnis et recouverts d'une plaque d'étain laminé, assez forte pour résister à l'effet de la pression; D, sommier en bois dans lequel entre l'écrou en cuivre, traversé dans toute son épaisseur, par deux boulons en fer E, d'un pouce environ. Le madrier servant de maye et le sommier doivent être de toute la largeur de la presse. GGGG, quatre bandes de fer des proportions désignées ci-dessus, qui traversent la maye et le sommier dans leur épaisseur, et sont percées de deux trous de quatre pouces de haut sur un pouce et demi de large, dans lesquels on introduit à force des coins de fer de la première proportion, mais plus minces à leur naissance et plus gros à leur extrémité. H, fig. 9, quatre bandes de fer de la même proportion que celles qui font les fonctions de jumelles, et qui sont percées de manière à ce que les bandes G les traversent en-dessous de la maye et au-dessus du sommier où elles doivent recevoir les coins en fer dont il a été parlé ci-devant. Il est à propos de se prémunir de quatre plaques de fer percées, qui sont placées sur le haut des bandes, pour serrer davantage les coins. I, plaque de fer forgé sur laquelle pose l'écrou. K, écrou en cuivre. L, vis en fer de quatre pouces et demi de diamètre sur une hauteur de cinq pieds. Nous indiquons cette longueur à la vis pour être assuré que, malgré la pression, l'écrou restera toujours plein, et si le local dans lequel le moulin et le pressoir sont établis, paraissait se refuser à cette élévation, on pourrait percer le plancher et faire remonter la vis dans la pièce supérieure. M, lanterne en fer avec huit fuseaux. N, plaque de fer retenue sur le mouton ou banquette par quatre boulons. O, banquette en bois, de la même étendue que la maye, dans son intérieur, ayant des oreilles à chaque bout, pour glisser entre les jumelles et y être retenue. PP, montans en bois servant d'ornement, ou, pour mieux dire, destinés à couvrir la nudité des bandes de fer; ils sont fixés par des boulons contre ces bandes qui supportent tout l'effort. La figure 5, pl. 33, représente la maye vue à vol d'oiseau. Toutes les opérations, ou *fatigues* de la pression première, peuvent se faire à bras d'homme, successivement avec un levier très-court : deux hommes peuvent en conduire un de quatre pieds, et ce nombre sera suffisant pour en conduire un de dix pieds, si on y adapte le treuil représenté pl. 33, fig. 6; ainsi deux hommes feront une pression plus forte et plus égale que ne le font les huit qui sont employés aux vis en bois telles que celles qui sont en usage aujourd'hui. Le treuil dont est question est composé d'un arbre montant A. E E sont deux tourillons, arrondis, en fer, dont l'inférieur pose sur une crapaudine scellée dans la pierre E et dans la poutre D placée au plancher. B B, aîle du moulinet que deux hommes peuvent suffire à tourner, et si on a besoin d'en employer quatre, on peut avoir une aîle pareille qui sera placée en I. C C C C, quatre frettes en fer pour empêcher l'écartement de l'arbre A. La corde F est entortillée à l'arbre et sert à serrer. La bobine G, ou cylindre en bois dur, roule sur un fer scellé solidement dans le mur; on y fait passer la corde F, et son action, étant en sens inverse, la rend propre à desserrer la presse. Au bas de la corde F est un crochet en fer H, qui entre dans un anneau en fer adapté à une frette à l'extrémité du levier qui entre dans la lanterne M.

Pl. 33, fig. 8, bande de fer à sceller, contre le mur, en bas et en haut du pressoir. X 1 est la forme, X 2 est la portion vue de face, dans laquelle doit entrer l'excédent des quatre bandes H, fig. 9, posées sous la maye et sur le sommier.

Pour donner au pressoir que nous proposons le degré de croyance que nos expériences nous ont assuré, il nous suffit de dire qu'à Paris les bouchers qui veulent retirer des graisses le plus de suif possible, en font usage, et substituent aux cabas nécessaires pour l'expression des huiles, des marmites de fer, dans lesquelles ils mettent les parties les plus dures dont ils veulent encore extraire du suif. Les parfumeurs et les pharmaciens ne s'en servent pas d'autres, et leurs presses sont faites dans des proportions calculées d'après l'emploi auquel ils les destinent. Dans les manufactures de Tabac, où l'on a besoin d'une force considérable pour former les bouts ou carottes, on ne fait pas usage d'autres presses, qu'on établit plus fortes, à raison de leur usage.

Ce pressoir, que nous desirerions voir adopter dans les pays où l'on récolte des Olives et qui ne sont riches que par les produits de cette denrée, a l'avantage de pouvoir être placé dans un appartement quelconque, même à un cinquième étage, comme plusieurs bouchers à Paris l'y établissent, parce que toute la force s'opère entre la maye et le sommier, au lieu que, dans les pressoirs en bois et en pierre, tels que ceux dont on fait usage en Provence, et que nous avons représentés pl. 34, fig. 5, il faut des constructions immenses et dispendieuses, sans que cependant on puisse obtenir même la moitié du degré de force que présente celui que nous venons de décrire, et pour lequel il ne nous reste plus qu'à indiquer par quel moyen il peut être fixé.

Nous avons dit que quatre bandes H, fig. 9, dont deux en-dessous de la maye, deux au-dessus du sommier, étaient nécessaires pour recevoir des coins en fer. Ces quatre bandes seront faites de manière à excéder du nombre de pouces jugé nécessaire pour laisser le passage à un homme qui fera les premiers travaux de pression. Ces bandes seront percées à l'extrémité, qui sera tournée vers le mur, d'un trou carré qui recevra un coin de fer. On scellera contre le mur, en haut et en bas, une pièce de fer qui sera également percée de trous dans lesquels entreront les quatre bandes ci-dessus ; on introduira des coins de fer, et l'appareil sera solidement établi.

Nous croyons que deux de ces pressoirs seraient nécessaires dans un moulin où il n'y a qu'une meule, et qu'il en faudrait quatre pour deux meules, ou au moins trois, afin que la pâte eût le tems de rester davantage sous la presse et de s'égoutter complètement ; chaque *pressée* pouvant, par ce moyen, être laissée aux efforts de la pression pendant que le travail se continuerait et se ferait alternativement sur chaque pressoir. A Aix, où l'on ne fait usage que de presses en bois, la pâte est mise en deux tas sous ces presses, elle y reste à peine une heure et demie, et il est très-difficile, pour ne pas dire impossible, qu'elle s'égoutte assez pour que le propriétaire des Olives, ou le cultivateur, retire réellement toute l'huile qu'elle contient.

Un abus qui a encore lieu dans les moulins publics, à Aix, c'est que le premier cabas appuie sur le sol de la maye, par conséquent s'imbibe continuellement d'huile, et ne peut jamais être desséché ; et dans le partage des grignons, qui a lieu entre le maître de moulin et le propriétaire des Olives, les deux cabas du fond sont toujours réservés pour être jetés dans la *grignonière* ou le dépôt des marcs d'Olives.

En présentant des idées sur le perfectionnement des pressoirs à employer dans les moulins pour extraire une plus grande quantité d'huile, nous n'avions que l'expérience de MM. Bernard et Michel pour guide ; mais un bulletin de la société d'agriculture du département de l'Hérault nous confirme ce que nous avons dit sur l'avantage de substituer, à la force motrice des hommes, le cabestan que nous avons figuré, puisque l'auteur des observations assure que dans les Cévennes, où l'on n'emploie que des presses en bois, deux hommes qui font agir le cabestan, obtiennent une pression plus forte que celle des dix ouvriers qui sont nécessaires pour serrer lorsqu'on ne met en action que la seule force des hommes ; à combien plus forte raison une presse dont la vis serait en fer, ne promettrait-elle pas une dessication complette des grignons, et ne serait-elle pas, par conséquent, de beaucoup préférable aux pressoirs en bois, puisqu'elle offrirait l'avantage précieux de permettre une fabrication plus soignée, et d'assurer aux propriétaires ou aux cultivateurs la totalité du produit de leurs récoltes ?

EXPLICATION DES PLANCHES.

Pl. 24. Un rameau de l'Olivier odorant, de grandeur naturelle.

Pl. 25. Un rameau de l'Olivier d'Europe. Fig. 1. La corolle, les étamines et le pistil, vus à la loupe. Fig. 2. Le calice, vu de même. Fig. 3. Un fruit entier de grosseur naturelle. Fig. 4. Un fruit coupé horizontalement et laissant voir le noyau. Fig. 5. Le noyau. Fig. 6. L'amande.

Pl. 26. Fig A. et B. Deux rameaux de deux différentes sous-variétés de l'Olivier d'Europe sauvage. Fig. 1. Le noyau du fruit de l'Olivier sauvage.

5.

Pl. 27. Variété de l'Olivier d'Europe cultivé. Fig. A. et B. L'Olivier d'Entrecasteaux. Fig. 1. Le noyau separé de son fruit. Fig. C. Olivier Caillet-Roux. Fig. 2. Le noyau séparé du fruit.

Pl. 28. Deux variétés de l'Olivier d'Europe cultivé. Fig. A. Olivier à fruit blanc taché de rouge. Fig. 1. Un noyau séparé du fruit. Fig. B. Olive Picholine. Fig. 2. Le noyau de ce fruit.

Pl. 29. Deux variétés de l'Olivier d'Europe cultivé. Fig. A. Olivier de Callas. Fig. 1. Un noyau séparé du fruit. Fig. B. Olivier pleureur, Olivier de Grasse. Fig. 2. Le noyau séparé de l'Olive.

Pl. 30. Trois variétés cultivées de l'Olivier d'Europe. Fig. A. Olivier Caillet-rouge. Fig. 2. Un noyau de son fruit. Fig. B. Olivier Caillet-blanc. Fig. 1. Le noyau séparé de l'Olive. Fig. C. Olivier de deux saisons.

Pl. 31. Deux variétés cultivées de l'Olivier d'Europe. Fig. A. L'Olivier à bec. Fig. 1. Un noyau séparé d'avec le fruit. Fig. B. Olivier Amygdalin. Fig. 2. Le noyau séparé du fruit.

Pl. 32. Variétés de l'Olivier d'Europe cultivé. Fig. A. L'Olivier d'Espagne à fruit obtus. Fig. 1. Un noyau séparé de l'Olive. Fig. B. Olivier d'Espagne à fruits pointus. Fig. 2. Un noyau séparé de l'Olive.

Pl. 33 et 34. L'explication des différentes figures de ces deux planches se trouve depuis la page 113 jusqu'à la page 123.

EMBOTHRIUM Salicifolium.   **EMBOTHRIUM** à feuilles de Saule.

P.J. Redouté pinx.   Lemaire Sculp.

EMBOTHRIUM.

EMBOTHRIUM. Linn. Classe IV. *Tétrandrie.* Ordre I. *Monogynie.*
EMBOTHRIUM. Juss. Classe VI. *Dicotylédones apétalées. Étamines attachées au calice.* Ordre III. Les Protées. §. II. Fruit uniloculaire, polysperme.

GENRE.

CALICE. Nul, à moins qu'on ne donne ce nom à l'organe suivant.

COROLLE. Selon Linné (calice d'après Jussieu), de quatre pétales linéaires, obliques, élargis, arrondis, concaves et portant les étamines à leur extrémité; connivens, courbes et tournés du même côté pour recouvrir le stigmate pendant la fécondation, roulés en dehors et écartés après que cette fonction est accomplie.

ÉTAMINES. Quatre anthères souvent presque sessiles, portées sur des filamens très-courts, situées dans une petite cavité ou fossette vers l'extrémité de chaque pétale.

PISTIL. Ovaire pédiculé, ovale, portant un style cylindrique, courbé en crosse, terminé par un stigmate dilaté.

PÉRICARPE. Une follicule oblongue, cylindrique, uniloculaire, renfermant quatre à cinq semences ovales, comprimées, garnies d'une aile membraneuse.

Caractère essentiel. Calice nul; corolle de quatre pétales; étamines insérées sur le limbe des pétales, dans une fossette particulière; fruit formé d'une follicule uniloculaire contenant plusieurs semences garnies d'une aile membraneuse. ·

Rapports naturels. Le genre Embothrium a beaucoup d'affinité avec le genre Hakea; il en diffère seulement parce que le fruit de ce dernier est une capsule ligneuse à deux valves, qui ne contient que deux semences.

Étymologie. Le nom Embothrium a été donné à ce genre, parce que les étamines sont placées sur les pétales, dans une petite cavité ou fossette; il signifie qui a une fosse, qui est dans une fosse; il est dérivé du grec εν, dans, ἔυθζος, fosse.

ESPÈCES.

1. **EMBOTHRIUM** Salicifolium. *Tab.* 36.

E. *caule fruticoso; foliis lineari-lanceolatis, integerrimis, acuminatis, glabris; floribus axillaribus, fasciculatis.*

EMBOTHRIUM à feuilles de Saule. *Pl.* 36.

E. à tige frutescente; à feuilles linéaires-lancéolées, très-entières, acuminées, glabres; à fleurs axillaires, fasciculées.

EMBOTHRIUM *salicifolium.* Vent. Hort. Cels. pag. 8. tab. 8. Andrew. Reposit. Botan. 215.

La tige de cet arbrisseau est droite, très-rameuse, haute de six pieds et plus, grosse comme le doigt, recouverte d'une écorce de couleur cendrée. Ses rameaux sont plians, garnis de feuilles alternes, linéaires-lancéolées, persistantes, glabres, d'un vert sombre en-dessus, plus pâle en-dessous, rétrécies en pétiole à leur base, et terminées par une pointe de couleur purpurine. Les fleurs d'un jaune pâle, ayant une odeur agréable, sont disposées par petits faisceaux dans les aisselles des feuilles, et portées chacune sur un pédicule. La corolle est composée de quatre pétales linéaires, dilatés à leur sommet et creusés en forme de cuiller, courbés en crosse, d'abord tournés du même côté, connivens et recouvrant le stigmate, écartés les uns des autres après la fécondation. Les étamines, au nombre de quatre, sont dépourvues de filamens; chaque anthère est située dans la petite cavité creusée dans le limbe des pétales. L'ovaire, porté sur un petit pédicule, est creusé dans sa partie antérieure d'un sillon logitudinal de couleur purpurine; il porte un style recourbé en crosse, deux fois plus long que la corolle, et terminé par un stigmate dilaté en forme de trompe. Le fruit est une folli- cule à une loge, contenant deux semences terminées par une petite aile membra- neuse. Cet arbrisseau croît naturellement dans la Nouvelle-Hollande, aux environs de Botany-Bay; il y a près de vingt ans qu'il a été introduit en France; c'est M. Cels qui l'a cultivé le premier. Il demande à être planté en terre de bruyère, et il peut passer l'hiver dans l'orangerie. On le multiplie de marcottes et de boutures; il faut faire ces dernières en mars ou avril, sur une couche chaude et sous cloche ou sous châssis. Il fleurit pendant les mois de mai et de juin.

2. EMBOTHRIUM sericeum, *Tab.* 35.

E. *Caule fruticoso; foliis ternis, lineari-lan- ceolatis, integerrimis, margine revolutis, subtùs sericeis; racemo terminali, coarc- tato; fructu tuberculato, glabro.*

EMBOTHRIUM soyeux, *Pl.* 35.

E. à tige frutescente; à feuilles ternées, linéai- res-lancéolées, très-entières, roulées en leurs bords, soyeuses en-dessous; à grappe termi- nale, resserrée; à fruit tuberculé, glabre.

EMBOTHRIUM *sericeum* Smith. Nov. Holl. 1. p. 25. tab. 9. Andrews. Reposit. Botan. 100. Willd. Sp. 1. p. 539. Pers. Synop. 1. p. 118.

α. *Embothrium lineare folium* Cavan. Ic. 4. p. 59. tab. 386. f. 1.
ς. *Embothrium cytisoides* Cavan. Ic. 4. p. 60. tab. 386. f. 2.

La tige de cet arbrisseau s'élève à six ou huit pieds; elle est très-rameuse. Les feuilles sont sessiles, lancéolées-linéaires dans la première variété, ovales-oblongues, dans la seconde, ordinairement ternées dans la partie inférieure des rameaux, solitaires vers leur extrémité, toujours terminées par une pointe aiguë, blanchâtres et soyeuses en-dessous. Les fleurs sont disposées en grappes terminales et axillaires. La corolle est composée de quatre pétales linéaires, blanchâtres en-dehors, d'un rouge clair en- dedans, un peu rétrécis au-dessous de leur extrémité supérieure, courbés en-dedans, s'élargissant à leur sommet et creusés en cuiller pour supporter et loger les étamines, dont les anthères sont attachées dans cette cavité par un filament très-court et très- délié. L'ovaire, porté sur un pédicule, est surmonté d'un style filiforme, recourbé, terminé par un stigmate hémisphérique. Le fruit est une follicule ovale-oblongue, uniloculaire, contenant deux semences ovales-oblongues, comprimées, terminées par une aile courte. Cet arbrisseau est indigène de Jackson, dans la Nouvelle-Hollande. Il est cultivé au Jardin des Plantes de Paris et chez M. Cels. Sa culture est la même que celle du précédent; il est en fleur une grande partie de l'année.

Outre ces deux espèces d'Embothrium décrites ci-dessus, on en connaît encore huit autres, la plupart indigènes de l'Amérique méridionale et de la Nouvelle- Hollande; mais aucune d'elles n'est cultivée en France.

EXPLICATION DES PLANCHES.

Pl. 35. Un rameau de grandeur naturelle. Fig. 1. Une fleur vue séparément. Fig. 2. Un pétale vu à la loupe. Fig. 3. L'ovaire, le style et le stigmate, vus de même.
Pl. 36. Un rameau de grandeur naturelle. Fig. 1. Fleur vue au moment de la fécondation. Fig. 2. La même, après la fécondation. Fig. 3. Le pistil. Le tout vu à la loupe.

EMBOTHRIUM Sericeum. **EMBOTHRIUM** Soyeux.

P. J. Redouté pinx. Lemaire sculp.

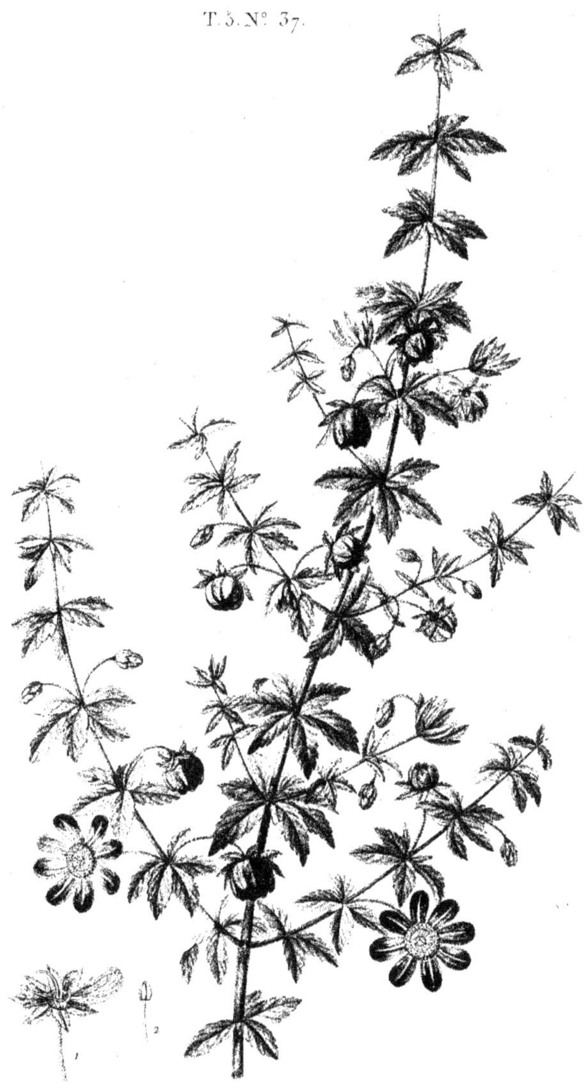

BAUERA rubioides.   BAUERA rubioïde.

P. J. Redouté pinx.   Lemaire sculp.

BAUERA.

BAUERA. Linn. Classe XIII. *Polyandrie.* Ordre II. *Digynie.*
BAUERA. Juss. *Plantes indéterminées.*

GENRE.

CALICE. A six ou huit divisions ouvertes, persistantes.

COROLLE. De six à huit pétales insérés sur un disque environnant l'ovaire, ouverts, alternes avec les divisions du calice, et plus longs que celles-ci.

ÉTAMINES. Nombreuses, plus courtes que la corolle, et ayant la même insertion que les pétales.

PISTIL. Ovaire libre, entouré d'un disque, portant deux styles divergens, plus longs que les étamines, et terminés chacun par un stigmate simple.

PÉRICARPE. Une capsule globuleuse, recouverte par le calice, divisée en deux loges, s'ouvrant par le sommet en deux valves bifides et courbées en dedans vers leur extrémité supérieure.

SEMENCES. Nombreuses, attachées à un placenta central, dilaté sur ses bords, qui correspondent à ceux des divisions de chaque valve.

Caractère essentiel. Calice persistant, à six ou huit divisions. Corolle de six à huit pétales caducs. Étamines nombreuses. Capsule à deux loges, s'ouvrant en deux valves, renfermant plusieurs semences.

Caractère secondaire. Arbrisseau à feuilles verticillées, à pédoncules axillaires, uniflores.

Rapports naturels. Il n'est pas facile de fixer la place que le Bauera doit occuper dans l'ordre naturel. « Selon Ventenat, ce genre, dont la corolle et les étamines sont insérées sur un disque situé entre l'ovaire et le calice, peut être indistinctement rapporté à la treizième ou à la quatorzième classe de la méthode de M. de Jussieu. Il n'est cependant aucun ordre dans ces deux classes dont le Bauera paraisse devoir faire partie, puisqu'il s'éloigne, par des caractères importans, de ceux dont il semble le plus se rapprocher. »

Étymologie. Ce genre a été dédié par M. Banks, président de la Société Royale de Londres, à MM. Joseph, Ferdinand, et François Hofbauer frères, nés en Allemagne, et peintres qui ont acquis de la célébrité par les nombreux dessins de plantes qu'ils ont faits pour plusieurs grands ouvrages de botanique. On doit au premier une grande partie des dessins des plantes que M. Jacquin a publiées sous le titre d'*Icones Plantarum rariorum.* Le second, après avoir travaillé à la suite des dessins du même ouvrage, accompagna M. Sibthorp dans le voyage qu'il a fait dans le Levant. Le troisième s'est fait avantageusement connaître par son magnifique ouvrage sur les Bruyères, qui lui a valu le brevet de peintre de fleurs du roi d'Angleterre.

ESPÈCES.

1. BAUERA rubioïdes. *Tab. 37.*
B. *foliis ovato-lanceolatis, subverticillatis; floribus axillaribus, pedunculatis.*

BAUERA rubioïde. *Pl. 37.*
B. à feuilles ovales-lancéolées, comme verticillées; à fleurs axillaires, pédonculées.

BAUERA *rubioïdes*. Andr. Botan. Reposit. 198. Vent. Hort. Malm. 96. tab. 96. Salysbury in
Bot. Magaz. 3. p. 514. Pers. Synop. 2. p. 80.

La tige de cet arbrisseau, tel qu'il est cultivé dans les jardins, s'élève à quatre ou cinq
pieds; elle est droite, cylindrique, rameuse, grosse, dans sa partie inférieure, tout au
plus comme le petit doigt, recouverte d'une écorce brunâtre. Ses rameaux sont axillaires, opposés. Ses feuilles, ovales-lancéolées, longues de huit à dix lignes, dentées,
glabres et d'un vert foncé en dessus, plus pâles en dessous, sont insérées trois à trois sur
un tubercule peu apparent, et chaque groupe étant opposé à un autre, elles paraissent
verticillées. Les fleurs, solitaires ou quelquefois au nombre de deux à trois dans les
aisselles des feuilles, sont portées sur des pédoncules filiformes, pubescens, plus
longs que les feuilles; elles sont composées d'un calice persistant, partagé profondément en six ou huit divisions lancéolées, dentées, aiguës, velues en dessous, moitié
plus courtes que les pétales; d'une corolle de six à huit pétales ovales-renversés, très-
ouverts, attachés sur un disque placé entre le calice et l'ovaire, de couleur rose, et
marqués dans leur milieu d'une ligne blanchâtre. La fleur entière, quand elle est épanouie, a environ un pouce de diamètre: elle fait un joli effet; c'est dommage que ses
pétales durent trop peu de tems et soient très-caducs. Les étamines sont nombreuses,
plus courtes que la corolle; leurs anthères, portées sur des filamens filiformes, sont
ovales, d'un jaune doré, et elles s'ouvrent latéralement. L'ovaire est globuleux,
sillonné, velu, blanchâtre et environné par un disque un peu saillant; il porte deux
styles écartés l'un de l'autre, plus longs que les étamines, et terminés par des stigmates simples, obtus. Les fruits qui succèdent aux fleurs sont des capsules globuleuses enveloppées par le calice, surmontées par les styles persistans, à deux loges,
s'ouvrant au sommet en deux valves divisées dans toute leur étendue; renfermant
des semences nombreuses, ovales, chagrinées, très-petites, de couleur brune, attachées par un cordon ombilical très-court à un placenta central, moitié plus court que
la capsule, dilaté et membraneux sur ses bords qui correspondent à ceux des divisions
de chaque valve et forment la cloison. Le périsperme des graines est charnu.

Cette espèce, jusqu'à présent la seule de ce genre, est indigène de la Nouvelle-
Hollande, où elle croît aux environs du Port Jackson. Elle est cultivée dans les jardins
d'Angleterre, et en France dans celui de la Malmaison. On la multiple de boutures et
de marcottes; pour que les premières réussissent, il faut les faire au mois de mars sur
une couche chaude ou sous châssis. Elle demande à être souvent arrosée pendant
l'été, et en hiver elle a besoin d'être placée dans l'orangerie. Ses fleurs paraissent
en septembre et octobre.

EXPLICATION DE LA PLANCHE 37.

Un rameau fleuri de grandeur naturelle. Fig. 1. Fleur un peu grossie, dont on a retranché
tous les pétales, excepté un, et presque toutes les étamines, pour faire voir l'attache de la
corolle, celle des étamines et les divisions du calice. Fig. 2. Une étamine vue à la loupe.

CLETHRA.

CLETHRA. Linn. Classe X. *Décandrie*. Ordre I. *Monogynie*.
CLETHRA. Juss. Classe IX. *Dicotylédones monopétales. Corolle périgyne.*
Ordre III. Les Bruyères. §. I. Ovaire libre et supérieur.

GENRE.

CALICE. Monophylle, à cinq divisions ovales-oblongues, concaves, droites, persistantes.

COROLLE. De cinq pétales oblongs, plus grands que le calice, élargis vers leur sommet, obtus, droits et à demi-ouverts.

ÉTAMINES. Dix, à filamens subulés; à anthères oblongues, bifides, s'ouvrant par leur sommet.

PISTIL. Ovaire supérieur, arrondi, portant un style filiforme, droit, persistant, terminé par un stigmate trifide.

PÉRICARPE. Capsule presque globuleuse, entourée par le calice, à trois loges, s'ouvrant au sommet en trois valves, contenant plusieurs semences.

SEMENCES. Anguleuses, plusieurs dans chaque loge.

Caractère essentiel. Calice à cinq divisions; corolle de cinq pétales; dix étamines; stigmate à trois lobes; capsule à trois loges et à trois valves, environnée par le calice.

Caractères secondaires. Arbrisseaux à feuilles simples et alternes; à fleurs disposées en épis axillaires ou terminaux : chaque fleur munie d'une bractée particulière.

Rapports naturels. Les Clethra paraissent avoir de l'affinité avec les plantes des genres Itea et Cyrilla; mais ils en diffèrent suffisamment, surtout parce que ces dernières n'ont que cinq étamines, et que leur capsule n'est qu'à deux loges.

Étymologie. *Clethra* vient de Κλη,θρη ou Κλήθρα, noms que portait l'Aune chez les Grecs. Gronovius a transporté le nom grec de cet arbre indigène à un genre de plantes de l'Amérique septentrionale, parce que la première espèce, qui fut long-tems la seule connue, a des feuilles qui ressemblent un peu à celle de l'Aune.

ESPÈCES.

1. CLETHRA Alnifolia.
C. *foliis ovato-lanceolatis, argutè remotéque dentatis, utrinquè glabris, basi subcuneatis; floribus spicatis, bracteatis; staminibus stylo brevioribus, petala æquantibus.*

CLETHRA à feuilles d'Aune.
C. à feuilles ovales-lancéolées, garnies de dents écartées et aiguës, glabres des deux côtés, un peu en coin à leur base; à fleurs en épis, munies de bractées; à étamines plus longues que le style, égales aux pétales.

CLETHRA *Alnifolia* Linn. Sp. 566. Willd. Sp. 2. pag. 619. Lam. Dict. 2. pag. 45. Mich. Fl. Bor. Amer. 1. pag. 260. Pers. Synop. 1. pag. 483.
Clethra. Gron. Virg. 47. Duham. Arb. 1. pag. 175. t. 71. Mill. Dict. et Ic. t. 281.
Alnifolia Americana serrata, floribus pentapetalis albis in spicam dispositis. Pluk. Alm. 18. t. 115. f. 1 et 2. Catesb. Carol. 1. pag. 66. t. 66.

La tige de cet arbrisseau est cylindrique, rameuse, recouverte d'une écorce brunâtre : elle s'élève à huit ou dix pieds. Ses feuilles sont ovales-lancéolées, cunéiformes à leur base, portées sur des pétioles de quatre à six lignes de longueur, éparses, longues de trois à quatre pouces, d'un vert foncé en dessus, d'un vert plus clair en dessous, parfaitement glabres sur leurs deux faces, bordées de dents écartées et aiguës dans les trois quarts de leur partie supérieure. Les fleurs sont disposées en épis à l'extrémité des rameaux et dans les aisselles des feuilles supérieures. Les épis sont longs de six à huit pouces, nus dans leur partie inférieure, chargés dans les trois quarts de leur longueur d'un grand nombre de fleurs (de quarante à soixante); chaque fleur est portée sur un pédicule particulier d'une à deux lignes de long, muni à sa base d'une petite bractée linéaire : elle est composée d'un calice à cinq divisions ovales-lancéolées, persistantes, pubescentes; d'une corolle demi-ouverte, de cinq pétales blancs, ovales-oblongs, un peu roulés en dedans à leur sommet et très-légèrement échancrés; de dix étamines de la longueur des pétales ou environ, insérées autour de la base de l'ovaire, ayant leurs anthères de couleur jaune, à deux loges, et bifides à leur sommet; d'un ovaire globuleux surmonté d'un style d'un tiers plus long que les étamines et les pétales. Le fruit est une petite capsule globuleuse, environnée par le calice, et divisée en trois loges, qui contiennent chacune plusieurs semences.

Cet arbrisseau croît spontanément dans les marais et sur le bord des ruisseaux, dans la Virginie, la Caroline, la Pensylvanie et la plupart des autres parties des États-Unis ; il est cultivé maintenant dans beaucoup de jardins en France, en Angleterre, et dans plusieurs contrées de l'Europe. Ses fleurs, qui commencent à paraître à la fin de juillet, et qui se succèdent pendant tout le mois d'août et une grande partie de celui de septembre, font un très-joli effet, et elles sont, à la fin de l'été, l'ornement des bosquets, qui, dans cette saison, commencent à être dégarnis d'arbres et d'arbrisseaux à fleurs; elles ont un peu d'odeur.

2. CLETHRA montana.

C. *foliis ovato-lanceolatis, acutis, acuté crebréque serratis ; spicis florentibus, ebracteatis, secundis; staminibus pilosis, petala æquantibus, stilo brevioribus.*

CLETHRA de montagne.

C. à feuilles ovales-lancéolées, aiguës, munies de dents fines et rapprochées ; à fleurs en épis, tournées du même côté, dépourvues de bractées lors de la floraison; à étamines velues, égales aux pétales, plus courtes que le style.

CLETHRA *acuminata*. Mich. Fl. Bor. Amer. 1. pag. 260. Pers. Synop. 1. pag. 483.

Cette espèce ressemble beaucoup à la précédente; mais elle paraît en différer assez pour constituer une espèce distincte : sa tige s'élève beaucoup plus haut; elle atteint la hauteur de vingt pieds dans son pays natal, et le tronc acquiert à la base jusqu'à trois pouces de diamètre. Ses feuilles ressemblent beaucoup à celles du *Clethra alnifolia*, mais elles sont plus arrondies à leur base; les dents, dont le bord est garni, sont plus petites, plus aiguës, plus nombreuses et plus rapprochées les unes des autres; elles sont glabres, chargées seulement en dessous, dans leur jeunesse, de quelques poils épars. Les fleurs sont aussi disposées en épis, mais elles sont toutes tournées du même côté, accompagnées, avant leur épanouissement, de bractées longues et aiguës qui tombent facilement, et qu'en général on ne retrouve plus lorsque la floraison est parfaite. Le calice, la corolle, les étamines et le pistil n'offrent aucune différence, quant aux formes; mais on observe quelques poils dans l'intérieur des pétales, sur les filamens des étamines, et l'ovaire est très-velu. La capsule est globuleuse et velue.

Cet arbrisseau a été découvert dans les montagnes de la Géorgie, de la Caroline et de la Pensylvanie, par André Michaux, qui en a apporté les graines en France. Il ne croît que sur les pentes des montagnes, tandis que la première espèce ne se trouve que dans les marais. Il est cultivé aujourd'hui au Jardin des Plantes et chez M. Cels.

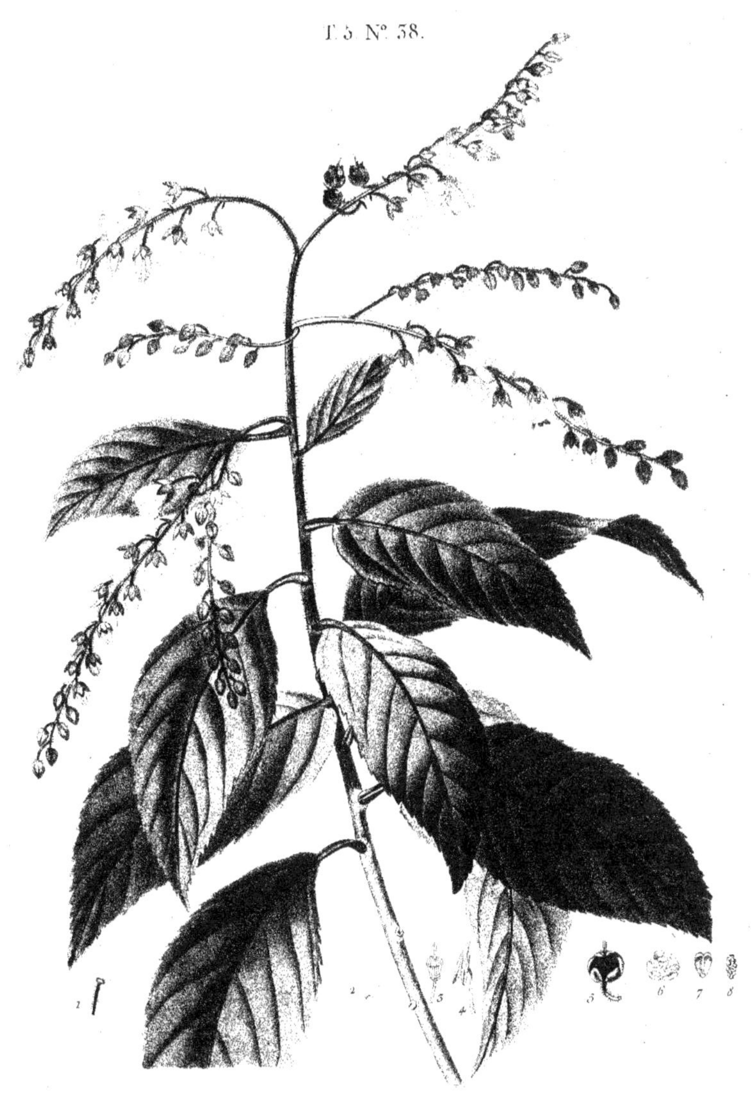

CLÉTHRA arborea.   CLÉTHRA arborescent.

P. J. Redouté pinx   Lemaire sculp.

Ses fleurs paraissent un peu plutôt que celles des autres espèces; elles passent aussi plutôt : leur odeur est douce, mais peu prononcée. Nous avons changé le nom donné à cette espèce par A. Michaux, parce qu'il avait été emprunté d'un caractère fugace, qu'on ne peut trouver que sur les échantillons non encore fleuris, et qui n'existe plus lorsque les fleurs sont complètement développées et en état d'être observées.

3. CLETHRA incana.	CLETHRA blanchâtre.
C. *foliis ovato-oblongis, acutis, argutè remotéque dentatis, subtùs tomentoso-incanis; floribus spicatis, bracteatis; staminibus corollá styloque longioribus.*	C. à feuilles ovales-oblongues, garnies de dents écartées et aiguës, cotonneuses-blanchâtres en dessous; à fleurs en épis, munies de bractées; à étamines plus longues que la corolle et que le style.

CLETHRA *incana.* Pers. Synop. 1. pag. 483.
CLETHRA *tomentosa.* Lam. Dict. 2. pag. 46.
CLETHRA *pubescens.* Ait. Hort. Kew. 2. pag. 73.
CLETHRA *alnifolia.* ♀. Willd. Sp. 2. pag. 620. Mich. Fl. Bor. Am. 1. pag. 260.

Quoique cette espèce ait tout le port du *Clethra alnifolia,* nous croyons cependant que les différences qu'elle présente étant constantes, elle doit en être séparée et considérée comme distincte, ainsi que M. de Lamarck l'a fait le premier. Elle diffère effectivement par ses feuilles qui, quoique glabres en dessus, sont moins lisses et pas du tout luisantes; mais surtout parce qu'elles sont revêtues en dessous d'un duvet très-court qui les rend blanchâtres. Les fleurs, quoique disposées de même que dans la première espèce, offrent aussi des différences assez remarquables, c'est que les étamines sont saillantes, hors de la corolle, d'environ un tiers de leur longueur, et que le style, au lieu d'être plus long qu'elles, est au contraire plus court.

Cet arbrisseau est originaire de la Caroline; il est cultivé dans les jardins presque aussi communément que le Clethra à *feuilles d'Aune.* Ses fleurs, qui paraissent dans la même saison, contribuent avec lui à embellir les bosquets d'automne.

4. CLETHRA arborea. *Tab.* 38.	CLETHRA arborescent. *Pl.* 38.
C. *foliis ovato-lanceolatis, serratis, acutis, lucidis; floribus ebracteatis, spicatis terminalibus; staminibus corollá dimidiö brevioribus.*	C. à feuilles ovales-lancéolées, dentées en scie, aiguës, luisantes, à fleurs dépourvues de bractées, disposées en épis terminaux; à étamines moitié plus courtes que la corolle.

CLETHRA *arborea.* Ait. Hort. Kew. 2. pag. 73. Willd. Sp. 2. pag. 620. Vent. Hort. Malm. n. 40. tab. 40. Pers. Synop. 1. pag. 483.

Cette espèce forme dans nos jardins un arbrisseau qui s'élève à huit ou dix pieds, et dans son pays natal, un arbre moyen qui atteint vingt à vingt-cinq pieds de hauteur. Ses rameaux sont couverts d'une écorce brune-rougeâtre; les plus jeunes sont verdâtres et pubescens. Les feuilles sont éparses, pétiolées, ovales-lancéolées, dentées en scie, aiguës, longues de trois à quatre pouces, glabres, luisantes et d'un vert un peu foncé en dessus, d'un vert plus pâle en dessous, hérissées de poils sur leur nervure principale et sur leur pétiole. Les fleurs sont disposées sur des épis qui forment une espèce de panicule au sommet des rameaux; elles sont moins nombreuses et plus lâches que dans les trois premières espèces, et dépourvues de bractées, ou celles qu'on observe à la base des épis tombent promptement : leur pédoncule commun est pubescent, ainsi que chaque pédicule particulier. Chaque fleur est composée d'un calice à cinq divisions ovales, obtuses, hérissées de poils très-courts et très-serrés, blanchâtres, de cinq pétales d'un blanc de lait, cunéiformes, légèrement échancrés à leur sommet, assez ouverts, deux fois plus longs que les divisions du calice; de dix étamines moitié plus courtes que les pétales, à anthères bifides, d'un jaune foncé, divisées en deux loges ayant la forme d'un cornet, s'ouvrant par leur sommet; d'un ovaire velu, chargé d'un style cylindrique qui atteint presque la longueur de la corolle, terminé par trois stigmates. Le fruit qui succède aux fleurs est une capsule globuleuse, environnée par le calice, divisée en trois loges, s'ouvrant du sommet à la base en trois valves, et contenant chacune huit à douze semences.

Ce grand arbrisseau est originaire de l'île de Madère : on le cultive à Paris dans quelques jardins, mais on est obligé de le rentrer l'hiver dans l'orangerie. Ses fleurs, qui paraissent dans les mois d'août et de septembre, ont une odeur très-suave, approchant de celle de l'Aubépine. Cet avantage, joint à celui d'avoir un beau port et un beau feuillage, le feront sant doute multiplier et rechercher. Il est probable qu'on pourra l'acclimater dans nos départemens méridionaux, et l'y planter en pleine terre.

5. CLETHRA paniculata. — CLETHRA paniculé.

C. *foliis lanceolato-obovatis, serratis, glabris; paniculá angustatá, bracteatá.* — C. à feuilles lancéolées-ovales, dentées en scie, glabres; à panicule resserrée, garnie de bractées.

CLETHRA *paniculata*. Ait. Hort. Kew. 2. p. 73. Willd. Sp. 2. p. 620. Pers. Synop. 1. p. 483.

M. Willdenow indique cette espèce comme croissant dans l'Amérique septentrionale. Elle est cultivée en Angleterre.

6. CLETHRA Tinifolia. — CLETHRA à feuilles de Tinus.

C. *foliis ovato-oblongis, integerrimis, acutis, superné glaberrimis, subtùs incanis; floribus spicatis, ebracteatis, terminalibus, paniculatim dispositis.* — C. à feuilles ovales-oblongues, très-entières, aiguës, très-glabres en dessus, blanchâtres en dessous; à fleurs en épis, dépourvues de bractées, disposées en panicule terminale.

CLETHRA *Tinifolia*. Willd. Sp. 2. pag. 620. Pers. Synop. 1. pag. 483.
Tinus *occidentalis*. Lin. Sp. 530.
Volkameria *arborea, foliis oblongo-ovatis alternis, superné glabris, subtùs subvillosis et nervosis, spicis ramosis et terminalibus.* Brown. Jam. 214. t. 21. f. 1.
Baccifera arbor, calyculata, foliis laurinis, fructu racemoso. Sloan. Hist. 2. p. 86, t. 198. f. 2.

Tige ligneuse, revêtue d'une écorce d'un brun rougeâtre; à rameaux pubescens. Feuilles alternes, longues de deux à trois pouces, ovales-allongées, très-entières, un peu aiguës à leur sommet, glabres et lisses en dessus, chargées en dessous de nervures saillantes, de couleur rousse, et recouvertes entièrement d'un duvet très-court, très-fin, à peine visible, même à la loupe, mais très-sensible par la couleur rousse-blanchâtre de cette partie de la feuille. Pétioles velus ainsi que les pédoncules. Fleurs disposées au sommet des rameaux sur des épis rameux qui forment une panicule. Leur calice est moitié plus court que la corolle, revêtu d'un duvet court et serré. Les pétales sont blanchâtres, plus longs que les étamines et le style.

Cette espèce croît spontanément sur les montagnes élevées de la Jamaïque.

7. CLETHRA scabra. — CLETHRA à feuilles rudes.

C. *foliis ovato-oblongis, integerrimis, submarginatis, superné scabriusculis, subtùs tomentosis; floribus paniculatis, terminalibus.* — C. à feuilles ovales-oblongues, très-entières, à peine échancrées au sommet, un peu rudes en dessus, cotonneuses en dessous; à fleurs disposées en panicule terminale.

CLETHRA *scabra*. Wahl. in Juss. Herb. Pers. Synop. 1. pag. 483.

Tige frutescente, à rameaux recouverts d'une écorce grisâtre ou brunâtre. Feuilles rapprochées les unes des autres et paraissant quelquefois opposées, mais réellement alternes, pétiolées, ovales-allongées, ayant deux à trois pouces de longueur, très-entières, paraissant glabres en dessus, quoique garnies de nombreux faisceaux de poils courts et rayonnans, qui les rendent un peu rudes; couvertes en dessous de poils courts, serrés, qui forment une espèce de duvet blanchâtre; munies en outre de nervures très-nombreuses, dont les plus petites s'anastomosent les unes avec les autres et forment un réseau couleur de rouille, parce que tous les poils qui couvrent ces nervures sont de cette couleur. Fleurs disposées au sommet des rameaux sur des épis pubescens, réunis en panicule : chaque fleur est composée d'un calice à cinq divisions ovales, très-velues; de cinq pétales blanchâtres, moitié plus longs que le calice : les étamines et le pistil sont plus courts que la corolle.

Cette espèce croit naturellement au Brésil ; nous la décrivons d'après les échantillons conservés dans les herbiers de MM. de Jussieu et Richard.

8. CLETHRA macrostachya.

CLETHRA à longs épis.

C. foliis ovato-oblongis, subintegerrimis, apice denticulatis, subtùs tomentosis; spicis longissimis, densifloris, axillaribus, terminalibusque, paniculatim dispositis.

C. à feuilles ovales-oblongues, presque entières, très-légèrement dentées au sommet, cotonneuses en dessous, à épis très-longs, garnis de fleurs serrées, axillaires et terminaux, disposés en panicule.

Tige frutescente, rameuse, dont les jeunes rameaux, ainsi que les pétioles et les pédoncules, sont couverts d'un duvet court, serré et roussâtre. Feuilles alternes, pétiolées, longues de trois à cinq pouces, ovales allongées, un peu cunéiformes à leur base, portées sur des pétioles de huit à douze lignes de longueur, obtuses à leur sommet et garnies de quelques dents écartées, très-courtes; paraissant glabres en dessus lorsqu'on les voit à l'œil nu, mais chargées, si on les observe à la loupe, de poils écartés, la plupart bifides ou rameux; couvertes en dessous d'un duvet roussâtre pareil à celui qui recouvre les pétioles et les jeunes rameaux ; munies de nervures, sur lesquelles les poils de ce duvet sont encore plus longs. Fleurs plus petites que dans la plupart des autres espèces, disposées sur des épis de six à dix pouces de longueur : chaque épi porte au moins deux cents fleurs; et la réunion de huit à dix de ces épis, les uns placés dans les aisselles des feuilles supérieures, les autres terminaux, forme une panicule très-garnie. Calice tomenteux, moitié plus court que la corolle. Pétales de deux lignes au plus de hauteur, échancrés à leur sommet, paraissant avoir été de couleur blanche, plus longs que les étamines et le style.

9. CLETHRA nervosa.

CLETHRA nerveux.

C. foliis ovato-oblongis, subsessilibus, denticulatis, subtùs nervosissimis, tomentosisque; spicis pubescentibus, abbreviatis, terminalibus, paniculatis.

C. à feuilles ovales-oblongues, finement dentées, cotonneuses en dessous et chargées de nervures très-nombreuses; à épis pubescens, un peu courts, terminaux, disposés en panicule.

Tige ligneuse, couverte d'une écorce d'un brun rougeâtre, à jeunes rameaux chargés de poils nombreux roussâtres. Feuilles alternes, portées sur des pétioles très-courts et très-velus, ovales-allongées, de deux à trois pouces de longueur, velues, dans leur jeunesse, sur leurs deux faces, presque glabres en dessus lors de leur parfait développement, garnies en leur bord de dents très-courtes, qui ne viennent pas de la substance de la feuille, mais du prolongement des nervures principales : celles-ci sont nombreuses et très-prononcées en dessous; les principales se subdivisent en une grande quantité d'autres plus petites qui s'anastomosent les unes avec les autres. Outre ces nervures, le dessous de chaque feuille est encore tout couvert d'un duvet court, serré, un peu roussâtre. Fleurs disposées sur six à huit épis terminaux, longs de deux à trois pouces. Le calice n'offre rien de particulier. La corolle est blanchâtre, plus longue que les divisions du calice renfermant les étamines et le pistil, qui ne sont pas saillans. Le fruit est une capsule globuleuse, très-velue, un peu plus grande que le calice.

10. **CLETHRA** divaricata.	**CLETHRA** étalé.
C. *foliis ovatis, integerrimis, subtùs tomentosis; spicis villosis, brevibus, divaricatis, terminalibus, paniculatim dispositis.*	C. à feuilles ovales, très-entières, cotonneuses en dessous; à épis velus, courts, étalés, terminaux, disposés en panicule.

Tige frutescente, garnie de rameaux couverts d'une écorce brunâtre, velue dans sa jeunesse. Feuilles ovales, très-entières, terminées à leur sommet par une petite pointe particulière, portées sur des pétioles de quatre à six lignes de longueur; longues elles-mêmes d'un pouce à un pouce et demi, couvertes en dessus de beaucoup de faisceaux de poils courts et rayonnans, toutes chargées en leur face inférieure de ces mêmes poils, qui sont si rapprochés les uns des autres qu'ils forment une espèce de duvet un peu couleur de rouille : elles sont aussi munies en cette partie de nervures très-prononcées. Fleurs en épis longs de deux à trois pouces au plus, étalés, disposés au sommet des rameaux, formant une panicule dont les pédoncules sont couverts de poils ferrugineux. Calice cotonneux. Corolle plus grande que dans les quatre dernières espèces, renfermant également les étamines et le style, qui ne sont pas saillans. Le fruit est une capsule velue, en partie saillante hors du calice.

Cette espèce et les deux précédentes ont été découvertes au Pérou, par Dombey, qui en a rapporté des échantillons qui sont conservés, et que nous avons vus dans l'herbier du Jardin des Plantes.

Toutes les espèces de Clethra sont des arbrisseaux dont les fleurs, en épis ou en panicule, ont un très-joli aspect; aussi a-t-on fait servir à l'ornement de nos jardins celles qu'il a été facile d'acclimater. Les cinq premières sont jusqu'à présent les seules qui aient été apportées vivantes en Europe. Excepté le Clethra arborescent, elles ne demandent d'autre soin que de les planter dans la terre de bruyère, à l'exposition du nord. On les multiplie de drageons, de marcottes et de graines. Il faut les arroser fréquemment pendant l'été, surtout les deux premières espèces. Le Clethra arborescent, qui est originaire de Madère, ne supporte pas les hivers du climat de Paris; il faut le mettre en caisse, afin de pouvoir le rentrer pendant la saison rigoureuse; autrement il n'est pas délicat et se cultive comme les autres. Quant aux cinq dernières espèces, comme elles sont originaires des pays chauds, elles auront probablement besoin de la serre chaude.

EXPLICATION DE LA PLANCHE 38.

Un rameau de grandeur naturelle chargé de fleurs. Fig. 1. Fleur dépouillée du calice pour faire voir l'insertion de la corolle. Fig. 2. Un pétale séparé. Fig. 3. Les étamines et le style. Fig. 4. Une étamine grossie pour faire voir la forme de l'anthère. Fig. 5. Fruit dont les valves commencent à s'ouvrir. Fig. 6. Le même sans calice, coupé transversalement pour montrer les trois placentas. Fig. 7. Une valve séparée, vue en dedans pour montrer la cloison. Fig. 8. Un placenta séparé et grossi.

T. 5. N.º 39.

SPARMANNIA Africana.   SPARMANNIA d'Afrique.

P. J. Redouté pinx.

Lemaire sculp.

SPARRMANNIA.

SPARRMANNIA. Linn. Classe XIII. *Polyandrie.* Ordre I. *Monogynie.*

SPARRMANNIA. Juss. Classe XIII. *Dicotylédones polypétales; étamines insérées sous le pistil.* Ordre XIX. Les Tilliacées. §. II. Etamines indéfinies; fruit à plusieurs loges.

GENRE.

CALICE. De quatre folioles lancéolées, entières.

COROLLE. De quatre pétales égaux, ovales-cunéiformes, entiers, planes, une fois plus longs que le calice.

ÉTAMINES. Nombreuses : filamens insérés sous l'ovaire, réunis par leur base en plusieurs groupes, noueux ou renflés par intervalles dans leur partie supérieure, les uns plus courts et stériles, les autres portant des anthères ovales en cœur.

PISTIL. Ovaire supérieur, presque globuleux, hispide, à cinq angles, surmonté d'un style filiforme, droit, plus long que les étamines, terminé par un stigmate tronqué, glanduleux.

FRUIT. Capsule pentagone, à cinq loges, hérissée de poils droits, roides, terminés par une épine brillante et piquante.

SEMENCES. Deux dans chaque loge.

Caractère essentiel. Calice de quatre folioles. Corolle de quatre pétales, plus longs que le calice. Etamines nombreuses, à filamens moniliformes, les exterieurs stériles, les intérieurs portant des anthères. Ovaire pentagone, hispide, chargé d'un style simple. Capsule à cinq angles, hérissée, partagée en cinq loges.

Rapports naturels. Le Sparrmannia ressemble, par son port, à un *Triumfetta* ou à un *Sida;* par la forme et la disposition de ses fleurs, à un *Geranium;* et par son fruit, à un *Hibiscus,* ou plutôt au *Commersonia,* à cause des poils dont il est hérissé.

Étymologie. M. Thunberg a consacré le genre Sparrmannia à la mémoire du savant professeur Sparrman, né en Suède, et qui s'est rendu célèbre par ses voyages au Cap de Bonne-Espérance, en Chine et aux Terres Australes.

ESPÈCES.

1. SPARRMANNIA Africana. *Tab.* 39.   SPARRMANNIA d'Afrique. *Pl.* 39.

S. *foliis cordatis, lobatis; floribus umbellatis; pedunculis antè florescentiam reflexis.*   S. à feuilles en cœur, lobées; à fleurs en ombelle, ayant leurs pédoncules réfléchis avant la fleuraison.

SPARRMANNIA *Africana.* Lin. Suppl. 265. Thunb. Nov. Pl. Gen. 5. pag. 88. Retz. Obs. 5. pag. 25. n. 65. t. 3. (*Descriptione, synonymo Rumphii, et patriâ exclusis.*) Curt. Mag. tab. 516. Willd. Sp. 2. pag. 1160. Vent. Hort. Malm. n. 78. tab. 78. Pers. Synop. 2. pag. 64.

L'arbrisseau de cette espèce que nous avons vu au Jardin des Plantes de Paris, n'a que sept ou huit ans, et il s'élève au moins à dix pieds de hauteur; ce qui peut faire croire que dans son pays natal, et lorsqu'il a atteint toute sa croissance, il doit s'élever beaucoup plus haut, et devenir même un arbre de moyenne taille. Sa tige est droite, recouverte d'une écorce d'un gris cendré; elle a environ huit à neuf pouces de circonférence à sa base, et elle se divise supérieurement en rameaux épars, assez étalés : ses plus grosses branches ont leur écorce comme le tronc, tandis que les jeunes rameaux d'un à deux ans sout encore d'une consistance et d'une couleur herbacée. Les feuilles

5.

sont éparses, portées sur des pétioles cylindriques, de trois à six pouces de longueur, munies, dans leur jeunesse, de petites stipules linéaires, grandes elles-mêmes comme la main ou davantage, échancrées en cœur à leur base, pointues à leur sommet, crenelées en leur bord, et à trois ou cinq lobes peu profonds, hérissées de poils courts, relevées en dessous par plusieurs nervures Les fleurs sont réunies en une ombelle pédonculée, opposée aux feuilles. Il y a cinq à six bractées principales sous les rayons de l'ombelle, et une plus petite à la base de chaque pédicule particulier. L'ombelle est formée de cinquante fleurs et davantage. Chaque fleur est portée sur un pédicule de deux pouces de long ou environ, velu, articulé vers les trois quarts de sa longueur, réfléchi et incliné en bas avant la fleuraison; elle est composée d'un calice de quatre folioles oblongues, lancéolées, velues en dehors, de la même couleur et de la même consistance à peu près que les pétales, de près de moitié plus courtes que ceux-ci; d'une corolle de quatre pétales ovales-allongés, un peu crénelés à leur sommet, cunéiformes à leur base qui est légèrement teinte en pourpre, blancs dans le reste de leur étendue, glabres, insérés sous l'ovaire, alternes avec les folioles du calice, très-ouverts; d'un grand nombre d'étamines, dont les filamens sont deux fois plus courts que les pétales, réunis par leur base en plusieurs groupes, noueux ou renflés par intervalles dans leur partie supérieure : ceux de la circonférence sont jaunes, le plus souvent stériles, tandis que les intérieurs sont purpurins et ordinairement les seuls qui portent des anthères arrondies, à deux loges, s'ouvrant latéralement; enfin d'un ovaire globuleux, velu, surmonté d'un style filiforme un peu plus long que les étamines, terminé par un stigmate simple, paraissant glanduleux quand on le regarde à la loupe. Le fruit, que nous n'avons pu observer, est, selon les auteurs, une capsule à cinq angles, à cinq loges, hérissée de soies droites, roides, terminées par une épine brillante, droite et piquante : il y a dans chaque loge deux semences oblongues, glabres, en forme de carène sur un de leurs côtés.

On ne connaît jusqu'à présent qu'une seule espèce de Sparrmannia, c'est celle que nous venons de décrire. Elle est originaire du Cap de Bonne-Espérance, où elle croît dans les forêts. Elle a été introduite en France depuis quelques années, et elle y est encore rare; on la cultive au Jardin des Plantes, dans celui de la Malmaison et chez quelques curieux. C'est un arbrisseau d'un aspect très-agréable; il mérite d'être multiplié à cause de la beauté de ses fleurs qui durent, ou plutôt se renouvellent sans interruption pendant plus de la moitié de l'année, dans une saison où elles sont d'autant plus précieuses qu'elles sont plus rares. Nous avons vu celui du Jardin des Plantes faire le plus bel ornement des serres pendant tout l'hiver dernier (de 1809 à 1810), et une grande partie du printems : il a été constamment couvert de superbes bouquets de fleurs, qui se sont succédés les uns aux autres depuis le commencement d'octobre jusqu'à la fin de mai. Sa culture n'est pas difficile; on le met en caisse afin de le rentrer l'hiver dans la serre tempérée; peut-être même qu'il se conserverait dans l'orangerie, et qu'avec la précaution de le couvrir pendant le froid, il serait possible de l'acclimater dans les parties les plus chaudes de nos départemens méridionaux; mais comme il fleurit dans la saison froide, il faudra toujours le mettre dans un lieu tempéré lorsqu'on voudra jouir de ses fleurs en hiver. On le multiplie de marcottes et de boutures, qu'il faut faire au printems; jusqu'à présent il n'a pas encore porté de fruit en France.

EXPLICATION DE LA PLANCHE 39.

Un rameau en fleur de grandeur naturelle. Fig. 1. Une fleur séparée, dont on a retranché tous les pétales, excepté un seul, pour faire voir les étamines. Fig. 2. Un groupe d'étamines réunies par leur base. Fig. 3. Le pistil.

GLOBULARIA longifolia.　　**GLOBULAIRE** à feuilles longues.

P. J. Redouté pinx.　　　　　　　　　　Lemaire sculp.

GLOBULARIA. GLOBULAIRE.

GLOBULARIA. Linn. Classe IV. *Tétrandrie.* Ordre I. *Monogynie.*

GLOBULARIA. Juss. Classe VIII. *Dicotylédones monopétales. Corolle hypogyne.* Ordre I. Les Lisimachies. §. III. Genres qui ont de l'affinité avec les Lisimachies.

GENRE.

CALICE.   Commun, composé d'écailles embriquées, entourant les fleurs réunies en tête. Calice propre, monophylle, tubulé, à cinq divisions aiguës, persistant.

COROLLE.   Monopétale, tubuleuse à la base, ayant son limbe partagé en cinq lobes et formant deux lèvres; la supérieure très-étroite, à deux divisions plus courtes; l'inférieure à trois découpures plus longues, égales.

ÉTAMINES.   Quatre, à filamens simples, de la longueur de la corolle.

PISTIL.   Ovaire ovale, supérieur, portant un style simple de la longueur des étamines, terminé par un stigmate obtus.

PÉRICARPE. Nulle; graine solitaire, ovale, recouverte par le calice, placée sur un réceptacle commun, garni de paillettes.

SEMENCES.   Formées d'un périsperme charnu, d'un embryon droit, ayant la radicule supérieure.

CARACTÈRE ESSENTIEL. Calice propre, monophylle, tubulé, inférieur. Corolle monopétale, à deux lèvres; la supérieure à deux divisions, l'inférieure à trois. Quatre étamines. Un style. Fleurs réunies en tête dans un calice commun, polyphylle, sur un réceptacle garni de paillettes.

RAPPORTS NATURELS. Le genre GLOBULARIA a des rapports avec les *Dipsacées,* par ses fleurs réunies en tête, environnées d'un calice commun à plusieurs feuilles, et placées sur un réceptacle garni de paillettes; mais il en diffère par son calice simple, par sa corolle insérée sous l'ovaire et non sur le calice. M. de Jussieu l'avait placé à la fin des *Lisimachies,* comme ayant de l'affinité avec les plantes de cette famille; mais il s'en éloigne par son fruit, qui est une graine solitaire recouverte par le calice. Il ressemble d'ailleurs, par le port, aux PROTEA et à certains STATICE, sans pouvoir cependant être placé dans le même ordre qu'aucun de ces deux derniers genres. Ces considérations ont engagé M. Decandolle à former avec les *Globulaires,* et sous ce nom, une famille particulière.

ETYMOLOGIE. Le nom de GLOBULARIA a été donné à ce genre par Tournefort, parce que toutes les plantes qui le composent ont leurs fleurs réunies en une tête globuleuse ou presque globuleuse.

ESPÈCES.

1. GLOBULARIA longifolia. *Tab.* 40.
G. *caule fruticoso; foliis lanceolato-linearibus, glaberrimis; capitulis axillaribus, pedunculatis; paleis et dentibus calycinis pilosis; corollularum labio superiore subnullo.*

GLOBULAIRE à feuilles longues. *Pl.* 40.
G. à tige frutescente; à têtes de fleurs axillaires, pédonculées; à paillettes du réceptacle et dents du calice velues; à lèvre supérieure de la corolle presque nulle.

GLOBULARIA *longifolia.* Ait. Hort. Kew. 1. pag. 130. WILLD. Sp. 1. pag. 539. PERS. Synop. 1. pag. 118.

GLOBULARIA *salicina*. Lam. Dict. Encycl. 2. pag. 732.

Alypum sive herba terribilis procerior, cortice cinereo, scabro ; folio acuminato, longiore. Sloan. Jam. 124. Hist. 1. pag. 19. tab. 5. fig. 3.

Tige de sept à huit pieds de hauteur, droite, grosse tout au plus comme le pouce, couverte d'une écorce cendrée. Jeunes rameaux anguleux, chargés de feuilles éparses, assez rapprochées les unes des autres, sessiles, lancéolées-linéaires, entières, très-glabres, lisses et luisantes, d'un vert gai, longues de deux à trois pouces. Fleurs agrégées, réunies en tête dans un calice commun, portées sur un pédoncule long d'un pouce. Pédoncules solitaires, axillaires, pubescens, chargés de trois à cinq bractées brunâtres, très-petites ; deux de ces bractées ordinairement placées vers la base du pédoncule. Calice commun, composé d'écailles lancéolées, embriquées, plus courtes que les corolles. Calice propre, velu, à cinq dents linéaires, environ moitié plus courtes que la corolle. Réceptacle muni d'écailles lancéolées, bleuâtres, plus courtes que chaque fleurette. Corolle d'un bleu très-clair, tirant sur le blanc, monopétale à deux lèvres ; la supérieure nulle ou presque nulle, à peine sensible dans deux appendices extrêmement petits, et qu'on ne peut apercevoir à l'œil nu ; lèvre inférieure plane, divisée en son limbe en trois lobes. Quatre étamines à filamens plus longs que la corolle, portant des anthères de couleur bleu-ciel. Un style de la même longueur que les étamines, terminé par un stigmate bifide. A chaque fleur succède une graine ovale, recouverte par le calice, placée à la base d'une paillette du réceptacle.

Cet arbrisseau est originaire de l'île de Madère ; on le cultive chez quelques amateurs. On est obligé de le tenir en caisse ou en pot, parce qu'il craint le froid, et qu'il faut, dans le climat de Paris, le rentrer dans l'orangerie pendant l'hiver ; mais dans le midi de la France on peut le mettre en pleine terre. Sa culture n'a rien d'extraordinaire : il demande à être arrosé modérément et à être planté en terre substantielle mêlée d'un peu de terreau de bruyère. On le multiplie de marcottes. Il fleurit en septembre et octobre.

2. GLOBULARIA Alypum. *Tab.* 41. *fig.* 1.   GLOBULAIRE Turbith. *Pl.* 41. *fig.* 1.

G. *caule fruticoso ; foliis lanceolatis, acutissimis, glabris ; capitulis terminalibus ; dentibus calycinis subulatis, pilosis ; corollularum labio superiore brevissimo, subnullo.*

G. à tige frutescente ; à feuilles lancéolées très-aiguës, glabres ; à têtes de fleurs terminales ; à dents du calice subulées, velues ; à lèvre supérieure de la corolle très-courte, presque nulle.

GLOBULARIA *Alypum*. Lin. Sp. 139. Willd. Sp. 1. pag. 540. Lam. Dict. 2. pag. 732. Desf. Fl. Atl. 1. pag. 117. Pers. Synop. 1. pag. 118. Decand. Fl. Fr. n. 2233. Lois Fl. Gall. 75.

Hippoglossum *Valentinum*. Clus. Hist. 90.

Alypum *montis Ceti Narbonensium, Herba terribilis vulgò.* Lob. adv. 158. Obs. 201.

Alypum *Penæ*. Dalech. Hist. 1680. et *Empetron phacoides*. Ibid. 1771.

Alypum *Monspelianum, sive frutex terribilis.* J. Bauh. Hist. 1. lib. 5. pag. 598. Nissole, Mém. Acad. Paris. 1712, pag. 336. tab. 18.

6. GLOBULARIA *fruticosa, myrti folio, tridentato.* Tourn. Inst. 467. Garid. Plant. de Prov. 210. Tab. 42. Duham. Arb. et Arbust. 1. pag. 269. Pl. 106.

La Globulaire Turbith est un petit arbrisseau de deux à trois pieds de haut, dont les rameaux sont grêles, redressés, recouverts dans leur jeunesse d'une écorce brunâtre, qui devient cendrée en vieillissant. Ses feuilles sont alternes, lancéolées, rétrécies en pétiole à leur base, longues d'un pouce ou un peu moins, très-entières ou munies d'une à deux dents vers leur sommet, qui est très-aigu ; elles persistent pendant l'hiver, et leur consistance est dure, sèche et coriace. Les fleurs sont bleuâtres, réunies au sommet des rameaux dans un calice commun, et formant une petite tête,

Fig. 1. **GLOBULARIA** alypum. **GLOBULAIRE** turbith.
Fig. 2. **GLOBULARIA** nana. **GLOBULAIRE** naine.

qui a l'aspect d'une Composée : ces têtes sont ordinairement solitaires et terminales; quelquefois aussi il y en a deux ou trois dans les aisselles des feuilles supérieures. Le calice commun est composé d'écailles ovales-oblongues, ciliées en leur bord, ainsi que les paillettes du réceptacle, qui sont linéaires. Le calice propre est à cinq dents subulées, hérissées de poils. La corolle est de couleur bleue, monopétale, tubulée dans sa moitié inférieure, divisée dans sa partie supérieure en deux lèvres, dont la supérieure à deux dents si courtes qu'elles sont à peine visibles à l'œil nu ; l'inférieure a son limbe plane, terminé par trois dents. Les quatre étamines et le style sont presque de la longueur de la lèvre inférieure de la corolle. Les filamens portent des anthères demi-globuleuses, d'une couleur bleuâtre. Le style est terminé par un stigmate bifide.

Cet arbrisseau croît spontanément aux lieux arides, pierreux, et sur les collines exposées au soleil, dans les départemens méridionaux de la France, en Portugal, en Espagne, en Italie et sur les côtes de Barbarie. En Provence et en Languedoc, il fleurit au mois de mars, et assez souvent une seconde fois en septembre et octobre. On ne le cultive guère que dans les jardins de botanique, quoique cependant il mérite d'être plus répandu, faisant un très-joli effet lorsqu'il est en fleurs. Dans le climat de Paris, il faut le planter en pot ou en caisse, dans la terre de bruyère, et le rentrer l'hiver dans l'orangerie. On le multiplie de graines.

3. GLOBULARIA nana. *Tab.* 41. *Fig.* 2. GLOBULAIRE naine. *Pl.* 41. *Fig.* 2.

G. *caule fruticoso, prostrato; foliis spathulatis, integerrimis; capitulis terminalibus, pedunculatis; dentibus calycinis paleisque glabriusculis; corollularum labio superiore bifido, lineari.*

G. à tige ligneuse, couchée; à feuilles en spatule, très-entières ; à têtes terminales, pédonculées; à dents du calice et paillettes du réceptacle glabres; à lèvre supérieure de la corolle partagée en deux divisions linéaires.

GLOBULARIA *nana.* Lam. Dict. 2. pag. 731. Willd. Sp. 1. pag. 542. Pers. Synop. 1. pag. 118. Decand. Fl. Fr. n. 2. 2337. Decand. Ic. Pl. rar. 1. pag. 2. tab. 3. Lois. Fl. Gall. 75.
GLOBULARIA *repens.* Lam. Fl. Fr. ed. 1. vol. 2. pag. 325.
GLOBULARIA *Alpina, minima Origani folio.* Tournef. Inst. 467.
SCABIOSA *bellidis folio, Pyrenaica minima.* Moris. Hist. 3. S. 6. pag. 51.

La tige de cette Globulaire est une souche ligneuse, chargée de rameaux nombreux, tortueux, très-étalés en tous sens, et couchés sur la terre ou appliqués contre les rochers. Les jeunes ramifications sont ordinairement les seules qui soient garnies de feuilles alternes, écartées distinctement les unes des autres; sur les vieilles souches, les feuilles sont si rapprochées au sommet des rameaux qu'elles y forment des espèces de rosettes, du centre desquelles s'élève une tête de fleurs portée sur un pédoncule qui a au plus un pouce de haut, et qui souvent n'a qu'une ou deux lignes. Les feuilles sont ovales-spatulées, très-entières, un peu pliées longitudinalement en gouttière, à peine pointues à leur sommet, glabres, d'un vert foncé, rétrécies en pétiole à leur base, longues en tout de quatre à cinq lignes, et larges d'un peu plus d'une ligne à leur extrémité. Les fleurs sont agrégées, réunies dans un calice commun; elles sont composées d'un calice propre, velu inférieurement, divisé supérieurement en cinq dents linéaires, glabres; d'une corolle couleur bleue, à deux lèvres, dont la supérieure partagée dans toute sa longueur en deux divisions linéaires, un peu plus courtes que la lèvre inférieure, qui est fendue en trois lobes, dans la moitié seulement de son étendue; de quatre étamines et d'un style simple, à peu près de la même longueur que la corolle. Les paillettes du réceptacle sont glabres.

Cette plante croît spontanément dans les Pyrénées et dans les montagnes du Languedoc et de la Provence; on la trouve sur les rochers de la fontaine de Vaucluse et sur ceux de la Sainte-Baume; elle fleurit en mai, juin et juillet.

Nous ne dirons qu'un mot des autres espèces de Globulaire, parce qu'elles ne sont que des plantes herbacées. Trois de ces espèces : *Globularia vulgaris.* Lin.; *G. cordifolia.* Lin., et *G. nudicaulis.* Lin., sont indigènes et croisssent spontanément, la première dans les pâturages et sur les collines exposées au soleil, les deux autres dans les Alpes et les Pyrénées; les autres espèces sont exotiques.

Les Globulaires sont, en général, très-amères, et elles ont des vertus qui ont été trop long-tems méconnues. Les botanistes du seizième siècle attribuèrent sans aucun fondement les propriétés les plus malfaisantes à ces plantes. L'une d'elles, la Globulaire Turbith, fut appelée par Pena, Lobel et J. Bauhin : *Herba terribilis, Frutex terribilis*; et, selon ces auteurs, les feuilles de cette plante, soit en décoction, soit en nature, agissaient avec une violence extrême, et causaient des superpurgations accompagnées de coliques atroces. La plupart des auteurs qui sont venus depuis ont copié ces faussetés sans examen. Nissole, dans une notice sur cette plante, insérée dans les Mémoires de l'Académie des sciences, année 1712, les répète et les affirme, et on les trouve encore dans les ouvrages de botanique imprimés de nos jours. Garidel cependant, au commencement du siècle dernier, parut douter de ce qu'on avait dit avant lui sur la Globulaire Turbith; mais il se contente de dire, dans son ouvrage sur les plantes de Provence, qu'il a connu des paysans qui en ont pris sans en être fort incommodés. Quelques médecins Provençaux ont, depuis, été plus loin ; ils ont osé faire des expériences sur cette plante, et leurs observations se sont trouvées totalement opposées à ce que les anciens botanistes avaient avancé. Enfin, pour éclairer un fait qui paraissait mériter de l'être, nous avons fait nous-mêmes de nouvelles expériences, qui nous ont réussi au-delà de nos espérances, et qui nous ont prouvé que non-seulement la Globulaire Turbith n'était pas un purgatif terrible et dangereux, mais que c'était au contraire un purgatif très-doux et beaucoup moins actif que le Séné, dont on fait un usage si fréquent en médecine. Les feuilles de notre plante indigène n'agissent qu'à double dose de la drogue exotique, et, en général, leur action n'est pas accompagnée de tous les désagrémens qui sont inhérens aux préparations du Séné. Celles-ci, sans parler de leur couleur noire qui déplaît à l'œil, ont une odeur et un goût si désagréables et si nauséabondes, que beaucoup de malades ne peuvent les supporter. Les infusions ou décoctions de Globulaire, au contraire, sont claires et légèrement verdâtres; elles n'ont qu'une saveur amère, assez prononcée il est vrai, mais qu'il est facile de corriger par l'addition de quelque sirop ou autre substance sucrée. Outre cela, il est rare que la Globulaire donne des coliques, ou elles sont assez légères. Le Séné, au contraire, en cause fréquemment, et souvent elles sont violentes. Nous croyons donc, d'après nos propres observations, qui ont été très-multipliées, pouvoir assurer que les feuilles de la Globulaire Turbith sont un purgatif précieux, et nous pensons que les médecins doivent s'empresser de les substituer au Séné, et parce qu'elles appartiennent à une plante indigène, et parce qu'elles valent réellement mieux que la drogue exotique.

EXPLICATION DES PLANCHES.

Pl. 40. Un rameau de Globulaire à feuilles longues, de grandeur naturelle. Fig. 1. La corolle et les étamines. Fig. 2. Le calice propre. Fig. 3. Le calice commun et le réceptacle.

Pl. 41 Fig. 1. Globulaire Turbith. Fig. A. Le calice et le style grossis. Ces deux parties ayant été vues à la loupe sur un échantillon sec, le peintre, à cause de la petitesse des objets, ne les a pas saisies comme elles sont réellement : le calice doit être tubulé dans son tiers inférieur et non fendu jusqu'à la base, et le stigmate doit être bifide au lieu d'être simple. Par la même raison, la figure B est aussi un peu inexacte; les quatre étamines devraient être représentées d'une longueur égale, c'est à tort qu'il y en a deux plus petites.

Fig. 2. Une branche de Globulaire naine de grandeur naturelle.

ANAGYRIS fœtida.

ANAGYRIS fétide.

P. J. Redouté pinx.

Lemaire sculp.

ANAGYRIS.

ANAGYRIS. Linn. Classe **X**. *Décandrie*. Ordre I. *Monogynie*.

ANAGYRIS. Juss. Classe **XIV**. *Dicotylédones polypétales. Étamines insérées autour de l'ovaire*. Ordre XI. Les légumineuses. §. IV. Corolle irrégulière papillonacée. Dix étamines distinctes ou rarement réunies par leur base. Gousse à une seule loge, à deux valves.

GENRE.

CALICE. Monophylle, campanulé, à cinq dents, persistant.

COROLLE. Papillonacée, de cinq pétales. Étendard arrondi, échancré en cœur au sommet, rétréci à la base, d'un tiers plus court que la carêne. Ailes un peu plus longues que l'étendard, formées de deux pétales oblongs, munis d'un appendice à la base. Carêne de deux pétales ayant la même forme que les ailes, et un peu plus longs.

ÉTAMINES. Au nombre de dix, à filamens distincts, subulés, contenus dans la carène, portant des anthères oblongues, petites.

PISTIL. Ovaire oblong, cylindrique, surmonté d'un style en alène, de la longueur des étamines, terminé par un stigmate obtus.

PÉRICARPE. Une gousse allongée, un peu courbée, comprimée, renflée à l'endroit des graines, à une seule loge, s'ouvrant en deux valves.

SEMENCES. Arrondies, deux à quatre dans chaque gousse.

Caractère essentiel. Calice à cinq dents. Corolle papillonacée. Étendard plus court que les ailes et la carène. Dix étamines à filamens distincts. Une gousse uniloculaire.

Rapports naturels. L'Anagyris a de l'affinité avec les genres *Cercis* et *Sophora*; il diffère de l'un et de l'autre par la forme de la corolle et par celle de la gousse.

Étymologie. Anagyris est formé de deux mots grecs : A'να et Γυρòς, qui signifient avec courbure, à cause de la forme du fruit et des semences.

ESPÈCES.

1. ANAGYRIS fœtida. *Tab.* 42.   ANAGYRIS fétide. *Pl.* 42.

A. *foliis ternatis; floribus racemosis, axillaribus.*   A. à feuilles ternées; à fleurs disposées en grappes axillaires.

ANAGYRIS *fœtida*. Bauh. Pin. 391. Rai. Hist. 1722. Tournef. Inst. 647. Duham. Arb. et Arbust. 1. pag. 51. pl. 18. Lin. Sp. 534. Willd. Sp. 2. pag. 507. Lam. Dict. 1. pag. 141. Illust. tab. 328. Desf. Fl. Atl. 1. pag. 335. Pers. Synop. 1. pag. 454. Decand. Fl. Fr. n. 3798.

ANAGYRIS. Math. Valgr. 930. (*icon mala*). Clus. Hist. 93. Lob. adv. 389. Dod. Pempt. 785.

ANAGYRIS *vera fœtida*. J. Bauh. Hist. 1. lib. XI. pag. 364.

L'Anagyris, nommé vulgairement *Bois-puant*, est un arbrisseau qui, dans son pays natal, s'élève rarement au-delà de sept à huit pieds. Sa tige, recouverte d'une écorce grisâtre, acquiert à sa base cinq à six pouces de diamètre tout au plus, parce qu'au lieu de s'élever sur un seul jet, elle buissonne beaucoup et se ramifie dès sa base. Ses feuilles sont alternes, pétiolées, composées de trois folioles ovales-oblongues, d'un vert glauque en dessus, chargées en dessous de quelques poils qui leur donnent une teinte blanchâtre. Les fleurs forment de petites grappes droites, qui naissent immédiatement le long des rameaux, à l'aisselle des anciennes feuilles et à la place qu'elles occupaient. Ces grappes, formées de la réunion de six à douze fleurs au plus, sont ordinairement munies de deux à trois autres feuilles qui se sont développées avec elles. Chaque fleur est composée d'un calice monophylle, campanulé, à cinq dents, deux fois plus court que les pétales, et couvert de poils courts et soyeux ; d'une corolle papilionacée, de cinq pétales d'une couleur jaune peu foncée ; l'étendard est arrondi, beaucoup plus court que la carène, échancré en cœur au sommet et marqué de plusieurs points d'un violet foncé, rétréci en onglet à sa base, de même que les ailes et la carène ; les quatre pétales qui forment ces parties sont d'un jaune pâle, allongés, ayant leur bord supérieur terminé, vers la base et avant de se rétrécir, en une espèce de petit appendice. Les étamines ont tous leurs filamens libres et distincts ; ceux-ci sont contenus entre les deux pétales de la carène et un peu plus courts ; ils portent des anthères oblongues. Le style est subulé, à peu près de la même longueur que les étamines, terminé par un stigmate obtus. Aux fleurs succèdent des gousses longues de trois à six pouces, comprimées, renflées à l'endroit des graines, terminées par une pointe très-aiguë, et renfermant trois à six, et quelquefois jusqu'à huit semences réniformes, de couleur bleuâtre.

On ne connaît jusqu'à présent qu'une seule espèce du genre Anagyris ; elle croît sur les collines et dans les lieux arides, en Barbarie et dans les contrées méridionales de l'Europe, en Espagne, en France, en Italie, en Sicile. Dans son pays natal, ses fleurs paraissent de très-bonne heure, souvent en janvier et février ; dans le Nord, au contraire, il est rare de voir fleurir cet arbrisseau avant le mois de mai. Il craint les fortes gelées, et il faut, pour le conserver dans le climat de Paris, ou le mettre en caisse, afin de le rentrer l'hiver dans l'orangerie, ou le planter contre un mur exposé au midi, et le couvrir avec des paillassons pendant les grands froids. On le multiplie de graines qu'on tire des pays méridionaux, et qu'il faut semer sur couche au printems ; on peut aussi le multiplier de marcottes. Il est d'ailleurs très-rustique, ne demande aucun soin, et n'a besoin que d'être médiocrement arrosé. Il est sujet, dans les pays chauds, à être attaqué par une espèce de puceron, et il en est quelquefois couvert d'une si grande quantité que cela le fait périr. Il y a tout lieu de croire que ces insectes sont attirés par l'odeur forte que les feuilles exhalent.

Les anciens attribuaient aux feuilles de l'Anagyris plusieurs propriétés dont nous ne parlerons pas, parce qu'elles nous paraissent trop suspectes. La faculté de provoquer le vomissement, qui appartient aux semences, selon Dioscoride et Pline, ne nous paraît pas devoir de même être passée sous silence, parce que les expériences que nous avons faites sur les feuilles, nous portent à croire que cette faculté est plus constante. Ces feuilles, lorsqu'elles sont fraîches et qu'on les froisse entre les doigts, ont une odeur très-fétide, qui a sans doute valu à cet arbrisseau le nom vulgaire de *Bois-puant*, qu'il porte, et qui avait donné lieu, chez les anciens, à l'adage *Anagyrin ne moveas*, pour dire : N'irritez pas ceux qui peuvent vous nuire, et qui nous paraît pouvoir se rendre en français par le proverbe *Ne réveillez pas le chat qui dort*. Mais ayant observé qu'elles perdaient par la dessication l'odeur fétide qu'on leur reproche lorsqu'elles sont vertes, et surtout nous étant assuré qu'elles ne la reprenaient pas par la décoction dans l'eau, nous avons essayé de les employer comme purgatives. Nos observations nous ont appris qu'effectivement elles avaient bien cette propriété que nous leur avions soupçonnée ; mais qu'elles avaient aussi celle de faire vomir. Ce n'est pas au reste qu'elles soient très-énergiques, puisqu'elles n'agissent guère qu'à la dose de trois à quatre gros, et des malades en ont pris jusqu'à six gros sans en être incommodés.

EXPLICATION DE LA PLANCHE 42.

Un rameau avec des fleurs. Fig. 1. La corolle composée de l'étendard, des deux ailes et de la carène formée de deux pétales. Fig. 2. Le calice et les étamines. Fig. 3. Le pistil. Le tout de grandeur naturelle.

HALESIA tetraptera. **HALÉSIE** à quatre ailes.

P. J. Redouté pinx. Lemaire sculp.

HALESIA.   HALÉSIE.

HALESIA. Linn. Classe **XI.** *Dodécandrie.* Ordre I. *Monogynie.*
HALESIA. Juss. Classe **IX.** *Dicotylédones monopétales. Corolle périgyne.*
Ordre I. Les Plaqueminiers. §. I. Étamines en nombre déterminé.

GENRE.

CALICE.   Monophylle, campanulé, très-court, adhérent à l'ovaire, persistant, à quatre dents.

COROLLE.   Monopétale, campanulée, à limbe évasé, divisé en quatre lobes obtus.

ÉTAMINES.   Douze (rarement seize), à filamens subulés, droits, un peu plus courts que la corolle, portant des anthères oblongues obtuses.

PISTIL.   Ovaire oblong, adhérent au calice, portant un style cylindrique, terminé par un stigmate simple, obtus.

PÉRICARPE.   Drupe sec, ovale-oblong, tétragone, rétréci au sommet et à la base, contenant un noyau à quatre loges; deux ou trois sujettes à avorter.

SEMENCES.   Oblongues, solitaires dans chaque loge.

Caractère essentiel. Calice adhérent, à quatre dents. Corolle monopétale, campanulée, quadrifide. Douze à seize étamines. Un style. Noix anguleuse, contenant deux à quatre semences.

Rapports naturels. L'Halésie a de l'affinité avec le *Styrax*, par la forme de sa corolle et par les filamens de ses étamines, réunis à leur base en forme d'anneau; elle en diffère par son ovaire adhérent au lieu d'être libre, et par la forme de son fruit.

Étymologie. Ce genre a été dédié par John Ellis à Stephen Hales, botaniste et physicien anglais, auteur de la *Statique des végétaux.*

ESPÈCES.

1. HALESIA tetraptera. *Tab.* 43.   HALÉSIE à quatre ailes. *Pl.* 43.
H. *foliis ovatis , denticulatis , mucronatis ; fructûs tetrapteri alis æqualibus.*   H. à feuilles ovales, denticulées, mucronées; à fruit garni de quatre ailes égales.

HALESIA *tetraptera.* Linn. Sp. 636. Willd. Sp. 2. pag. 849. Willd. Arb. 137. Lam. Dict. 3. pag. 66. Cavan. Diss. 6. pag. 338. tab. 186. Mich. Fl. Bor. Amer. 2. pag. 40.
HALESIA *fructibus membranaceo-quadrangulatis.* Ellis. Act. Angl. vol. 51. p. 931. t. 22. f. A.
Frutex Padi foliis serratis, floribus monopetalis, albis, campaniformibus, fructu crasso, tetragono. Catesb. Car. 1. pag. 64. tab. 64.
Ϛ HALESIA *parviflora.* Mich. Fl. Bor. Amer. 2. pag. 40.

Cet arbrisseau s'élève sur une ou plusieurs tiges, à huit ou dix pieds de haut. Sa tige est droite, cylindrique, rameuse, couverte d'une écorce grisâtre. Ses feuilles sont alternes, pétiolées, ovales, glabres, acuminées, garnies en leur bord de quelques dents peu profondes, chargées en dessous sur leurs nervures de quelques poils épars, longues de trois à quatre pouces, larges de vingt-deux à vingt-sept lignes. Les fleurs sont pendantes; elles viennent, portées sur des pédoncules de huit lignes à un pouce de longueur, deux à quatre ensemble, à la place qu'occupaient les feuilles l'année précédente, et elles sont sur des rameaux tout-à-fait nus, ou accompagnées à leur base d'une à deux petites feuilles provenant du développement imparfait d'un bourgeon. Chaque fleur est composée d'un calice adhérent à l'ovaire, à quatre dents, six fois plus court que la corolle; d'une corolle monopétale, campanulée, à limbe partagé en quatre lobes arrondis, ordinairement entiers, ou un d'eux quelquefois légèrement échancré; de douze étamines, plus rarement de onze ou de treize, à filamens réunis par le bas, en forme d'anneau, portant à leur sommet des anthères à deux loges, s'ouvrant longitudinalement du même côté; d'un ovaire adhérent au calice, surmonté d'un style subulé, d'un rouge pâle, plus long que les étamines, et un peu saillant hors de la corolle, terminé par un stigmate obtus. Le fruit est un drupe sec, ovale-oblong, tétragone, à angles ailés, acuminé par le style persistant; contenant un noyau vide dans le centre ou rempli d'une substance fongueuse, partagé à la circonférence en quatre loges contenant chacune une seule semence : il arrive quelquefois que deux à trois loges avortent et que le noyau est monosperme.

Cet arbrisseau croît spontanément dans les forêts de la Caroline et de la Floride, aux lieux ombragés et sur le bord des ruisseaux.

2. HALÉSIA diptera.

H. foliis ovatis, obtusè acuminatis; fructûs tetrapteri alis inæqualibus, binis majoribus.

HALÉSIE à deux ailes.

H. à feuilles ovales, terminées en pointe peu aiguë; à fruit dont les quatre ailes sont inégales, deux étant beaucoup plus grandes.

HALESIA *diptera*. Linn. Sp. 636. Willd. Sp. 2. pag. 849. Willd. Arb. 138. Lam. Dict 3. p. 66. Cavan. Diss. 6. pag. 338. tab. 187. Mich. Fl. Bor. Amer. 2. pag. 40. Pers. Sinop. 2. p. 4.
HALESIA *fructibus alatis*. Ellis. Act. Angl. vol. 51. pag. 931. tab. 22. fig. B.

Cette espèce ressemble beaucoup à la première; elle n'en diffère que parce que ses feuilles sont deux fois plus grandes, moins sensiblement acuminées à leur sommet, et parce que les ailes qui garnissent les angles saillans de ses fruits, sont inégales, deux étant plus grandes et deux plus petites. Elle est aussi indigène de l'Amérique; on la trouve dans les lieux ombragés et sur le bord des ruisseaux de la Caroline et de la Nouvelle-Géorgie.

La première espèce de ce genre a été introduite en Europe en 1756, par Ellis, qui avait reçu du docteur Garden, des graines de l'Halésie à quatre ailes, qu'il sema dans son jardin, où elles réussirent fort bien.

La culture des Halésies n'a rien de difficile; ces arbrisseaux, dans leur pays natal, croissent dans les forêts ombragées et sur le bord des ruisseaux : en les plaçant dans nos jardins dans la terre de bruyère, à une exposition où ils n'aient que peu de soleil, et en leur donnant des arrosemens un peu fréquens, on est sûr de les voir réussir. Il est inutile de leur donner aucun abri pendant l'hiver ; ils supportent fort bien les gelées les plus fortes. Leurs fleurs paraissent en mai ; elles n'ont pas d'odeur, mais elles font un assez joli effet ; c'est dommage qu'elles ne durent que fort peu de tems, le même arbrisseau n'en conserve pas pendant plus de dix à douze jours. On les multiplie de graines et de marcottes : il ne faut pas se presser de lever ces dernières ; elles doivent, pour être bien enracinées, rester deux ans sans qu'on y touche.

EXPLICATION DE LA PLANCHE 43.

Un rameau en fleurs, de grandeur naturelle. Fig. 1. La corolle ouverte pour montrer les étamines ; celles-ci sont ordinairement plus longues proportionnellement à la grandeur de la corolle. Fig. 2. Le calice et le style. Fig. 3. Le fruit coupé horizontalement pour faire voir ses quatre loges. Fig. 4 et 5. Le fruit entier. Fig. 6. Les graines.

CYTISUS Laburnum.　　　　**CYTISE** des Alpes.

P. J. Redouté pinx.　　　　Lemaire sculp.

CYTISUS.　　　　CYTISE.

CYTISUS. Linn. Classe XVII. *Diadelphie.* Ordre IV. *Décandrie.*

CYTISUS. Juss. Classe XIV. *Dicotylédones polypétales. Étamines insérées autour de l'ovaire.* Ordre XI. Les Légumineuses. §. V. Corolle irrégulière, papillonacée. Dix étamines diadelphes. Gousse uniloculaire , bivalve.

GENRE.

CALICE. Monophylle, ou court et campanulé, ou allongé et cylindrique, à deux lèvres, dont la supérieure à deux dents, et l'inférieure à trois.

COROLLE. Papillonacée ; étendard relevé, réfléchi sur les côtés ; ailes et carène conniventes et enveloppant entièrement les étamines et le pistil.

ETAMINES. Au nombre de dix : filamens réunis dans les trois quarts de la longueur en un seul corps, formant une gaine complète autour de l'ovaire.

PISTIL. Ovaire oblong, surmonté d'un style simple, redressé, terminé par un sigmate obtus.

PÉRICARPE. Gousse oblongue, rétrécie à la base, obtuse, à une seule loge, contenant plusieurs semences réniformes comprimées.

Caractère essentiel. Calice monophylle, à deux lèvres; la supérieure à deux dents, l'inférieure à trois. Corolle papillonacée, à carène droite, enveloppant complètement les étamines et le pistil. Gousse un peu rétrécie à la base.

Rapports naturels. Les Cytises sont très-voisins des Genêts; ils en diffèrent parce que leur carène enveloppe et recouvre complètement les organes sexuels, tandis que cette même partie est tombante dans les plantes du genre *Genista,* et laisse en partie à nu les étamines.

Etymologie. Cytisus paraît être dérivé de *Cythnos,* nom d'une île de l'Archipel, où le Cytise fut d'abord découvert, et d'où il fut transporté dans le reste de la Grèce : (*Inventus hic frutex in Cythno insulâ ; indè translatus est in omnes Cycladas, mox in urbes græcas.* Pl. lib. XIII. cap 24.) Il est fort incertain qu'aucune des espèces rapportées par Linné et les Botanistes qui sont venus depuis lui, au genre Cytisus, soit le véritable Cytise des anciens. Dioscoride et Pline n'ont pas laissé une description assez exacte de celui-ci, pour qu'on puisse être parfaitement sûr à quelle plante il appartient réellement. Quelques critiques ont cru que c'était l'arbrisseau appelé par Linné *Medicago arborea.*

ESPÈCES.

** Feuilles ternées; Fleurs disposées en grappes.*

1. CYTISUS Laburnum. *Tab.* 44.

C. foliis ternatis, petiolatis; foliolis ovato-oblongis, subtùs pubescentibus; racemis simplicibus, pendulis; calycibus brevibus, campanulatis; leguminibus pilosis, margine incrassatis.

CYTISE Aubours. Pl. 44.

C. à feuilles pétiolées, composées de trois folioles ovales - oblongues, pubescentes en dessous; à grappes simples, pendantes; à calices courts, campanulés; à légumes velus, renflés sur les bords.

CYTISUS *Laburnum.* Linn. Sp. 1041. Willd. Sp. 3. pag. 1118. Willd. Arb. 93. Scop. Carn. n. 903. Jacq. Fl. Aust. tab. 306. Roth. Fl. Germ. 1. pag. 322. Lam. Dict. 2. pag. 246. Curt. Bot. Mag. tab. 176. Pers. Synop. 2. pag. 309. Decand. Fl. Fr. n. 3818. Lois. Fl. Gall. 445.

CYTISUS *Alpinus, angustifolius, flore racemoso, pendulo, longiori.* Tourn. Inst. 648. Duham. Arb. et Arbust. 1. pag. 206. n. 8.

ANAGYRIS *non fœtens, minor.* Bauh. Pin. 391.

LABURNUM, *arbor trifolia, Anagyridi similis.* J. Bauh. Hist. I. lib. XI. pag. 361.

EGHELO. Dod. Pempt 785, (*icon mala.*)

ϐ. CYTISUS *Alpinus, latifolius, flore racemoso, pendulo.* Tournef. Inst. 648. Duham. Arb. et Arbust. 1. pag. 206. n. 6.

γ. CYTISUS *Alpinus, latifolius, flore racemoso, pendulo, foliis variegatis.* Tourn. Inst. 648. Duham. Arb. et Arbust. 1. pag. 206. n. 7.

δ. CYTISUS *Alpinus, flore racemoso, pendulo, breviori.* Tourn. Inst. 648. Duham. Arb. et Arbust. 1. pag. 206. n. 9.

Le Cytise Aubours, nommé vulgairement *Cytise à grappes, faux Ebénier, Aubours* ou *Arbois,* est un grand arbrisseau qui s'élève à douze ou quinze pieds et même davantage. Son tronc et ses rameaux sont recouverts d'une écorce unie, verdâtre. Ses feuilles sont alternes, portées sur de longs pétioles, composées de trois folioles ovales-oblongues, glabres en dessus, chargées en dessous de poils courts et soyeux qui les rendent blanchâtres en cette partie. Ses fleurs sont jaunes, réunies, au nombre de quarante à cinquante, sur des grappes tout-à-fait pendantes, longues de six à dix pouces, opposées aux feuilles, mais paraissant souvent terminales à l'extrémité des rameaux. Chaque fleur est composée d'un calice court, à deux lèvres, la supérieure à deux dents, l'inférieure à trois dents conniventes; d'une corolle dont l'étendard est ovale, légèrement taché de brun à sa base et à sa partie interne, dont la carène est moitié plus courte que les ailes et l'étendard. Aux fleurs succèdent des gousses allongées, déprimées, légèrement velues, contenant cinq à huit semences réniformes.

Le Cytise Aubours croît spontanément dans les forêts des montagnes, en Allemagne, en Autriche, en Suisse, en Italie et dans plusieurs provinces de France, entre autres en Provence, en Dauphiné, en Bourgogne, dans le Lyonnais, dans le Jura, etc. On le cultive dans les jardins et les bosquets comme arbre d'ornement. Il a une variété à feuilles plus grandes, une autre à feuilles panachées de jaune blanchâtre, et une autre dont la grappe de fleurs est courte. Il fleurit en mai et juin. Nous reviendrons sur sa culture et sur ses propriétés.

2. CYTISUS Alpinus.   **CYTISE des Alpes.**

C. *foliis ternatis, petiolatis; foliolis ovato-oblongis, glabriusculis, margine ciliatis; racemis simplicibus, pendulis; calycibus brevibus, campanulatis; leguminibus glaberrimis, dorso alatis.*

C. à feuilles pétiolées, composées de trois folioles ovales-oblongues, assez glabres, ciliées en leur bord; à grappes simples, pendantes; à calices courts, campanulés; à légumes très-glabres, ailés sur le dos.

CYTISUS *Alpinus.* Willd. Enum. Hort. Berol. 767.

Cette espèce diffère de la précédente, selon M. Willdenow, parce que ses feuilles, au lieu d'être couvertes en dessous de poils couchés, sont glabres et seulement ciliées sur les bords; outre cela, ses grappes de fleurs sont plus courtes; leurs corolles sont d'un jaune plus foncé; les légumes sont glabres, ailés d'un côté, au lieu d'être renflés en leurs bords et tout couverts de poils soyeux; les fleurs sont plus tardives, ne commençant à paraître que lorsque les autres sont déjà passées. Enfin le Cytise des Alpes forme un arbre beaucoup plus élevé, qui brave les hivers les plus rigoureux, tandis que dans le nord de l'Europe, les grands froids font souvent périr l'autre espèce jusqu'à la racine. Ce Cytise croît naturellement en Ecosse, en Savoie et en Hongrie.

Fig. 1. **CYTISUS** nigricans. **CYTISE** noirâtre.

Fig. 2. **CYTISUS** triflorus. **CYTISE** à fleurs ternées.

P.J. Redouté pinx. Lemaire sculp.

Fig. 1. **CYTISUS** complicatus.   **CYTISE** à feuilles pliées.

Fig. 2. **CYTISUS** Telonensis.   **CYTISE** de Toulon.

P. Bessa pinx.   Plée sculp.

3. CYTISUS nigricans. *Tab.* 46. *Fig.* 1.

C. *foliis ternatis, petiolatis; foliolis ovato-oblongis, subtùs subpubescentibus; racemis erectis, terminalibus; calycibus brevibus, campanulatis, subsericeis.*

CYTISE noirâtre. *Pl.* 46, *Fig.* 1.

C. à feuilles pétiolées, composées de trois folioles ovales-oblongues, légèrement pubescentes en dessous; à grappes, droites, terminales; à calices courts, campanulés, un peu soyeux.

CYTISUS *nigricans.* Linn. Sp. 1041. Willd. Sp. 3. pag. 1118. Willd. Arb. 93. Scop. Carn. n. 904. Jacq. Fl. Aust. tab. 387. Roth. Fl. Germ. 1. pag. 322. Lam. Dict. 2. pag. 247. Pers. Synop. 2. pag. 309. Decand. Fl. Fr. n. 3819. Lois. Fl. Gall. 445.

CYTISUS *racemis simplicibus, erectis; foliolis ovato-oblongis.* Linn. Sp. 1041. Hort. Cliff. 354. Mill. Dict. n. 3, et Ic. tab. 117. f. 1.

CYTISUS *foliis ovatis, nitidis; floribus spicatis, cernuis; calycibus et siliquis sericeis.* Hall. Helv. n. 361.

CYTISUS *glaber nigricans.* Bauh. Pin. 390. Tourn. Inst. 648. Duham. Arb. et Arbust. 1. p. 206.

CYTISUS *quartus.* Clus. Hist. 95, (*icon bona*).

CYTISUS *Gesneri, cui flores ferè spicati.* J. Bauh. Hist. I. lib. XI. pag. 370.

PSEUDOCYTISUS *prior.* Dod. Pempt. 570, (*icon Clusii*).

Ce Cytise ne forme qu'un petit arbrisseau de trois à quatre pieds de haut, à rameaux nombreux, grêles, pubescens vers leur sommet, terminés par une grappe de fleurs jaunes, longues de trois à six pouces, le plus souvent simples, se bifurquant quelquefois ou même se partageant en trois ou quatre. Les feuilles sont alternes, pétiolées, composées de trois folioles ovales-oblongues, d'un vert foncé, glabres en dessus, légèrement pubescentes en dessous. Chaque fleur, portée sur un pédicule particulier, est munie d'une bractée linéaire située à la base du calice. Celui-ci est petit, campanulé, à deux lèvres, couvert de poils courts et soyeux. L'étendard, les ailes et la carène sont à peu près de la même longueur. Les fleurs deviennent presque toujours brunâtres par la dessication; les légumes qui leur succèdent sont oblongs, comprimés, arqués, couverts de poils courts et blanchâtres.

Cet arbrisseau est indigène en Allemagne, en Autriche, en Hongrie, en Suisse, en Italie, en Savoie et aux environs de Montpellier, où il croît dans les lieux arides et sur le bord des bois. On le cultive dans les jardins, où ses nombreuses grappes de fleurs font un joli effet aux mois de juin et juillet. Comme il s'élève peu et croît naturellement en buisson, on le greffe sur le Cytise des Alpes, pour avoir l'agrément de le voir à haute tige.

4. CYTISUS complicatus. *Tab.* 47. fig. 1.

C. *foliis ternatis, petiolatis; foliolis ovato-oblongis; racemis erectis, multifloris, terminalibus; dentibus calycinis glandulosis, inæqualibus; leguminibus piloso-glandulosis.*

CYTISE à feuilles pliées. *Pl.* 47. fig. 1.

C. à feuilles pétiolées, composées de trois folioles ovales-oblongues; à grappes droites, multiflores, terminales; à dents du calice glanduleuses, inégales; à légumes hérissés de poils glanduleux.

CYTISUS *complicatus.* Decand. Fl. Fr. n. 3821.

CYTISUS *parvifolius.* Lam. Fl. Fr. éd. 1. vol. 2. pag. 623. Lam. Dict. 2. pag. 248.

CYTISUS *divaricatus.* L'Hérit. Stirp. 184. Willd. Sp. 3. pag. 1119 (*excl. synon. Sauvagesii*).

SPARTIUM *complicatum.* Lin. Sp. 996, (*excluso synonymo Sauvagesii*).

CYTISUS *secundus.* Clus. Hist. 94, (*icon sat bona*).

CYTISUS *montis calcaris* et Cytisus *Hispanicus, Clusii secundus.* J. Bauh. Hist. I. lib. XI. pag. 370.

CYTISUS *foliis incanis, angustis, quasi complicatis.* Bauh. Pin. 390. Tournef. Inst. 648. Duham. Arb. et Arbust. 1. pag. 206. n. 4.

Cet arbrisseau est très-rameux; il s'élève à cinq ou six pieds et quelquefois davantage. Ses rameaux sont velus dans leur jeunesse, ensuite ils deviennent blanchâtres,
presque glabres, et enfin leur écorce finit par devenir grisâtre. Les feuilles sont pétiolées, composées de trois folioles ovales-allongées, de trois à cinq lignes de longueur,
légèrement pubescentes dans les échantillons recueillis en France, velues dans ceux
recueillis en Espagne, souvent pliées en deux dans le sens de leur longueur. Les
fleurs sont jaunes, pédonculées, nombreuses, venant, de vingt à cinquante, sur des
grappes placées à l'extrémité des rameaux et longues de quatre à dix pouces. Chaque
fleur est accompagnée, à la base de son pédicule, d'une bractée lancéolée linéaire, et
d'une seconde un peu plus petite, placée sur le milieu du pédicule : ces bractées
tombent promptement, et on ne peut les observer sur toutes les fleurs à la fois. Le
calice est à peu près moitié plus court que la corolle; il est à demi partagé en deux
lèvres très-distinctes, et ses cinq dents sont très-aiguës; il est hérissé de poils glanduleux, ainsi que les légumes qui sont comprimés et d'un rouge-brun.

Cette espèce croît naturellement en Espagne et dans les contrées méridionales de
la France; on la trouve jusqu'en Poitou. Elle fleurit en mai et juin. Ses longues
grappes de fleurs font un joli effet. On la cultive dans les jardins et les bosquets; mais
elle est peu répandue, quoiqu'elle mérite de l'être davantage. Elle se plaît dans les
terrains sablonneux, et sa culture n'a rien de particulier.

5. CYTISUS foliolosus.

*C. foliis ternatis; foliolis ovato-oblongis, sub-
pubescentibus, confertis, complicatis; racemis terminalibus; calycibus pubescentibus;
leguminibus glanduloso-muricatis.*

CYTISE feuillu.

C. à feuilles composées de trois folioles ovales-
oblongues, un peu pubescentes, pressées,
pliées; à grappes terminales; à calices pubescens; à légumes hérissés de poils glanduleux.

CYTISUS *foliolosus.* L'Hérit. Stirp. 184. Ait. Hort. Kew. 3. pag. 49. Curt. Bot. Mag. tab. 426.
Willd. Sp. 3. pag. 1119, (*excluso synonymo Plukenetii*).
CYTISUS *primus.* Clus. Hist. 94, (*icon sat bona.*)
CYTISUS *Canariensis, microphyllos, cauliculis villosis, angustis et viridibus foliis.* Pluk.
Alm. 128. tab. 277. f. 6.

Ce Cytise a les plus grands rapports avec les *Cytisus complicatus, Telonensis* et
paniculatus; il diffère du premier par ses feuilles plus nombreuses, plus pressées, et
par ses calices, qui sont simplement pubescens et non glanduleux; du second par ses
feuilles plus allongées, et surtout par ses fleurs toujours disposées en grappe, et non
resserrées en tête ou en ombelle; du troisième par ses fleurs moins nombreuses, par
ses feuilles non cotonneuses, et particulièrement par ses légumes chargés de poils
courts, roides, terminés par une glande. Il croît spontanément aux îles Canaries et en
Espagne, si on doit lui rapporter la figure citée de Clusius.

6. CYTISUS paniculatus.

*C. foliis ternatis; foliolis ovatis, utrinquè to-
mentoso-incanis; racemis terminalibus,
erectis, paniculatis; calycibus leguminibusque villosis.*

CYTISE paniculé.

C. à feuilles composées de trois folioles ovales,
cotonneuses et blanchâtres des deux côtés;
à grappes terminales, droites, disposées en
panicule; à calices et légumes velus.

CYTISUS *Canariensis, microphyllos, angustifolius, prorsùs incanus.* Pluk. Alm. 128.
tab. 277. f. 5.
GENISTA *Canariensis.* Lin. Sp. 997. Willd. Sp. 3. pag. 936.

Cette espèce est voisine du *Cytisus foliolosus,* mais elle en diffère par ses feuilles
entièrement couvertes, en dessus et en dessous, de poils courts et serrés, qui les

Fig. 2.

Fig. 1.

Fig. 1. **CYTISUS** sessilifolius.   **CYTISE** à feuilles sessiles.

Fig. 2. **CYTISUS** biflorus.   **CYTISE** à deux fleurs.

P.J.Redouté pinx.

Lemaire sculp.

rendent blanchâtres; par leurs folioles, qui sont ovales, non allongées et jamais pliées endeux longitudinalement; par ses fleurs, qui sont disposées sur des grappes nombreuses à l'extrémité des rameaux, et formant par leur réunion une panicule terminale très-garnie; enfin par les légumes couverts de poils mous, couchés et dépourvus de glandes. Le calice est très-velu, à deux lèvres et à cinq dents très-aiguës; il a presque la moitié de la longueur de la corolle.

Cet arbrisseau croît aux îles Canaries; je le décris d'après les échantillons conservés dans l'herbier de M. Desfontaines, et recueillis dans le lieu natal par Riedlé.

7. CYTISUS Anagyrius.
C. foliis ternatis; foliolis lanceolatis, acutis, subtùs sericeis; racemis terminalibus, erectis; calycibus leguminibusque piloso-glandulosis.

CYTISE à feuilles d'Anagyris.
C. à feuilles composées de trois folioles lancéolées, aiguës, soyeuses en dessous; à grappes terminales, droites; à calices et légumes chargés de poils glanduleux.

CYTISUS *Anagyrius.* L'Hérit. Stirp. 184, (*exclusis synonymis Clusii et Bauhini*).
CYTISUS *Hispanicus procerior, Anagyridis folio, floribus glomeratis.* Tourn. Inst. 648.
CYTISUS *Hispanicus.* Lam. Dict. 2. pag. 248.
GENISTA *viscosa* Willd. Sp. 3. pag. 937?

Les jeunes rameaux de cet arbrisseau sont très-velus; ses feuilles sont composées de trois folioles lancéolées, très-aiguës, glabres en dessus, couvertes en dessous de poils courts et couchés. Les fleurs, d'une couleur jaune un peu foncée, sont disposées en grappe peu garnie, au sommet des rameaux. Le pédoncule propre est muni, en son milieu, d'une bractée linéaire, bifide, chargée, ainsi que le calice, de quelques poils, dont plusieurs glanduleux. Le légume est de même glanduleux, et il ne contient que deux à trois semences. Cette jolie espèce est indiquée en Espagne; nous l'avons vue dans l'herbier de Tournefort et dans celui de M. Desfontaines. On la cultivait il y a quelques années chez M. Cels; elle mériterait d'être répandue.

8. CYTISUS sessilifolius. *Tab.* 45, *fig.* 1.
C. foliis ternatis, subsessilibus quandòque pedunculatis; foliolis subrotundis ovatisve, leguminibusque glaberrimis; racemis erectis, paucifloris, terminalibus; calycibus brevibus, triplici bracteá calyculatis.

CYTISE à feuilles sessiles. *Pl.* 45. *fig.* 1.
C. à feuilles presque sessiles ou pédonculées, composées de trois folioles arrondies ou ovales, très-glabres ainsi que les légumes; à fleurs peu nombreuses, disposées en grappes droites, terminales; à calices courts, environnés de trois bractées.

CYTISUS *sessilifolius.* Linn. Sp. 1041. Willd. Sp. 3. pag. 1120. Willd. Arb. 95. Lam. Dict. 2. pag. 247. Lam. Illust. tab. 618. f. 3. Curt. Bot. Mag. tab. 255. Decand. Fl. Fr. n. 3820. Lois. Fl. Gall. 445. Pers. Synop. 2. pag. 310.
CYTISUS *glabris foliis, subrotundis, pediculis brevissimis.* Bauh. Pin. 390. Tournef. Inst. 648. Duham. Arb. et Arbust. 1. pag. 205. n. 1.
CYTISUS *glaber, siliquá latá.* J. Bauh. Hist. 1. Lib. XI. pag. 373, (*cum icone.*)
CYTISUS *quintus rotundifolius.* Tab. Icon. 1095.

Le Cytise à feuilles sessiles, nommé vulgairement *Trifolium des jardiniers*, est un arbrisseau rameux, qu'il est difficile d'élever sur une seule tige, et qui, le plus communément, forme un buisson de six à sept pieds de haut. Ses rameaux sont glabres, ainsi que ses feuilles. Celles-ci sont ordinairement portées sur des pétioles très-courts, et composées de trois folioles arrondies, un peu acuminées; quelquefois aussi, principalement sur les jeunes rameaux qui poussent avec beaucoup de vigueur, comme cela arrive fréquemment dans les jardins, les feuilles sont assez longuement pétiolées, et leurs folioles, au lieu d'être presque rondes, deviennent ovales : c'est ainsi que la planche 45 les représente. Les fleurs sont jaunes, disposées au sommet des rameaux en grappes courtes et peu garnies. Il leur succède des légumes comprimés, assez larges, tout-à-fait glabres, et qui deviennent noirâtres en mûrissant.

Cet arbrisseau croît spontanément dans les lieux exposés au soleil et au bord des bois, en Espagne, en Italie et dans plusieurs de nos départemens méridionaux. On le cultive fréquemment dans les jardins, où il est d'un aspect fort agréable dans le moment où il se couvre de fleurs, ce qui arrive en mai ou juin, selon la chaleur du climat. Dans les pays chauds, il peut même fleurir dès la fin d'avril. Comme il pousse beaucoup de rameaux, et qu'il est très-touffu, on peut en faire de petites palissades. Il supporte bien d'être taillé aux ciseaux; il est même indispensable de le tondre après qu'il est défleuri, si on veut lui conserver une belle forme; il est d'ailleurs susceptible de prendre, par ce moyen, toutes celles qu'on desire lui donner. Quand on veut l'avoir à haute tige, on le greffe sur le Cytise des Alpes. Il est, en général, très-rustique, s'accommode de toute sorte de terrain, et, quoiqu'originaire des climats du Midi, supporte facilement en pleine terre, à Paris et encore plus loin dans le Nord, les hivers les plus rigoureux.

9. **CYTISUS** Ponticus.

C. *ramis adscendentibus, sulcatis foliisque pubescentibus, ternatis; foliolis ellipticis, obtusis; racemis terminalibus, erectis; calycibus villosis.*

CYTISE du Pont.

C. à rameaux relevés, cannelés, pubescens ainsi que les feuilles qui sont composées de trois folioles elliptiques, obtuses; à grappes droites, terminales; à calices velus.

CYTISUS *Ponticus.* Willd. Sp. 3. pag. 1130 (*excluso synonymo Tournefortii*).

Les rameaux de cette espèce sont redressés, cylindriques, cannelés, pubescens. Les feuilles sont pétiolées, composées de trois petites folioles elliptiques, obtuses, pubescentes. La grappe de fleurs est terminale, longue de deux à trois pouces. L'étendard est arrondi au sommet. Les ailes sont obtuses, plus longues que la carène. Celle-ci est en forme de faux, obtuse. Cette plante est indiquée par M. Willdenow comme croissant naturellement dans les contrées qui sont sur les bords de la Mer-Noire.

10. **CYTISUS** Capensis.

C. *ramis erectis; foliis ternatis; foliolis oblongis, obtusis, incanis; racemis erectis, terminalibus; calycibus brevibus, campanulatis, glabriusculis.*

CYTISE du Cap.

C. à rameaux redressés; à feuilles composées de trois folioles oblongues, obtuses, blanchâtres; à grappes droites, terminales; à calices courts, campanulés, à peu près glabres.

CYTISUS *Capensis.* Lam. Dict. 2. pag. 249.
EBENUS *Capensis.* Linn. Mant. 264.
SPARTIUM *Cytisoïdes.* Linn. Suppl. 320.

Les jeunes rameaux de cet arbrisseau sont abondamment couverts de poils courts, couchés et blanchâtres. Les feuilles sont composées de trois folioles, oblongues, obtuses au sommet, rétrécies à la base, couvertes en dessus et en dessous de poils pareils à ceux qui revêtent l'écorce des rameaux et qui les font paraître blanchâtres. Les fleurs sont assez écartées les unes des autres, peu nombreuses, disposées en grappes au sommet des rameaux; leur calice est court, campanulé, à cinq dents bien prononcées, mais peu profondes, et leur corolle est d'un jaune rougeâtre. Les gousses sont oblongues, glabres; elles renferment plusieurs semences. Ce Cytise croît au Cap de Bonne-Espérance.

11. **CYTISUS** canescens.

C. *foliis ternatis, foliolis lineari-oblongis,
utrinquè sericeo-incanis; racemis paucifloris, terminalibus; calycibus brevibus, campanulatis, canescentibus.*

CYTISE blanchâtre.

C. à feuilles composées de trois folioles li-
néaires-oblongues, couvertes des deux côtés
de poils blancs et soyeux; à grappes terminales, composées de peu de fleurs; à calices
courts, campanulés, blanchâtres.

Ce Cytise paraît ne former qu'un très-petit arbrisseau, et appartenir à une espèce
qui n'est pas encore connue; ses jeunes rameaux, ses feuilles, ses calices et ses légumes sont entièrement recouverts de poils courts, serrés, blanchâtres, qui lui
donnent un aspect argenté. Ses feuilles, comparativement à leur grandeur, sont
longuement pétiolées, composées de trois folioles linéaires, oblongues. Les fleurs
sont jaunes, disposées, au nombre de huit à dix, en grappes au sommet des rameaux;
leur calice est court, campanulé, à cinq dents bien séparées et bien distinctes quoique
fort courtes. Nous avons vu cette plante dans l'herbier de M. Lamarck; nous ignorons
son lieu natal.

12. **CYTISUS** Linifolius.

C. *ramis erectis, sulcatis; foliis sessilibus,
ternatis, subtùs sericeo-incanis; racemis terminalibus, erectis; calycibus oblongis, bi-
labiatis.*

CYTISE à feuilles de Lin.

C. à rameaux redressés, cannelés; à feuilles
sessiles, composées de trois folioles soyeuses
et blanchâtres en dessous; à grappes droites,
terminales; à calices oblongs, à deux lèvres.

CYTISUS *linifolius.* Lam. Fl. Fr. ed. 1. pag. 624. Lam. Dict. 2. pag. 249. Decand. Fl. Fr.
n. 3825.

CYTISUS *argenteus linifolius insularum Stœchadum.* Tourn. Inst. 648.

GENISTA *linifolia.* Lin. Sp. 997. Lois. Fl. Gall. 443.

GENISTA *tinctoria Hispanica.* Clus. Hist. 101.

SPARTIUM *linifolium.* Desf. Fl. Atl. 2. pag. 134. tab. 181. Willd. Sp. 3. pag. 932.

ϐ. CYTISUS *linifolius foliis latioribus.*

Cet arbrisseau s'élève à deux ou trois pieds; ses rameaux sont grêles, cylindriques,
anguleux ou cannelés, chargés de feuilles sessiles; celles-ci composées de trois foliol es
linéaires, longues d'un pouce ou un peu plus, vertes en dessus, toute couvertes en
dessous de poils courts, couchés, soyeux, blanchâtres, qui font paraître cette partie
comme argentée. Dans la variété les feuilles sont un peu plus longues et moitié plus
larges. Les fleurs sont d'un jaune peu foncé, portées sur de courts pédoncules et
disposées, à l'extrémité des rameaux, en grappes droites, de un à deux pouces de
long : leur calice est soyeux comme le dessous des feuilles, un peu allongé, à deux
lèvres profondes; la supérieure est toute entière partagée en deux dents, l'inférieure
est un peu plus longue et à trois dents courtes, mais très-aiguës. L'étendard, les ailes
et la carène sont à peu près de la même longueur entre eux et surpassent au moins de
moitié celle du calice. Ce Cytise est indigène dans le Levant, la Barbarie, l'Espagne
et dans les îles Canaries; on le trouve aux îles d'Hières. Il est cultivé dans quelques
jardins : dans le nord de la France on est obligé de le mettre en pot ou en caisse,
pour le rentrer l'hiver dans l'orangerie, parce qu'il craint le froid. On le multiplie de
semences qu'on fait venir du Midi.

14. **CYTISUS** Cajan.

C. *foliis ternatis; foliolis lanceolatis, tomentosis, subtùs incanis, impari pedunculato;
racemis axillaribus, erectis, paucifloris;
calycibus leguminibusque hirsutis; staminibus diadelphis.*

CYTISE des Indes.

C. à feuilles composées de trois folioles lancéolées, cotonneuses, blanchâtres en dessous,
l'impaire pédonculée; à grappes axillaires,
droites, paucilores; à calices et légumes
velus; à étamines diadelphes.

CYTISUS *Cajan.* Lin. Sp. 1041. Willd. Sp. 3. pag. 1121. Lam. Dict. 2. pag. 249. Pers. Synop. 2.
 pag. 310.
CYTISUS *Americanus, frutescens, sericeus.* Plum. Spec. 19. et Ic. 114. fig. 2. Tourn.
 Inst. 648.
CYTISUS *folio molli incano, siliquis Orobi contortis et acutis.* Burm. Zeyl. 86. tab. 37.
THORA-PACRU. Rheed. Malab. 6. pag. 23. tab. 13.
CAJAN *arbor indica, foliis Trifolii bituminosi, siliquis Orobi.* Breyn. Prod.
PHASEOLUS *arbor indica incana, siliquis torosis, Kayan dicta.* Rai. Hist. 1722.
PHASEOLUS *erectus incanus, siliquis torosis.* Pluk. Alm. 293. tab. 213. f. 3.
LABURNUM *humilius,* etc. Sloan. Jam. Hist. 2. pag. 31.

Ce Cytise, nommé vulgairement *Pois de Congo, Pois d'Angole, Pois de Pigeon*
et *Ambrevade,* est un arbrisseau toujours vert, qui s'élève à six ou huit pieds, et dont
les rameaux sont anguleux, couverts de poils courts et blanchâtres. Ses feuilles sont
alternes, portées sur d'assez longs pétioles, composées de trois folioles ovales-lancéolées, veloutées, et d'un vert pâle en dessus, à cause du duvet fin qui les revêt, chargées
en dessous de nervures très-prononcées et toutes couvertes d'un duvet plus épais qui
les rend blanchâtres. Les fleurs, d'un jaune foncé ou orangées, sont à peu près de la
grandeur de celles du Cytise Aubours; leur calice est oblong, à deux lèvres, dont
l'inférieure à trois dents et la supérieure presque entière ou très-légèrement échancrée.
Les légumes sont longs d'environ deux pouces, velus, renflés à l'endroit des semences : celles-ci, au nombre de trois à six dans chaque gousse, sont grosses comme
de très-petits pois et un peu comprimées.

Cet arbrisseau croît spontanément dans les îles et sur le continent, aux Indes
orientales, d'où il a été transporté et naturalisé dans diverses contrées. On le trouve
maintenant comme spontanée, à l'Isle-de-France, au Cap de Bonne-Espérance, en
Egypte, au Brésil, aux Antilles et dans plusieurs autres pays chauds des deux hémis-
phères. Ses graines sont alimentaires; on les mange dans les deux Indes après les avoir
fait cuire; on en fait surtout une grande consommation pour la nourriture des esclaves,
et on les emploie aussi pour nourrir la volaille; les pigeons en sont très-friands. On le
cultive en France dans quelques jardins, et particulièrement dans ceux de botanique :
dans le climat de Paris, il ne peut supporter le froid de nos hivers, et on est obligé de
le mettre en pot ou en caisse pour le rentrer dans la serre lorsque la saison rigoureuse
commence à se faire sentir. Il serait utile de chercher à l'acclimater dans nos départemens méridionaux; peut-être que dans les environs de Toulon, de Nice, de Gênes,
etc., il pourrait rester toute l'année en pleine terre.

14. CYTISUS tomentosus.   CYTISE cotonneux.

C. *ramis divaricatis; foliis alternis petiolatis;*
foliolis ovatis, pubescentibus, utrinquè acu-
tis; racemis oppositi-foliis, paucifloris.

C. à rameaux écartés; à feuilles alternes, pétiolées, composées de trois folioles ovales, pubescentes, aiguës à la base et au sommet;
à grappes pauciflores, opposées aux feuilles.

CYTISUS *tomentosus.* Andrews, Botan. Reposit. 4. tab. 237.

Ce Cytise paraît former un sous-arbrisseau dont les rameaux sont écartés et étalés;
dont les feuilles, assez distantes les unes des autres, sont alternes, pétiolées, composées
de trois folioles ovales, aiguës à la pointe et à la base, couvertes en dessus et en dessous
de quelques poils qui les rendent plutôt pubescentes que réellement cotonneuses.
Les fleurs sont disposées sur des grappes opposées aux feuilles : ces grappes sont
longuement pédonculées, composées de trois à cinq fleurs seulement. Leur calice est
à deux lèvres très-prononcées, et moitié plus court que la corolle; celle-ci est d'un
jaune un peu foncé. Cet arbuste est cultivé dans les jardins en Angleterre.

CYTISUS Wolgaricus.　　**CYTISE** du Wolga.

P. J. Redouté pinx.　　　　　　　　　　　Lemaire sculp.

15. **CYTISUS** nanus.

*C. foliis ternatis; foliolis obovatis, subtùs ad-
presso-pilosis; racemo terminali, secundo,
subquadrifloro; pedunculis triplici bracteâ
munitis; calycibus profundè tripartitis.*

CYTISE nain.

C. à feuilles composées de trois folioles ovales-
renversées, couvertes en dessous de poils
couchés; à grappe terminale, composée d'environ quatre fleurs tournées du même côté;
à pédoncules munis de trois bractées; à calices partagés en trois divisions profondes.

CYTISUS *nanus.* Willd. Enum. Hort. Berol. 769.

Cet arbuste s'élève à environ un pied; ses feuilles sont composées de trois folioles
ovales-renversées, aiguës, glabres en dessus, couvertes en dessous de poils couchés,
ciliées en leur bord, et munies à leur base de petites stipules ovales-lancéolées,
ouvertes, presque réfléchies. Les pétioles, ainsi que la tige, sont couverts de poils
couchés. Les fleurs, au nombre de deux, trois, quatre ou cinq, sont tournées du
même côté et disposées en grappe terminale; elles sont jaunes, grandes en comparaison de la plante; leur pédoncule est chargé de trois petites bractées. Cette espèce
ressemble beaucoup au Cytise pauciflore, mais ses fleurs sont en grappe, ses pédoncules et ses tiges sont garnis de poils couchés et non droits; enfin elle diffère beaucoup par les bractées qui accompagnent les pédoncules. Elle croît dans le Levant, et
on la cultive dans le jardin de botanique de Berlin, où on la conserve dans l'orangerie
pendant l'hiver. Nous avons emprunté de M. Willdenow la description que nous
venons d'en donner.

** *Feuilles ailées; Fleurs en grappes.*

16. **CYTISUS** Wolgaricus. *Tab.* 48.

*C. foliis pinnatis; foliis ovato-subrotundis,
pubescentibus; racemis axillaribus, longis-
simè pedunculatis; calycibus oblongis leguminibusque glandulosis.*

CYTISE du Wolga. *Pl.* 48.

C. à feuilles ailées, composées de folioles ovales,
presque rondes, pubescentes; à grappes axillaires, longuement pédonculées; à calices
oblongs, glanduleux ainsi que les légumes.

CYTISUS *Wolgaricus.* Linn. Suppl. 327. Willd. Sp. 3. pag. 1120.
CYTISUS *pinnatus.* Pall. Ross. 1. pag. 73. tab. 47.
CYTISUS *nigricans.* Pall. Itin. 3. pag. 754. tab. Gg. f. 3.

Cet arbrisseau s'élève à six ou huit pieds; ses rameaux sont revêtus d'une écorce
rougeâtre, et légèrement pubescens. Les feuilles sont ailées avec impaire, composées de cinq à huit paires de folioles ovales ou presque rondes, chargées, surtout
en dessous, de poils courts assez nombreux. Les fleurs, au nombre de cinq à huit,
sont disposées en grappes axillaires; leur pédoncule commun est plus long que les
feuilles, et leur pédicule particulier est fort court. Le calice est oblong, à deux
lèvres, à cinq dents, velu et glanduleux, à peine moitié aussi long que la corolle;
celle-ci est d'un beau jaune, et ses ailes, sa carène et son étendard sont à peu près de
la même longueur entre eux. Les gousses ont un pouce de long ou un peu plus; elles
sont hérissées de poils glanduleux, et au lieu d'être comprimées comme dans les autres
espèces, elles sont renflées et presque cylindriques. Cette espèce paraît par-là s'éloigner du genre Cytise et se rapprocher du Baguenaudier; elle diffère d'ailleurs encore
des véritables Cytises, ainsi que les deux espèces suivantes, par ses feuilles ailées.

Cet arbrisseau est indigène des pays qu'arrose le Wolga; il y croît dans les lieux
arides et sur les collines. On le cultive en pleine terre dans les jardins, où il est d'un
joli aspect, particulièrement quand il est en fleurs, ce qui arrive au mois de juin. On
le multiplie de graines, il reprend très-difficilement de marcottes.

17. CYTISUS hispidus.

CYTISE hispide.

C. *foliis pinnatis; foliolis ellipticis, glabris; racemis axillaribus; calycibus ramulisque hispidis.*

C. à feuilles ailées, composées de folioles elliptiques, glabres; à grappes axillaires; à calices et jeunes rameaux hispides.

CYTISUS *hispidus.* Willd. Sp. 3. pag. 1121. Pers. Synop. 2. pag. 310.

Cette espèce forme, dans son pays natal, un grand arbre dont les branches sont lisses, grisâtres, et dont les jeunes rameaux et les pétioles sont hispides. Les feuilles sont ailées avec impaire, composées de onze à treize folioles elliptiques, pétiolées, mucronées, glabres, alternes, et munies de longues stipules linéaires, subulées, persistantes. Les grappes sont axillaires, formées de la réunion de six à huit fleurs, dont le pédoncule propre est chargé de trois bractées oblongues, aiguës. Les calices, avant le développement des fleurs, sont hérissés de poils qui deviennent à peine sensibles lors de la parfaite fleuraison. Cet arbre croît naturellement en Guinée.

18. CYTISUS sericeus.

CYTISE soyeux.

C. *foliis pinnatis; foliolis oblongo-lanceolatis, subtùs sericeis; racemis terminalibus; leguminibus compressis, sericeis.*

C. à feuilles ailées, composées de folioles oblongues-lancéolées, soyeuses en dessous; à grappes terminales; à légumes comprimés, soyeux.

CYTISUS *sericeus.* Willd. Sp. 3. pag. 1121. Pers. Synop. 2. pag. 310.

Ce Cytise est un arbrisseau à rameaux cylindriques, lisses, revêtus d'une écorce cendrée; à feuilles ailées avec impaire; composées de treize folioles longues de six lignes, pétiolées, lancéolées, obtuses, presque opposées, glabres en dessus, cotonneuses et soyeuses en dessous. Les fleurs sont en grappes terminales, longues de trois pouces; il leur succède des légumes longs de deux à trois pouces, comprimés, acuminés, couverts de poils soyeux. Cette espèce a de la ressemblance avec le Cytise des Indes, mais ses feuilles sont ailées, à folioles plus étroites, soyeuses en dessous, et ses grappes de fleurs sont terminales : elle habite sur la côte de Coromandel, aux environs de Tranquebar. Nous la décrivons, ainsi que la précédente, d'après M. Willdenow.

*** *Feuilles ternées; Fleurs en ombelle ou axillaires.*

19. CYTISUS Africanus.

CYTISE d'Afrique.

C. *ramis erectis, hirsutis; foliis ternatis, petiolatis; foliolis linearibus, pilosis; umbellis terminalibus, pedunculatis; calycibus hirsutis, corollâ vix brevioribus.*

C. à rameaux redressés, velus; à feuilles pétiolées, composées de folioles linéaires, poilues; à ombelles terminales, pédonculées; à calices velus, à peine plus courts que la corolle.

CYTISUS *Africanus, hirsutus, angustifolius.* Tournef. Inst. 648.

Ce Cytise est très-voisin du Cytise à feuilles pliées et du Cytise de Toulon. Ses rameaux et ses feuilles sont hérissées de poils droits et assez longs; ses folioles sont linéaires, non repliées en deux sur leur longueur; ses fleurs, au nombre de six à huit, réunies au sommet des rameaux, forment une ombelle portée sur un pédoncule commun, de un à deux pouces de long, le pédicule propre étant fort court. Le calice est très-velu sans être glanduleux; il a les trois quarts de la longueur de la corolle; celle-ci est d'un jaune peu foncé. Les légumes paraissent devoir être très-velus. Cette espèce est indigène du nord de l'Afrique; probablement qu'elle croît aussi en Espagne avec ses congénères. Nous en avons vu un échantillon dans l'herbier de Tournefort.

20. **CYTISUS** Telonensis. *Tab. 47. fig. 2.*
C. *foliis ternatis ; foliolis ovatis, glabriusculis ;
floribus terminalibus, subumbellatis ; calycibus pubescentibus , calyculatis triplici
bracteâ ovato-lanceolatâ ; leguminibus glanduloso-muricatis.*

CYTISE de Toulon. *Pl. 47. fig. 2*
C. à feuilles composées de trois folioles ovales,
glabres ; à fleurs terminales presque disposées
en ombelle ; à calices pubescens, environnés
de trois bractées ovales-lancéolées ; à légumes
hérissés de poils glanduleux.

CYTISUS *Telonensis.* Lois. Fl. Gall. 446, *(excluso synonymo Clusii).*
CYTISUS *ramis humifusis albidis, floribus capitatis terminalibus, foliolis ovalibus glabris
aggestis.* Sauv. Monsp. 190.

Cette espèce paraît avoir été confondue, par tous les botanistes, avec le *Cytisus
complicatus,* dont elle se rapproche beaucoup, mais dont elle diffère par des caractères qu'on ne peut méconnaître. Ses feuilles sont petites, assez semblables à celles
du Cytise en question , quoique les folioles soient plus décidément ovales, et qu'elles
ne soient ni allongées, ni ordinairement pliées en deux, selon le sens de leur longueur. Mais la plus grande différence que cette espèce présente, c'est que ses fleurs
ne sont qu'en petit nombre, comme de une à six, au sommet des rameaux, où elles
sont presque toujours disposées en une sorte d'ombelle, s'allongeant très-rarement
pour former une grappe imparfaite. Il faut surtout remarquer que leur calice est
pubescent, non glanduleux, environné à sa base de trois petites bractées ovales-lancéolées. La corolle et le légume ne diffèrent pas, d'ailleurs, sensiblement.

Ce Cytise nous a été communiqué par M. G. Robert, qui l'a trouvé dans les lieux
arides aux environs de Toulon et d'Hières : il paraît qu'il croît aussi en Languedoc,
près de Montpellier. Il fleurit en mai et juin.

21. **CYTISUS** candicans.
C. *ramis erectis, sulcatis ; foliis ternatis, subsessilibus ; foliolis ovatis, pubescentibus ;
floribus umbellatis, terminalibus axillaribusque ; leguminibus villosis.*

CYTISE blanchâtre.
C. à rameaux redressés, sillonnés ; à feuilles
presque sessiles , composées de trois folioles
ovales, pubescentes ; à fleurs en ombelles
terminales et latérales; à calices velus.

CYTISUS *candicans.* Lam. Dict. 2. pag. 248. var. *α*. Decand. Fl. Fr. n. 3824.
GENISTA *candicans.* Lin. Sp. 997. Willd. Sp. 3. pag. 937.
CYTISUS *Monspessulanus , medicæ folio, siliquis densè congestis et villosis.* Tournef.
Inst. 648.

Cette espèce est un arbrisseau qui s'élève à cinq ou six pieds, et dont les rameaux
sont redressés, un peu grèles, sillonnés, très-garnis de feuilles alternes, tantôt distinctement pétiolées , quelquefois sessiles ou presque sessiles , toujours composées de trois
folioles ovales-oblongues, couvertes, surtout en dessous, de poils couchés et blanchâtres.
Les fleurs sont disposées, quatre à six ensemble, en de petites ombelles placées au
sommet de très-petits rameaux qui sortent des aisselles des feuilles. La corolle est
jaune , plus petite que dans la plupart des espèces précédentes. Le calice est pubescent, à deux lèvres, dont la supérieure divisée en deux dents profondes, et l'inférieure terminée par trois dents très-courtes. Les légumes sont très-velus.

Cet arbrisseau croît naturellement en Italie et dans nos départemens du Midi; on le
trouve sur les côteaux arides ; il fleurit en avril et mai. Comme il ne craint pas le
froid , on le plante en pleine terre dans les jardins du climat de Paris et du nord de la
France. Il est très-agréable à la vue quand il est fleuri , à cause de la grande quantité
de fleurs dont il se charge. Il n'exige aucun soin particulier.

5.

22. CYTISUS Orientalis.

C. *ramis erectis, sulcatis; foliis ternatis, sub-sessilibus; foliolis linearibus, pubescentibus; floribus umbellatis, terminalibus; calycibus brevibus, pilosis; leguminibus glabris.*

CYTISE d'Orient.

C. à rameaux redressés, sillonnés; à feuilles presque sessiles, composées de trois folioles linéaires, pubescentes; à fleurs en ombelle terminale; à calices courts, velus; à légumes glabres.

CYTISUS *Orientalis, hirsutus; folio longo, acuto; floribus luteis, umbellatis, amplissimis; siliquá glabrá.* Scherard in herb. Vaillantii et D. Desfontaines.

GENISTA *tinctoria Maderaspatana, Rorismarini foliis, ad caulem radiatis.* Pluk. Phyt. tab. 31. f. 3.

Les rameaux de cette espèce sont redressés, sillonnés, chargés de poils épars. Les feuilles, portées sur de très-courts pétioles, sont composées de trois folioles linéaires, longues de moins d'un pouce, pubescentes. Les fleurs sont réunies, au sommet des rameaux, en une ombelle de six à douze fleurs et même davantage. Leur calice est court comparativement à leur grandeur, très-velu, muni à sa base d'une bractée linéaire, plus longue que lui; ses dents sont très-aiguës. La corolle est jaune; elle a environ un pouce de longueur, persiste assez long-tems après être fanée, et en cet état enveloppe en partie le légume, qui la dépasse à peine, est entièrement glabre, et qui contient ordinairement deux semences. Ce Cytise croît dans le Levant. Nous l'avons vu dans l'herbier de M. Desfontaines et dans celui de Vaillant, conservé au Muséum de Botanique. Il paraît qu'il a été cultivé autrefois dans le jardin de cet établissement; il mériterait de l'être encore.

23. CYTISUS Lotoides.

C. *ramis herbaceis, decumbentibus; foliis ternatis; foliolis ovato-subrotundis, pubescentibus; floribus capitatis; calycibus corollam subæquantibus.*

CYTISE Lotier.

C. à rameaux herbacés, couchés; à feuilles composées de trois folioles ovales, presque rondes, pubescentes; à fleurs en tête; à calices aussi longs que les corolles.

CYTISUS *Lotoides.* Willd. Sp. 3. pag. 1127.

CYTISUS *Orientalis, humifusus, facie trifolii pratensis.* Tournef. Corol. 44.

Le collet de la racine de cette espèce est une souche ligneuse, mais ses rameaux ne sont qu'herbacés : ils sont pubescens, couchés sur la terre. Les feuilles sont alternes, assez longuement pétiolées, composées de trois folioles ovales, presque rondes, légèrement pubescentes. Les fleurs sont disposées, au sommet des rameaux, au nombre de huit à dix, ordinairement en tête, et plus rarement en une grappe courte. Leur calice, presque aussi grand que la corolle, est à deux lèvres bien distinctes et à cinq dents très-profondes, dont les deux de la lèvre supérieure se prolongent presque jusqu'à la base du calice. Les gousses sont allongées, pubescentes. Ce Cytise croît dans la Natolie, où il a été trouvé par Tournefort, et depuis par M. la Billardière.

24. CYTISUS hirsutus.

C. *ramis erectis, strictis; foliis ternatis, hirsutis; floribus terminalibus, umbellatis; calycibus oblongis leguminibusque villosissimis.*

CYTISE velu.

C. à rameaux redressés, roides; à feuilles ternées, velues; à fleurs en ombelles terminales; à calices oblongs, très-velus ainsi que les légumes.

CYTISUS *hirsutus.* Jacq. Obs. 4. pag. 11. tab. 96, (*excluso synonymo Clusii*). Lam. Dict. 2. pag. 250, (*ex fide herbarii, exclusis plerisque synonymis, præcipué Jacquini*). Willd. Sp. 3. pag. 1122. J. Bauh. Hist. 1. lib. XI. pag. 372.

Cette espèce est un arbrisseau très-rameux, qui s'élève à deux ou trois pieds, et dont les rameaux sont ordinairement redressés, velus, bien garnis de feuilles. Celles-ci sont pétiolées, alternes, composées de trois folioles ovales-oblongues, d'un verd obscur ou foncé, chargées de poils en dessus et en dessous. Les fleurs sont grandes, d'un jaune foncé, disposées le plus souvent, au nombre de six à douze, en une sorte d'ombelle au sommet des rameaux, quelquefois aussi, placées deux à trois ensemble, dans les aisselles des feuilles. Le calice est très-velu, oblong, à peine moitié plus court que la corolle, à deux lèvres, dont la supérieure échancrée, et l'inférieure paraissant entière, ses trois dents étant très-courtes. Les légumes sont droits, oblongs, très-velus. Ce Cytise est indigène de l'Europe tempérée; on le trouve en Espagne, en Italie, en Autriche, et dans plusieurs contrées de la France; il est naturalisé dans quelques bois aux environs de Paris. On le cultive dans les jardins et dans les bosquets; il fleurit souvent dès le mois d'avril, et porte encore des fleurs en juin et juillet.

25. CYTISUS capitatus.

CYTISE à tête.

C. ramis prostratis; foliis ternatis, supernè glabriusculis, subtùs pubescentibus; floribus terminalibus, subumbellatis; calycibus oblongis, subpilosis; leguminibus villosis.

C. à rameaux couchés; à feuilles ternées, glabres en dessus, pubescentes en dessous; à fleurs terminales, presque en ombelle; à calices oblongs, un peu poilus; à légumes très-velus.

CYTISUS *capitatus*. Jacq. Fl. Aust. 1. pag. 22. t. 33. Willd. Sp. 3. pag. 1123.
CYTISUS *supinus*. Lin. Sp. 1042. Lam. Fl. Fr. ed. 1. vol. 2. pag. 605. Lam. Dict. 2. pag. 250.
CYTISI *septimi species altera*. Clus. Hist. 97.

Cette espèce ne se distingue de la précédente que parce qu'elle s'élève moins, que ses rameaux sont plus grêles, toujours couchés, et que ses fleurs ne deviennent jamais axillaires, mais sont constamment terminales. Elle présente d'ailleurs deux variétés, dont l'une a le calice velu et les fleurs réunies en une tête bien fournie; l'autre, dont le calice est presque glabre et les fleurs réunies seulement, deux à quatre ensemble, au sommet des rameaux. Ce Cytise est moins agréable à cultiver que le précédent; il croît spontanément en Italie, en Autriche et en France : on le trouve dans les Pyrénées, en Poitou, en Bourgogne, etc. Il fleurit en juin et juillet.

26. CYTISUS leucanthus.

CYTISE à fleurs blanches.

C. ramis erectis; foliis ternatis, supernè glabris, subtùs pubescentibus; floribus umbellatis, terminalibus; calycibus oblongis, subglabris; leguminibus villosis.

C. à rameaux redressés; à feuilles ternées, glabres en dessus, pubescentes en dessous; à fleurs en ombelles terminales; à calices oblongs, presque glabres; à légumes velus.

CYTISUS *leucanthus*. Waldst. Pl. Hung. pag. 141. tab. 132. Willd. Sp. 3. pag. 1124.
CYTISUS *hirsutus*. All. Fl. Ped. n. 1177. Balb. Fl. Taur. 120, (*nec* Jacq. *nec.* Lam.)

Cette espèce est très-voisine du Cytise velu et du Cytise à tête; elle diffère du premier par ses feuilles glabres en dessus, par ses calices aussi presque glabres, et par ses fleurs blanches; on la distingue du second par cette couleur de ses fleurs, et parce que celles-ci ne sont pas toutes terminales, plusieurs étant disposées deux à deux ou trois à trois dans les aisselles des feuilles.

Ce Cytise croît sur les collines aux environs de Turin, et dans les forêts en Hongrie; il fleurit en mai et juin; on peut l'élever en pleine terre dans le climat de Paris.

27. CYTISUS Tournefortianus.

CYTISE de Tournefort.

C. ramis procumbentibus; foliis ternatis, supernè glabris, subtùs margineque villosis; floribus pedunculatis, binatis ternatisque, axillaribus; calycibus oblongis, hirsutis; leguminibus margine villosis.

C. à rameaux couchés; à feuilles ternées, glabres en dessus, velues en dessous et en leur bord; à fleurs pédonculées, disposées, deux à deux ou trois à trois, dans les aisselles des feuilles; à calices oblongs, velus; à légumes chargés de poils en leur bord.

CYTISUS *triflorus*. Lam. Dict. 2. pag. 250, (*exclusis synonymis.*)

CYTISUS *Orientalis humifusus, flore magno ex luteo purpurascente.* Tournef. Coroll. 44, (*ex fide herbarii auctoris ipsius.*)

Cette espèce diffère du Cytise velu par ses rameaux couchés, par ses feuilles simplement pubescentes en dessous, et par ses légumes garnis de poils seulement sur les bords et non sur toute la surface de la gousse. On la distingue du Cytise à tête, parce que ses fleurs sont disposées, deux ou trois ensemble, dans les aisselles des feuilles, et non réunies en tête terminale.

Ce Cytise a été trouvé dans le Levant par Tournefort; dans le royaume de Naples par Wahl, et dans le pays de Gènes par M. Bertholoni. Il fleurit en juin; ses fleurs sont d'un jaune foncé.

28. CYTISUS falcatus.   CYTISE en faux.

C. *caule declinato, subramoso; foliolis obovatis, mucronatis; floribus pedunculatis, lateralibus, subternis, erectis; calycibus cylindraceis.*

C. à tige couchée, un peu rameuse; à folioles ovales-renversées, mucronées; à fleurs pédonculées, latérales, trois à trois, redressées; à calices cylindriques.

CYTISUS *falcatus*. Waldst. Pl. Hung. 3. pag. 264. t. 238. Willd. Enum. Hort. Berol. 768.

Ce Cytise croît dans les forêts des montagnes calcaires de la Croatie et de la Hongrie; on le cultive en pleine terre dans le jardin botanique de Berlin.

29. CYTISUS elongatus.   CYTISE allongé.

C. *caule erecto; ramis elongatis; foliolis obovatis; floribus pedunculatis, lateralibus, subquaternis; calycibus tubulosis.*

C. à tige redressée, garnie de rameaux allongés; à folioles ovales; à fleurs pédonculées, réunies à peu près par quatre dans les aisselles des feuilles; à calices tubuleux.

CYTISUS *elongatus*. Waldst. Pl. Hung. 2. pag. 200. t. 183. Willd. Enum. Hort. Berol. 768.

On cultive cette espèce en pleine terre dans le jardin botanique de Berlin; elle est indigène des forêts de la Hongrie.

30. CYTISUS supinus.   CYTISE couché.

C. *ramis prostratis; foliis ternatis; foliolis ovato-oblongis, subtùs pubescentibus; floribus subsessilibus, axillaribus, subbinatis; calycibus oblongis, pubescentibus.*

C. à rameaux couchés; à feuilles de trois folioles ovales-oblongues, pubescentes en dessous; à fleurs presque sessiles, axillaires, deux à deux; à calices oblongs, pubescens.

CYTISUS *supinus* Jacq. Fl. Aust. 1. p. 15. t. 20. Scop. Carn. 2. p. 70. Willd. Sp. 3. p. 1126.

CYTISUS *supinus* β. Lin. Sp. 1042.

CYTISUS *calycibus hirsutis subsessilibus, pedunculis simplicibus brevissimis.* Gmel. Sib 4. pag. 17. tab 6. f. 2.

Ce Cytise est un très-petit arbrisseau, dont les rameaux sont grêles, cylindriques, couchés, couverts, ainsi que le dessous des feuilles et les calices, de poils courts, couchés et blanchâtres. Les fleurs sont portées sur de courts pétioles, ordinairement disposées deux par deux dans les aisselles des feuilles. La forme de leur calice et de leur corolle est la même que celle du Cytise velu, du Cytise à tête, du Cytise à fleurs blanches et autres espèces voisines. Celui-ci croît naturellement en Autriche, en Hongrie et en Sibérie. Il fleurit en avril et mai.

31. CYTISUS biflorus. *Tab. 45. fig. 2.*   Cytise à deux fleurs. *Pl. 45. fig. 2.*

C. *ramis erectis; foliis ternatis; foliolis ovato-oblongis, glaberrimis; floribus axillaribus, pedunculatis, subbinatis; calycibus oblongis, glabriusculis.*

C. à rameaux redressés; à feuilles composées de trois folioles ovales-oblongues, très-glabres; à fleurs axillaires, pédonculées, presque deux à deux; à calices oblongs, glabres.

CYTISUS *biflorus*. L'Hérit. Stirp. 184. Willd. Sp. 3. pag. 1125. Ait. Hort. Kew. 3. pag. 52.
CYTISUS *glaber*. Lin. Suppl. 328.
CYTISUS *glaber, siliquá angustá*. J. Bauh. Hist. 1. lib. XI. pag. 373.

Cette espèce a beaucoup de rapports avec le Cytise couché; elle s'en distingue, en ce qu'elle s'élève beaucoup plus, et que ses feuilles sont plus larges, parfaitement glabres. Les fleurs ont aussi leur calice presque glabre; ce n'est qu'à la loupe qu'on peut y distinguer quelques poils couchés et fort courts. Le légume est velu dans l'une et l'autre espèce. Le Cytise à deux fleurs est indigène de la Hongrie; on le cultive en France dans quelques jardins : il fleurit au mois de juin.

32. CYTISUS purpureus. — CYTISE pourpré.

C. *ramis procumbentibus; foliis ternatis; folio-lis lanceolatis, glabris; floribus axillaribus; subgeminatis; calycibus oblongis legumi-nibusque glabris.*

C. à rameaux presque couchés, à feuilles composées de trois folioles lancéolées, glabres; à fleurs axillaires, deux à deux; à calices oblongs, glabres ainsi que les légumes.

CYTISUS *purpureus*. Jacq. Fl. Aust. 5. pag. 54. App. tab. 48. Scop. Carn. n. 905. tab. 43. Lam. Dict. 2. pag. 251. Willd. Sp. 3. pag. 1124.

Ce Cytise a des rapports avec les espèces précédentes; mais il en diffère essentiellement, en ce que, excepté le bord du calice et l'onglet des pétales qui sont un peu velus, il est glabre dans tout le reste de ses parties; il en diffère encore par ses folioles lancéolées et par ses fleurs, qui sont d'une couleur purpurine. Ces fleurs sont placées dans les aisselles des feuilles, ou solitaires, ou deux à deux, ou même trois à trois. Leurs pédoncules sont assez courts, et les calices sont allongés, à deux lèvres; la supérieure à deux dents distinctes; l'inférieure paraît entière, ses trois dents étant très-courtes et comme confluentes. Cette espèce croît naturellement dans la Carniole, la Croatie, le Frioul et le royaume de Naples.

33. CYTISUS Austriacus. — CYTISE d'Autriche.

C. *ramis erectis; foliis ternatis; foliolis lan-ceolatis, sericeo-incanis; floribus umbellatis, terminalibus; calycibus oblongis legumini-busque villosis.*

C. à rameaux redressés, à feuilles composées de trois folioles lancéolées, soyeuses, blanchâ-tres; à fleurs en ombelles terminales; à calices oblongs, très-velus ainsi que les légumes.

CYTISUS *Austriacus*. Lin. Sp. 1042. Willd. Sp. 3. pag. 1123. Willd. Arb. 96. Jacq. Fl. Aust. 1. pag. 16. tab. 21. Lam. Dict. 2. pag. 251.
CYTISUS *floribus capitatis, foliolis ovato-oblongis, caule fruticoso*. Mill. Dict. t. 107. f. 2.
CYTISUS *quintus*. Clus. Hist. 95.
CYTISUS *Clusii Pannonicus alter, foliis omninò incanis*. J. Bauh. Hist. 1. lib. XI. p. 369.
CYTISUS *incanus*. Rai. Hist. 971.

Le Cytise d'Autriche ressemble un peu au Cytise à tête; mais on l'en distingue facilement à ses rameaux redressés, à ses feuilles couvertes de poils couchés, blanchâtres, qui donnent à toute la plante un aspect argenté, surtout lorsqu'on l'observe dans son pays natal; car dans les jardins ces poils sont moins nombreux et moins blancs. Il croît en Italie, en Autriche, en Hongrie et en Sibérie. Ses fleurs paraissent en juin, juillet, et souvent jusqu'en automne. On le cultive à Paris, au Jardin des Plantes.

34. CYTISUS proliferus. — CYTISE prolifère.

C. *ramis erectis; foliis ternatis; foliolis oblon-go-ellipticis, supernè glabris, subtùs piloso-sericeis; floribus umbellatis, lateralibus; calycibus oblongis leguminisbusque hirsu-tissimis.*

C. à rameaux redressés; à feuilles composées de trois folioles oblongues-elliptiques, glabres en dessus, soyeuses en dessous; à fleurs dis-posées en ombelles latérales; à calices oblongs, très-velus ainsi que les légumes.

5.

40

CYTISUS *proliferus*. Linn. Suppl. 328. Vent. Desc. Pl. nov. 13. tab. 13. Willd. Sp. 3. p. 1126.

α. foliis latioribus et longioribus.

ϛ. foliis brevioribus angustioribusque.

Les jeunes rameaux de cette espèce sont grisâtres, revêtus d'un duvet très-court et très-serré. Les feuilles sont alternes, pétiolées, composées de trois folioles oblongues-elliptiques, glabres en dessus, couvertes en dessous de poils courts, couchés, qui les rendent blanchâtres et comme argentées. Dans la première variété, ces folioles ont un pouce et demi à deux pouces de long, et environ six lignes de large ; dans la seconde, les folioles sont moitié plus courtes et moitié plus étroites. Les fleurs sont disposées, dans les aisselles des feuilles, en ombelles de quatre à huit fleurs, du centre desquelles il se développe souvent un rameau après que la fleuraison est passée ; leur calice est oblong, très-velu ainsi que la gousse ; leur corolle est de couleur blanche, une fois plus grande que le calice.

Ce Cytise est spontanée dans les forêts des montagnes des îles Canaries : les habitans de Ténériffe le nomment *Scobon*. On le cultive en France dans quelques jardins ; il est d'un aspect fort agréable, et surtout quand il est en fleurs. On peut, dans le Midi, le planter en pleine terre ; mais, dans le climat de Paris, il faut le mettre en caisse, pour le rentrer l'hiver dans l'orangerie.

55. CYTISUS speciosus.   CYTISE magnifique.

C. *ramis erectis ; foliis ternatis, subpetiolatis ; foliolis lanceolatis, superné lucidis, subtùs tomentosis ; floribus umbellatis, terminalibus lateralibusque ; pedunculis, calycibus leguminibusque tomentosissimis ; calycis labio superiore indiviso.*

C. à rameaux redressés ; à feuilles à peine pétiolées, composées de trois folioles lancéolées, luisantes en dessus, cotonneuses en dessous ; à fleurs disposées en ombelles terminales et latérales ; à pédoncules, calices et légumes très-cotonneux ; à calice ayant la lèvre supérieure entière.

Ce Cytise forme un grand arbrisseau, dont les rameaux sont droits, légèrement pubescens, garnis de feuilles alternes, courtement pétiolées, composées de trois folioles lancéolées, plus ou moins aiguës, longues de dix-huit à trente lignes, larges de huit à dix, vertes, glabres et luisantes en dessus, couvertes en dessous d'un duvet blanchâtre extrêmement court et serré. Les fleurs sont grandes, belles, de couleur purpurine, disposées, quatre à cinq ensemble, en ombelles placées à l'extrémité des rameaux ou dans les aisselles des feuilles supérieures. Leurs pédoncules et leurs calices sont tout couverts de poils nombreux, soyeux et roussâtres. Chaque calice est oblong, à quatre dents seulement, la lèvre supérieure n'étant pas partagée en deux, et l'inférieure étant à trois dents, dont la moyenne beaucoup plus longue que les autres. Les légumes ont deux pouces de long et plus ; ils sont comprimés, entièrement couverts d'un duvet serré, roussâtre.

Cette espèce est très-belle ; elle mériterait d'être cultivée : nous en avons vu, dans l'herbier du Jardin des Plantes, des échantillons recueillis au Pérou, par Dombey.

56. CYTISUS argenteus.   CYTISE argenté.

C. *ramis subherbaceis, procumbentibus ; foliis ternatis, subtùs sericeo-incanis ; floribus terminalibus, subternis ; calycibus corollam subæquantibus.*

C. à rameaux presque herbacés, couchés ; à feuilles ternées, soyeuses et blanchâtres en dessous ; à fleurs réunies trois ensemble au sommet des rameaux ; à calices presque de la même grandeur que la corolle.

CYTISUS *argenteus*. Lin. Sp. 1043. Willd. Sp. 3 pag. 1128. Scop. Carn. n. 910. Lam. Dict. 2. pag. 251. Desr. Fl. Atl. 2. pag. 139. Decand. Fl. Fr. n. 3828. Lois. Fl. Gall. 446.

CYTISUS *humilis argenteus angustifolius*. Tourn. Inst. 648.

LOTUS *fruticosus incanus siliquosus* Bauh. Pin. 332.

LOTUS *asperior fruticosa Narbonensis incana.* Lob. Ic. 2. pag. 41.

TRIFOLIUM *argentatum , floribus luteis.* J. Bauh. Hist. 2. pag. 359.

Ce Cytise est un sous-arbrisseau, ligneux à sa base, se divisant tout de suite en un grand nombre de rameaux étalés, à demi-couchés sur la terre, presque herbacés et longs de six à huit pouces. Ses feuilles sont alternes, portées sur des pétioles assez longs, et composées de trois folioles ovales ou ovales-oblongues, presque glabres en dessus, mais toutes chargées en dessous de poils couchés et blanchâtres : de pareils poils recouvrent les rameaux, les calices et les légumes, ce qui donne à la plante un aspect brillant et argenté. Les fleurs, portées sur d'assez courts pédoncules, sont, le plus souvent, réunies trois ensemble, au sommet des rameaux, en une ombelle imparfaite; leur corolle est jaune, pas beaucoup plus longue que le calice, qui est à deux lèvres profondes, dont la supérieure partagée en entier en deux dents, et l'inférieure à trois dents aiguës, qui ne vont que jusqu'à moitié de sa longueur.

Le Cytise argenté croît naturellement dans le midi de l'Europe et la Barbarie, dans les lieux secs, stériles, et sur les collines exposées au soleil. On le trouve en France, dans le Languedoc, la Provence, le Dauphiné, le Piémont, etc. On peut, à Paris, le cultiver en pleine terre.

37. CYTISUS pygmæus.

C. *caulibus numerosis, decumbentibus; foliis ternatis; foliolis oblongo-lanceolatis, sericeis; pedunculis subternis, terminalibus; leguminibus oblongis, villosis.*

CYTISUS *pygmæus.* Willd. Sp. 3. pag. 1127.

CYTISE pygmée.

C. à tiges nombreuses, couchées; à feuilles composées de trois folioles oblongues-lancéolées, soyeuses; à pédoncules terminaux presque ternés; à légumes oblongs, velus.

D'après la description que M. Willdenow donne de ce Cytise, il ne nous paraît qu'une variété du précédent, et en différer seulement par le grand nombre de poils dont ses légumes sont couverts, et parce que ces poils ne sont ni soyeux ni couchés. Il est indiqué dans la Natolie.

38. CYTISUS fragrans.

C. *ramis virgatis, sulcatis, canescentibus; foliis ternatis, foliolis linearibus; floribus axillaribus, pluribus; leguminibus glabris.*

CYTISE odorant.

C. à rameaux effilés, sillonnés, blanchâtres; à feuilles composées de trois folioles linéaires; à fleurs axillaires, ramassées plusieurs ensemble; à légumes glabres.

CYTISUS *fragrans.* Lam. Dict. 2. pag. 249.

SPARTIUM *supranubium.* Linn. Suppl. 319.

SPARTIUM *nubigenum.* Ait. Hort. Kew. 3. p. 13. Willd. Sp. 3. p. 932. Pers. Synop. 2. p. 287.

Ce Cytise, au premier aspect, ressemble parfaitement au Genet d'Espagne (tome II, page 70, planche 22); mais ses feuilles sont ternées, ses rameaux sont sillonnés, et leur sommet est souvent dépourvu de feuilles. Il forme un bel arbrisseau, à cause de la grande quantité de fleurs dont il se charge. Ses feuilles sont pétiolées, composées de trois petites folioles linéaires. Les pédoncules sont uniflores, réunis plusieurs ensemble dans les aisselles des feuilles. Les fleurs sont petites, blanches, très-odorantes; il leur succède des gousses comprimées, glabres, qui noircissent en se desséchant. Cet arbrisseau croît au sommet du Pic de Ténériffe. La description que nous en donnons est empruntée de Linné fils; nous en avons vu un échantillon sans fleurs dans l'herbier de M. de Lamarck. Il y a tout lieu de croire qu'on pourrait, en France, le cultiver en pleine terre.

39. CYTISUS triflorus. *Tab. 46. fig. 2.*

C. *ramis erectis; foliis ternatis; foliolis ovato-oblongis, pubescentibus; floribus axillaribus, pedunculatis, subternis; calycibus campanulatis, pubescentibus.*

CYTISE à fleurs ternées. *Pl. 46. fig. 2.*

C. à rameaux redressés; à feuilles composées de trois folioles ovales-oblongues, pubescentes; à fleurs axillaires, pédonculées, souvent trois à trois; à calices campanulés, pubescens.

CYTISUS *triflorus*. L'Hérit. Stirp. 184. Desf. Fl. Atl. 2. pag. 139. Willd. Sp. 3. pag. 1125. Decand. Fl. Fr. n. 3826. Lois. Fl. Gall. 445.

CYTISUS *villosus*. Pourr. Act. Toul. 3. pag. 317.

CYTISUS *tertius*. Clus. Hist. 94.

Cette espèce se distingue à ses fleurs axillaires, et à la forme de ses calices, qui sont très-courts, campanulés, à deux lèvres peu prononcées, et sans dents bien distinctes. Les feuilles sont très-velues dans leur jeunesse, seulement pubescentes, et d'un vert foncé quand elles sont plus avancées. Les fleurs, disposées le plus souvent trois par trois dans les aisselles des feuilles, sont d'un beau jaune, et abondamment répandues le long des rameaux. Les légumes qui leur succèdent sont comprimés, noirâtres, velus.

Cet arbrisseau croît spontanément en Barbarie, en Espagne et dans le midi de la France; on le trouve en Languedoc, en Provence, dans le Pays de Gênes, aux îles d'Hières et en Corse. Ses fleurs paraissent en avril et mai; il mérite d'être cultivé.

40. CYTISUS pauciflorus.

C. *foliis ternatis; foliolis obovatis, subtùs pubescentibus; pedunculis subquadrifloris, terminalibus; calycibus profundè tripartitis.*

CYTISE pauciflore.

C. à feuilles composées de trois folioles ovales-renversées, pubescentes en dessous; à pédoncules terminaux, ordinairement réunis par quatre; à calices profondément divisés en trois.

CYTISUS *pauciflorus*. Marschall. Fl. Taur. Caucas. ex Willd. Sp. 3. pag. 1126.

Ce Cytise ressemble beaucoup au Cytise à fleurs blanches, mais ses têtes ne sont composées que de quatre fleurs, quelquefois même de trois ou deux seulement, et les calices sont profondément partagés en trois divisions. Il croît dans le nord de la Perse.

41. CYTISUS spinosus.

C. *ramis erectis, sulcatis, spinosis; foliis ternatis, glabriusculis; floribus axillaribus; calycibus campanulatis, brevibus, truncatis leguminibusque glabris.*

CYTISE épineux.

C. à rameaux redressés, sillonnés, épineux; à feuilles ternées, presque glabres; à fleurs axillaires; à calices campanulés, courts, tronqués, glabres ainsi que les légumes.

CYTISUS *spinosus*. Tournef. Inst. 648. Rai. Hist. 1723. Duham. Arb. et Arbust. 1. pag. 206. tab. 86. Lam. Dict. 2. pag. 247. Decand. Fl. Fr. n. 3822.

SPARTIUM *spinosum*. Lin. Sp. 997. Willd. Sp. 3. pag. 935. Lois. Fl. Gall. 442.

ACACIA *trifoliata*. Bauh. Pin. 392.

ACACIA *altera Dioscoridis*. Lob. Ic. 2. t. 95. Dod. Pempt. 753. Tabern. Ic. 1089. Ger. Hist. 1330. Dalech. Hist. 162.

ASPALATUS *secunda quæ Acacia secunda Matthioli*. J. Bauh. Hist. 1. lib. XI. pag. 375.

Cet arbrisseau s'élève à trois ou quatre pieds; ses rameaux sont glabres, sillonnés, garnis de fortes épines; ses feuilles sont pétiolées, composées de trois folioles ovales, obtuses, presque glabres. Les fleurs sont pédonculées, placées trois à quatre ensemble sur les épines, dans les aisselles des feuilles, ou quelquefois un peu distantes les unes des autres, et disposées, au nombre de cinq à six, vers l'extrémité des épines, en une grappe incomplète; leur calice est très-court, campanulé, comme tronqué, membraneux, glabre, ne formant ni lèvres ni dents distinctes; leur corolle est de couleur jaune, cinq à six fois plus longue que le calice. Les légumes sont glabres, comprimés, élargis sur le dos en une espèce de gouttière; ils contiennent trois ou quatre semences.

42. CYTISUS lanigerus.	CYTISE laineux.
C. *ramis erectis, sulcatis, spinosis ; foliis ternatis, pubescentibus ; floribus axillaribus ; calycibus campanulatis, truncatis, brevibus leguminibusque tomentosis.*	C. à rameaux redressés, sillonnés, épineux; à feuilles ternées, pubescentes; à fleurs axillaires; à calices campanulés, tronqués, courts, cotonneux ainsi que les légumes.

CYTISUS *lanigerus.* Decand. Fl. Fr. n. 3823.

CYTISUS *spinosus Creticus, siliquâ villis densissimis, longissimis et incanis obductâ.* Tourn. Coroll. 44.

SPARTIUM *lanigerum.* Desf. Fl. Atl. 2. pag. 135.

SPARTIUM *villosum.* Poiret. Voy.-Barb. 2. pag. 207. Vahl. Symb. 2. pag. 80. Willd. Sp. 3. pag. 935. Lois. Fl. Gall. 442. Pers. Synop. 2. pag. 287.

Ce Cytise est épineux, comme le précédent; mais il en diffère, parce que ses tiges et ses feuilles sont revêtues de quelques poils, mais surtout parce que les pédoncules, les calices et les légumes, au lieu d'être glabres, sont entièrement couverts d'un duvet court, très-serré et comme laineux. On le trouve en Barbarie, dans l'île de Candie et dans celle de Corse. Il fleurit au printems.

**** *Feuilles simples.*

43. CYTISUS Græcus.	CYTISE Grec.
C. *foliis simplicibus, lanceolato-linearibus; ramis angulatis.*	C. à feuilles simples, lancéolées-linéaires; à rameaux anguleux.

CYTISUS *Græcus.* Lin. Sp. 1043. Willd. Sp. 3. pag. 1128. All. Fl. Ped. n. 1179.

Nous rapportons cette espèce sur la foi de Linné qui l'a établie, et sur celle d'Allioni qui dit en avoir eu un échantillon recueilli aux environs de Nice; mais comme nous n'avons pu la voir dans aucun herbier, nous regardons son existence comme fort incertaine, et nous pensons que cette espèce pourrait bien être un double emploi de l'*Anthyllis Hermaniæ.* Linn., puisque Linné a rapporté à cette dernière espèce, et à son *Cytisus Græcus,* le même synonyme de Tournefort : *Barba Jovis Cretica, linariæ folio, flore luteo parvo.* Coroll. 44.

Près de la moitié des espèces du genre Cytise croissent spontanément en France; la plus grande partie des autres sont indigènes du reste de l'Europe, et, à la reserve d'un très-petit nombre, elles peuvent presque toutes se cultiver en pleine terre dans nos départemens du Midi; c'est ce qui nous a engagé à donner un tableau des espèces, aussi complet qu'il nous a été possible. Ce genre, déjà assez nombreux, s'est d'ailleurs trouvé augmenté par l'addition de plusieurs espèces de *Genista* et de *Spartium* (1) de Linné, qui ont dû être distraites de ces genres, dont elles n'avaient pas les caractères, pour être rapportées aux Cytises, avec lesquels elles avaient plus de rapports.

Histoire, Culture et Propriétés.

Les anciens faisaient beaucoup de cas du Cytise; au rapport de Pline, Aristomachus d'Athènes et Amphilocus avaient écrit, sur cet arbrisseau, des traités particuliers qui

---

(1) Le genre *Spartium,* tel que Linné l'a établi, n'étant pas suffisamment distinct du *Genista,* cela a engagé plusieurs botanistes modernes à réunir ces deux genres en un seul, en en retirant plusieurs espèces qui appartenaient au Cytise, comme cela a été fait tome II, page 69 de cet ouvrage. Mais nous croyons qu'on devait continuer à distinguer, comme genre, le *Spartium monospermum* et les autres espèces dont la gousse est renflée et ne contient qu'une seule graine.

ne sont pas parvenus jusqu'à nous. Au défaut de ces traités, on trouve dans Columelle et dans Pline assez de détails sur la culture et les propriétés du Cytise; mais ces auteurs ayant négligé de donner une description exacte de leur plante, les naturalistes modernes ont été pendant très-long-tems incertains sur l'espèce à laquelle il fallait rapporter le Cytise des anciens. On croit aujourd'hui, et surtout depuis le savant mémoire que M. Amoureux a publié sur ce sujet, que la *Luzerne en arbre* (vol. 4, pag. 163), est le Cytise des anciens. C'était principalement pour servir de fourrage aux bestiaux que les Grecs et les Romains cultivaient le Cytise; ils croyaient que cette nourriture donnait beaucoup de lait aux vaches. Virgile a souvent parlé du Cytise dans ses vers, en faisant allusion à cette propriété, ou au goût que les troupeaux avaient pour cette plante.

Non, me pascente, capellæ,
Florentem Cytisum et Salices carpetis amaras.   Buc. Ecl. I.

Florentem Cytisum sequitur lasciva capella.   Buc. Ecl. II.

Sic Cytiso pastæ distentent ubera vaccæ.   Buc. Ecl. IX.

At cui lactis amor, Cytisum Lotosque frequentes
Ipse manu, salsasque ferat præsepibus herbas.   Georg. III.

De toutes les nombreuses espèces que les botanistes rapportent maintenant au genre Cytise, les anciens ne paraissent en avoir connu qu'une seule, celle que Pline appelle *Laburnum*, et à laquelle Linné a conservé cette dénomination comme nom d'espèce. C'est de la corruption du mot latin que paraît dériver le nom vulgaire *Aubours*, que porte le Faux-Ebénier en Dauphiné et en Suisse.

Les Cytises font, dans les beaux jours du printems, l'ornement des jardins paysagers; rien n'offre alors un coup d'œil plus agréable que de voir les Faux-Ebéniers, dont les longues grappes jaunes contrastent, au milieu des bosquets et des massifs de verdure, avec les fleurs roses ou rougeâtres de l'Arbre de Judée, du Lilas, et avec les grappes blanches du Merisier Patiet et du Mahaleb, ou avec les belles Boules de neige de la Viorne Rose-de-Gueldres. Après le Faux-Ebénier, le Cytise noirâtre, le Cytise à feuilles sessiles, celui à feuilles pliées, celui du Wolga, sont ceux qui peuvent faire le plus d'effet; mais plusieurs d'entre eux fleurissent un peu plus tard. Parmi les autres espèces qui ont, comme les précédentes, les fleurs en grappes, les septième, douzième, et vingt-unième espèces méritent aussi d'être employées à l'ornement des jardins. Les Cytises à fleurs en ombelle ou axillaires font, en général, moins d'effet et ne sont pas aussi répandus. Excepté le Cytise velu et celui à fleurs ternées, la plupart des autres ne conviennent guère qu'aux jardins de botanique; nous en exceptons cependant le Cytise Magnifique; ses grandes et belles fleurs lui mériteront sans doute, un jour, une place distinguée dans les jardins des amateurs, si jamais quelque voyageur nous en apporte des graines de l'Amérique.

Non-seulement les Cytises nous offrent des arbrisseaux charmans, avec lesquels nous pouvons embellir nos jardins et nos bosquets, mais encore plusieurs espèces ont des propriétés utiles. Les plus précieuses de ces espèces sont le Cytise Aubours et le Cytise des Alpes, que l'on confond souvent ensemble, quoiqu'ils soient vraiment distincts, ainsi que nous l'avons dit plus haut. Ces deux Cytises forment de grands arbrisseaux et même des arbres de troisième grandeur, surtout le dernier, qui est plus robuste, s'élève davantage et résiste mieux aux froids les plus rigoureux. Sous le rapport de leur utilité, ces deux espèces méritent l'attention des propriétaires et des cultivateurs. Leur bois est fort dur, souple, très-élastique, et ne pourrit que difficilement. On croit que les anciens Gaulois l'employaient à faire leurs arcs, et aujourd'hui encore, les habitans de la campagne, dans quelques parties du Mâconnais, en fabriquent des arcs qui conservent toute leur force et toute leur élasticité pendant la moitié d'un siècle; c'est de cet usage que l'arbre porte dans ce pays le nom d'*Arbois* ou *Arc-Bois*. On peut en faire des cercles, des échalas qui ont beaucoup de durée. En Provence, on s'en sert à faire des rames, des bâtons de chaises à porteur. Ce bois est brunâtre et devient noir dans le centre, lorsque les arbres sont vieux; il est alors bien veiné, prend facilement un beau poli et ressemble assez à l'Ébène verte, ce qui lui a valu le nom de Faux-Ébénier, ou Ébénier des Alpes, et ce qui fait aussi que les ébénistes et les tourneurs le recherchent pour différens ouvrages, comme chaises, tabatières, manches de couteaux, flûtes ou autres instrumens à vent de même nature. Il pèse cinquante-deux livres onze onces six gros par pied cube.

A l'utilité dont peut être le bois de l'Aubours et du Cytise des Alpes, il faut joindre l'avantage qu'on peut retirer de leur feuillage en l'employant à la nourriture des bestiaux. Les chèvres et les moutons l'aiment beaucoup; les vaches ne s'en accommodent pas aussi bien; mais en le mêlant avec d'autres plantes, elles s'y accoutument bientôt. Les chevaux sont plus difficiles, et il est rare qu'ils ne repoussent pas ce fourrage.

Ces feuilles, dont les ruminans peuvent se nourrir sans inconvénient, sont émétiques et purgatives pour l'homme. Les légumes et les semences surtout ont cette faculté à un degré assez fort. On trouve dans le *Bulletin de Pharmacie* de janvier 1809, que quelques personnes, qui ignoraient les propriétés du Faux-Ébénier, ayant voulu essayer de faire préparer une certaine quantité de ses gousses comme les Haricots verts, toutes celles qui en mangèrent furent prises, peu de tems après, de vomissemens, ou furent abondamment purgées, mais sans en éprouver, à ce qu'il paraît, rien de plus fâcheux. Dans tout le Dauphiné, le bois de cet arbre est généralement réputé très-vénéneux, par les gens de la campagne.

N'est-il pas étonnant que les propriétés d'un arbre si commun ne soient pas encore mieux connues, et qu'on soit encore à faire des expériences pour les reconnaître? Peut-être que, soit les feuilles, soit les fruits de l'un ou l'autre de ces Cytises, ou des autres espèces du même genre, pourraient être employés utilement en médecine. Mais quel que soit le parti que l'art de guérir puisse retirer de l'Aubours et du Cytise des Alpes, soit qu'il y découvre un bon médicament, soit qu'il les proscrive comme dangereux, ces deux arbres peuvent d'ailleurs être assez utiles sous les rapports dont nous avons déjà parlé, pour qu'il soit avantageux d'en faire des plantations. Ils viennent aisément partout, à l'exception des terrains marécageux et de ceux de pure craie. M. DE MALESHERBES en a fait l'heureuse expérience dans ses terres. Sept arpens de marne argileuse ont été semés et plantés en Cytise des Alpes, et cela a si bien réussi, que cette terre, dans laquelle différentes plantations avaient été faites sans succès, et qui paraissait vouée à une stérilité éternelle, est aujourd'hui couverte d'un bois de bon rapport.

M. Bosc croit que des plantations de Cytises faites dans les Landes de Bordeaux, de la Bretagne et des autres contrées de la France, qui jusqu'à présent sont restées incultes, seraient peut-être un très-bon moyen d'arracher ces pays à une stérilité à laquelle ils sont abandonnés depuis tant de siècles.

Les deux Cytises dont nous venons de parler étant rustiques et venant si facilement, leur culture est fort simple. On peut les multiplier de graines, de marcottes, de boutures et de rejetons; mais les trois derniers moyens sont généralement peu employés, on leur préfère avec raison le premier; le plant provenant des semences étant toujours plus beau et plus vigoureux. On sème la graine au mois de mars dans un terrain bien labouré, et à la fin d'avril le jeune plant commence à pousser : c'est dans ce moment qu'il exige le plus de soin, à cause des Limaces, qui en sont si friandes, que si on n'y mettait pas beaucoup de surveillance, il serait souvent exposé à être mangé en entier; mais lorsqu'il a pris un peu de force, et pendant le courant de l'été, il ne demande plus d'autre soin que d'être débarrassé des mauvaises herbes. Au printems suivant, on le lève pour le repiquer en pépinière; et deux ans, ou tout au plus trois ans après, il est bon à mettre en place. Quand on veut former des bois avec ces Cytises, il est bien plus avantageux de les semer tout de suite à demeure dans le terrain qu'on leur destine, parce que les arbres transplantés ne deviennent jamais aussi gros et s'élèvent toujours beaucoup moins que ceux qui ont crû en liberté dans le lieu même où ils ont été semés, et parce que ceux-ci conservent toutes leurs racines, tandis qu'on est nécessairement forcé d'en retrancher une grande partie à ceux qu'on transplante, ce qui nuit ensuite beaucoup à leur accroissement.

Le Cytise des Alpes et l'Aubours croissent avec rapidité; il n'est pas rare de voir à l'automne des jets de six pieds sur du plant de deux ans récépé rez-terre au printems; et il ne paraît pas que la croissance se rallentisse ensuite comme on l'a dit; nous avons mesuré deux branches du Cytise Aubours, qui, d'après le nombre des couches annuelles n'avaient que dix-huit ans; l'une se trouva avoir trois pouces quatre lignes de diamètre, et l'autre près de quatre pouces. Le tronc de l'arbre sur lequel ces branches avaient été coupées, n'avait que trente-six à quarante ans, à ce que nous a assuré le propriétaire qui l'avait planté, et sa grosseur était, mesurée à un pied de terre, de vingt-six pouces de circonférence.

La culture des autres Cytises ne présente pas plus de difficulté que celle des deux espèces dont nous venons de parler. La meilleure manière de les multiplier est de même pour tous, le moyen des graines; il n'y a guère que les espèces rares, et qu'on ne peut cultiver en pleine terre, qu'on cherche à propager par le moyen des boutures, des marcottes ou des drageons. Le Cytise à feuilles sessiles, cependant, produit une si grande quantité de rejetons, qu'on néglige souvent de semer ses graines, et qu'on se contente de ce moyen de multiplication, qui ne demande aucune peine. Cette espèce, à ce qu'il paraît, fournirait pour les bestiaux un meilleur fourrage que celui du Faux-Ébénier et du Cytise des Alpes; car, selon l'auteur de l'*Histoire des plantes de Dauphiné*, tous les animaux ruminans dévorent avec avidité ses feuilles, ses jeunes rameaux et ses fleurs, tandis que la chèvre, animal très-vorace, est la seule qui s'arrête à brouter les deux autres espèces.

EXPLICATION DES PLANCHES.

Pl. 44. Un rameau du Cytise Aubours avec des fleurs.
Nota. Dans quelques exemplaires, la Planche porte le nom de CYTISE *des Alpes*, il faut lire CYTISE *Aubours*.
Fig. 1. Les dix étamines réunies par leurs filamens et dans les trois quarts de leur longueur, en un seul corps. Fig. 2. La corolle, partagée en ses cinq pétales : l'étendard, les deux ailes et la carène. Fig. 3. Le calice et les étamines à leur place. Fig. 4. Un légume. Fig. 5. Une semence.
Pl. 45. Fig. 1. Un rameau du Cytise à feuilles sessiles, de grandeur naturelle. A. Les étamines. B. La corolle. C. Le calice, les étamines et le style. D. Le légume. E. Une semence. Fig. 2. Un rameau du Cytise à deux fleurs.
Pl. 46. Fig. 1. Un rameau du Cytise noirâtre. A. Le calice et les étamines. B. La corolle. Fig. 2. Un rameau. du Cytise à fleurs ternées. C. Le calice et les étamines.
Pl. 47. Fig. 1. Un rameau du Cytise à feuilles pliées. A. Le calice. B. Un légume. Fig. 2. Un rameau du Cytise de Toulon. C. Les trois bractées qui sont au sommet du pédoncule, vers la base du calice. D. Le calice porté sur son pédoncule et accompagné de trois bractées; très-souvent celles-ci sont plus rapprochées de la base du calice.
Pl. 48. Un rameau du Cytise du Wolga. A. La corolle vue séparément, et divisée en ses différentes parties. B. Neuf étamines réunies par leurs filamens en un seul corps. B. La dixième étamine et le pistil.

ARMENIACA vulgaris. ABRICOTIER commun.

P. J. Redouté pinx.

Lemaire sculp.

ARMENIACA.   ABRICOTIER.

PRUNUS. Linn. Classe XIII. *Icosandrie.* Ordre I. *Monogynie.*

ARMENIACA. Juss. Classe XIV. *Dicotylédones polypétales ; étamines insérées autour de l'ovaire.* Ordre X. Les Rosacées. §. VII. Ovaire simple, supérieur, libre, monostyle. Fruit drupacé ; noyau à une ou deux semences.

GENRE.

CALICE.   Monophylle, campanulé, caduc, à cinq divisions.

COROLLE.   Formée de cinq pétales arrondis, concaves.

ÉTAMINES.   Vingt à trente, ayant leurs filamens subulés.

PISTIL.   Ovaire supérieur, presque globuleux, surmonté d'un style filiforme.

FRUIT.   Drupe charnu, arrondi, sillonné d'un côté, couvert d'un duvet court, contenant un noyau arrondi, légèrement comprimé, marqué sur les côtés de deux sutures saillantes, dont une aiguë et l'autre obtuse, et renfermant une ou deux semences nommées amandes (1).

Caractère essentiel. Calice campanulé, caduc, à cinq divisions. Cinq pétales. Vingt à trente étamines. Un style. Drupe charnu, arrondi, couvert de duvet, contenant un noyau légèrement comprimé, à deux sutures saillantes, l'une aiguë et l'autre obtuse.

Rapports naturels. Le genre Abricotier a les plus grands rapports avec le Prunier et le Cerisier ; nous avons indiqué, en parlant de ce dernier (page 1 de ce volume), les caractères communs aux trois genres, et les différences d'après lesquelles on les distingue.

Étymologie. L'Abricotier est originaire de l'Arménie ; c'est de cette contrée qu'il a été transporté à Rome, d'où il s'est répandu dans toute l'Europe tempérée. Le nom latin *Armeniaca,* qui lui a été donné par les Romains, dérive évidemment de celui du pays dont il est originaire.

ESPÈCES.

1. ARMENIACA vulgaris. *Tab.* 49.

ABRICOTIER commun. *Pl.* 49.

A. *foliis subcordatis, glabris, dentatis; petiolis glandulosis; fructibus sessilibus, flavescentibus.*

A. à feuilles presque en cœur, glabres, dentelées, portées sur des pétioles glanduleux ; à fruits sessiles, jaunâtres.

ARMENIACA *vulgaris.* Lam. Dict. 1. pag. 2. Illust. tab. 431. Decand. Fl. Fr. n. 3792. Pers. Synop. 2. pag. 36.

ARMENIACA *mala majora.* J. Bauh. Hist. 1. lib. II. pag. 167.

ARMENIACA *fructu majori, nucleo amaro.* Tournef. Inst. 623. Garid. pl. d'Aix. 40. Duham. Arb. Fr. 1. pag. 135. pl. 2. Roz. Dict. 1. pag. 190. pl. 3. fig. infer.

ARMENIACA. Mill. Dict. Blackw. Herb. tab. 281.

MALA *Armeniaca majora.* Bauh. Pin. 442.

PRUNUS *Armeniaca.* Lin. Sp. 679. Willd. Arb. 243. Willd. Sp. 2. pag. 989. Lois. Fl. Gall. 289.

---

(1) Avant la fécondation, l'ovaire contient toujours les germes de deux semences. Ces deux germes sont encore très-visibles quelque tems après la fécondation, lorsque le fruit est noué depuis quelques jours ; et si l'on ouvre alors un jeune fruit, on y distingue facilement les deux amandes ; mais ensuite une de ces amandes grossit le plus souvent seule, et l'autre avorte ; ce qui fait qu'on n'en trouve ordinairement qu'une dans chaque noyau, lorsque le fruit est parvenu à sa maturité.

L'Abricotier commun est un arbre de moyenne grandeur, dont le tronc est revêtu d'une écorce brune, un peu rougeâtre, dont les branches s'étendent pour former une tête assez large et à peu près arrondie. Ses feuilles sont alternes, un peu arrondies, presque échancrées en cœur à leur base, rétrécies en pointe à leur sommet, larges de trois pouces ou environ, très-glabres, d'un vert gai, dentelées en leurs bords; elles sont portées sur des pétioles longs d'un pouce ou un peu plus, et chargés de quelques glandes. Les fleurs, qui paraissent avant le développement des feuilles, à la fin de mars ou au commencement d'avril dans le nord de la France, et un mois ou six semaines plutôt dans les départemens du Midi, les fleurs, disons-nous, sont sessiles sur les jeunes rameaux, dans les aisselles des anciennes feuilles, ou, pour mieux dire, à la place que celles-ci occupaient l'année précédente; quelquefois elles sont solitaires, mais le plus souvent on les trouve rassemblées en groupes de trois à six, et même jusqu'à quinze et plus. Chaque fleur est composée d'un calice rougeâtre, à cinq divisions obtuses, moitié plus courtes que la corolle; de cinq pétales blancs, arrondis, longs de cinq à six lignes, concaves, attachés par un onglet très-court au bord intérieur du calice entre ses échancrures; de vingt à trente étamines de la longueur des pétales ou à peu près; d'un ovaire globuleux, velu, placé au centre du calice, surmonté d'un style aussi long que les étamines, et terminé par un stigmate orbiculaire. Il leur succède des fruits charnus, arrondis, un peu comprimés, creusés sur un de leurs côtés et suivant leur hauteur, d'un sillon longitudinal plus ou moins profond, couverts d'une peau revêtue d'un duvet très-court ou veloutée, jaune, avec quelques taches rouges, ou même tout-à-fait de cette couleur du côté exposé au soleil. Cette peau est fortement adhérente à la pulpe, et celle-ci est d'un jaune assez foncé, tendre, succulente, aqueuse, un peu pâteuse et d'une saveur peu relevée, mais cependant agréable; elle enveloppe un noyau osseux, comprimé, dans lequel est renfermée une amande amère.

Les fruits de cet arbre mûrissent vers le milieu de juillet ou à la fin de ce mois, dans le climat de Paris, suivant qu'ils sont plus ou moins bien exposés; ceux qui sont en espalier sont généralement plus gros, plus succulens; on en trouve qui ont deux pouces de diamètre, mais ils sont moins bons, plus pâteux et plus fades que ceux qui sont venus en plein vent. Ceux-ci sont, il est vrai, plus petits; rarement ils ont plus de dix-huit à vingt lignes de diamètre, mais ils sont beaucoup meilleurs, leur chair est plus colorée et d'une saveur plus relevée. Cette observation est générale pour toutes les variétés d'Abricots.

Dans les manuscrits que M. Le Berryais destinait aux tomes trois et quatre du Traité des Arbres fruitiers de Duhamel, il est fait mention d'une sous-variété de l'Abricot commun, qu'il désigne par cette phrase : *Armeniaca vulgaris, fructu maximo.* Cet Abricotier diffère du commun par son fruit, beaucoup plus gros, dont la chair est plus pâle, plus fondante, moins sèche, et dont la grosseur égale, surpasse même quelquefois celle de l'Abricot-Pêche. Cette sous-variété diffère encore par l'époque de sa maturité, qui est un peu plus tardive, et qui n'a guère lieu qu'en août; elle mériterait d'être plus multipliée.

L'Abricotier étant un arbre exotique à l'Europe, et qui y est seulement naturalisé, l'espèce sauvage n'est pas connue, à moins qu'on ne prenne pour telle les arbres venus de noyau, et qui se sont multipliés par hasard dans quelques lieux où ils ont trouvé le sol et le climat favorables à leur reproduction, comme cela paraît être arrivé en Piémont, où, selon Allioni, l'Abricotier est comme spontanée dans les bois du Montferrat. Mais n'ayant pas pu nous procurer cet arbre sauvage, nous prenons pour type de l'espèce l'Abricotier commun que nous venons de décrire.

L'Abricotier, quelle que soit l'espèce qui ait été apportée la première d'Orient en

Europe, a produit, dans cette dernière contrée, de même que dans son pays natal, plusieurs variétés. D'après le témoignage de MM. Michaux et Olivier, l'Abricotier croît naturellement en Perse : on y cultive un bien plus grand nombre de variétés qu'en France, et les fruits qu'elles donnent sont aussi beaucoup meilleurs que les nôtres, sans doute parce que le climat de la Perse convient mieux à cet arbre. Ce n'est pas que dans le midi de la France, en Italie et dans le reste de l'Europe Australe, on ne cultive plusieurs variétés différentes de celles que nous avons dans nos jardins et nos pépinières de Paris; mais ces variétés n'étant pas bien connues dans le Nord, nous sommes forcés de les passer sous silence, et nous nous bornons à celles qui sont plus répandues.

Toutes les variétés de l'Abricotier ne diffèrent pas sensiblement par le port, le feuillage et les fleurs; ce n'est que d'après la grosseur, la forme et la saveur de leur fruit qu'on peut les caractériser. L'Abricotier à fleurs doubles et l'Abricotier à feuilles panachées de jaune ou de blanc, sont les seuls qu'on puisse distinguer d'après les fleurs ou d'après la couleur des feuilles; mais ces arbres sont plus curieux qu'utiles, et ils sont même assez rarement cultivés dans les jardins d'agrément, depuis que nous nous sommes enrichis d'un si grand nombre d'arbres et d'arbrisseaux étrangers. Cette multiplicité d'objets nouveaux a fait négliger, et même presque tout-à-fait abandonner la culture de toutes ces variétés d'arbres à fleurs doubles ou semi-doubles, et surtout celles à feuilles diversement panachées, dont on a été si curieux il y a cinquante à soixante ans.

Var. 1. Abricotier hâtif. Pl. 5o. Fig. 2.

Abricot précoce. Abricot hâtif musqué. Duham. Arb. Fr. 1. pag. 133. pl. 1. Roz. Dict. 1. pag. 187. pl. 3. Vulgairement Abricotin.

Armeniaca fructu parvo, rotundo, præcoci, hinc flavo, indè rubescente; nucleo amaro.

Le fruit de cet arbre est petit, presque rond; il a quinze à dix-sept lignes dans son grand diamètre; il est creusé sur un de ses côtés d'un sillon longitudinal qui va de la base au sommet, et qui est très-prononcé, quoique peu profond. Sa peau est d'un beau jaune du côté qui est à l'ombre, teinte de rouge du côté exposé au soleil. La chair, d'un jaune clair, un peu parfumée, quitte assez facilement le noyau, dont l'amande est amère. Cet Abricot, dans le climat de Paris, est en maturité au commencement de juillet; c'est le seul avantage qu'il ait, car la plupart des autres espèces sont d'une meilleure qualité que lui. On peut le propager par ses noyaux, sans qu'il soit besoin de greffer les sujets qu'il aura produits par ce moyen.

Var. 2. Abricotier blanc. Pl. 5o. Fig. 6.

Abricot-Pêche. Duham. Arb. Fr. 1. pag. 134.

Armeniaca fructu parvo, rotundo, albido, præcoci; nucleo amaro.

Ce fruit, appelé improprement Abricot-Pêche, est à peu près de la même grosseur que le précédent; sa peau est d'un blanc de cire, légèrement teinte de rouge du côté du soleil, et couverte d'un duvet plus épais que les autres Abricots; sa chair est d'un jaune très-pâle, même blanche du côté qui a été à l'ombre; d'une saveur peu relevée, meilleure et plus délicate cependant que celle du précédent, un peu adhérente au noyau; son amande est amère. L'arbre porte ordinairement beaucoup de fruit, dont la maturité arrive au commencement de juillet. Ce double avantage de rapporter beaucoup et de donner du fruit qui mûrit de bonne heure, fait qu'il est assez généralement cultivé. On le greffe ordinairement sur le Prunier de Damas noir, quoique l'on puisse aussi l'élever en semant ses noyaux.

Var. 3. Abricotier d'Alexandrie.
Armeniaca fructu medio, rotundo, præcocissimo, hinc è viridi flavescente, indè rubello.

Cet Abricot est de grosseur moyenne, d'une couleur jaune-verdâtre du côté qui est resté à l'ombre, d'un rouge vif du côté qui a été exposé au soleil. Sa chair est d'un blanc jaunâtre, veinée de rouge, et très-sucrée. On estime beaucoup ce fruit dans le midi de la France, où la chaleur du climat lui donne un goût excellent; mais on ne cultive pas à Paris l'arbre qui le produit, parce qu'il fleurit de trop bonne heure, et qu'il se trouverait, pour cette raison, trop exposé aux gelées dont les premiers jours du printems sont rarement exempts.

Var. 4. Abricotier de Portugal. Pl. 5o. Fig. 3.
Abricot de Portugal. Duham. Arb. Fr. 1. pag. 140. pl. 5. Roz. Dict. 1. pag. 193. pl. 4.
Armeniaca fructu parvo, rotundo, hinc flavo, indè rubescente; nucleo amaro.

Cet Abricotier s'élève moins que l'espèce commune; son fruit est aussi un des plus petits de ce genre, rarement il a plus de quatorze lignes de diamètre. La peau de l'Abricot est d'un jaune clair, marquée, seulement du côté du soleil, de quelques taches, les unes rouges, les autres brunâtres. La chair est de même peu foncée en couleur, délicate, fondante, d'un goût relevé, et légèrement adhérente au noyau : celui-ci est presque lisse et son amande est amère. Cet Abricot mûrit à Paris vers le milieu d'août.

Var. 5. Abricotier Albergier. Pl. 5o. Fig. 5.
Alberge. Abricot-Alberge. Duham. Arb. Fr. 1. pag. 142. Roz. Dict. 1. pag. 192.
Armeniaca fructu parvo, compresso, hinc è flavo rufescente, indè virescente; nucleo amaro.

Les feuilles de cet arbre diffèrent un peu de celles des autres Abricotiers, parce qu'elles ont ordinairement à leur base et sur leur pétiole, deux petits appendices ou oreillettes. Ses fruits sont un peu comprimés, petits; ils ont environ quinze lignes dans leur plus grand diamètre; leur peau est d'un jaune verdâtre du côté de l'ombre, et d'un jaune foncé avec quelques taches saillantes, d'un rouge brun, du côté du soleil. Leur chair est jaune, presque rouge, un peu fondante, d'un goût vineux et très-relevé. Le noyau est plus comprimé que dans les autres espèces; son amande est amère. L'Abricot-Alberge mûrit vers le quinze août dans le climat de Paris; il est beaucoup meilleur en plein vent qu'en espalier, aussi est-il rare qu'on le cultive de cette dernière manière. Il se multiplie bien de noyau, sans qu'on ait besoin de le greffer. C'est ainsi qu'on l'élève dans les environs de Tours, où il est fort répandu.

Var. 6. Abricotier-Pêche. Pl. 5o Fig. 4.
Abricot de Nancy. Duham. Arb. Fr. 1. pag. 144. pl. 6. Roz. Dict. 1. pag. 194. pl. 4.
Armeniaca fructu maximo, vix compresso, hinc subfulvo, indè rubescente; nucleo amaro.

L'Abricot-Pêche, nommé encore Abricot de Piémont, et mal-à-propos Abricot de Nancy, de Wurtemberg ou de Nuremberg, est le plus gros et le meilleur de tous ceux que nous connaissons à Paris; il a souvent plus de deux pouces de diamètre. Sa peau est d'un jaune fauve, un peu marquée de rouge du côté du soleil. Sa chair est pareillement d'un jaune particulier tirant sur le fauve, d'un goût excellent, fondante, pleine d'une eau bien sucrée et très-parfumée. Son noyau est ovale, comprimé, également convexe sur ses deux faces, ayant treize à quatorze lignes de hauteur, sur dix à onze de largeur; il contient une amande amère. Ce fruit, dans le climat de Paris, commence à mûrir dans les premiers jours d'août, et on en jouit pendant tout le reste du mois.

L'Abricotier-Pêche est originaire du Piémont, d'où il a d'abord passé en Provence et en Languedoc, et quoiqu'il n'y ait tout au plus que quarante ans qu'il ait été apporté de Pezenas à Paris, on le cultive aujourd'hui de préférence à l'Abricotier commun dans la plupart des jardins et des pépinières qui sont aux environs de la Capitale, et peut-être qu'il ne tardera pas à faire oublier plusieurs autres variétés dont les fruits sont inférieurs aux siens. Il peut se multiplier de noyau, sans qu'il soit nécessaire de le greffer; il forme un arbre plus grand et plus vigoureux que l'espèce commune. On le cultive le plus ordinairement en espalier; mais il peut également être planté en plein vent, et ses fruits y prennent encore plus de qualité et y acquièrent un goût délicieux.

Var. 7. Abricotier de Noor.

Armeniaca fructu subovato, hinc è viridi flavescente, indè rubescente; nucleo amaro.

On cultive depuis quelques années, à la Pépinière Impériale du Luxembourg, cette nouvelle variété, dont nous allons donner la description, telle que M. Hervy, directeur de cet établissement, a bien voulu nous la communiquer. « L'Abricotier de Noor a été obtenu par la voie du semis. Le fruit est moins gros que celui de l'Abricotier-Pêche, généralement de forme ovale. La queue est plantée dans une cavité ronde, large, assez profonde. La goutière, bien apparente sur toute la longueur du fruit, se conserve telle jusqu'à parfaite maturité. La peau est d'un vert jaunâtre, peu colorée, couverte d'un duvet très-fin. La chair est d'un rouge-clair, fondante, d'un goût relevé et agréable. Le noyau est moyen, renflé sur les côtés, ayant deux arètes très-saillantes. L'amande qu'il renferme est amère. »

« Cet Abricot a un goût excellent. L'époque de sa maturité le rend encore plus intéressant; il ne mûrit guère que vers la mi-septembre. Il réussit également en espalier et en plein vent. »

Var. 8. Abricotier rouge ou Angoumois. Pl. 51. Fig. 2.

Abricot Angoumois. Duham. Arb. Fr. 1. pag. 137. pl. 3. Roz. Dict. 1. pag. 189. pl. 3.

Armeniaca fructu parvo, oblongo, hinc è luteo rubescente, indè rubello; nucleo dulci.

Cet Abricotier ne s'élève pas autant que le commun et que la plupart des autres variétés; ses feuilles s'écartent davantage de la forme commune à plusieurs espèces, étant plus longues que larges, à peu près ovales et ordinairement munies de deux petites oreillettes à leur base. Ses fruits sont petits, souvent allongés, ayant quatorze à seize lignes dans leur grand diamètre; la rainure, qui s'étend de la base à la pointe, est peu marquée. Leur peau est d'un jaune rougeâtre du côté de l'ombre, et d'un beau rouge vineux, avec des points d'un rouge brun du côté du soleil. Leur chair est aussi d'un jaune tirant sur le rouge, fondante, d'un goût vineux très-relevé, très-agréable, légèrement acide, et d'une odeur forte et pénétrante. Le noyau n'est pas du tout adhérent à la chair; il est presque rond, contient une amande douce, ayant le goût d'une Aveline fraîche, et dont la peau même n'a presque point d'amertume. Cet Abricot mûrit à Paris, dans les premiers jours de juillet, un peu avant le commun. L'arbre qui le produit se plaît de préférence dans les terres calcaires; il aime à croître en liberté et au grand air; l'espalier ne lui convient pas, il y rapporte fort peu. Cet Abricotier est assez rare aux environs de Paris; il est, au contraire, commun dans les ci-devant provinces de Guienne, d'Anjou, du Lyonnais, du Dauphiné, où l'on préfère ses fruits à ceux des autres espèces, qu'on trouve trop fades.

Var. 9. Abricotier de Hollande, ou Abricotier-Aveline. Pl. 52. Fig. 2.

Abricot de Hollande. Abricot Amande-Aveline. Duham. Arb. Fr. 1. pag. 138. pl. 4. Roz. Dict. 1. pag. 191. pl. 4.

5.

Armeniaca fructu parvo, rotundo; nucleo dulci, amygdalinum simul et avellaneum saporem referente. Duham. l. c.

Cet Abricot est petit, presque globuleux; il a environ quinze lignes de diamètre, et le sillon longitudinal qui s'étend de sa base à sa pointe est bien marqué, quoique peu profond, ayant le plus souvent les lèvres qui le bordent inégales. Sa peau est d'un beau jaune du côté qui se trouve à l'ombre, et d'un rouge foncé du côté qui est exposé aux rayons du soleil. Sa chair est d'un jaune foncé, d'une saveur relevée, excellente. Le noyau est ovale-arrondi; il a sept lignes de hauteur et quatre et demie d'épaisseur; il renferme une amande qui, non-seulement n'est point amère, mais qui a même un goût fort agréable, approchant beaucoup de celui de l'Aveline et de l'Amande douce. Ce fruit est un des meilleurs du genre. L'arbre est très-fécond; il est rare qu'il ne rapporte pas lorsqu'il est en espalier. Duhamel dit qu'il donne plus de fruit lorsqu'il est greffé sur le Prunier-Cerisette, et qu'il en rapporte de plus gros, mais en moindre quantité, quand il est greffé sur le Prunier de St.-Julien. On peut d'ailleurs l'élever et le multiplier de noyaux, sans qu'il ait besoin d'être greffé; ses racines sont alors rouges comme des branches de corail.

Var. 10. ABRICOTIER de Provence. Pl. 51 Fig 3.
ABRICOT de Provence. Duham. Arb. Fr. 1. pag. 139. pl. 4. fig. P. Roz. Dict. 1. pag. 191.
Armeniaca fructu parvo, compresso; nucleo dulci. Duham. l. c.

Cet Abricotier a le port de l'Angoumois; il est assez fécond, et réussit aussi bien en espalier qu'en plein vent. Ses feuilles sont petites, presque rondes, terminées par une pointe assez large. Ses fruits sont petits, légèrement aplatis; ils ont quinze à seize lignes de hauteur dans leur plus grand diamètre, et leur rainure, plus profonde que dans les autres espèces, a un de ses côtés plus saillant que l'autre. Leur peau est jaune du côté de l'ombre, d'un rouge vif du côté du soleil. Leur chair est d'un jaune très-foncé, moins fondante que celle de l'Angoumois, mais d'un goût vineux, relevé et très-aromatique. Le noyau est raboteux; il contient une amande douce. L'Abricot de Provence mûrit, sous le climat de Paris, à la fin de juillet ou au commencement d'août, selon qu'il est plus ou moins bien exposé.

<table>
<tr><td>

2. ARMENIACA atro-purpurea. *T.*51.*fig.* 1.
A. *foliis ovatis, acuminatis, simpliciter dentatis; petiolis glandulosis; floribus subsolitariis; fructibus atro-purpureis, breviter pedunculatis.*

</td><td>

ABRICOTIER noir. *Pl.* 51. *fig.* 1.
A. feuilles ovales, acuminées, simplement dentelées, portées sur des pétioles glanduleux; à fleurs presque solitaires; à fruits d'un pourpre noirâtre, attachés à de courts pédoncules.

</td></tr>
</table>

ARMENIACA *dasycarpa* (1). Pers. Synop. 2. pag. 36.
PRUNUS *dasycarpa*. Ehrh. Beitr. 6. pag. 90. Willd. Sp. 2. pag. 990, vulgairement ABRICOTIER à feuilles de Prunier, ABRICOT du Pape, ABRICOT violet.
C. ARMENIACA *persicæfolia, foliis longioribus, angustioribus, irregulariter dentatis.*
ABRICOTIER à feuilles de Pêcher. pl. 52. fig. 1.

Cet arbre s'élève moins que l'Abricotier commun et ses différentes variétés; son tronc est presque toujours tortueux, rarement droit; il est revêtu d'une écorce d'un gris cendré, crevassée. Ses feuilles sont ovales, longues de deux pouces, très-finement

---

(1) Nous n'avons pas cru devoir conserver à cet Abricotier le nom spécifique de *Dasycarpa*, qui signifie à fruit velu, parce que ce caractère ne peut être pris comme distinctif de cette espèce, puisqu'il est commun à tous les fruits du même genre; nous avons préféré adopter le nom vulgaire que quelques cultivateurs lui donnent, et qui est emprunté de la couleur de son fruit; il est d'ailleurs, jusqu'à présent, le seul Abricot que l'on connaisse, dont la peau soit d'un pourpre noirâtre.

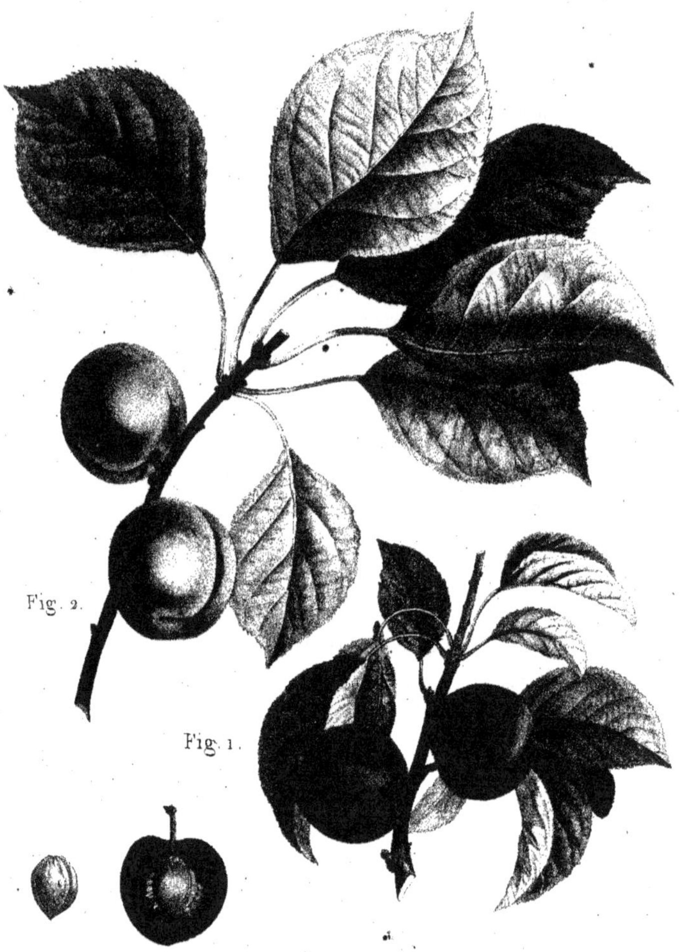

Fig. 2.

Fig. 1.

Fig. 1. **ARMENIACA** atro-purpurea. **ABRICOTIER** noir
Fig. 2. **ABRICOTIER** Angoumois.

P. Bessa pinx. Piedo sculp.

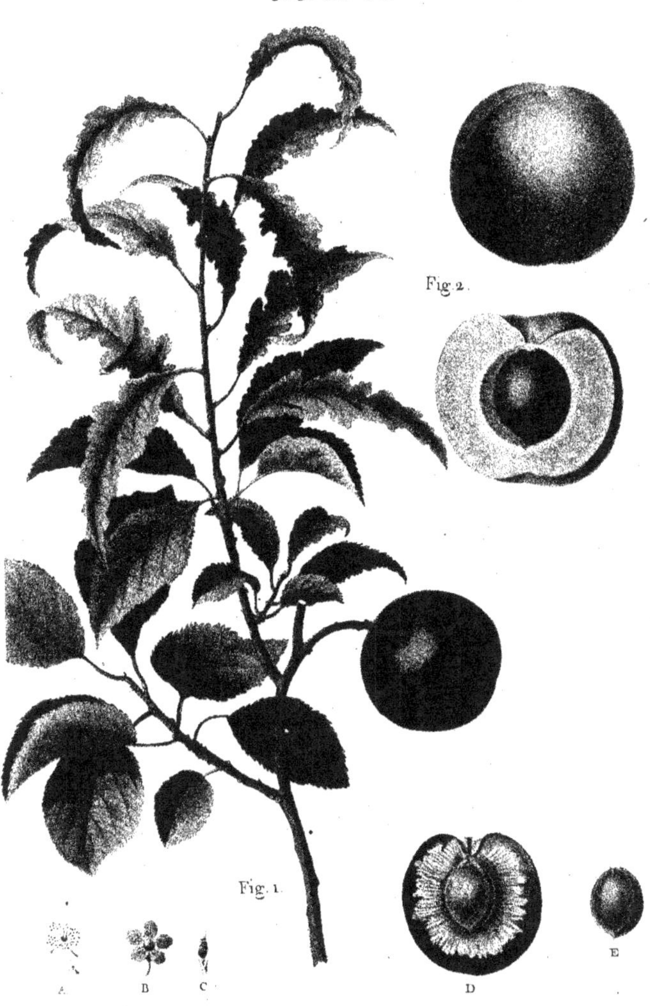

Fig. 1. **ABRICOTIER** noir à feuilles de Pêcher.
Fig. 2. **ABRICOT** de Hollande.

dentelées, glabres, luisantes en dessus, portées sur des pétioles canaliculés, munis de deux à quatre petites glandes, et longs d'un pouce ou à peu près. Les fleurs sont ordinairement blanches, larges d'environ un pouce, le plus souvent solitaires et disposées une à une à la place qui était l'aisselle des feuilles de l'année précédente. Chacune d'elles est composée d'un calice à cinq divisions obtuses, d'un rouge-brun; de cinq pétales arrondis, un peu concaves, rétrécis en un court onglet; de vingt-cinq à trente étamines dont les filamens sont violets, plus courts que les pétales; d'un ovaire arrondi, surmonté d'un style verdâtre, de la longueur des étamines, et terminé par un stigmate obtus. Ses fruits sont arrondis, très-légèrement comprimés, petits, n'ayant le plus souvent que treize à quatorze, ou tout au plus quinze lignes dans leur plus grand diamètre. Ils sont portés sur des pédoncules de quatre à cinq lignes de longueur; leur peau est d'un rouge violet, très-foncé ou noirâtre, un peu veloutée, marquée sur un côté d'une ligne longitudinale, qui va de l'insertion du pédoncule au sommet du fruit : cette ligne est seulement remarquable par sa couleur plus foncée, mais elle ne forme pas de rainure sensible. Leur chair est rougeâtre, surtout dans la partie qui est voisine de la peau; dans le reste elle est d'un jaune ou d'un fauve brunâtre, et fortement adhérente au noyau. Leur saveur est douçâtre, peu relevée, ayant quelquefois un peu d'amertume ou d'âcreté, approchant beaucoup du goût de certaines Prunes de Damas. Le noyau ressemble aussi assez à celui d'une Prune; il a sept lignes et demie à huit lignes de hauteur, sur six à six et demie de largeur; il se termine en pointe assez aiguë, et est comprimé sur son épaisseur, étant un peu plus convexe sur une face que sur l'autre.

L'Abricotier à feuilles de Pêcher n'est qu'une légère variété de l'Abricotier noir; il s'en distingue seulement par ses feuilles plus allongées, plus étroites et irrégulièrement dentelées. On trouve des arbres sur lesquels on observe les deux formes de feuilles réunies; assez souvent même cela se rencontre sur les mêmes rameaux, les feuilles inférieures étant ovales et régulières, comme nous les avons décrites dans l'espèce principale; les supérieures, au contraire, étant allongées, étroites, et irrégulières en leurs bords, ainsi qu'on peut le voir dans la figure que nous en donnons planche 52. Les jardiniers sont parvenus, jusqu'à un certain point, à fixer cette variété, en ne la greffant qu'avec ces sommités garnies seulement de feuilles étroites.

On ne sait pas bien de quel pays l'Abricotier noir est indigène; on croit qu'il est originaire d'Orient. Jusqu'à présent c'est un arbre plus curieux qu'utile, et qui, à cause de la qualité médiocre de son fruit, n'est guère cultivé, si ce n'est par quelques amateurs qui se plaisent à réunir des collections complètes de toutes les espèces. Peut-être qu'en semant ses noyaux on pourrait obtenir de nouvelles variétés dont le fruit serait meilleur, et qui dédommageraient bien de la peine qu'on aurait prise. Ce qui pourrait au moins nous le faire espérer, c'est que cet arbre est assez nouveau dans nos jardins, et que tout annonce qu'il y a, en général, peu de tems qu'il est cultivé. Or, si on peut le regarder comme sauvage, ou au moins comme à demi-sauvage, l'expérience nous a appris combien toutes les espèces de fruits avaient gagné et s'étaient améliorées par une culture longue et soignée. Depuis deux mille ans, par exemple, que le Pêcher a été apporté de Perse en Europe, le nombre des variétés de cet arbre, que nous avons obtenues, est très-considérable; nous en avons qui nous donnent des fruits d'une grosseur étonnante et surtout d'un goût et d'un parfum délicieux. MM. Bruguière et Olivier ont rapporté de Perse, il y a dix ans, des noyaux peut-être de la même espèce de Pêcher qui fut autrefois transportée en Europe par les Grecs, et on n'a obtenu de cette nouvelle transplantation qu'un arbre dont les fruits sont plus que médiocres, comparativement avec les excellentes Pêches dont la culture, toujours soignée, des premiers Pêchers, nous a enrichis.

3. ARMENIACA Sibirica.   **ABRICOTIER de Sibérie.**

A. *foliis ovatis, acuminatis, simpliciter serra-*   A. à feuilles ovales, acuminées, simplement
tis ; petiolis eglandulosis ; fructibus parvis,   dentelées, portées sur des pétioles non glan-
luteis.   duleux ; à fruits petits, jaunes.

ARMENIACA *Sibirica*. Pers. Synop. 2. pag. 36.
ARMENIACA *Betulæ folio et facie, fructu exsucco*. Amm. Ruth. 272. tab. 29.
PRUNUS *Sibirica*. Lin. Sp. 679. Pall. Ross. 1. pag. 15. tab. 8. Gmel. Sib. 3. pag. 172. Lam.
    Dict. 1. pag. 3. Willd. Sp. 2. pag. 989.

Les feuilles de cette espèce sont ovales, aiguës, dentelées, portées sur des pétioles
longs de six lignes ou environ. Ses fruits sont sessiles, de la grosseur d'une petite
Prune ; ils sont couverts d'une peau veloutée, jaune du côté de l'ombre, et d'un rouge
vif du côté du soleil : leur chair est peu abondante, fibreuse, presque sèche et d'une
saveur acerbe. Le noyau contient une amande légèrement amère. Cet Abricotier est
un arbrisseau plutôt qu'un arbre ; il est originaire de Sibérie, où il croît dans les lieux
montueux ; on ne le cultive guère que dans les jardins de botanique.

Culture et Usage.

Transporté de son climat et de son sol naturels dans des climats et dans des terrains
éloignés et différens, l'Abricotier a dû changer de constitution et donner des fruits
de forme, de grosseur et de saveur différentes. D'un autre côté, des noyaux tombés ou
levés d'eux-mêmes ont produit des diversités, auxquelles les nombreuses mains par
lesquelles cet arbre a passé depuis des siècles, ont encore ajouté par la culture et par
le semis. De là beaucoup de variétés, parmi lesquelles on a dû choisir les meilleures,
et celles qui présentent quelque avantage, comme de hâter ou prolonger les jouis-
sances, en donnnat des fruits, ou précoces ou tardifs, ou même des intermédiaires.
Ces variétés ont été propagées par la greffe, moyen sûr de conserver les mêmes qualités, peut-être aussi de les améliorer.

Les moyens les plus usités pour multiplier l'Abricotier sont le semis et la
greffe ; il est fort douteux que les boutures et les marcottes puissent servir à sa
propagation ; nous en avons fait l'expérience, et cela ne nous a nullement réussi.
On peut renouveler cet essai, peut-être sera-t-on plus heureux ; mais on ne doit
s'attendre qu'à avoir des arbres moins vigoureux, moins bien tournés et moins
durables. Le semis peut se faire aussitôt que les fruits ont perfectionné leur amande ;
et peut-être aurait-on quelqu'avantage de les laisser pourrir, d'autant plus que leur
suc sucré occasionne une fermentation qui pénètre le noyau et le dispose à s'ouvrir. Si l'on sème dans des pots ou des caisses, on les garantira facilement du froid en
les serrant en orangerie ; autrement on aura à craindre les gelées et les intempéries
de la mauvaise saison, ce qui fait que lorsqu'on veut semer en grand, il vaut mieux
attendre au mois de mars ; mais alors il s'agit de conserver les noyaux jusqu'à ce tems,
et d'empêcher qu'ils ne se dessèchent ou ne se rancissent. On y parviendra en les
stratifiant, ce qui se fait ainsi : on choisit ses noyaux, dont on rejette tous ceux qui
sont légers et dont on peut soupçonner que l'amande est viciée, on les met lits par lits,
en interposant autant de lits d'un sable fin qui ne soit ni trop sec ni trop humide,
dans un pot de grès ou dans une caisse, qu'il faut alors enfoncer à deux pieds en terre,
ou bien qu'on gardera à la cave ou dans un endroit frais et à l'abri de toute gelée. Au
mois de mars on les retire pour les planter, soit en rigoles, soit en pots ou en caisses
soit en place, pour ceux qu'on destine à être en espaliers, mais toujours en terre
profonde, bien ameublie, substantielle et cependant légère, la seule qui convienne

bien à l'Abricotier, car il y devient fort gros et y donne des fruits très-savoureux, tandis que ses racines ne peuvent se faire place dans une terre argileuse, et que ses fruits sont trop mous et sans saveur dans une terre humide. Aussitôt que les noyaux sont levés, on déplante ceux qui sont destinés à changer de place, on pince l'extrémité de la radicule, et on les remet à six pouces de distance l'un de l'autre, dans la même terre qu'on a ameublie par un bon labour; ce plant n'a plus besoin d'autres soins que d'être défendu contre les rayons d'un soleil trop-vif, et d'être souvent sarclé jusqu'à la fin de la première ou deuxième année, époque à laquelle il faut le lever encore pour le replanter à la distance d'un pied et demi à deux pieds. Dans ces différentes trans-plantations, on détruit le pivot de l'Abricotier, ce qui est contraire à la nature de cet arbre et abrége son existence; mais cela est indispensable pour le pépiniériste qui ne pourrait, sans risquer de le faire périr, le déplanter aussi souvent qu'il est obligé de le faire. Cependant l'Abricotier semble être le plus robuste des arbres fruitiers, puisqu'on a l'exemple de plusieurs qui, transplantés assez gros et avec quelques pré-cautions, non-seulement ont bien repris, mais encore ont, dans la même année, donné de fort beaux fruits. Voilà tout ce qui concerne la conduite de cet arbre élevé en pépinière, si ce n'est que les cultivateurs-marchands le greffent encore à différentes hauteurs, suivant qu'il est destiné à rester à haute tige, à faire des demi-tiges ou à être mis en espalier.

Plusieurs espèces d'Abricotiers, comme le Blanc, l'Alberge, l'Abricot-Pêche et l'Aveline, se perpétuent d'aussi bonne qualité par le semis de leurs noyaux que par la greffe; ainsi on peut se dispenser de les greffer, à moins qu'on ne se range de l'opinion de Roger-Schabol qui affirme qu'en greffant à plusieurs reprises un arbre sur lui-même, on parvient à rendre son fruit beaucoup meilleur. Les autres espèces, au contraire, dégénèrent presque toujours, aussi ne les sème-t-on que pour recevoir la greffe des variétés qu'on veut perpétuer par ce moyen : celles-ci donnent alors de bons fruits en abondance, mais aussi l'arbre ne veut que les terres chaudes et légères, presque uniquement convenables à l'Abricotier; car la qualité du sol doit influer sur le choix des sujets destinés à recevoir la greffe : c'est ce qui fait que souvent on prend aussi pour sujets l'Amandier et le Prunier.

Si l'Abricotier greffé sur le Prunier, auquel il s'unit intimement, a l'inconvénient d'être moins productif, il dédommage le cultivateur, en lui faisant obtenir des Abricots là où il ne pourrait s'en promettre sans ce moyen, c'est-à-dire, dans les sols moins légers, peu profonds et humides, où ne se plaisent ni l'Amandier ni l'Abricotier, et dont s'accommodent très-bien les Pruniers, qui ont en général les racines traçantes. Mais quoique toutes les espèces de Pruniers indistinctement puissent recevoir la greffe de l'Abricotier, on doit, cependant, les choisir suivant l'espèce d'Abricot qu'on veut se procurer : par exemple, pour obtenir des fruits excellens de l'Abricotier de Provence, de l'Angoumois et de l'Albergier, on doit les greffer de préférence sur le Prunier Damas-rouge ou sur le Prunier-Cerisette, et avoir soin que ces sujets soient provenus de noyaux, afin que les arbres deviennent moins attaquables par la gomme, qui est toujours plus abondante lorsque les greffes sont faites sur les rejetons.

Greffé sur l'Amandier, dont la racine est pivotante, l'Abricotier ne convient plus qu'à des terrains chauds, légers et profonds; il se met plutôt en rapport, charge beau-coup et donne des fruits d'une qualité supérieure, encore qu'on semble autorisé à croire qu'il y ait peu d'analogie entre sa sève et celle de l'Amandier. Dans le fait, l'écusson met un long tems avant de s'y bien coller; les écorces du sujet se recouvrent difficilement et forment un bourrelet désagréable; enfin le moindre vent peut décoller la greffe, si l'on n'a eu le soin de la garantir par des liens qui l'attachent à la branche ou à la tige sur laquelle on l'a insérée. Cette précaution ne devrait jamais être négligée pour quelque greffe que ce soit, et que peuvent rompre un vent plus ou moins fort, ou la brusquerie d'un oiseau qui vient s'y percher, ou toute autre circonstance. Lorsque la greffe a fait une pousse d'un demi-pied, il est bon d'en pincer ou couper l'extrémité pour forcer la tige à émettre des branches latérales.

On peut croire que toutes les manières de greffer pourraient être employées pour l'Abricotier, soit qu'il serve de sujet, soit qu'on le greffe sur d'autres arbres d'un genre différent; cependant, il en est deux qui semblent mieux réussir, et qui, pour cette raison, sont plus en usage; c'est la greffe en fente, qui se pratique ordinairement au mois de février ou de mars, et la greffe en écusson. On fait cette dernière ou *à œil poussant*, à la mi-juin, tant sur l'Abricotier que sur l'Amandier ; ou *à œil dormant*, au mois de septembre, en observant de retarder de quelques jours pour les sujets qui sont jeunes, parce que leur sève s'arrête plus tard. En Provence, on a l'usage de couper les rameaux sur lesquels doivent se prendre les écussons, la veille du jour où l'on compte faire les greffes, et en attendant, on les met dans l'eau par leur gros bout, après qu'on en a supprimé les sommités et toutes les feuilles, en coupant celles-ci à la moitié de leurs pétioles, c'est-à-dire de leurs queues.

L'Abricotier sert aussi de sujet pour le Pêcher, et DUHAMEL dit, avec raison, qu'il convient singulièrement aux espèces délicates. Toujours est-il vrai que la sève de l'Abricotier se mettant en mouvement peu de tems après le solstice d'hiver, et ses fleurs devançant la fleuraison du Pêcher, il semble qu'on doive lui confier de préférence les Pêches précoces; et cela est fondé sur ce que la végétation de l'Abricotier étant plus hâtive, elle doit accélérer encore la maturité de ces sortes de Pêches. Par la même raison, elle doit entrer plutôt en repos ; d'où il doit en résulter que les Pêches tardives qu'on y grefferait réussiraient plus difficilement, parce que la force de succion de l'écusson du Pêcher ne serait pas suffisante pour prolonger les fonctions des racines de l'Abricotier au delà du terme prescrit par la nature.

Le Pêcher se greffe sur l'Abricotier, à la même époque et de la même manière que ce dernier se greffe sur lui-même ou sur tout autre sujet; mais on observe que, pour assurer la reprise des écussons, il est bon de les insérer dans la journée même où ils ont été cueillis.

Que l'Abricotier soit greffé ou non, dès qu'il est planté dans un sol convenable, il ne demande plus que les soins exigés par la forme qu'on veut lui faire prendre. C'est en espalier qu'il en a le plus besoin, et il faut nécessairement l'y tenir dans les pays du Nord, où il ne pourrait subsister en plein vent : on l'y met encore dans certaines contrées du milieu et même du midi de la France, lorsqu'on est curieux d'avoir des primeurs; alors on ne peut se dispenser de le soumettre chaque année à une taille particulière et raisonnée, semblable à celle du Pêcher et que nous décrirons, à l'article de ce dernier arbre, afin d'éviter les répétitions. Qu'il nous suffise de dire ici que l'Abricotier destiné à être mis en espalier doit être greffé de préférence sur Amandier, surtout si le terrain se trouve léger et sablonneux; qu'il doit être planté à neuf pouces du mur, et à la distance de vingt pieds de tout autre arbre, parce que les branches latérales pouvant s'étendre à dix pieds de chaque côté, on ne craint plus qu'elles se gênent, et le mur est bien garni partout. La greffe doit être placée sur l'arbre à demi-pied au dessus du niveau du sol. Lorsqu'elle a poussé, on la coupe, pour obtenir de chaque côté une branche ou deux, qu'on laisse s'étendre; et à mesure que l'une et l'autre croissent, on les applique au mur, sur lequel on les dispose d'abord en V, puis chaque année on les baisse de plus en plus, jusqu'à ce qu'elles ne forment plus avec la terre qu'un angle de quarante-cinq degrés. Sur chacune de ces deux branches, on laisse percer une branche secondaire, et sur celle-ci une troisième branche, que l'on applique et assujétit toutes contre le mur : ce sont de ces six premières et principales branches que sortent toutes les autres, qui doivent faire de l'arbre une espèce d'éventail. Il faut beaucoup d'art et de soin pour lui donner une belle forme, empêcher qu'il ne se fasse des vides, ou réparer ceux qui viendraient à se faire. Tous les bourgeons superflus se coupent principalement à la seconde taille, appelée *ébourgeonnement*, et qui se pratique vers l'époque du solstice d'été, plutôt ou plus tard, suivant la vigueur de l'arbre, la sécheresse ou l'humidité de la saison, toutes circonstances qui avancent ou retardent cette opération, qui doit être faite pendant que la sève semble être stationnaire. On peut d'ailleurs se dispenser de cette seconde taille, selon l'auteur de l'*Almanach du Bon Jardinier*, « en coupant avec un instrument bien tranchant, et aussitôt qu'il pointe, tout bourgeon qu'on estime devoir être inutile ou qui serait mal placé. Cette opération, qui doit se faire journellement, évite une grande déperdition de sève, et cette sève tourne au profit des branches conservées, lesquelles ont encore l'avantage d'être plus lisses, et surtout exemptes de ces cicatrices que laisse toujours l'ébourgeonnement pratiqué à l'ordinaire. Il est d'ailleurs bon d'observer qu'un arbre conduit de cette nouvelle manière, fait en moins de quatre ans plus de progrès qu'il n'en aurait fait en dix en le soumettant à la seconde taille ».

L'arbre mis en espalier présente encore la facilité de le pouvoir mieux garantir des frimats et de la gelée, en le couvrant de paillassons, de toiles ou de branchages pendant les nuits qui menacent d'être trop froides. Dans ce cas, on ne le découvre que dans la journée, lorsque l'humidité que le froid aurait pu convertir en glace peut être fondue naturellement. C'est à cause de cela qu'il est peut-être mieux de placer l'espalier au midi, parce qu'avant que le soleil vienne le frapper de ses rayons, l'atmosphère a eu le tems de s'échauffer assez pour que le pistil des fleurs ne soit pas brûlé.

Dans les années où la fleuraison des Abricotiers n'a pas été contrariée par la saison, ou lorsque les précautions que l'on a prises ont bien réussi, il arrive que les arbres se chargent d'un très-grand nombre de fruits; mais il ne faut pas s'attendre à les avoir aussi gros ni aussi savoureux que lorsqu'il y en a moins. Cependant on remédie facilement à cet inconvenient d'une trop grande fertilité, en supprimant une partie du fruit, ainsi que cela se pratique à Montreuil et chez tous les habiles cultivateurs. On attend pour cela que les Abricots aient un peu grossi et qu'ils n'aient plus de risques à courir. Il est inutile de dire qu'on doit retrancher une partie de ceux qui sont trop entassés, et tous ceux qui sont gâtés ou dont la forme n'est pas agréable ni perfectionnée. Cette suppression peut avoir lieu sur tous les arbres indistinctement, quelle que soit la forme à laquelle on les aura soumis.

A mesure que les Abricots approchent de la maturité, on l'accélère et on la perfectionne encore, en les débarrassant petit à petit d'une partie et même de la totalité des feuilles qui, en les couvrant, les empêchent de recevoir les bienfaits de l'action de l'air et des rayons du soleil; mais cette opération doit se faire avec prudence et ménagement, par un tems qui ne soit ni trop chaud ni trop sec. Elle aura tout le succès qu'on peut en attendre si l'on choisit un ciel couvert, ou bien le moment d'avant ou d'après la pluie, et surtout si l'on se garde de trop découvrir à la fois : on a vu des curieux ne couper que la moitié d'une feuille. Au reste, M. Thouin a observé que « lorsque cette opération se fait sans ménagement, les fruits se dessèchent et tombent avant leur maturité, parce que les arbres vivent autant par leurs feuilles que par leurs racines, et qu'il y a toujours un rapport nécessaire entre le nombre des feuilles et la vigueur des racines ». Cette opération n'est guère praticable que pour l'Abricotier en espalier, dont le fruit est toujours moins savoureux que celui de l'arbre en plein-vent;

à moins qu'on ne parvienne à perfectionner sa saveur en détachant les branches et en les tenant éloignées du mur avec des fourchettes de bois; par ce moyen, l'air circulant librement autour du fruit, le rend beaucoup meilleur, et ces branches, ainsi éloignées du mur, deviennent en quelque façon des demi-tiges.

Dans les jardins de Paris on met beaucoup d'Abricotiers en plein vent, et souvent on les abandonne à eux-mêmes, comme cela se pratique plus ordinairement en Provence et dans les départemens méridionaux, où ces arbres sont plantés au milieu des champs, et toujours au moins à quinze pieds de distance les uns des autres. Ainsi livrés à eux-mêmes, ils deviennent des arbres de moyenne grandeur, et n'ont plus besoin que d'être débarrassés de leur bois mort et de leurs branches trop gourmandes. Ces arbres se chargent ordinairement de beaucoup de fruit; mais si celui-ci, mieux exposé à l'influence de l'air et du soleil, acquiert une qualité supérieure à celle de l'Abricot en espalier, il n'atteint que rarement le même volume, et il est surtout difficile à récolter, parce que toujours il est logé très-haut. Pour remédier à ces inconvéniens, on dispose les Abricotiers en espèces de vase, d'entonnoir ou de gobelet, ce qui est à peu près la même forme évasée, circulaire et évidée dans le milieu. Pour la leur donner, on raccourcit le bourgeon de la greffe afin de le forcer à donner des branches latérales, que l'on tient écartées, et que l'on contraint d'abord au moyen d'un cerceau auquel on les lie. On leur laisse prendre ensuite en longueur la dimension que l'on juge convenable, tandis qu'on retranche tous les rameaux qui percent au dehors ou en dedans, gardant seulement ceux qui poussent sur le côté, pour les diriger obliquement et circulairement. Ces formes ont l'avantage de faire produire du fruit plus gros et d'une saveur plus exquise, parce qu'il est moins nombreux et mieux exposé aux influences atmosphériques. Il n'est pas nécessaire de dire que les arbres auxquels on a donné ces formes ont besoin d'une taille annuelle et doivent être ébourgeonnés.

Dans quelques pays on est dans l'usage de poser la greffe à trois pieds au dessus du niveau du sol, ou d'arrêter l'arbre non greffé à cette hauteur, ce qui fait des arbres à demi-tige; enfin, dans quelques jardins, on greffe presque rez-terre, pour faire ce qu'on appelle mal-à-propos des buissons. Comme on leur donne à presque tous la forme d'un entonnoir, ce sont toujours des arbres à plein vent qui donnent de bonnes récoltes, et qui demandent de l'espace et de l'air, si l'on veut que leurs fruits soient bons.

L'Abricotier trop vieux, ou qui a souffert de grands dommages par la gelée ou par tout autre accident, peut être rabattu; bientôt il aura reproduit une tête nouvelle, vigoureuse et capable de porter de nouveaux fruits. En général cet arbre fructifie à toutes les expositions, même à celle du nord; sa fleur, s'y ouvrant plus tard, court moins de risques, et son fruit, n'y prenant point ou peu de couleur, est plus propre à la confiture, qu'on desire d'un jaune clair un peu ambré. Les expositions du midi et du levant lui sont d'ailleurs les plus favorables sous tous les autres rapports.

L'Abricotier n'a besoin que de peu de fumier, à moins qu'il ne soit dans un sol trop maigre, et encore ne doit-on employer qu'un fumier bien consommé, et mieux encore des feuilles et du bois pourri. Il est bon de lui donner chaque année un léger labour, qu'il faut faire au crochet et non à la bêche, instrument qu'il faut éloigner de tous les arbres, dont il détruit les racines.

La gomme qui découle de l'Abricotier, étant l'extravasation de sa sève très-abondante, est une véritable maladie pour cet arbre; c'est ce qui fait qu'on doit être très-prudent quand il est question de tailler ses grosses branches, il vaut mieux renouveler cette taille à plusieurs reprises, et attendre que la première amputation soit cicatrisée avant d'en faire de nouvelles.

Les Abricots, quand ils sont bien mûrs, sont pectoraux, adoucissans et même assez nourrissans, à cause de la partie sucrée qu'ils contiennent; mais on doit en manger avec modération, parce que tout excès, même des meilleures choses, est nuisible. Le préjugé populaire, et celui de quelques médecins, est qu'ils sont sujets à donner les fièvres quand on en mange beaucoup; mais rien n'est moins prouvé. On les prépare de différentes manières pour en varier l'usage.

On confit l'Abricot vert avant que le noyau ait eu le tems de durcir; mais cette confiture ne vaut pas à beaucoup près celle de l'*Amande-princesse*, confite avec son brou, dont nous avons parlé à l'article de l'Amandier. Parvenu à sa maturité, on le mange cru, on le met en compote ou en marmelade; on en fait des confitures sèches et liquides, des pâtes qui se conservent très-long-tems. Celles qui nous viennent d'Auvergne jouissent d'une grande réputation. On le conserve aussi dans l'eau-de-vie. On a, en Provence, une manière particulière de manger les Abricots confits au sirop, c'est de les en retirer, de faire un mélange d'eau-de-vie et de sirop, et de les laisser assez long-tems dans cette nouvelle liqueur, pour que le fruit en soit imprégné. Cette confiture est on ne peut pas plus agréable.

La Bretonnerie, en parlant de l'usage où l'on est dans certains pays de faire sécher les Abricots comme les Figues et les Raisins, indique la manière d'en chasser le noyau avec un poinçon, qui le pousse dehors du côté de la queue, où il sort, sans qu'on soit obligé d'ouvrir le fruit. Dans les pays chauds, la chaleur suffit pour les sécher; mais dans ceux qui le sont moins, on les fait sécher au four, en les y mettant lorsqu'on en a retiré le pain. C'est un objet de commerce dans le Levant, et il s'en fait une assez grande consommation dans le pays.

M. Delaunay, dans son *Almanach du Bon Jardinier* (année 1810), indique un moyen facile et agréable pour tirer parti des Abricots, dans les années surtout où ils sont très-abondans; il consiste « à ouvrir en deux chaque fruit mûr, à le faire sécher au soleil ou dans un four modérément chaud. Ainsi préparés, on le conserve pour l'hiver dans un endroit sec. Trempés de la veille dans l'eau, on les cuit avec du sucre et l'on en fait d'excellentes compotes, qu'on aromatise suivant son goût. »

La Bretonnerie indique un moyen pour reconnaître le véritable Abricot-Pêche par son noyau, et de manière à ne pas s'y tromper. «Le noyau de toutes les espèces d'Abricots est formé tout d'une pièce d'un côté; de l'autre il forme trois côtes. Prenez une épingle, enfoncez-la dans le trou du noyau, du côté de la queue du fruit; poussez l'épingle au travers de la côte du milieu; si elle suit jusqu'au bout, de façon que le noyau s'ouvre, c'est le véritable Abricot-Pêche. Le noyau de toute autre espèce ne peut s'ouvrir de même. »

Les noyaux et les amandes ont également leur utilité : ils sont la base d'un excellent ratafiat connu sous le nom de Ratafiat de noyau. L'amande remplace, pour les crèmes et les pâtisseries, celle du fruit de l'Amandier. L'huile qu'on en extrait est employée dans les pharmacies : c'est une des semences froides qui servent à préparer l'orgeat et le sirop de ce nom. Cette amande, soumise aux mêmes préparations que celle de l'Amandier, et réduite en poudre ou disposée en manière de pommade à demi-liquide, est très-bonne pour se laver les mains : elle blanchit et adoucit la peau. Elle est connue dans le commerce de parfumerie sous le nom de Pâte-d'Amande.

Le bois de l'Abricotier est d'un gris-cendré, mêlé de rouge et de jaune. Les tourneurs l'emploient peu, ils lui préfèrent le Prunier. Sa pesanteur spécifique est de quarante-neuf livres douze onces par pied cube.

La gomme qui découle de l'Abricotier a des propriétés analogues à celles de la gomme arabique; elle se trouve souvent mêlée avec celle-ci dans le commerce; et dans plusieurs circonstances, on peut l'employer seule à la place de cette dernière.

Après avoir indiqué la méthode de conduire et de cultiver l'Abricotier; après avoir parlé des différentes manières de préparer ses fruits, nous nous hasarderons à présenter quelques considérations sur la possibilité qu'il y aurait d'extraire du sucre de son fruit. L'expérience à faire ne réussirait peut-être pas aussi avantageusement dans le Nord de la France que dans le Midi; c'est au moins ce que l'on doit présumer, d'après ce que M. Thouin a fait connaître dans le Nouveau *Dictionnaire d'Agriculture :* « Il n'y a aucune comparaison à faire, dit-il, entre les Abricots des environs de Paris et ceux des environs de Marseille, de Montpellier, de Bordeaux, etc. De même ceux qu'on mange dans ces villes sont, au rapport de Pockocke, d'Oeter, d'Olivier, bien au dessous de ceux de l'Asie-Mineure, de la Perse et de la Syrie, qui sont des espèces de *Boules de miel parfumé.* » Si l'Abricot cultivé dans le Midi a tant de supériorité sur celui des environs de Paris, pourquoi, dans nos départemens méridionaux, n'essaierait-on pas d'extraire la partie sucrée de ce fruit, pour chercher à lui donner de la consistance, et la convertir en une masse solide et cristallisée. Dans la France méridionale, où les rayons brûlans du soleil élaborent et perfectionnent si bien tous les fruits, où les sucs aromatiques sont si facilement séparés des sucs aqueux, il n'y a nul doute que des essais, de cette nature, ne produisissent des résultats heureux et satisfaisans.

EXPLICATION DES PLANCHES.

Pl. 49. Un rameau avec des fruits. Fig. 1. Un groupe de fleurs. Fig. 2. Un fruit ouvert laissant voir le noyau.

Pl. 50. Plusieurs variétés de l'Abricot. Fig. 1. A. Fleur de l'Abricotier-Pêche. B. Le calice, les étamines et le pistil. C. L'ovaire vu séparément. Fig. 2. L'Abricot hâtif. D. Ce fruit entier. E. Coupe verticale du fruit laissant voir le noyau. Fig. 3. F. G. Abricot de Portugal, vu entier et coupé verticalement. Fig. 4. H. I. Abricot-Pêche vu entier et coupé verticalement. Fig. 5. K. L. Abricot-Alberge vu comme le précédent. Fig. 6. M. N. Abricot blanc vu de même.

Pl. 51. Fig. 1. Un rameau de l'Abricotier noir. Fig. 2. Abricotier Angoumois.

Pl. 52. Fig. 1. Un rameau de l'Abricotier noir à feuilles inégalement dentées, vulgairement Abricotier à feuilles de Pêcher. A. une fleur entière. B. Le calice, les étamines et le pistil. C. L'ovaire, surmonté du style et terminé par le stigmate. D. Un fruit ouvert et laissant voir le noyau. E. Un noyau vu séparément. Fig. 2. Abricot de Hollande entier, et une coupe verticale du même fruit, laissant voir le noyau.

Fig. 1. **PRUNUS** Sinensis. **PRUNIER** de la Chine.

Fig. 2. **PRUNUS** prostrata. **PRUNIER** couché.

P. Bessa pinx. Mlle Dufour sculp.

PRUNUS.　　　　PRUNIER.

PRUNUS. Linn. Classe XIII. *Icosandrie.* Ordre I. *Monogynie.*

PRUNUS. Juss. Classe XIV. *Dicotylédones polypétales; étamines insérées autour de l'ovaire.* Ordre X. Les Rosacées. §. VII. Ovaire simple, supérieur, libre, monostyle. Fruit drupacé, contenant un noyau à une ou deux semences.

GENRE.

CALICE. Inférieur, campanulé, caduc, à cinq divisions.

COROLLE. Composée de cinq pétales, arrondis, un peu concaves, ouverts, insérés sur le calice par leurs onglets.

ÉTAMINES. Seize à trente; leurs filamens sont subulés, insérés sur le calice, à peu près de la même longueur que la corolle; ils portent à leur sommet des anthères courtes et à deux lobes.

PISTIL. Ovaire supérieur, arrondi, glabre, surmonté d'un style filiforme de la longueur des étamines, et terminé par un stigmate orbiculaire.

PÉRICARPE. Drupe charnu, ovoïde ou arrondi, glabre, légèrement sillonné d'un côté; contenant un noyau ovoïde, légèrement comprimé, plus ou moins aigu au sommet, raboteux à l'extérieur, sillonné sur l'une de ses sutures, anguleux du côté opposé, et renfermant une ou deux semences que l'on nomme amandes.

Caractère essentiel. Calice campanulé à cinq divisions. Cinq pétales. Seize à trente étamines. Un style. Drupe charnu, arrondi ou ovoïde, glabre; contenant un noyau légèrement comprimé, un peu raboteux, sillonné d'un côté, anguleux de l'autre.

Rapports naturels. Nous avons déjà parlé, à l'article Cerisier, des grands rapports qui existent entre les espèces du genre Prunier, et celles des genres Cerisier et Abricotier; aux caractères tirés de la forme des fruits, que nous avons indiqués comme pouvant servir à distinguer ces trois genres, il faut ajouter que les feuilles des Cerisiers, avant leur développement, sont pliées sur elles-mêmes dans la longueur de leur nervure principale, tandis qu'elles sont roulées sur elles-mêmes dans les Pruniers et les Abricotiers.

Étymologie. Prunus dérive du mot Πρου'νη, qui est le nom du Prunier en grec.

ESPÈCES.

1. PRUNUS Sinensis. *Tab.* 53. *fig.* 1.
P. *foliis lanceolatis, serratis, breviter petiolatis, eglandulosis; floribus axillaribus, pedunculatis, subgeminis; fructibus globosis, rubellis.*

PRUNIER de la Chine. *Pl.* 53. *fig.* 1.
P. à feuilles lancéolées, dentées en scie, dépourvues de glandes, courtement pétiolées; à fleurs axillaires, pédonculées, souvent deux à deux; à fruits globuleux, rouges.

PRUNUS *Sinensis.* Pers. Synop. 2. pag. 36.
AMYGDALUS *pumila.* Lin. Mant. 74 et 514? Willd. Sp. 2 pag. 983?
AMYGDALUS *Persica nana, flore carneo pleno.* Pluk. Phyt. tab. 11. fig. 4.
α. PERSICA *Africana, nana, flore incarnato, simplici.* Tournef. Inst. 625.
Malus Persica Africana, nana, flore incarnato, simplici. Herm. Lugdb. 487. tab. 489.
ϛ. PERSICA *Africana, nana, flore incarnato, pleno.* Tournef. Inst. 625.
Malus Persica Africana, nana, flore incarnato, pleno. Herm. Lugdb. 487. tab. 489.

Ce Prunier est un petit arbrisseau qui ne s'élève guère au delà de trois pieds. Ses rameaux sont rougeâtres, garnis de feuilles lancéolées, portées sur de courts pétioles, finement dentées en scie, glabres des deux côtés. Les fleurs, portées sur des pédoncules de huit à dix lignes de longueur, naissent solitaires ou deux à deux à la place qu'occupaient les feuilles l'année précédente ; leurs pétales sont ovales, de couleur rose. Il leur succède des fruits globuleux, de la forme et de la couleur d'une Cerise ordinaire, mais beaucoup plus petits, les plus gros n'ayant pas plus de cinq à six lignes de diamètre. Ces fruits ont une saveur peu agréable ; ils contiennent un noyau presque globuleux, assez uni, sensiblement sillonné sur une de ses sutures.

Ce petit Prunier passe pour être originaire de la Chine, et il croît aussi en Afrique, s'il faut lui rapporter l'*Amygdalus pumila* de Linné ; mais nous regardons comme très-douteux que cette dernière plante puisse se rapporter à notre espèce, puisqu'elle a, selon cet auteur, les fleurs sessiles, et que la nôtre les a distinctement pédonculées. Quoi qu'il en soit, le Prunier de la Chine est cultivé, à Paris, depuis plusieurs années, soit dans les jardins de botanique, soit chez quelques amateurs. Sa variété à fleurs doubles est beaucoup plus répandue que celle à fleurs simples, parce qu'elle fait un plus joli effet pendant la fleuraison, qui arrive au mois d'avril, et que cette espèce n'est cultivée que pour l'agrément, et nullement pour ses fruits, dont la saveur est plus que médiocre. La variété simple, qui est le type de l'espèce, peut se multiplier de semences ; la double ne peut l'être qu'en la greffant sur l'espèce primitive ou sur quelques autres espèces de Pruniers ou de Cerisiers, parmi lesquelles on doit choisir celles qui s'élèvent le moins, comme le Prunier épineux ou Prunelier, et le Cerisier à feuilles luisantes. L'une et l'autre variétés se plantent d'ailleurs en pleine terre, supportent sans inconvénient les froids les plus rigoureux de notre climat, et n'exigent aucun soin particulier.

2. PRUNUS prostrata. *Tab.* 53. fig. 2.
P. *caule prostrato ; foliis ovato-lanceolatis, dentatis, eglandulosis, subtùs tomentoso-incanis ; floribus axillaribus, solitariis geminisve ; calycibus subtubulosis.*

PRUNIER couché. *Pl.* 53. fig. 2.
P. à tige couchée ; à feuilles ovales-lancéolées, dentées, dépourvues de glandes, cotonneuses et blanchâtres en dessous ; à fleurs axillaires, solitaires ou deux à deux ; à calices un peu tubuleux.

PRUNUS *prostrata*. La Billard. Pl. Syriac. 15. tab. 6. Desf. Fl. Atl. 1. pag. 395. Willd. Sp. 2. pag. 997. Poir. Dict. 5. pag. 680. Pers. Synop. 2. pag. 36.
PRUNUS *Cretica montana*, minima, humifusa, flore suavè rubente. Tournef. Corol. 43.
AMYGDALUS *incana*. Pallas. Ross. 1. pag. 13. tab. 7.

Ce Prunier n'est encore qu'un petit abrisseau dont les rameaux sont très-nombreux, étalés en tous sens, ou même couchés, recouverts d'une écorce brunâtre. Ses feuilles sont petites, longues de six à huit lignes au plus, ovales-lancéolées, dentées, ou quelquefois assez profondément incisées, vertes en dessus et presque glabres, toutes couvertes en dessous d'un duvet blanchâtre, portées sur des pétioles courts, et munies à leur base de deux petites stipules cétacées. Les fleurs sont presque sessiles, ou portées sur des pédoncules très-courts, disposées une à une ou deux à deux le long des rameaux, à la place qu'occupaient les feuilles l'année précédente. Leur calice s'écarte un peu de la forme propre aux autres espèces de ce genre, en ce qu'il est plus allongé et à peu près tubuleux. Les pétales sont elliptiques, longs au plus de deux lignes, insérés dans les échancrures des divisions du calice : leur couleur est rose-clair. Les fruits qui succèdent aux fleurs sont petits, ovales, de couleur rouge.

Cette espèce croît naturellement sur les montagnes de l'île de Crète, en Syrie et en

Afrique, sur le mont Atlas. On la cultive en pleine terre et comme la précédente. Nous l'avons vue au Jardin des Plantes de Paris, où elle était en fleurs au mois d'avril.

3. PRUNUS Chicasa.

P. *foliis oblongo-ovatis, acutis, vix serrulatis; ramis spinescentibus floriferis; gemmis aggregatis, bifloris; fructibus subglobosis, flavescentibus, breviter pedicellatis.*

PRUNIER Chicasa.

P. à feuilles ovales-oblongues, aiguës, finement et légèrement dentées en scie; à rameaux épineux portant les fleurs; à boutons contenant deux fleurs, et réunis par groupes; à fruits presque globuleux, jaunâtres, courtement pédonculés.

PRUNUS *Chicasa.* Mich. Fl. Boreal. Amer. 1. pag. 284. Poir. Dict. 5. pag. 680. Pers. Synop. 2. pag. 35.

Ce Prunier est un arbrisseau de grandeur médiocre, dont les rameaux roides, couverts d'une écorce luisante, d'un rouge foncé, très-glabre, se divisent en petits rameaux longs d'un à deux pouces, terminés par une épine, peu garnis de feuilles, mais chargés de fleurs. Les feuilles sont alternes, pétiolées, ovales-oblongues, presque glabres, finement et légèrement dentées en scie, aiguës et même terminées à leur sommet par une pointe particulière. Les fleurs, portées sur des pédoncules très-courts, viennent principalement sur les rameaux épineux, disposées par groupes de deux à trois boutons qui donnent chacun naissance à deux fleurs. Celles-ci sont composées d'un calice glabre, à cinq divisions obtuses; d'une corolle de cinq pétales petits et blancs. Il leur succède de petits fruits presque globuleux, d'une couleur jaunâtre, qui se mangent et sont connus dans les États-Unis, sous le nom de Chicasaw.

Cette espèce croît et est cultivée dans la Caroline, où elle passe pour avoir été apportée des Indes; il y a tout lieu de croire qu'elle s'acclimaterait facilement dans nos départemens méridionaux.

4. PRUNUS acuminata.

P. *foliis ovato-oblongis, acuminatis; floribus longé pedunculatis; fructibus ovatis, acuminatis.*

PRUNIER acuminé.

P. à feuilles ovales-oblongues, acuminées; à fleurs longuement pédonculées; à fruits ovoïdes, acuminés.

PRUNUS *acuminata.* Mich. Fl. Boreal. Amer. 1. pag. 284. Poir. Dict. 5. pag. 680. Pers. Synop. 2. pag. 35.

Cette espèce est un arbrisseau dont les rameaux sont glabres, garnis de feuilles alternes, pétiolées, ovales-oblongues, terminées par une longue pointe aiguë. Les fleurs sont portées sur de longs pédoncules, et leur calice est glabre. Il leur succède des fruits ovoïdes, prolongés à leur sommet en une pointe particulière.

Ce Prunier croît spontanément dans la Virginie.

5. PRUNUS sphærocarpa.

P. *foliis ovatis, serrulatis; calycibus subpubescentibus; fructibus breviter pedunculatis, globosis, fusco-purpureis.*

PRUNIER a fruit globuleux.

P. à feuilles ovales, dentées en scie; à calice légèrement pubescent; à fruits courtement pédonculés, globuleux, d'un pourpre brunâtre.

PRUNUS *sphærocarpa.* Mich. Fl. Boreal. Amer. 1. pag. 284. Pers. Synop. 2. pag. 35.

Les rameaux de ce Prunier sont pubescens pendant leur jeunesse. Ses feuilles sont ovales, courtes, dentées en scie, ordinairement munies de deux glandes à leur base. Les fleurs sont portées sur de courts pédoncules qui sont légèrement pubescens, ainsi que les calices. Les fruits sont globuleux, d'une couleur pourpre-brunâtre et d'une

5.

saveur acerbe; ils renferment un noyau ovoïde un peu arrondi. Cet arbrisseau croît dans les lieux maritimes de la Nouvelle-Angleterre.

6. PRUNUS hyemalis.

P. *foliis oblongo-ovatis, acuminatis; floribus glomeratis, pedicellatis; calycinis laciniis lanceolatis; fructibus subovatis, rubro-nigricantibus; nucleis compressimis.*

PRUNIER d'hiver.

P. à feuilles ovales-oblongues, acuminées; à fleurs pédonculées, réunies plusieurs ensemble; à découpures du calice lancéolées; à fruits ovoïdes, d'un rouge noirâtre, renfermant un noyau très-comprimé.

PRUNUS *hyemalis.* Mich. Fl. Boreal. Amer. 1. pag. 284. Poir. Dict. 5. pag. 679. Pers. Synop. 2. pag. 35.

Ce Prunier est un arbre assez élevé, dont les rameaux sont étalés, garnis de feuilles ovales-oblongues, terminées par une pointe obtuse. Les fleurs, portées par des pédoncules glabres, sont disposées le long des rameaux et réunies plusieurs ensemble; leur calice est divisé en cinq découpures lancéolées. Les fruits sont d'une forme à peu près ovoïde, d'une couleur rouge, qui avec le tems devient noirâtre, et d'une saveur acerbe avant leur parfaite maturité. C'est en hiver seulement qu'ils achèvent de mûrir et qu'ils deviennent mangeables. Cette espèce croît dans les forêts de la Caroline, de la Virginie et du Canada. On la cultive depuis quelques années en France.

7. PRUNUS Myrobalana. *Tab.* 57. *fig.* 1.

P. *foliis ovatis, glabris; floribus solitariis, pedunculatis; calycinis laciniis reflexis; fructibus globosis, pendulis, apice mamillatis.*

PRUNIER Myrobolan. *Pl.* 57. *fig.* 1.

P. à feuilles ovales, glabres; à fleurs solitaires; pédonculées, à dents du calice réfléchies; à fruits globuleux, pendans, terminés par un mamelon.

PRUNUS *cerasifera.* Ehrh. Beitr. 4. pag. 17. Willd. Sp. 2. pag. 997. Poir. Dict. 5. pag. 678. Pers. Synop. 2. pag. 35.

PRUNUS *domestica* ε. Lin. Sp. 680.

PRUNUS *Myrobalanus.* Clus. Hist. 47. *cum icone.*

PRUNUS *Myrobalanus dicta.* J. Bauh. Hist. 1. lib. 2. pag. 189 (*exclusâ figurâ*).

PRUNUS *fructu rotundo, nigro-purpureo, majori, dulci.* Bauh. Pin. 444. Tournef. Inst. 623.

PRUNUS *fructu medio, rotundo, Cerasi formâ et colore.* Duham. Arb. Fr. 2. pag. 111. n. 46. pl. 20. fig. 15.

Le Prunier Myrobolan est un arbre qui s'élève un peu moins que nos Pruniers domestiques. Ses feuilles sont pétiolées, glabres sur leurs deux faces, et elles ne se développent qu'après les fleurs. Celles-ci, qui paraissent les premières, s'épanouissent de bonne heure; elles sont ordinairement solitaires sur les rameaux, à la place qu'occupaient les anciennes feuilles. Chacune d'elles est portée sur un pédoncule de six à huit lignes, et se compose d'un calice à cinq divisions lancéolées et entièrement réfléchies; de cinq pétales, ovales-oblongs, de couleur blanche; d'une vingtaine d'étamines et d'un style, qui sont moitié plus courts que la corolle. Le fruit est presque globuleux, un peu élargi vers la base, et terminé au sommet par une petite élévation en forme de mamelon; il est d'une couleur rouge un peu foncée, d'une saveur d'abord acide, et enfin assez fade lors de la parfaite maturité. Le noyau est ovoïde, terminé par une pointe aiguë. Cette espèce passe pour être originaire de l'Amérique septentrionale; on la cultive depuis long-tems en France. Ses fruits mûrissent de très-bonne heure dans le climat de Paris; ils sont souvent mûrs dans les premiers jours de juillet; c'est dommage qu'ils ne puissent être comptés au nombre des bonnes Prunes, car leur qualité est plus que médiocre.

Fig.1. **PRUNUS** Myrobalana.   **PRUNIER** de Myrobolan.

Fig.2. **PRUNIER** de Reine - Claude violette.

P. Bessa pinx.   Dubreuil sculp.

Fig.1. **PRUNUS** spinosa.   **PRUNIER** épineux.

Fig. 2. **PRUNIER** de Saint-Julien.

8. PRUNUS spinosa. *Tab.* 54. *fig.* 1.

P. *ramis spinosis; foliis ovato-lanceolatis, denticulatis, subtùs vix pubescentibus; floribus breviter pedunculatis, solitariis; fructibus globosis, violaceo-cærulescentibus.*

PRUNIER épineux. *Pl.* 54. *fig.* 1.

P. à rameaux épineux ; à feuilles ovales-lancéolées, denticulées, très-légèrement pubescentes en dessous ; à fleurs courtement pédonculées, solitaires ; à fruits globuleux, d'un violet foncé tirant sur le bleu.

PRUNUS *spinosa.* Lin. Sp. 681. Lin, Mat. Med. pag. 79. n. 231. Willd. Sp. 2. pag. 997. Blackw. Herb. tab. 494. Fl. Dan. tab. 926. Roth. Fl. Germ. 1. pag. 212. All. Fl. Ped. n. 1783. Smith. Fl. Brit. 528. Dec. Fl. Fr. 11. 3788. Poir. Dic. 5. pag. 679.

PRUNUS *spinosa, foliis glabris, serratis, ovato-lanceolatis; floribus breviter petiolatis.* Hall. Helv. n. 1080.

PRUNUS *sylvestris vulgaris.* Trag. Hist. 1016.

PRUNUS *sylvestris.* Fuchs. Hist. 404. Matth. Valgr. 266. Lob. Icon. 2. tab. 176. C. Bauh. Pin. 444. J. Bauh. Hist. 1. lib. 2. pag. 193. Tournef. Inst. 623. Garid. Pl. Prov. pag. 378.

PRUNUS *sylvestris, fructu parvo, serotino.* Duham. Arb. et Arbust. 2. pag. 184. n. 4. tab. 40.

Le Prunier épineux, nommé vulgairement Prunelier, Epine-noire, est un arbrisseau très-rameux, qui s'élève à dix ou douze pieds, rarement davantage, ou qui, très-souvent, ne forme qu'un buisson de quelques pieds de hauteur. Ses branches sont garnies de petits rameaux longs d'un à trois pouces, et terminés par une épine; elles sont recouvertes par une écorce d'un brun-rougeâtre ou quelquefois grisâtre. Ses feuilles sont ovales-lancéolées, rétrécies à leur base en un court pétiole, finement dentelées en leurs bords, glabres en dessus, munies en dessous de quelques poils épars, courts et peu visibles à l'œil nu. Ses fleurs, disposées le long des rameaux, et surtout sur ceux qui sont épineux, sont portées sur des pédoncules courts, ayant rarement plus de trois lignes de longueur : elles sortent toujours une à une du même bouton, et les boutons sont ordinairement disposés solitairement le long des rameaux; plus rarement en trouve-t-on deux groupés l'un à côté de l'autre. Chaque fleur est composée d'un calice à cinq divisions obtuses, moitié plus courtes que la corolle ; de cinq pétales ovales-oblongs, de couleur blanche ; de seize étamines ou environ, et d'un style un peu plus court que celles-ci. Les fruits sont de petits drupes presque globuleux, d'abord verdâtres, devenant enfin d'un violet noirâtre lors de leur parfaite maturité, et paraissant bleuâtres, à cause de la fleur abondante dont ils sont couverts.

Cet arbrisseau croît dans toute l'Europe ; il est commun dans les lieux arides, sur les bords des bois et dans les haies. Ses fleurs paraissent dès le commencement de mars dans les parties méridionales de la France, et en avril dans les pays du Nord. Ses fruits sont connus dans les campagnes sous les noms de Prunelles, Senelles, Chelosses; les Provençaux les appellent Agrènes ou Agreno, et ils donnent à l'arbrisseau le nom d'Agrènier ou Agranas. Ces fruits sont extraordinairement acerbes, même dans leur maturité, ce qui n'empêche pas les enfans, et surtout les petits paysans, de les manger. Quand ils ont été frappés par les premières gelées de l'automne, ils s'adoucissent un peu et sont d'une saveur moins désagréable. Les pauvres des campagnes n'attendent pas qu'ils soient en cet état pour en faire la récolte; ils se hâtent de les ramasser pour en faire une boisson, qu'ils composent en les écrasant et en les mettant fermenter avec une certaine quantité d'eau. Cette boisson est aigrelette et astringente, surtout lorsqu'elle a été faite avec des fruits dont la maturité n'était pas assez avancée, et son usage habituel est alors sujet à causer l'obstruction des viscères abdominaux.

On retire en Russie une espèce d'eau-de-vie des fruits de l'Epine-noire, en les écrasant, les faisant fermenter et en les distillant ensuite. Dans quelques cantons du ci-devant Dauphiné, on se sert de ces fruits mûrs, adoucis même ou flétris par les premières gelées, pour donner de la couleur aux mauvais vins.

On composait autrefois, dans les pharmacies, un extrait avec les fruits encore verts du Prunelier. Cet extrait portait le nom d'*Acacia nostras;* on en faisait usage comme astringent dans les hémorragies, les flux de ventre, etc.; aujourd'hui les médecins l'ont presqu'entièrement abandonné. Les Prunelles, parvenues à leur dernier degré de maturité, et ayant perdu leur saveur acerbe, cessent d'être astringentes, et elles deviennent au contraire laxatives. La médecine n'est pas non plus dans l'usage de les employer sous ce rapport; elles pourraient peut-être remplacer les Tamarins.

L'écorce a quelques propriétés fébrifuges, et elle a été employée plusieurs fois avec succès contre les fièvres intermittentes. Sa décoction dans une lessive alcaline donne une teinture rouge. Elle peut être employée, ainsi que le bois, pour tanner les cuirs. On peut faire avec le suc de cette écorce, mêlé à une certaine quantité de vitriol ou sulfate de fer, une encre aussi noire que celle qu'on compose avec la Noix-de-Galles.

Tous les bestiaux, et surtout les moutons et les chèvres, broutent avec plaisir les feuilles et les bourgeons du Prunelier. LINNÉ, dans ses *Aménités académiques*, dit qu'on peut faire une espèce de Thé avec ses feuilles desséchées. Dans les pays où l'on est dans l'usage d'enclore les champs, on emploie fréquemment le Prunelier à la formation des haies. Celles qu'on fait avec cet arbrisseau sont très-fortes et très-solides; mais il faut avoir soin de les tailler et de les rabattre souvent pour les forcer à donner beaucoup de branches latérales; car lorsqu'on les laisse croître en liberté, surtout dans un bon terrain, la plupart des rameaux poussent très-droits et garnissent peu. Les plants faits à demeure, par semis de noyaux, ne sont guère ceux dont on se sert le plus fréquemment; ils seraient cependant bien préférables aux plants enracinés provenans de rejetons, parce que les arbrisseaux venus de semence, ayant un pivot, n'auraient pas l'inconvénient de tracer beaucoup, comme font les autres, d'élargir la haie aux dépens des champs cultivés, et d'embarrasser ou d'arrêter même la charrue du laboureur.

Cette facilité que les racines de l'Épine-noire ont à tracer, a fait donner à cet arbrisseau, aux environs de Montargis, le nom de *Mère-du-bois*, parce qu'on a remarqué que quand il était établi sur le bord des bois, ses racines tendaient toujours à s'étendre dans les champs voisins, et que si les propriétaires riverains des forêts n'avaient pas la précaution d'arrêter l'empiétement de ses racines, elles envahissaient bientôt une partie de leur terre, et y favorisaient l'accroisement de plus grands arbres, en fournissant à ceux-ci, par leurs tiges nombreuses, une ombre et un abri protecteurs dans leur jeunesse.

Dans beaucoup d'endroits, les gens de la campagne, quand ils n'ont pas de grands terrains à enclore, pour fermer, par exemple, leurs cours et leurs jardins, au lieu de planter et de former des haies vives avec l'Épine-noire, sont dans l'usage d'aller couper cet arbrisseau partout où ils le trouvent venu sans culture, et surtout dans les lieux arides où il devient très-épineux. Ils en font ensuite des fagots qu'ils serrent et qu'ils fixent les uns contre les autres en se servant de harts et de quelques pieux, et forment, par ce moyen, des clôtures impénétrables, qui peuvent durer plusieurs années. Les rameaux du Prunelier servent encore, avec les autres arbustes épineux indigènes, à protéger la jeunesse des Pommiers, Poiriers ou autres arbres plantés au milieu des champs; on en entoure leur jeune tige jusqu'à la hauteur de cinq à six pieds, et elle se trouve ainsi défendue contre le gibier et contre les bestiaux. Les branches bien droites de cet arbrisseau sont employées à faire des cannes, des bâtons qui sont très-solides et très-flexibles. Au reste, son bois peut servir à cuire la chaux, le plâtre; il est

PRUNUS Brigantiaca

PRUNIER de Briançon

P. Bessa pinx.

J. N. Joly sculp.

très-bon pour chauffer le four, et il est souvent, dans certains pays, l'unique ressource dont les pauvres alimentent leur foyer pendant la saison rigoureuse, parce qu'on leur permet communément de le couper et de le ramasser dans les lieux incultes et sur les bords des bois.

9. PRUNUS insititia.

PRUNIER sauvage.

P. *ramis spinescentibus; foliis ovatis, subtùs villosis; floribus pedunculatis, geminis; fructibus subrotundis.*

P. à rameaux devenant épineux; à feuilles ovales, velues en dessous; à fleurs pédonculées, deux à deux; à fruits arrondis.

PRUNUS *insititia.* LIN. Sp. 680. WILLD. Sp. 2. pag. 996. BLACKW. Herb. tab. 305. HALL. Helv. n. 1081. ROTH. Germ. 1. pag. 212. DESF. Fl. Atl. 1. pag. 394. POIR. Dict. 5. pag. 678. ENGL. Bot. tab. 841. SMITH. Fl. Brit. 528. LOIS. Fl. Gall. 289.
PRUNUS *sylvestris, præcox, altior.* TOURNEF. Inst. 623.
PRUNA *sylvestria, præcocia.* C. BAUH. Pin. 444.
Pruni sylvestris altera species. TRAG. 1017.

Le Prunier sauvage paraît tenir le milieu entre le Prunelier et le Prunier domestique; il est moins armé d'épines que le premier, mais il n'en est pas entièrement dépourvu comme le dernier, et ses vieux rameaux sont ordinairement épineux. Il forme un grand arbrisseau plutôt qu'un arbre, car rarement il s'élève au delà de douze à quinze pieds. Ses feuilles sont courtement pétiolées, ovales, rétrécies à leur base, un peu velues en dessous. Ses fleurs sont petites, de couleur blanche, pédonculées, et disposées deux à deux le long des rameaux. Les fruits sont à peine de la grosseur des plus petites Prunes; leur peau est communément d'une couleur violette, et elle paraît bleuâtre à cause de la poussière ou fleur dont elle est recouverte; leur chair est amère, acerbe et presque insupportable.

Ce Prunier croît dans les haies et les buissons des départemens du Midi et de la partie moyenne de la France; il est aussi indiqué en Barbarie, en Angleterre, en Allemagne, en Suisse, etc. Ses fruits sont connus dans le ci-devant Dauphiné sous le nom d'*Affatons*, et les Provençaux les appellent par allusion *Prunes Siblarelles*, parce qu'on ne saurait siffler lorsqu'on vient d'en manger, tant ils sont acerbes. Dans les pays où croît cet arbrisseau, on se sert de son bois et de ses fruits à peu près pour les mêmes usages auxquels on emploie ailleurs l'Epine-noire.

10. PRUNUS Brigantiaca. *Tab.* 59.

PRUNIER de Briançon. *Pl.* 59.

P. *foliis ovatis, acutis, inæqualiter serratis; floribus glomeratis, lateralibus; staminibus corollá duplò longioribus; fructibus subglobosis, flavescentibus, subsessilibus.*

P. à feuilles ovales, aiguës, inégalement dentelées; à fleurs latérales, ramassées en groupes; à étamines deux fois plus longues que la corolle; à fruits presque globuleux, jaunâtres, presque sessiles.

PRUNUS *Brigantiaca.* VILL. Dauph. 3. pag. 535. DECAND. Fl. Fr. n. 3789. LOIS. Fl. Gall. 289.
ARMENIACA *Brigantiaca.* PERS. Synop. 2. pag. 36.

Ce Prunier ne s'élève guère au delà de huit à dix pieds. Ses feuilles sont ovales, pétiolées, vertes, glabres en dessus et en dessous, excepté sur leurs nervures postérieures, terminées par une pointe un peu aiguë, bordées de dents inégales. Les fleurs paraissent au mois d'avril et avant les feuilles; elles sont disposées le long des rameaux, à la place qu'occupaient les anciennes feuilles, et elles sortent trois à quatre ensemble du même bouton. Chaque fleur est composée d'un calice à cinq divisions ovales et ridées; de cinq pétales oblongs, élargis à leur extrémité, moitié plus longs que le calice; de seize à vingt étamines, une fois plus longues que les pétales, et d'un ovaire chargé d'un style qui est de la même longueur que les étamines. Aux fleurs succèdent des fruits presque globuleux, paraissant sessiles, mais réellement portés sur des pédoncules de deux lignes de longueur ou environ, et qui s'implantent dans une cavité où ils sont perdus. Ces fruits, avant leur maturité, ressemblent à de petites noix vertes; lorsqu'ils sont parfaitement mûrs leur peau est lisse, peu ou pas du tout fleurie, d'un jaune assez clair, avec quelques taches rougeâtres du côté du soleil. Leur chair est jaunâtre, un peu acide avant la parfaite maturité, et ensuite d'une saveur fade et peu agréable. Le noyau n'est pas adhérent à la pulpe; il est assez lisse et contient une amande amère.

Ce Prunier croît spontanément aux environs de Briançon, dans la vallée de Monestier, à Saint-Chaffrey, etc., où le premier botaniste qui l'ait reconnu est le professeur Villars; il est aussi indiqué, dans le ci-devant Piémont, par Allioni. C'est des amandes, contenues dans les noyaux des fruits de cette espèce, qu'on retire depuis long-tems dans le Briançonnais, une huile fine, connue sous le nom d'*Huile de Marmotte*, et qui est deux fois plus chère que celle d'Olive. Cette huile est douce comme celle que fournit la semence de l'Amandier; mais elle est plus inflammable, et conserve un goût de noyau qui la rend un peu amère et d'un parfum agréable. Cet arbre est cultivé, depuis un petit nombre d'années seulement, à Paris, au Jardin des Plantes et chez quelques pépiniéristes; mais il n'est pas répandu, et probablement qu'il ne le sera jamais beaucoup, parce que son fruit n'est pas bon à manger. On assure qu'en le faisant fermenter on pourrait en tirer une espèce d'eau-de-vie.

<table>
<tr><td>11. PRUNUS domestica.</td><td>PRUNIER domestique.</td></tr>
<tr><td>P. ramis muticis; foliis ovatis, subtùs subpubescentibus; floribus lateralibus, pedunculatis, solitariis agglomeratisque.</td><td>P. à rameaux non épineux; à feuilles ovales, légèrement pubescentes en dessous; à fleurs latérales, pédonculées, solitaires ou réunies plusieurs ensemble.</td></tr>
</table>

PRUNUS *domestica*. Lin. Sp. 680. Willd. Sp. 2. pag. 995. Roth. Fl. Germ. 1. pag. 212. All. Fl. Ped. n. 1782. Desf. Fl. Atl. 1. pag. 394. Pom. Dict. 5. pag. 675. Lois. Fl. Gall. 289. Pers. Synop. 2. pag. 35.

PRUNUS *foliis serratis, hirsutis, ovato-lanceolatis; floribus longè petiolatis.* Hall. Helv. n. 1079.

PRUNUS. Bauh. Pin. 443. Blackw. Herb. tab. 309.

PRUNUS *sativa*. Frens. Hist. 403. Rai. Hist. 1526.

Le Prunier domestique est un arbre de moyenne grandeur, qui, si on l'abandonnait à lui-même, s'élèverait droit et formerait la pyramide; mais comme le plus souvent on l'arrête à la hauteur de six ou sept pieds, c'est-à-dire qu'on retranche l'extrémité de sa tige pour le forcer à émettre des branches latérales, la plupart des arbres de cette espèce qu'on trouve dans les lieux cultivés, forment une tête irrégulièrement arrondie. Le tronc et les grosses branches sont revêtus d'une écorce brunâtre ou quelquefois cendrée. Les rameaux sont étalés, non épineux, garnis de feuilles pétiolées, très-légèrement pubescentes en dessous, ovales, plus ou moins allongées et plus ou moins dentelées, selon les variétés, mais n'offrant pas assez de différences pour qu'on puisse en tirer des caractères distinctifs. Les fleurs offrent aussi quelques variations dans la grandeur des corolles; mais ces variations sont rarement assez sensibles pour qu'on puisse les indiquer avec certitude. Ces fleurs, dans toutes les variétés en général, sont portées sur des pédoncules qui ont rarement moins de six lignes ou plus d'un pouce de longueur: elles paraissent toujours avant les feuilles et sont à nu sur les rameaux, à la place qu'occupaient les feuilles de l'année précédente;

tantôt solitaires, ou ne sortant qu'une à une du même bouton; d'autres fois s'épanouissant par groupes de trois, quatre, cinq, très-rarement en plus grand nombre. Chaque fleur est composée d'un calice campanulé, partagé par les bords en cinq découpures ovales, ordinairement droites, de cinq pétales ovales ou ovales-allongés, de couleur blanche, disposés en rose; de vingt à trente étamines à filets blancs, à peu près de la longueur de la corolle, et portant à leur sommet des anthères jaunes; enfin d'un ovaire placé au centre, portant un style filiforme, terminé par un stigmate orbiculaire. Les fruits, beaucoup plus variables que toutes les autres parties que nous venons de décrire, nous paraissent fournir seuls les meilleurs caractères pour bien distinguer toutes les variétés. En effet, ces fruits, connus sous le nom de Prunes, varient à l'infini, par la couleur, la saveur, la grosseur et la forme; il y en a de blancs, de couleur de cire, de verts, de jaunes, de rouges, de pourpres, de violets, de bleus, de noirâtres; leur saveur est acerbe, acide, fade, douce, sucrée, parfumée; leur chair est coriace, dure, molle, fondante, sèche, aqueuse; il y en a qui ne sont pas plus gros que des Cerises ordinaires, d'autres qui ont jusqu'à six pouces et plus de circonférence, sur trente-deux lignes de hauteur; enfin les uns sont ovoïdes et même deux fois plus longs que larges, tandis que les autres sont parfaitement globuleux. Ce qu'ils ont tous de commun, c'est que leur peau est lisse, sans duvet, et toujours plus ou moins couverte d'une sorte de poussière blanchâtre, très-fine, qu'on nomme fleur, et qui s'enlève facilement par le moindre frottement. Le noyau, de même que la partie charnue du fruit, varie beaucoup dans sa forme, dans sa grosseur; tantôt il se sépare de la pulpe avec la plus grande facilité, tantôt il y adhère en totalité ou en partie; il renferme toujours une amande amère.

Le Prunier domestique, comme tous les arbres très-anciennement cultivés, a produit un nombre prodigieux de variétés; celles que nous avons pu observer nousmêmes dans les jardins de Paris ou aux environs de cette Capitale, et celles que nous avons trouvées indiquées dans les meilleurs auteurs qui ont traité des arbres fruitiers, se montent à près de quatre-vingts. Ce nombre, tout considérable qu'il paraîtra, est sans doute encore assez loin de comprendre toutes les Prunes qui existent en France, et encore moins toutes celles de l'Europe et de l'Orient. En France seulement, dans chaque département, dans chaque canton, on cultive des variétés qu'on ne trouve point ailleurs, et vingt années de soins assidus ne suffiraient peut-être pas pour les rassembler toutes. Nous nous rappelons d'avoir mangé en Italie, en Provence et en Languedoc, des Prunes que nous n'avons jamais vues dans le nord de la France. Pour mettre de l'ordre dans ce nombre considérable de variétés ou d'espèces secondaires, au lieu de les présenter successivement d'après l'époque de leur maturité, comme on a fait jusqu'ici, nous avons préféré les distribuer d'abord en deux sections, d'après la couleur des fruits, et nous avons cru ensuite devoir les rapprocher les unes des autres, selon les rapports qu'elles nous ont paru avoir, soit d'après la forme, soit d'après la grosseur de ces mêmes fruits.

§. I. *Prunes rouges ou violettes.*

Var. 1. Prunier de Saint-Julien. Prune de Saint-Julien. Pl. 54. Fig. 2., et Pl. 56. fig. 9.
Prunus domestica, fructu parvo, subovato, saturaté violaceo; carne subacerbá, ingrati saporis, nucleo non adhærenti.

Cette Prune est la plus petite des Prunes violettes; elle est un peu plus haute qu'elle n'est large, ayant dix à onze lignes de hauteur, sur neuf lignes de diamètre. Son pédoncule a quatre lignes; il s'implante presque à la surface du fruit qui n'a pas

à son insertion de cavité marquée, et dont le sillon longitudinal n'est sensible que
par une ligne ne formant pas d'enfoncement. La peau est d'un violet foncé, très-
fleurie; elle recouvre une chair verdâtre, un peu acerbe, fade si elle est trop mûre.
Le noyau n'est pas adhérent; il a huit lignes de hauteur sur cinq et demi de largeur.
Ce fruit mûrit à la fin d'août ou au commencement de septembre.

On ne cultive guère ce Prunier pour son fruit qui est d'une saveur plus que médiocre; mais les pépiniéristes en élèvent beaucoup, afin de servir de sujets pour
recevoir les greffes des meilleures espèces de Prunes, ou celles de plusieurs sortes de
Pêchers ou d'Abricotiers qui réussissent bien sur cet arbre. Ses racines sont sujettes à
pousser beaucoup de rejetons.

On fait avec les Prunes de Saint-Julien ordinaire, de Gros-Saint-Julien et des plus
petites espèces de Damas, des Pruneaux communs connus sous le nom de petits
Pruneaux, Pruneaux noirs ou Pruneaux à médecine. Ces Pruneaux sont, en général,
acides, et ils ont une propriété laxative. On en employait autrefois en médecine
beaucoup plus qu'à présent; on était dans l'usage de faire servir leur décoction d'exci-
pient pour les purgatifs qu'on destinait aux enfans.

Var. 2. Prunier Gros-Saint-Julien. Prune de Gros-Saint-Julien. Pl. 58. Fig. 3.
*Prunus domestica, fructu parvo, subgloboso, violaceo; carne subdulci, parùm sapida,
nucleo aspero subadhærenti.*

Cette Prune n'est pas plus grosse que le Saint-Julien ordinaire, mais elle est plus
arrondie, ayant onze à douze lignes de hauteur sur autant de diamètre. Son sillon
longitudinal est de même à peine prononcé, et son pédoncule, qui a quatre lignes de
longueur, s'implante aussi presque à la surface du fruit, sans qu'il y ait en cette partie
de cavité bien marquée. Sa peau, d'un violet foncé, bien fleurie, recouvre une chair
verdâtre, plus fondante, plus aqueuse que celle de la précédente, d'un goût douceâtre, un peu fade. Le noyau est légèrement adhérent à la chair, inégal en sa
surface, marqué de beaucoup de points enfoncés, et son côté opposé à l'arète est
creusé d'un sillon profond, dont les bords sont munis de deux à trois dents. Ce fruit
mûrit en même tems que le précédent, c'est-à-dire du quinze août au quinze
septembre; il est peu répandu et mérite peu de l'être. Son arbre sert de sujet pour
greffer les bonnes espèces.

Var. 3. Prunier Damas noir hâtif. Prune de Damas noir hâtive.
*Prunus domestica, fructu subgloboso, parvo, atro-violaceo; carne dulci, sapidá, nucleo
subadhærenti.*

Cette Prune est petite, comprimée à son sommet; elle n'a que douze lignes de
hauteur, sur treize de diamètre dans sa plus grande largeur. Son pédoncule a cinq
lignes de long. Sa peau est d'un violet foncé, très-fleurie; elle recouvre une chair
verdâtre, fondante, sucrée, d'un goût agréable. Le noyau est assez lisse, long de sept
lignes et demie, large de six; il n'a que très-peu d'adhérence avec la pulpe. Ce fruit
mûrit vers la mi-juillet.

Var. 4. Prunier sans noyau. Prune sans noyau. Pl. 55. Fig. 1 et 4. Duham. Arb. Fr. 2. pag. 110.
n. 44.
*Prunus domestica, fructu parvo, subovato, violaceo; carne subacerbá, parùm sapida;
amygdalá nudá sine nucleo.*

Cette Prune est une des plus petites; elle n'a que dix à onze lignes de haut, sur
huit à neuf lignes de large. Son pédoncule a ordinairement quatre à cinq lignes, et

PRUNUS domestica.   PRUNIER domestique.

P. Bessa pinx.   Dch sculp.

PRUNUS domestica.   PRUNIER domestique.

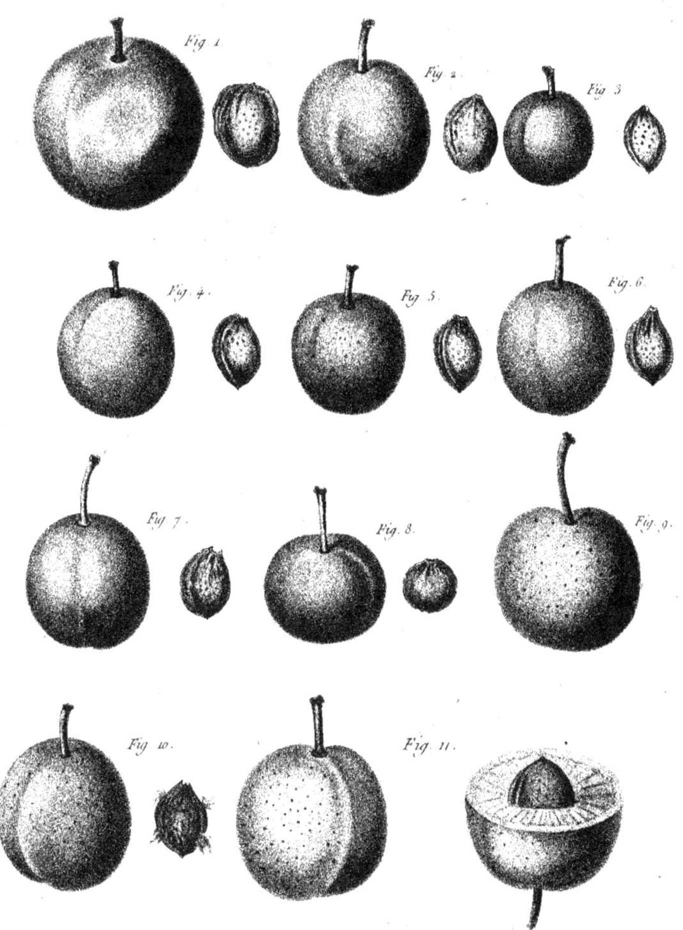

PRUNUS domestica   **PRUNIER** domestique.

P. Bessa pinx.   Chailli sculp.

quelquefois il s'allonge jusqu'à en avoir neuf; il s'implante presque à la surface du fruit, assez uni en cette partie, et n'y ayant pas de cavité marquée. La peau, d'un violet foncé, très-fleurie, recouvre une chair verdâtre, d'abord un peu acerbe, fade et douceâtre lors de la parfaite maturité. Le noyau manque le plus souvent; on ne trouve à la place qu'une petite portion osseuse, longue de six à sept lignes, large de deux, qui paraît être l'arête, en occupe la place et adhère fortement à la chair. L'amande, nue au milieu de la pulpe, a quatre lignes et demie de hauteur, sur trois de largeur. On trouve dans quelques fruits un noyau complet, long de six à sept lignes, large de quatre et demie. Cette variété est assez rarement cultivée, parce qu'elle n'est que curieuse : ses fruits sont non-seulement petits, mais ils ne valent rien ; ils mûrissent dans le courant d'août.

Var. 5. PRUNIER Ceriset. PRUNE Cerisette. Pl. 58. Fig. 5.
Prunus domestica, fructu vix medio, subovato, rubello ; carne subdulci, parùm sapidâ, nucleo subadhærenti.

Ce fruit est presque globuleux, un peu oblong, petit ou de grosseur moyenne, et d'une couleur rougeâtre. Sa chair est d'un vert jaunâtre, un peu fondante, assez douce, mais peu relevée, quittant assez facilement le noyau. Cette Prune mûrit à la mi-août ; elle est peu recherchée et on ne la cultive guère pour le fruit ; mais les pépiniéristes élèvent l'arbre pour servir de sujet et recevoir la greffe de meilleures espèces de Prunes ou de certains Abricotiers.

Var. 6. PRUNIER Damas de Maugeron. PRUNE Damas de Maugeron. DUHAM. Arb. Fr. 2. pag. 76. n°. 13. pl. 5.
Prunus domestica, fructu medio, subgloboso, violaceo, punctis fulvis consperso ; carne duriusculâ, dulci, sapidâ, nucleo non adhærenti.

La Prune Damas de Maugeron est à peu près globuleuse ; elle a environ dix-sept lignes de diamètre, sur seize lignes et demie de hauteur, et elle est comprimée à sa base et à son sommet. Le pédoncule a dix lignes de longueur ; il est grêle et il s'implante au milieu d'un très-petit enfoncement. La gouttière, qui divise le fruit suivant sa longueur, n'est prononcée que par une ligne. La peau est d'un violet clair, bien fleurie et marquée de très-petits points fauves. La chair est d'un jaune verdâtre, un peu ferme, d'une saveur sucrée et agréable. Le noyau ne lui est pas adhérent ; il a neuf lignes de longueur, sur un peu plus de sept de largeur. Cette Prune mûrit du quinze août à la fin du même mois ; c'est dommage qu'elle soit sujette aux vers, car c'est un très-bon fruit.

Var. 7. PRUNIER Damas d'Italie. DAMAS d'Italie. Pl. 56. Fig. 7. DUHAM. Arb. Fr. 2. pag. 75. n. 12. pl. 4.
Prunus domestica, fructu medio subgloboso, violaceo ; carne dulci, subsapidâ, ad nucleum non adhærenti.

Ce fruit a treize à quinze lignes de hauteur, sur un diamètre à peu près égal. Son pédoncule est long de huit lignes ; il s'implante dans une cavité très-peu profonde, la Prune étant un peu aplatie en cette partie. Sa peau est violette, médiocrement fleurie, avec des points très-petits et d'une couleur plus claire que le fond. Sa chair est d'un vert jaunâtre, fondante, un peu sucrée, mais quelquefois un peu fade. Le noyau ne lui est pas adhérent ; il a huit lignes de hauteur sur un peu plus de six de largeur. Cette Prune mûrit dans les quinze derniers jours d'août.

Var. 8. PRUNIER Damas noir. DAMAS noir tardif. Pl. 58. Fig. 4. DUHAM. Arb. Fr. 2. pag. 73. n. 9. pl. 20. fig. 4.

5

Prunus domestica, fructu parvo, subgloboso, atro-violaceo; carne duriusculá, primùm subacidá, demùm dulci, sapidá, ad nucleum subadhærenti.

Cette Prune a treize lignes de hauteur, sur douze lignes et demie de diamètre, et elle est souvent comprimée dans le même sens que son noyau, n'ayant tout au plus, dans cette direction, que onze lignes et demie. Le pédoncule, de cinq à six lignes de long, s'implante dans une cavité très-peu profonde. La peau est d'un violet foncé presque noir, très-fleurie, sans aucuns points distincts. La chair est un peu ferme, d'un vert jaunâtre, aigre quand elle n'est pas bien mûre, enfin douce et un peu parfumée lors de la parfaite maturité. Le noyau lui est quelquefois un peu adhérent; sa longueur n'est pas tout-à-fait de sept lignes, et sa largeur est de six; son côté opposé à l'arète est creusé d'un sillon profond. La maturité de ce fruit arrive vers la fin d'août.

Var. 9. PRUNIER Damas musqué. DAMAS musqué. PRUNE de Chypre. PRUNE de Malte. Pl. 58. Fig. 8. DUHAM. Arb. Fr. 2. pag. 74. n°. 10. pl. 20. fig. 3.

Prunus domestica, fructu parvo, subgloboso, basi apiceque compresso, saturatè violaceo; carne dulci et sapidá, nucleo non adhærenti.

Cette Prune est presque globuleuse, comprimée à sa base et à son sommet, haute de douze à treize lignes, large de quatorze. Son pédoncule a six lignes de longueur; la cavité dans laquelle il s'implante est à peine marquée; la rainure longitudinale est un peu plus prononcée. Sa peau est d'un violet foncé, parsemée de points très-petits d'une couleur plus claire, et d'ailleurs très-fleurie. Sa pulpe est verdâtre, fondante, très-abondante en eau, d'une saveur sucrée et un peu relevée. Le noyau a six lignes de longueur et autant de largeur; il n'est pas du tout adhérent, mais assez lisse, relevé seulement vers sa base, de deux à trois lignes saillantes, dont la moyenne se prolonge quelquefois assez avant sur l'une des faces convexes. Ce fruit mûrit vers le milieu d'août.

Var. 10. PRUNIER des Vacances. DAMAS de septembre, PRUNE de Vacance. Pl. 55. Fig. 3. DUHAM. Arb. Fr. 2. pag. 77. n°. 14. pl. 6.

Prunus domestica, fructu medio, subgloboso, saturatè violaceo; carne duriusculá, subacidá, parùm sapidá, nucleo subadhærenti.

Cette Prune est presque globuleuse; elle est un peu plus large que haute, ayant treize lignes et demie de hauteur, sur quatorze de largeur dans son grand diamètre. Son pédoncule n'a que trois à quatre lignes de longueur; il s'implante dans une cavité assez prononcée. Sa peau est d'un violet foncé, presque noire, très-fleurie, ce qui la fait paraître bleuâtre; elle est marquée, de la base au sommet du fruit, d'une rainure peu profonde. La chair est verdâtre, d'abord un peu ferme et aigrelette, enfin molasse, douceâtre, assez fade, à moins qu'il n'ait fait de fortes chaleurs lors de sa maturité; dans ce dernier cas, elle est un peu plus agréable et plus parfumée. Le noyau se détache assez facilement de la pulpe; il a ses faces convexes, très-relevées, et sa hauteur est de neuf lignes et demie, sur six et demie de largeur. Ce fruit est en maturité dans le courant de septembre; l'arbre qui le porte en donne ordinairement beaucoup.

Var. 11. PRUNIER virginal rouge. PRUNE virginale rouge. Pl. 56. Fig. 5.

Prunus domestica, fructu vix medio, subovato, rubello, ad solem saturatiore; carne subacerbá.

Cette Prune a quinze à seize lignes de hauteur, sur quatorze lignes de diamètre. Sa peau est rougeâtre et plus foncée du côté exposé au soleil. Sa chair est jaune, un peu acerbe. Ce fruit mûrit au commencement d'août.

Var. 12. Prunier de Saint-Martin. Prune de Saint-Martin. Pl. 58. Fig. 7.
Prunus domestica , fructu medio , subgloboso , ex rubro diluté violaceo , serotino ; carne duriusculâ , subacerbâ , ad nucleum non adhærenti.

Le nom qu'on a donné à cette Prune lui vient sans doute de ce qu'elle ne mûrit que fort tard, et qu'il est très-ordinaire de la trouver encore sur l'arbre à l'époque de la Saint-Martin. Elle commence cependant à mûrir dès la mi-octobre; mais son pédoncule adhérant fortement aux branches, elle tombe difficilement d'elle-même, si ce n'est lorsqu'elle est surprise par les gelées. Quand l'automne est doux, il n'est pas rare de voir les arbres de cette espèce encore chargés de fruit à la fin de novembre, lors même qu'ils ont perdu toutes leurs feuilles, et l'année dernière (en 1810), nous en avons vu un exemple. La Prune de Saint-Martin est d'un rouge tirant sur le violet-clair, bien fleurie; elle a treize à quatorze lignes de hauteur, sur un diamètre à peu près égal. Son pédoncule, qui a huit à neuf lignes de haut, s'implante dans une cavité peu profonde. La gouttière qui s'étend sur un côté, de la base au sommet du fruit, est peu prononcée. La chair est jaunâtre, assez ferme, peu fondante, d'une saveur légèrement acerbe. Le noyau n'est pas adhérent; il est relevé, sur ses faces convexes, de deux à trois côtes saillantes et presque tranchantes vers sa base; il a huit lignes et demie de long, sur six de large. Ce fruit n'a rien qui puisse flatter le goût, aussi n'est-il que fort peu répandu.

Var. 13. Prunier tardif de Châlons. Prune tardive de Châlons. Pl. 58. fig. 6.
Prunus domestica , fructu vix medio , subovato , basi attenuato , ex albido diluté violaceo ; carne molli , subdulci , parùm sapidâ , nucleo adhærenti.

Cette Prune est presque ovale, souvent un peu rétrécie à sa base; elle a quatorze lignes de hauteur, sur treize de diamètre. Sa peau est d'abord d'un jaune blanchâtre, avec une légère teinte rougeâtre vers le pédoncule; ensuite, lors de l'extrème maturité, toute la peau devient d'un violet clair, et elle est bien fleurie. La chair est jaunâtre, fondante, très-aqueuse; avant d'être bien mûre, elle a une saveur un peu acerbe, mais elle a plus de goût en cet état, et est réellement meilleure que lors de sa parfaite maturité, où elle ne prend une saveur douce qu'en devenant extraordinairement fade. Le noyau est adhérent à la pulpe, assez rude, long de neuf lignes, large de six. Cette Prune est très-tardive; elle ne mûrit que dans les premiers jours d'octobre; nous ne l'avons vue qu'au Jardin des Plantes de Paris.

Var. 14. Prunier Suisse. Prune Suisse. Pl. 58. fig. 2. Duham. Arb. Fr. 2. pag. 82. n. 19. pl. 20. fig. 7. Prune de Monsieur tardive.
Prunus domestica , fructu medio , subgloboso , violaceo , apice compresso ; carne molli , dulcissimâ , sapidâ , ad nucleum adhærenti.

Cette Prune est comprimée au sommet, plus large que haute, car elle n'a que quatorze lignes de hauteur, tandis qu'elle en a plus de seize de diamètre. Son pédoncule a six lignes et s'implante dans une cavité peu profonde. Sa peau est violette, bien fleurie, un peu coriace, mais s'enlevant assez facilement. Sa pulpe est verdâtre, fondante, pleine d'eau très-sucrée, d'une saveur relevée et fort agréable. Le noyau lui est adhérent, et chacune de ses faces convexes est chargée d'une espèce de côte saillante; il a neuf lignes de longueur sur sept de largeur dans son grand diamètre. La Prune Suisse commence à mûrir à la fin d'août ou au commencement de septembre, et on en peut jouir pendant tout ce dernier mois. C'est une des meilleures espèces qu'on puisse cultiver. Elle est bien supérieure à la Prune de Monsieur, à laquelle on la compare. L'arbre est fertile, quoique les fleurs soient ordinairement solitaires.

Var. 15. Prunier de Chypre. Prune de Chypre. Pl. 56. Fig. 1. Duham. Arb. Fr. 2. pag. 82. n. 18.

Prunus domestica, fructu majori, subgloboso, diluté violaceo; carne duriusculá, aciduá, nucleo adhærenti.

La Prune de Chypre est un très-beau fruit, de forme presque globuleuse, ayant dix-neuf lignes de hauteur, sur dix-neuf lignes et demie de diamètre. Le sillon longitudinal qui, sur un côté, s'étend de la base au sommet du fruit, est très-peu prononcé. Le pédoncule est gros, long de sept lignes, implanté dans un enfoncement assez considérable. La peau est d'un beau violet, bien fleurie, coriace, aigre, et elle se sépare très-difficilement de la chair. Celle-ci est ferme, verdâtre; elle a une saveur sucrée, assez agréable lors de sa parfaite maturité, car auparavant elle est ordinairement acide et de mauvais goût. Le noyau est adhérent à la pulpe, très-raboteux, relevé en l'un de ses bords, d'arêtes très-saillantes. Ce fruit mûrit à la fin de juillet.

Var. 16. Prunier de Jérusalem. Prune de Jérusalem. Pl. 56. Fig. 2.

Prunus domestica, fructu subgloboso, majori, atro-violaceo, apice depresso; carne sub-amará, parùm sapidá, nucleo subadhærenti.

La Prune de Jérusalem est presque globuleuse, haute de vingt à vingt-une lignes, large de dix-neuf; elle est portée sur un pédoncule long de six lignes, dont les deux tiers sont enfoncés dans une cavité profonde formée à la base du fruit, et se prolongeant par une simple ligne jusqu'à son sommet, mais sans former de gouttière prononcée : ce sommet est sensiblement comprimé. La peau est d'un violet foncé, presque noire, légèrement fleurie. La chair est jaunâtre, un peu amère, presque fade, d'une saveur peu agréable ou au moins très-médiocre, et qui est loin de répondre à la belle apparence du fruit. Le noyau est légèrement adhérent, rude en sa surface, long d'un pouce, large de près de huit lignes, très-comprimé, n'ayant que cinq lignes d'épaisseur. Cette Prune mûrit à la fin de juillet ou au commencement d'août; elle n'est pas très-répandue, et elle ne nous paraît pas mériter de l'être davantage. C'est un beau, plutôt qu'un bon fruit.

Var. 17. Prunier de Monsieur. Prune de Monsieur. Pl. 55. Fig. 8. Duham. Arb. Fr. 2. pag. 78. n. 15. pl. 7.

Prunus domestica, fructu majori, subgloboso, violaceo; carne subdulci et subsapidá, nucleo non adhærenti.

La Prune de Monsieur n'est pas parfaitement globuleuse; elle a seize lignes de hauteur sur dix-huit de diamètre. Son pédoncule est bien nourri, long de sept lignes, implanté dans un enfoncement assez profond, dans lequel commence une gouttière bien marquée, qui divise le fruit en deux et se termine à son sommet. La peau est violette, médiocrement fleurie. La chair est jaunâtre, fondante, un peu relevée si l'arbre est planté dans un terrain élevé, sec et chaud; assez fade lorsqu'il est dans un fond ou dans une terre humide. Le noyau est un peu raboteux, non adhérent à la chair; il a sept lignes de hauteur sur sept de largeur. Cette Prune mûrit à la fin de juillet. L'arbre est fort et vigoureux; il donne ordinairement beaucoup de fruit, et il est généralement très-répandu dans les jardins et les vergers.

Tournefort donne le nom de Prune de Monsieur à une espèce dont la peau est jaune, et qui par conséquent diffère beaucoup de celle dont il est ici question. Nous ignorons à quelle Prune connue aujourd'hui il faut rapporter la phrase de Tournefort : *Prunus fructu ovato, maximo, flavo.* Inst. 622; à moins que ce ne soit à la Dame-Aubert.

Var. 18. Prunier de Monsieur hâtif. Prune de Monsieur hâtive. Monsieur hâtif. Duham. Arb.
Fr. 2. pag. 80. n. 16. pl. 20. fig. 1.
*Prunus domestica, fructu majori, subgloboso, hinc violaceo, indè rubello ; carne duriusculâ,
sapidâ, ad nucleum non a dhærenti.*

Cette Prune est presque globuleuse; elle a dix-sept lignes de hauteur, autant de
largeur dans son grand diamètre, une ligne de moins dans son petit, et le sillon, qui
s'étend de la base au sommet du fruit, est peu profond. Son pédoncule n'a que quatre
à cinq lignes; il s'implante dans un enfoncement étroit, mais assez profond. La peau
est d'un beau violet du côté du soleil, plus pâle et comme rougeâtre du côté de
l'ombre. La chair est d'un vert jaunâtre, un peu ferme, médiocrement fondante,
d'une saveur assez agréable. Le noyau se sépare facilement de la pulpe; il a neuf
lignes de long sur six de large. Ce fruit ressemble beaucoup au précédent; il a l'a-
vantage d'être mûr quinze jours plutôt.

Var. 19. Prunier royal de Tours. Royale de Tours. Pl. 58. Fig. 11. Duham. Arb. Fr. 2. pag. 81.
n. 17. pl. 20. fig. 8.
*Prunus domestica, fructu majori, subgloboso, apice compresso, hinc violaceo, indè
rubello, punctis flavis notato ; carne dulci, sapidâ, nucleo adhærenti.*

La Prune royale de Tours est à peu près de la même couleur, de la même forme
et de la même grosseur que le Monsieur hâtif; le diamètre de ce fruit est égal à sa
hauteur; dix-huit lignes sont la mesure de l'un et de l'autre. La gouttière longitudinale
est bien prononcée, quoique peu profonde, et la tête du fruit est un peu comprimée
ou même enfoncée. La peau est très-fleurie, d'un violet un peu clair du côté du soleil, et tiquetée de points d'un jaune vif, plutôt rougeâtre du côté de l'ombre, que
violette. La chair est d'un jaune verdâtre, sucrée, relevée, plus fondante et meilleure
que celle du Monsieur, adhérente au noyau. Celui-ci est très-comprimé, raboteux,
long de dix lignes et demie, large de huit. Le tems de la maturité de la Royale de
Tours est la fin de juillet. L'arbre est très-vigoureux; il rapporte ordinairement
beaucoup de fruit.

Var. 20. Prunier d'Agen. Prune d'Agen. Calvel, Traité des Pép. 2. pag. 182.
Prunus domestica, fructu majori, ovato, atro-violaceo ; nucleo compresso.

Cette Prune est grosse, ovale. Sa peau est d'un violet tirant sur le noir. Son noyau
est très-comprimé, assez uni. On confond ce fruit avec la Royale de Tours ; mais on
peut facilement l'en distinguer par sa couleur plus foncée, et par son noyau plus
aplati ; il mûrit vers la mi-juillet. C'est une des meilleures espèces qu'on emploie à
Agen, pour faire des pruneaux.

Var. 21. Prunier d'Ast. Prune d'Ast. Calv. Pép. 2. pag. 186.
Prunus domestica, fructu majori, ovato-oblongo, atro-violaceo.

« Cette Prune, dit M. Calvel, très-peu connue dans les départemens septentrio-
naux, est cultivée et très-recherchée vers le midi de la France, pour faire des pruneaux ; on la préfère à la Prune d'Agen, avec laquelle elle a beaucoup de ressemblance ; mais elle est plus grosse et moins bonne crue. Elle mûrit à la mi-août. Elle
a une sous-variété qui a constamment la semence double. »

Var. 22. Prunier de Reine-Claude violette. Prune de Reine-Claude violette. Pl. 57. Fig. 2.
*Prunus domestica, fructu majori, subgloboso, violaceo ; carne dulcissimâ, sapidissimâ,
nucleo subadhærenti.*

La Prune de Reine-Claude violette est presque globuleuse; elle a dix-sept à dix-huit lignes de hauteur, sur la même largeur dans son grand diamètre ; le petit à une ligne de moins. Son pédoncule a dix lignes de long ; il s'implante dans une cavité très-peu profonde. La gouttière, qui s'étend de la base au sommet du fruit, est bien prononcée, mais elle n'a pas beaucoup de profondeur. La peau est violette, bien fleurie, avec quelques points plus clairs ; elle est un peu coriace, adhérente assez fortement à la chair. La pulpe est verdâtre, fondante, très-aqueuse, d'une saveur sucrée, relevée et très-agréable, quoiqu'un peu inférieure cependant à la vraie Reine-Claude. Le noyau est assez lisse, long de dix lignes, large de sept : le côté opposé à l'arète est creusé d'un sillon assez profond. Ce fruit mûrit à la fin d'août ou au commencement de septembre ; il n'est pas encore très-répandu, mais nous l'indiquons comme excellent, et comme une des meilleures espèces qu'on puisse cultiver. L'arbre est fort et vigoureux.

Var. 23. PRUNIER abricoté hâtif. PRUNE abricotée hâtive.
Prunus domestica, fructu majori, subgloboso, hinc sulcato, pallidè rubente, punctis notato ; carne duriusculâ, subacerbâ, parùm sapidâ, ad nucleum adhærentissimâ.

Cette Prune est un très-beau fruit ; mais sa qualité ne répond pas à son apparence. Elle a vingt-une à vingt-deux lignes de hauteur, sur autant de diamètre ; une de ses faces, de la base au sommet du fruit, est creusée d'une gouttière peu profonde, mais assez large. Son pédoncule a six lignes de long, et il s'implante dans un cavité bien marquée. Sa peau, du côté de l'ombre, est d'un rouge très-clair, presque verdâtre ; d'un rouge un peu plus foncé du côté du soleil, et marquée partout de petits points peu différens, pour la couleur, du fond du reste de la peau, mais cependant très-sensibles. La chair est d'un vert pâle ou jaunâtre, un peu ferme, médiocrement aqueuse, peu relevée, légèrement acerbe, très-adhérente au noyau. Celui-ci est ovale, très-comprimé, long de dix à onze lignes, large de près de huit. Cette Prune mûrit dans le courant de juillet. L'arbre rapporte rarement beaucoup de fruit.

Var. 24. PRUNIER abricoté rouge. PRUNE abricotée rouge. Pl. 55. fig. 11.
Prunus domestica, fructu majori, subgloboso, ex rubro-violaceo ; carne subdulci, parùm sapidâ, nucleo non adhærenti.

Cette Prune a dix-huit à dix-neuf lignes de hauteur, sur dix-sept à dix-huit de diamètre. Sa peau est d'un rouge tirant sur le violet, peu foncée, assez fleurie. Le pédoncule a six lignes de longueur ; il s'implante dans une cavité peu profonde, et le sillon longitudinal n'est pas beaucoup prononcé. La chair est jaunâtre, mais fort éloignée de la couleur de l'Abricot ; sa saveur ne ressemble pas davantage à ce fruit, car elle est fade plutôt que douce, et sans aucun parfum bien prononcé. Le noyau n'est pas adhérent ; il a dix lignes de long, sur sept de large, et est relevé sur ses faces convexes par une ligne ou côte saillante. Le tems de la maturité de ce fruit arrive vers le milieu du mois d'août.

Var. 25. PRUNIER Damas d'Espagne. DAMAS d'Espagne. Pl. 56. Fig. 4.
Prunus domestica, fructu parvo, subgloboso, violaceo ; carne subdulci, parùm sapidâ, nucleo non adhærenti.

La forme de cette Prune est, à peu de chose près, globuleuse ; sa hauteur étant de treize lignes et demie, et son diamètre de treize. Son pédoncule est très-court ; il s'implante dans une cavité peu profonde, et la gouttière longitudinale n'est pas très-marquée. La peau, d'un violet foncé, très-fleurie, recouvre une chair jaunâtre, peu relevée, douceâtre et fade. Le noyau se détache entièrement de la pulpe ; il a huit lignes et demie de hauteur, et six lignes et demie de largeur. Cette Prune mûrit vers la fin d'août.

Var. 26. Prunier Gros Damas de Tours. Gros Damas de Tours. Duham. Arb. Fr. 2. pag. 69. n. 4.

Prunus domestica, fructu vix medio, subovato, saturatè violaceo ; carne duriusculá, dulci, sapidá, nucleo adhærenti.

Le gros Damas de Tours est un peu plus long que large, ayant quatorze lignes de hauteur, sur treize de diamètre. La rainure longitudinale n'est remarquable que par une ligne qui ne forme pas d'enfoncement. La chair est blanchâtre, ferme, sucrée, assez relevée, et d'une saveur très-agréable ; c'est dommage que la peau, qui est coriace et qui a de l'aigreur, lui communique un mauvais goût. Cette peau est d'un violet foncé, bien fleurie. Le noyau est raboteux et adhérent à la pulpe. Cette Prune est en maturité vers la fin du mois de juillet. On en cultive beaucoup aux environs de Tours, et on en fait de bons pruneaux.

Var. 27. Prunier Damas de Provence. Damas de Provence hâtif.

Prunus domestica, fructu vix medio, ovato, violaceo ; carne duriusculá, subdulci, parùm sapidá.

Cette Prune est ovale, de grosseur médiocre, ayant seize lignes de hauteur, sur quatorze de diamètre. Son pédoncule est bien nourri, long de six lignes. Sa peau est violette, médiocrement fleurie. Sa chair est verdâtre, assez ferme, un peu acerbe avant la parfaite maturité, ensuite assez sucrée, mais d'une saveur peu relevée. Le noyau a beaucoup d'adhérence avec la chair. Ce fruit mûrit de très-bonne heure ; on peut, quand l'année est hâtive, en manger dès la fin de juin : c'est là son plus grand mérite.

Var. 28. Prunier noir de Montreuil. Prune noire de Montreuil. Grosse-Noire hâtive. Pl. 55. Fig. 7. Duham. Arb. Fr. 2. pag. 68. n. 3.

Prunus domestica, fructu medio, subovato, saturatè violaceo ; carne duriusculá, subsapidá ; nucleo subadhærenti.

Cette Prune a beaucoup de rapports avec le gros Damas de Tours ; elle a seize lignes de hauteur, sur quatorze de diamètre. Sa peau est d'un violet foncé, bien fleurie, coriace et très-acide. Sa chair est ferme, d'abord tirant sur le blanc, puis jaunâtre lors de la parfaite maturité, d'un goût assez agréable, surtout si on a soin de la séparer de la peau qui, autrement, lui communiquerait sa saveur acide. Le noyau est très-peu adhérent à la pulpe ; il a huit lignes de long, cinq et demie de large, et trois et demie d'épaisseur. Le principal mérite de ce fruit est d'être hâtif ; sa maturité arrive vers le milieu de juillet ; sa fleur craint les froids tardifs.

Duhamel dit qu'on donne aussi le nom de Grosse-Noire hâtive à une Prune ronde, plus grosse que celle dont il vient d'être question, de même couleur, presque aussi hâtive, mais d'un goût fade, et d'une chair grossière.

Var. 29. Prunier précoce de Tours. Prune précoce de Tours. Pl. 55. Fig. 10. Duham. Arb. Fr. 2. pag. 67. n. 2.

Prunus domestica, fructu parvo, ovato, saturatè violaceo ; carne dulci, sapidá, nucleo non adhærenti.

La Prune précoce de Tours, nommée encore Prune de la Madeleine, est parfaitement ovale, bien arrondie en sa circonférence ; elle a treize à quatorze lignes de hauteur, sur onze à douze de diamètre. Le sillon, qui s'étend de la base au sommet du fruit, et qui correspond à l'arête du noyau, n'est presque point marqué. Son pédoncule est menu, long de six lignes, implanté dans un très-petit enfoncement. La peau est d'un violet très-foncé, bien fleurie, assez coriace, légèrement amère, fort adhérente à la chair. Celle-ci est d'un vert pâle, tirant sur le jaune, médiocrement fondante, un peu sucrée, d'une saveur assez agréable, et même un peu parfumée lorsque l'arbre est planté dans un terrain sec et chaud. Le noyau est long de sept lignes et demie, large de quatre et demie. Ce fruit mûrit dans les premiers jours de juillet : c'est une des meilleures Prunes précoces.

Var. 30. Prunier de Damas violet. Damas violet. Pl. 55. Fig. 9. Duham. Arb. Fr. 2. pag. 70. n. 5. pl. 2.

Prunus domestica, fructu parvo, subovato, violaceo; carne molli, dulci, sapidâ, ad nucleum non adhærenti.

La Prune de Damas violet a treize à quatorze lignes de hauteur, sur onze à douze de largeur dans son grand diamètre. Son pédoncule a cinq lignes de long; il s'implante dans une cavité peu profonde, et le sillon, qui s'étend de la base au sommet du fruit, n'est sensible que par une simple ligne. La peau est violette, bien fleurie. La chair est jaunâtre, fondante, abondante en eau douce, sucrée et un peu musquée. Le noyau ne lui est pas adhérent ou à peine; il est très-bombé sur ses deux faces convexes, et a sept lignes de long, sur cinq de large. Cette Prune mûrit à la fin de juillet, ou au commencement d'août; c'est une des meilleures parmi les petites espèces. L'arbre est bien vigoureux, mais il donne rarement beaucoup de fruit.

Var. 31. Prunier de Damas rouge. Damas rouge. Duham. Arb. Fr. 2. pag. 72. n. 8.

Prunus domestica, fructu medio, ovato, hinc saturate, inde pallide rubro; carne dulci, nucleo non adhærenti.

Cette Prune est d'une forme ovale assez régulière, ayant seize lignes de hauteur, sur quatorze de diamètre. La gouttière, qui s'étend de la base au sommet du fruit, a très-peu de profondeur. Le pédoncule est long de six lignes, implanté presque à fleur du fruit. La peau est d'un rouge foncé du côté exposé aux rayons du soleil, d'un rouge plus pâle du côté de l'ombre, bien fleurie partout. La chair est jaunâtre, fondante, très-sucrée, se séparant facilement du noyau. Celui-ci a sept lignes de longueur, et cinq de largeur dans son grand diamètre. Ce fruit mûrit à la mi-août; il a l'inconvénient d'être sujet à être verreux. L'arbre est beaucoup plus fertile dans le midi que dans le nord de la France.

Var. 32. Prunier de Petit Damas rouge. Petit Damas rouge. Pl. 56. Fig. 8.

Prunus domestica, fructu subgloboso, parvo, ex rubello violaceo; carne molli, dulci, sapidâ, nucleo non adhærenti.

La Prune de Petit Damas rouge est à peu près globuleuse, ayant onze à douze lignes de hauteur, sur autant de diamètre. Le pédoncule est implanté à fleur de peau; il a quatre lignes de long. La peau est rouge du côté de l'ombre, tirant sur le violet du côté exposé au soleil, et la rainure longitudinale n'est sensible que par une simple ligne. La chair est fondante, douce, sucrée, assez relevée, et d'une couleur jaunâtre. Le noyau s'en sépare facilement; il a cinq lignes de long, sur un peu plus de cinq de large; une de ses faces est relevée dans le milieu par une côte saillante, presque tranchante. Ce fruit mûrit dans le courant de septembre.

Var. 33. Prunier de Gros-Damas rouge tardif. Gros Damas rouge tardif. Pl. 58. Fig. 1.

Prunus domestica, fructu majori, subgloboso, rubello; carne dulci, sapidâ, nucleo non adhærenti.

La hauteur et le diamètre de cette Prune sont égaux; leur étendue est souvent de dix-huit lignes. Son pédoncule a six lignes de long; il s'implante presque à fleur de peau. Celle-ci est d'un violet clair, tirant sur le rouge, médiocrement fleurie. La chair est jaune, fondante, très-abondante en eau un peu sucrée, assez relevée, et d'une saveur fort agréable. Le noyau est très-comprimé, assez uni; sa longueur est de neuf lignes, sa largeur de six et demie, et son épaisseur de trois lignes seulement. L'arète d'un de ses côtés est très-saillante et un peu tranchante.

Ce fruit ne mûrit guère avant le quinze septembre. C'est une des bonnes Prunes que nous connaissions; elle a le mérite d'être en même tems fort belle, et de flatter l'œil autant que le goût. L'arbre est vigoureux et rapporte beaucoup; il mériterait d'être plus répandu, et il remplacerait avantageusement plusieurs autres espèces médiocres qu'on cultive partout.

Var. 34. PRUNIER royal. PRUNE royale. Pl. 58. Fig. 9. DUHAM. Arb. Fr. 2. pag. 88. n. 24. pl. 10. *Prunus domestica, fructu medio, subovato, violaceo, punctis fulvis asperso; carne duriusculâ, dulci, sapidâ, nucleo subadhærenti.*

Cette Prune a seize à dix-sept lignes de hauteur, sur quinze de largeur dans son grand diamètre. Le pédoncule, long de huit à dix lignes, s'implante dans une cavité très-peu profonde, et le sillon, qui s'étend de la base au sommet du fruit, ne forme qu'une simple ligne. La peau est violette, bien fleurie, marquée de points plus clairs, approchant de la couleur fauve. La chair est verdâtre, tirant sur le jaune, un peu ferme, légèrement aqueuse, d'une saveur sucrée et agréable. Le noyau est un peu adhérent à la pulpe; il a huit lignes de long sur près de six de large. Ce fruit peut être mis au nombre des bonnes espèces; il mûrit à la fin d'août.

Var. 35. PRUNIER Perdrigon Normand. PERDRIGON Normand. Pl. 56. Fig. 3. DUHAM. Arb. Fr. 2. pag. 87. n. 23.
Prunus domestica, fructu medio, subgloboso, basi attenuato, violaceo, punctis fulvis asperso; carne dulci, sapidâ, nucleo adhærenti.

Le Perdrigon Normand est une des meilleures espèces de Prunes, et parmi celles qui sont colorées, on ne peut lui comparer que la Reine-Claude violette. Ce fruit est presque globuleux, un peu aminci cependant vers sa base; il a dix-huit lignes de hauteur et plus, sur autant de largeur dans son grand diamètre, tandis qu'il n'en a que dix-sept dans son petit, étant un peu comprimé dans le sens de la gouttière longitudinale, qui est d'ailleurs peu profonde. Son pédoncule a neuf lignes de long, et la cavité dans laquelle il s'implante est à peine sensible. La peau est d'un violet clair, assez bien fleurie, marquée de points fauves. La chair est jaunâtre, fondante, abondante en eau, d'une saveur douce, sucrée et fort agréable. Le noyau, très-adhérent à la pulpe, a dix lignes de longueur, sur un peu plus de sept de largeur; il est assez lisse en ses surfaces; l'un de ses côtés est creusé d'un sillon profond, tandis que le côté opposé est chargé d'une arète très-saillante et un peu tranchante.

Le Prunier Perdrigon Normand est peu cultivé dans les environs de Paris; il mériterait de l'être davantage à cause de la bonté de son fruit qui mûrit à la fin d'août.

Var. 36. PRUNIER Perdrigon violet. PERDRIGON violet. Pl. 58. Fig. 10. DUHAM. Arb. Fr. 2. pag. 85. n. 21. pl. 9.
Prunus domestica, fructu subgloboso, medio, violaceo, punctis fulvis asperso; carne subdulci, sapidâ, nucleo adhærenti.

La Prune Perdrigon violet est portée sur un pédoncule de huit à neuf lignes, qui

s'implante dans une cavité très-peu profonde. Sa forme n'est pas parfaitement globuleuse, car elle est un peu resserrée vers sa base; elle a dix-sept à dix-huit lignes de
hauteur, sur une ligne de moins dans son diamètre. La peau est violette, marquée
de points fauves, très-fleurie, ayant le défaut d'être très-coriace, ce qui fait qu'on ne
peut la manger avec le fruit, comme on fait celle de la plupart des autres Prunes. La
chair est verdâtre, peu fondante, assez sucrée et relevée. Le noyau est adhérent à la
pulpe, très-aplati, petit, comparativement au volume du fruit, n'ayant guère plus
de neuf lignes de long sur six à sept de large. Cette Prune peut être mise au nombre
des bonnes espèces; elle mûrit vers le milieu d'août.

Var. 37. Prunier Perdrigon rouge. Perdrigon rouge. Duham. Arbr. Fr. 2. pag. 86. n. 22.
pl. 20. fig. 6.
*Prunus domestica, fructu medio, subovato, rubro, punctis fulvis notato; carne duriusculá,
dulci, sapidá, nucleo non adhærenti.*

Ce fruit est presque ovoïde, bien arrondi en sa circonférence, sans avoir de sillon
marqué; il a quinze à seize lignes de hauteur, sur quatorze à quinze de diamètre, et
il est porté sur un pédoncule de huit à neuf lignes de longueur, qui s'implante dans
un très-petit enfoncement. Sa peau est d'un beau rouge, tirant un peu sur le violet,
très-fleurie et marquée de très-petits points fauves. Sa chair, d'un jaune clair du côté
qui a été exposé au soleil, verdâtre du côté resté à l'ombre, est un peu ferme, bien
sucrée, relevée, et elle se sépare facilement du noyau. Celui-ci est long de neuf lignes,
large de cinq et demie, épais de trois et demie; il a son côté opposé à l'arête creusé
d'un sillon très-ouvert et très-profond. Cette Prune est un très-bon fruit; elle ne
mûrit qu'en septembre. L'arbre est plus fertile, et ses fleurs sont moins sujettes à
couler que celles des deux espèces précédentes.

Var. 38. Prunier Perdrigon hâtif. Prune Perdrigon hâtive. Pl. 55. Fig. 6.
*Prunus domestica, fructu vix medio, ovato, violaceo; carne primùm acerbá, demùm
insipidá.*

Cette Prune, portée sur un pédoncule de huit lignes de longueur, est d'une forme
parfaitement ovoïde; elle a quinze lignes de hauteur, sur onze de diamètre. Sa peau
est violette, très-fleurie, ce qui la fait paraître un peu grise. La chair est verdâtre,
fondante, aqueuse, acerbe avant la parfaite maturité, ensuite peu relevée et même
très-fade. Le noyau a neuf lignes et demie de longueur sur six de largeur. Ce fruit
mûrit vers la mi-juillet; mais comme il adhère fortement à son pédoncule, et que
celui-ci est fermement attaché aux rameaux, les Prunes se dessèchent souvent à
moitié sur l'arbre; en cet état, loin de devenir meilleures, elles contractent au contraire un goût assez désagréable.

Var. 39. Prunier de Virginie. Duham. Arb. Fr. 2. pag. 111. n. 45. Prune de Virginie.
Prunus domestica, fructu majori, subovato, rubello, carne acidá, nucleo non adhærenti.

La Prune de Virginie est assez grosse, ovale, portée par un pédoncule un peu long,
implanté à fleur du fruit. Sa peau est rouge presque comme une Cerise. Sa chair est
blanchâtre, assez ferme, acide et peu agréable, même dans sa parfaite maturité, qui
a lieu vers la mi-août. Le noyau n'est pas adhérent à la chair.

Ce Prunier passe pour avoir été apporté de la Virginie en Europe; il est fort
touffu, médiocrement grand, et donne peu de fruit. Ses fleurs sont blanches, petites,
si nombreuses et si rapprochées, que l'arbre paraît tout blanc dans le moment de sa

fleuraison. Il est plus propre, pour cette raison, à orner les jardins d'agrément et les bosquets, qu'à être placé pour son fruit dans les vergers.

Var. 40. Prunier Diapré rouge. Diaprée rouge. Roche-Corbon. Duham. Arb. Fr. 2. pag. 102. n. 37. pl. 20. fig. 12.

Prunus domestica, fructu majori, ovato, rubello; carne molli, parùm sapidâ, nucleo subadhærenti.

La Diaprée rouge est une des plus belles Prunes que nous connaissions; mais sa qualité ne répond pas à sa belle apparence. C'est un fruit ovale, ordinairement renflé au sommet et aminci à la base, ce qui lui donne à peu près la forme d'une poire. Duhamel, à ce qu'il paraît, n'avait pas observé cette Prune dans toute la grosseur qu'elle peut atteindre, puisqu'il ne lui donne que dix-huit lignes de haut. Nous n'en avons vu aucune si petite, et les plus grosses que nous avons mesurées avaient deux pouces de hauteur, vingt-une lignes de largeur dans leur grand diamètre, et dix-neuf dans leur petit. Le pédoncule est long de dix à treize lignes. La peau est à peu près d'un rouge de Cerise, médiocrement fleurie, et tiquetée de points d'un rouge plus foncé. La chair est d'un vert très-pâle ou blanchâtre, légèrement adhérente au noyau, d'abord un peu dure, ayant une saveur peu agréable et comme herbacée, devenant, dans la parfaite maturité, molasse, douceâtre et fade. Le noyau a onze lignes et jusqu'à un pouce de long, sur sept lignes de large. Cette Prune mûrit à la fin d'août ou au commencement de septembre. On en fait des Pruneaux qui sont beaucoup meilleurs que le fruit cru.

Var. 41. Prunier Diapré violet. Prune Diaprée violette. Pl. 55. Fig. 2. Duham. Arb. Fr. 2. pag. 101. n. 36. pl. 17.

Prunus domestica, fructu medio, ovato, hinc et indè compresso, saturatè violaceo, punctis minimis asperso; carne dulci, sapidâ, nucleo non adhærenti.

Cette Prune est parfaitement ovale, ayant dix-sept lignes de hauteur, sur onze et demie de largeur dans son grand diamètre, et sur dix seulement dans son petit. Le pédoncule a tout au plus six lignes de long; il s'implante dans une cavité à peine remarquable, et le sillon longitudinal, qui correspond à l'arête du noyau, n'est sensible que par une ligne de couleur plus foncée, mais sans profondeur. La peau est d'un violet foncé, bien fleurie, marquée de très-petits points plus clairs. La chair est d'un vert jaunâtre, un peu ferme, peu abondante en eau, mais d'une saveur sucrée et agréable. Le noyau n'est pas adhérent à la pulpe; il est très-comprimé, terminé par une pointe fort aiguë; il a dix lignes et demie de longueur, sur cinq et demie de largeur. Cette Prune mûrit dans les premiers jours du mois d'août; on doit la compter au nombre des bonnes espèces pour manger crue; elle fait d'excellens Pruneaux. L'arbre se couvre tous les ans d'une très-grande quantité de fleurs, et il rapporte presque toujours beaucoup de fruit.

Var. 42. Prunier Impérial violet. Prune Impériale violette. Duham. Arb. Fr. 2. pag. 92. n. 32. pl. 15.

Prunus domestica, fructu majori, ovato, dilutè violaceo; carne duriusculâ, dulci, sapidâ, nucleo non adhærenti.

L'Impériale violette est une belle Prune d'une forme ovale; ayant de dix-neuf à vingt lignes de hauteur, sur quinze à seize lignes de diamètre; elle est divisée, selon sa longueur et d'un côté, par un sillon très-marqué, qui s'étend de la base au sommet du fruit. Son pédoncule est menu, long de neuf à dix lignes, implanté dans un petit enfoncement assez profond. La peau est d'un violet clair, très-fleurie, un peu coriace, ne se séparant que difficilement de la chair. Celle-ci est d'un vert blanchâtre, ferme, sucrée, d'un goût relevé, et elle n'a pas d'adhérence avec le noyau, qui est long de dix lignes, large de six. Ce fruit mûrit à la fin d'août ; il est sujet à être verreux.

L'Impériale violette à feuilles panachées n'est qu'une sous-variété de la précédente. On la distingue à ses feuilles panachées de blanc et de vert. Ses fruits sont ordinairement difformes et à demi avortés ; c'est ce qui a fait dire à Duhamel que l'arbre convenait mieux dans les jardins d'ornement que dans les vergers ; mais le nombre considérable d'arbres et d'arbrisseaux étrangers qu'on a acclimatés depuis quarante ans, nous dispense aujourd'hui d'avoir recours à ces arbres dégénérés, pour mettre de la diversité dans nos jardins et nos bosquets.

Var. 43. Prunier Jacinthe. Prune Jacinthe. Duham. Arb. Fr. 2. pag. 100. n. 34. pl. 16.
Prunus domestica, fructu majori, ovato, dilute violaceo ; carne duriuscula, sapida, subacida, nucleo subadhærenti.

Cette Prune est ovale, haute de vingt lignes, large de dix-sept, un peu renflée vers sa base, divisée longitudinalement, et sur le côté qui répond à l'arête du noyau, par un sillon peu marqué, qui se termine au sommet du fruit par un petit enfoncement. Le pédoncule est court, implanté dans une cavité étroite, mais assez profonde. La peau est d'un violet clair, fleurie, et elle se sépare difficilement de la chair. Celle-ci est jaune, médiocrement ferme, d'un goût relevé et sucré, mais un peu acide. Le noyau n'a que quelques légères adhérences avec la pulpe ; il a neuf lignes et demie de hauteur, sur six de largeur et quatre d'épaisseur. Ce fruit mûrit à la fin d'août ; il a beaucoup de ressemblance avec l'Impériale violette.

Var. 44. Prunier d'Impératrice violet. Prune Impératrice violette. Pl. 56. Fig. 10. Duham. Arb. Fr. 2. pag. 105. n. 39. pl. 18.
Prunus domestica, fructu majori, ovato, violaceo-cærulescente ; carne duriuscula, parùm sapida, nucleo non adhærenti.

La Prune Impératrice violette est belle en apparence, mais elle est des plus médiocres quant au goût. Elle a vingt lignes de hauteur, sur quinze de largeur dans son grand diamètre. Son pédoncule, de six à sept lignes de long, s'implante dans un très-petit enfoncement, et le sillon longitudinal, qui s'étend de la base au sommet du fruit, est très-peu prononcé. La peau est d'une couleur violette très-foncée, souvent si fleurie que cela la fait paraître bleue. La chair est verdâtre, tirant sur le jaune, très-ferme, même coriace, d'une saveur assez fade. Le noyau est rude, sans adhérence avec la pulpe ; il a un pouce de haut, sur six lignes et demie de large. Ce fruit ne mûrit qu'à la fin de septembre, et il se conserve sur l'arbre jusqu'aux gelées. Duhamel paraît l'estimer assez et le mettre au nombre des bonnes Prunes ; nous ne saurions être de son avis.

Var. 45. Prunier Allemand. Prune Allemande.
Prunus domestica, fructu medio, ovato, violaceo ; carne duriuscula, subdulci, nucleo subadhærenti.

Cette Prune est ovale, un peu renflée d'un côté, longue de quinze à seize lignes, large d'un pouce dans son grand diamètre. Son pédoncule s'implante presque à fleur de peau, et le sillon, qui répond à l'arête du noyau, n'est qu'une ligne peu profonde. La peau est violette ; elle recouvre une pulpe jaunâtre, un peu ferme, assez douce et médiocrement relevée. Le noyau, à peine adhérent à cette pulpe, est long de dix lignes et large de cinq ; il est très-comprimé, n'ayant pas plus de deux lignes et demie d'épaisseur.

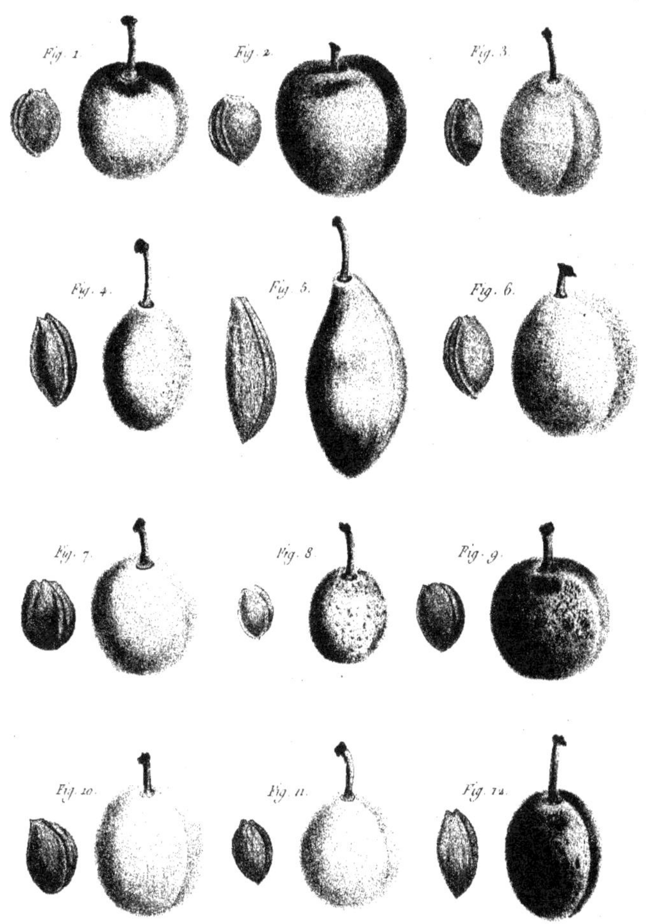

PRUNUS domestica.

PRUNIER domestique.

P. Bessa pinx.

Rdel. Ingouf sculp.

Var. 46. Pʀᴜɴɪᴇʀ Zwetschen. Pʀᴜɴᴇ Zwestchen. Pl. 56. fig. 6.
*Prunus domestica, fructu majori, oblongo, hinc gibbo et sulcato, violaceo-cærulescente;
carne duriusculâ, parùm sapidâ.*

La Prune Zwestchen, comme l'écrivent les Allemands, ou *Quetschen*, ainsi que
les Français l'écrivent, et même *Couetche*, comme on le prononce ordinairement, a
une forme singulière; elle est oblongue, un peu aplatie sur deux faces, ayant ses deux
autres côtés inégaux, l'un presque droit et l'autre renflé. Le côté renflé est celui qui
correspond à l'arête du noyau, et se trouve en même tems marqué d'un sillon longitudinal dont les lèvres sont inégales, un des bords étant plus élevé que l'autre. La
longueur totale du fruit est de deux pouces, et la largeur de quinze à seize lignes dans
le sens du plus grand diamètre. Le pédoncule a sept à huit lignes de long; il s'implante
presque à fleur de peau. Celle-ci est violette, couverte d'une fleur très-abondante qui
lui donne une teinte de bleu. La chair est verdâtre, ferme, douceâtre, peu relevée. Le
noyau est très-aplati; il a quinze lignes de long, sept de large, et tout au plus trois et
demie d'épaisseur. Cette Prune mûrit à la fin d'août et au commencement de septembre; elle est peu répandue en France, surtout aux environs de Paris; elle l'est au
contraire beaucoup en Allemagne, où, dans certains cantons, elle est presque uniquement cultivée, exclusivement à toute autre variété. On en fait de très-bons Pruneaux
en Lorraine et en Suisse.

Var. 47. Pʀᴜɴɪᴇʀ-Pêcʜᴇ. Pʀᴜɴᴇ-Pêcʜᴇ. Cᴀʟᴠᴇʟ. Pép. 2. pag. 185.
Prunus domestica, fructu maximo, subovato, violaceo; carne nucleo adhærenti.

Ce fruit est très-gros, ovale, d'un beau violet, peu fleuri. Sa chair est adhérente au
noyau. Il mûrit vers le milieu d'août.

Var. 48. Pʀᴜɴɪᴇʀ de Tillemond. Pʀᴜɴᴇ Belle Tillemond.
Prunus domestica, fructu maximo, ovato, violaceo; carne duriusculâ, acerbâ et acidâ.

Cette Prune est très-grosse, ovale, ayant vingt-six lignes de hauteur, sur vingt
lignes de diamètre. Son pédoncule est assez gros, long de huit lignes ou à peu près,
implanté dans une cavité peu profonde. Sa peau est d'un violet foncé du côté exposé
au soleil, et d'un violet clair du côté opposé. Sa chair est verdâtre, peu fondante,
d'une saveur peu agréable, acerbe, et aigre même dans son état de parfaite maturité.
Cette Prune flatte plutôt la vue que le goût, et l'on ne peut guère la manger crue :
elle est meilleure en compote. C'est un fruit tardif, qui ne mûrit qu'en septembre
dans les départemens méridionaux; il est toujours attaché aux grosses branches.
L'arbre est élancé, paraît s'élever beaucoup, et n'est jamais bien touffu. La description
de cette variété nous a été communiquée par M. Audibert, qui la cultive dans ses
pépinières, à Tonelle, près de Tarascon, département des Bouches-du-Rhône.

Var. 49. Pʀᴜɴɪᴇʀ Rognon d'Ane. Rоᴄɴоɴ d'Ane. Cᴀʟᴠ. Pép. 2. pag. 202.
Prunus domestica, fructu maximo, ovato, paululùm compresso, atro-violaceo.

Ce fruit est très-gros, d'un violet très-foncé, presque noir; il ressemble beaucoup
par la forme à la Dame-Aubert. Il mûrit au commencement de septembre.

§. II. *Prunes blanchâtres, jaunes ou verdâtres.*

Var. 50. Pʀᴜɴɪᴇʀ de Mirabelle. Pʀᴜɴᴇ de Mirabelle. Pl. 60. Fig. 8. Dᴜʜᴀᴍ. Arb. Fr. 2. pag. 95.
n. 29. pl. 14.
*Prunus domestica, fructu minimo, subgloboso, flavescente; carne dulcissimâ, nucleo
læviusculo subadhærenti.*

Cette Prune est une des plus petites du genre, elle n'est quelquefois pas plus grosse qu’une Cerise ordinaire, n’ayant que neuf lignes de haut, sur huit de large, et elle est très-grosse quand elle a treize lignes de hauteur, sur douze de diamètre. Son pédoncule est long en proportion, puisqu’il a sept à huit lignes. Sa peau, dans la parfaite maturité, est d’un jaune d’ambre, marquée de quelques points rougeâtres. La chair est jaune, très-sucrée, mais peu relevée, légèrement adhérente au noyau, qui est lisse, long de six lignes. Ce fruit mûrit vers la mi-août. On fait avec la Mira-belle de bonnes confitures, de bonnes compotes, et des Pruneaux qui, quoique petits, sont estimés.

Var. 51. Prunier de Drap-d’or. Drap-d’or, Mirabelle double. Pl. 60. Fig. 9. Duham. Arb. Fr. 2. pag. 96. n. 30.
Prunus domestica, fructu parvo, subgloboso, flavo, maculis rubris ad solem notato; carne dulcissimâ, nucleo adhærenti.

La Prune de Drap-d’or est presque globuleuse; elle a douze à treize lignes de hauteur, et une ligne ou environ de plus en largeur sur son grand diamètre. Son pédoncule est grêle, long de six lignes; il s’implante dans une petite cavité. La peau est jaune, peu fleurie, marquée de petites taches rouges du côté exposé au soleil. La chair est jaune, fondante, très-sucrée, agréable sans être très-relevée, adhérente au noyau. Celui-ci a sept lignes de longueur, sur six de largeur. Le Drap-d’or mûrit dans le milieu du mois d’août.

Var. 52. Prunier de Damas Dronet. Damas Dronet. Pl. 62. Fig. 3. Duham. Arb. Fr. 2. pag. 75. n. 11. pl. 20. fig. 2.
Prunus domestica, fructu ovato, parvo, è viridi flavescente; carne duriusculâ, dulci, nucleo non adhærenti.

Le Damas Dronet est une petite Prune un peu plus longue que large, ayant douze lignes et demie de hauteur, sur onze de diamètre. Son pédoncule a dix lignes; il s’implante dans une cavité très-étroite, assez profonde. Sa peau est peu fleurie, d’abord d’un vert clair, et ensuite jaunâtre lors de la parfaite maturité. La chair est verdâtre, un peu ferme, sucrée, d’un goût agréable, nullement adhérente au noyau. Cette Prune est en maturité dans les derniers jours du mois d’août.

Var. 53. Prunier de Petit Damas blanc. Petit Damas blanc. Pl. 60. Fig. 7. Duham. Arb. Fr. 2. pag. 71. n. 6. pl. 3.
Prunus domestica, fructu parvo, subgloboso, flavescente; carne dulci, sapidâ, nucleo non adhærenti.

Ce fruit a treize lignes de hauteur, sur autant de diamètre. Sa peau est d’un blanc jaunâtre, un peu fleurie, très-légèrement teinte de rouge du côté du soleil. La chair est de la même couleur que la peau, fondante, d’une saveur douce, sucrée, un peu relevée; elle n’adhère pas au noyau. Celui-ci a sept lignes de hauteur, six de largeur, et il est relevé sur chaque face d’une espèce de côte saillante qui va de la base à la pointe. Cette Prune mûrit à la fin d’août ou au commencement de septembre.

Var. 54. Prunier de Gros Damas blanc. Gros Damas blanc. Duham. Arb. Fr. 2. pag. 72. n. 7. pl. 3. fig. 2.
Prunus domestica, fructu subovato, medio, è viridi flavescente; carne dulci, sapidâ, nucleo subadhærenti.

Cette Prune a beaucoup de rapports avec la précédente, elle est seulement un peu plus grosse et un peu plus allongée; sa hauteur étant de quinze à seize lignes, et son diamètre n’étant que de quatorze. Sa peau et sa chair sont aussi à peu près de la même couleur, et la saveur n'est pas différente, si ce n'est qu'elle paraît un peu plus douce. La maturité de ce fruit précède de quelques jours celle du Petit Damas blanc.

Var. 55. Prunier Datte. Prune Datte. Duham. Arb. Fr. 2. pag. 113. n. 47.
Prunus domestica, fructu medio, subgloboso, luteo, ad solem punctis rubellis interdùm notato; carne parùm sapidá; nucleo læviusculo.

La Prune Datte est presque globuleuse; elle a quinze à seize lignes de hauteur, sur quinze lignes de largeur dans son grand diamètre, et quatorze dans son petit. Le côté qui correspond à l'arète du noyau est partagé par une gouttière longitudinale très-peu profonde, et formant plutôt un aplatissement que toute autre chose. Le pédoncule a quinze lignes de long; il s'implante dans une cavité étroite, assez profonde. La peau est jaune, souvent marquée de petites taches d'un rouge très-vif du côté du soleil, et recouverte en entier d'une fleur blanchâtre. La chair est jaune, mollasse, d'un goût fade. Le noyau, assez uni en sa surface, a un peu plus de neuf lignes de longueur, sur six et demie de largeur. Ce fruit mûrit dans les premiers jours de septembre.

Var. 56. Prunier Abricoté blanc. Prune Abricotée blanche. Pl. 60. Fig. 10.
Prunus domestica; fructu medio, subgloboso, depresso, flavescente, carne duriusculá, subacidá, demùm subdulci, nucleo non adhærenti.

L'Abricotée blanche est un peu plus grosse que le Petit Damas blanc, mais elle n'est pas si bonne; elle a quinze lignes de hauteur, sur treize à quatorze dans son petit diamètre, et quinze lignes dans son grand. Son pédoncule a quatre lignes de longueur. Sa peau, d'abord d'un blanc verdâtre, finit par être jaune quand le fruit est bien mûr. Sa chair commence par être un peu dure, un peu acide; ce n'est qu'à la parfaite maturité qu'elle devient un peu douce. Le noyau est très-comprimé, assez chargé d'aspérités; il se sépare bien de la chair. Ce fruit mûrit vers le milieu d'août.

Var. 57. Prunier Abricoté de Tours. Abricotée de Tours. Pl. 62. Fig. 4. Duham. Arb. Fr. 2. pag. 93. n. 28. pl. 13.
Prunus domestica, fructu majori, subgloboso, compresso, subalbido, ad solem rubente; carne duriusculá, moschatá et subacerbá, nucleo non adhærenti.

Cette Prune est plus grosse et beaucoup meilleure que l'Abricotée blanche; son diamètre est plus grand que sa hauteur, car il a dix-huit lignes, tandis que sa hauteur n'en a que seize à dix-sept. Le pédondule est court, implanté presque à fleur du fruit dans une très-petite cavité. Le sillon, qui s'étend sur le côté qui répond à l'arète du noyau, est large et profond, surtout vers le sommet du fruit, où il se termine à un petit enfoncement. La peau est d'un vert blanchâtre du côté de l'ombre, marquée de rouge du côté du soleil. La chair est ferme, jaune, musquée, assez agréable, mais conservant, même quand elle est bien mûre, un goût un peu acerbe, ce qu'elle doit sans doute à la peau, qui est aigre et coriace. Le noyau n'est point adhérent à la chair, il a sept lignes et demie de long, sur six lignes et demie de largeur. Cette Prune mûrit au commencement de septembre : c'est un fort bon fruit.

Var. 58. Prunier à fleur semi-double. Duham. Arb. Fr. 2. pag. 92. n. 27. pl. 12. Prune semi-double. Pl. 60. Fig. 2.
Prunus domestica, flore semi-duplici; fructu medio, subgloboso, è viridi flavescente, carne dulci, subinsipidá, nucleo læviusculo adhærenti.

Cette Prune a la forme et presque la grosseur de la Reine-Claude, mais elle est bien loin d'avoir la même qualité. Sa mesure est à peu près la même dans tous les sens, c'est-à-dire que les quinze lignes qui font sa hauteur font aussi son diamètre. Elle est

portée sur un pédoncule qui a au plus six lignes de longueur. Sa peau , d'abord verte,
devient jaune en mûrissant, sans se colorer de points rouges du côté du soleil. Sa
chair est jaunâtre, assez douce, mais fade et peu relevée. Le noyau lui est très-adhérent, assez lisse, pointu et piquant, long de neuf lignes, sur près de sept de largeur.
Cette Prune mûrit dans le courant de la dernière quinzaine d'août. L'arbre est plus
curieux par la beauté de ses fleurs, qu'il ne peut être utile par son fruit qui, comme
nous venons de le dire, est très-médiocre, et il mérite plutôt d'être placé dans un
jardin da grément que dans un verger. Nous ne manquons pas de Prunes qui valent
infiniment mieux.

Var. 59. Prunier de Petite Reine-Claude. Prune Petite Reine-Claude. Pl. 60. Fig. 1. Duham.
   Arb. Fr. 2. pag. 91. n. 26.

Prunus domestica, fructu medio, subgloboso, compresso, è viridi flavescente, hinc
   punctis rubellis asperso ; carne dulci, sapidá, nucleo non adhærenti.

La Petite Reine-Claude est de la même grosseur et de la même forme que l'Abricotée blanche; elle en diffère seulement parce que sa peau est parsemée de points
rougeâtres, surtout du côté du soleil. Sa chair est aussi plus sucrée et plus parfumée;
mais elle est encore assez loin d'approcher du goût délicieux de la vraie Reine-Claude.
Ce fruit mûrit dans le même tems que l'espèce précédente.

Var. 60. Prunier de Reine-Claude. Prune de Reine-Claude, Grosse Reine-Claude, Dauphine,
   Abricot vert, Verte-Bonne, Sucrin-Vert. Pl. 62. Fig. 2. Duham. Arb. Fr. 2. pag. 89. n. 25.
   pl. 11.

Prunus domestica, fructu majori, subgloboso, virescente, ad solem punctis rubris notato;
   carne dulcissimá, sapidissimá, exquisitissimá, nucleo non adhærenti.

Cette Prune est presque régulièrement globuleuse; elle a dix-huit lignes de hauteur
et autant de diamètre. Son pédoncule, long de huit lignes, s'implante dans une cavité
peu profonde. Sa peau, marquée de points rougeâtres du côté du soleil, est verdâtre
dans tout le reste de son étendue, jamais jaune, en quoi elle diffère des espèces
précédentes. Sa chair est verdâtre, fondante, abondante en eau très-sucrée, très-
parfumée, d'un goût exquis. Le noyau n'adhère pas à la chair; il a huit lignes et demie
de hauteur, sur six lignes et demie de largeur. La Reine-Claude mûrit vers la mi-août;
c'est la meilleure de toutes les Prunes : aucune autre ne peut lui être comparée pour
être mangée crue. On la confit à l'eau-de-vie, comme nous le dirons plus bas. On en
fait de très-bonnes compotes, d'excellentes confitures appelées vulgairement marmelades. Elle ne convient pas autant pour être préparée en Pruneaux, parce qu'étant
très-aqueuse, elle est trop peu charnue quand elle est séchée, quoiqu'elle conserve
toujours un excellent goût.

Var. 61. Prunier Moyeu de Bourgogne. Moyeu de Bourgogne. Calv. Pépin. 2. pag. 202.
Prunus domestica, fructu magno, ovato, intùs et extrà flavo. Calv. l. c.

Cette Prune est grosse, ovale; sa peau est jaune ainsi que la chair. Elle mûrit vers
le milieu de septembre. C'est un fruit qui n'est pas délicat; mais l'arbre qui le porte
charge beaucoup.

Var. 62. Prunier Virginal blanc. Prune Virginale à gros fruit blanc. Pl. 62. Fig. 1.
Prunus domestica, fructu subgloboso, medio, ex albido virescente ; carne molli, dulci,
   sapidá, in nucleo adhærentissimá.

Cette Prune est plus petite que la Reine-Claude; elle n'a que seize lignes de hau-

PRUNIER de Sainte-Catherine.

P. Bessa pinx.

Pourvoyeur sculp.

teur, sur pareille largeur en son petit diamètre, et sur dix-sept lignes dans le sens du grand diamètre. Le côté sur lequel elle se trouve un peu comprimée est celui de la gouttière, qui n'est marquée que par une ligne. Le pédoncule est court; il n'a que cinq lignes de hauteur. La peau est d'un vert blanchâtre, assez fleurie. La chair est verdâtre, peu foncée en couleur, très-fondante, très-abondante en eau sucrée et agréable. Le noyau ne peut se séparer de la chair sans déchirer celle-ci, et sans qu'il retienne toutes les parties qui le touchent; il a huit lignes et demie de long, sur sept de large : il est assez lisse. La Grosse-Virginale blanche mûrit au commencement de septembre. C'est un bon fruit.

Var. 63. Prunier de Sainte-Catherine. Prune de Sainte-Catherine. Pl. 61. Duham. Arb. Fr. 2. pag. 109. n. 43. pl. 19.
Prunus domestica, fructu medio, subovato, apice depresso, ex viridi flavescente; carne duriusculá, dulci, sapidá, nucleo subadhærenti.

La Prune de Sainte-Catherine est ovoïde, renflée vers le sommet, plus étroite à la base, ayant dix-sept lignes de hauteur, sur quinze de largeur dans son grand diamètre. Elle est un peu aplatie du côté où elle est marquée d'une gouttière peu profonde, et elle a son sommet tout-à-fait comprimé. Son pédoncule, implanté presque à fleur de peau, a huit lignes de longueur. La peau est d'un vert tirant un peu sur le jaune. La chair est de semblable couleur, un peu ferme, coriace même et assez fade, à moins que le fruit ne soit bien mûr; dans cet état seulement, elle devient un peu fondante, d'une saveur agréable et assez sucrée. Le noyau n'est que légèrement adhérent; il a près de neuf lignes de hauteur, sur six de largeur; le sillon, dont il est creusé du côté opposé à l'arête, est profond, et celle-ci est très-obtuse. Cette Prune mûrit vers le milieu de septembre. C'est avec elle qu'on fait les Pruneaux de Tours les plus estimés; nous donnerons plus bas la manière de les préparer.

Var. 64. Prunier de Catalogne. Prune de Catalogne. Prune jaune hâtive. Pl. 60. Fig. 3. Duham. Arb. Fr. 2. pag. 66. n. 1. pl. 1.
Prunus domestica, fructu parvo, ovato, basi coarctato, flavescente; carne subdulci, parùm sapidá, nucleo non adhærenti.

La Prune jaune hâtive a environ quatorze lignes de hauteur, sur un pouce dans son grand diamètre; elle est un peu resserrée à sa base, et ordinairement partagée sur un de ses côtés par un sillon assez prononcé. Le pédoncule est grêle, long de quatre à cinq lignes. La peau est d'un jaune pâle, bien fleurie. La chair est de la même couleur, peu fondante, quelquefois légèrement parfumée, mais le plus souvent très-fade. Le noyau, qui n'adhère pas à la pulpe, a huit lignes de long, et quatre et demie de large. Cette Prune mûrit la première; on la mange ordinairement dans les premiers jours de juillet : elle n'a que le mérite d'être hâtive. Duhamel dit qu'on en fait d'assez bonnes compotes.

Var. 65. Prunier Bricet. Prune Bricette. Pl. 60. Fig. 4. Duham. Arb. Fr. 2. pag. 97. n. 31. pl. 20. fig. 5.
Prunus domestica, fructu vix medio, ovato, basi coarctato, flavescente; carne duriusculá, subacidá, nucleo non adhærenti.

Cette Prune a une forme particulière; elle est ovale et un peu resserrée à sa base; elle a seize lignes de hauteur, sur douze à treize de largeur dans son grand diamètre. La gouttière longitudinale, qui partage ordinairement en deux un des côtés du fruit, n'est sensible, dans celui-ci, que par une ligne à peine visible. Le pédoncule a neuf lignes de longueur. La chair est jaunâtre ainsi que la peau, assez ferme, peu fondante et sèche, d'une saveur aigrelette, n'ayant rien d'agréable. Le noyau se sépare bien de la chair; il est gros proportionnellement au volume du fruit; il a neuf lignes de hauteur, sur près de six lignes de largeur; le sillon, dont est creusé son côté opposé à l'arête, est assez profond.

La Prune Bricette mûrit dans le courant de septembre; et comme elle adhère fortement à son pédoncule, et que celui-ci se détache difficilement de la branche, il arrive souvent, lorsqu'on néglige de cueillir ce fruit, qu'il reste très-long-tems sur l'arbre. Nous avons vu ainsi une assez grande quantité de ces Prunes qui pendaient encore aux rameaux, lorsque ceux-ci étaient déjà entièrement dépouillés de leurs feuilles : c'était à la fin de novembre. En cet état, la Bricette se confit à demi, s'adoucit un peu, mais elle devient fade et ne prend aucune saveur agréable.

Var. 66. Prunier Perdrigon blanc. Perdrigon blanc. Duham. Arb. Fr. 2. pag. 84. n. 20. pl. 8.
Prunus domestica, fructu vix medio, subovato, basi coarctato, è viridi albido, maculis rubris ad solem notato; carne duriusculá, sapidá, dulcissimá, nucleo non adhærenti.

Cette Prune a quinze lignes et demie de hauteur, sur quatorze lignes et demie de diamètre; elle est un peu plus étroite à la base qu'au sommet. Son pédoncule est grêle, long de huit lignes; il s'implante presque à fleur du fruit. Sa peau est d'un vert blanchâtre, chargée d'une fleur très-abondante et tiquetée de rouge du côté du soleil. Sa chair est verdâtre plutôt que blanche, un peu ferme, fondante, parfumée et si sucrée, que lorsque le fruit est bien mûr il a le même goût que s'il était confit. Le noyau, long de sept lignes, large de cinq, n'est pas adhérent à la chair. Cette Prune mûrit au commencement de septembre; elle est excellente crue, et on en fait de bons Pruneaux. L'arbre est sujet à couler; c'est pourquoi Duhamel recommande de le mettre en espalier.

Var. 67. Prunier de Brignole. Prune de Brignole. Calv. Pép. 2. pag. 187.
Prunus domestica, fructu medio, oblongo, flavescente, ad solem rubescente; carne luteá, sapidá, dulcissimá.

Cette Prune tire son nom de la petite ville de Brignoles, dans le département du Var (ci-devant Provence), aux environs de laquelle on la cultive en grande quantité, pour en fabriquer ces excellens Pruneaux connus sous le même nom, et qu'on expédie par la voie du commerce dans toute l'Europe. Duhamel a confondu cette Prune avec le Perdrigon blanc, mais elle en diffère par son fruit plus gros, par sa peau moins coriace, et par sa chair qui est jaune et non d'un blanc verdâtre. Elle mûrit dans le Midi de la France, vers le milieu d'août.

Var. 68. Prunier Moucheté. Prune Mouchetée. Pl. 60. Fig. 11.
Prunus domestica, fructu parvo, ovato, virescente, ex albido variegato; carne duriusculá, subdulci, parùm sapidá, nucleo non adhærenti.

Cette Prune est ovoïde, longue d'un pouce, large de dix lignes dans son grand diamètre. Son pédoncule est long proportionnellement à la grosseur du fruit; il a sept lignes, et il s'implante presque à fleur de peau. La gouttière longitudinale, qui s'étend sur un côté, n'est sensible que par une simple ligne. La peau est verdâtre, assez fleurie, tiquetée de taches blanchâtres ou jaunâtres. La chair est verdâtre plutôt que jaune, assez ferme, fade d'abord, ensuite un peu sucrée quand elle est bien mûre. Le noyau n'est pas adhérent à la chair; il a sept lignes de long, sur quatre lignes et demie de large. Cette Prune mûrit dans les premiers jours de septembre. Nous l'avons vue au Jardin des Plantes de Paris.

Var. 69. Prunier de deux saisons. Prune de deux saisons. Pl. 60. Fig. 12. Prunier qui fructifie
deux fois par an. Duham. Arb. Fr. 2. pag. 113. n. 48. pl. 20. fig. 13.

*Prunus domestica, fructu ovato, vix medio, subviridi, punctis fulvis consperso, ad solem
violaceo; carne molli, subdulci, insipidâ, nucleo lœviusculo adhœrenti.*

Cette Prune est parfaitement ovale; elle a seize à dix-sept lignes de hauteur, sur
treize à quatorze lignes de diamètre. Sa peau est d'abord verdâtre; en mûrissant elle
prend une légère teinte violette du côté du soleil, et dans son extrême maturité, elle
est presque partout d'un violet clair avec des points fauves; il ne reste alors que le
sommet du fruit qui soit encore verdâtre. Son pédoncule est long de sept à huit
lignes. Sa chair est verdâtre, tirant sur le jaune, très-adhérente au noyau, mollasse,
douceâtre et très-fade. Le noyau est presque lisse, allongé, ayant dix lignes de hauteur, sur six de largeur.

Duhamel et les auteurs qui depuis lui ont écrit sur les arbres fruitiers ont parlé
de ce Prunier comme fructifiant deux fois par an; mais comme ils n'ont donné
aucune explication sur la manière dont venaient les fruits des deux récoltes qu'ils
disent exister pour cet arbre, nous croyons pouvoir révoquer en doute ce qu'ils ont
avancé sur cette double fructification, qui ne nous a paru être qu'une erreur ou un
fait mal expliqué. Deux Pruniers de cette espèce, que nous avons observés l'année
dernière (en 1810), n'ont fleuri qu'une seule fois comme les autres espèces, et à la
même époque. Les fruits qui ont succédé à ces fleurs se sont tous développés en
même tems; ils ont grossi d'une manière à peu près uniforme, et plusieurs étaient
mûrs dans les premiers jours du mois d'août; mais, comme dans tous les autres arbres,
tous les fruits n'ont pas atteint leur parfaite maturité le même jour : les uns ont mûri
huit jours plus tard, d'autres quinze jours après, et enfin les plus tardifs vingt ou
vingt-cinq jours après les premiers. Comme tous ces fruits adhéraient fortement à
leurs pédoncules, et que ceux-ci étaient fortement attachés aux branches, une bonne
partie d'entre eux, et surtout les derniers mûrs, ont resté long-tems attachés aux
rameaux, parce qu'on a négligé de les cueillir à cause de leur mauvaise qualité, de
sorte qu'à la fin d'octobre il y en avait encore beaucoup sur les arbres. Mais ces fruits
étaient certainement les mêmes que ceux qu'on eût pu cueillir en août, et non des
fruits provenant de fleurs tardives, développés après ceux d'une première sève, ainsi
que cela s'observe dans le Figuier et quelquefois sur la Vigne. Ce Prunier n'offre donc
rien de plus curieux que les autres espèces de ce genre; et comme il ne donne
d'ailleurs qu'un mauvais fruit, il ne mérite pas d'être cultivé, si ce n'est dans les Ecoles
de Botanique, où l'on cherche à rassembler des collections aussi complètes que
possible de toutes les espèces et de toutes les variétés.

Var. 70. Prunier Diapré blanc. Prune Diaprée blanche. Pl. 62. Fig. 5. Duham. Arb. Fr. 2.
pag. 104. n. 38. pl. 20. fig. 11.

*Prunus domestica, fructu parvo, vix medio, è viridi albido; carne duriusculâ, dulcissimâ,
sapidâ.*

La Diaprée blanche a quinze lignes de hauteur, sur onze lignes de diamètre; elle
est parfaitement arrondie, n'ayant ni gouttière ni aplatissement, mais seulement une
ligne verte qui s'étend de la base au sommet. Le pédoncule a quatre à cinq lignes; il
est implanté à fleur du fruit. La peau est d'un vert blanchâtre, très-fleurie, un peu
coriace. La chair est assez ferme, d'une couleur jaune très-claire, d'une saveur
sucrée et relevée. Le noyau a un peu plus de neuf lignes de hauteur, quatre lignes
de largeur et deux et demie d'épaisseur. Ce fruit mûrit à la fin d'août ou au commencement de septembre.

Var. 71. Prunier d'Impératrice blanche. Prune Impératrice blanche. Pl. 60. Fig. 6. Duham. Arb.
Fr. 2. pag. 106. n. 40. pl. 18. fig. 2.
*Prunus domestica, fructu medio, subovato, flavescente; carne duriusculá dulci sapidá,
nucleo subadhærenti.*

L'Impératrice blanche a près de dix-huit lignes de hauteur, sur seize de large. Son
pédoncule a quatre à six lignes de long; il s'implante dans une cavité assez prononcée,
mais peu profonde. Le côté, qui est partagé par une gouttière longitudinale, est en
même tems comprimé, ainsi que le sommet du fruit, sur lequel on observe aussi un
petit enfoncement. La chair est d'un jaune clair ainsi que la peau, d'une consistance
un peu ferme, d'une saveur sucrée, parfumée et agréable. Le noyau n'est pas sensiblement adhérent à la chair; il a plus de neuf lignes de longueur et six de largeur; sa
surface est un peu rude. Ce fruit peut être mis au rang des bonnes Prunes; il mûrit
à la fin d'août ou au commencement de septembre.

Var. 72. Prunier Ilevert. Prune Ileverte. Pl. 60. Fig. 5. Duham. Arb. Fr. 2. pag. 107. n. 42.
pl. 20. fig. 9.
*Prunus domestica, fructu magno, oblongo, virescente; carne subdulci, parùm sapidá,
ad nucleum adhærentissimá.*

Cette Prune est très-allongée; elle a deux pouces de hauteur, sur douze à treize
lignes de largeur dans son grand diamètre : l'un de ses côtés est presque droit et
l'autre est renflé. Le pédoncule a sept lignes de long; il s'implante dans une cavité
peu profonde. La peau est verdâtre, tirant sur le jaune et même un peu sur le rouge
du côté du soleil. La chair est verdâtre, mollasse, douceâtre, par fois assez sucrée et
musquée, mais le plus souvent d'un goût fade et peu agréable. Le noyau est très-
adhérent à la chair, assez lisse, long de dix-sept lignes, large de sept, très-aplati,
épais tout au plus de trois lignes. L'Ileverte mûrit au commencement de septembre.
C'est un fruit qui ne vaut rien cru, et nous doutons fort qu'il soit bon en compote et
en confiture, comme le dit Duhamel.

Var. 73. Prunier Impérial blanc. Prune Impériale blanche. Duham. Arb. Fr. 2. pag. 101. n. 35.
*Prunus domestica, fructu maximo, ovato, albo; carne durá, acidá, ingratá, nucleo
adhærenti.*

Cette Prune est très-grosse, de la forme et presque de la grosseur d'un œuf de
poule d'Inde. Sa chair est blanchâtre, ainsi que la peau qui la recouvre, d'une consistance ferme, sèche, et d'une saveur acide et désagréable. Le noyau adhère à la chair;
il est long et pointu. Ce fruit n'est bon ni cru ni en Pruneaux; il n'est recomman-
dable que par sa belle forme et son extrême grosseur.

Var. 74. Prunier Impérial jaune. Prune Impériale jaune. Calv. Pépin. 2. pag. 196.
*Prunus domestica, fructu maximo, ovato, flavescente, carne dulci et acidulá, nucleo
non adhærenti.*

Cette Prune est à peu près de la grosseur d'un petit œuf de poule. Sa peau est jaune,
d'une couleur un peu plus foncée du côté du soleil. Sa chair est jaunâtre, sucrée, un
peu aigrelette, et elle se sépare bien du noyau. L'Impériale jaune mûrit à la mi-août.

Var. 75. Prunier de Dame-Aubert. Prune de Dame-Aubert. Grosse-Luisante. Pl. 62. Fig. 6.
Duham. Arb. Fr. 2. pag. 107. n. 41. pl. 20. fig. 10.
*Prunus domestica, fructu maximo, ovato, flavescente, punctis virescentibus asperso;
carne dulci, parùm sapidá, nucleo subadhærenti.*

La Dame-Aubert est la plus grosse de toutes les Prunes; elle a souvent deux pouces

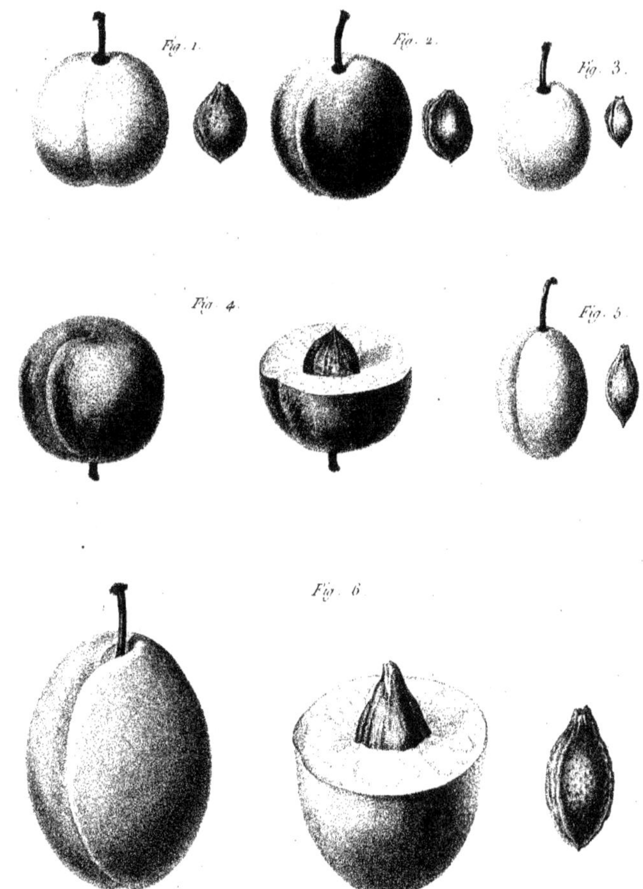

PRUNUS domestica. **PRUNIER** domestique.

P. Bessa pinx. Allais sculp.

et demi de hauteur, et quelquefois même trente-deux lignes, tandis que son diamètre est de vingt-deux à vingt-trois lignes, et qu'il n'est pas rare de le voir en avoir vingt-cinq. On trouve fréquemment cette Prune pesant trois onces, et les plus grosses en pèsent jusqu'à quatre. Le pédoncule a neuf à dix lignes de long; il s'implante dans une cavité peu profonde. La peau, d'un jaune clair, parsemée de quelques points verdâtres, est d'une consistance un peu coriace; le sillon longitudinal, qui la partage sur un des côtés du fruit, est peu profond. La chair est jaunâtre, assez sucrée, mais peu relevée. Le noyau est adhérent à la chair, à moins que celle-ci ne soit très-mûre; il est fort gros, proportionné au volume du fruit, ayant dix-sept lignes de longueur sur neuf lignes et demie de largeur. Cette Prune mûrit à la fin d'août ou au commencement de septembre; on ne peut la compter qu'après les bons fruits de ce genre; mais elle mérite d'être cultivée à cause de sa beauté et de son énorme grosseur.

Culture, Usages et Propriétés.

Le Prunier domestique, quoiqu'il soit aujourd'hui abondamment et généralement répandu dans toute l'Europe tempérée, paraît cependant être exotique à cette contrée. Pline, sans nous apprendre exactement l'époque de la transplantation de cet arbre en Europe, assure positivement que les Prunes n'ont été connues en Italie que depuis Caton l'ancien. Ce qui peut prouver d'ailleurs que le Prunier n'est pas indigène, au moins dans la partie occidentale de l'Europe, c'est qu'on ne le trouve jamais sauvage dans les grandes forêts; si par hasard on en rencontre quelques pieds venus sans culture et comme spontanément, c'est toujours dans le voisinage des habitations, ou au moins dans les lieux très-fréquentés par les hommes. C'est de la Syrie que le Prunier paraît nous avoir été apporté. Il croît naturellement, dit Pline, dans les montagnes aux environs de Damas; et, en effet, certaines variétés de Prunes, comme pour conserver le certificat de leur origine, portaient, du tems du naturaliste romain, le nom de Prunes de Damas; et ce dernier nom, depuis dix-huit siècles, est encore resté attaché à plusieurs.

On ne connaissait, du tems de Pline, que onze sortes de Prunes, et c'était déjà beaucoup pour un fruit qui n'avait pas deux siècles de culture. Aujourd'hui, dans les jardins et les pépinières de Paris seulement, on en cultive près de quatre-vingts. Quel est le type de l'espèce dans ce nombre considérable de variétés? C'est ce qu'aucun botaniste ou cultivateur ne sait encore. L'espèce primitive n'existe plus pour nous; deux mille ans de culture l'ont rendue méconnaissable, et ont fait naître d'elle cette quantité d'espèces secondaires qui ont toutes conservé, sans doute, les principaux caractères de leur mère; mais dont quelques-unes diffèrent assez entre elles pour qu'on leur reconnaisse et qu'on leur assigne les caractères des véritables espèces. La seule chose qui puisse empêcher de les ranger avec celles-ci, c'est que ces espèces secondaires ne se perpétuent d'une manière sûre que par la greffe, et que, par les semences, elles ne peuvent presque jamais se multiplier sans altération, ainsi que le font les espèces essentielles.

« Il y a peu d'arbres dont les semences soient aussi sujettes à varier que celle du
» Prunier; ainsi on ne sème de noyaux que pour gagner quelque nouvelle espèce ou
» variété; mais comme il n'est pas certain si les fruits qu'ils produiront seront aussi
» bons que ceux qui ont fourni la semence, on sème encore, pour se procurer des
» sujets propres à recevoir la greffe de celles qu'on cultive ordinairement ou qui mé-
» ritent d'être conservées ». Duhamel.

Les semis de Pruniers doivent se faire avec les mêmes précautions que ceux de l'Abricotier, c'est-à-dire qu'il faut d'abord stratifier les noyaux, pour pouvoir les conserver jusqu'au printems, époque où on les sème en rigole ou en place. Cette dernière manière serait la meilleure pour le particulier, parce que l'arbre n'ayant point été transplanté et son pivot lui étant resté, il serait beaucoup moins sujet à tracer et à pousser cette quantité de rejetons qui l'épuisent et deviennent très-incommodes. Si l'on cherche à gagner quelque nouvelle variété, on attend le fruit; quand au contraire on ne veut que propager les bonnes espèces, alors le plant est destiné et préparé à en recevoir la greffe. « Mais le second motif ne doit pas déterminer à » semer les noyaux des excellentes Prunes, car les pépiniéristes assurent que les sujets » qui en proviennent reçoivent difficilement la greffe et la nourrissent mal. Il vaut » mieux élever, tant de noyaux que de rejets ou drageons enracinés, les Pruniers de » *Saint-Julien*, de *Cerisette*, de *Gros* et *Petit-Damas noir*, sur lesquels on greffe » avec succès toute espèce de Prunes, parce que leur écorce étant plus mince, la » réussite des greffes est plus assurée. Le Prunier Saint-Julien est préférable aux » autres : le Petit-Damas noir est un peu trop faible pour quelques espèces vigou- » reuses dont la greffe le recouvre d'un bourrelet, indice que les forces ne sont pas » égales des deux côtés ».

« Le Prunier est de tous les arbres fruitiers le moins difficile sur le terrain. Froides, » chaudes, sèches, humides, fortes, légères, toutes sortes de terres, même celles qui » ont peu de profondeur, lui conviennent; cependant il se plaît mieux, et ses fruits » sont meilleurs dans une terre légère et un peu sablonneuse, que dans une terre com- » pacte et humide » Duhamel.

La constitution robuste du Prunier, et la facilité avec laquelle il s'accommode de presque toutes sortes de terrains, font que lorsqu'on veut les greffer on n'emploie guère pour cela d'autres sujets que des sauvageons du même genre que lui. Il est rare, à moins que ce ne soit pour rendre ses fruits plus hâtifs, qu'on le greffe sur l'Amandier, sur l'Abricotier ou sur le Pêcher; tandis qu'au contraire il sert très-souvent de sujet pour ces deux derniers arbres.

Ce que nous avons dit pages 38, 39, 174 et 175 de ce volume, en traitant de la manière d'élever le Cerisier, le Merisier et l'Abricotier, est entièrement applicable au Prunier, lorsqu'on veut former des pépinières de celui-ci.

« Le Prunier se greffe en fente, au mois de février, sur les gros sujets, et en écusson » à œil dormant, depuis la mi-juillet jusqu'à la mi-août, sur les jeunes sujets de Pru- » nier et d'Abricotier, et un peu plus tard sur le Pêcher. L'écusson réussit mieux sur » un jet de l'année que sur le vieux bois, où souvent il périt de la gomme » Duhamel.

En Provence, on est dans l'usage, pour les terrains secs, de greffer en écusson à la pousse les Pruniers sur Amandier; on les replante en tems convenable, leur reprise est assez facile et ils se chargent de beaucoup de fruits.

La greffe est le moyen le plus ordinairement employé pour propager les bonnes espèces; mais il en est un de les obtenir franches de pied. « La plupart des Pruniers » tracent, et leurs racines poussent des jets ou des drageons enracinés qui sont de la » même espèce que les souches qui les ont produits; ainsi, si l'on avait les bonnes » espèces franches de pied, tous les rejets, sans avoir besoin d'être greffés, produi- » raient d'excellentes Prunes. Pour avoir ces sujets francs de pied, nous faisons greffer » sur un sauvageon, et le plus bas qu'il est possible, une Reine-Claude, par exemple; » et quand la greffe est bien reprise, nous la faisons planter très-avant en terre. » Souvent la Reine-Claude poussera des racines au bourrelet qui se forme à l'insertion » de la greffe, et alors on a un Prunier dont tous les rejets produisent de très-bonne

» Reine-Claude. Nous nous sommes procuré, par cette méthode, cinq ou six espèces » de Prunes dont tous les rejets donnent de bons fruits » DUHAMEL.

Cette manière de faire est aussi en usage en Provence, où l'on a remarqué, d'ailleurs, que ces rejetons ne donnent d'aussi bons fruits que ceux du tronc principal, que tant qu'ils restent attachés à sa souche, mais qu'ils dégénèrent le plus souvent quand ils sont transplantés, et qu'ils ont alors besoin d'être regreffés si l'on veut rétablir l'espèce. Au surplus, ils ont l'avantage de pouvoir se mettre en toute sorte de terrains, et d'être propres à recevoir la greffe des différentes espèces de Pruniers et celle des Abricotiers et des Pêchers.

Quoique les Pruniers qu'on tire des pépinières pour les placer dans les jardins, les vergers et les champs, supportent bien, dans le climat de Paris, la transplantation depuis la fin d'octobre jusqu'à la mi-mars, il vaut mieux, en général, les planter en automne, surtout si c'est dans un terrain sec ou élevé, parce que les arbres reprennent plus sûrement et poussent plus vigoureusement dès la première année. Quand c'est dans un sol humide que la plantation doit se faire, on peut, sans inconvénient, la retarder jusqu'au printems; cela a même alors l'avantage de ne pas exposer les racines à pourrir pendant l'hiver.

Une fois qu'il est planté, le plus ordinairement on abandonne le Prunier à lui-même, si ce n'est que chaque année on le visite pour en ôter le bois mort et les branches gourmandes; mais quand on veut le faire servir à la décoration ou à la symétrie d'un jardin paré, on le met en contr'espalier, on l'élève en tige, en demi-tige, ou on lui donne la forme d'un vase. Dans les départemens du Midi, et même dans ceux du milieu de la France, on ne le cultive guère en espalier; il prospère mieux abandonné à la nature. Mais le luxe d'une ville telle que Paris, promettant des bénéfices à ceux qui font des primeurs, a engagé les cultivateurs des environs de la Capitale à en faire de toute espèce de fruits. Le Prunier n'a pas été oublié par eux; ils le cultivent beaucoup en espalier, ce qui est le moyen d'accélérer la maturité de ses fruits. Toutes les espèces cependant ne s'accommodent pas de cet état de gêne; il n'y en a guère que cinq ou six qui réussissent bien de cette manière, et qui puissent donner des fruits assez précoces pour dédommager des soins et des frais de leur culture.

Les Pruniers de *Reine-Claude*, de *Sainte-Catherine*, *Perdrigon hâtif* sont ceux qui donnent plutôt leurs fruits lorsqu'ils sont en espalier, aussi a-t-on soin de les y mettre de préférence « C'est sur l'Abricotier ou le jeune Pêcher élevés de noyaux que » l'on greffe ces sortes de Prunes. On emploie encore les mêmes sujets et aussi » l'Amandier partout où l'on craint d'être incommodé par les traces et les rejetons du » Prunier » DUHAMEL.

Tout ce que nous avons dit, à l'article de l'Abricotier, sur la manière de le conduire pour lui faire prendre des formes différentes, comme celle en éventail, celle en entonnoir, etc., convient également au Prunier; il est bon de remarquer seulement que peut-être il sera mieux de greffer sur Petit-Damas noir les Pruniers que l'on voudra mettre en demi-tige ou en contr'espalier. On dispose encore les Pruniers plein-vent en Quenouille ou en Pyramide, car ces deux formes, quoique souvent confondues et prises l'une pour l'autre, sont cependant bien différentes. L'arbre en pyramide est celui auquel on laisse percer des branches dans toute la longueur de la tige, en leur faisant prendre, autant que cela se peut, une direction à peu près horizontale, et en les tenant d'autant plus longues qu'elles se rapprochent plus de terre. Quant à la *Quenouille*, on l'appelle ainsi, de ce que la tige restant nue jusqu'à une certaine hauteur où commencent les branches, l'arbre prend en quelque sorte l'air d'une quenouille chargée, au moyen de la direction qu'on donne à ses rameaux, et de la longueur qu'on leur laisse.

Nous parlerons plus en détail des arbres en quenouille et en pyramide lorsque nous traiterons du Poirier et du Pommier; nous nous bornons maintenant à dire que les arbres fruitiers de l'école du Muséum d'Histoire naturelle, à Paris, ont presque tous la forme pyramidale, soit que M. Thouin l'ait choisie comme plus convenable à l'espèce de local où ils sont rassemblés, soit que déjà ces arbres eussent été ainsi disposés dans la pépinière des Chartreux d'où ils proviennent. M. Bosc, inspecteur des Pépinières du Gouvernement, se propose de l'adopter aussi pour l'école des arbres fruitiers du Luxembourg.

Quelle que soit la forme qu'on ait fait prendre aux Pruniers qui sont en plein-vent, les fruits qu'ils donnent sont toujours meilleurs, et d'un goût plus relevé que ceux des arbres cultivés en espalier, mais ils sont moins précoces.

Pendant les trois ou quatre premières années de sa plantation, le Prunier demande quelques soins pour sa culture, et veut être dirigé selon la forme à laquelle on se propose de l'assujétir. On doit, avant tout, observer que cet arbre portant son fruit, non-seulement sur le bois de l'année, mais encore sur celui de deux et de trois ans, il n'est pas nécessaire de tailler les branches de manière à en faire pousser de nou-velles, comme cela se pratique à l'égard des Pêchers et des Abricotiers; car plus on taillerait le Prunier et plus il croîtrait; tellement qu'il finirait par s'épuiser, par être attaqué de la gomme et par périr. On se contente donc de tailler seulement à bois ceux des bourgeons des sommités ou des branches horizontales, desquels on attend la forme qu'on veut donner à l'arbre, ou entretenir celle qu'il a déjà.

Si l'on destine le Prunier au plein-vent, quelle que soit la forme qu'on veuille lui faire prendre, on doit savoir que cet arbre « aime les lieux découverts et craint l'abri » des murs ou bâtimens trop élevés ». Cette assertion de Duhamel est confirmée par l'expérience, car on voit toujours le Prunier devenir presque stérile lorsqu'il est dominé par de grands arbres, et allonger considérablement ses branches pour cher-cher le jour et l'air lorsqu'il est enfermé dans des clos resserrés entre des murs ou des bâtimens trop hauts. Cependant l'abri d'un mur qui le défendrait contre les vents de nord et de nord-est ne pourrait que lui être avantageux.

La taille du Prunier en espalier ayant beaucoup de rapports avec celle du Pêcher, nous renvoyons à ce dernier article, dans lequel nous traiterons de la taille plus en détail; nous nous contenterons de faire ici quelques observations sur ce qui regarde d'une manière plus particulière la conduite du Prunier. Cet arbre veut être taillé, palissé, ébourgeonné comme l'Abricotier. Nous avons déjà indiqué le meilleur ébourgeonnement, nous ne le répéterons pas. On ne doit tailler le Prunier que lorsque les yeux sont bien formés, et qu'on les distingue parfaitement. Cette opéra-tion n'est jamais bien pressante, et on ne s'en occupe ordinairement qu'après la taille de l'Abricotier et du Pêcher. Il est à propos d'éviter que, par une taille faite mal à propos ou maladroitement, il ne se forme des chicots.

Il faut aussi ne jamais tailler sur un bouton à fruit simple, « parce que, dit M. Le Berryais, sa destination étant marquée et constamment décidée, il ne dégéné-rerait point en bourgeon, et très-rarement il en repercerait un de son support, car le Prunier est un des arbres de l'écorce desquels il reperce plus difficilement des bour-geons. Il faut être très-attentif à profiter des branches à fruit qui dégénèrent, et de toutes les ressources qui se présentent pour remplir les vides que laissent les branches à fruit en périssant ». Il serait difficile de désigner la proportion exacte à donner aux branches que l'on veut palisser, cela doit dépendre essentiellement de l'espace qu'on veut garnir, et de la vigueur du sujet. Il faut éviter aussi de rabattre trop les branches, comme certains jardiniers sont en usage de le faire, à trois ou quatre yeux, et de les ébourgeonner trop sévèrement. Des arbres ainsi mutilés ne peuvent travailler qu'à réparer leurs pertes; les nouveaux bourgeons poussent en abondance, et avec d'autant plus de vigueur, que l'équilibre entre le pied et la tête a besoin d'être rétabli. Pour faire mettre à fruit les Pruniers, il est bon de suivre la méthode des jardiniers de Montreuil, qui donnent à leurs arbres quinze à vingt pieds de large, s'ils ont cette étendue de mur à couvrir, et qui ne les taillent que proportionnément aux vides qu'ils ont à remplir.

C'est autant la beauté que la précocité du fruit qu'on doit avoir en vue lorsqu'on prodigue ses soins à un arbre. Ceux que nous avons indiqués pour l'Abricotier, lorsque ses fruits approchent de la maturité, et qu'ils ont besoin d'acquérir du parfum et de la couleur, sont communs aux Pruniers, et peut-être leur sont-ils encore plus nécessaires. La trop grande quantité de fruits nuit à leur qualité, au point que des Prunes de Reine-Claude, vraies et excellentes, deviennent insipides ou de mauvais goût lorsqu'on en a laissé un trop grand nombre sur l'arbre.

On ne saurait trop recommander aux cultivateurs de Pruniers d'avoir l'attention de faire enlever les drageons que les racines fournissent trop abondamment, aussitôt qu'ils se présentent à la surface de la terre. Cette quantité de drageons empêche l'arbre de porter du fruit et entraîne souvent sa perte, en épuisant la sève. Rarement le Prunier venu de noyau, semé sur place ou qu'on a transplanté fort jeune, en lui conservant son pivot, produit des drageons; il est destiné à vivre plus long-tems; son tronc devient plus fort, sa tête plus belle; ses fruits même acquièrent un degré de perfection qui leur mérite toute préférence.

Nous avons dit que les Pruniers se plantaient en plein-vent, en demi-tige, et qu'ils devaient être conduits et taillés selon les règles. « Les plein-vent n'exigent que le » retranchement du bois mort, du faux bois et de certaines productions monstrueuses » de branches touffues qu'on nomme *Bouchons* : ceux, comme les Perdrigons, qui, » dans le climat de Paris, demandent l'espalier, et les espèces qui le méritent par la » bonté de leur fruit, y acquièrent plus de perfection, se plantent mieux à l'expo- » sition du levant ou du couchant qu'à celle du midi, où leurs fruits ont peine à nouer, » et sont un peu secs dans les années chaudes.

» Le Prunier se taille suivant les règles générales; mais il faut se souvenir que, » reperçant plus difficilement que la plupart des arbres fruitiers, il faut le conduire » de façon à éviter les ravalemens nécessaires après une taille trop longue, et les vides » qui suivent les retranchemens excessifs; que n'aimant pas l'abri, même les murs » d'espalier, il s'efforce de s'échapper et d'élever ses bourgeons vigoureux en plein » vent; et qu'ainsi il est nécessaire, pendant sa jeunesse et jusqu'à ce que sa fécondité » ait modéré son ardeur, de ravaler la taille précédente sur les moyennes branches, » de le charger de petites, même inutiles, de l'ébourgeonner peu, d'incliner les gros » jets; en un mot, de se contenter de le préserver de la confusion. Lorsqu'il sera » formé et en plein rapport, on le traitera suivant sa force et son état » Duhamel.

Duhamel dit encore, qu'au lieu d'arracher un vieux Prunier dont les branches sont usées ou mortes pour la plupart, on peut essayer, si la tige est saine, de le rajeunir en ravalant toutes les branches jusque sur le tronc, et même en les sciant à quatre ou cinq pouces de la greffe. Souvent un vieux tronc, ainsi traité, reperce des branches propres à le renouveler, et à former en peu de tems un bon arbre. De pareils essais peuvent se faire quand on a des quantités de Pruniers, et dans des endroits où il n'y a aucune symétrie ni décoration à entretenir; mais si l'arbre, sur lequel il faudrait pratiquer ces grandes amputations était dans un espace régulier, il vaudrait mieux l'arracher et en planter un autre, en renouvelant la terre.

Le Prunier, est sujet aux mêmes maladies que les autres fruits à noyau. M. Le Berryais, de qui nous empruntons ces détails, désigne, sous le nom de *Jaunisse*, celle qui rend jaunes les feuilles, le liber et la moelle des bourgeons ; il appelle *Rouille*, celle qui répand des taches rousses, saillantes et graveleuses sur les jeunes bourgeons et sur les feuilles. La *Brûlure*, la *Lèpre*, le *Blanc*, le *Meûnier*, sont les synonymes d'une maladie à laquelle les Pêchers sont fort sujets, surtout les Madeleines, et qui attaque quelquefois l'Abricotier et le Prunier ; elle couvre les bourgeons et les fruits d'un duvet blanc farineux. C'est une espèce de maladie de la peau, qui se manifeste d'abord sur les dernières feuilles et les sommités des bourgeons, et s'étend successivement jusqu'à leur naissance. La *Gomme*, étant une maladie plus particulière aux arbres à fruit à noyau, peut les attaquer sur toutes les parties exposées à l'air, et dans toutes les saisons où leur sève est en mouvement. Elle consiste dans un dépôt de suc propre extravasé, qui se coagule, soit entre le bois et l'écorce, soit plus ordinairement sur les parties extérieures des arbres. Ses effets sont le dépérissement des branches qu'elle attaque, et leur mort, si on laisse à la Gomme le tems de les gangrener. Cette maladie, et la carie qu'elle occasionne, exigent qu'on nétoie souvent le Prunier.

M. Bosc, dans le Dictionnaire d'Agriculture, a fait mention de différentes espèces d'insectes qui nuisent aux Pruniers ; mais celui qui leur occasionne le plus grand préjudice est le Hanneton ; il dévore leurs feuilles, et même il les en dépouille entièrement. Pour diminuer le mal autant qu'il est possible, on doit avoir soin de secouer l'arbre tous les jours, en choisissant pour cela l'heure où ces insectes sont ordinairement assoupis, ce qui arrive communément de dix heures du matin à quatre heures après midi, et de les écraser à fur et à mesure qu'ils tombent. Ces animaux exercent leurs ravages principalement pendant la nuit ; les suites en sont d'autant plus funestes, que l'arbre restant dépouillé de ses feuilles, les fruits se dessèchent et tombent bientôt.

La cueillette des Prunes, pour conserver à ces fruits toute leur fleur et toute leur saveur, demande des soins, des précautions et des attentions, quand il s'agit des bonnes espèces. C'est le matin, avant le lever du soleil, qu'on doit faire le choix de celles qui paraissent les plus mûres. On évitera, en les cueillant, de les toucher, dans la crainte de les défleurir ; c'est par le pédoncule seul qu'on doit les prendre pour les séparer de la branche. A mesure qu'on les cueille on doit les placer dans des corbeilles, sur des lits de feuilles de vigne ; et lorsque les corbeilles sont remplies, les porter, sans les déranger, dans la fruiterie, où on les gardera de même un ou deux jours. Des Prunes ainsi ménagées conservent et acquièrent toute la qualité possible et sont ordinairement plus agréables à manger qu'au moment où on les cueille sur l'arbre. Quant aux espèces communes qu'on destine pour la consommation journalière des marchés, on est en usage de secouer les arbres et de ramasser le fruit qui tombe.

« C'est dans les départemens voisins de la Méditerranée, dit M. Bosc, même à Lyon, qu'il faut aller pour manger de bonnes Prunes. Les meilleures des environs de Paris sont sans saveur, auprès de celles de Marseille et de Montpellier ».

Le Prunier Mirobolan, qui est originaire de l'Amérique septentrionale, peut être employé dans les bosquets comme arbre d'ornement, à raison de la grande quantité de fleurs dont il se charge, et parce qu'il offre une variété à feuilles panachées.

« Depuis le commencement de juillet jusqu'à la fin d'octobre, les diverses espèces » de Prunes se succèdent. Plusieurs se mangent crues ; presque toutes sont bonnes en

» compotes; les unes sont propres à faire des Pruneaux; d'autres se confisent entières,
» sans noyau ou avec le noyau. De la Dauphine (Var. 60.), on fait une excellente
» marmelade, qui cependant a besoin d'être relevée. Les Prunes, par les différentes
» préparations qu'elles reçoivent dans les offices, paraissent sur les tables pendant
» toute l'année » Duhamel.

Les Prunes appaisent la soif, excitent l'appétit; elles sont émollientes, laxatives,
humectantes et rafraîchissantes; elles conviennent aux personnes robustes, dont le
tempéramment est bilieux ou sanguin, mais elles peuvent, au contraire, être nuisibles
à celles d'une constitution débile, chez lesquelles les organes de la digestion ont plus
besoin de toniques que de relâchans.

Toutes les variétés de Prunes qui paraissent sur les tables, seraient dans le cas
d'être employées à faire des Pruneaux; mais, dans les pays où ce commerce se fait, il
y a des espèces privilégiées et plus particulièrement destinées à cet usage. Parmi celles
qu'on emploie le plus ordinairement, il faut compter le Gros-Damas de Tours (var. 26),
la Sainte-Catherine (var. 63), la Prune de Brignoles (var. 67), la Diaprée rouge
(var. 40), l'Impératrice violette (var. 45), la Reine-Claude (var. 60), la Quetsche
(var. 46). En Suisse, on fait d'excellens Pruneaux avec l'Ileverte (var. 72). On fabrique, à Rouen, des Pruneaux avec une espèce appelée dans le pays Prune d'Avoine,
mais ils n'ont pas le mérite de ceux faits avec la Quetsche, qu'on commence à
connaître et à estimer à Paris. Toutes ces sortes de Pruneaux sont les meilleures et les
plus recherchées; mais le peuple de divers départemens fait encore une grande consommation de petits Pruneaux, auxquels on donne vulgairement le nom de Pruneaux
noirs ou à médecine, et qui se préparent avec les Prunes de St.-Julien et avec les petites
espèces de Damas.

Les Pruneaux sont d'un usage trop général, pour que nous n'entrions pas dans
quelques détails sur les différentes manières de les préparer dans les divers pays où ils
ont acquis une réputation méritée. Le mémoire le plus moderne que nous ayons sur
la manière de préparer les Prunes à Brignoles, département du Var, est cité dans le
nouveau Dictionnaire d'Agriculture; il paraît que dans le seizième siècle, on suivait
les mêmes procédés, puisqu'Olivier de Serres en fait mention. Nous avons demandé
nous-mêmes des instructions à Brignoles, et elles ne nous ont présenté aucune
amélioration. Réunissant donc ces trois époques pour n'en former qu'une seule, nous
allons faire connaître les procédés par lesquels on a toujours obtenu, et on obtient
encore, ces excellens Pruneaux, connus dans le pays sous le nom de *Pistoles*. Les
procédés de Brignoles ne sont ni ceux de Tours, ni ceux d'Agen, où l'on ne fait que
de véritables Pruneaux, conservant leur peau et restant d'une couleur brune foncée,
tandis que les Prunes préparées à Brignoles, dépouillées de leur peau et de leur
noyau, sont d'une couleur beaucoup plus claire, presque blonde, et qu'elles forment
en quelque sorte une confiture sèche. La Prune qu'on emploie est très-voisine du
Perdrigon blanc C'est lorsque le fruit est bien mûr qu'on s'occupe de sa récolte; on
ne commence à le cueillir que lorsque le soleil a dissipé toute l'humidité de la fraîcheur
de la nuit, ou de la rosée du matin. On secoue légèrement l'arbre, les fruits les plus
mûrs se détachent et tombent sur des draps disposés au pied; on les ramasse avec précaution, on les dépose dans des corbeilles plates, sans les amonceler. Ils sont portés
en cet état dans un endroit sec et frais; le lendemain, des femmes habituées à ce travail
enlèvent avec l'ongle du pouce la peau qui les couvre. « On ne se sert point d'instrument de fer, crainte, dit Olivier de Serres, que la rouille n'en salisse le fruit ». Les
ouvrières ont soin de tremper souvent leur mains dans l'eau. Les Prunes, ainsi dépouillées de leur peau, sont placées pendant quelques jours sur des claies et exposées

au soleil; on les enfile ensuite une à une, par la pointe, dans des baguettes ou brochettes que l'on fiche, à mesure qu'elles sont garnies, à une assez grande distance les unes des autres, dans des faisceaux de paille serrés, au sommet desquels on forme un crochet, afin de pouvoir les suspendre à l'air libre, et dans un endroit où ils puissent être bien exposés au soleil. On les rentre tous les soirs, et le quatrième ou cinquième jour, on retire les Prunes des baguettes pour en chasser le noyau, opération qui se fait en pressant le fruit, du côté de la base, entre le pouce et l'index. On rapproche ensuite la pointe et la base vers le centre pour les arrondir, et on les remet encore sur les claies pour achever leur parfaite dessication au soleil. Celles qui, après ces préparations, ne sont pas parfaitement blondes, sont mises au rebut; celles, au contraire, dans lesquelles on est assuré qu'il ne reste aucune partie aqueuse qui pourrait les altérer, sont arrangées artistement dans des boîtes de sapin et mises dans le commerce. Les Prunes trop maigres, ou qui, après la première dessication, n'ont pas paru assez belles pour figurer avec les *Pistoles*, sont laissées avec leurs noyaux; on achève de les faire sécher au soleil, puis on les met en boîtes ou en paquets, et on les vend comme Pruneaux de qualité inférieure. On imite parfaitement les procédés des Brignolais à Digne et dans les environs; mais leurs *Pistoles* sont bien inférieures; aussi les trouve-t-on dans le commerce à des prix plus modérés. On prépare encore, dans la ci-devant Provence, des Pruneaux noirs qui naturellement restent bien fleuris, ce qui est dû à l'ardeur du soleil, auquel on expose les fruits pour les sécher. La seule attention que l'on a est de ne pas enlever la fleur que la nature leur a prodiguée.

Dans le nord de la France, les Pruneaux de Tours sont ceux qui jouissent de la plus grande réputation; c'est dans un rayon de vingt lieues environ qu'on les prépare, et c'est dans cette ville qu'on les apporte, parce que c'est le centre pour la distribution dans le commerce. C'est à l'industrie et à l'art qu'est due cette belle apparence de fleur ou poussière blanche qui les couvre, et que la nature conserve aux Pruneaux de Provence. Les Procédés qu'on emploie à Tours sont assez différens de ceux de Brignoles, pour qu'il soit nécessaire de les faire connaître, et nous emprunterons pour cela ce que M. Dutour en a dit dans le Nouveau Dictionnaire d'Histoire naturelle. «Parmi les Prunes de *Sainte-Catherine*, on fait choix des plus belles pour les destiner au blanc. On les cueille parfaitement mûres, ce qu'on reconnaît à leur couleur jaune foncée et lorsqu'au moindre mouvement de l'arbre elles se détachent. Aussitôt qu'elles sont ramassées, on les place sur des claies sans les entasser, et on les expose pendant plusieurs jours au soleil, jusqu'à ce qu'elles deviennent aussi molles que des Nèfles. Alors on les met dans un four échauffé à un degré de chaleur tiède; la porte doit en être exactement fermée : elles y restent vingt-quatre heures. Ce tems révolu, elles sont retirées; on rechauffe le four à un degré de chaleur d'un quart en sus, et on y replace les claies, sans avoir fait aucun autre changement. Le lendemain, on les ôte encore; on remue les Prunes, c'est-à-dire qu'on les tourne en agitant légèrement les claies; elles changent de côté. Après cette nouvelle préparation, le four est rechauffé pour la troisième fois, mais encore avec un degré de chaleur supérieur d'un quart à la seconde fois; on y place les Prunes sur les claies; vingt-quatre heures après on les retire et on les laisse refroidir : elles sont alors parvenues à la moitié du degré de cuisson qu'elles doivent acquérir lors de leur parfaite dessication.

» L'opération qui suit consiste à arrondir chaque Pruneau, à tourner le noyau de travers, à donner au fruit une forme carrée, ce qui se fait en le pressant entre le pouce et l'index. Quand cette opération est achevée on remet les claies au four échauffé au degré qu'il conserve quand on en retire le pain, et bouché cette fois avec plus de précaution, puisqu'il faut employer du mortier ou des herbes. Une heure après, on les retire, et on ferme le four pendant deux heures, après y avoir placé un vase rempli d'eau. Lorsque l'eau est chaude au point qu'on peut y laisser le doigt, on rapporte les claies au four, toujours avec la précaution de le bien fermer, et elles y restent pendant vingt-quatre heures. Une des bonnes qualités des Pruneaux, c'est de n'être pas trop durs; ceux qui sont un peu mous sont préférables. »

Le suc extrêmement sucré dont la majeure partie des Prunes est chargée, la facilité avec laquelle ce fruit entre en fermentation, ont porté à croire qu'on pourrait en faire une boisson qui, dans certains pays, suppléerait au vin; mais le résultat n'a jamais répondu à l'attente. Le suc muqueux dont ce fruit est surchargé ne permet pas qu'on puisse le conserver, surtout en été. On a essayé d'y parvenir, en y mêlant des Pommes, des Poires, des Sorbes, etc. Les principes astringens qui auraient pu concourir à sa conservation, n'ont produit qu'une espèce de cidre ou de poiré grossier. En Angleterre, où les cultivateurs sont généralement plus recherchés dans leur nourriture et leur boisson, on met les Prunes seules en fermentation, et lorsque le vin est fait, on y ajoute un peu de bière très-chargée de houblon. On dit que cette boisson est fort bonne et qu'on peut la conserver pendant assez long-tems.

Dans plusieurs provinces d'Allemagne, en Suisse, ainsi que dans la partie de la France que longe le Rhin, on tire du vin de Prunes une liqueur alcoolique, dont on fait une grande consommation en boisson et dans les arts. Elle est sans doute moins agréable au goût que l'eau-de-vie; mais quand elle a vieilli, elle est aussi recherchée de certaines personnes que le Kirschen-wasser. On l'appelle, en Allemagne et en Alsace, *Zwestchen-wasser*, du nom de la Prune avec laquelle on la fabrique le plus souvent.

La Prune est un des fruits que les Hongrois mettent en fermentation avec les Pommes, etc., pour en obtenir le *Raki*, qui est une boisson moins spiritueuse que l'eau-de-vie; mais aussi moins enivrante et plus saine.

Nous avons dit, en parlant de l'Abricotier, que son fruit contenait beaucoup de matière sucrée, et qu'il serait peut-être possible d'en extraire du sucre. Personne, que nous sachions, n'a encore essayé de vérifier ce que nous avons avancé au sujet de l'Abricot; mais ce qui prouve par analogie que nous ne nous sommes pas trompés dans notre conjecture, c'est que différens chimistes viennent, après quelques essais, de réussir à retirer des Prunes un sucre qui, par sa cristallisation, sa couleur et sa saveur, ressemble beaucoup au sucre des Colonies. M. BONNEBERG, chimiste à Strasbourg, a fait connaître le premier, par une notice insérée dans un journal, les résultats heureux qu'il avait obtenus à ce sujet. « Depuis quelques années, dit-il, nos savans font des expériences sur les divers fruits ou végétaux qui contiennent du sucre; l'abondance des fruits à noyau m'a mis cette année à même de pousser mes recherches sur ces fruits : la Prune dite *Quastche*, en allemand *Zwestchen*, m'a donné les résultats les plus avantageux, et j'en ai extrait un sucre d'un goût excellent, ayant la blancheur du sucre ordinaire d'Orléans, et aussi bien cristallisé. La Quastche est fort peu connue à Paris; mais l'Alsace, la Lorraine, le Pays-Messin et la Franche-Comté en produisent beaucoup : ce fruit est très-commun dans le Wurtemberg et dans le pays de Saltzbourg. On en tire une liqueur qui approche du Kirschen-wasser. Il est rare que la livre de Quastche coûte plus de deux sous; sur douze livres on retire une livre de sucre cristallisé. Le procédé est à peu près le même que pour la fabrication du sucre de moût de raisin; la différence consiste à enlever la peau de la Prune, ce qui se fait en échaudant le fruit : on en ôte ensuite le noyau, puis on remet le fruit dans une grande chaudière avec deux fois autant d'eau : on le réduit, par ce procédé, en une pâte visqueuse, dont on obtient un sirop au moyen de la presse, comme on extrait l'huile lorsqu'on fait des pains de chenevis : l'opération est, du reste, la même que pour le moût de raisin ».

Les expériences et les essais de M. Bornneberg se trouvent confirmés par ceux de MM. Ludersen, docteur en médecine, et Heydeck, pharmacien à Brunswick, dans le royaume de Westphalie. Les recherches que ces chimistes paraissent avoir faites à peu près dans le même tems que le chimiste de Strasbourg, ont eu aussi tout le succès possible. D'après des expériences répétées et une opération bien calculée, vingt-quatre livres de Prunes, y compris les noyaux, dont on peut également tirer parti dans la fabrication, et qui pesaient quatre livres et demie, ont fourni deux livres de sucre, six livres de sirop et deux pintes d'eau-de-vie, quoique les Prunes, par les contrariétés de la saison, n'eussent pas atteint leur maturité naturelle. Moyennant les procédés économiques employés par M. Heydeck, il croit que le sucre de Prunes reviendrait tout au plus à trente sous, et que le sirop pourrait être donné à moitié moins : il ne dit pas d'ailleurs quelle sorte de Prune il a employée ; il est probable que c'est la Zwestchen, qui est l'espèce la plus répandue en Allemagne.

Si les premiers essais que l'on a faits sur une seule sorte de Prune ont été si heureux, s'ils ont fourni un sucre aussi bon et aussi beau que celui qu'on retire de la canne des Colonies (*Saccharum officinarum, L.*), ne pourrait-on pas espérer d'obtenir des résultats encore plus avantageux en employant la Mirabelle, le Perdrigon blanc, la Reine-Claude et autres espèces, qui sont infiniment plus sucrées que la Quastche ? Mais il faudrait avoir, dès à présent, de grandes plantations de ces Pruniers ; c'est ce qu'on n'a pas, et avant douze ou quinze ans on ne peut pas espérer de voir en bon rapport ceux qu'on planterait maintenant. Un autre inconvénient encore plus grave, qui nuira toujours beaucoup à la fabrication du sucre de Prunes, c'est que, excepté dans quelques départemens du midi de la France, la récolte des Pruniers n'est pas du tout certaine : leurs fleurs craignent beaucoup le froid ; et il n'est que trop commun à Paris, par exemple, de voir des années où les gelées tardives survenues au mois d'avril ou au commencement de mai, nous privent entièrement de leurs fruits.

Le bois du Prunier est dur, veiné d'une belle couleur rougeâtre ; il prend un beau poli. On lui donne le nom de *Satiné de France* ou de *Satiné bâtard*. Les tourneurs en font assez d'usage ; ils l'emploient pour faire des rouets, des chaises légères et différens autres ouvrages, qui, dans leur genre, sont fort jolis et assez solides. Les tabletiers et les ébénistes s'en servent aussi ; mais il a besoin d'être bien sec, car il se tourmente et se fend assez aisément. Pour lui donner et lui conserver une belle couleur rouge qu'il prend facilement, il faut le faire bouillir dans une lessive ou dans de l'eau de chaux. Sa pesanteur spécifique est de cinquante-deux livres par pied cube.

EXPLICATION DES PLANCHES.

AZALEA Pontica.

AZALÉE Pontique.

P. J. Redouté pinx.

Lemai

AZALEA.   AZALÉE.

AZALEA. Lin. Classe V. *Pentandrie*. Ordre I. *Monogynie*.
AZALEA. Juss. Classe IX. *Dicotylédones monopétales. Étamines périgynes.*
  Ordre II. Les Rosages.

GENRE.

CALICE.   Monophylle, très-court, persistant, à cinq divisions pointues.
COROLLE.   Monopétale, infondibuliforme, partagée en son limbe en cinq décou-
              pures plus ou moins irrégulières.
ÉTAMINES.   Cinq, à filamens filiformes, inclinés, insérés sur le réceptacle, portant
              des anthères ovoïdes, s'ouvrant à leur sommet par deux pores.
PISTIL.   Un ovaire supérieur, arrondi, surmonté d'un style filiforme, souvent
              plus long que la corolle, terminé par un stigmate obtus.
PÉRICARPE.   Une capsule oblongue, à angles arrondis et presque cylindrique,
              divisée intérieurement en cinq loges, s'ouvrant en cinq valves.
SEMENCES.   Arrondies, menues et nombreuses.

Caractère essentiel. Calice monophylle, très-court, à cinq divisions. Corolle infondi-
     buliforme à cinq découpures irrégulières. Cinq étamines insérées autour de l'ovaire.
     Une capsule à cinq loges.

Caractères secondaires. Arbrisseaux ou sous-arbrisseaux, à feuilles alternes à fleurs
     axillaires ou terminales, solitaires ou en bouquet, munies de bractées.

Rapports naturels. Le genre Azalea a la plus grande affinité avec le *Rhododendron;*
     il n'en diffère que parce que ses fleurs n'ont que cinq étamines, tandis que celles
     du *Rhododendron* en ont constamment dix.

Étymologie. Azalea est dérivé du mot grec Ἀζαλέα, qui signifie sec, aride; et ce nom a
     été donné à ce genre, parce que la plupart des espèces sont des arbrisseaux qui ne
     sont garnis de feuilles qu'au sommet des rameaux, et que tout le reste de la plante
     est nu, et a l'air d'être sec et brûlé.

ESPÈCES.

1. AZALEA Pontica. *Tab. 63.*   AZALÉE Pontique. *Pl. 63.*

A. *foliis lanceolatis, subpilosis, margine ci-*   A. à feuilles lancéolées, légèrement velues, ci-
liatis; floribus terminalibus, corymboso-   liées en leur bord; à fleurs terminales, dispo-
subumbellatis; dentibus calycinis brevissi-   sées en bouquet presque en ombelle; à dents
mis; staminibus corollá vix longioribus.   du calice très-courtes; à étamines à peine
                                plus longues que la corolle.

AZALEA *Pontica.* Lin. Sp. 1. pag. 150. Pall. Ross. 2. p. 51. t. 69. Willd. Sp. 1. p. 830. Lam.
     Dict. 1. p. 339. Curt. Bot. Mag. n. 433. tab. 433. Andrews. Botan. Reposit. vol. 1. n. 16. tab. 16.
CHAMÆRHODODENDROS *Pontica maxima, Mespili folio, flore luteo.* Tourn. Coroll.
     Inst. 42. Voyag. 2. pag. 224. Mém. acad. Paris 1704. Buxb. Cent. 5. p. 36. t. 69.

Cet arbrisseau, dans son pays natal, s'élève à sept ou huit pieds de haut; son tronc
principal acquiert quelquefois la grosseur de la jambe : il se divise en rameaux
nombreux, étalés, faibles, cassans et recouverts d'une écorce brunâtre. Ses feuilles,
ovales-lancéolées, longues de trois à quatre pouces, larges de douze à dix-huit lignes,
ressemblant beaucoup à celles du Néflier commun, sont portées sur de très-courts

pétioles, d'un vert gai, légèrement velues et ciliées en leurs bords : elles sont traversées dans toute leur longueur par une forte nervure. Ses fleurs sont grandes, belles, disposées, au nombre de douze à vingt ensemble, en un bouquet qui a l'apparence d'une ombelle; elles paraissent un peu avant les feuilles, ou au moins avant que celles-ci soient complètement développées. Chaque fleur, portée sur un pédoncule d'un pouce de long, chargé de poils courts et glanduleux, muni à sa base d'une bractée lancéolée longue de six à sept lignes, est composée d'un calice à cinq divisions quatre à cinq fois plus courtes que le tube de la corolle; d'une corolle en entonnoir, d'une belle couleur jaune, ayant son limbe évasé, large de dix-huit lignes ou environ, et partagé en cinq divisions un peu inégales, la supérieure étant un peu plus large et d'un jaune plus foncé; de cinq étamines à peine plus longues que la corolle, à filamens d'inégale longueur, un peu courbés, portant à leur extrémité des anthères ovoïdes s'ouvrant à leur sommet par deux pores; d'un ovaire pyramidal, cannelé, légèrement velu, long de deux lignes, surmonté d'un style filiforme, courbe, plus long que les étamines, terminé par un stigmate en tête, un peu comprimé. Les fruits, qui succèdent aux fleurs, sont des capsules oblongues, relevées de côtes arrondies, divisées intérieurement en cinq, et quelquefois en six ou sept loges formées par les bords rentrans des valves qui s'appliquent sur un axe central; chaque loge renferme plusieurs graines et s'ouvre de haut en bas.

Cet arbrisseau croît naturellement dans les contrées qui sont sur les bords de la Mer Noire, principalement dans la Mingrelie, la Colchide et aux environs de Trébizonde, où il se plaît dans les lieux gras, humides et sur le bord des ruisseaux. On le cultive en pleine terre dans le climat de Paris; il y fleurit à la fin d'avril ou au commencement de mai : ses fleurs ont une odeur qui ressemble à celle du Chevrefeuille, mais qui est plus forte et porte à la tête.

C'est à Tournefort que nous devons non seulement de nous avoir fait connaître l'Azalée Pontique, mais encore d'avoir éclairci et assigné la cause d'un événement arrivé à l'armée des Dix-Mille, et qui tient à l'histoire de cette plante. Lorsqu'en revenant de l'expédition malheureuse entreprise par le jeune Cyrus contre Artaxercès, roi de Perse, l'armée des Dix-Mille, approcha de Trébizonde, il lui arriva un accident fort étrange, qui causa une grande consternation parmi les troupes, et que Xénophon, qui en était un des principaux chefs, rapporte ainsi : « Comme il y avait beaucoup de ruches d'abeilles, les soldats s'étant mis à en manger le miel, il leur prit un dévoiement par haut et par bas, suivi de rèveries; de sorte que les moins malades ressemblaient à des ivrognes et les autres à des personnes furieuses ou moribondes. On voyait la terre jonchée de corps comme après une défaite. Personne néanmoins n'en mourut, et le mal cessa le lendemain environ à l'heure qu'il avait pris la veille; de manière que les soldats se levèrent le troisième ou le quatrième jour, mais dans l'état où l'on est après une forte médecine. » Diodore de Sicile raconte aussi le même fait à peu près de la même manière; mais ni lui, ni Xénophon, ne nous ont rien transmis sur ce qui pouvait avoir donné des propriétés aussi malfaisantes au miel que les Grecs mangèrent en cette circonstance.

Dioscoride et Pline, sans faire mention de l'accident arrivé aux Dix-Mille, ont parlé d'un miel vénéneux qu'on trouvait autour d'Héraclée du Pont; ils ont dit qu'il rendait insensés ceux qui en mangeaient, et que c'était sans doute par la vertu des fleurs sur lesquelles les abeilles le recueillaient. Dioscoride ne parle pas, d'ailleurs, de la plante qui pouvait avoir des propriétés si dangereuses. Pline seul dit que ce miel est recueilli sur une plante nommée *Ægolethron;* et un peu plus bas, parlant encore de ce miel, il dit que les abeilles le ramassent aussi sur les fleurs du *Rhododendron,* dont sont remplies les forêts de la nation des Sannes qui habite les bords du Pont-Euxin, et que les peuples de ce pays, quoiqu'ils paient de la cire en tribut aux Romains, se gardent bien de leur donner du miel.

TOURNEFORT, dans le voyage qu'il a fait dans l'Orient, ayant visité avec soin les bords de la Mer Noire, et ayant trouvé l'Azalée Pontique et le Rhododendron du Pont en très-grande quantité aux environs de Trébizonde, il a reconnu que le miel dont les Dix-Mille avaient mangé, et que le miel vénéneux dont Dioscoride et Pline avaient parlé, ne pouvaient avoir été recueillis que sur les fleurs de ces deux plantes, et particulièrement sur celles de l'Azalée Pontique. Voici comme notre voyageur raconte qu'il fit cette découverte : « La fleur de l'espèce précédente (l'Azalée Pontique) me parut si belle, que j'en fis de gros bouquets pour mettre dans la tente du Pacha, que j'avais eu l'honneur d'accompagner sur la Mer Noire ; mais je fus averti par son Chiaia que cette fleur excitait des vapeurs, causait des vertiges et était nuisible au cerveau ; et les gens du pays, par une tradition fort ancienne, fondée apparemment sur plusieurs observations, assurent aussi que le miel que les abeilles font après avoir sucé cette fleur, étourdit ceux qui en mangent et leur cause des nausées ».

2. AZALEA calendulacea.

A. *foliis ovatis, subpubescentibus ; floribus terminalibus, corymboso-subumbellatis ; dentibus calycinis, distinctissimis ; staminibus corollâ multò longioribus.*

AZALÉE calendulacée.

A. à feuilles ovales, légèrement pubescentes ; à fleurs terminales, en bouquet presque disposé en ombelle ; à dents du calice très-distinctes ; à étamines beaucoup plus longues que la corolle.

AZALEA *calendulacea.* MICH. Fl. Boreal. Amer. 1. p. 151.

VAR. **α.** *flammea : floribus flammeo-calendulaceis.* MICH. l. c.

C. *Crocea : floribus croceis.* MICH. l. c.

Cette espèce a les plus grands rapports avec l'Azalée Pontique ; elle n'en diffère guère que par ses feuilles beaucoup plus courtes, par les dents de son calice qui sont plus longues, et surtout par la longueur de ses étamines, beaucoup plus saillantes hors de la corolle. Ses fleurs ne sont pas visqueuses ; elles varient du rouge de feu au jaune safrané, et par toutes les nuances entre ces deux couleurs.

Cet arbrisseau croît dans l'Amérique septentrionale, sur les hautes montagnes de la Caroline, où il a été découvert par A. MICHAUX.

3. AZALEA periclymenoides.

A. *folis ovato-lanceolatis, glabris, margine subciliatis ; floribus terminalibus, corymboso-subumbellatis ; calycibus minimis ; staminibus corollâ multò longioribus.*

AZALÉE à fleurs de Chevrefeuille.

A. à feuilles ovales-lancéolées, glabres, un peu ciliées en leur bord ; à fleurs terminales, disposées en bouquet ombelliforme ; à calices très-petits ; à étamines beaucoup plus longues que la corolle.

AZALEA *periclymenoides.* MICH. Fl. Boreal. Amer. 1. p. 151.

AZALEA *periclymena.* PERS. Synop. 1. p. 213.

Cette Azalée a d'aussi belles fleurs que les deux espèces précédentes ; mais elles sont roses ; il est d'ailleurs assez difficile de la distinguer par d'autres caractères plus saillans. Elle croît naturellement à la Nouvelle-Jersey, dans l'Amérique septentrionale, où elle a été trouvée par A. MICHAUX.

5.   56

4. AZALEA rosea. *Tab. 64.*

A. *foliis ovato-lanceolatis, subtùs pubescenti-canescentibus; floribus terminalibus, corymboso-subumbellatis; staminibus corollâ multò longioribus.*

AZALÉE à fleurs roses. *Pl. 64.*

A. à feuilles ovales-lancéolées, pubescentes en dessous et un peu blanchâtres; à fleurs terminales disposées en bouquet ombelliforme; à étamines beaucoup plus longues que la corolle.

AZALEA canescens. Mich. Fl. Boreal. Amer. 1. pag. 150. Pers. Synop. 1. pag. 213.

Cet arbrisseau se distingue facilement par ses feuilles, qui sont toutes chargées en dessous d'un duvet très-court, de couleur blanchâtre. Ses fleurs, quoique moins grandes que dans les trois premières espèces, font un aussi joli effet par leur belle couleur rose; elles sont réunies au sommet des rameaux, au nombre de douze à quinze, et elles paraissent au mois de mai. Cette espèce est originaire de l'Amérique septentrionale, où elle croît au bord des ruisseaux dans la Caroline : on la cultive en France depuis quelques années; elle passe bien l'hiver en pleine terre.

5. AZALEA nudiflora.

A. *foliis ovato-oblongis, subtùs pubescentibus; floribus terminalibus, corymboso-subumbellatis; staminibus corollâ duplò longioribus.*

AZALÉE à fleurs nues.

A. feuilles ovales-oblongues, pubescentes en dessous; à fleurs terminales disposées en bouquet ombelliforme; à étamines une fois plus longues que la corolle.

AZALEA *nudiflora.* Lin. Sp. 214. Willd. Sp. 1. pag. 831. Curt. Bot. Mag. n. 180. t. 180.

AZALEA *foliis ovatis, corollis pilosis, staminibus longissimis.* Kalm. It. 3. p. 110. Mill. Dict. n. 2.

CISTUS *Virginiana, periclymeni flore ampliori minùs odorato.* Pluk. Mant. 49.

CHAMÆRHODODENDROS *Virginiana, Periclymeni flore ampliori minus odorato.* Dun. Arb. et Arbust. 1. pag. 160. et pag. 87. tab. 33.

Les feuilles de cette espèce sont ovales-oblongues ou ovales-lancéolées, chargées en dessus de quelques poils écartés, pubescentes en dessous; elles ne se développent qu'après les fleurs. Celles-ci, dans le moment où elles paraissent, sont nues au sommet des rameaux; elles y sont réunies plusieurs ensemble. Leur couleur varie à l'infini; on en trouve qui sont d'un rouge ponceau, d'autres purpurines ou d'un rouge de feu, d'autres couleur de chair; quelquefois elles sont tout-à-fait blanches ou elles sont mêlées de rouge et de blanc. Les fruits qui leur succèdent sont des capsules oblongues, à cinq angles arrondis, entièrement couvertes de poils courts, serrés et couchés. Cet arbrisseau est indigène de la Virginie; on le cultive en pleine terre en France; il fleurit à la fin d'avril ou au commencement de mai.

6. AZALEA viscosa.

A. *foliis ovato-lanceolatis, glabris, margine dentato-scariosis; floribus terminalibus, corymboso-subumbellatis; staminibus corollâ sublongioribus.*

AZALÉE visqueuse.

A. à feuilles ovales-lancéolées, glabres, chargées en leur bord de dents scarieuses; à fleurs terminales, disposées en corymbe ombelliforme; à étamines un peu plus longues que la corolle.

AZALEA *viscosa.* Lin. Sp. 214. Willd. Sp. 1. p. 831. Lam. Dict. 1. p. 340. var. *α.* Mich. Fl. Boreal. Amer. 1. p. 150.

CISTUS *Virginiana, flore et odore Periclymeni.* Pluk. Alm. 106. t. 161. f. 4. Catesb. Carol. 1. p. 57. t. 57.

CHAMÆRHODODENDROS *Virginiana, flore et odore Periclymeni.* Dun. Arb. et Arbust. 1. pag. 160.

α. AZALEA, *foliis utrinquè virentibus.*

ζ. AZALEA *glauca, foliis subtùs glaucis.* Mich. l. c.

Cette espèce est un arbrisseau qui s'élève à trois ou quatre pieds. Sa tige est rameuse, revêtue d'une écorce lisse, d'un rouge brun. Ses feuilles sont éparses, lancéolées, glabres, lisses, aiguës, munies en leur bord de dents subulées et scarieuses. Les fleurs sont pédonculées, disposées, au nombre de six à douze, en un bouquet terminal; elles sont de couleur blanche et elles ont une odeur fort agréable. Le calice est très-petit, à peine visible. La corolle est abondamment chargée en dehors de poils terminés par une glande : ces glandes sont tellement visqueuses, que les mouches et les petits insectes qui s'y trouvent attachés par les pattes ne peuvent s'en débarrasser. Aux fleurs succèdent des capsules oblongues, à cinq angles arrondis, hérissées de poils glanduleux. Cette Azalée est originaire de la Virginie et de la Caroline ; on la cultive en pleine terre dans le climat de Paris; elle y fleurit en juin et juillet.

7. AZALEA Lapponica.　　　　　　AZALÉE de Laponie.

A. *caule patulo; foliis ovato-oblongis; sub op-*　　A. à tige étalée ; à feuilles ovales-oblongues,
positis, subtùs ferrugineis; floribus sub cam-　　presque opposées, couvertes en dessous d'une
panulatis, terminalibus, paucioribus.　　　　espèce de rouille; à fleurs un peu campanu-
　　　　　　　　　　　　　　　　　　　lées, terminales, en petit nombre.

AZALEA Lapponica. Lin. Sp. 214. Fl. Suec. 171. 180. Pall. Ross. 2. p. 52. t. 70. f. 1. Willd. Sp. 1. p. 832. Lam. Dict. 1. p. 340.

AZALEA *maculis ferrugineis subtùs adspersa.* Lin. Fl. Lapp. 89. t. 6. f. 1.

L'Azalée de Laponie n'est qu'un très-petit arbrisseau, dont la tige est étalée, rameuse, longue de six pouces ou environ, couverte d'une écorce brunâtre. Ses feuilles sont ovales-oblongues, vertes et un peu rudes en dessus, couvertes en dessous d'une espèce de rouille, portées sur de très-courts pétioles, presque opposées, si rappro-chées les unes des autres, qu'on distingue difficilement leur insertion; elles forment souvent, par leur réunion au nombre de dix à douze au sommet des rameaux, une petite rosette. Ses fleurs, deux à trois ensemble et quelquefois solitaires, sont termi-nales. Chaque fleur est composée d'un calice très-court, à peine visible, d'une corolle un peu campanulée, d'environ cinq à six lignes de diamètre, d'une couleur violette foncée ou purpurine, entière dans sa moitié inférieure, partagée dans sa moitié supérieure en cinq découpures arrondies, très-évasées; de cinq étamines, insérées au réceptacle, ayant leurs filamens à peu près de la longueur de la corolle; et d'un ovaire chargé d'un style un peu plus long que le reste de la fleur. Le fruit est une capsule ovale.

Cette espèce n'a été trouvée jusqu'à présent que dans les Alpes de la Laponie, où elle a été découverte par Linné ; elle s'éloigne un peu des autres Azalées pour la forme de sa corolle.

8. AZALEA Indica.　　　　　　　AZALÉE des Indes.

A. *foliis ovato-lanceolatis; floribus subsolita-*　　A. à feuilles ovales-lancéolées; à fleurs presque
riis; staminibus longitudine corollæ.　　　　solitaires; à étamines de la longueur de la
　　　　　　　　　　　　　　　　　　　corolle.

AZALEA *Indica.* Lin. Sp. 214. Willd. Sp. 1. p. 831. Lam. Dict. 1. p. 339.

CHAMÆRHODODENDRON *exoticum, amplissimis floribus liliaceis.* Breyn. prod. 1. p. 24.

CISTUS *Indicus Ledi alpini foliis, floribus amplis.* Herm. Lugdb. 152. t. 153.

TECKI TSJOCKU, *vulgò* TSUTSUSI, Kæmph. Amœn. 845. t. 846.

Cette espèce croît naturellement dans les Indes et dans les contrées orientales de l'Asie; on la cultive beaucoup au Japon, où on la trouve dans presque tous les jardins. Ses fleurs sont grandes et belles; elles varient singulièrement pour la couleur, depuis le blanc pur jusqu'au rouge et au violet. La plante en est d'ailleurs abondamment chargée. Ce serait une belle acquisition à faire pour nos jardins, si quelque voyageur pouvait nous l'apporter vivante en Europe.

9. AZALEA Rosmarinifolia.

AZALÉE à feuilles de Romarin.

A. *foliis persistentibus, lanceolato-linearibus, quaternis; floribus terminalibus, solitariis.*

A. à feuilles lancéolées-linéaires, quaternées, persistantes; à fleurs terminales solitaires.

AZALEA *rosmarinifolia.* Lam. Illust. 1. p. 493. Burm. Fl. Ind. p. 43. t. 3. f. 3. Pers. Synop. 1. p. 212.

Cet arbrisseau est originaire du Japon, et il se cultive dans les Indes, où il est continuellement en fleur; on ne l'a pas encore apporté vivant en Europe. Ses fleurs sont grandes et belles.

La culture des différentes Azalées que nous possédons dans nos jardins est assez facile; les espèces 1, 4, 5 et 6, qui sont jusqu'à présent les seules qu'on cultive en France, supportent fort bien le froid de nos hivers, sans avoir besoin d'aucun abri; la 2e. et la 3e. s'acclimateraient probablement aussi avec la même facilité; la septième, l'Azalée de Laponie, que nous n'avons encore vu cultiver nulle part, serait peut-être plus difficile à conserver, comme le sont en général la plupart des plantes des Hautes-Alpes, qui languissent presque toujours quand elles sont transportées de leur sol natal dans les jardins. Quant à l'Azalée des Indes et l'Azalée à feuilles de Romarin, elles exigeraient certainement des soins particuliers, parce qu'elles sont originaires d'un climat chaud, et il faudrait les conserver dans des serres pendant la saison froide. Il suffit, pour voir prospérer les autres, de les planter dans la terre de bruyère, à l'exposition du Nord ou dans un endroit ombragé, et de les arroser souvent dans les grandes chaleurs. On les multiplie de marcottes, qu'on fait au printems ou à l'automne; elles reprennent aussi de boutures, mais plus difficilement. Les fruits étant sujets à avorter, et parvenant très-rarement à leur perfection dans nos jardins, on ne peut guère compter sur les graines pour la multiplication des espèces.

EXPLICATION DES PLANCHES.

Pl. 63. Un rameau de l'Azalée Pontique, de grandeur naturelle. Fig. A. Le calice, l'ovaire, le style et le stigmate.

Pl. 64. Un rameau de l'Azalée à fleurs roses. Fig. A. La corolle ouverte. Fig. B. le calice et les étamines vus séparément. Fig. C. Le calice et le pistil.

AZALEA rosea.	AZALÉE à fleurs roses.

Redouté pinx.	Lambert jeune sculp.

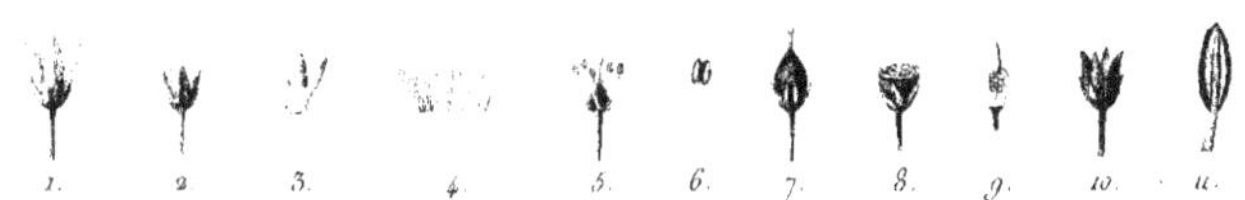

**LOISELEURIA procumbens. LOISELEURIE couchée.

LOISELEURIA.   LOISELEURIE.

AZALEA. LIN. Classe V. *Pentandrie*. Ordre I. *Monogynie*.
AZALEA. JUSS. Classe IX. *Dicotylédones monopétales. Etamines périgynes.*
Ordre II. LES ROSAGES.

GENRE.

CALICE.	Campanulé, persistant, à cinq divisions profondes.
COROLLE.	Monopétale, campanulée, partagée dans sa moitié supérieure en cinq divisions égales et régulières.
ÉTAMINES.	Au nombre de cinq, insérées autour de l'ovaire, ayant leurs filamens droits, plus courts que la fleur, et terminés par des anthères qui s'ouvrent longitudinalement.
PISTIL.	Ovaire libre, portant un style droit, terminé par un stigmate simple.
PÉRICARPE.	Capsule ovoïde, acuminée par le style persistant, divisée intérieurement en deux loges, et ne s'ouvrant que dans sa moitié supérieure en deux valves qui se partagent souvent jusqu'à leur partie moyenne.
GRAINES.	Menues, nombreuses, attachées sur un placenta central.

CARACTÈRE ESSENTIEL. Calice à cinq divisions profondes. Corolle campanulée, à cinq découpures régulières. Cinq étamines droites, à anthères s'ouvrant longitudinalement. Un style droit. Une capsule à deux loges.

RAPPORTS NATURELS. Le genre LOISELEURIA a de l'affinité avec les *Azalées*, avec lesquelles LINNÉ et tous les autres botanistes l'avaient réuni jusqu'à présent; mais il s'en distingue par des caractères trop importans pour rester plus long-tems confondu avec celles-ci. Voici les différences essentielles entre ces deux genres.

LOISELEURIA. Calice à cinq divisions profondes, moitié plus courtes que la corolle.	AZALÉA. Calice très-petit, souvent dix fois plus court que la corolle.
Corolle campanulée, à cinq découpures égales et régulières.	Corolle en entonnoir, à cinq divisions irrégulières.
Filamens des étamines droits, près de moitié plus courts que la fleur, portant des anthères qui s'ouvrent longitudinalement.	Filamens des étamines arqués ou inclinés, plus ou moins saillans hors de la corolle, portant des anthères qui s'ouvrent au sommet par deux pores.
Capsule à deux loges.	Capsule à cinq loges.

ÉTYMOLOGIE. M. DESVAUX, déjà avantageusement connu en botanique par plusieurs travaux intéressans, et qui poursuit ses recherches sur les différentes parties de la science avec un zèle peu ordinaire, a bien voulu me dédier ce genre, dans un mémoire qu'il vient de lire à la classe des sciences physiques et mathématiques de l'Institut, et dans lequel il a présenté plusieurs considérations nouvelles sur la famille des Rosages et celle des Bruyères.

ESPÈCES.

1. LOISELEURIA procumbens. *Tab.* 65.	LOISELEURIE couchée. *Pl.* 65.
L. *caulibus suffructicosis, prostratis; foliis ovato-oblongis, oppositis, perennantibus; floribus terminalibus, subcorymbosis.*	L. à tiges sous-ligneuses, couchées; à feuilles ovales-oblongues, opposées, persistantes; à fleurs terminales, presque disposées en bouquet.

AZALEA *procumbens*. Lin. Sp. 215. Willd. Sp. 1. pag. 832. Pall. Ross 2. p. 52. t. 70. f. 2.
  Lam. Dict. 1. p. 340. Illust. tab. 110. f. 1. Gærtn. de Fruct. 2. pag. 301. tab. 63.Ger. Fl.
  Prov. 438. Vill. Dauph. 2. pag. 533. All. Fl. Ped. n. 432. Decand. Fl. Fr. n. 2798.
AZALEA *ramis diffuso-procumbentibus*. Lin. Fl. Lapp. 90. tab. 6. f. 2.
AZALEA *caule procumbente, foliis ovatis, margine introverso*. Hall. Helv. n. 666.
CHAMÆRHODODENDROS *alpina serpillifolia*. Tourn. Inst. 604.
CHAMÆRHODODENDROS *ferruginea supina, thymi folio alpina*. Bocc. Mus. 64. t. 53.
CHAMÆCISTUS VII. Clus. Hist. 75. Fl. Dan. tab. 9.
ANONYMOS *fruticosa, foliis Ericæ bacciferæ*. J. Bauh. Hist. 1. lib. 5. p. 527.

Les tiges de cette plante sont ligneuses, grèles, couchées, longues de six à vingt
pouces, couvertes d'une écorce brunâtre; ces tiges sont très-rameuses et elles forment
souvent, dans leur lieu natal, des gazons très-étendus qui couvrent la terre ou les
rochers. Les feuilles sont ovales-oblongues, pétiolées, persistantes, longues d'environ
trois lignes, larges d'une seule, vertes et lisses en dessus, chargées en dessous d'un
duvet court, serré et blanchâtre, mais qui le plus souvent ne peut être vu, parce que
les bords de chaque feuille sont presque toujours roulés et resserrés en dessous, de
telle manière qu'on n'aperçoit que la nervure, qui est très-prononcée et très-large,
eu égard à la grandeur de la feuille. Les fleurs sont disposées, au nombre de trois à
cinq, au sommet des rameaux, où elles forment une espèce de petit corymbe. Chaque
fleur est portée sur un pédicule particulier, muni d'une bractée à sa base, et long de
deux à trois lignes; elle est composée d'un calice fendu jusqu'à la base en cinq divisions ovales-lancéolées; d'une corolle monopétale, campanulée, d'un rouge-clair ou
couleur de rose, moitié plus grande que le calice, n'ayant elle-même qu'environ deux
lignes de haut; de cinq étamines à filamens près de moitié plus courts que la corolle,
droits, portant à leur sommet des anthères arrondies et qui s'ouvrent longitudinalement; enfin, d'un ovaire glabre, arrondi, chargé d'un style droit, à peine plus long
que les étamines, et terminé par un stigmate simple, en tête. Aux fleurs succèdent
des capsules ovoïdes chargées d'une pointe particulière, qui est le style persistant,
s'ouvrant en deux valves, et partagées intérieurement en deux loges, contenant chacune plusieurs graines menues, ridées, attachées à un placenta central qui forme la
cloison entre chaque loge. Les capsules ont quelquefois trois loges et trois valves,
mais cela est rare.

La Loiseleurie couchée est indigène des hautes montagnes et du nord de l'Europe,
où elle croît dans les lieux secs et dans les fentes des rochers. Elle est assez rare dans
les Pyrénées, mais elle est très-commune dans les Alpes du Piémont, de la Savoie,
du Dauphiné et de la Provence; il y a des cantons où elle est si abondante que les
rochers en sont tout couverts. Elle est très-agréable à voir quand elle est fleurie; ses
fleurs roses, qui paraissent en mai et juin, sont des miniatures, et font un charmant
effet. Cette jolie plante veut être vue dans son lieu natal; elle languit dans nos jardins;
on ne peut l'y multiplier; on a même beaucoup de peine à l'y conserver, et il faut
très-souvent en faire revenir de nouveaux plants des Alpes. On la cultive dans un
lieu exposé au nord et dans la terre de bruyère.

EXPLICATION DE LA PLANCHE 65.

Fig. 1. Fleur entière grossie, ainsi que les autres parties. 2. Le calice. 3. La corolle vue séparément. 4. La même vue développée. 5. L'ovaire, le style et les étamines. 6. Une étamine
  encore plus grossie. 7. La capsule. 8. La capsule coupée horizontalement pour laisser voir
  ses loges. 9. Le placenta sur lequel les graines sont attachées. 10. La capsule ouverte naturellement. 11. Une feuille vue en dessous.

PINUS. PIN.

PINUS. Linn. Classe **XXI**. *Monœcie*. Ordre **VIII**. *Monadelphie*.
PINUS Juss. Classe **XV**. *Dicotylédones apétales*. *Étamines idiogynes ou séparées du pistil*. Ordre **V**. Les Conifères. §. II. Écailles portant les étamines. Vraies Conifères.

GENRE.

Fleurs mâles disposées en chatons ramassés en grappe.

CALICE et COROLLE. Nuls.

ÉTAMINES. Nues, presque sessiles, portant immédiatement des anthères à deux loges oblongues, adossées l'une à l'autre, s'ouvrant longitudinalement par leur face inférieure et un peu latérale ; plus ou moins dilatées à leur sommet en une appendice scarieuse ; disposées en spirale ; imbriquées comme des écailles, dont elles ont l'apparence, sur un axe commun, et formant un chaton oblong.

Fleurs femelles disposées en chatons simples.

CALICE. Formé d'une écaille charnue, colorée, presque réniforme, terminée en pointe plus ou moins sensible, portant sur son dos et un peu au dessus de sa base, une bractée membraneuse plus large que longue, arrondie, irrégulièrement dentée ou comme déchirée en son bord supérieur. Cette bractée, dans le commencement de la fleuraison, est d'abord un peu plus grande que le calice ; mais celui-ci s'accroît bientôt de manière à la surpasser et à la cacher entièrement. L'aggrégation des calices portés par un axe commun, sur lequel ils sont disposés en spirale et imbriqués les uns au dessus des autres, forme un chaton ovoïde (1).

COROLLE. Nulle.

PISTIL. Deux ovaires adhérens à la base et à la face interne du calice, l'un à droite et l'autre à gauche ; chacun d'eux portant, à sa partie inférieure et un peu latéralement, un stigmate à deux pointes.

PÉRICARPE. Cône formé de l'aggrégation des calices qui s'allongent après la fleuraison, deviennent ligneux, oblongs, serrés et étroitement appliqués les uns sur les autres, épaissis à leur sommet, qui est souvent ombiliqué sur le dos. A leur base et du côté intérieur sont, dans deux enfoncemens, deux noix osseuses, monospermes, entourées sur leurs côtés d'un rebord membraneux qui les surmonte plus ou moins en forme d'aile. Les lobes de l'embryon se divisent chacun en plusieurs lobes linéaires et comme digités.

Caractère essentiel. Fleurs monoïques : les mâles dépourvues de calice et de corolle, composées seulement d'étamines en forme d'écailles, presque sessiles, imbriquées et formant des chatons oblongs, ramassés en grappe ; les femelles composées d'écailles extérieures membraneuses, d'écailles intérieures charnues, qui sont les calices, et de deux ovaires à la base interne du calice. Fruit : un cône formé d'écailles imbri-

---

(1) Voyez, pour les parties de la fructification, les détails des planches 66, 67, 68 et 72 *bis*.

quées, épaissies à leur sommet, contenant à leur base deux noix osseuses surmontées d'une aile membraneuse.

CARACTÈRE SECONDAIRE. Arbres à rameaux disposés par verticilles, de manière qu'il s'en forme un nouveau chaque année, et qu'on peut compter l'âge des arbres par le nombre des verticilles; à feuilles toujours vertes, réunies par leur base deux à cinq ensemble dans une gaîne membraneuse et cylindrique, disposées en spirale autour des rameaux.

RAPPORTS NATURELS. Les Pins ont beaucoup d'affinité avec les Sapins, avec lesquels LINNÉ les avait réunis en un seul genre; mais les premiers diffèrent suffisamment par leurs fleurs mâles portées sur des chatons disposés en grappe, par leurs écailles renflées à leur sommet et souvent ombiliquées sur le dos; enfin par leurs feuilles réunies deux à cinq ensemble dans une gaîne particulière.

ÉTYMOLOGIE. Le mot *Pinus* vient du grec Πίτυς, qui signifie Pin, et qui se trouve dans Théophraste. Πίτυς a pour racine πίων, qui veut dire gras, parce que les arbres de ce genre fournissent la térébenthine, la poix, le goudron.

ESPÈCES.

** Feuilles sortant deux à deux de la même gaîne.*

1. PINUS sylvestris. *Tab.* 66.

P. *foliis geminis, rigidis; strobilis conicis, subgeminis, folia subæquantibus; squamis dorso pyramidato-depressis, muticis, angulis horizontalibus tantùm distinctis; amentis masculis breviter pedicellatis, antherarum cristá subnullá.*

PIN sauvage. *Pl.* 66

P. à feuilles géminées, roides; à strobiles coniques, souvent deux à deux, environ aussi longs que les feuilles, ayant leurs écailles formées au sommet en pyramide raccourcie, non épineuse, et dont les angles horizontaux sont seuls distincts; à chatons mâles courtement pédonculés, dont la crête des anthères est presque nulle.

PINUS *sylvestris* var. *α.* LIN. Sp. 1418. WILLD. Sp. 4. pag. 494. var. *α.* WILLD. Arb. 205. POIR. Dict. Enc. 5. pag. 335. LAMB. Descript. of Pin. pag. 1. tab. 1. MILL. Illust. tab. 82. SMITH. Fl. Brit. 1031. PALL. Ross. 1. pag. 5. tab. 2. fig. I. i.

PINUS *sylvestris.* BAUH. Pin. 491. BLACKW. Herb. tab. 190.

PINUS *mughus.* JACQ. Ic. rar. 1. tab. 193. an WILLD. Arb. 206. et Spec. 4. pag. 495?

PINUS *sylvestris montana.* MATTH. Valgr. 98. CAM. Epit. 40. TABERN. Icon. 938.

PINUS *sylvestris vulgaris genevensis.* J. BAUH. Hist. 1. lib. 9. pag. 253. TOURNEF. Inst. 586.

PINUS *sylvestris fructifera.* DALECH. Hist. 44.

PINUS *sylvestris minor.* BARREL. Icon. 729 (*malè*).

PINUS *foliis binis convexo-concavis, conis masculis solitariis alaribus.* HALL. Helv. n. 1660.

PINUS *sylvestris, foliis brevibus glaucis, conis parvis albicantibus.* DUH. Arb. 2. p. 125. t. 30.

Le Pin sauvage, nommé aussi *Pin vulgaire, Pin de Russie, Pin de Genéve, Pin de Tarare, Pineastre,* et, par corruption, dans les Vosges, *Pinasse,* est un arbre qui s'élève droit, à la hauteur de quatre-vingt pieds et plus, aux expositions du nord, dans les endroits humides, tandis qu'il reste bas et souvent tortu dans les lieux secs, arides ou exposés au midi. Son tronc, ordinairement nu lorsque l'arbre croît en forêts pressées, et chargé dès sa base de rameaux étalés s'il vient isolé, est revêtu d'une écorce épaisse, crevassée, friable, d'un gris jaunâtre ou d'un gris rougeâtre. Ses rameaux sont disposés par verticilles, deux à quatre ensemble, quelquefois jusqu'à cinq ou six; d'abord un peu redressés dans leur jeunesse, mais ensuite étendus horizontalement: leur disposition constante et invariable autour du tronc, indique d'une manière certaine l'âge de l'arbre, en comptant chaque entre-nœud pour une

PINUS sylvestris.

PIN sauvage.

année. Ses feuilles, éparses sur les rameaux, ou, pour mieux dire, disposées en double spirale, sont linéaires, étroites, roides, demi-cylindriques, très-glabres, d'un vert un peu glauque, enveloppées deux à deux à leur base par une gaîne courte, de manière que leurs deux faces aplaties se regardent, et que ces deux feuilles, appliquées l'une contre l'autre en sortant de la gaîne, forment un cylindre qui a environ une demi-ligne de diamètre. La gaîne qui enveloppe les feuilles est blanchâtre dans sa jeunesse, formée de plusieurs écailles membraneuses, embrassantes, serrées, d'inégale longueur. On observe à la base des feuilles, lorsqu'elles commencent à sortir de leur gaîne, une stipule lancéolée-linéaire, roussâtre, très-caduque, et qu'il est rare de trouver lorsque les feuilles sont seulement à demi développées. Ces feuilles persistent pendant quatre ans sur l'arbre, et elles ne tombent ordinairement qu'au commencement de la cinquième année; il reste après leur chute, à la place de leur insertion, une impression sur les rameaux, qui les rend un peu raboteux.

Les fleurs sont monoïques; elles paraissent en avril ou en mai, selon le climat. Les mâles sont des chatons jaunâtres ou roussâtres, longs de quatre à cinq lignes, redressés, portés sur des pédicules particuliers, longs d'une ligne ou environ, et disposés au nombre de trente à cinquante en une grappe droite, qui paraît d'abord terminale, mais qui ne l'est pas réellement, le rameau qui porte cette grappe continuant à pousser à mesure que la fleuraison avance, et donnant naissance, dans sa partie supérieure, à des feuilles qui se développent après la chute des chatons. Chacun de ces chatons est composé de cent étamines et plus; il est muni à sa base de cinq à six petites écailles d'inégale longueur. Chaque étamine, portée sur un filament très-court, est presque toute entière composée de deux anthères adossées l'une à l'autre, et s'ouvrant dans toute leur longueur par leur partie inférieure; leur sommet est arrondi et non sensiblement prolongé en lame. Les fleurs femelles, toujours placées sur des rameaux différens que les mâles, sont réunies plusieurs ensemble, et forment des chatons ovoïdes, rougeâtres, longs de deux lignes, disposés à l'extrémité des jeunes pousses qui ont commencé à se développer depuis le printems, immédiatement à côté du bourgeon qui doit fournir la pousse de l'année suivante. Ces chatons paraissent terminer les rameaux dans le moment de la fleuraison, parce qu'ils sont placés sur un pédoncule de deux à trois lignes, et plus long que le bourgeon; ils sortent du centre d'un faisceau d'écailles lancéolées, roussâtres, et sont composés de la réunion de deux sortes d'écailles rapprochées les unes des autres, disposées en spirale et imbriquées. Les écailles extérieures sont des bractées qui, avant la fécondation, paraissent protéger les fleurs; car, à cette époque, elles sont plus grandes que les écailles intérieures, qui sont les véritables calices. Ces écailles extérieures sont minces, membraneuses, blanchâtres, plus larges que longues, presque réniformes, rarement entières en leur bord supérieur, le plus souvent irrégulièrement échancrées ou comme lacérées çà et là, rétrécies à leur base, par laquelle elles sont attachées aux écailles intérieures. Celles-ci, qui font les fonctions de calice, ont à peu près les mêmes formes que les extérieures; mais elles sont charnues, d'une couleur rougeâtre, très-entières en leurs bords, terminées à leur sommet par une petite pointe mousse, que la plupart des auteurs ont prise pour le style et le stigmate, mais qui ne l'est pas réellement : à leur base et à leur partie intérieure sont, l'une à droite et l'autre à gauche, deux germes arrondis, qu'on peut à peine apercevoir à l'œil nu, et qui font corps avec le reste de l'écaille, dont il est alors impossible de les séparer. Chacun de ces deux germes est terminé à sa partie inférieure par un stigmate bifurqué ou partagé en deux pointes.

Bientôt après la fleuraison, que la fécondation ait lieu ou non, les écailles intérieures prennent de l'accroissement, deviennent plus grandes que les extérieures, se serrent les unes contre les autres, et forment un fruit auquel on a donné le nom de cône, parce qu'il a le plus souvent la forme conique; on l'appelle aussi strobile. Ce fruit, après s'être à peu près doublé en grosseur de ce qu'était le chaton femelle, se réfléchit vers la terre, et reste dans cet état pendant dix à onze mois, c'est-à-dire jusqu'au printems suivant. A cette époque, un peu avant la nouvelle fleuraison, il sort de son état stationnaire, commence à grossir et prend rapidement presque tout son accroissement pendant les mois d'avril, de mai et de juin; mais il n'est pas encore mûr après cela, il faut qu'il reste sur l'arbre jusqu'à la fin de l'hiver suivant; ce n'est qu'à cette époque qu'il a atteint sa parfaite maturité. Sa forme en cet état est parfaitement conique, arrondie à la base; il a depuis dix-huit jusqu'à trente lignes de hauteur, sur neuf à quinze lignes dans son plus grand diamètre; sa couleur est d'un vert plus ou moins foncé, tirant sur le rouge-brun; ses écailles sont oblongues, renflées en leur partie supérieure et sur leur dos en une sorte de pyramide affaissée sur elle-même et tronquée à son sommet. La forme de cette partie renflée des écailles est très-variable, quelquefois elle n'est pas du tout saillante, et en général elle l'est toujours beaucoup moins sur la face des cônes qui se trouve tournée vers les rameaux; d'autres fois cette pyramide s'élève jusqu'à former une protubérance de plus de deux lignes; souvent son sommet est enfoncé, uni; plus rarement il est chargé en son centre d'une petite pointe un peu acérée et piquante. Cette variation dans la forme des écailles des cônes rend le diagnostique très-difficile entre le Pin sauvage et les deux espèces suivantes; cependant ce qui peut servir à distinguer le premier, c'est que la base de la pyramide forme un losange dont le grand diamètre est horizontal, et que les deux angles qui sont dans le même sens sont tranchans et distincts. A la base de chaque écaille et à sa partie interne, tout près de l'axe, sont logées deux graines ovales, un peu aplaties, placées dans deux petites fossettes de forme analogue, et qui correspondent à deux enfoncemens semblables pratiqués dans la substance de l'axe et aux dépens des rebords de la partie inférieure et latérale des deux écailles qui sont immédiatement au dessus. Chacune de ces graines est une petite noix monosperme entourée inférieurement et latéralement d'une membrane étroite qui se prolonge supérieurement en une aile mince, demi-transparente et d'un brun-clair. Cette aile n'est pas adhérente à la graine; elle l'embrasse seulement, peut s'en détacher avec assez de facilité, et elle reste alors percée dans la partie dont la graine a été chassée. S'il arrive que les cônes soient stériles, cette aile membraneuse se trouve toujours aussi développée qu'à l'ordinaire, et la graine avortée, restée extrêmement petite, est à sa base. Lorsque les graines sont mûres et que les écailles s'entr'ouvrent pour les laisser échapper, les cônes ne tombent pas pour cela, il en reste encore beaucoup d'attachés sur l'arbre, et ce n'est que dans le courant de l'été et même plus tard qu'ils tombent, par les secousses que le vent leur donne.

    Le Pin sauvage croît spontanément dans une grande partie de l'Europe, surtout dans le Nord et dans les pays de montagnes; il est commun en France dans les Alpes, les Pyrénées, les Vosges; on le trouve en Bourgogne, en Auvergne, aux îles d'Hières, etc. Il fleurit à la fin d'avril ou au commencement de mai, dans le climat de Paris; un mois ou six semaines plutôt dans le Midi, et seulement en juin dans le nord de l'Europe ou sur les montagnes élevées. Cet arbre est sujet à varier beaucoup, selon la nature du sol et de l'exposition : dans un terrain un peu humide, dans les pays du nord, et quand il croît pressé en forêts, il s'élève ordinairement très-haut et très-droit; dans les lieux secs et arides, au contraire, dans les pays du midi, ou quand il est planté isolé, souvent il s'élève beaucoup moins, s'étale davantage, et devient même quelquefois tortu et rabougri : ses feuilles sont aussi plus longues ou plus courtes, plus rapprochées ou plus rares; ses cônes enfin, outre leur grandeur et leur

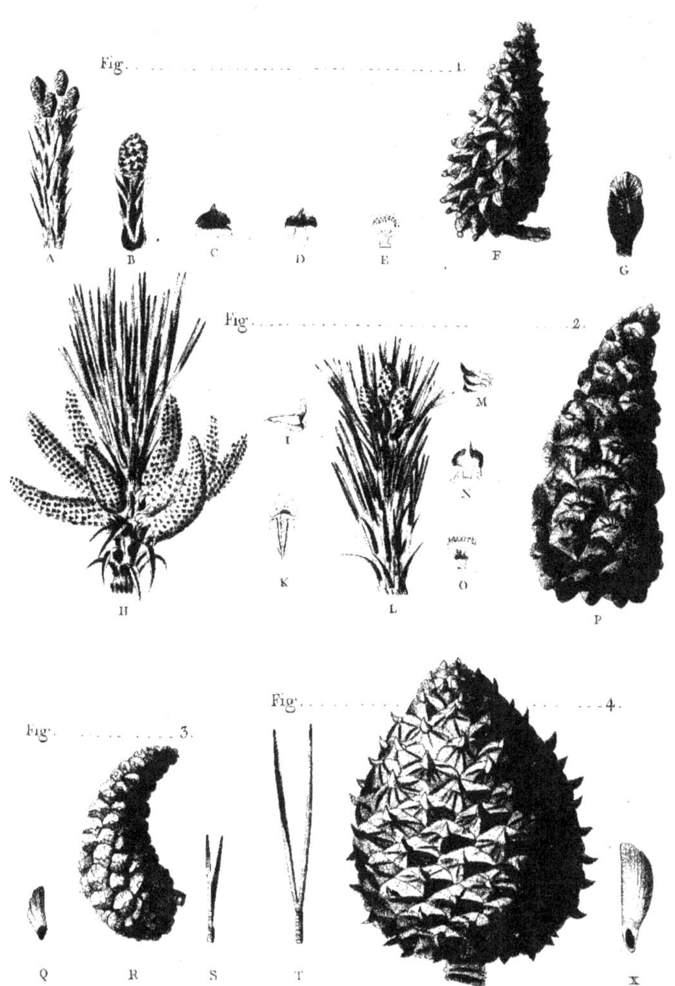

Fig. . . . . 1.

A B C D E F G

Fig . . . . 2.

H I K L M N O P

Fig . . . . 3.   Fig . . . . 4.

Q R S T V X

Fig. 1. **PINUS** rubra.   **PIN** rouge.   Fig. 3. **PINUS** Banksiana.   **PIN** de Banks.

Fig. 2. **PINUS** Laricio.   **PIN** Laricio.   Fig. 4. **PINUS** pungens.   **PIN** piquant.

P. Bessa pinx.   Didier sculp.

PINUS Mugho.

PIN Mugho.

P. Bessa pinx.

d'ap. Dufour sculp.

grosseur variables, diffèrent encore beaucoup par la forme de la partie renflée de leurs écailles, qui est tantôt unie et aplatie, et qui tantôt s'élève en forme de pyramide quadrangulaire. De toutes ces différences qu'on observe dans le Pin sauvage, quelques auteurs en ont pris occasion de le diviser en trois ou quatre espèces; mais l'examen attentif que j'ai fait de toutes ces prétendues espèces, soit dans plusieurs pépinières, soit dans les jardins, soit dans le lieu natal, soit enfin d'après beaucoup d'échantillons que j'ai reçus de diverses parties de la France, m'a mis à même de juger que toutes ces différences n'étaient pas assez constantes, non-seulement pour constituer des espèces distinctes, mais même pour bien caractériser des variétés et assigner les différences essentielles qui pouvaient se trouver entre elles.

2. PINUS rubra. *Tab.* 67. *fig.* 1. — PIN rouge. *Pl.* 67. fig. 1.

P. *foliis geminis, rigidis, glaucescentibus; strobilis conicis, subquaternis, folia subœquantibus; squamis dorso pyramidatis, quadrangularibus, apice muticis; amentis masculis distinctè pedicellatis; antherarum cristâ brevissimâ.*

P. à feuilles géminées, roides, un peu glauques; à strobiles coniques, souvent quatre à quatre, presque égaux aux feuilles, ayant la partie saillante de leurs écailles en pyramide quadrangulaire et émoussée au sommet; à chatons mâles distinctement pédonculés, dont l'anthère est terminée par une crête très-courte.

PINUS *rubra.* Mill. Dict. n. 3. Poir. Dict. 5. p. 335, (*excluso synonimo Duhamelii.*) Decand. Fl. Fr. n. 2055, (*exclus. synon. Duham.*)
PINUS *sylvestris* ζ. Willd. Sp. 4. pag. 495.

Le Pin rouge, nommé vulgairement *Pin d'Écosse*, ressemble beaucoup au Pin sauvage; il forme, comme celui-ci, un grand arbre, absolument le même pour le port, et qui ne diffère que par les caractères suivans : son bois est un peu rougeâtre; ses feuilles sont en général d'un vert plus glauque; ses cônes sont presque toujours disposés par verticilles de trois, quatre et même cinq; la partie saillante de leurs écailles forme une pyramide plus prononcée, à quatre angles distincts, et le losange formé par la base de la pyramide, a son grand diamètre dans le même sens que l'axe du cône; enfin les chatons mâles sont d'un jaune très-clair, presque blanchâtres et portés sur des pédicules plus longs. Ce Pin croît dans le nord de l'Europe, et en France dans les Alpes et les Pyrénées. Il fleurit en même tems que le Pin sauvage.

3. PINUS Mugho. *Tab.* 68. — PIN Mugho. *Pl.* 68.

P. *foliis geminis, rigidis, saturatè viridibus; strobilis conicis, subgeminis, folio brevioribus; squamis dorso pyramidatis, quadrangularibus, retrorsùm subimbricatis, apice mucronato-spinulosis; amentis masculis subsessilibus; antherarum cristâ rotundâ, membranaceâ.*

P. à feuilles roides, géminées, d'un vert foncé; à strobiles coniques, souvent deux à deux et plus courts que les feuilles, ayant leurs écailles en pyramide quadrangulaire, dont la pointe se dirige en arrière, et est terminée par une petite épine; à chatons mâles presque sessiles, dont les anthères sont terminées par une crête arrondie, membraneuse.

PINUS *Mugho.* Poir. Dict. 5. pag. 336. Decand. Fl. Fr. n. 2056. Mill. Dict. n. 5?
PINUS *uncinata.* Decand. Fl. Fr. vol. 3. pag. 726.
PINUS *sylvestris Mugho.* Matth. Valgr. 101. (*) Tabern. Icon. 938 (*)
PINUS *sylvestris altera, Mugho dicta.* Camer. Epit. 41 (*).
PINUS *sylvestris Mugho, sive Crein.* J. Bauh. Hist. 1. lib. 9. pag. 256, *falsò* 246 (*).
PINUS *sylvestris montana vel Mugho.* Duham. Arb. et Arbust. 2. pag. 125. pl. 31 (*).
PINUS *tubulus, Mugho Italorum.* Dalech. Hist. 47 (*).

(*) Les figures des auteurs cités sont toutes plus ou moins mauvaises, et ne peuvent donner aucune idée juste de l'espèce dont il est ici question. C'est la figure de Mathiole qui a servi de modèle à presque toutes les autres, et Duhamel l'a adoptée, toute infidèle qu'elle était. Peut-être les botanistes feraient-ils bien de cesser de citer la plupart de ces figures des auteurs du 16e. et du 17e. siècles, quand elles ne représentent pas les objets plus fidèlement que dans les planches dont il vient d'être parlé.

PINUS *sylvestris montana altera*. Bauh. Pin. 491. Tournef. Inst. 586.
PINUS *sylvestris montana, conis oblongis et acuminatis*. Duham. l. c. pag. 125?

Ce Pin, nommé vulgairement *Torchepin, Pin suffis, Pin crin, Pin du Brian-*
çonnais, Pin de montagne, ou tout simplement *Mugho,* est un arbre qui a le même
port que le Pin sauvage; mais il en diffère par ses feuilles d'un vert plus foncé, ayant
une forte odeur de Térébenthine; par ses chatons de fleurs mâles qui sont blanchâtres,
longs de six lignes au moins, portés sur des pédicules très-courts, et dont les anthères
se prolongent à leur sommet en une membrane arrondie, dirigée en haut. Il diffère
encore parce que ses cônes sont toujours d'un tiers au moins plus courts que les
feuilles, et surtout parce que la partie supérieure de leurs écailles, qui est renflée,
forme une pyramide quadrangulaire, dont les deux côtés qui regardent la pointe du
cône sont les plus longs, et les deux autres les plus courts, de sorte que cette partie
saillante des écailles paraît dirigée en arrière : le sommet de la pyramide est d'ailleurs
muni d'une petite pointe épineuse particulière. Le Pin Mugho paraît aussi variable
dans son port que le Pin sauvage; quelquefois il forme un grand arbre qui s'élève bien
droit, d'autres fois il est bas et rabougri et n'atteint pas deux toises de hauteur. Les
cônes semblent conserver leur forme assez constamment; mais ils sont ou plus gros
ou plus petits, et ils varient pour la couleur, depuis le verdâtre ou le jaunâtre jusqu'au
rouge-brun. Ce Pin fleurit à Paris au mois de mai. Il croît dans les Alpes, dans les
Pyrénées et sur le mont Ventoux.

4. PINUS Pumilio.

PIN Pumilio.

P. *ramis prostratis; foliis geminis, brevibus,*
rigidis; strobilis ovatis, obtusis, erectis;
antherarum cristâ ampliatâ, bilobâ.

P. à rameaux couchés; à feuilles géminées,
courtes, roides; à strobiles ovales, obtus,
redressés; à anthères dont la crête est élargie
et à deux lobes.

PINUS *Pumilio*. Waldst. Pl. Hung. 2. pag. 160. tab. 149. Willd. Sp. 4. pag. 495. Lamb.
Descript. of Pin. pag. 5. tab. 2.
PINUS *Mughus*. Scop. Carn. n. 1195, (*non Jacq.*)
PINUS *sylvestris montana* γ. Ait. Hort. Kew. 3. pag. 366.
PINUS *conis erectis*. Tournef. Inst. 586? Duham. Arb. et Arbust. 2. pag. 126?
PINASTER *Pumilio*. Clus. Pann. 15.
PINASTER *Pumilio ex monte Arbâ Bavariæ*. Camer. Hort. 127.
PINASTER *quartus Austriacus*. Clus. Hist. 32.
PINASTER *conis erectis*. Bauh. Pin. 492?

Le Pin Pumilio est un arbrisseau plutôt qu'un arbre; il ne s'élève qu'à six ou sept
pieds, et ses rameaux sont rampans. Ses cônes sont moitié plus petits que ceux du
Pin sauvage. Il croît abondamment dans les Alpes du Saltzbourg, de la Carniole, de
la Hongrie et de la Silésie. On ne le connaît pas encore à Paris; je ne l'ai rencontré
dans aucun jardin, et je n'ai pu le voir dans aucun herbier.

5. PINUS Banksiana. *Tab. 67. fig. 3.*

PIN de Banks. *Pl. 67. fig. 3.*

P. *foliis geminis, brevibus, rigidis; strobilis*
incurvatis, folio longioribus, squamis in-
ermibus; antherarum cristâ dilatâ, emar-
ginatâ.

P. à feuilles géminées, courtes, roides; à cônes
recourbés, plus longs que les feuilles, dont les
écailles sont dépourvues d'épines; à anthères
munies d'une crête dilatée, échancrée.

PINUS *Banksiana*. Willd. Sp. 4. pag. 497. Lamb. Descript. of Pin. pag. 7. tab. 3.
PINUS *rupestris*. Mich. Arb. Forest. Amer. 1. pag. 49. pl. 2.
PINUS *Canadensis bifolia, foliis curtis et falcatis, conis mediis incurvis*. Duham. Arb. 2. p. 126.

Cette espèce, connue vulgairement en Angleterre sous le nom de *Pin du Labrador,*

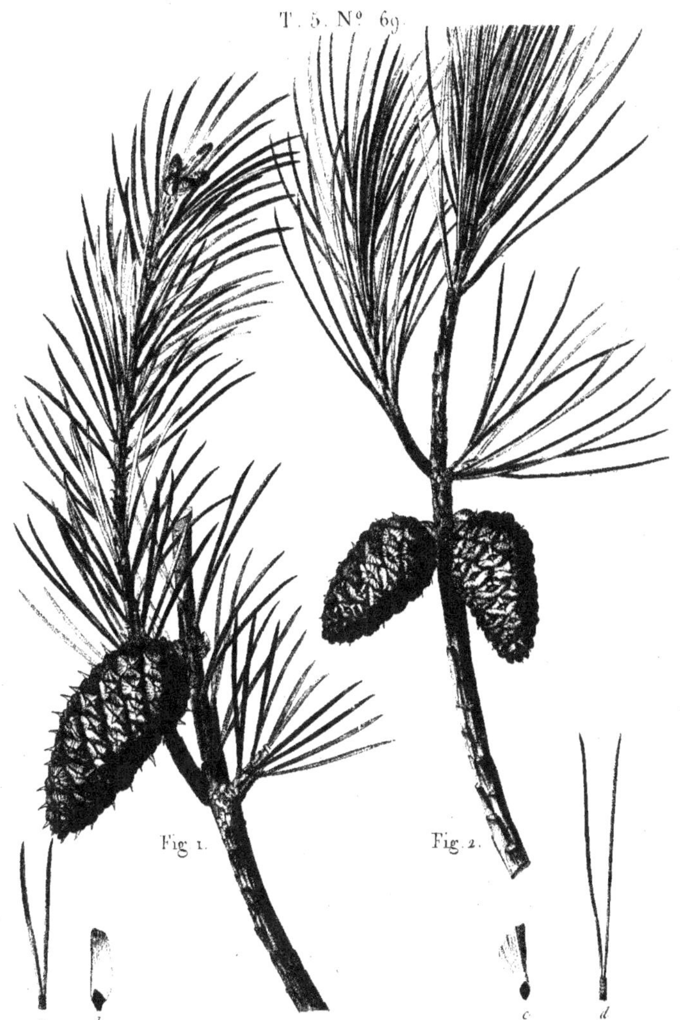

Fig. 1. **PINUS** inops.

PIN chetif.

Fig. 2. **PINUS** variabilis.

PIN variable.

P. Bessa pinx.

Bocourt sculp.

dans les États-Unis d'Amérique et dans le Canada, sous les noms de *Pin chétif* et de *Pin gris*, est un arbre qui s'élève rarement au delà de huit à dix pieds, et qui, dans les parties les plus froides de l'Amérique septentrionale, n'atteint pas la moitié de cette hauteur. Ses feuilles sont longues d'un pouce, un peu courbées en faux. Ses chatons mâles, qui sont cylindriques, ont leurs anthères terminées par une crête réniforme, échancrée, crénelée et dilatée de chaque côté. Les cônes, souvent réunis deux ou trois autour des rameaux, sont sessiles, de la grandeur de ceux du Pin sauvage, mais plus grêles, d'une couleur cendrée ou grise, recourbés d'une manière remarquable, et leur pointe est toujours tournée dans la direction des rameaux. Cette forme courbe, qu'ils prennent naturellement, les fait ressembler, dit M. MICHAUX, à de petites cornes de béliers. Ils sont, selon le même, extrêmement durs, dégarnis de pointes, et ne s'ouvrent qu'à la deuxième et à la troisième année, pour laisser échapper leurs graines.

Le Pin de Banks croît dans les parties les plus septentrionales des États-Unis d'Amérique et dans le Canada; c'est, d'après l'observation de MM. MICHAUX père et fils, l'espèce de ce genre qui se trouve le plus avant dans le Nord. Il n'est pas encore cultivé en France; j'en ai vu, dans la collection du Muséum d'Histoire naturelle, des échantillons secs apportés d'Amérique par M. MICHAUX fils.

6. PINUS variabilis. *Tab.* 69. *fig.* 2.

P. *foliis geminis ternatisve; strobilis conicis, subsolitariis, folio dimidiò brevioribus; squamis umbilicatis, minutissimè mucronatis.*

PIN variable. *Pl.* 69. *fig.* 2.

P. à feuilles géminées ou ternées; à strobiles coniques, presque solitaires, moitié plus courts que les feuilles, ayant leurs écailles ombiliquées, chargées d'une pointe très-menue.

PINUS *variabilis.* WILLD. Sp. 4. pag. 498. LAMB. Descrip. of Pin. pag. 22. tab. 15.
PINUS *mitis.* MICH. Fl. Boreal. Amer. 2. pag. 204. MICH. Arb. Forest. Amer. 1. pag. 52. pl. 3.
PINUS *Tæda* B. POIR. Dict. Enc. 5. pag. 340.

Le Pin variable, connu dans les différentes parties des États-Unis, sous les noms de *Pin jaune, Pin Sapin, Pin à courtes feuilles*, est un arbre qui, selon M. MICHAUX, s'élève à cinquante ou soixante pieds, et dont le tronc acquiert communément quatre pieds de circonférence, quelquefois jusqu'à six pieds. Ses feuilles, longues de deux à quatre pouces, rarement davantage, sont disposées sur les rameaux de manière à former une double spirale, si on regarde leur direction de droite à gauche, et une triple spirale, si on la considère de gauche à droite; elles sortent communément deux à deux de la même gaîne; mais il est très-fréquent de les voir réunies trois à trois, et de trouver des rameaux qui n'ont que de ces sortes de feuilles, ou de les observer indistinctement mêlées avec des feuilles géminées. Toutes ces feuilles paraissent d'ailleurs persister moins long-tems que dans la plupart des autres espèces, car elles tombent à la fin de la seconde année, ou, au plus tard, au commencement de la troisième. Les cônes ne sont pas placés, lorsqu'ils naissent, à l'extrémité des rameaux; mais ils sont disposés un à un, ou opposés deux à deux vers le milieu de la pousse de l'année; quand ils sont mûrs, leur pointe est dirigée vers la terre, et leur couleur est grisâtre. En cet état, ils n'ont que dix-huit à vingt lignes de hauteur; leurs écailles sont sensiblement ombiliquées, et du centre de cet ombilic s'élève une petite pointe fine. M. MICHAUX dit que les cônes de cette espèce laissent échapper leurs graines la même année; ce qui doit s'entendre, je crois, de l'année où ils mûrissent; car il leur faut certainement deux printems pour se former et prendre tout leur accroissement, et j'ai observé des cônes de deux sortes, c'est-à-dire d'un an et de deux ans, sur les échantillons qui me viennent de Thury, où il y a une fort belle plan-

tation de Pins d'Amérique. M. MICHAUX a d'ailleurs eu raison de relever l'erreur de
sir Lambert, qui dit que le Pin variable est un arbre médiocre, car les Pins de cette
espèce, plantés à Thury il y a environ vingt ans, ont déjà vingt-deux à vingt-quatre
pieds de haut, et près de deux pieds de circonférence.

Cet arbre croît naturellement dans la plus grande partie des différentes contrées de
l'Amérique septentrionale.

7. PINUS inops. *Tab.* 69. *fig.* 1.

P. *foliis geminis, rigidis; strobilis conicis,
subsolitariis, folio sublongioribus; squamarum mucronibus pungentibus; amentis
masculis subsessilibus, antherarum cristâ
dilatatâ, integrâ.*

PIN chétif. *Pl.* 69. *fig.* 1.

P. à feuilles géminées, roides; à strobiles coniques, presque solitaires, un peu plus longs que
les feuilles, ayant leurs écailles chargées de
pointes piquantes; à chatons mâles presque
sessiles, dont les anthères sont surmontées
d'une crête dilatée et entière.

PINUS *inops.* AIT. Hort. KEW. 3. pag. 367. WILLD. Sp. 4. pag. 496. WILLD. Arb. 208. LAMB.
Descript. of Pin. pag. 18. tab. 13. MICH. Fl. Boreal. Amer. 2. pag. 204. MICH. Arb. Forest.
Amer. 1. pag. 58. pl. 4.

PINUS *Virginiana.* MILL. Dict. n. 9. POIR. Dict. Enc. 5. pag. 339.

Ce Pin, selon M. MICHAUX, s'élève à trente ou quarante pieds au plus, et son tronc
acquiert trois à quatre pieds de circonférence; mais très-souvent il reste au dessous de
ces dimensions. L'écorce du tronc est d'un brun foncé, celle des rameaux est d'un
brun rougeâtre, plus lisse que dans la plupart des autres espèces; et celle des jeunes
pousses de l'année tire sur le violet. Ses feuilles sont d'un vert sombre, deux à deux
dans la même gaîne, longues d'un à deux pouces, disposées autour des rameaux de
manière à ne former qu'une simple spirale. Les chatons des fleurs mâles sont presque
sessiles, longs tout au plus de quatre à cinq lignes; leurs anthères sont munies à leur
sommet d'un prolongement arrondi, membraneux. Les strobiles sont solitaires ou
tout au plus deux à deux, coniques, longs d'un pouce et demi à deux pouces et demi,
d'un rouge-brun; la partie renflée de leurs écailles est très-peu saillante, traversée
d'une ligne anguleuse horizontale, et chargée en son milieu d'une pointe piquante.
Ces cônes sont portés sur des pédoncules courts; leur pointe se dirige obliquement
en en bas; ils laissent échapper leur graine peu après l'époque de leur maturité, c'est-
à-dire à la fin de la seconde année. Ces graines sont petites, grisâtres; leur aile est
cinq fois plus grande qu'elles, et elle a neuf à dix lignes de long.

Le Pin chétif fleurit au mois de mai; il est originaire de l'Amérique septentrionale;
M. MICHAUX l'a trouvé très-abondant dans la partie basse du New-Jersey, où le sol
est maigre et sableux; il l'a aussi vu dans le Maryland, la Virginie et la Pensylvanie;
mais il ne l'a pas rencontré vers le nord au delà de la rivière Hudson, ni dans les
Carolines et la Georgie. M. HÉRICART de Thury l'a fait planter dans ses jeunes bois
il y a plus de vingt ans, et il y fructifie chaque année; j'en ai vu un individu haut de
plus de vingt pieds dans les jardins de Trianon, auprès de Versailles.

8. PINUS pungens. *Tab.* 67. *fig.* 4.

P. *foliis geminis, rigidis; strobilis ovatis, folio longioribus; squamarum spinis crassis,
durissimis, apice incurvis.*

PIN piquant. *Pl.* 67. *fig.* 4.

P. à feuilles géminées, roides; à strobiles ovoïdes,
plus longs que les feuilles; à écailles terminées
par des épines épaisses, très-dures, recour-
bées en dedans.

PINUS *pungens.* MICH. Arb. forest. Amer. 1. pag. 61. pl. 5.

PINUS *Tæda.* LAMB. Descript. of Pin. *quoad figuras,* d, d, et c *tabulæ* 16, *exclusis verò
figuris ramuli et florum masculorum* A et B B.

Le Pin piquant s'élève, sur un tronc très-rameux, à quarante ou cinquante pieds. Ses feuilles, au nombre de deux dans la même gaîne, sont épaisses, roides, longues de deux pouces à deux pouces et demi. Ses cônes, longs d'environ trois pouces, sont ovoïdes, élargis à leur base, d'une couleur jaunâtre, sessiles, souvent réunis trois à quatre autour des rameaux. Leurs écailles sont terminées par un mamelon très-fort, qui se termine en pointe courbée en dedans.

Le Pin piquant est encore nommé par M. MICHAUX *Pin de la montagne de la Table*, parce que cet arbre croît presque exclusivement sur cette montagne, l'une des plus élevées des Alléghanys, dans la Caroline septentrionale, et qu'il est fort rare dans tout le reste des États-Unis d'Amérique. On ne le cultive pas encore en France : je le décris d'après l'ouvrage de M. MICHAUX, et d'après les échantillons rapportés par ce voyageur, et qui sont conservés au Muséum du Jardin des Plantes.

9. PINUS resinosa. *Tab. 77. fig. 2.*

P. *foliis geminis, gracilibus; strobilis conicis, erectis, geminis, ternis quaternisve, non raròque verticillato-agglomeratis, folio dimidiò brevioribus; squamis dorso convexis, vix angulatis, apice umbilicato-depressis.*

PIN résineux. *Pl. 77. fig. 2.*

P. à feuilles géminées, grêles ; à strobiles coniques, redressés, deux à deux, trois à trois ou quatre à quatre, et quelquefois réunis en groupe, moitié plus courts que les feuilles, ayant leurs écailles convexes sur le dos, à peine anguleuses, comprimées et ombiliquées à leur sommet.

PINUS *resinosa*. AIT. Hort. Kew. 3. pag. 367? WILLD. Sp. 4. pag. 496? POIR. Dict. Enc. 5. pag. 339? LAMB. Descript. of Pin. pag. 20. tab. 14?

PINUS *Canadensis bifolia, foliis brevioribus et tenuioribus.* DUHAM. Arb. 2. p. 126?

L'arbre de cette espèce, que j'ai vu dans le jardin de l'école vétérinaire d'Alfort, à deux lieues de Paris, a plus de trente ans, et n'a guère plus de douze pieds de haut. Son tronc est divisé dès la base en trois branches principales qui s'élèvent obliquement, et qui sont chargées de rameaux nombreux et très-étalés, de manière à former un gros buisson large et arrondi. Les grosses branches sont recouvertes d'une écorce gercée, d'un rouge-brun, et les rameaux, de deux à six ans, sont revêtus d'une écorce cendrée assez unie. Les feuilles sont grêles, longues de trois à quatre pouces et quelquefois de cinq à six; elles ont une disposition particulière : c'est qu'au lieu d'être répandues uniformément le long des rameaux, elles laissent ceux-ci à nu dans la moitié ou les deux tiers de leur longueur, et sont seulement rassemblées vers leur extrémité ou dans le voisinage des fruits ; elles ne paraissent pas d'ailleurs rester plus de deux ans sur l'arbre. Je n'ai pu observer les fleurs mâles, parce qu'elles ont toutes avorté cette année, et la partie des rameaux sur laquelle elles auraient dû être placées, est restée entièrement nue. D'après sir LAMBERT, les chatons mâles sont d'une couleur purpurine, et la crète des anthères est convexe, réniforme, dentelée, et plus étroite que le corps même de l'anthère. L'arbre était d'ailleurs abondamment chargé de chatons femelles; ceux-ci sont ovoïdes, rougeâtres, disposés vers l'extrémité des rameaux, deux, trois ou quatre ensemble, et très-souvent par groupes de six à dix et même plus. Ces chatons sont redressés lors de la fleuraison, et ne changent pas de direction quand ils sont devenus des fruits. Ceux-ci, qui mûrissent la seconde année, adhèrent si fortement aux rameaux qu'ils y restent souvent attachés jusqu'à la quatrième année; ils ont dix-huit à vingt-quatre lignes de long, sur quatorze à dix-huit lignes de diamètre à leur base; ils sont d'une couleur brillante, rouge de canelle; la partie renflée de leurs écailles est convexe, très-peu anguleuse, comprimée en son centre, qui est de couleur grisâtre. Les graines sont blanchâtres ou blondes; leur aile, qui est de la même couleur, a six ou sept lignes de longueur.

Le Pin résineux croît spontanément dans l'Amérique septentrionale; il diffère du *Pinus rubra* de M. Michaux, qui, comme nous le dirons plus bas, n'est que le *Pinus Laricio* des auteurs français.

Cette espèce est fort rare en France; je ne l'ai vue nulle part, si ce n'est dans le jardin d'Alfort, où il y en a un seul arbre, et où on le prend pour le Pin d'Alep; mais la disposition inclinée des cônes de ce dernier ne permet pas de le confondre avec celui dont il est maintenant question. Le Pin résineux du jardin d'Alfort a d'ailleurs beaucoup de rapport avec le Pin d'Alep par la couleur grisâtre de l'écorce de ses jeunes rameaux et par la forme des feuilles, qui, dans l'une et l'autre espèces, sont menues et sujettes à varier pour le nombre, en se trouvant quelquefois trois dans la même gaîne; mais elles sont toujours plus longues dans le Pin résineux; et par leur disposition autour de la tige, elles forment une triple spirale, tandis qu'elles n'en forment ordinairement qu'une double dans le Pin d'Alep. J'ai cru d'ailleurs devoir mettre des points de doute en citant la synonymie des auteurs, parce que je n'ai pu en vérifier qu'une partie.

10. PINUS Halepensis. *Tab.* 70.	PIN d'Alep. *Pl.* 70.
P. *foliis geminis, gracilibus; strobilis conicis, subgeminis, cernuis, folium subæquantibus; squamis dorso convexis, vix angulatis, muticis; amentis masculis brevioribus; antherarum cristá rotundatá.*	P. à feuilles géminées, grêles; à strobiles coniques, inclinés, souvent deux à deux et à peu près égaux aux feuilles; à écailles convexes sur le dos, à peine anguleuses, lisses; à chatons mâles très-courts, dont les anthères se terminent en crête arrondie.

PINUS *Halepensis.* Desf. Fl. Atl. 2. pag. 352. Willd. Sp. 4. pag. 496. Lamb. Descrip. of Pin. pag. 15. tab. 11.

PINUS *Halepensis.* Poir. Dict. Enc. 5. pag. 338. Decand. Fl. Fr. n. 2059.

PINUS *maritima.* Lamb. Descript. of Pin. *quoad iconem tabulæ* 10 (1).

PINUS *foliis geminis, tenuissimis; conis obtusis, ramis patulis.* Mill. Dict. n. 8. 139. tab 208.

PINUS *Hierosolymitana, prælongis et tenuissimis viridibus foliis.* Duham. Arb. 2. pag. 126.

PINUS *maritima prima.* Matth. Valgr. 99, et Tabern. Icon. 936, (*quoad icones.*)

PINUS *maritimæ primum genus.* Camer. epit. 43, (*quoad iconem Matthioli usurpatam.*)

PINUS *sylvestris maritima, conis firmiter ramis adhærentibus.* J. Bauh. Hist. 1. lib. 9. pag. 257, *falsò* 245, (*quoad iconem ex Matthiolo depromtam.*) Tournef. Inst. 586.

Le Pin d'Alep, nommé vulgairement Pin de Jérusalem, est un arbre qui s'élève à quarante ou cinquante pieds, et dont le tronc acquiert par le bas quatre à cinq pieds de circonférence. Il forme, quand il est vieux, une tête arrondie, et dans sa jeunesse s'élève moins droit et porte ses rameaux plus étalés que la plupart des autres Pins. L'écorce du tronc et des branches est grisâtre ou cendrée, assez unie; celle des jeunes rameaux est verdâtre, moins sensiblement écailleuse que dans beaucoup d'espèces du même genre. Ses feuilles sont d'un vert foncé, très-étroites, longues de deux à trois pouces, ordinairement deux à deux, et quelquefois trois à trois dans la même gaîne;

---

(1) Sir Lambert ne paraît pas avoir bien connu le Pin d'Alep; la figure de cette espèce, qu'il donne planche XI de son Ouvrage, ne me semble pas parfaitement exacte; elle est fort bonne, quant au port et aux feuilles du rameau principal, quant au rameau qui porte des fleurs mâles, et quant aux détails de ces mêmes fleurs fig. a, A et B B; mais les trois cônes, tant celui qui est fixé sur un des rameaux, que les deux cônes CC, et la graine D, ou sont une variété du Pin d'Alep, ou plus probablement appartiennent à une autre espèce, et je rois que ce'est au Pin Laricio qu'il faut les rapporter. Dans les deux planches que le même auteur a consacrées à l'espèce qu'il nomme *Pinus maritima*, il commet des erreurs encore plus graves et beaucoup plus évidentes, puisqu'il fait une espèce qui n'existe pas en la composant avec des échantillons de deux espèces bien connues. La première planche (tab. IX) de son prétendu *Pinus maritima* représente certainement le Pin Laricio; la seconde, au contraire (tab. X), donne une figure très-exacte du Pin d'Alep, et c'est aussi à cette même espèce qu'on doit rapporter la description qu'il fait de son *Pinus maritima*, qui se trouve par conséquent un double emploi qu'il faut rayer de la liste des espèces. J'ai cru qu'il était d'autant plus important de rectifier l'erreur de sir Lambert, que sa Monographie des Pins est un ouvrage marquant et qui peut faire autorité.

PINUS Halepensis.   PIN d'Alep.

PINUS Laricio.   PIN Laricio.

P. J. Redouté pinx.   Rivaldi sculp.

elles forment par leur disposition une double spirale autour des rameaux, et elles ne paraissent rester guère plus de deux ans sur l'arbre. Les chatons mâles sont roussâtres, longs de trois lignes, portés sur un pédicule d'une ligne, disposés, au nombre de trente ou environ, en grappe. L'appendice de leurs anthères est arrondie, grande comparativement à la petitesse de celles-ci. Les chatons femelles, redressés pendant la fleuraison, sont verdâtres, très-légèrement teints de rougeâtre. Les cônes adhèrent aux rameaux par de très-forts pédoncules; ils ne sont pas placés à l'extrémité de la pousse de chaque année; mais ils sont ordinairement fixés vers le milieu des rameaux; leur pointe est dirigée presque perpendiculairement vers la terre. Ils sont d'une forme exactement pyramidale, un peu arrondis à leur base, longs de deux à trois pouces, d'une couleur jaunâtre ou fauve, et ils deviennent grisâtres à l'époque de leur parfaite maturité. La partie renflée de leurs écailles est peu saillante, légèrement convexe, à peine anguleuse. Les graines nues sont ovales, longues de trois lignes, aiguës à leur pointe inférieure; elles ont avec leur aile plus d'un pouce de long.

Le Pin d'Alep croît naturellement en Syrie, aux environs d'Alep et de Jérusalem; en Barbarie, dans les montagnes de l'Atlas; en France, sur les côtes de Provence, où il est commun aux environs de Toulon et de Fréjus, et où on lui donne le nom de *Pin blanc*. On le cultive à Paris, dans les jardins; mais tous ceux qu'on y rencontre maintenant sont peu élevés, parce que cet arbre craint le froid plus que toutes les autres espèces indigènes; l'hiver de 1788 a fait périr tous ceux qu'on avait à cette époque. Il fleurit dans le courant de mai, et ses fruits ne sont mûrs que deux ans après.

11. PINUS Laricio. *Tab.* 71 et *Tab.* 67, *fig.* 2.   PIN Laricio. *Pl.* 71 et *Pl.* 67, *fig.* 2.

P. *foliis geminis, laxis, strobilo subdupló longioribus; strobilis conicis subgeminis, interdùm ternis quaternisve; squamis dorso convexis, vix angulatis non raró spinulosis; amentis masculis subsessilibus, longioribus; antherarum cristá parvá, rotundatá.*

P. à feuilles géminées, lâches, presque deux fois plus longues que les fruits; à strobiles coniques souvent deux à deux, quelquefois trois à trois ou quatre à quatre, dont les écailles sont convexes sur le dos, à peine anguleuses, légèrement épineuses; à chatons mâles presque sessiles, allongés, ayant les anthères terminées par une crête petite et arrondie.

PINUS *Laricio.* Poir. Dict. Enc. 5. pag. 339. Decand. Fl. Fr. n. 2060.
PINUS *maritima.* Lamb. Descript. of Pin. (*quoad iconem tabulæ* 9, *exclusá veró tabulá.* 10.)
PINUS *rubra.* Mich. Arb. forest. Amer. 1. pag. 45. pl. 1. (*certé ex speciminibus siccis herbarii auctoris ipsius; excluso veró synonymo.* Ait. Hort. Kew.)
PINUS *Canadensis bifolia, conis mediis ovatis.* Duham. Arb. 2. pag. 125?
α *Strobilis fulvis.*
β. *Strobilis subviridibus.*

Le Pin Laricio ou *Pin de Corse* a des rapports avec le Pin maritime; il forme comme lui un arbre d'un bel aspect, qui s'élève en pyramide bien régulière, mais qui atteint à une bien plus grande hauteur, car il n'est pas rare, dans les montagnes de l'île de Corse, de voir des arbres de cette espèce qui ont plus de cent pieds, et on en trouve, dit-on, qui en ont jusqu'à cent quarante et cent cinquante. Ses rameaux sont recouverts d'une écorce roussâtre, formée d'écailles imbriquées comme dans le Pin maritime, mais de manière à ne former qu'une triple spirale. Ses feuilles sont longues de cinq à sept pouces, très-menues, sans roideur sensible. Les chatons mâles, au nombre de six à quinze, rarement davantage, forment une grappe courte à la base de la jeune pousse qui commence à se développer : chaque chaton naît au milieu d'une rosette d'écailles; il est presque sessile, long de quatorze à seize lignes et d'une couleur jaunâtre; les anthères de ses étamines sont abondamment remplies d'un pollen d'une belle couleur de souffre, et elles sont terminées par une petite crête arrondie. Les chatons femelles sont ovoïdes, rougeâtres, redressés lors de la fleuraison, portés sur des pédoncules longs de quatre à six lignes, entourés à la base d'écailles sèches et scarieuses. Les écailles charnues qui forment le chaton et qui tiennent lieu de calices, sont terminées par une pointe qui persiste souvent dans la maturité du fruit et le rend légèrement épineux. Les cônes, ordinairement disposés deux à deux, quelquefois trois à trois et même quatre à quatre, sont d'une forme pyramidale, un peu courbés à leur extrémité du côté qui regarde la terre, longs de deux à trois pouces, d'un jaune roussâtre dans la première variété, et verdâtre dans la seconde ; ils sont placés sur les rameaux dans une situation presque horizontale. La partie renflée de leurs écailles est très-peu anguleuse, convexe, chargée en son milieu d'un ombilic dont le centre, surtout dans la variété à cônes verdâtres, s'élève souvent en une pointe très-courte et un peu épineuse. Les semences sont grisâtres, marquées de taches noires : seules elles n'ont guère plus de deux lignes de long ; avec leur aile, elles ont un pouce et plus.

Le Pin Laricio croît sur les montagnes de l'île de Corse ; M. Noisette m'a assuré l'avoir trouvé très-commun en Hongrie ; et ce qui paraîtra plus extraordinaire, mais qui n'en est pas moins certain, c'est cet arbre que M. Michaux indique dans le Canada et les États-Unis sous le nom de *Pinus rubra*, comme je m'en suis assuré par l'examen des branches et des fruits de ce Pin, que ce voyageur a déposés à son retour de l'Amérique septentrionale, pour être conservés dans les galeries de botanique du Muséum d'Histoire Naturelle, et en en faisant la comparaison avec le Pin Laricio cultivé dans le jardin du même établissement, ainsi qu'avec des échantillons que M. G. Robert m'a envoyés de Provence, et qui proviennent de graines de l'île de Corse. On le cultive d'ailleurs depuis environ quarante ans dans les jardins et les pépinières de la capitale et des environs. Ses fleurs sont tardives ; elles ne paraissent qu'à la fin de mai ou au commencement de juin, dans le climat de Paris.

Le Pin que M. Bosc nomme *Pin de Caramanie*, a tant de ressemblance, par la forme de ses feuilles et de ses fruits, avec le Pin Laricio, que je ne crois pas qu'il puisse constituer une espèce distincte de celui-ci. Si deux individus semés il y a douze ans de graines rapportées de l'Asie mineure par M. Olivier, n'ont encore atteint guère plus de deux pieds de haut dans le jardin de M. Cels, on doit l'attribuer à ce qu'ils ont été tenus en pot pendant presque tout ce tems, ce qui a arrêté leur accroissement ; car, au rapport du célèbre voyageur qui en a rapporté les graines, ce Pin, dans son pays natal, forme un très-grand arbre.

12. PINUS maritima. *Tab.* 72 et 72 *bis, fig.* 1.

P. *foliis geminis, rigidis, prælongis ; strobilis conicis, ternis quaternisque, rariùs solitariis aut verticillato-agglomeratis, folio multò brevioribus ; squamis dorso pyramidatis, biangularibus, apice mucronato-obtusis ; antherarum cristâ rotundatâ.*

PIN maritime. *Pl.* 72 et 72 *bis, fig.* 1.

P. à feuilles géminées, roides, très-longues ; à strobiles coniques, trois à trois ou quatre à quatre, plus rarement solitaires ou verticillés en groupes, beaucoup plus courts que les feuilles ; à écailles formées sur leur dos en pyramide à deux angles, dont le sommet est en pointe obtuse ; à crête des anthères arrondie.

a. PINUS *maritima major.* Tab. 72. Bauh. Pin. 492. Duham. Arb. 2. p. 125. (*exclusâ tabulâ* 28.)
PINUS *maritima* A. Poir. Dict. Enc. 5. pag. 337. (*exclusis multis synonymis.*)
PINUS *maritima* β. Decand. Fl. Fr. n. 2057. (*exclusâ figurâ Duhamelii.*)
PINUS *Pinaster.* Willd. Sp. 4. pag. 496. Lamb. Descript. of Pin. pag. 9. tab. 4, 5.
PINUS *syrtica.* Thore, Promenade sur les côtes de Gascogne. 161.

PINUS maritima .   **PIN** maritime .

P. Bessa pinx.   Didier sculp.

β. PINUS *maritima minor.* Tab. 72 *bis.* Fig. 1.

PINUS *maritima.* Lam. Fl. Fr. vol. 2. pag. 201. Poir. Dict. Enc. 5. pag. 337. Decand. Fl.
    Fr. n. 2057.

PINUS *maritima altera.* Matth. Valgr. 100. Dalech. Hist. 45.

PINUS *maritima secunda.* Tabern. Icon. 937.

PINUS *maritimæ secundum genus.* Camer. Épit. 44. (*icon Matthioli.*)

PINUS *maritima altera Matthioli.* Bauh. Pin. 492. J. Bauh. Hist. 1. lib. 9. pag. 258 , *falsò* 246.
    (*icon ex Matthiolo expressa.*) Tournef. Inst. 586. Duham. Arb. 2. pag. 125. tab. 29.

Le Pin maritime est un grand arbre qui s'élève bien droit, et forme une belle
pyramide. Ses rameaux sont disposés par verticilles plus réguliers que dans beaucoup
d'autres espèces; l'écorce des plus jeunes est toute formée d'écailles roussâtres ou
fauves, imbriquées, beaucoup plus saillantes que dans tous les autres Pins, et disposées de manière à former une triple spirale, si on considère leur direction de droite
à gauche, et une quintuple spirale, si on la considère de gauche à droite : ces écailles
sont libres à leur sommet, qui est un peu réfléchi en dehors, et qui forme avec la
tige un enfoncement dans lequel les feuilles sont attachées. Celles-ci sont longues
de huit à dix pouces, disposées deux à deux dans la même gaîne, roides, un peu
piquantes, larges d'une ligne à une ligne et demie, demi-cylindriques extérieurement, planes intérieurement lorsqu'elles sont fraîches, et canaliculées après leur
dessication. Les chatons mâles sont jaunâtres, ou plutôt fauves, nombreux, réunis en une grappe serrée à la base et autour du bourgeon qui doit former une
pousse dans l'année : leurs anthères ont une crête arrondie, membraneuse, bien
distincte. Les chatons femelles, ordinairement au nombre de trois à quatre et quelquefois davantage, redressés lors de la fleuraison, sont disposés par verticilles au
sommet de la pousse de l'année : leur couleur est rougeâtre. L'écaille qui forme le
calice est très-épaisse, charnue; on peut observer presque à l'œil nu les deux ovaires
qui sont adhérens à sa base et à sa face interne; le stigmate à deux pointes, qui est
situé vers la partie inférieure et un peu latérale de chaque ovaire, est aussi très-visible
à cause de sa couleur roussâtre. Ces chatons deviennent des cônes d'une forme exactement pyramidale, roussâtres ou fauves, luisans, ayant, dans le grand Pin maritime,
cinq à six pouces de longueur sur trente lignes de diamètre à la base; ils sont portés
sur des pédoncules ligneux, robustes, longs de six à huit lignes, et leur pointe se
dirige obliquement plus ou moins en bas. Les écailles forment, dans leur partie
renflée, des pyramides irrégulières, n'ayant que deux angles très-prononcés dans le
sens de leur grand diamètre. Ces pyramides sont beaucoup plus saillantes sur le côté
des cônes qui est exposé aux rayons du soleil, que sur le côté opposé, qui est quelquefois presque entièrement comprimé; elles sont terminées à leur sommet par un
mamelon, dont la pointe se dirige ordinairement vers le sommet du cône; mais qui
affecte quelquefois une direction contraire. Les graines sont irrégulièrement ovales,
longues d'environ quatre lignes, d'une couleur noirâtre, brillante sur la face qui
regarde l'axe du cône; elles contiennent une amande douce. L'aile dont elles sont
munies est brunâtre, longue de plus de vingt lignes.

La variété β diffère de l'espèce principale, parce que ses feuilles sont un peu moins
longues et que ses cônes sont moitié plus courts et beaucoup moins gros.

On trouve quelquefois sur le Pin maritime et sur sa variété, des groupes de cônes
réunis au nombre de trente à quarante, et même de quatre-vingts à cent, selon ce que
m'écrit M. le docteur Thore, de Dax; mais ce luxe de la végétation n'est point une
chose constante, et ne peut former une variété distincte; les individus qui sont chargés
de ces masses de cônes n'en ayant souvent que quelques-unes, et portant en même

tems sur d'autres branches des cônes ou tout-à-fait solitaires ou verticillés de deux à quatre ensemble. Au reste, dans les Landes de Bordeaux, les Pins qui portent ces groupes de fruits sont plus communs dans les dunes des bords de la mer, où les arbres peuvent pivoter à une grande profondeur, que dans l'intérieur des Landes où le sol est plus maigre, et où le tuf se trouve à un pied ou tout au plus à trois pieds de profondeur.

Le grand Pin maritime fleurit au mois de mai dans le nord et dans l'ouest de la France, dès le mois d'avril dans les pays littoraux de la Méditerranée; il croît naturellement dans le midi de l'Europe, dans les sables des bords de la mer et contrées adjacentes; il est commun en France, dans la Provence, le Languedoc et les Landes de Bordeaux. La variété à petit fruit est plus répandue dans la partie occidentale de la France qu'ailleurs; c'est elle qui croît en Bretagne, dans les sables arides des environs du Mans, qu'on trouve mêlée avec la grande espèce dans les Landes de Bordeaux, et dont on a fait des semis assez considérables dans la forêt de Fontainebleau. On cultive d'ailleurs les deux variétés au Jardin des Plantes de Paris.

13. PINUS Pinea. *Tab.* 72 *bis. fig.* 3 et *Tab.* 73.

PIN Pinier. *Pl.* 72 *bis. fig.* 3 et *Pl.* 73.

P. *foliis geminis, rigidis; strobilis subsolitariis, crassis, ovoideis, folio brevioribus; squamis dorso convexis, vix angulatis; seminum alis brevissimis; antherarum cristâ rotundatâ, dentatâ.*

P. à feuilles géminées, roides; à strobiles souvent solitaires, gros, ovoïdes, plus courts que les feuilles; à écailles convexes sur le dos, à peine anguleuses; à ailes des semences très-courtes; à crête des anthères arrondie, dentée.

PINUS *Pinea.* Lin. Sp. 1419. Willd. Sp. 4. pag. 497. Willd. Arb. 209. Desf. Fl. Atlant. 2. pag. 352. Poir. Dict. Enc. 5. pag. 338. Decand. Fl. Fr. n. 2058. Lamb. Descrip. of Pin. pag. 11. tab. 6, 7 et 8.

PINUS *sativa.* Bauh. Pin. 491. Dalech. Hist. 44. Tournef. Inst. 585. Duham. Arb. 2. pag. 125. tab. 27. Blackw. Herb. tab. 189. Lam. Fl. Fr. vol. 2. pag. 200.

PINUS *domestica.* Matth. Valgr. 96. Tabern. Icon. 936.

PINUS Camer. Epit. 39. Dod. Pemp. 859.

PINUS *ossiculis duris, foliis longis.* J. Bauh. Hist. 1. lib. 9. pag. 248.

Le PIN Regnault Botan. pl. 276.

β. PINUS *Pinea nucleis fragili putamine.*

Le Pin Pinier, nommé aussi *Pin Pignon, Pin Bon, Pin Cultivé,* se reconnaît facilement à l'étendue de sa tête, dont les branches sont étalées horizontalement, un peu relevées à leur extrémité, et forment une espèce de parasol. Son tronc s'élève à cinquante ou soixante pieds; il est revêtu d'une écorce rougeâtre, crevassée, mais assez unie, excepté sur les petits rameaux, où elle conserve long-tems l'empreinte saillante des feuilles, ce qui la rend comme hérissée d'écailles. Les feuilles, d'un vert assez foncé, demi-cylindriques, longues de six à sept pouces, larges d'une ligne, sortent deux à deux d'une gaîne, et sont disposées de manière à former une triple spirale autour des rameaux. Les chatons de fleurs mâles sont jaunâtres, placés sur des rameaux assez grêles, et vers leur extrémité; il y forment, par leur réunion de quinze ou vingt ensemble, des grappes surmontées de quelques feuilles qui commencent à se développer. Chaque chaton n'a pas plus de six lignes de long; il est très-courtement pédonculé, et ses anthères sont surmontées d'une crête arrondie, denticulée. Les chatons femelles sont blanchâtres, situés un, deux ou trois ensemble à l'extrémité des rameaux les plus forts et les plus vigoureux. Chaque chaton est porté sur un pédoncule particulier, chargé d'écailles lancéolées, roussâtres, scarieuses, et il

Fig. 2

Fig. 1.

Fig. 3.

Fig.1. **PINUS** maritima. **PIN** maritime.   Fig.2. **PINUS** occidentalis. **PIN** occidental.

Fig. 3. **PINUS** Pinea.   **PIN** Pinier.

P. Bessa pinx.

Didier sculp.

PINUS Pinea.   PIN Pinier.

Bocourt sculp.

est entouré à sa base d'un double rang de ces mêmes écailles qui lui ont servi d'enveloppe avant la fleuraison; sa forme est parfaitement ovale, et sa longueur totale est
d'environ six lignes. Les écailles ou les calices qui forment le chaton femelle sont d'un
vert blanchâtre; la bractée portée sur leur dos est légèrement rougeâtre en son bord
supérieur, et le stigmate est à deux pointes d'un rouge vif. Après la fécondation, les
calices augmentent de volume, se serrent les uns contre les autres, et forment par
leur aggrégation un fruit qui est trois ans à mûrir. Pendant la première année, il est
à peine plus gros que n'était le chaton femelle; pendant la seconde, il change de
forme, devient presque globuleux et acquiert tout au plus le volume d'une noix, c'est-
à-dire environ dix à douze lignes de diamètre. Au commencement de la troisième
année, les cônes s'allongent et grossissent rapidement; les écailles, de roussâtres
qu'elles étaient, deviennent d'un beau vert, leur ombilic seul reste roussâtre; enfin,
au bout de la troisième année, ils ont atteint toute leur grosseur et sont parvenus à
leur maturité. En cet état ils ont une forme à peu près ovoïde; leur hauteur moyenne
est de quatre pouces, et leur plus grand diamètre de trois; ils sont d'une couleur
roussâtre assez uniforme. La partie saillante de leurs écailles forme une espèce de
pyramide raccourcie, à angles arrondis, dont le sommet est tronqué et comme ombiliqué, ou chargé d'un mamelon. Chaque écaille est creusée, à sa base et à sa partie
intérieure, de deux fossettes, dans lesquelles sont logés deux noyaux beaucoup plus
gros que dans toutes les autres espèces du même genre, et dont l'aile est au
contraire beaucoup plus courte. La coquille ligneuse des noyaux est dure et difficile
à rompre dans l'espèce vulgaire; mais elle est tendre et se casse facilement dans la
variété β, qui est cultivée dans le royaume de Naples; dans l'une et dans l'autre elle
contient une amande blanche, douce et agréable au goût.

Le Pin Pinier croît naturellement dans les départemens du midi de la France, en
Italie, en Espagne, sur les côtes de Barbarie et probablement dans l'Orient; on le
cultive dans les parcs et les jardins de Paris ou du nord de l'Empire; il y fleurit à la
fin de mai ou au commencement de juin.

14. PINUS Massoniana.	PIN de Masson.
P. *foliis geminis, tenuissimis, longissimis;* *vaginâ abbreviatâ; antherarum cristâ den-* *tato-lacerâ.* Lamb.	P. à feuiles geminées, très-menues, très-longues, sortant d'une gaîne courte; à anthères termi-nées par une crête dentée ou comme déchirée.

PINUS *Massoniana.* Lamb. Descript. of Pin. pag. 17. tab. 12. Willd. Sp. 4. pag. 497.

Cette espèce de Pin est indiquée dans la monographie de sir Lambert, d'après un
échantillon portant des feuilles, des fleurs mâles, mais dépourvu de fruit; échantillon
conservé dans l'herbier de M. Banks, et rapporté, par M. F. Masson, du Cap de
Bonne-Espérance, où l'arbre était cultivé de graines qui y avaient été envoyées de la
Chine. Sir Lambert n'ajoute rien autre chose à sa phrase spécifique, si ce n'est
que cet arbre a les stipules ciliées et comme velues; que la gaîne des feuilles est
filamenteuse et déchirée; que les feuilles ont trois à quatre pouces de long; que
celles-ci sont étroites, canaliculées et rudes en leur bord; enfin, que les chatons mâles
sont pédonculés, et que la crête des anthères est plate et réniforme.

15. PINUS Californiana.	PIN de Californie.
P. *foliis geminis ternisve, gracilibus; stro-* *bilis folio multò longioribus.*	P. à feuilles géminées ou ternées, grêles; à cônes beaucoup plus longs que les feuilles.

Je n'ai pas cru devoir négliger de faire connaître cette espèce, quoique le seul individu que j'aie vu au Jardin des Plantes n'eût ni fleurs ni fruit; la note qui m'a été
communiquée par M. le professeur Thouin ne pouvant laisser de doute sur l'existence

de ce Pin, comme espèce distincte. « Cet arbre croît dans le voisinage de Monte-Rey,
en Californie. Un de ses cônes, recueilli par Colligon, jardinier de l'expédition de
La Peyrouse, fut envoyé au Muséum d'Histoire naturelle en 1787. Ce cône avait la
forme de celui du grand Pin maritime, mais il était plus gros d'un tiers dans toutes ses
dimensions. Sous chacune de ses écailles se trouvaient deux semences de la grosseur
de celles du Pin Cembro, et dont l'amande était bonne à manger. Ces graines, semées
au Muséum, ont produit douze jeunes plants, qui, cultivés dans l'orangerie, se sont
conservés pendant long-tems. La plupart ont été donnés à des cultivateurs des départemens méridionaux. Il en existe encore un pied au Jardin des Plantes, placé depuis
quelques années en pleine terre dans le lieu nommé la petite butte ; sans être très-
vigoureux il se maintient en santé. » J'ajouterai que cet arbre a environ sept pieds de
haut ; que ses feuilles sont longues de trois pouces, très-menues, d'un vert peu foncé,
et qu'elles sont réunies deux ou trois ensemble dans la même gaîne.

* * *Feuilles sortant trois à trois de la même gaîne.*

16. PINUS rigida. *Tab.* 74.

PIN hérissé. *Pl.* 74.

P. *foliis ternis ; strobilis ovoideo-oblongis,
ternis quaternisque, folio multò brevioribus ; squamarum mucronibus spinosis, rigidis ; amentis masculis prœlongis ; antherarum cristá dilatatá, rotundatá.*

P. à feuilles ternées ; à strobiles ovoïdes-oblongs,
ternés ou quaternés, beaucoup plus courts que
les feuilles, ayant leurs écailles terminées par
une pointe roide, épineuse ; à chatons mâles
allongés, dont la crête des anthères est dilatée,
arrondie.

PINUS *rigida* Mill. Dict. n. 10. Willd. Sp. 4. pag. 498. Lamb. Descript. of Pin. pag. 25.
tab. 18 et 19. Mich. Arb. Forest. Amer. 1. pag. 88. pl. 8.
PINUS *tæda* A. Poir. Dict. Enc. 5. pag. 340 ?

L'écorce du tronc du Pin hérissé est d'une couleur fauve tirant sur le brun ; celle
des jeunes rameaux est d'un fauve brillant, toute formée en écailles beaucoup plus
marquées que dans la plupart des autres espèces : ces écailles sont presque imbriquées les unes sur les autres, et c'est au sommet de chacune d'elles que les feuilles
sont articulées. Celles-ci, disposées autour des rameaux en double spirale, sont d'un
vert gai, longues ordinairement de quatre à cinq pouces, et variant, d'après M. Michaux, depuis un pouce et demi jusqu'à sept pouces, selon que l'arbre se trouve dans
des lieux très-secs ou très-humides ; elles sont réunies à leur base, où elles forment
un cylindre parfait, trois dans la même gaîne. Les fleurs mâles sont des chatons de
couleur jaunâtre ou tirant sur le fauve, longs d'un pouce, portés sur de très-courts
pédoncules, réunis au nombre de vingt à trente, formant une grappe à la base et
autour des jeunes pousses de l'année, qui, dans le moment de la fleuraison, les
surpassent toujours de deux à trois pouces. Leurs étamines se terminent par un prolongement ou une espèce de crête arrondie, membraneuse, d'une couleur plus foncée
que le reste de l'anthère, et se dirigeant vers le sommet du chaton. Les cônes, d'après
plusieurs échantillons recueillis sur des arbres venus en France, m'ont paru venir
constamment sur le milieu de la jeune pousse, de sorte que les chatons femelles sont
axillaires dans le moment même de la fleuraison, et non terminaux, comme dans la
plupart des autres espèces. Ces cônes sont rarement solitaires ; ils forment le plus
souvent des verticilles de trois, quatre à cinq fruits, et j'ai vu, dans les galeries du Muséum des Plantes de Paris, deux échantillons rapportés d'Amérique par M. Michaux,
qui portent, l'un quarante, et l'autre près de soixante-dix cônes réunis en un seul
groupe, et dont la grosseur est, à peu de chose près, la même que dans ceux qui
viennent solitaires ou par trois ou quatre ; ils n'offrent de différence qu'en ce que leur
base est rétrécie et forme une pyramide à quatre, cinq ou six angles, ce qui vient de

PINUS rigida.   PIN herissé.

Fig. 1. **PINUS** serotina.   PIN tardif.
Fig. 2. **PINUS** Tæda.   PIN Téda.
Fig. 3. **PINUS** Australis.   PIN Austral.

P. Bessa pinx.   Didier sculp.

la pression qu'ils ont éprouvée en cette partie, en étant serrés et rapprochés les uns contre les autres. Cette pression, que tous ces cônes amoncelés éprouvent à leur base, fait aussi qu'ils restent plusieurs années sur les arbres sans s'ouvrir, parce que l'écartement des écailles commençant toujours par la base du fruit, cet écartement ne peut pas avoir lieu tant que la réunion de tous les cônes existe, et que la base de chacun d'eux reste resserrée de toutes parts. Tous les cônes, d'ailleurs, comme dans la plupart des espèces du même genre, ne mûrissent qu'au bout de deux ans; ceux d'une année sont ovales, arrondis, verts, excepté au sommet de chaque écaille, qui est d'une couleur violette foncée, et chargé d'une pointe épineuse longue d'une à deux lignes. A leur maturité, les cônes deviennent d'une couleur fauve ou de canelle; leur longueur la plus ordinaire est alors de deux pouces et demi, sur quinze lignes de diamètre à leur base : ils sont portés sur des pédoncules courts et épais, dirigés obliquement en bas; leur forme est ovale, un peu allongée, rétrécie vers leur sommet qui est comme tronqué. Les épines qui sont sur le dos des écailles restent de la même longueur qu'elles étaient dans le jeune fruit; mais elles finissent par devenir presque de la même couleur que le reste du cône. Les graines sont petites, ovoïdes, un peu aplaties, quatre à cinq fois plus courtes que la membrane ailée dont elles sont munies, et qui a huit à neuf lignes de long; elles s'échappent assez facilement des cônes, dont les écailles s'entr'ouvrent ordinairement un peu avant le tems ou vers le moment de la fleuraison qui a lieu dans le courant de mai.

Le Pin hérissé est indigène de l'Amérique septentrionale, où il est très-répandu dans la plus grande partie des Etats-Unis, et où il est connu sous les noms de *Pin à goudron, Pin noir, Pin à aubier.* Dans les mauvais terrains, comme dans les sables et sur les montagnes, il ne s'élève guère à plus de quinze à trente pieds, tandis que dans les lieux humides, et surtout dans les marais, il atteint jusqu'à soixante-dix et quatre vingts pieds de hauteur, et six à sept pieds de tour. On le cultive en France depuis quelques années; feu M. Héricart de Thury en a fait semer il y a plus de vingt ans; et les plants, à l'âge de trois, quatre et cinq ans, furent placés dans de jeunes bois, sur une surface d'environ vingt arpens, à Thury, aux environs de Soissons, où ils forment aujourd'hui un bois superbe, dans lequel on voit plusieurs arbres qui ont trente pieds de hauteur et trois pieds de circonférence. Le Pin hérissé croît avec tant de vigueur dans ce sol, qui est de nature sabloneuse, et exposé en pente au nord, sur une petite vallée, que dans plusieurs sommets de branches qui m'ont été communiquées par M. Héricart de Montplaisir, docteur en médecine, des rameaux de deux ans avaient vingt-six lignes de tour. La rareté de ces arbres les ayant fait espacer plus qu'il ne convenait, leurs branches latérales ont un tel développement, que plusieurs de ces Pins ont autant et plus de largeur que de hauteur. Dans le même terrain, M. Héricart de Thury a acclimaté des Tulipiers, des Liquidambars et autres arbres forestiers étrangers. J'ai vu encore un assez gros individu du Pin hérissé dans les jardins de Trianon, auprès de Versailles; les autres arbres de cette espèce, que j'ai vus ailleurs, étaient très-petits et n'avaient pas encore rapporté de fruits; mais de jeunes plants âgés de six ans, que j'ai eu occasion d'observer au Jardin des Plantes, avaient, au printems de cette année, des chatons femelles sans avoir de fleurs mâles.

17. PINUS Tæda. *Tab.* 75. *fig.* 2.

P. *foliis ternis, elongatis; strobilis pyramidato-oblongis, subtruncatis, subgeminis, folio brevioribus; squamis muricatis spinis acutis, inflexis; antherarum cristâ orbiculatâ.*

PIN Téda. *Pl.* 75. *fig.* 2.

P. à feuilles ternées, allongées; à strobiles souvent deux à deux, plus courts que les feuilles, ayant la forme d'une pyramide oblongue, un peu tronquée, dont les écailles sont chargées d'épines aiguës, tournées en dedans; à crête des anthères orbiculaire.

PINUS *Tæda*. Lin. Sp. 1419. Willd. Sp. 4. pag. 498. Willd. Arb. 210. Mill. Dict. n. 11.
Poir. Dict. Enc. 5. pag. 340. Lamb. Descript. of Pin. pag. 23. tab. 17 et tab. 16, *exclusis
figuris* c, d, d, c. Mich. Fl. Boreal. Amer. 2. pag. 205. Mich. Arb. Forest. Amer. 1. p. 97.
pl. 9.

PINUS *foliis ternis*. Gronov. Virg. 152.

PINUS *Virginiana tenunifolia tripilis, seu ternis plerumque ex uno folliculo setis, strobilis
majoribus*. Pluk. Alm. 297.

Le Pin Téda s'élève, dans son pays natal, à soixante ou quatre-vingts pieds, et
il acquiert six à neuf pieds de circonférence. Ses feuilles sont fines, d'un vert peu
foncé, longues d'environ six pouces, réunies trois ensemble dans la même gaîne, et
quelquefois au nombre de quatre. Ses chatons mâles ont un pouce et plus de longueur;
la crête qui termine leurs anthères est orbiculaire, un peu plus large que l'anthère
elle-même. Les cônes sont longs d'environ quatre pouces, souvent disposés deux à
deux, un peu inclinés vers la terre; ils ont la forme d'une pyramide allongée et tronquée : la partie renflée de leurs écailles est armée d'épines aiguës, dont la pointe est
dirigée en dedans.

Le Pin Téda croît spontanément dans les cantons secs et sablonneux de la Virginie
et de la Caroline, où il fleurit au mois d'avril. On le cultive en France dans quelques
jardins, mais en général il est encore rare. J'en ai vu au Jardin des Plantes un jeune
individu qui ne rapportait pas de fruit.

18. PINUS serotina. *Tab. 75. fig.* 1.　　　　PIN tardif. *Pl. 75. fig.* 1.

P. *foliis ternis, prælongis; strobilis ovoideis,*　P. à feuilles ternées, allongées; à strobiles ovoïdes,
suboppositis, folio duplò brevioribus; squa-　souvent opposés, deux fois plus courts que les
mis munitis mucrone minutissimo, facilè　feuilles; à écailles chargées d'une pointe très-
evanido.　menue, très-fragile.

PINUS *serotina*. Mich. Fl. Boreal. Amer. 2. pag. 205. Mich. Arb. Forest. Amer. 1. pag. 86.
pl. 7. Willd. Sp. 4. pag. 499.

Le Pin tardif est un arbre qui s'élève très-rarement au dessus de quarante pieds, et
dont le tronc n'a pas plus de quinze à dix-huit pouces de diamètre. Ses feuilles,
longues de cinq à six pouces et même plus, sont réunies trois à trois dans une même
gaîne. Ses cônes sont parfaitement ovoïdes, longs de vingt-quatre à trente lignes,
ordinairement réunis deux à deux et opposés l'un à l'autre : la partie renflée de leurs
écailles est peu saillante, chargée en son centre d'une épine très-courte et très-
menue, qui se casse facilement par le moindre frottement, ce qui fait que souvent on
trouve des cônes de cette espèce qui sont parfaitement lisses. Ces fruits ne s'ouvrent,
pour laisser échapper leurs graines, qu'un an ou même deux ans après leur maturité.

Le Pin tardif croît dans les lieux humides ou marécageux de la Caroline et de la
Pensylvanie. On le cultive en France; mais il y est encore rare, et je n'en ai vu que
de jeunes individus.

19. PINUS Australis. *Tab. 75. fig.* 3.　　　PIN Austral. *Pl. 75. fig.* 3.

P. *foliis ternis, longissimis, é vaginá elonga-*　P. à feuilles ternées, très-longues, sortant d'une
tá, lucerá; strobilis oblongo-conicis, folio　gaîne allongée; à strobiles d'une forme coni-
brevioribus; squamis munitis mucrone mi-　que oblongue, plus courts que les feuilles; à
nutissimo, reflexo; amentis masculis præ-　écailles munies d'une pointe très-menue, re-
longis.　courbée en dehors; à chatons mâles allongés.

PINUS *Australis*. Mich. Arb. Forest. Amer. 1. pag. 64. pl. 6.
PINUS *palustris*. Ait. Hort. Kew. 3. pag. 368. Willd. Sp. 4. pag. 499. Willd. Arb. 211.

Mill. Dict. n. 14. Poir. Dict. Enc. 5. pag. 341. Lamb. Descript. of Pin. pag. 27. tab. 20. (1)
Mich. Fl. Boreal. Amer. 2. p. 204.
PINUS *Americana palustris trifolia, foliis longissimis.* Duham. Arb. 2. pag. 126.

Le Pin Austral s'élève, dans son pays natal, à soixante ou soixante-dix pieds de hauteur; il acquiert quinze à dix-huit pouces de diamètre, et sa grosseur est, à peu de chose près, la même dans les deux tiers de sa hauteur. L'écorce des branches est brunâtre; elle conserve long-tems l'empreinte et les supports écailleux des feuilles après leur chute. Les feuilles sont d'un vert un peu foncé, grêles, longues d'un pied et plus, réunies trois ensemble dans une gaine membraneuse de près de deux pouces de longueur, et déchirée à son entrée en cinq ou six lanières linéaires. Les fleurs mâles forment une grappe de chatons longs de près de deux pouces et d'une couleur violette; elles paraissent au mois d'avril. Les cônes ont une forme conique très-allongée; leur longueur est de sept à huit pouces. La partie saillante de leurs écailles est peu élevée, mais chargée en son milieu d'un mamelon terminé par une petite pointe recourbée en arrière. Les graines sont surmontées d'une aile qui a souvent plus de deux pouces de longueur; leur coque ligneuse est mince et blanchâtre, au lieu d'être noire, comme dans les autres Pins d'Amérique, et elle contient une amande d'un goût assez agréable. M. Michaux, sans expliquer combien il faut d'années aux fruits du Pin Austral pour mûrir, dit que dans les années où cet arbre porte fruit, ses cônes sont à maturité vers le quinze octobre, et laissent échapper leurs graines dans le courant du même mois; je crois qu'il faut entendre que la maturité des cônes n'a lieu que la seconde année.

Le Pin Austral croît naturellement dans les lieux secs et arides des parties méridionales des États-Unis d'Amérique, en Virginie, en Caroline, en Georgie et dans les deux Florides, où il est connu sous les noms de *Pin à longues feuilles*, *Pin jaune*, *Pin à goudron*, *Pin à balais*, etc. D'après l'observation de M. Michaux, que la dénomination *Pinus palustris* donnait une idée absolument fausse de la nature du sol où croît cet arbre, j'ai adopté le nom de *Pinus Australis*, qui lui a été donné par ce voyageur. Cette espèce est encore très-rare en France; j'en ai vu deux individus d'environ huit à dix pieds de haut, chez Mme. Lemonnier, à Versailles, où ils sont cultivés depuis quinze ans, et où ils n'ont pas encore rapporté de fruit. On les tient en caisse et on les rentre dans l'orangerie pendant l'hiver. Il y en a aussi deux dans le jardin de l'Impératrice Joséphine, à La Malmaison.

20. PINUS longifolia.	PIN à longues feuilles.
P. *foliis ternis tenuissimis, longissimis, pendulis; strobilis folio multò brevioribus; antherarum cristâ convexâ, integriusculâ.*	P. à feuilles ternées, très-menues, très-longues, pendantes; à cônes beaucoup plus courts que les feuilles; à anthères dont la crête est convexe et presque entière.

PINUS *longifolia.* Willd. Sp. 4. pag. 500. Lamb. Descript. of Pin. pag. 29. tab. 21 et 21 *bis.*

Ce Pin est un arbre fort élevé, dont les feuilles sont très-grêles, pendantes, longues de plus d'un pied, et réunies trois ensemble dans une gaine qui a six lignes de longueur. Les chatons mâles sont ovales-allongés, presque cylindriques, longs d'environ un pouce, et la crête de leurs anthères est assez large. Les chatons femelles sont globuleux, pédonculés, redressés pendant la fleuraison. Les cônes qui leur succèdent sont

---

(1) M. Michaux observe que la figure de sir Lambert représente bien les feuilles et les fruits du *Pinus palustris*; mais qu'elle est défectueuse relativement aux fleurs mâles.

ovales-allongés, ou pour mieux dire, d'une forme à peu près conique ; leurs écailles sont renflées, comme tuberculeuses, dépourvues de pointes épineuses.

Le Pin à longues feuilles croit spontanément, selon sir LAMBERT, sur les montagnes de la ci-devant île de Bourbon, aujourd'hui île Napoléon. En décrivant et en rapportant cette espèce d'après le témoignage de l'auteur que je viens de citer, je crois devoir faire mention des remarques que j'ai faites en examinant les figures de la monographie des Pins. Sir LAMBERT donne deux planches du *Pinus longifolia*, et ces deux planches, excepté pour les figures des cônes, ne sont que des copies l'une de l'autre. Le cône représenté en *d d*, dans la planche 21, ne convient nullement à la description de l'auteur, qui porte : *strobili ovati. . . . . . haud biunciales.* Ce cône, tel qu'il est représenté, a près de cinq pouces de longueur, et il ressemble beaucoup, par sa forme générale et par celle de ses écailles, à un cône de Pin maritime ; la partie renflée des écailles est seulement un peu plus saillante que dans tous les échantillons de cette espèce que j'ai eu occasion d'observer. Les deux cônes que le même auteur a fait figurer dans la seconde planche du *Pinus longifolia*, n'ont que trente lignes de hauteur, leurs écailles ne sont pas très-renflées, et leur forme générale approche beaucoup de celle du *Pinus Laricio*. L'observation d'une différence aussi apparente dans des fruits représentés comme appartenant à la même espèce, m'a donné lieu de croire que sir LAMBERT avait confondu les fruits de deux espèces distinctes.

21. PINUS Cembra. *Tab. 77. fig.* 1.
P. *foliis quinis, vaginis deciduis; strobilis ovatis, erectis, folium subæquantibus; squamis junioribus pubescentibus; seminum alis obliteratis; antherarum cristâ reniformi.*

PIN Cembro. *Pl. 77. fig.* 1.
P. à feuilles par cinq, dont les gaînes sont caduques ; à cônes ovales, redressés, à peu près aussi longs que les feuilles, ayant dans leur jeunesse les écailles pubescentes ; à ailes des semences oblitérées ; à anthères ayant une crête réniforme.

PINUS *Cembra.* LIN. Sp. 1419. WILLD. Sp. 4. p. 500. WILD. Arb. 212. PALL. Ross. 1. pag. 3. tab. 2. MILL. Dict. n. 6. POIR. Dict. Enc. 5. pag. 341. DECAND. Fl. Fr. n. 2061. LAMB. Descript. of Pin. pag. 34. tab. 23 et 24.

PINUS *sylvestris Cembro.* MATTH. Valgr. 102. CAMER. Epit. 42. TABERN. Icon. 939.

PINUS *foliis quinis triquetris.* HALL. Helv. n. 1659.

PINUS *foliis quinis, cono erecto, nucleo eduli.* DUHAM. Arb. 2. pag. 127. tab. 32. GMEL. Sib. 1. pag. 179. tab. 39.

PINUS *sylvestris montana tertia.* BAUH. Pin. 491. TOURNEF. Inst. 586.

PINUS *cui ossicula fragili putamine, sive Cembro.* J. BAUH. Hist. 1. lib. 9. pag. 251.

PINASTER *alveo quinque foliis, nucleo fragili.* BELLON. Conifer. p. 20. b. 21.

TEDA *arbor, Cembro Italorum.* DALECH. Hist. 1. pag. 47.

Le Pin Cembro, connu aussi sous les noms vulgaires de *Ceinbrot, Eouve, Alviès, Tinier,* est un arbre qui s'élève à une hauteur médiocre, qui prend rarement une belle forme, et dont les branches sont étalées, recouvertes d'une écorce d'un rouge brunâtre. Ses feuilles naissent ordinairement cinq à cinq dans chaque faisceau ; quelquefois on n'en trouve que quatre, d'autres fois il y en a jusqu'à six : ces feuilles sont longues de deux à trois pouces, d'un vert peu foncé et un peu glauque en leur partie interne, qui est relevée d'une ligne longitudinale saillante. Dans leur jeunesse, elles sont entourées à leur base par une gaîne formée de huit à dix écailles membraneuses, sèches, scarieuses, de longueur et de forme différentes ; dans l'âge adulte, elles restent à nu sur un petit tubercule qui leur sert de pétiole commun. Les chatons mâles sont ovales, disposés en grappe vers le sommet des rameaux. Les cônes sont ovoïdes, longs de deux à trois pouces, d'une couleur rougeâtre, redressés vers le

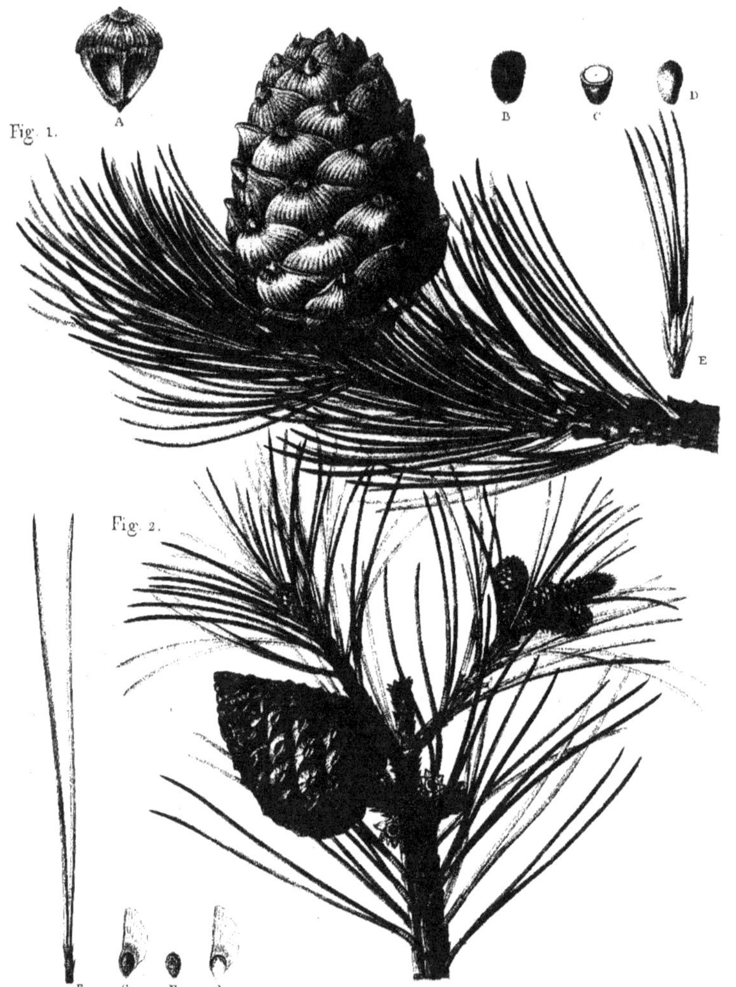

Fig. 1. **PINUS** Cembra.   PIN Cembro.

Fig. 2. **PINUS** resinosa.   PIN résineux.

P. Bessa pinx.   Dubreuil sculp.

PINUS Strobus.

PIN de Weimouth.

ciel, portés sur de très-courts pédoncules, solitaires, ou verticillés deux à trois
ensemble. La partie renflée de leurs écailles est peu saillante, arrondie, avec une
dépression au sommet; elle est légèrement velue dans la jeunesse du fruit. Les graines
sont plus grosses que dans toutes les autres espèces, excepté le **Pin Pinier**; elles ont
d'ailleurs beaucoup de ressemblance avec celles de celui-ci; mais elles paraissent tout-
à-fait dépourvues d'ailes, soit que celles-ci soient avortées, soit qu'elles aient formé
avec la partie intérieure des écailles une adhérence telle qu'on ne puisse les en séparer
en même tems que la graine. L'amande est de très-bon goût.

Le **Pin Cembro** croît spontanément sur les hautes montagnes de l'Europe et en
Sibérie; on le trouve en France, dans les Alpes de la Savoie, du Piémont, du Dauphiné et de la Provence. Il fleurit en mai et juin.

22. PINUS Strobus. *Tab. 76.*

P. *foliis quinis, gracilibus, vaginis deci-*
duis; strobilis oblongo-cylindraceis, pen-
dulis, folio longioribus; squamis lævibus,
rotundatis; amentis masculis brevibus; an-
therarum cristâ nullâ.

PIN de Weimouth. *Pl. 76.*

P. à feuilles par cinq, grêles, dont les gaînes sont
caduques; à cônes oblongs, cylindriques,
pendans, plus longs que les feuilles; à écailles
lisses, arrondies; à chatons mâles courts, dont
les anthères sont dépourvues de crête.

PINUS *Strobus*. Lin. Sp. 1419. Willd. Sp. 4. pag. 501. Willd. Arb. 213. Mill. Dict. n. 13.
Lam. Illust. tab. 786. fig. 3. Poir. Dict. Enc. 5. pag. 341. Mich. Fl. Boreal. Amer. 2. pag. 205.
Mich. Arb. forest. Amer. 1. pag. 103. pl. 10. Lamb. Descript. of Pin. 31. tab. 22.
PINUS *foliis quinis, cortice glabro.* Gronov. Virg. 152.
PINUS *Canadensis quinquefolia, floribus albis, conis oblongis pendulis, squamis abieti*
ferè similibus. Duham. Arb. 2. pag. 127.
LARIX *Canadensis longissimo folio.* Tournef. Inst. 506.

Le **Pin de Weimouth** ou *Pin du Lord,* a reçu son nom de celui qui le premier l'a
introduit en Europe et l'a cultivé en Angleterre, le lord Weimouth. Cet arbre est le
plus grand de toutes les espèces de Pins connues jusqu'à présent; il s'élève bien droit
et forme une belle pyramide. M. Michaux en a mesuré un qui, après être abattu,
avait cent cinquante pieds d'élévation et quatre pieds et demi de diamètre; on en
a vu, selon le même, qui étant parvenus à leur plus grande élévation, avaient cent
quatre-vingts pieds de longueur et six à sept pieds de diamètre. Son tronc, dans les
premières années de sa vie, est revêtu d'une écorce lisse et unie; ce n'est que dans la
vieillesse qu'elle se fendille et devient rude; sur les jeunes branches elle est toujours
d'un gris cendré, très-lisse, même luisante et entièrement dépourvue d'écailles. Ses
feuilles sont fines et déliées, d'un vert un peu foncé, longues de trois à quatre pouces;
elles sortent, cinq ensemble, d'une gaîne commune, mais cette gaîne se dessèche et
tombe lors de leur parfait développement, et elles restent implantées sur un petit
tubercule qui s'attache aux rameaux. Elles sont disposées autour de ceux-ci de
manière à y former une double spirale. Elles sont moins persistantes que dans les
autres espèces; il n'y en a jamais que de deux ans sur l'arbre, et à la fin de l'hiver il n'y
a plus que celles de la dernière pousse. Les fleurs mâles sont des chatons de couleur
jaune, longs de six à sept lignes, disposés, au nombre de douze à trente, en une
grappe serrée autour et à la base des jeunes rameaux. Leurs anthères sont très-courtes,
tout-à-fait sessiles, sans aucune appendice à leur sommet; le pollen qu'elles contiennent est d'un beau jaune de soufre. Les fleurs femelles sont disposées sur des
chatons situés à l'extrémité des rameaux, redressés, longs de quatre à cinq lignes,
d'une forme à peu près cylindrique, portés sur des pédoncules écailleux qui ont
environ un pouce de longueur. Le stigmate, comme dans les autres espèces, est à deux
pointes, assez court et jaunâtre. Les fruits sont des cônes oblongs, presque cylin-

driques, un peu arqués, de quatre à cinq pouces de longueur, sur neuf à dix lignes de diamètre; ils sont pendans, portés sur des pédoncules assez longs, rarement solitaires, souvent disposés deux ou plusieurs ensemble en une sorte de verticille. La partie saillante de leurs écailles est arrondie, plus mince que dans les autres Pins, cependant un peu renflée; elle reste verte presque jusqu'au moment de la maturité, le sommet en est seulement desséché. Ces fruits mûrissent plutôt que dans les autres espèces; ils s'ouvrent dès les premiers jours d'octobre pour laisser tomber leurs graines, environ seize mois après la fleuraison, qui était arrivée à la fin de mai ou au commencement de juin de l'année antérieure.

Le Pin de Weimouth est indigène de l'Amérique septentrionale, où il est commun, dans le Canada et les États-Unis, surtout entre le 43ᵉ. et le 47ᵉ. degrés de latitude. On le cultive en France pour l'ornement des jardins et des parcs, et il commence à être assez répandu. Les plus beaux arbres de son espèce que j'aie vus sont dans les jardins de Trianon; il y en a plusieurs qui ont trente-six à quarante pieds de haut, sur quatre à cinq pieds de circonférence; il y a environ trente-six ans qu'ils sont plantés.

23. PINUS Occidentalis. *Tab.* 72 *bis*, fig. 2.   PIN Occidental. *Pl.* 72 *bis, fig.* 2.

P. *foliis quinis gracilibus, vaginis persistentibus; strobilis conicis, folio dimidiò brevioribus; squamis apice incrassatis minutissimé mucronatis.*

P. à feuilles par cinq, grêles, sortant de gaînes persistantes; à strobiles coniques, moitié plus courts que les feuilles; à écailles renflées au sommet, et terminées par une pointe très-menue.

PINUS *Occidentalis.* SWARTZ. Prod. 104. Fl. Ind. Occid. 2. pag. 1230. WILLD. Sp. 4. pag. 501. LAMB. Descrip. of Pin. pag. 35. POIR. Dict. Enc. 5. pag. 342.
PINUS *foliis quinis ab eodem exortu.* PLUM. Spec. Amer. pag. 154. tab. 161.
LARIX *Americana foliis quinis ab eodem exortu.* TOURNEF. Inst. 586.

Les feuilles de ce Pin sont très-grêles, longues de six à huit pouces, réunies cinq dans une gaîne longue de six à huit lignes, et qui n'est pas caduque, comme dans les deux espèces précédentes. A leur base est une écaille lancéolée, longue de quelques lignes. Les cônes ont environ trois pouces de longueur; leurs écailles sont renflées à leur extrémité supérieure, anguleuses, ombiliquées à leur sommet et chargées d'une petite pointe droite, très-menue. Ce Pin croît sur les montagnes, dans l'île de Saint-Domingue; j'en ai vu un échantillon avec des fruits dans l'herbier de M. POITEAU, qui l'avait recueilli dans son lieu natal. Il y a lieu de croire qu'il pourrait s'acclimater dans les parties méridionales de la France, puisqu'il tombe quelquefois de la neige sur les montagnes où il est indigène.

RECHERCHES HISTORIQUES, CULTURE, USAGES ET PROPRIÉTÉS.

La nature n'a pas voulu que les parties de notre globe, sur lesquelles le soleil ne laisse jamais tomber que des rayons obliques, et qui pendant une grande partie de l'année sont privées de son influence vivifiante, ou celles dont l'élévation considérable au dessus du niveau commun de la terre, rend la température analogue à celles des premières, fussent jamais entièrement dépouillées de cette verdure qui fait la parure des contrées les plus favorisées du ciel, et sans laquelle le règne végétal semble en quelque sorte privé de la vie. Les Pins et les Sapins en conservent l'image dans ces climats, au milieu des hivers les plus rigoureux, et ces arbres des contrées froides sont ainsi parés de leur feuillage, quand ceux de nos contrées, sous un ciel moins rigoureux, en sont entièrement dépouillés. Les Pins et les Sapins sont aussi communs vers le Nord qu'ils sont rares vers l'Équateur, et les espèces qu'on y rencontre ne croissent que sur les montagnes et dans les lieux les plus élevés, comme le Pin occidental de Saint-Domingue, et le Pin à longues feuilles des Indes.

C'est dans la famille des Pins que se trouvent les arbres les plus élevés de la nature, plusieurs atteignent une hauteur extraordinaire; ce sont les géans du règne végétal. L'*Araucaria du Chili* s'élance jusqu'à deux cents soixante pieds; le Pin de Weimouth, dans les États-Unis d'Amérique, jusqu'à cent quatre-vingts; le Pin Laricio, sur les montagnes de la Corse, élève quelquefois sa cime à cent cinquante pieds, tandis que son tronc en acquiert vingt-quatre de circonférence; enfin le Mélèze, les Sapins d'Europe atteignent souvent cent vingt pieds de hauteur. La vie de ces arbres répond, par sa durée, à leurs dimensions gigantesques; le Cèdre du Liban vit plusieurs siècles, et le Pin sauvage peut vivre jusqu'à quatre cents ans.

Les Pins et les Sapins semblent être sur les Alpes un dernier et puissant effort de la végétation, après lequel elle n'a plus assez d'énergie pour produire autre chose que d'humbles arbrisseaux et d'autres plantes basses et rampantes. Les forêts qu'ils y forment à une élévation moyenne, entrecoupées de prairies, où croissent en abondance les Vératres, les Asphodèles, les Aconits, les Gentianes, etc., sont une sorte de ceinture qui sépare les régions inférieures des véritables contrées alpines. Ces arbres n'ont pas besoin, pour croître, d'un sol profond et fertile; les espèces qui habitent les plaines s'y trouvent surtout dans les lieux arides et sabloneux.

Les rameaux de la plupart des arbres de ces deux genres sont disposés symétriquement en rayons et par étages autour de la tige principale, de manière qu'on peut juger de l'âge de l'arbre par le nombre des verticilles. Leur ensemble forme une pyramide majestueuse. D'autres cependant, comme le Pin Pinier, portent une tête étalée et touffue, qui, surtout dans l'arbre un peu âgé et dont les branches inférieures ne subsistent plus, présente de loin l'aspect d'une sorte de parasol. Cette forme, observée par les paysagistes, leur sert à bien caractériser ces arbres dans leurs tableaux, où la différence des formes générales et du feuillage jette une agréable variété.

La substance résineuse qui défend le bois des Pins contre l'humidité, les rend spécialement propres à toutes les constructions qui doivent séjourner sous la terre ou dans l'eau. La tige droite et élevée des arbres de ce genre les a fait adopter dès les tems les plus reculés pour la mâture des vaisseaux.

> *Dant alios aliæ fœtus : dant utile lignum*
> *Navigiis Pinos,* . . . .　　　　Virg. Georg. II.

Cet usage des Pins était tellement consacré, que le mot *Pinus* est quelquefois employé figurément par les anciens pour signifier un navire.

> *Cedet et ipse mari vector, nec nautica Pinus*
> *Mutabit merces.* . . . . . .　　　　Virg. Bucol. IV.

> *Volat immissis cava Pinus habenis,*
> *Infunditque salum et spumas vorat ære tridenti.*　　　　Valer. Argon. I.

Le Pin était, chez les anciens, consacré à Cybèle; on le trouve ordinairement représenté avec cette déesse. Lorsque ses prêtres célébraient ses mystères, ils couraient armés de thyrses, dont les extrémités étaient des Pommes de Pins ornées de rubans. Atys, jeune et beau Phrygien, qui, selon la fable, fut passionnément aimé de Cybèle, ayant fait vœu de chasteté à cette déesse, lorsqu'elle lui confia le soin de son culte, et l'ayant trahi en épousant la nymphe Sangaride, Cybèle l'en punit, selon Ovide, dans la personne de sa rivale qu'elle fit périr; et selon d'autres, en inspirant au malheureux Atys un accès de frénésie, pendant lequel cet infortuné se mutila lui-même; et il était sur le point de se pendre, lorsque, touchée d'une compassion tardive, la déesse le changea en Pin, arbre qui lui était consacré. La pomme de Pin était d'ailleurs employée dans les sacrifices de Bacchus, les orgies et les pompes de ce dieu.

Le Pin était aussi consacré au dieu Sylvain, car celui-ci est souvent représenté portant à la main gauche une branche de Pin, où tiennent des fruits du même arbre. Properce donne encore le Pin au dieu Pan; il dit que le dieu d'Arcadie aime cet arbre, et on lui en faisait des couronnes. Une autre fable que celle d'Atys fait intervenir Pan d'une manière particulière dans l'existence du Pin. Une jeune nymphe nommée Pitys fut, dit-on, aimée en même tems de Pan et de Borée. Pan, irrité de ce qu'elle donnait la préférence à son rival, la jeta, de rage, avec tant de violence contre un rocher, qu'elle en mourut. Borée, touché du malheur de Pitys, pria la Terre de la faire revivre sous une autre forme, et elle fut changée en un arbre que les Grecs appelèrent, de son nom, Pitys. C'est le Pin qui, dit la fable, semble encore verser des larmes, par la liqueur qu'il répand lorsqu'il est agité par le vent Borée.

La lumière des éclats de Pin enflammés éclairait toujours les sacrifices mystérieux offerts à Isis ou à Cérès. Cette dernière s'en était, dit-on, servie pour diriger ses courses à la recherche de sa fille Proserpine, enlevée par le dieu des Enfers :

> *Illic accendit geminas pro lampade Pinus:*
> *Hinc Cereris sacris nunc quoque tæda datur.*   Ovid. Fast. IV.

C'est là l'origine du surnom de *Tædifera*, que les poètes de l'antiquité donnent souvent au Pin.

Les jeunes mariés n'emmenaient leur nouvelle épouse dans leur maison que la nuit, et des torches de Pin les précédaient toujours dans leur marche. C'est de là que *Tæda* a été souvent employé, dans un sens figuré pour le mariage même, par les poètes latins.

> *Si non pertæsum thalami tædæquefuisset.*   Virg. Æneid. IV.

> *Nec conjugis unquam*
> *Prætendi tædas, aut hæc in fœdera veni.*   Virg. Ibid.

Ces flambeaux de bois résineux étaient aussi d'un usage consacré dans les cérémonies expiatoires. Il paraît que, pour les rendre encore plus propres à servir à cette destination, on les enduisait de cire et de soufre.

> *Uror ut inductæ cerato sulfure tædæ.*   Ovid.

L'usage de brûler, pour s'éclairer, des éclats de différens bois, était très-commun avant l'invention des chandelles et des bougies, qui ne remonte pas plus haut que le treizième siècle; et les habitans des montagnes, dans les pays du nord et en plusieurs autres contrées, s'éclairent encore avec des copeaux de Pin. C'est ainsi que les paysans des hautes montagnes du Dauphiné font, avec le bois du Pin Mugho, des torches qui brûlent très-bien. Ce bois est quelquefois si résineux, que, coupé en lames minces, il est transparent. C'est peut être cette espèce que les anciens appelaient *Tæda*, et dont Pline a dit : *Sextum genus est Tæda propriè dicta, abundantior succo quàm reliqua, parciore liquidioreque quàm in Piceá, flammis ac lumini sacrorum etiam grata.* Lib. XVI, cap. 10. Il paraît cependant que plusieurs auteurs anciens ont employé le mot *Tæda*, moins pour signifier une espèce particulière, que pour désigner une disposition commune à plusieurs. Les Pins du mont Ida, suivant Théophraste, produisaient souvent une telle surabondance de résine, que tout le bois, l'écorce et les racines même en étaient entièrement pénétrés, ce qui finissait par faire mourir l'arbre, qu'on disait alors converti en torche (*Tæda*). C'est cet état, cette affection morbifique qui rendait les Pins plus propres à servir de flambeaux pour les cérémonies sacrées ou même pour l'usage commun.

Le bois de Pin était aussi employé à la construction des bûchers qui servaient à brûler les morts ; sa grande combustibilité le rendait très-propre à cet usage. C'est ainsi que Virgile, nous représentant les Troyens occupés à rendre les derniers devoirs à Misène, dit, en parlant du bûcher qu'on lui avait élevé :

> *Principiò pinguem tædis et robore secto*
> *Ingentem struxére pyram. . . . .*   Æneid. VI.

Chez les Grecs, les vainqueurs aux jeux Isthmiques recevaient une couronne faite de branches de Pin.

Le fruit des Pins était appelé par les Grecs *conos, strobilos*. Les Romains lui donnaient le nom de *nux pinea*, et quelquefois celui de *pomum*. Le peuple ayant jeté des pierres contre *Vatinius* qui donnait un spectacle de gladiateurs, les Édiles firent défense de jeter autre chose que des pommes dans l'arène. On y jeta des *pommes de Pin* : sur quoi le jurisconsulte Casélius, consulté si des *pommes de Pin* étaient censées des pommes, répondit que c'était des pommes, si on les jetait contre Vatinius : *nux pinea, si in Vatinium missurus es, pomum est.*

Les Pins ne repoussant jamais de leurs racines, lorsqu'une fois ils ont été coupés du pied, il était passé en proverbe chez les anciens de dire : *Pini in morem extirpare,* pour désigner une destruction totale. Les habitans de Lampsaque ayant pris Miltiade par surprise, Crésus les menaça par un héraut de les détruire *comme le Pin* s'ils ne le renvoyaient. Les habitans de Lampsaque ne comprenant pas tout le sens de cette menace, un des anciens leur expliqua comment cet arbre, une fois coupé, ne repoussait jamais, et les Lampsaciens effrayés mirent aussitôt Miltiade en liberté.

La poussière fécondante des fleurs mâles des Pins est très-abondante, et il est arrivé quelquefois, dans les pays où il y a de grandes forêts de Pins, que cette poussière, enlevée par les vents, a été transportée à des distances plus ou moins éloignées, et qu'après des orages la terre et les eaux s'en trouvaient couvertes dans une étendue assez considérable. Cela a fait croire autrefois à l'existence de pluies de soufre ; mais aujourd'hui que la cause de ce phénomène est bien connue, il n'étonne plus que ceux qui ignorent comment il se produit. Le docteur Mougeot, de Bruyères, à l'amitié duquel je dois un mémoire trés-détaillé sur les Pins qui croissent dans les Vosges, m'écrit que ces sortes de pluies causées par le pollen des Pins, sont assez communes dans le pays qu'il habite pour qu'il en ait été plusieurs fois témoin, et qu'il en a encore vu une au mois de juin de l'année dernière. Le pollen des Pins n'a aucune saveur et ne paraît pas contenir de résine, car si on y met le feu en petite masse, il brûle mal et lentement ; mis dans une cuiller avec de l'esprit-de-vin, il reste à sec et presque intact après la combustion de celui-ci, et il s'éteint au lieu de continuer à brûler. Il est plus léger que l'eau, ne s'y mêle qu'imparfaitement quand on l'y délaye, ne s'y dissout jamais, et ne tarde pas à surnager dès qu'on laisse le liquide en repos.

Toutes les espèces de Pins ne peuvent se multiplier que par les semences ; la nature les a privées des autres moyens de reproduction qu'elle a accordés à la plupart des autres arbres. Malgré tous les soins qu'on donne aux boutures et aux marcottes, il est impossible de les faire reprendre, et les vieux troncs ne se renouvellent jamais par de jeunes rejets sortis de leur souche. Si les Pins ne se multiplient que d'une seule manière, leur fécondité n'en est pas moins grande ; un seul cône contient soixante à cent graines, et dans quelques espèces, deux à trois cents ; un de ces arbres peut, à l'âge de vingt ans, rapporter chaque année des centaines de cônes, et les vieux en sont chargés de plusieurs milliers. Cette quantité prodigieuse de graines est plus que suffisante pour la multiplication des espèces, et encore ces graines conservent pendant plusieurs années leur faculté germinative si elles restent enfermées dans leurs cônes.

Dans les anciennes forêts de Pins, ces arbres se reproduisent par les graines qui tombent à terre, et qui y germent sans qu'on donne aucun soin à ces semis naturels. C'est, dans beaucoup d'espèces, aux premiers jours du printems, que les écailles des cônes, échauffées et desséchées par les rayons d'un soleil plus chaud, s'écartent les unes des autres pour laisser échapper les graines qu'elles tenaient renfermées. Mais lorsqu'on veut faire des semis de Pins, soit pour en former de nouvelles forêts, soit pour en faire diverses sortes de plantations, on est obligé de prendre plus de précautions. Il faut recueillir les cônes un peu avant leur parfaite maturité, afin de prévenir la chute des graines, et c'est, pour la plupart des espèces, dans les mois de février et de mars qu'il convient de faire cette récolte. Les écailles des cônes du Pin sauvage, du Pin rouge, du Pin chétif, du Mugho, du Laricio, etc., s'ouvriraient d'elles-mêmes sur les arbres, pour peu qu'on tardât à recueillir les fruits, et les graines se trouveraient perdues. Le Pin maritime, le Pin Pinier et autres ne laissent échapper leurs graines que plusieurs mois après leur maturité. Le Pin de Bancks, le Pin résineux, le Pin tardif les retiennent encore plus long-tems, et leurs cônes ne s'ouvrent qu'un an et même deux ans après qu'ils sont mûrs. Il n'y a pas cependant d'inconvénient à faire la récolte de leurs fruits à l'époque indiquée, les graines seront également bonnes et elles auront la faculté de se conserver dans les cônes pendant plusieurs années de suite. Pour pouvoir garder de même les espèces dont les écailles s'entr'ouvrent facilement, il faut avoir soin d'en ficeler les cônes.

Lorsque la récolte des fruits est faite, et qu'on veut faire ses semis peu de tems après, il ne faut, pour se procurer les graines des espèces dont les cônes s'ouvrent avec facilité, que laisser ceux-ci exposés au soleil pendant quelques jours. Quant aux espèces dont les graines sont retenues par des écailles très-serrées et très-adhérentes, ce qui réussit le mieux pour forcer les cônes à s'ouvrir promptement, c'est de les mettre tremper dans l'eau pendant vingt-quatre heures, et de les exposer ensuite à un feu léger ou au soleil ; et on réitère cette immersion dans l'eau et cette exposition à la chaleur autant de fois qu'il est nécessaire, selon la dureté des fruits. Si on n'est pas très-pressé d'avoir les graines, et qu'on trouve plus commode et plus facile de mettre les pommes de Pin dans un endroit bien exposé, et de les y laisser alternativement à la rosée pendant la nuit, et aux rayons du soleil pendant le jour, cela hâtera aussi l'écartement des écailles, mais cela ne sera pas aussi prompt. Dans tous les cas, on doit toujours éviter de faire sécher les cônes au four, parce qu'une trop forte chaleur détruit la faculté germinative des graines.

Le tems le plus favorable pour faire les semis de Pins, est, dans le nord de la France, la fin de mars ou le commencement d'avril ; on peut cependant en faire plus tard ; mais il faut alors que ce soit dans des pépinières où l'on a la facilité de suppléer par des arrosemens aux premières pluies du printems, qui favorisent beaucoup la germination des graines. Dans les départemens méridionaux, les semis faits en novembre et en décembre sont ceux qui réussissent le mieux.

La conduite des semis exige des soins différens, selon qu'on se propose d'en faire de simples pépinières, ou selon qu'on les destine à former des bois. Les jardinierspépiniéristes qui ne font que des semis peu considérables, sèment leurs graines dans des plates-bandes bien labourées, à l'exposition du nord ou du nord-est; et si le lieu n'est pas naturellement à l'ombre, soit par un mur, soit par de grands arbres, ils ont soin de former des abris avec des paillassons ou des claies, parce que les jeunes Pins, dans leur premier âge, craignent beaucoup les ardeurs du soleil. Quand on n'a qu'une petite quantité de graines, on peut les semer dans des terrines ou dans des caisses remplies d'une terre légère, et on a soin de les placer dans un endroit qui soit à l'abri du soleil. Il n'est pas besoin de recouvrir les graines de beaucoup de terre, il suffit qu'elles en soient couvertes d'environ un pouce.

Les graines de la plupart des Pins lèvent en trente à cinquante jours, et j'ai même vu sortir de terre, le vingt-huitième jour, quelques-unes de celles du Pin Pinier, quoique les coques ligneuses de cette espèce soient des plus dures; mais il n'est pas rare que beaucoup de graines ne lèvent que la seconde année, et DUHAMEL dit avoir vu des semences de Pin maritime ne sortir de terre qu'au bout de trois ans. Lorsqu'on a fait des semis de Pins, et qu'on ne voit pas paraître le plant la première année, on ne doit pas pour cela se presser de remuer la terre pour l'ensemencer de nouveau; il faut se contenter de faire sarcler, et attendre le printems suivant.

Les cotylédons des Pins sont fort différens de ceux des autres arbres; ils se partagent en plusieurs lanières linéaires. En admettant, selon l'opinion reçue aujourd'hui, que ces végétaux sont de la grande division des plantes dicotylédones, et en supposant que leurs feuilles séminales soient au nombre de deux, chacune d'elles se partage ordinairement en cinq, quelquefois en six, et plus rarement en sept divisions; mais, malgré l'opinion de M. DE JUSSIEU et de la plupart des botanistes, je ne regarde pas du tout comme constant que les Pins n'aient réellement que deux cotylédons; il m'a paru, au contraire, d'après l'examen attentif que j'ai fait de l'embryon du Pin Cembro et de celui du Pin Pinier, tirés du milieu du périsperme avant la germination, et d'après l'inspection des feuilles séminales de ce dernier, au moment où elles sortaient de la terre, il m'a paru, dis-je, que les divisions des cotylédons étaient toutes parfaitement égales, et qu'au lieu d'avoir deux bases communes, comme cela devrait être s'il n'y avait que deux cotylédons palmés, elles partaient chacune, très-distinctement, d'un point différent de la plumule, dans laquelle elles laissaient même des traces, surtout avant la germination, par autant de petits sillons indiquant parfaitement le nombre des découpures. Quelque soin que j'aie pris d'ailleurs, il m'a été impossible de partager l'embryon en deux lobes dont les divisions fussent naturelles, d'où je crois pouvoir conclure qu'il faudrait revenir à l'opinion de ceux qui avaient d'abord regardé les Pins et les autres conifères, comme plantes polycotylédones.

Non-seulement la germination des Pins diffère de celle des autres végétaux, mais toutes les espèces sont encore fort différentes pendant leur jeunesse de ce qu'elles seront par la suite. Les premières feuilles, qui paraissent immédiatement après les cotylédons, sont simples, linéaires, longues d'un pouce tout au plus, garnies en leurs bords de dents scarieuses qu'on ne voit bien qu'à la loupe. Ces feuilles primordiales sont les seules que portent les Pins pendant les deux premières années de leur vie. A la troisième année, rarement plus tard, des feuilles d'une autre forme, réunies deux, trois ou cinq ensemble dans la même gaîne, et telles que les arbres doivent en porter toujours, paraissent avec la nouvelle pousse; quelquefois même on en voit, dès la fin de la seconde année, plusieurs sortir des aisselles des primordiales. Celles-ci ne paraissent plus alors être que des stipules, et une fois que les véritables feuilles continuent à se développer, les autres, quoique continuant à paraître et à les accompagner, changent tellement de forme, qu'elles deviennent méconnaissables de celles qui ont existé pendant la première et la seconde année. Toute la sève semble dès-lors se porter dans les feuilles, qui désormais seront les seules dont les arbres doivent être chargés; les stipules ne prennent plus que fort peu d'accroissement, elles ne paraissent que sous la forme d'écailles scarieuses dont les bords sont frangés, et elles ne tardent pas à tomber après le développement des feuilles.

Les Pins croissent lentement dans les premières années de leur existence. Un arbre de deux ans n'a souvent pas un pied de haut; ce n'est qu'à quatre ou cinq ans qu'il commence à pousser avec quelque vigueur. Depuis dix ans jusqu'à cinquante, jusqu'à quatre-vingts et cent ans même, selon les espèces, les Pins sont dans toute la force de leur crue : leurs tiges prennent alors un grand essor ; chaque printems elles s'élèvent d'un à trois pieds, suivant les espèces et suivant que l'année est plus ou moins favorable à la végétation. A un certain âge, la crue se rallentit; mais quoique moins sensible, elle continue toujours, et les arbres ne cessent de s'élever vers le ciel que lorsqu'ils ont cessé de vivre, ou lorsque quelqu'accident a rompu leur flèche : c'est ainsi que l'on nomme la partie supérieure de leur tige.

Les Pins reprennent très-difficilement lorsqu'on les replante un peu grands, si dans leur jeunesse on n'a pas eu le soin de les conduire d'une manière particulière. Les pépiniéristes, qui ne cultivent ces arbres que pour fournir aux demandes qui leur sont faites, ont éprouvé que le moyen qui réussissait le mieux pour assurer leur reprise, lorsqu'on voulait, à cinq ou six ans, les planter à demeure, était de les changer de place, d'abord tous les ans, et ensuite au moins tous les deux ans. Lorsque les jeunes Pins ont un an, on les relève de la pépinière pour les mettre dans une autre place, à la distance de six à huit pouces l'un de l'autre. On doit observer, dans cette transplantation, de ne pas endommager les racines; on ne doit en retrancher aucune avec la serpette; les plaies qu'on leur ferait seraient mortelles pour le jeune plant. Les jardiniers sont dans l'usage de couper la tête à tous les arbres qu'ils plantent; mais ils se gardent bien d'en faire autant aux Pins et aux Sapins. L'accroissement de ces arbres, et en général celui des autres conifères résineux, n'a lieu que par le développement du bourgeon qui termine la tige. Si l'on retranchait le sommet de cette tige, les arbres cesseraient de croître en hauteur, ils ne pourraient plus s'élever, et les branches latérales seraient les seules qui pourraient s'étendre en largeur. Il faut encore observer de placer les jeunes Pins dans la même exposition que celle où ils ont passé leur première année, et de leur donner la même nature de terre.

Tous les tems ne sont pas convenables pour faire cette transplantation; l'expérience a appris qu'elle ne réussit bien qu'en saisissant l'époque où les arbres vont entrer en sève, ce qui arrive, dans le climat de Paris, à la fin de mars ou au commencement d'avril. J'ai éprouvé aussi, et j'ai réussi à transplanter de jeunes Pins, en le faisant au moment où leur végétation vient de cesser, vers la fin d'octobre. Il faut d'ailleurs préférer, pour faire cette transplantation, un jour nébuleux; et l'on doit se garder de la faire par un soleil ardent ou quand il souffle un vent desséchant. Lorsque les plants de Pins ont resté une année dans leur nouvelle place, on les relève encore pour les traiter comme la première fois, si ce n'est qu'on les espace un peu davantage, en les mettant à un pied l'un de l'autre. Cette nouvelle plantation peut rester deux ans en place : au bout de ce tems, c'est-à-dire à quatre ans, les jeunes Pins qui seront assez forts, et qui auront au moins trois pieds de haut, seront bons à être plantés à demeure. Quant à ceux qui sont trop faibles, ou dont les pépiniéristes n'ont pas trouvé l'emploi, ils les relèvent encore pour la troisième fois, mais alors ils les mettent en pleine terre, à deux pieds de distance, n'importe à quelle exposition. Dans ces différentes transplantations, les cultivateurs se proposent d'empêcher les arbres d'étendre leurs racines, et ils veulent les forcer, au contraire, à former beau-coup de fibres rapprochées, qui sont bien plus favorables pour la reprise, que le pivot qui se formerait si le plant restait dans la place où on l'a semé.

Cependant, comme malgré ces précautions, la reprise des Pins est en général bien moins assurée que celle des autres arbres, surtout si on les transplante un peu loin de la pépinière, plusieurs cultivateurs sont dans l'usage, lors de la seconde transplantation, de placer tous leurs Pins dans des pots qu'ils enterrent de toute leur profondeur, et qu'ils recouvrent d'un pouce de terre, afin que les racines conservent plus de fraî-cheur. Tous les ans, au printems, ils font changer leurs arbres de terre et de pots, en augmentant la grandeur de ceux-ci, selon l'âge des sujets. On se sert aussi de paniers d'osier ou mannequins; mais comme ils pourrissent promptement en terre, cela ne convient que pour les arbres qu'on espère vendre promptement. Par le moyen des mannequins ou des pots, les pépiniéristes, outre qu'ils peuvent beaucoup plus garantir la reprise des arbres, ont encore l'avantage de pouvoir en livrer dans toutes les saisons. La plantation en pot paraît d'abord avoir un inconvénient, c'est que les arbres qu'on tient ainsi à l'étroit, s'élèvent beaucoup moins que ceux qui sont en pleine terre et dont les racines peuvent prendre plus de nourriture; mais cet incon-vénient est tout-à-fait nul, si l'on fait attention que lorsqu'ils sont plantés à demeure, ils ont bientôt regagné le tems perdu; qu'ils poussent avec vigueur dès la première et dès la seconde année, et qu'ils surpassent promptement ceux dont les racines ont été mises à nu lors de la plantation; car ceux-ci languissent souvent pendant deux ans avant de bien reprendre, et leurs deux premières pousses sont presque nulles. Quand on transplante des Pins un peu âgés, comme de six à dix ans, et qu'ils ne sont pas dans des paniers, de même que dans tous les cas où les arbres doivent être transportés à quelque distance et rester quelques jours hors de terre, il est utile de tremper leurs racines dans un mélange de terre franche et de bouse de vache délayées avec de l'eau. Ce moyen, qui, au défaut des pots et des paniers, garantit assez bien les racines du contact de l'air, contribuera beaucoup à la conservation des arbres, surtout si, comme je l'ai déjà recommandé, on choisit, pour faire la transplantation, un tems couvert ou pluvieux. Les Pins, quelle que soit leur espèce, une fois qu'ils sont plantés à demeure, soit dans les jardins, soit dans les parcs, ne demandent plus aucun soin; il sera seulement nécessaire de mettre des tuteurs à ceux qui se trouveront dans des expo-sitions à être battus par les vents.

Tels sont les moyens qu'il convient de mettre en usage pour élever les Pins en pépinière; mais lorsqu'on veut en faire des semis considérables, lorsqu'on se propose d'en former des bois de plusieurs arpens, il faut s'y prendre d'une autre manière. Quelques auteurs, qui ont donné des principes sur la manière de semer les Pins, entre autres le baron de TSCHUDI, ont recommandé de labourer profondément la terre destinée à recevoir les semences de Pin; afin de la purger entièrement des mauvaises herbes, ils ont recommandé de réitérer deux ou trois fois ce labour; mais on peut, et l'on doit même s'épargner cette peine et ménager la dépense, car on a remarqué que les semis de Pins en grand, et en général ceux de tous les arbres résineux, réussis-saient moins dans un terrain profondément labouré, que dans celui qui ne l'était que superficiellement, parce que, plus une terre a été remuée, plus elle se dessèche facilement pendant les chaleurs de l'été, et plus les racines des jeunes arbres ont à souffrir. Les profonds labours ne sont bons que dans les jardins et les pépinières, où l'on peut, par des arrosemens, rendre au sol l'humidité qui lui est nécessaire, et que naturellement il conserve beaucoup plus long-tems dans un sol compacte. Il suffira donc, avant de faire de grands semis de Pins, de labourer la terre à trois ou quatre pouces de profondeur.

Lorsque le sol dans lequel on veut former un bois de Pins n'est pas sur la pente d'une montagne au nord, et que par la nature du climat les pluies sont rares; lorsque, surtout, le terrain est en plaine, et que le pays est aride et sabloneux, il faut prendre des précautions pour que les semis ne soient pas exposés, pendant leur première année, à un soleil trop ardent, et pour qu'ils ne soient pas desséchés par l'haleine des vents brûlans; car si on ne forme pas des abris aux jeunes arbres, leur perte est assurée. Il est donc utile, lorsque le terrain se trouve naturellement couvert par des broussailles, des fougères ou des bruyères, de conserver ces plantes ou ces arbustes, et au lieu de labourer le terrain dans toute son étendue, il suffit de faire à la pioche, à la distance de quatre ou cinq pieds, de petites fosses, ou seulement de remuer la terre dans une étendue de deux pieds en carré, et de semer une douzaine de graines dans chacun de ces trous. Ce qui réussit d'ailleurs très-bien quand le sol est entièrement à découvert, c'est de mêler la graine de Pin avec de l'orge ou de l'avoine, dans la proportion d'un cinquième ou d'un sixième, et de semer le tout ensemble dans la saison convenable, c'est-à-dire à la fin de mars ou dans le commencement d'avril. Ces céréales germant et croissant plus promptement que les graines des Pins, leur ombre protectrice défend celles-ci des rayons d'un soleil trop brûlant, au moment où elles sortent de terre, et pendant leur âge le plus tendre. Lorsque le moment de récolter l'orge ou l'avoine est venu, on a soin de couper seulement les épis, en prenant garde d'endommager le plant; et les chaumes qui restent sur pied continuent à protéger les jeunes arbres de leur ombre. Dans quelques pays on emploie au même usage le Genêt à balais, qui croît bien dans les sables. Cet arbrisseau, poussant très-vite dans ses premières années, forme un bon abri pour les jeunes Pins, et lorsqu'il devient trop grand, on le coupe pour leur donner de l'air. Outre ces divers moyens qui peuvent contribuer à la réussite des semis de Pins, M. Bosc conseille, lorsque la terre qu'on se propose de semer est entièrement nue, d'y planter, dans la direction du levant au couchant, à peu près à six pieds de distance les unes des autres, des rangées de Topinambours, et de répandre les graines de Pins dans les intervalles. Ce moyen d'abriter les semis de Pins est très-économique et même très-fructueux, selon l'auteur cité; la coupe seule des tiges des Topinambours, qu'on fait en septembre pour la nourriture des bestiaux, donne pendant trois à quatre ans un revenu peut-être supérieur à celui que tout le terrain eût produit s'il eût été semé en céréales. Au bout de ce tems on peut arracher les racines des Topinambours, et s'il en reste en terre quelques rejets, on ne doit pas craindre qu'ils puissent nuire au plant; ils ne tarderont pas à être étouffés par les Pins, lorsque ceux-ci prendront de la force.

Les seules précautions qu'on ait à prendre après avoir fait des semis de Pins, c'est de tâcher d'en éloigner les oiseaux, qui sont très-friands de la graine, et de rendre la plantation inaccessible aux bestiaux, en l'entourant de larges fossés ou de fortes haies. De quelque manière qu'on ait fait un semis de Pins, s'il a bien réussi la première année, il n'y a plus de soin à lui donner les années suivantes, il n'a pas besoin de nouveaux labours, et il est même inutile de le faire sarcler; les mauvaises herbes qui croissent avec le jeune plant lui sont plutôt utiles que nuisibles, par l'ombre qu'elles lui fournissent. On peut seulement éclaircir les endroits où le plant est trop serré; et encore ce soin n'est pas indispensable, car les Pins croissent très-bien pressés les uns contre les autres, et les plus forts finissent par étouffer les plus faibles, sans qu'on prenne la peine d'arracher ceux-ci. Cependant, lorsque des semis de Pins sont très-touffus, et qu'ils ont atteint l'âge de huit à dix ans, au lieu de laisser périr sur pied tous les sujets faibles et qui doivent naturellement être supprimés, il est bon de couper tous les ans ceux qui pourraient être dans ce cas. Dans les pays de vignobles, ces petits Pins peuvent être utilement employés à faire des échalas qui sont d'une bonne durée. Si on ne peut leur donner cette destination, ils seront toujours utiles comme bois de chauffage. Quand les Pins ont pris plus d'accroissement, lorsqu'ils ont cinq à six pouces de diamètre, ceux qu'on coupe alors peuvent servir à faire des chevrons ou des solives. On peut continuer ainsi, jusqu'à l'âge de vingt à vingt-cinq ans, à retrancher les Pins les plus serrés, après quoi il faut laisser ceux qu'on aura conservés, qui seront les plus beaux sujets, afin qu'ils parviennent à leur plus grand accroissement, et qu'ils forment des bois de haute-futaie.

Les Pins profitent d'autant plus qu'ils ont plus de branches, parce que ces arbres paraissent pomper dans l'atmosphère autant de nourriture par leurs feuilles qu'ils en retirent de la terre par leurs racines. On diminue leur vigueur et on ralentit leur accroissement en les élaguant, et on s'exposerait à les faire périr si on leur retranchait trop de branches à la fois, parce qu'il n'en repousse jamais de nouvelles à la place de celles qu'on a coupées. Cependant, lorsque les Pins ont atteint l'âge de huit à dix ans, et qu'ils sont plantés très-serrés, on peut les élaguer afin de pénétrer plus facilement dans la plantation ; alors on retranche seulement les branches qui forment l'étage inférieur, ayant soin de ne pas les couper trop près du tronc. Cette opération doit toujours se faire à la fin d'octobre ou au mois de novembre, tems où le mouvement de la sève est suspendu, et où l'écoulement résineux est presque nul. Tous les ans on peut continuer à retrancher ainsi les branches inférieures jusqu'à la hauteur de six à sept pieds, en ayant soin de n'en couper qu'un étage par année; mais il est bon d'observer qu'il vaut encore mieux abandonner ces arbres à la nature, et n'y pas toucher; car, avec le tems, ils se jardinent d'eux-mêmes, et à mesure qu'ils grandissent, les branches inférieures périssent parce qu'elles ne reçoivent plus assez d'air et de lumière.

Les forêts de Pins ne peuvent s'exploiter comme celles des Chênes ou des autres arbres; on ne peut, lorsqu'on fait des coupes, laisser des baliveaux, comme c'est l'usage dans les autres bois; l'observation a appris que si l'on réservait ainsi des Pins écartés et séparés les uns des autres, ils ne tarderaient pas, pour la plupart, à être renversés par les vents. Ces arbres, n'ayant que des racines peu profondes et peu étendues, ont besoin de croître rapprochés les uns des autres pour se prêter mutuellement un appui. Quand on fait des coupes dans des forêts de Pins, il faut donc, quel que soit l'âge des arbres, couper successivement par places ou par allées plus ou moins larges, en commençant au dessous du vent dominant. Le tems convenable pour faire les coupes, est la fin de l'automne et l'hiver. Dans les Alpes et les Pyrénées, qui sont couvertes de neige pendant six à sept mois de l'année, on est forcé de couper les Pins pendant l'été; mais comme ils sont alors en sève, le bois qui résulte de ces coupes est toujours inférieur en qualité à celui qui provient d'arbres abattus dans la saison convenable. Dans les Vosges, on coupe aussi les Pins en été, par des raisons d'économie, le charriage et la main-d'œuvre étant moins chers dans cette saison, parce que tous les travaux d'exploitation sont alors plus faciles qu'en hiver. D'un autre côté, on a bien plus de facilité pour les écorcer dans le moment de la sève que dans toute autre saison, ce qui engage encore à les abattre dans ce moment, l'écorce étant un excellent chauffage et devenant inutile au bois de travail.

L'ombre des Pins est funeste aux autres végétaux ; comme dans leur jeunesse ils poussent beaucoup par le bas, ils étouffent toutes les plantes. Si, dans la suite, lorsqu'ils sont élancés et que la moitié inférieure de leur tronc est restée nue, quelques plantes peuvent croître entre les arbres assez éloignés les uns des autres, ces plantes ne sont jamais très-nombreuses, et le sol a toujours un aspect aride qu'on ne trouve pas dans les autres forêts. Les plus grands arbres même ont de la peine à venir mêlés avec les Pins, et les Chênes finissent souvent par disparaître des lieux où ceux-ci sont plantés en grand nombre.

Les Pins, comme bien d'autres arbres, sont sujets à certaines maladies; leurs forêts sont exposées à des avaries que l'on ne peut toujours empêcher, tels que les éboulemens des terres, si communs dans les pays de montagnes, et occasionnés par les pluies ou les grands dégels. Ces éboulemens détruisent plusieurs arpens de forêts, qui se repeuplent à la vérité assez vite, si on a le soin de défendre le terrain de l'approche des animaux capables de brouter les plantes qui y croissent d'abord avant les Pins, et qui les protègent dans leur enfance. Sans cette précaution, ces arbres n'y reviennent qu'à la longue et fort difficilement. Les *chablis* sont dus aux coups de vent; mais on remarque que leurs racines sont le plus souvent gâtées. Le frottement des arbres les uns contre les autres occasionne des loupes en forme d'anneau; alors la partie placée au dessus prend seule de l'accroissement, tandis que l'arbre languit, périt ou se rompt fréquemment dans le voisinage de l'excroissance. Les Pins ainsi affectés de chancres, comme s'expriment les bûcherons, ont les feuilles moins vertes. D'autres excroissances sont dues à une trop grande abondance de suc nourricier; on les remarque sur les rameaux, et c'est principalement sur ceux-ci que croît le Gny parasite. Les bûcherons observent aussi ce qu'ils appellent des *bois roulés*, dont les cernes ou crues annuelles sont moins adhérentes les unes aux autres; on ne s'aperçoit de ce défaut qu'en travaillant le bois, surtout en le fabriquant en planches, qui se gercent, se fendent facilement et sont de moindre durée : ils croient avoir remarqué que les arbres qui se trouvent dans ce cas ont crû dans les lieux très-battus des vents, où les mouvemens violens auxquels ils se sont trouvés sans cesse exposés, ont empêché l'adhérence des couches annuelles, et ils appuient ce raisonnement sur ce que le meilleur bois de Pin est celui qui croît aux expositions abritées des vents.

La combustibilité des Pins rend leurs forêts beaucoup plus sujettes aux incendies que celles des autres arbres. Ces embrâsemens arrivent fréquemment en Sibérie, et ils font de très-grands ravages, parce qu'on laisse l'incendie s'étendre sans chercher à en arrêter les progrès. Il est très-difficile de se rendre maître de ces incendies, parce que les Pins brûlent par le sommet et que la flamme qui s'en dégage est très-ardente. Dans les Alpes et dans les Vosges, ils sont assez rares; quand il arrive un de ces accidens, on tâche de l'arrêter en pratiquant des abattis, comme on est dans l'usage de le faire lors des incendies des autres forêts. Dans les forêts de Pins des Landes de Bordeaux, où le feu prend assez souvent par la négligence des pasteurs, on l'empêche, par un moyen fort simple, selon M. SECONDAT, de faire des progrès et de consumer la forêt entière. Lorsque le feu a pris dans un endroit d'un bois, on met le feu dans une autre partie opposée, plus ou moins éloignée du premier embrâsement, selon l'étendue de l'incendie. Il s'établit un courant d'air du premier point d'embrâsement vers le second; ce courant porte les flammes vers le centre commun, tous les arbres qui sont entre deux sont consumés; mais le foyer de l'incendie finissant par se trouver au milieu d'un espace vide, le feu s'éteint faute d'aliment, et le reste de la forêt échappe à l'embrâsement.

Les chenilles de plusieurs phalènes, entre autres celles des *Phalena bombyx Pini, Ph. bombyx Pithyocampa* et *Ph. bombyx monacha* LIN., causent quelquefois de grands dommages aux Pins. Les anciens ont connu ces chenilles et leur ont donné le nom qu'elles portent encore aujourd'hui : *Pinorum erucas quas Pityocampas vocant.* Plin. Les chenilles de la *Pithyocampa* (1) sont souvent si nombreuses sur un seul arbre, et elles sont si voraces, qu'elle peuvent en manger toutes les aiguilles en un jour. Les Pins qu'elles ont ainsi dépouillés de leurs feuilles périssent infailliblement ; malheur à la forêt où elles existent, si on ne cherche pas à les anéantir et à empêcher leur reproduction pour l'année suivante. Ces chenilles ont été plusieurs fois si communes dans le nord de l'Allemagne, en Prusse et en Silésie surtout, qu'elles ont commis de vastes dégâts, dévorant, dans l'espace de quelques jours des milliers d'arpens de forêts de Pins. Pour remédier aux terribles ravages exercés par ces insectes, on a été obligé d'employer toutes sortes de moyens (2). On a défendu la chasse des pics, des chouettes, des engoulevents, des mésanges et autres oiseaux qui se nourrissent de ces chenilles, ou des phalènes qu'elles produisent. On a aussi fait respecter les chauves-souris qui les dévorent. Les forêts où s'étaient montrés ces insectes ont été entourées de fossés ; on les a nettoyées en brûlant tous les débris de bois, les feuilles qui tombaient des arbres ; on les a fait parcourir par des troupeaux de cochons, parce que ces chenilles abandonnent les arbres en automne et pendant l'hiver, pour descendre à leurs pieds, s'y cacher sous la mousse ou s'enfoncer dans la terre, afin de s'y transformer en chrysalide et y rester jusqu'au printems, où elles doivent reparaître sous leur dernière forme, celle d'insecte parfait. Pendant l'été, lorsque les mâles voltigent, le soir, après les femelles, afin de les féconder, on s'est avisé d'allumer, au milieu de ces forêts, des feux dont la flamme attirait les phalènes et les consumait. A ces moyens généraux on en a joint de plus difficiles à pratiquer dans une vaste forêt, tels que l'enlèvement, par la main des hommes, des nids des chenilles, la recherche des chrysalides en hiver et au premier printems ; enfin, on a fini par mettre le feu dans les cantons qui étaient les plus infestés des insectes, afin de les anéantir entièrement par ce moyen, et de les empêcher de s'étendre dans le voisinage.

On voit quelquefois les Pins et les Sapins, et même des forêts entières de ces arbres, jaunir, à commencer par leur sommet, se dessécher et mourir en peu de tems. Cette sorte d'épidémie, qu'on appelle en Allemagne, où elle est commune, wurmtrœkniss, (sécheresse occasionnée par la piqûre des vers) est l'ouvrage de la larve très-petite du *Scolytus typographus* Oliv. (*Dermestes.* Lin. *Bostrichus.* Fab.) Les galeries diversement contournées et ramifiées qu'elle creuse sous l'écorce des arbres, lui ont fait donner le nom d'*imprimeur.* Chacune de ces galeries est habitée

---

(1) La chenille du Pin (*Pithyocampa*) est velue, roussâtre, longue d'environ quinze lignes. Les poils de cette chenille causent, comme celle de la Processionnaire commune et de toutes les chenilles poilues, de vives démangeaisons à la peau de ceux qui la touchent. Elle a même la faculté de darder ces poils par flocons assez loin. Réaumur met cette chenille au rang des Processionnaires ; elle vit particulièrement sur le Pin sauvage ; mais on la trouve aussi sur les autres Pins et sur les Sapins. Ces chenilles filent en société, sur une branche qui sert d'axe, des cocons de la grosseur d'un melon, dont on peut tirer de la soie fort belle et fort bonne. Elles en sortent toutes à la file, au lever du soleil, pour se répandre sur les branches de l'arbre et chercher leur pâture. Un fil de soie, qu'elles laissent sur leurs traces en s'éloignant du nid, leur sert de guide pour y revenir et leur marque la route qu'elles ont à tenir lorsqu'elles doivent y rentrer deux ou trois heures après. Ces chenilles travaillent jusqu'après les premières neiges, ce qui donne lieu de croire qu'elles pourraient fournir de la soie presque toute l'année dans nos départemens méridionaux. Elles paraissent être toujours en activité, comme l'arbre qui les nourrit est toujours vert. On fit, il y a quelques années, auprès de Forges, de très-bons bas avec cette soie, quoiqu'elle ne fût ni décreusée ni dévidée, mais arrachée à la main et filée. Cette soie est très-forte et d'un blanc argenté, surtout lorsqu'on a soin de la ramasser avant les neiges. L'art ne pourrait-il pas travailler ici à perfectionner l'ouvrage de la nature ?

On connaît une chenille qui habite une galle résineuse du Pin et s'en nourrit : cette galle est une masse de résine dont la cavité sert de cellule à la recluse ; la résine qui la forme est semblable à celle qui découle du tronc et des branches de cet arbre, et elle a une sorte d'odeur de térébenthine : cependant c'est la nourriture de cette chenille. Elle mange ou bien elle ronge la substance intérieure de la branche, entièrement pénétrée d'une résine pareille, et cela non-seulement sans en être incommodée, mais de manière à s'en nourrir parfaitement et uniquement, tandis que d'autres insectes meurent à la seule odeur de la térébenthine. L'expérience a aussi démontré que cette chenille peut résister à l'essence de térébenthine la plus forte, dans laquelle elle demeure impunément plongée toute entière.

(2) Voyez P. *Dallingers*, *Gesammelte nachrichten und Bemerkungen uber den Fichtenspinner*, etc. Weissembnrg 1798.

par une famille. Un arbre contient quelquefois jusqu'à quatre-vingts mille de ces insectes. On observe souvent au mois de mai, sur le soir, des essaims de ces petits animaux à l'état d'insecte parfait, semblables à des nuages, s'abattre sur le tronc des arbres. Cet insecte est formellement mentionné comme le Turc, dans les anciennes liturgies de l'Allemagne. Les dégâts qu'il cause sont réellement effrayans. On comptait, en 1783, dans un seul canton, le Hartz, un million et demi d'arbres attaqués. Le seul moyen d'arrêter les progrès de ce mal, est d'abattre et d'écorcer soigneusement les individus malades. Il est d'ailleurs essentiel, pour la destruction de ces insectes, de ne pas tuer les pics qui leur font une guerre perpétuelle, et que la nature paraît avoir créés pour s'opposer à leur trop grande multiplication et à celle d'autres espèces analogues, contre lesquelles l'homme ne peut opposer que des moyens impuissans. Au reste, la larve du *Scolytus typographus*, pour être l'espèce propre aux Pins, n'est pas la seule de son genre qu'on y rencontre, on trouve encore souvent plusieurs autres espèces sur ces arbres ; les plus dévastatrices, après celle dont il vient d'être question, sont le *Scolytus Calcographus* et le *Scolytus ligni perda*.

Les Pins sont, sans contredit, de tous nos arbres indigènes ceux qui présentent le plus d'avantages, et qui ont le plus de propriétés, soit pour les usages auxquels les bois des différentes espèces sont propres, soit par les produits qu'on retire des arbres mêmes, pendant qu'ils sont sur pied. Le bois des Pins est, en général, d'un usage essentiel pour la mâture et la construction des vaisseaux ; il s'emploie pour la charpente des bâtimens civils ; il sert à faire des planches, des tuyaux pour la conduite des eaux ; il fait de bon bois à brûler et du charbon très-recherché pour l'exploitation des mines. Le suc résineux qui découle de ces arbres fournit le goudron, le brai gras et de la résine sèche et liquide, objets dont il sera question plus en détail, en parlant en particulier des propriétés et des usages de chaque espèce. A toutes les propriétés précieuses dont jouissent les Pins, ces arbres joignent le grand avantage de croître dans des terrains qui paraîtraient devoir rester totalement stériles. Plusieurs de leurs espèces prospèrent dans les sables arides et brûlans, sur les montagnes glacées, entre les fentes des rochers où leurs racines trouvent à peine quelques pouces de terre végétale.

Le Pin sauvage produit le meilleur bois pour les mâtures, et cet arbre est aujourd'hui du plus grand intérêt pour toutes les nations maritimes de l'Europe. On a long-tems cru, en France, que les belles mâtures qui nous viennent de Russie, étaient fournies par une espèce de Sapin ; mais aujourd'hui on est détrompé à ce sujet. M. DE PRASLIN, pendant qu'il était Ministre de la Marine, il y a environ cinquante ans, ayant envoyé à Riga un maître mâteur de Brest pour acheter des mâts, celui-ci rapporta en même tems beaucoup de graines du prétendu Sapin de Riga. Ces graines furent semées aux environs de Brest et dans les terres de DUHAMEL ; les arbres qu'elles produisirent ne différaient pas sensiblement du Pin sauvage. Dès-lors on sentit la possibilité de naturaliser en France l'arbre de Riga, qui fut reconnu pour être une simple variété de notre Pin sauvage, dont il ne différait essentiellement que par les qualités de son bois, qui était plus léger, plus souple et meilleur pour la mâture. Toutes les tentatives qui furent faites pour propager cet arbre parurent d'abord réussir ; mais à la mort de DUHAMEL, qui s'en était beaucoup occupé, et surtout à l'époque désastreuse de la révolution, pendant laquelle plusieurs plantations qui venaient parfaitement bien furent dévastées, toutes les espérances que l'on pouvait avoir conçues sur la multiplication du Pin de Russie en France, se trouvèrent presque totalement anéanties. Il serait bien tems aujourd'hui que le Gouvernement tournât de nouveau ses regards sur ce sujet, et qu'il sentît la nécessité d'encourager la plantation d'un arbre qui est d'une si grande importance pour l'État, et dont l'achat coûte chaque année des sommes considérables, à cause du besoin continuel où l'on est d'en faire usage pour la marine. Il y a dans l'intérieur de l'empire beaucoup de landes et de terres en friche; une grande partie des montagnes de la France, surtout dans les Alpes et les Pyrénées, sont aujourd'hui presque entièrement nues ; le Chêne et les autres arbres des plaines ne peuvent y vivre; peut-être que le Pin à mâtures, planté dans les parties qui, par leur hauteur au dessus du niveau de la mer, approchent le plus des climats du Nord, prospérerait au delà de toute espérance, et conserverait ses excellentes qualités.

Outre l'utilité dont le Pin sauvage est à la plus grande partie des nations de l'Europe pour la mâture de leurs vaisseaux, les peuples du Nord l'emploient à une infinité d'usages ; ils en construisent leurs maisons ; ils en font des meubles, des traîneaux, des torches pour s'éclairer pendant la nuit. Son écorce extérieure leur sert à remplacer le liége pour quelques usages, comme celui de soutenir sur l'eau les filets des pêcheurs ; ils emploient les lames du liber à faire des tapis. En Laponie, où le Pin sauvage est très-commun, les habitans font, avec son écorce intérieure, qui contient un principe muqueux et nutritif, une sorte de pain : en Suède, on en fait également du pain, en le mêlant avec la farine de Seigle ; dans d'autres pays du Nord, on l'emploie à engraisser les porcs. Voici comme les Lapons préparent cette écorce : ils choisissent les Pins les plus élevés, dont le tronc est le moins garni de branches, parce que les petits arbres, et ceux qui ont beaucoup de rameaux, sont trop résineux ; ils en enlèvent l'écorce dans le moment de la sève, et ils ont soin d'en séparer exactement toute la surface extérieure, pour n'en conserver que la partie intérieure. Après qu'ils ont fait sécher celle-ci à l'ombre, ils la font légèrement rôtir sur des charbons, la coupent par morceaux, la brisent sous des meules, et la réduisent en une sorte de farine. En délayant, par une longue agitation, cette farine dans suffisante quantité d'eau, ils en forment une pâte, dont ils font des galettes fort minces, qui, étant cuites au four, sont susceptibles d'être conservées pendant un an.

La partie ligneuse, dans tous les Pins, est formée par des paquets de fibres longitudinales de deux sortes, les unes dures et les autres tendres. Plus ces dernières sont étroites, plus le grain du bois est beau et solide. Il est aussi de remarque que les couches externes sont plus compactes que les internes. Le bois du Pin sauvage est très-bon pour la charpente; on en fait des poutres, des solives, des chevrons ; si les planches qu'on en retire sont moins employées, en France, pour la menuiserie, que celles du Sapin, c'est que ce dernier arbre est beaucoup plus commun ; car c'est un faible avantage à son bois d'avoir le grain plus beau. Celui du Pin sauvage lui est bien supérieur par la durée et la solidité ; les menuisiers le trouvent beaucoup plus facile à travailler au rabot, les nœuds qui s'y trouvent se coupent avec moins de peine que ceux qui sont dans les planches de Sapin; les ébénistes le recherchent pour les tablettes de meubles, parce que l'odeur de résine qui s'en exhale pendant long-tems est propre à éloigner les artisons. En Allemagne et dans quelques parties du nord de la France, ce bois, scié ou refendu en tringles de deux pouces d'équarrissage, est employé pour faire des grilles, des palissades qui servent de clôtures aux jardins et aux parcs. Ces sortes d'enceintes tiennent lieu de murs et durent très-long-tems, surtout quand on les fait peindre à l'huile. Les branches un peu grosses peuvent servir au même usage, en les refendant de la grosseur convenable. Les rameaux, qui égalent à peu près la grosseur du bras, font de très-bons échalas. En Norwège, en Suède, en Allemagne, en Pologne, le Pin sauvage est d'une grande ressource comme bois de chauffage. Il fournit beaucoup de chaleur en brûlant, parce qu'il se consume rapidement; il donne d'ailleurs beaucoup de fumée et laisse fort peu de cendres. Son charbon est recherché pour les forges. C'est, après le Cyprès et le Mélèze, celui de tous les bois indigènes qui résiste le plus long-tems placé dans l'eau ou dans les lieux humides. Cette qualité le rend très-propre à faire des pilotis, des tuyaux pour la conduite des eaux, des corps de pompes. Pour faire des tuyaux destinés à servir d'aqueducs, on prend des troncs de jeunes Pins, et on les fore dans le sens de leur longueur. Ces tuyaux sont nommés, dans les Vosges, *corps* de fontaine; on les place à un ou deux pieds sous terre; ils ont ordinairement quatre à six pouces de diamètre, sur neuf à dix pieds de long, et sont réunis les uns au bout des autres par des viroles de fer. On a soin de ne pas les écorcer, par la raison que l'écorce étant très-résineuse, elle préserve le bois ; mais il faut avoir la précaution, si on tarde d'enterrer ces tuyaux, de les jeter à l'eau, sans quoi ils se gerceraient, et seraient même exposés à être piqués comme les autres bois. Ces tuyaux, placés dans des terrains secs, ne durent pas long-tems, ils pourrissent, tandis que dans des lieux humides ils se conservent nombre d'années. Leur consommation est considérable dans les Vosges, par la quantité de maisons isolées qui ont chacune leur fontaine, et les eaux étant souvent amenées dans l'étendue d'un quart de lieue et plus.

Depuis que la mode des jardins anglais ou paysagers s'est répandue en France, le Pin sauvage, qui était autrefois exilé de nos jardins et de nos parcs, y a pris une place distinguée avec plusieurs autres espèces du même genre, et avec plusieurs Sapins. La tige droite et, en général, élevée de ces arbres, la disposition horizontale de leurs rameaux, dont l'ensemble forme presque toujours une belle pyramide, la couleur glauque ou foncée de leurs feuilles, toutes leurs formes enfin, contrastent merveilleusement avec le port et le feuillage des autres arbres.

Le Pin rouge, ou *Pin d'Ecosse*, diffère si peu du Pin sauvage, qu'on confond très-facilement ces deux arbres ensemble. Il fournissent absolument les mêmes produits, et leurs bois peuvent être employés aux mêmes usages. Les Anglais se servent souvent du Pin d'Ecosse pour la mâture de leurs vaisseaux ; et les paysans Écossais s'éclairent pendant la nuit avec des torches faites avec ses racines fendues en éclats.

Le bois du Pin Mugho, coupé nouvellement, est d'une couleur un peu rousse; il est très-résineux; DUHAMEL dit en avoir vu des morceaux de l'épaisseur de deux à trois lignes, au travers desquels on apercevait l'ombre des doigts quand on les exposait au grand jour. Les paysans des Alpes se servent de ce bois pour faire des torches qui brûlent très-bien. C'est aussi avec ce bois, qui est d'une grande dureté, que les Lapons font leurs arcs et les longues semelles qui leur servent à courir en glissant sur la neige.

Toutes les parties du Pin Pumilio sont très-résineuses; il découle spontanément de ses jeunes cônes une résine verdâtre, très-odorante, qui donne par la distillation une huile essentielle, d'une odeur très-pénétrante, et connue en Autriche et en Hongrie, sous le nom de *Balsamum carpaticum*. La résine des jeunes cônes et celle qu'on pourrait retirer de l'arbre lui-même, sont les seuls produits que le Pin Pumilio soit susceptible de fournir; car son tronc, haut tout au plus de six à sept pieds, et qui la plupart du tems ne surpasse pas la grosseur du bras, ou qui, très-rarement, égale la grosseur de la cuisse d'un homme, ne peut, avec de si faibles proportions, donner du bois qui présente beaucoup d'utilité, quoique ce bois soit d'ailleurs très-dur.

Le Pin de Banks est aussi un arbrisseau plutôt qu'un arbre. Sa petitesse l'a fait négliger jusqu'à présent, sous le rapport des produits qu'on pourrait en retirer, et il ne paraît pas, selon M. MICHAUX, qu'on puisse jamais espérer de tirer parti de son bois, de quelque manière que ce soit. Les Français établis au Canada préparent avec ses cônes bouillis dans l'eau, une espèce de tisanne qui, dit-on, est très-efficace dans les rhumes opiniâtres. Cette propriété est la même que celle qu'on attribue, en Europe, aux bourgeons de plusieurs de nos Pins et Sapins, et il s'en faut bien qu'elle soit toujours constante dans nos arbres indigènes; il est au moins douteux que le remède du Canada jouisse d'une vertu plus infaillible. Si le Pin de Banks était transplanté vivant en France, ou qu'on l'y élevât de graines, il serait facile de l'acclimater dans le nord ; mais c'est une espèce qui ne sera bonne qu'à augmenter le nombre de celles qui sont cultivées dans les jardins de botanique.

Le bois du Pin variable est d'une bonne qualité et très-durable ; il a le grain fin, parce que les couches annuelles sont fort rapprochées les unes des autres; et comme il n'est que médiocrement résineux, il est très-compacte sans être trop pesant. Ce bois a encore l'avantage de n'avoir que très-peu d'aubier. Dans plusieurs villes des États-Unis d'Amérique, et surtout en Virginie, la plus grande partie de la menuiserie des maisons se fait avec cette espèce, qu'on regarde comme une des plus solides et des plus durables de toutes celles du pays. Dans les Hautes-Carolines et le Holsten, les maisons sont entièrement construites et même couvertes avec le bois du Pin variable. M. Michaux dit que, dans toute espèce de construction, il est très-important de débarrasser entièrement ce bois du peu d'aubier qu'il a, parce que cette partie se pourrit promptement. Ce n'est pas seulement dans les constructions civiles que les Anglo-Américains font usage du bois du Pin variable, ils en emploient beaucoup pour les constructions navales, et surtout à Philadelphie, New-Yorck et Baltimore. Ce bois, débité en madriers et en planches de un à deux pouces et demi d'épaisseur, forme une partie considérable d'exportation. Il n'est jamais vendu aussi cher que le bois du Pin austral, qui est reconnu pour être le meilleur de tous les Pins d'Amérique; mais il est toujours d'un prix supérieur à celui du Pin de Weimouth. Le Pin variable, quoique médiocrement résineux, pourrait, cependant, donner de la térébenthine et du goudron; mais on n'est pas dans l'usage de l'exploiter pour en retirer ces produits ; sous le rapport de la bonté de son bois, il serait très-avantageux de le multiplier en France où il paraît se plaire aussi bien que dans son pays natal. Il est d'ailleurs susceptible de croître dans les plus mauvais terrains, puisque l'auteur de l'Histoire des Arbres forestiers de l'Amérique dit que dans les forêts où cette espèce croît mêlée avec d'autres arbres de genres différens, moins le sol est bon plus elle y est abondante, et que sa présence est toujours un signe certain de l'aridité du terrain.

Le Pin chétif a de trop petites dimensions pour qu'on puisse tirer un grand avantage de son bois, qui a d'ailleurs l'inconvénient d'avoir beaucoup d'aubier; cependant le cœur est assez résineux pour que, dans quelques parties des États-Unis, on en retire une certaine quantité de goudron qui se consomme dans le pays. Kalm rapporte un fait curieux relativement à cette espèce. Dans les grandes chaleurs de l'été, les troupeaux se rassemblent de préférence sous cet arbre, quoiqu'une foule d'autres leur offrent un ombrage beaucoup plus épais. Il semble que les émanations résineuses du Pin chétif soient particulièrement agréables à ces animaux.

Le Pin piquant et l'espèce précédente ne doivent trouver place que dans les jardins d'agrément et de botanique, ces deux arbres n'offrant aucun objet d'utilité particulière qui puisse engager à les cultiver plus en grand. La térébenthine qui découle du Pin piquant, soit accidentellement, soit par une incision faite au corps de l'arbre, et que les habitans des montagnes de la Caroline du Nord recueillent pour mettre sur les plaies, et qu'ils préfèrent à celle que donnent tous les autres Pins, ne présente, selon M. Michaux, aucune différence avec la térébenthine que produit le Pin hérissé. Ce voyageur observe à ce sujet qu'il est surprenant que les diverses espèces de Pins, malgré les différences qu'elles ont entre elles, fournissent des produits résineux tellement analogues, qu'il est souvent très-difficile de les distinguer par l'odeur et par la saveur.

Le Pin résineux paraît être un arbre de trop petite stature pour que sa culture puisse présenter quelqu'utilité, à moins qu'il ne puisse produire une plus grande quantité de suc résineux que les autres espèces, comme son nom semblerait l'indiquer. Quant à son bois, sir LAMBERT dit qu'il n'est pas de bonne qualité.

Le Pin d'Alep, connu en Provence sous le nom de *Pin blanc*, mérite d'être cultivé dans les jardins paysagers, à cause de son port élégant. Il demande un terrain sec et chaud et une bonne exposition, parce qu'il·craint les fortes gelées. Il paraît cependant supporter très-bien nos hivers ordinaires, car du jeune plant, provenant d'un semis que j'avais fait au printems de 1810, a très-bien passé l'hiver dernier en pleine terre et sans aucun abri, quoique le thermomètre soit descendu pendant quelques jours à huit degrés au dessous du point de congélation. Il n'est pas délicat d'ailleurs sur la nature du sol, et vient dans les endroitsles plus secs et les plus arides. Le Pin d'Alep est très-résineux; dans son pays natal il coule de son tronc, au printems, par les gerçures de l'écorce ou par les incisions qu'on y pratique, une résine abondante d'un jaune pâle, et qu'on recueille en plusieurs contrées. Les arbres qui sont exposés au midi, sont ceux qui en fournissent le plus, et c'est dans les mois de mai et juin qu'ils en donnent en plus grande abondance. La résine qui découle la première reste liquide; en Provence, où l'on en recueille beaucoup, on la confond dans le commerce avec la térébenthine de Venise; celle qui coule après a plus de consistance, on la distille ordinairement pour la convertir en essence de térébenthine, comme il sera expliqué plus bas. Non seulement le bois du Pin d'Alep sert au chauffage, mais il est très-employé en Provence pour toute espèce de menuiserie. On le préfère à celui du Pin maritime, parce qu'il a le grain beaucoup plus fin; il est aussi plus foncé en couleur. On fait avec les arbres qui sont bien droits des corps de pompe pour les vaisseaux.

Le Pin Laricio, ou *Pin de Corse*, est le plus grand et le plus beau de tous nos Pins indigènes; aussi, depuis quelques années, les pépiniéristes le multiplient-ils le plus qu'ils peuvent. Sa culture ne présente aucune difficulté; il résiste aux gelées les plus fortes du climat de Paris. A trente ans seulement, cet arbre fait un très-bel effet, et il peut magnifiquement décorer les bosquets d'hiver dans un jardin paysager. C'est dommage que son bois soit inférieur en qualité à celui du Pin sauvage, car, sous tous les autres rapports, il est préférable à celui-ci. Cependant, depuis que la guerre maritime a rendu rare le bois du Pin de Russie, surtout dans le midi de la France, on emploie beaucoup celui du Laricio, et dans l'arsenal de la marine, à Toulon, on en fait aujourd'hui une grande consommation. Dans tous les derniers vaisseaux qui sont sortis des chantiers, et dans ceux qui sont encore en construction, toutes les parties qui étaient autrefois en Pin de Russie sont maintenant en bois de Laricio. On l'emploie même pour les mâtures, mais on est obligé de donner plus de volume aux mâts, parce que le fil du bois du Pin de Corse n'a pas autant de force et d'élasticité que celui de Russie. Le bois du Laricio a encore le désavantage d'être chargé de beaucoup d'aubier, qu'il faut avoir bien soin d'enlever, parce qu'il est très-tendre, que les vers l'attaquent facilement et qu'il se pourrit promptement dans l'eau ou à l'air; le cœur du bois a d'ailleurs le grain serré, compacte et il est d'une grande durée. On fait avec cette dernière partie du bois, des planches qui se travaillent bien et dont on se sert pour différentes sortes de menuiseries. Les sculpteurs l'emploient pour divers petits ouvrages qui servent à l'ornement des vaisseaux; les grandes masses de sculpture se font en bois plus léger, souvent en Peuplier.

Dans le Canada et dans le nord des États-Unis, où cet arbre est connu sous le nom de *Pin rouge* et quelquefois sous celui de *Pin jaune*, son bois est fort estimé pour sa grande force et par l'avantage qu'il a d'être d'une longue durée. On l'emploie souvent dans les constructions navales et surtout pour le pont des vaisseaux, parce qu'il peut fournir des planches de quarante pieds de longueur, sans aucun nœud. On en fait aussi des corps de pompe qui peuvent durer long-tems, pourvu qu'on ait le soin de bien enlever tout l'aubier. Débité en madriers, on en exporte, du Canada et de quelques parties du nord des États-Unis, en Angleterre. C'est avec du bois de cette espèce qu'on a fait la mâture du *Saint-Laurent*, vaisseau de guerre de 5o canons, construit à Quebec par les Français, il y a environ 5o ans.

Le Pin maritime est une des espèces les plus importantes à cause des différens produits qu'on en retire, comme térébenthine, brai, goudron, noir de fumée. Il a l'avantage de pouvoir résister aux vents de mer, qui ne permettent pas à la plupart des arbres de croître sur nos côtes. Il est aussi de tous les arbres celui qui vient le mieux dans les sables quartzeux. M. DE MALESHERBES, en faisant cette observation, a aussi reconnu que, pour que cet arbre réussisse, il faut absolument que les sables soient de cette nature, et que ceux qui sont calcaires ou crayeux ne peuvent lui convenir, et qu'il y périt souvent avant la quatrième année. Le Pin maritime a été employé avec beaucoup de succès dans les Landes de Bordeaux pour fixer les dunes. Presque tout le pays qui s'étend entre cette ville et Bayonne, ne présenterait que des plaines d'un sable aride, sans les vastes forêts ou les grandes plantations de Pin maritime qui en couvrent une grande partie. Ces bois de Pin, que l'on nomme *Pignadas* dans le pays, font presque toute la richesse des habitans, par les matières résineuses qu'ils en retirent. Les Provençaux, qui en ont aussi beaucoup, les exploitent également pour en extraire divers produits résineux. Le Pin maritime, étant originaire des pays chauds, ne peut être cultivé dans ceux qui sont trop au nord, parce que, quoiqu'il brave nos hivers ordinaires, ceux qui sont trop rigoureux le font souffrir. Les gelées de la fin de 1788 endommagèrent beaucoup ceux de la terre de Malesherbes. Le Pin maritime ne peut donc guère être cultivé en grand dans tous les pays qui sont plus au nord que Paris ; mais il sera d'une grande ressource pour tous ceux qui sont au dessous et dont le sol sera composé de sable quartzeux ; c'est ainsi que les plantations et les semis en grand qu'on a faits dans le Maine, la Bretagne, la Sologne, et même dans la forêt de Fontainebleau, ont eu un plein succès.

Dans les landes de Bordeaux et en Provence, où le Pin maritime est commun, son bois sert au chauffage et pour la charpente; on en débite beaucoup en planches minces dont on fait des caisses, dont le commerce du Midi fait un grand usage. On l'emploie dans l'arsenal de la marine, à Toulon, pour le doublage de toutes les embarcations des vaisseaux, et principalement pour les pilotis et pour servir aux étais qui soutiennent les vaisseaux en construction.

La ci-devant province de Guyenne étant le pays de France qui fournit le plus de différentes sortes de résines, je rapporterai sommairement les divers procédés qui y sont en usage pour la récolte des produits résineux du Pin maritime, d'après ce que DUHAMEL en a dit, et d'après plusieurs notes que M. le docteur THORE, de Dax, a bien voulu me fournir à ce sujet, notes qu'il destine à un ouvrage topographique sur les côtes de Gascogne. A l'âge de vingt-cinq ou trente ans, le Pin maritime a acquis toute la force suffisante pour donner tous les produits que le propriétaire en attend. Le résinier, c'est le nom que l'on donne à l'ouvrier chargé de l'extraction de la résine, le juge ainsi, lorsque, se tenant debout contre un arbre, il l'embrasse d'un de ses bras sans pouvoir apercevoir le bout de ses doigts. L'orsqu'on a reconnu qu'une *Pignada*, ou bois de Pins, est bonne à exploiter, un résinier enlève la grosse écorce de chaque arbre avec une coignée ordinaire, sans entamer le bois, en commençant rez terre et sur une surface de quatre à six pouces de large, sur un pied à dix-huit pouces de hauteur. Il fait en même tems, au pied de chaque arbre et dans le corps même du tronc, une fossette ou une petite auge de la capacité d'une demi-pinte d'eau. Cette opération préliminaire finie, le résinier fait ensuite à chaque arbre une entaille d'environ six pouces de hauteur, quatre pouces de large, et de la profondeur nécessaire pour mettre le *liber* à découvert; car le suc résineux ne coule presque que du corps ligneux et d'entre le bois et l'écorce; les couches corticales ne fournissent que quelques gouttes de résine qui ne méritent aucune attention. La hache dont il se sert pour faire les entailles a le fer légèrement courbe dans sa plus grande largeur, et son tranchant est creusé en gouge d'un côté. Toutes les semaines, ou à-peu-près, le résinier rafraîchit les plaies en les agrandissant en hauteur et jamais en largeur, et sans jamais dépasser dix-huit pouces de hauteur dans le courant de la saison. Ces tailles successives sont nécessaires, parce que le suc résineux coule toujours plus abondamment des plaies récentes que des anciennes; mais comme le plus mince copeau suffit pour donner la liberté au suc de couler, l'ouvrier chargé de faire les entailles doit ménager l'arbre autant qu'il est possible, et n'enlever que des copeaux très-minces, toutes les fois qu'il rafraîchit les plaies. Ce travail exige de l'activité, car la tâche d'un homme est ordinairement de deux mille cinq cents à trois mille pieds d'arbres. Les entailles, vulgairement appelées *quarres*, se prolongent les années suivantes jusqu'à ce qu'elles aient atteint la hauteur de douze à quatorze pieds, ce qui arrive au bout de sept à huit ans. A cette époque, on commence une nouvelle entaille au pied du même arbre; on la fait parallèle et presque contiguë à la première, ne laissant que tout au plus deux pouces d'écorce entre deux, et on la conduit jusqu'à la même hauteur. Après cette nouvelle entaille, on en fait une troisième, puis une quatrième et ainsi de suite jusqu'à ce qu'on ait fait le tour de l'arbre. Alors, on entaille sur les cicatrices, vulgairement appelées *ourles*, qui ont recouvert presqu'entièrement les vieilles entailles, si le résinier a bien ménagé l'arbre en le taillant.

Quelquefois on laisse reposer un Pin, pendant un an, quand il a résiné, c'est-à-dire quand il a fourni de la résine pendant sept à huit ans de suite. Si au contraire un Pin est très-vigoureux, on lui fait deux entailles en même tems : l'une s'appelle la *quarre haute*, et l'autre le *basson*. Quand le résinier ou le propriétaire juge que les Pins sont trop nombreux, on taille sur toutes les faces à la fois, et chaque année à une hauteur triple des autres, tous les arbres qu'on veut détruire. Cette manière s'appelle *tailler à Pin perdu*. Les arbres dont on a ainsi extrait la résine sont abattus peu de tems après pour en extraire du goudron.

Il a été dit plus haut que les entailles, commencées d'abord rez terre, étaient successivement conduites jusqu'à douze à quatorze pieds. Pour porter les entailles à cette hauteur, les résiniers sont obligés de se servir d'échelles. Celles dont ils font usage ont quinze à seize pieds de long et sont à une seule branche, ou pour bien dire ce sont des espèces de perches dans la longueur desquelles ils ont pratiqué des coches figurées en cul de lampe. L'habitude qu'ils ont de grimper à ces échelles fait qu'ils y montent avec autant de dextérité que l'homme le plus agile pourrait monter sur une échelle ordinaire. Arrivés à la hauteur nécessaire, ils passent leur jambe gauche entre l'arbre et l'échelle, en portant du côté droit le bout du pied qu'ils appuient sur le tronc pour leur servir de point d'appui, tandis que le droit est porté sur une coche de l'échelle qui s'appuie elle-même sur la cuisse gauche, et est tenue fortement serrée contre l'arbre par la jambe du même côté. Dans cette position, un résinier prend sa hache des deux mains et il entaille le Pin avec autant d'aisance que s'il était à terre, ou que si l'échelle fût appuyée contre l'arbre à la manière ordinaire. L'opération finie, et il lui faut tout au plus deux à trois minutes pour monter, tailler l'arbre et en descendre, il prend sa légère échelle sur une épaule, court à un autre arbre et ainsi de suite, de manière qu'un bon ouvrier peut tailler deux à trois cents arbres en un jour. Les résiniers sont toujours nus pieds pour grimper à leur échelle; quand ils portent des sabots, ils les laissent au pied de l'échelle; mais il n'est pas rare d'en rencontrer qui, pour aller plus vite, marchent toujours les pieds nus.

C'est depuis le mois de mai jusqu'à la fin de septembre qu'on taille les Pins. Tout le suc résineux qui sort des arbres pendant ce tems coule liquide : il est reçu dans les petites auges qu'on a pratiquées au pied de leur trone, et qu'on a soin de vider de tems en tems. Le suc résineux coule d'autant plus abondamment que la chaleur est plus grande, et les arbres bien exposés au soleil en fournissent plus que ceux qui sont à l'ombre. Quand on fait des plaies aux arbres dans le moment que leur trone est échauffé, on voit sur-le-champ suinter la résine par petites gouttes transparentes comme du cristal. L'écoulement résineux cesse vers le milieu de l'automne, et il ne sort pas des arbres une seule goutte de résine pendant l'hiver, ou dans les autres saisons lorsqu'il fait froid. Outre la résine qui découle des incisions qu'on a faites aux Pins, il sort encore naturellement de leur écorce des gouttes de résine qui se dessèchent et forment des grains que l'on emploie au lieu d'encens dans les églises de campagne, et certains marchands s'en servent pour sophistiquer l'encens du Levant. Cette extravasation de suc propre arrive surtout aux Pins qui sont près de mourir; c'est le dernier produit de ces arbres que l'âge a affoiblis, et que les tailles successives ont épuisés au point de ne plus donner de résine.

La matière résineuse fournie par les incisions faites au Pin maritime, est de deux sortes. La première, que l'on nomme *Barras*, est celle qui se fige le long des entailles, où elle forme des croûtes plus ou moins épaisses. Elle est blanche comme de la cire, avec laquelle quelques marchands la mêlent pour fabriquer ce qu'ils appellent de la bougie filée, afin de lui donner plus de souplesse et de tenacité. Le *Barras* se récolte une fois par an; on le détache avec un instrument de fer en forme de ratissoire, emmanché au bout d'un bâton, et on le met en réserve sous des augars, après en avoir fait des pains de soixante à quatre-vingts livres. La seconde espèce de résine se nomme *Galipot* ou *Résine molle*, elle se ramasse dans les petites auges crensées à la base des entailles. On la récolte quatre fois dans le courant de la saison, et on la verse dans de grands réservoirs creusés dans la terre et de la capacité d'environ cent cinquante à deux cents barriques. Ces réservoirs sont garnis, dans le fond et sur les côtés, d'épais madriers de Pin, joints de manière à ne laisser aucune issue à la partie la plus fluide de la matière résineuse. Cette résine molle est destinée à être transformée en brai sec, en résine jaune ou à être distillée pour en obtenir l'huile essentielle. Dans tous les cas, on la fait fondre et on la purifie de tous les corps étrangers avec lesquels elle est mêlée, en la faisant passer à travers une couche de paille placée sur une espèce de claie. Pour faire le brai sec, on ajoute du barras au galipot pour lui donner la consistance nécessaire, et on le fait cuire dans de grandes chaudières de cuivre. Lorsque le suc résineux est convenablement cuit, on le coule dans des moules creusés dans le sable, pour en former des pains qui pèsent de deux cent quarante à deux cent cinquante livres.

Si l'on veut retirer de l'essence de térébenthine, on distille le galipot avec de l'eau : l'essence monte avec l'eau, et il reste dans la cucurbite une résine peu différente de celle qu'on a cuite dans la chaudière; c'est une sorte de brai sec. Quand on ne veut pas avoir du brai sec, on lui associe la quantité de barras nécessaire pour en former de la résine jaune. Le mélange se fait dans une auge de bois; on y ajoute autant d'eau qu'il en faut pour lui donner la couleur qu'elle doit avoir.

La paille qui a servi à filtrer la résine; tous les corps combustibles qu'on a ramassés dans les Pignadas, parce qu'ils étaient enduits de résine; les ourles de Pins coupés en bûchettes; les débris de brai sec, et même les racines propres à faire du goudron; toutes ces différentes substances, dis-je, sont ramassées avec soin pour être brulées dans des fours. Selon que l'on conduit le feu, ou que l'on fait cuire plus ou moins la résine qui en découle, on obtient une matière résineuse plus ou moins noire; c'est une espèce de brai plus ou moins gras qu'on nomme, quoique mal à propos, poix noire, la véritable poix n'étant fournie que par les Sapins.

Le goudron des Landes, connu dans le commerce sous le nom de *Goudron de gaze*, se retire par la combustion lente et graduée, 1°. de la *tède*, qui est le bois des vieux Pins qui ont fourni de la résine pendant long-tems et qu'on réduit en bûchettes de deux pieds de long, sur deux pouces environ d'équarrissage; 2°. des racines des Pins abattus. Ces dernières fournissent le goudron par excellence, et en bien plus grande abondance que les autres matériaux. Pour retiter le *Goudron de gaze*, on creuse, sur une butte élevée de huit à dix pieds au dessus du sol, un trou en entonnoir, de vingt à vingt-cinq pieds de diamètre, et on le carrele avec des briques. On ménage au centre un trou qui communique avec un canal ouvert, qui conduit à un réservoir placé extérieurement sur un des côtés de l'entonnoir. Quand on veut faire le goudron, on place une perche au centre de l'entonnoir, et on arrange tout autour plusieurs couches des bûchettes dont il a été parlé, en les plaçant dans le sens du fond de l'entonnoir, et on continue ainsi à arranger des couches les unes sur les autres jusqu'à ce que le tas s'élève environ à quatre ou cinq pieds au dessus des bords, et de telle manière que la dernière couche, qui forme la superficie du tas, figure elle-même un peu l'entonnoir, afin de faciliter l'écoulement.

Tout étant ainsi disposé, on garnit les bords de gazon, excepté dans quelques endroits; ensuite, on met le feu au tas, en commençant par le haut, et on le conduit de manière à ce que la flamme ne soit pas trop forte, en recouvrant de mottes de gazon les endroits trop enflammés. Enfin, lorsque le feu est bien en train, on recouvre le tout de la même matière, sans laisser aucune issue à la flamme. Le feu se trouve concentré par ce moyen, et le goudron coule peu à peu, sans se consumer, dans le fond de l'entonnoir, et de là dans le canal de déversoir, qu'on débouche de tems en tems pour le faire fluer dans le réservoir extérieur. Le charbon qui résulte de cette opération est d'une qualité inférieure à celui qu'on prépare par les procédés ordinaires, et est vendu pour les forges, beaucoup meilleur marché. Le produit de la charge du four varie suivant la grandeur de l'entonnoir, la hauteur du tas et la bonté des matériaux. Il est communément de seize à vingt-quatre barriques de six quintaux chaque, dont le prix moyen est à peu près de trente francs.

Il y a peu d'ateliers de distillation pour retirer l'huile essentielle, dans les landes de Bordeaux; mais voici le procédé qui est en usage pour séparer la térébenthine de la résine molle ou galipot. Dans un endroit le plus exposé possible aux rayons du soleil, on construit en madriers de Pin, grossièrement joints, un réservoir de sept à huit pieds, muni d'un double fond, dont l'un est horizontal et l'autre en plan incliné et débordant un peu le réservoir. Ils sont en outre séparés l'un de l'autre, par un intervalle d'un pied huit pouces à deux pieds vers un bout, et un pied à un pied quatre pouces vers l'autre. Le plan incliné est lui-même élevé d'environ un pied au dessus du sol; les madriers en sont parfaitement joints, et le plan fait un peu la courbe vers le milieu. Le tout est recouvert de planches qu'on enlève et qu'on replace à volonté, selon qu'il fait beau ou qu'il pleut. C'est dans ces espèces de réservoirs qu'on verse toute la résine molle ; la chaleur du soleil lui donne plus de fluidité, et fait suinter, à travers les intervalles du bois, la térébenthine dégagée de tous les corps étrangers. Elle tombe goutte à goutte sur le plan incliné, d'où elle coule dans une auge destinée à la recevoir. On transvase cette térébenthine, ainsi purifiée, dans des barriques qu'on transporte à la Teste-de-Buch, dans des magasins uniquement destinés à cet usage, et on les entasse les unes au dessus des autres comme des barriques de vin, après les avoir néanmoins nettoyées de toutes les ordures qui auraient pu s'y attacher extérieurement. Le sol du magasin est carrelé en pierre, dont les jointures sont bien cimentées ; il est partagé dans sa longueur en deux plans légèrement inclinés et réunis dans le milieu par un petit canal creusé dans la pierre, avec deux ou plusieurs réservoirs de distance en distance, et également en pierre.

Pendant les chaleurs de l'été, la térébenthine suinte hors des barriques, quelque précaution qu'on prenne pour l'éviter. Cette térébenthine, qui se perdrait en se mêlant avec la terre, si le magasin n'était pas carrelé, coule dans les petits réservoirs du milieu, d'où on la transvase de tems en tems dans d'autres barriques destinées à cet usage. La térébenthine qui suinte ainsi n'est point blanche comme la première, mais légèrement colorée en roux, sans doute à cause de son séjour dans les barriques. Elle est d'ailleurs transparente, limpide et parfaitement dégagée de tous les corps étrangers. Malgré sa couleur, elle est beaucoup plus appréciée que l'autre, et se vend aussi beaucoup plus cher.

La manière d'exploiter les Pins diffère peu en Provence de ce qui se pratique dans les Landes de Bordeaux ; mais c'est plus du Pin d'Alep, que les Provençaux appellent *Pin blanc*, que du Pin maritime qu'on retire les divers produits résineux. On commence à entailler les Pins quand ils ont à peu près deux à trois pieds de circonférence. Un Pin bien ménagé fournit de la résine pendant quinze à vingt ans, et douze à quinze livres chaque année. On fait les entailles de quatre pouces de largeur, et on les rafraîchit tous les quinze jours, en ôtant un copeau d'une ligne d'épaisseur et en étendant un peu la longueur de la plaie, de sorte que, tous les ans, on allonge l'entaille d'environ un pied, et l'on s'arrête quand elle a cinq pieds de hauteur, pour en ouvrir une nouvelle à côté. L'entaille se nomme *surlé* en patois du pays, et l'on dit *surler* les Pins, pour désigner cette opération. L'intervalle qu'on laisse garni d'écorce entre chaque *surlé* s'appelle *nerf*. Dans quelques cantons, afin de pouvoir prolonger les entailles à une plus grande hauteur, on se sert d'échelles différentes de celles qu'on emploie dans les environs de Bordeaux ; elles n'ont aussi qu'un montant, mais celui-ci est percé de distance en distance pour recevoir les échelons qui le traversent en débordant également de chaque côté, de manière cependant qu'il vont toujours en diminuant de longueur de la base au sommet de l'échelle. La résine qui coule liquide est appelée *Périnne vierge ;* elle se rassemble dans des trous que l'on fait en terre, au pied des arbres, pour la recevoir, et l'on a soin de la ramasser toutes les semaines avec une espèce de cuiller de fer, pour la transporter dans une fosse où l'on met toute la récolte.

En Provence, on cuit la résine liquide de deux manières, 1°. dans des chaudières, comme on le pratique dans la Guyenne, ensuite on la coule en pains dans des baquets. La résine, ainsi préparée, se nomme *Raze ;* c'est ce qu'on appelle *Brai sec* à Bordeaux. L'autre manière de cuire la résine ne peut avoir lieu que dans les mois de mai et de juin, lorsqu'elle est fort liquide. On met alors celle-ci dans de grands alambics avec de l'eau. Dans la distillation, l'eau emporte avec elle une sorte d'huile essentielle, qui, étant plus légère que l'eau, se porte à sa surface ; c'est ce qu'on appelle, en Provence, *Eau de Raze.* Cette substance diffère beaucoup de la véritable huile essentielle de térébenthine, et elle se vend, dans le commerce, cinq à six fois moins cher. On se sert de cette eau de raze pour mêler dans les peintures communes, afin de les rendre plus coulantes.

Les fourneaux dans lesquels on extrait le goudron sont différemment faits en Provence que les fours des environs de Bordeaux. Ceux de Provence ont la forme de grandes cruches, et ils ressemblent beaucoup aux fourneaux qu'on fait dans le Valais, si ce n'est qu'une partie en est enfoncée dans la terre ; ils ont au fond dix-huit pouces en dedans, cinq pieds à la partie la plus large, autant de hauteur, et deux seulement vers l'ouverture, afin qu'un homme ait encore assez d'espace pour y entrer avec un panier rempli de bois. Cette ouverture est fortifiée par des frettes de fer. Le bois que l'on emploie pour charger le fourneau est coupé en petites bûchettes d'environ dix-huit pouces de longueur, sur un pouce ou un pouce et demi de grosseur. On arrange, dans le fourneau, ces bûchettes par lits qui se croisent en formant des grilles, et on fourre verticalement des morceaux de bois pour remplir les vides. Lorsque tout le bois est arrangé, on couvre le dessus avec des gazons bien battus ; on en laisse seulement quelques-uns qui le sont moins, afin de pouvoir allumer le feu, qui se met par le haut, ou le ranimer s'il venait à s'éteindre. A Tortose, en Espagne, on fait les fourneaux comme en Provence ; mais on y arrange tout le bois debout, c'est-à-dire perpendiculairement, et l'on n'en ferme point le haut. Cette méthode ne vaut rien, en ce que l'on perd le charbon qui se consume entièrement ; on peut croire aussi qu'on recueille moins de goudron.

Dans le Valais, on fabrique une assez grande quantité de goudron que l'on extrait du Pin sauvage. C'est dans le courant de l'été que les ouvriers abattent les arbres qu'on destine à être brûlés pour en retirer le goudron ; ils savent la quantité qu'ils doivent en employer, et ils règlent leur coupe de façon que, pour le tems où ils doivent charger leurs fourneaux, le bois ne soit ni trop sec ni trop vert, mais à demi-desséché. Ces fourneaux, selon DUHAMEL, sont bâtis avec de l'argile et de la pierre, de manière que la base et les deux tiers de l'ouvrage sont en pierre de taille, et le reste en argile. On leur donne la figure d'un œuf posé sur son petit bout (1) ; les plus grands ont environ dix pieds de hauteur dans œuvre, sur cinq à six pieds de diamètre à la partie la plus large, qui est à la moitié de la hauteur, et de là ils vont en diminuant jusqu'à la bouche, qui se trouve réduite à deux pieds et demi d'ouverture. Le fond de chaque fourneau est formé d'une seule ou de plusieurs pierres de taille, mais exactement jointes, et creusées de la même façon que l'intérieur de la coquille d'un œuf. Sur l'un des côtés on pratique un trou d'environ un pouce et demi de diamètre, de six pouces de pente du dedans au dehors, auquel on ajoute, à l'orifice extérieur, un bout de canon de fusil de gros calibre : c'est par ce canal que le goudron s'écoule au dehors. Le fond du fourneau, au dessus de la partie creusée en calotte, est garni d'une grille de fer qui sert à porter le bois lorsqu'on doit charger le fourneau. La manière d'arranger les petites bûches est à peu près la même qu'en Provence. Lorsque le fourneau est rempli, on met pardessus environ quatre pouces d'épaisseur de copeaux du même bois bien sec ; enfin, on pose sur ses bords des pierres plates les unes sur les autres, de manière qu'à mesure qu'elles se surmontent, elles en ferment de plus en plus l'ouverture, et forment une chape au centre de

______

(1) Voyez la figure que DUHAMEL en a donnée dans son traité des Arbres et Arbustes, vol. 2, page 168.

laquelle on laisse un vide d'environ quatre à cinq pouces de diamètre. Le fourneau étant ainsi chargé, on y met le feu en allumant les copeaux qui sont au haut, et quand le feu a suffisamment pris, les ouvriers ferment, ce qui était resté ouvert, avec une grande pierre plate, et ils chargent entièrement la chape de terre. Lorsque ce travail est bien conduit, le bois se cuit en charbon, et le goudron coule à travers la grille dans la cavité qui est au fond du fourneau, d'où il se rend, par le canal dont il a été question, dans des barils où il est reçu. Après les racines qui, comme il a été dit plus haut, donnent le meilleur goudron, c'est du cœur du bois et des nœuds qu'on obtient le plus estimé; celui qu'on retire des autres parties du tronc et des branches est moins gras et moins bon. Mais le plus souvent un fourneau est chargé indistinctement de ces différens matériaux à-la-fois. Le goudron, pour être bon, doit avoir le grain fin, être plus brun que noir, et ne point contenir d'eau : celui qui est trop noir est brûlé. Les fuliginosités qui se sont attachées aux pierres plates dont on ferme la bouche du fourneau, et celles qui sont autour des parois intérieures, forment ce qu'on appelle le noir de fumée. Ce qu'on en retire par ce moyen est peu considérable et ne pourrait suffire aux divers usages qu'on fait de cette matière; aussi en fabrique-t-on une assez grande quantité à Paris et ailleurs, par un procédé particulier qui consiste à faire brûler, dans des marmites de fer, les petits morceaux de rebut de toutes les espèces de résines. On dispose, pour cet effet, ces marmites au milieu d'une chambre bien fermée, et dont les murs et le plafond sont tendus de toile ou de papier. Les morceaux de résine répandent, en brûlant, une fumée très-épaisse, qui s'attache aux papiers ou aux toiles, sous forme de fuliginosités. Lorsque la combustion en est terminée, on recueille cette espèce de suie, et on l'enferme dans des barrils. Cette manière de préparer le noir de fumée pouvant causer de très-grands accidens à cause du feu, quelques fabricans, au lieu d'employer du papier et de la toile pour la tenture des chambres, se servent de peaux de mouton. Dans tous les cas, ce travail ne doit se faire que dans des bâtimens isolés. Le noir de fumée est employé à différens usages dans les arts, et principalement pour la peinture commune et pour l'imprimerie.

On fait un grand usage du goudron dans les ports de mer; il sert à enduire les cordages qu'il conserve en empêchant l'eau de les pénétrer, et qui par ce moyen durent beaucoup plus long-tems. Mêlé avec une certaine quantité de brai sec, on l'emploie pour compléter le calfatage des vaisseaux. On le mêle aussi communément avec une certaine quantité de gros rouge en poudre bien fine et tamisée, afin de lui donner du corps et de le faire sécher plus vîte. Cela forme une espèce de vernis qui donne un coup-d'œil avantageux au vaisseau. On se sert du goudron pour la guérison des plaies des chevaux, et contre la gale des moutons. Les Anglais ont préconisé l'usage et les grandes propriétés de l'eau de goudron pour la guérison de plusieurs maladies, et en particulier pour les ulcères du poumon. Le célèbre Ber-KELEY, évêque de Cloygne, en Irlande, assez crédule malgré ses sophismes sceptiques, a fait un traité sur l'eau de goudron, qu'il n'hésite pas à regarder comme le plus puissant et le plus universel des remèdes. Il est bien peu de médecins aujourd'hui qui aient confiance dans ce moyen, et il est encore plus rare qu'on le prescrive aux malades.

Le Pin Pinier a un aspect qui lui est particulier et qui, au premier coup-d'œil, le fait remarquer de loin parmi les autres espèces du même genre. Sa tige et ses rameaux, au lieu de s'élever en pyramide plus ou moins régulière, forment une tête arrondie, d'un effet très-pittoresque. Il doit, pour cette raison, avoir une place dans les jardins paysagers, où il se fera distinguer au milieu de toutes les espèces de son genre. Cet arbre est parfaitement acclimaté en France, surtout dans le Midi; il supporte même fort bien les hivers les plus rigoureux du climat de Paris, et il y fructifie tous les ans; mais il y a lieu de croire qu'il n'est pas indigène. Nulle part, en effet, on ne le voit, en France, former des forêts ou même des bois d'une certaine étendue. Les arbres qu'on rencontre sont presque toujours isolés ou épars, et assez souvent dans le voisinage des habitations. Le Pin Pinier paraîtrait cependant mériter d'être multiplié davantage. On pourrait le planter avec avantage dans les sables aux bords des rivières et particulièrement sur les rivages de la mer, où il semble se plaire. C'est ainsi que M. Desfontaines en a vu de très-beaux le long des bords de la mer, entre Marseille et Saint-Tropez; que M. Audibert en a vu de même aux Saintes, dans la Camargue, et qu'il s'en trouve aux environs d'Hyères. Un de ces arbres, qui est aux Sablettes, langue de terre joignant la presqu'île de Giens à la Provence, se fait remarquer de tout le monde par sa beauté et sa taille majestueuse. Ce Pin, selon M. G. Robert, qui l'a mesuré sur les lieux et qui m'a communiqué tout ce qui lui a rapport, ce Pin, dis-je, a douze pieds de circonférence; son tronc s'élève, sans branches, à la hauteur de trente pieds, et des premières branches au sommet, il en a au moins autant. La circonférence de sa tête est de trois cents pieds. Il se fait d'autant mieux remarquer qu'il est placé dans un lieu où il peut être vu de très-loin, qu'il est le seul arbre existant au milieu de cette langue de terre, et qu'il n'est qu'à deux cents pas de la Méditerranée. Il n'y a pas de doute que ses racines ne communiquent avec l'eau de la mer, car, en creusant dans ses environs, on trouve l'eau à un pied et demi ou deux pieds de profondeur. Ce que cet arbre a encore de particulier, c'est qu'il a reçu dans son tronc, il y a trente et quelques années, un boulet anglais sans en avoir souffert. Lors de la guerre pour la liberté de l'Amérique, une frégate française et une frégate anglaise s'étant canonnées dans ces parages, un boulet ennemi atteignit cet arbre, et il y est resté incrusté. Aujourd'hui la plaie est entièrement fermée, et l'on n'aperçoit plus que la cicatrice qui s'est faite.

Le bois du Pin Pinier est blanchâtre, médiocrement résineux et fort léger. Il est très-bon pour la charpente et pour la menuiserie; on en fait des planches, des gouttières, des corps de pompe; on s'en sert pour le bordage des vaisseaux. M. Olivier, dans son Voyage dans l'Empire Ottoman, rapporte qu'il est le seul bois que les Turcs emploient pour la mâture de leurs vaisseaux.

Tous les fruits des espèces de Pins connus mûrissent en deux ans; il ne faut même à quelques-unes que seize à dix-huit mois. Le Pin Pinier a cela de particulier, c'est qu'il lui faut trois ans entiers pour mûrir ses fruits. Ceci avait déjà été remarqué du tems de Pline. Le Pin est particulièrement digne d'admiration, dit cet auteur (1); car on y trouve toujours un fruit qui mûrit, un autre qui ne sera mûr que l'année suivante, et un autre qui ne le sera que la troisième année. La forme de la pomme de Pin a été adoptée de bonne heure par les sculpteurs anciens, comme un modèle agréable, et la sculpture moderne l'emploie encore pour ornement dans beaucoup d'ouvrages.

Les amandes du Pin Pinier, connues sous le nom de *Pignons doux*, ont un goût qui approche de celui des Noisettes. En Italie, on les aime beaucoup; on en sert sur toutes les tables; on en met dans plusieurs ragoûts; on en fait des dragées qui sont excellentes. Les Provençaux en font aussi une assez grande consomma-

---

(1) *In maximâ tamen admiratione* Pinus *est : habet fructum maturescentem, habet proximo anno ad maturitatem venturum, ac deinde tertio.* Lib 16. Cap. 26.

tion ; ils les mêlent communément avec des raisins de Corinthe. Ces amandes sont réellement très-agréables lorsqu'elles sont fraîches ; mais elles rancissent promptement si on les tire de leur noyau sans les employer. Le moyen d'empêcher cette altération est de les laisser dans leur cône, où elles peuvent se conserver très-longtems parfaitement saines ; il paraît même qu'elles peuvent se garder plusieurs années simplement dans leur noyau , car j'en ai mangé qui avaient ainsi cinq à six ans de conservation , et que j'ai trouvées aussi bonnes que celles de l'année. On peut encore les saler , mais elles perdent alors une grande partie de leur bon goût et de leur douceur. Il paraît que les anciens les faisaient confire dans le miel , comme l'indique cette phrase de PLINE : *In melle decoctos nucleos Taurini aquicelos vocant.* Lib. 15. Cap. 10. Les pignons doux étaient autrefois beaucoup plus employés en médecine qu'ils ne le sont aujourd'hui ; on les regardait comme adoucissans et trèsnourrissans ; on les conseillait aux phthysiques ; on croyait aussi qu'ils pouvaient donner de nouvelles forces à ceux qui s'étaient épuisés par les plaisirs de l'amour. On les donnait à manger aux malades , ou le plus souvent on en faisait préparer des émulsions; mais aujourd'hui ils sont presque entièrement tombés en désuétude, parce qu'ils n'ont pas toutes les propriétés qu'on leur attribuait. Les cotylédons palmés des graines des Pins sont très-faciles à distinguer , à la vue simple, dans les amandes du Pin Pinier. Quand on partage une de ces amandes en deux , les cotylédons se séparent ordinairement de manière à représenter à peu près la forme des cinq doigts d'une main ; dans certains cantons, les gens de la campagne regardent ces cotylédons palmés , qu'ils appellent superstitieusement *Main de Dieu*, comme un bon remède dans plusieurs maladies et surtout dans les fièvres intermittentes , en en avalant une certaine quantité en nombre impair , comme trois , cinq , sept. C'est le cas de dire qu'il n'y a que la foi qui sauve. Les pignons doux contiennent une grande quantité d'huile; ils en fournissent plus du tiers de leur poids. Cette huile est limpide , incolore ; elle est assez agréable quand elle est fraîchement exprimée , quoiqu'elle retienne un goût de térébenthine bien prononcé. Elle pourrait servir à assaisonner les alimens , et sa saveur un peu piquante conviendrait peut-être pour relever certains mets qui sont naturellement trop fades; mais il est douteux que cette huile soit jamais préparée en grand et puisse faire un objet de commerce important , parce que les pays où croît le Pin Pinier sont ceux où l'Olivier est commun , et que les pignons doux , par la qualité de l'huile qu'ils fournissent et par la difficulté qu'il y a à les préparer , sont loin de pouvoir soutenir la concurrence avec les fruits oléagineux de ce dernier.

Un des inconvéniens des pignons doux est d'être contenus dans un noyau dur et difficile à casser , on peut croire que c'est à cela qu'ils doivent de n'être pas plus recherchés en France qu'ils ne le sont , et que c'est ce qui les exclut de figurer dans nos desserts avec les amandes , les noix et les avelines. Les Italiens , qui sont très-friands de pignons doux , ont une variété dont le noyau est très-facile à rompre , ainsi que l'est celui de l'Amande princesse , comparé au noyau de l'Amande ordinaire. Il est étonnant que , malgré la proximité des états , cette variété n'ait pas encore été transportée en France. Les anciens la connaissaient , et PLINE en parle (1). Il paraît, d'après le nom que leur donne cet auteur , que ces pignons à noyau tendre étaient communs aux environs de Tarente (2); aujourd'hui encore ils sont plus répandus dans le royaume de Naples qu'ailleurs.

(1) *Harum genus alterum Tarentinœ , digitis fragili putamine , aviumque furto in arbore.* PLIN. Lib. 15. Cap. 10.
(2) Quelques commentateurs de PLINE ne veulent pas qu'on lise *Tarentinœ* , mais *Tarentinœ* , qu'ils font dériver d'un mot de la langue des Sabins , qui veut dire mou , tendre ; mais cela n'en prouve pas moins l'existence des pignons à noyau tendre.

Les oiseaux sont friands des graines des Pins, surtout des amandes du Pin Pinier, et plus encore de celles de la variété dont il vient d'être question. Parmi ceux qui se nourrissent des graines des Pins, il faut remarquer la Loxie à bec croisé. Le bec de cet oiseau, difforme, crochu en haut et en bas, courbé par ses extrémités en deux sens opposés, paraît fait exprès pour détacher et enlever les écailles des pommes de Pin, et tirer la graine qui se trouve placée sous chaque écaille. Pour y parvenir, l'oiseau place le crochet inférieur de son bec au dessous de l'écaille pour la soulever, et il la sépare avec le crochet supérieur. Les Loxies sont des oiseaux tristes et silencieux qui ne se plaisent que dans les forêts noires de Pins et de Sapins. Leurs amours commencent au fort de l'hiver. Ils font leur nid dès le mois de janvier, l'établissent sous les grosses branches des Pins, et l'y attachent avec la résine de ces arbres. Ce nid, qui est fort joli, est construit avec des fibres, tapissé de mousse en dedans, et enduit de résine en dehors, en sorte que l'humidité de la neige ou des pluies ne peut guère y pénétrer.

Plusieurs animaux quadrupèdes de l'ordre des Rongeurs, comme les Écureuils, les Rats, les Loirs, sont aussi très-avides des graines de Pin; les Écureuils qui habitent les forêts de Pin se nourrissent uniquement des amandes de cet arbre, et ils contribuent à la dissémination des graines en frappant les cônes contre les rochers pour faire ouvrir les écailles.

Le Pin de Masson, ainsi que les espèces n°s. 19, 20 et 23, qui sont le Pin Austral, le Pin à longues feuilles et le Pin Occidental, demandent, pour leur culture, plus de soins et de précautions que tous les autres Pins indigènes ou exotiques. Ces quatre espèces, étant originaires de pays plus chauds que le nord de la France, ne pourraient vivre en pleine terre que dans nos départemens méridionaux, et la seule manière de les conserver sans risque, dans le climat de Paris, serait de les mettre en caisse pour les rentrer l'hiver dans l'orangerie. Pour aider la germination de leurs graines, il serait bon aussi de les semer dans des terrines remplies de terre de bruyère, et qu'on enfoncerait dans des couches médiocrement chaudes. Jusqu'à présent nous n'avons encore que le Pin Austral; les trois autres espèces, le Pin de Masson, le Pin à longues feuilles et le Pin Occidental, ne sont pas encore vivantes en France.

Je n'ai rien à ajouter à ce que j'ai dit du Pin de Californie, si ce n'est qu'il est à désirer que celui que nous avons à Paris fructifie bientôt; car cette espèce, qui n'est encore qu'à demi déterminée, ne pourra peut-être, pendant bien des années, se conserver et se multiplier que par le seul individu qui est au Jardin des Plantes.

De tous les Pins d'Amérique, le Pin hérissé est un de ceux qui fournit du bois de la plus mauvaise qualité; aussi ne l'emploie-t-on que dans les pays où il est commun, et où, au contraire, les autres espèces sont rares. Les défauts de ce bois sont d'être rempli de nœuds et d'être surchargé d'une grande quantité d'aubier. Sa qualité varie d'ailleurs selon les lieux où il croît; il est plus compacte et plus résineux sur les montagnes et dans les terrains secs; il est tendre, léger et ses couches concentriques sont très-écartées dans les endroits humides et marécageux. Le Pin hérissé, après avoir été employé à faire du goudron, dans plusieurs parties des États-Unis d'Amérique, pendant cent à cent cinquante ans, est aujourd'hui presque abandonné sous ce rapport; le peu de cette substance qu'on en retire encore se consomme dans le pays, et on n'en exporte plus en Angleterre, comme cela avait lieu autrefois.

Sous aucun rapport le Pin hérissé ne paraît mériter d'être cultivé en grand dans les forêts de la France; plusieurs Pins indigènes lui sont bien préférables, et on ne doit chercher à répandre que ceux qui égalent au moins nos espèces spontanées. Dans les jardins paysagers, où l'on sacrifie presque tout à l'agrément, quelques Pins hérissés pourront faire un très-bel effet, surtout si on les plante dans un sol humide, où il croîtront avec une grande rapidité.

Le bois du Pin Téda est encore plus chargé d'aubier que celui de l'espèce précédente ; M. MICHAUX dit n'avoir trouvé qu'un pouce de cœur ou de vrai bois dans des arbres qui avaient un pied de diamètre, sur trente à trente-cinq pieds de hauteur. Exposé aux injures de l'air, il pourrit avec une grande rapidité. Cette mauvaise qualité fait qu'il n'est pas du tout estimé en Amérique, et qu'on ne l'emploie qu'à des usages secondaires, comme à chauffer les fours, à faire des planches dont on ne se sert que pour les moindres ouvrages de menuiserie. Dans quelques ports des États méridionaux, on emploie ce Pin, ainsi que le Pin hérissé, à faire des corps de pompe pour les vaisseaux. L'arbre fournit d'ailleurs beaucoup de térébenthine, mais elle est moins fluide que celle du Pin Austral. Comme le Pin Téda a beaucoup plus d'aubier, et que ce n'est que de cette partie que découle la térébenthine, M. MICHAUX croit qu'en lui faisant des incisions plus profondes, on obtiendrait peut-être une plus grande quantité de cette substance. Si ce Pin pouvait croître dans les Landes de Bordeaux avec autant de facilité qu'il croît en Amérique, où on lui reproche de s'emparer très-promptement des terres abandonnées, et d'y venir si promptement qu'il rend les travaux plus difficiles quand on veut les mettre de nouveau en culture, il serait très-utile de le planter dans les Landes qui sont encore nues. Au reste, il vient bien, en France, dans des pays plus au Nord ; il supporte, sans en souffrir, les froids qu'on éprouve dans le climat de Paris, et il peut même y fructifier.

Le Pin tardif n'est employé, en Amérique, à aucun usage déterminé ; la mauvaise qualité de son bois, qui est tellement surchargé d'aubier qu'on en trouve toujours une plus grande proportion que de cœur, l'ayant fait négliger dans son pays natal, il ne paraît pas mériter de fixer, en France, l'attention des personnes qui n'ont en vue que la plantation des arbres vraiment utiles. C'est seulement une espèce de plus pour les jardins de botanique, et dont on peut planter quelques pieds dans les grands jardins paysagers.

Sir LAMBERT paraît avoir fort mal connu le bois du Pin Austral, et il a écrit d'après de mauvais renseignemens lorsqu'il a dit qu'il pourrissait promptement, brûlait mal et qu'il n'en serait pas fait le moindre usage, aussi long-tems qu'on pourrait se procurer toute autre espèce de bois. Ce n'est pas ainsi que l'auteur de l'*Histoire des Arbres forestiers d'Amérique* l'a jugé. En effet, autant les trois espèces précédentes sont peu estimées dans les États-Unis, autant le Pin Austral est précieux, soit par les bonnes qualités de son bois, soit par les divers produits résineux qu'on en retire pendant que l'arbre est sur pied. Le bois du Pin Austral a peu d'aubier ; ses couches concentriques sont très-rapprochées ; il a le grain fin et serré ; il se travaille bien et reçoit un beau poli ; il a en outre beaucoup plus de force, et il est plus compacte et d'une plus grande durée que toutes les autres espèces d'Amérique. Aussi l'emploie-t-on, dans plusieurs contrées des États-Unis, à un grand nombre d'usages. Dans les Carolines, la Géorgie et les deux Florides, plus des trois quarts des maisons en sont entièrement construites, à l'exception de la couverture, qui est souvent en bardeaux de *Cupressus disticha*. C'est de toutes les espèces de Pin la plus estimée pour les constructions navales. Dans les États méridionaux, la quille, les bordages, le pont des vaisseaux, ainsi que les mâts, sont faits avec cet arbre. Lorsque, par la nature du sol où il a crû,

le bois du Pin Austral a contracté une couleur rougeâtre, il est regardé comme
ayant encore des qualités supérieures à celles qui lui sont ordinaires, et plusieurs
constructeurs américains pensent que les bordages des vaisseaux qui sont faits
avec cette sorte durent plus long-tems que ceux même qui sont de Chêne, et
qu'ils sont moins exposés à être attaqués par les vers de mer.

Non seulement le bois du Pin Austral est employé, dans toute la partie méridionale
des États-Unis, pour la majeure partie des constructions civiles et navales, et
pour une foule d'usages, mais encore on en exporte tous les ans en Angleterre
et dans les Colonies des Indes Occidentales. Celui qu'on expédie pour l'Angleterre,
sous la forme de madriers de quinze à trente pieds de long, sur dix à vingt pouces
de diamètre, est toujours vendu vingt-cinq et trente pour cent plus cher que le
bois des autres espèces qu'on importe aussi des diverses parties de l'Amérique
septentrionale.

Le Pin Austral ne serait propre qu'aux seuls usages dont il vient d'être question,
que ce serait déjà un arbre très-utile; mais les produits résineux qu'il fournit
en abondance, le rendent encore bien plus précieux. C'est de cette espèce qu'on
retire la presque totalité des substances résineuses qui sont nécessaires pour les
nombreuses constructions navales des États-Unis, et qui forment encore une
branche considérable de commerce avec les Colonies des Indes Occidentales et
avec la Grande-Bretagne. Les produits résineux qu'on retire du Pin Austral sont
au nombre de six, selon M. MICHAUX, de qui j'emprunte ces détails : 1°. la
térébenthine; 2°. la raclure ou le ratissage; 3°. l'esprit de térébenthine; 4°. la
résine; 5°. le goudron; 6°. le brai. Les deux premiers sont introduits dans
le commerce tels que la nature les fournit; les quatre autres sont le résultat de
préparations pour lesquelles il est nécessaire d'employer l'action du feu.

La térébenthine est le suc résineux fluide qui découle des incisions pratiquées
au corps des arbres; c'est ce qui, extrait du Pin maritime, se nomme, dans les
Landes de Bordeaux, *Galipot*, ou *Résine molle*. Les travaux que l'on fait, en
Amérique, dans les forêts de Pin Austral, pour l'extraction de la térébenthine,
sont à peu de chose près les mêmes que ceux qu'on pratique dans les *Pignadas*
de la Guyenne; mais ils commencent plutôt, ordinairement dès la mi-mars, parce
que le pays étant plus chaud, la sève entre en circulation dès cette époque, et
ils ne finissent que vers le mois d'octobre, parce que son mouvement cesse plus
tard. Les auges ou boîtes que l'on pratique au pied des arbres pour recevoir la
térébenthine, se font aussi dans le corps même du tronc; mais elles sont plus
grandes qu'aux environs de Bordeaux; on leur donne la capacité d'une pinte et
demie. Quant aux entailles, on les pratique de la même manière, et on ravive
aussi, une fois par semaine, le bord supérieur des plaies, en enlevant une
nouvelle portion d'écorce et d'aubier. Chaque année on élève et on agrandit les
incisions en hauteur; mais on ne les pousse pas plus haut que la portée où
l'ouvrier peut naturellement atteindre, et lorsqu'on est arrivé là, on abandonne
les arbres au lieu de se servir d'échelles, comme on fait en France. Ce sont
des nègres qui sont chargés de la récolte de la térébenthine. Quelques habitans
donnent à un nègre quatre mille ou quatre mille cinq cents arbres chargés d'une boîte
à soigner; d'autres n'en donnent que trois mille. On estime que deux cent cinquante
boîtes produisent, chaque fois qu'on les vide, un baril de térébenthine du poids de
trois cent vingt livres, ce qui est le poids que chaque baril doit avoir dans le
commerce. On vide les boîtes cinq à six fois dans le cours de la saison, et on
considère que trois mille pieds d'arbres doivent rendre, année commune, soixante-

quinze barils de térébenthine et vingt-cinq de ratissage. Cette dernière substance est la portion de suc résineux qui se durcit et se fige avant d'arriver à la boîte, et forme, le long des entailles, une couche plus ou moins épaisse : c'est le *Barras* des Landes de Bordeaux. On l'enlève dans le courant de l'automne, et on y ajoute le dernier produit de la récolte de la térébenthine. Le ratissage vaut vingt-cinq pour cent de moins que la térébenthine pure. Le prix commun de celle-ci, dans les pays où on la récolte, est de quinze francs le baril.

La térébenthine qu'on recueille dans les parties méridionales des États-Unis d'Amérique, est l'objet d'un commerce important. On s'en sert, dans tous les États-Unis, pour faire du savon, dont la couleur est jaune, et qui est de bonne qualité. On en exporte dans les États du Nord, en Angleterre, et en tems de paix il en arrive même à Paris, où elle est connue sous le nom de *Térébenthine de Boston*, quoique le pays d'où elle vient soit éloigné de cette ville de près de quatre cents lieues. En Angleterre, on en emploie une très-grande quantité; il y en est entré, en 1807, pour plus de deux millions quatre cent mille francs : son prix ordinaire, dans ce royaume, est de quinze francs le quintal.

C'est dans la Caroline du Nord qu'on fabrique le plus d'essence ou d'esprit de térébenthine. On l'obtient par la distillation; il faut, dit-on, six barils de térébenthine pour retirer un baril d'essence, contenant cent vingt-deux pintes. Cette essence passe dans toutes les autres parties des États-Unis; on en exporte en Angleterre et jusqu'en France, où on lui donne quelquefois la préférence sur celle de Bordeaux, parce que son odeur n'est pas aussi forte.

La manière dont on construit, en Amérique, les bûchers pour l'extraction du goudron, ne diffère pas assez de ce qui se pratique en France, pour qu'il soit nécessaire de la décrire en entier; on pourra d'ailleurs consulter l'*Histoire des Arbres forestiers de l'Amérique septentrionale*, par M. F. A. MICHAUX, si l'on désire connaître en détail les procédés usités dans cette fabrication : il me suffira de dire que tout le goudron qu'on retire du Pin Austral se fabrique dans la Basse-Caroline du nord, à la réserve d'une petite quantité qui se prépare dans une portion de la Virginie. Ce goudron, dont on apporte aussi beaucoup en Europe, n'est pas comme la térébenthine d'Amérique, il est moins estimé, au contraire, que celui d'Europe. La différence qu'on en fait dans le commerce vient très-probablement de ce que le goudron d'Amérique n'est préparé qu'avec du bois mort, provenant des arbres qui tombent de vétusté, ainsi que des sommets et des branches de ceux qui ont été abattus pour être débités en planches ou madriers; tandis que le goudron qu'on fabrique, soit dans le nord de l'Europe, soit dans les Landes de Bordeaux, est retiré, en grande partie, d'arbres abattus depuis peu de tems.

Le brai est le résultat de la combustion du goudron; pour être de bonne qualité, il faut que l'opération n'ait été poussée que jusqu'à la réduction de la moitié du volume de la matière première.

D'après les grands avantages qu'on peut retirer du Pin Austral, il est à désirer qu'on cherche à le multiplier en France et à l'acclimater dans nos départemens méridionaux. M. MICHAUX pense que la température et la nature du sol des Landes de Bordeaux lui conviendraient très-bien, mais qu'il ne croîtrait jamais que d'une manière imparfaite dans les parties qui sont plus au Nord. Il serait une ressource de plus pour la France ; car, outre ses produits résineux, son bois, meilleur que tous ceux que fournissent les autres espèces de Pins de l'Amérique, est encore, d'après la comparaison qu'en a faite M. MICHAUX, supérieur en qualité à celui du Pin maritime et à celui du Pin sauvage.

Le Pin Cembro est habitant des montagnes élevées et des pays très-froids. Il croît sur les Alpes à des hauteurs où les autres Pins et les Sapins ne peuvent plus vivre. Sa croissance est très-lente; à peine si, dans nos jardins, il acquiert un demi-pied de hauteur par an, et il s'élève encore bien moins dans son pays natal, où il est couvert de neige pendant six à huit mois de l'année. Le bois du Cembro des Alpes est très-résineux, d'une odeur agréable; il n'est pas ordinairement assez gros pour fournir de fortes pièces de charpente, mais on pourrait en tirer des chevrons, ce qu'on ne fait guère par la difficulté de l'exploitation dans les localités où croît cet arbre. Les bergers en font une assez grande consommation pour se chauffer, et ils en détruisent ainsi beaucoup. Si on ne prend pas de moyens pour arrêter sa destruction, cet arbre deviendra rare et disparaîtra du sommet des Alpes qui, faute de feu, deviendra inhabitable, même pendant l'été. Le bois du Cembro est tendre, facile à couper et à travailler; les bergers de la Suisse et du Tyrol en font différens ouvrages de sculpture, de petites figures d'hommes et d'animaux, qui se vendent dans les villes.

La nature du sol paraît influer beaucoup sur la qualité du bois du Cembro, car autant il est résineux et odorant dans les Alpes, autant il l'est peu en Sibérie, où il n'habite pas les montagnes et où on ne le trouve que dans les plaines. Cet arbre, selon GMÉLIN, est commun dans cette contrée; il s'y plaît surtout dans les lieux marécageux, et on ne l'y voit jamais dans des terrains secs. Il s'élève bien droit, assez haut et devient souvent plus gros que le corps d'un homme. Les menuisiers emploient son bois pour leurs ouvrages, de préférence à d'autres, parce qu'il a le grain tendre, et que les outils le coupent avec facilité; ils en font surtout des boîtes et des coffres. Dans certains cantons où cet arbre est très-commun, et dans les années où il rapporte beaucoup de fruits, ce qui n'arrive pas constamment, les paysans vont dans les forêts faire la récolte de ses noyaux, qui sont alors à si bas prix qu'ils en donnent souvent quarante livres pesant pour quinze kopeks (environ quinze sols.)

Les amandes ont un goût agréable, sont bonnes à manger et très-nourrissantes. Les habitans des Alpes, et surtout les pâtres, les mangent comme aliment; elles ont l'inconvénient d'exiger beaucoup de tems à cause de leur petitesse et de la dureté de leur coquille. On les emploie en médecine dans les mêmes cas et préparées de la même manière que les pignons doux, dont elles ont toutes les propriétés. Ces amandes sont aussi oléagineuses que celles du Pin Pinier, et elles le sont plus que toutes les semences connues; car lorsqu'on ne retire que deux onces et demie d'huile d'une livre de graines de lin, on peut en retirer cinq onces des pignons du Cembro. Cette huile ne peut être à bon marché, à cause du tems qu'il faut employer pour casser les noyaux, qui sont très-durs, et c'est ce qui l'empêchera toujours d'être d'un usage habituel. En Sibérie, les gens riches en font faire pour s'en servir dans le carème et dans les tems de jeûne. Elle a une saveur fort agréable quand elle est récente; mais elle a l'inconvénient de devenir promptement rance. Dans le même pays, on emploie, pour teindre en rouge, les coquilles des amandes, au moyen d'une préparation dans de l'eau-de-vie de froment.

GMÉLIN, dans sa Flore de Sibérie, fait mention d'une variété du Pin Cembro qui n'est qu'un arbrisseau ne s'élevant pas à plus de six pieds, et dont le tronc a rarement plus d'un pouce de diamètre. Les fruits de cette variété ont la même forme que dans l'espèce principale, mais ils sont deux fois plus petits. Le même auteur rapporte l'histoire de deux capitaines de vaisseau qui, se trouvant dans des circonstances malheureuses, et ayant le scorbut qui faisait périr misérablement beaucoup de gens de leurs équipages, éprouvèrent par hasard la propriété antiscorbutique de cet arbrisseau , et le firent avec tant de succès qu'en peu de jours tous leurs malades furent guéris.

De toutes les espèces de Pins qui croissent dans les vastes forêts de l'Amérique septentrionale , il n'en est aucune dont le bois soit employé à autant d'usages différens que celui du Pin de Weimouth. Cet arbre n'est pas assez résineux pour qu'on puisse en extraire de la térébenthine et en fabriquer du goudron; mais son bois rachète , par une multitude de propriétés, ce qui lui manque de ce côté. Les qualités qui le font estimer plus que tout autre, sont de n'avoir que très-peu d'aubier ; d'être léger, peu chargé de nœuds; d'avoir le grain fin, tendre et facile à travailler; de fournir des planches d'une belle largeur et des pièces de charpente de la plus grande dimension ; de résister mieux qu'un autre aux injures du tems, et d'être moins sujet à se fendre par l'effet de la chaleur. Avec tous ces avantages , il n'est cependant pas sans défauts ; il n'a pas beaucoup de force , il retient mal les clous, et il est quelquefois sujet à se gonfler dans les tems humides. La nature du sol influe d'ailleurs beaucoup sur les qualités de son bois ; celui qui est venu dans un terrain gras et humide est toujours beaucoup meilleur et plus estimé , parce que la texture de son grain est plus fine, ce qui permet de le couper net en tous sens , sans qu'il s'éraille , et de lui donner un beau poli dans les ouvrages qui en sont susceptibles. Celui , au contraire, qui croît dans les lieux secs et élevés est plus ferme, plus résineux et se travaille moins bien.

Dans le nord des États-Unis d'Amérique, plus de la moitié des maisons, soit des villes , soit des villages, sont bâties en bois de Pin de Weimouth, et les plus grosses pièces de charpente des églises et grands édifices sont du même arbre. Plusieurs ponts magnifiques en sont aussi entièrement construits, entre autres ceux qui unissent Cambridge et Charleston à la ville de Boston, dont l'un a trois mille pieds de longueur, et l'autre quinze cents. Les différentes pièces de menuiserie qui décorent les maisons, soit extérieurement, soit intérieurement, sont encore faites de ce bois. Toutes les maisons de la ville de Boston , ainsi que celles des autres villes et des campagnes dans les États à l'est de la rivière Hudson, sont couvertes en bardeaux de ce Pin, qui ont dix-huit pouces de long , sur trois à six pouces de large , et trois lignes d'épaisseur; ces bardeaux durent douze à quinze ans. Ce bois sert d'ailleurs à fabriquer les caisses destinées à emballer les marchandises ; dans quelques cantons , on en fait des barils pour mettre le poisson salé. C'est lui que l'on emploie exclusivement pour la mâture de tous les vaisseaux qui se construisent dans les États du Nord et du milieu ; et il passe même pour constant qu'avant la guerre de l'indépendance , l'Angleterre tirait, de l'Amérique Septentrionale, beaucoup d'arbres de cette espèce pour sa marine militaire et marchande; et elle en fait encore venir à présent pour suppléer à ce qu'elle ne peut avoir dans le Nord de l'Europe. Les mâts de Pin de Weimouth sont incomparablement plus légers que ceux du Pin de Riga , mais ils sont moins forts et ils passent pour avoir le défaut de s'échauffer et de pourrir plus vite à l'attache des vergues et dans l'entre-pont. Cet inconvénient fera toujours que, pour la mâture, le Pin de Weimouth sera moins estimé que le Pin de Riga, qui est une variété du Pin sauvage.

Avant que les peuples d'Europe exploitassent l'espèce de Pin dont il est maintenant question , les sauvages du Canada et des autres parties de l'Amérique Septentrionale, où elle est abondante , faisaient, comme ils font encore aujourd'hui, des pirogues d'une seule pièce avec le tronc des plus gros arbres.

La grande consommation du Pin de Weimouth qui se fait chaque année dans les États-Unis, oblige à aller faire les coupes de cet arbre dans des cantons fort éloignés de toutes les habitations. Voici, d'après M. Michaux, comment se fait cette exploitation. Les hommes qui l'entreprennent se réunissent en petites bandes, se transportent, en été, au milieu des vastes et solitaires forêts dans lesquelles croît l'espèce de Pin qu'ils viennent chercher; ils les parcourent dans tous les sens pour reconnaître les endroits qui en sont le mieux garnis. Ils coupent ensuite les herbes qui croissent dans les environs, et les convertissent en foin pour la nourriture des bœufs qu'ils doivent amener avec eux quand ils reviendront dans la saison convenable; puis ils regagnent le pays où ils habitent. L'hiver arrivé, ils reviennent dans ces forêts, s'établissent dans des huttes couvertes en écorces de Bouleau à papier ou de Thuia Occidental, et quoique la terre soit alors souvent couverte de quatre à cinq pieds de neige et que le froid soit si excessif que quelquefois le mercure se soutient pendant plusieurs semaines à dix-huit ou vingt degrés au dessous du point de congélation, ils se livrent, avec autant de courage que de persévérance, à l'abattage des arbres; les coupent par tronçons de quatorze à dix-huit pieds de longueur, et, au moyen de leurs bœufs qu'ils emploient avec beaucoup d'adresse, ils les amènent au bord des rivières, et après les avoir estampés de leur marque, ils les roulent dans leur lit qu'ils en emplissent par milliers. Au printems, les glaces venant à se briser, ces tronçons sont entraînés avec elles par le courant, et sont charriés jusqu'aux endroits où les bucherons se sont rendus d'avance pour les attendre. Là, ils sont arrêtés par les propriétaires qui reconnaissent, au moyen de leur marque, les bois qui appartiennent à chacun d'eux. Après les avoir triés, ils les vendent aux propriétaires des moulins à scie, ou ils les font débiter pour leur compte, en abandonnant la moitié ou même les trois quarts du produit, si la coupe de la saison a été abondante.

Si tous ces bois ne sont pas débités dans le courant de la même année, ils sont sujets à être attaqués par de gros vers qui les perforent dans tous les sens; mais si l'on a eu la précaution de les dépouiller de leur écorce, ils peuvent rester exposés aux injures de l'air pendant trente ans et plus, sans éprouver aucune altération. La souche du Pin de Weimouth résiste aussi un laps de tems considérable aux alternatives de la chaleur et de l'humidité, et il est même passé en proverbe dans ces contrées, que tel qui a abattu un arbre de cette espèce ne vit jamais assez longtems pour voir tomber sa souche en pourriture.

C'est principalement dans la ville de Boston qu'est l'entrepôt général du bois de Pin de Weimouth, soit préparé en pièces de charpentes de diverses longueurs et de différens diamètres, soit en planches, planchettes ou bardeaux. Quelque considérable que puisse être la consommation de ce bois dans les États-Unis, on en exporte encore beaucoup, soit dans les Colonies des Indes Occidentales, soit en Europe même. M. Michaux croit, qu'année commune, l'Angleterre en reçoit chez elle pour un million trois à quatre cent mille francs.

Telles sont les propriétés et les qualités précieuses du Pin de Weimouth, rapportées beaucoup plus en détail dans l'*Histoire des Arbres forestiers de l'Amérique septentrionale*, par M. F. A. Michaux. C'est dans cet ouvrage que j'ai puisé presque tout ce que j'ai cru utile de dire sur les Pins de cette partie du monde, dont les usages et les propriétés n'étaient pas connues avant ce que ce zélé voyageur vient d'en publier. Les avantages considérables que l'on retire du Pin de Weimouth, en Amérique, les usages multipliés auxquels il est propre, lui assignent un des premiers rangs parmi les arbres de cette partie du monde, et le mettent au nombre de ceux qu'il serait utile de multiplier dans les forêts de France. En Amérique, le Pin de Weimouth et le Pin Austral caractérisent les forêts du Nord et du Midi; ces deux arbres,

transportés sur le sol de l'Empire français , doivent aussi y être plantés comme la nature les a fait naître en Amérique. Le Pin Austral pourra enrichir nos départemens
méridionaux , tandis que le Pin de Weimouth repeuplera nos forêts septentrionales.
Ce dernier pourra aussi réussir dans les Alpes , les Pyrénées , les montagnes d'Auvergne, à la hauteur qui correspondra aux climats dont il est indigène. La propriété
qu'il a de résister aux vents impétueux de la mer , même lorsqu'il est isolé et jeune
encore, peut le rendre très-précieux pour le planter dans les dunes du Nord et l'employer à les fixer, comme le Pin maritime a réussi à le faire dans le Midi.

Jusqu'à présent le Pin de Weimouth n'a pas encore été considéré sous le
rapport de l'utilité. Son beau port l'a fait rechercher dans les jardins paysagers ,
où on le remarque au milieu de tous les autres arbres , dont il se distingue ,
dans sa jeunesse , par l'aspect élégant de son feuillage. Dans sa vieillesse , il s'y
fera encore plus distinguer par sa taille majestueuse et gigantesque, qui surpassera
de beaucoup celle de tous les arbres qui l'entoureront. Le Pin de Weimouth fait
un bel effet isolé , au milieu des gazons ou à quelques distances des massifs ; je
crois qu'on en pourrait faire de belles avenues. Il n'est pas délicat sur la nature du
terrain , et peut venir partout où le sol n'est pas formé d'un sable maigre et aride
ou continuellement submergé. Il prospérera dans les vallons dont la terre est
douce , friable , très-fertile , et sur le bord des rivières , où elle est profonde et
toujours fraîche. Les fruits de cette espèce mûrissent beaucoup plutôt que ceux
des autres Pins ; il ne leur faut que seize mois pour être à leur état parfait de
maturité. C'est dans le courant de septembre , ou au plus tard dans les premiers
jours d'octobre , selon que la fin de l'été a été plus ou moins chaude, qu'il faut
recueillir les cônes ; si on tardait plus long-tems à le faire, leurs écailles s'ouvriraient
et les graines tomberaient à terre. Si on a eu soin de cueillir les cônes un peu
avant le moment où les écailles se seraient ouvertes , les graines peuvent s'y
conserver jusqu'au printems , qui est la saison convenable pour semer celles-ci.
Aucune culture particulière n'étant nécessaire aux semis du Pin de Weimouth ,
je renvoie à ce que j'ai dit sur celle de tous les Pins en général.

EXPLICATION DES PLANCHES.

Pl. 66. Deux rameaux de deux variétés du Pin sauvage ; chaque rameau porte des cônes à
l'état de maturité , ayant deux ans , et des cônes tels qu'ils sont au bout d'une année. Les
détails des parties de la fructification, qui se voient dans le bas de la planche , sont, en
les considérant de gauche à droite, 1°. une écaille vue en dehors ; 2°. une semence
munie de son aile membraneuse ; 3°. l'aile membraneuse sans la graine ; 4°. une graine
dépouillée de son aile ; 5°. une grappe de chatons mâles ; 6°. l'axe d'un chaton mâle
auquel il reste trois étamines dans leur position naturelle, et les bractées qui sont à
la base, lesquelles enveloppent le chaton avant son développement ; 7°. une étamine
très-grossie et vue en dessous ; 8°. une étamine également grossie et vue en dessus ;
9°. un faisceau de feuilles de grandeur naturelle, comme les six premières figures.
Pl. 67. Fig. 1. Différentes parties de la fructification du Pin rouge. A. Sommité d'un rameau
portant quatre chatons femelles dans le moment de la fleuraison. B. Un chaton femelle
grossi. C. Écaille du chaton femelle grossie et vue en dehors, ainsi que la bractée
dont elle est munie. D. La même écaille représentée du côté intérieur pour faire voir
les deux ovaires terminés par un stigmate bifurqué. E. La bractée extérieure ; elle s'o-
blitère à mesure que l'écaille intérieure prend de l'accroissement. F. Un cône mûr.
G. Une écaille vue en dehors à l'époque de la maturité.
Pl. 67. Fig. 2. Détails de la fructification du Pin Laricio. H. Sommité d'un rameau à la
base duquel est une grappe de chatons mâles. J. Une étamine vue de côté et grossie.

K. La même vue en dessous. L. Sommité d'un jeune rameau portant des chatons femelles dans le moment de la fleuraison; le tout de grandeur naturelle. M. Une écaille et sa bractée vues de côté et grossies. N. L'écaille intérieure représentée seule et en sa partie interne pour faire voir les deux ovaires et les stigmates. O. Bractée extérieure. P. Un cône de grandeur naturelle.

Même planche, fig. 3. Une graine, un cône et deux feuilles du Pin de Banks.

Même planche, fig. 4. Feuilles, un cône et une graine du Pin piquant.

Pl. 68. Une branche du Pin Mugho portant un rameau de fleurs, et des cônes de tous les âges; le cône inférieur est à l'état de maturité parfaite; les deux cônes qui occupent la partie moyenne ont un an, et les deux qui terminent la branche viennent d'être fécondés. Fig. 1. Une étamine vue en dessous et grossie. Fig. 2. La même vue de côté. Fig. 3. Une écaille du chaton femelle et sa bractée vues de côté et grossies. Fig. 4. L'écaille vue seule et en dedans, avec les ovaires et les stigmates. Fig. 5. La bractée extérieure représentée seule. Fig. 6. Une écaille d'un cône mûr. Fig. 7. Une graine munie de son aile. Fig. 8. Un cône d'une variété à fruits plus petits.

Pl. 69. Fig. 1. Un rameau du Pin chétif portant un cône mûr, et de jeunes cônes ayant environ un an. A. Un faisceau de feuilles. B. Une graine entière.

Pl. 69. Fig. 2. Un rameau du Pin variable portant deux cônes à l'état de maturité. C. Une graine. D. Un faisceau de feuilles.

Pl. 70. Un rameau du Pin d'Alep avec deux cônes mûrs. A. Une graine munie de son aile membraneuse. B. La graine nue.

Pl. 71. Un rameau du Pin Laricio avec deux cônes à l'état de parfaite maturité; séparément, un cône dont les écailles sont entr'ouvertes, et une graine garnie de son aile.

Pl. 72. Un rameau du *Pinus maritima major*, avec un cône mûr; le rameau portait quatre cônes; le peintre a laissé voir les trois supports de ceux qui ont été retranchés de l'échantillon. A. Une graine avec son aile membraneuse. B. L'aile seule. C. La graine dépouillée de l'aile.

Pl. 72 *bis*. Fig. 1. Cône de la variété *Pinus maritima minor*.

Même planche, fig. 2. Une feuille et un cône du Pin Occidental.

Même planche, fig. 3. Détails de la fructification du Pin Pinier. A. Écaille du chaton femelle, représentée de manière à faire voir les ovaires et les stigmates. B. Bractée extérieure. C. Écaille et bractée vues de côté, ainsi que les ovaires et les stigmates. D. Trois chatons femelles au moment de la fleuraison. E. Cône d'un an. F. Cône de deux ans.

Pl. 73. Un rameau du Pin Pinier portant un cône âgé de trois ans et à l'état de maturité parfaite. A. Une graine munie de son aile membraneuse. B. L'aile sans la graine. C. Une graine dont la coquille osseuse a été coupée horizontalement pour faire voir l'amande. D. L'amande séparée de la coquille. E. Une écaille du cône mûr, vue en dedans.

Pl. 74. Une branche du Pin hérissé portant trois cônes mûrs, et un rameau vers le sommet duquel on aperçoit des fleurs mâles non encore entièrement développées. A. Une graine garnie de son aile.

Pl. 75. Fig. 1. Un faisceau de feuilles et un cône du Pin tardif. Fig. 2. Un faisceau de feuilles et un cône du Pin Téda. Fig. 3. Un faisceau de feuilles et un cône du Pin Austral.

Pl. 76. Un rameau du Pin de Weimouth portant deux cônes mûrs, dont l'un a ses écailles entr'ouvertes et a déjà laissé échapper ses graines. Fig. 1. Une graine avec son aile.

Pl. 77. Fig. 1. Un rameau du Pin Cembro avec son cône à l'état de parfaite maturité. A. Une écaille vue en dehors. B. Une graine entière. C. Une graine coupée horizontalement. D. L'amande vue séparément. E. Un faisceau de feuilles.

Même planche, fig. 2. Un rameau du Pin résineux portant un cône âgé de deux ans et mûr, et de jeunes cônes d'un an. F. Un faisceau de feuilles. G. Une graine avec son aile. H. Une graine nue. I. L'aile seule.

ABIES.   SAPIN.

PINUS. Linn. Classe **XXI.** *Monœcie.* Ordre **VIII.** *Monadelphie.*
ABIES. Juss. Classe **XV.** *Dicotylédones apétales. Étamines idiogynes ou séparées du pistil.* Ordre **V.** Les Conifères. §. II. Écailles portant les étamines. Vraies Conifères.

GENRE.

Fleurs mâles disposées en chatons simples.

CALICE et COROLLE. Nuls.

ÉTAMINES.   Nues, presque sessiles, disposées et imbriquées sur un axe commun, formant un chaton arrondi ou oblong ; composées de deux anthères qui s'ouvrent par leur face inférieure.

Fleurs femelles disposées en chatons simples.

CALICE.   Formé d'une écaille charnue, arrondie, ayant à peu près la forme d'un ongle, portant, à sa partie postérieure et un peu au dessus de sa base, une bractée membraneuse, oblongue entière ou à trois pointes. Cette bractée, au commencement de la fleuraison, est, dans toutes les espèces, plus grande que l'écaille calicinale, qu'elle cache presque en entier ; mais à mesure que le fruit avance vers la maturité, l'écaille intérieure s'agrandit, et, dans plusieurs espèces, elle finit par surpasser et par cacher entièrement la bractée extérieure : dans quelques autres, celle-ci reste toujours plus grande que le calice. L'aggrégation des calices, disposés en spirale autour d'un axe commun, forme un chaton ovoïde ou presque globuleux.

COROLLE.   Nulle.

PISTIL.   Deux ovaires adhérens à la base et à la face interne du calice, chacun d'eux portant un stigmate à deux pointes.

PÉRICARPE. Les écailles, qui forment le calice, prennent de l'accroissement après la fleuraison ; elles deviennent coriaces, à demi-ligneuses, et, par leur disposition imbriquée en spirale autour d'un axe commun, elles forment un cône ovoïde ou oblong. Ces écailles sont amincies plutôt qu'épaissies à leur sommet, qui d'ailleurs n'est pas ombiliqué ; elles sont, comme dans les Pins, creusées en dedans à leur base, et logent deux noix osseuses, monospermes, surmontées d'une aile membraneuse.

Caractère essentiel. Fleurs monoïques : les mâles dépourvues de calice et de corolle, composées seulement d'étamines disposées en chatons solitaires, et portant immédiatement les anthères ; les femelles, composées de calices en forme d'écailles onguiculées, portant deux ovaires à leur base interne. Fruit, un cône formé d'écailles arrondies à leur sommet, portant à leur base deux graines surmontées d'une aile membraneuse.

Caractère secondaire. Arbres à feuilles éparses, solitaires, toujours vertes ou caduques selon les espèces, et dépourvues de gaîne particulière à leur base.

RAPPORTS NATURELS. Les Sapins diffèrent des Pins par leurs fleurs mâles portées sur des chatons simples; par les écailles de leurs cônes amincies et arrondies en leur bord; par leurs feuilles solitaires, dépourvues de gaînes, et enfin parce que leurs fruits mûrissent dans le cours d'une année.

ÉTYMOLOGIE. Le mot *Abies* dérive, selon plusieurs Lexicographes, d'*Abeo*, parce que les arbres de ce genre tendent toujours à s'élever. *Dictam autem volunt Abietem, quòd in altitudinem longiùs eat quàm cæteræ arbores.* Calep. Dict.

* *Feuilles solitaires sur les jeunes rameaux, fasciculées sur les autres.*

1 ABIES Cedrus. *Tab.* 78.

SAPIN Cèdre. *Pl.* 78.

A. *foliis perennantibus, triquetris, solitariis fasciculatisque; amentis masculis oblongo-cylindraceis, erectis; strobilis ovatis, erectis; squamis truncatis, adpressis.*

S. à feuilles persistantes, triangulaires, solitaires et fasciculées; à chatons mâles oblongs, cylindriques, redressés; à cônes ovales, redressés, ayant leurs écailles tronquées et serrées.

ABIES *Cedrus.* POIR. Dict. Enc. 6. pag. 510.
PINUS *Cedrus.* LIN. Sp. 1420. WILLD. Arb. 214. WILLD. Sp. 4. pag. 501. LAMB. Descr. of Pin. pag. 59.
CEDRUS. BELLON. Itin. 162. CAMER. Epit. 57. TABERN. Icon. 942.
CEDRUS *alta, seu major.* BELLON. Arb. Conif. cap. 3. pag. 3. tab. pag. 6.
CEDRUS *magna.* DODON. Pempt. 867.
CEDRUS *magna sive Libani, conifera.* I. BAUH. Hist. 1. lib. 9. pag. 277.
CEDRUS *conifera, foliis Laricis.* C. BAUH. Pin. 490. RAI. Hist. 1404.
CEDRUS *Phœnicia.* RENEALM. Sp. 27.
CEDRUS *Libani.* BARREL. Icon. 499. EDWARD, Ornith. tab. 188.
CEDRUS *foliis rigidis acuminatis non deciduis, conis subrotundis selectis.* Trew. Ehr. t. 1, 4, 28, 60, 61, Nov. Act. A. N. C. v. 3. App. 445. t. 13. f. 1, 7, 11, 12, 14.
LARIX *Orientalis, fructu rotundiore, obtuso.* TOURNEF. Inst. 586. DUHAM. Arb. 1. pag. 332. tab. 132.
LARIX *Cedrus.* MILL. Dict. n. 3.
LE CÈDRE du Liban. LAROQUE, voyage de Syrie, vol. 1. pag. 81. pl. 1 et 2.

Le Sapin Cèdre, plus généralement connu sous le nom de *Cèdre du Liban*, est un des plus beaux arbres de la nature. Son tronc, revêtu d'une écorce brunâtre, crevassée, acquiert, avec les années, jusqu'à vingt-quatre ou trente pieds de circonférence, et sa tige s'élève quelquefois à cent pieds de hauteur. Les premières branches sont d'une grosseur proportionnée à celle d'un tronc aussi considérable, et semblent elles-mêmes former de gros arbres. Les branches, en général, sont disposées par étages, mais d'une manière assez irrégulière. Elles sont d'abord un peu redressées en sortant du tronc; mais elles s'inclinent bientôt en arc, et leur extrémité s'abaisse sous leur propre poids. Les rameaux qui partent des branches s'étendent horizontalement, et se déploient en quelque sorte comme de larges éventails. Les feuilles sont fines, étroites, triangulaires, glabres, d'un vert foncé, un peu piquantes, longues de huit à dix lignes, articulées sur un court pétiole qui est décurrent, ce qui rend les jeunes rameaux anguleux. Ces feuilles, qui restent deux ans sur l'arbre, sont solitaires et éparses sur les rameaux de l'année, et elles paraissent fasciculées sur les plus anciens par le développement, en apparence incomplet, d'un certain nombre de bourgeons axillaires qui, au lieu de se convertir en rameaux, ne donnent naissance qu'à une rosette de feuilles pressées les unes auprès des autres et disposées en verticille sur un rang ou deux. Ces bourgeons, d'où ne sort, la première année, qu'une rosette de feuilles, ont été pris

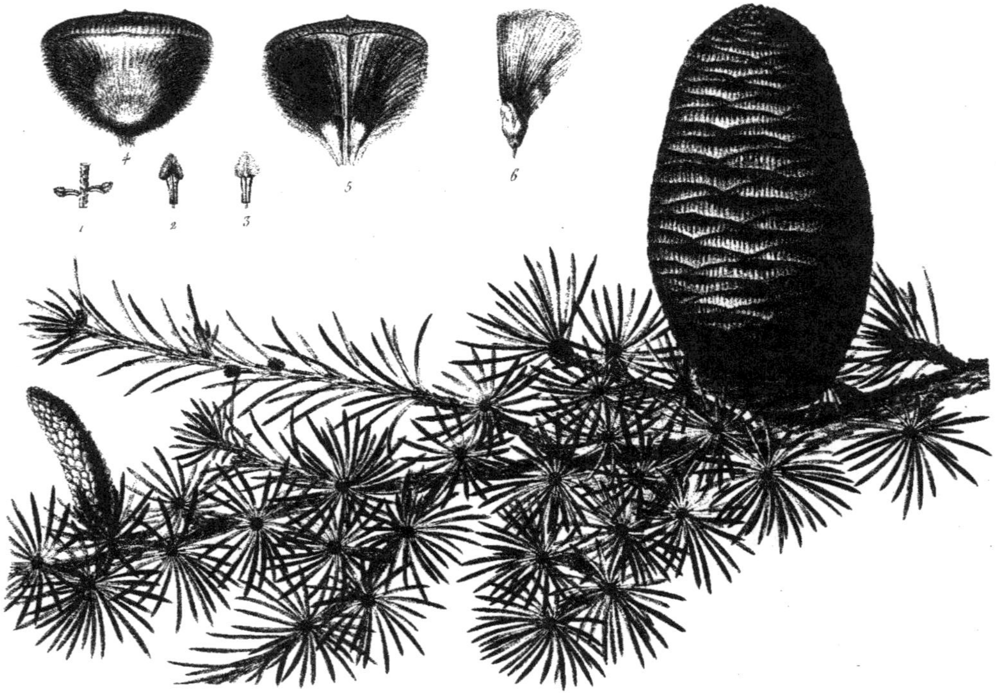

T. 5 . N° 78 .
1
2
3
4
5
6
ABIES Cedrus.
SAPIN Cèdre.
P. Recca pinx.
Dubreuil sculp.

Fig. 1. **ABIES** Larix.   SAPIN Mélèze.

Fig. 2. **ABIES** microcarpa.   SAPIN à petits fruits.

P. Bessa del.   Didier sculp.

pour des rameaux avortés ; mais leur mode de végétation est trop constant pour qu'on puisse croire à ce prétendu avortement, et ils ont d'ailleurs une destination particulière, celle de donner naissance aux organes de la reproduction, qui ont besoin de plusieurs années pour se former. En effet, ces bourgeons continuent, pendant plusieurs années de suite, à donner, chaque printems, une nouvelle rosette de feuilles, placée au dessus de celle de l'année précédente, et ils prennent ainsi un léger accroissement, mais si lent qu'il est à peine d'une ligne en longueur chaque année : on en trouve sur lesquels on peut compter jusqu'à huit ou dix anneaux, et quelquefois ils se ramifient un peu ; enfin, c'est de leur centre que sortent, plutôt ou plus tard, les fleurs mâles et les fleurs femelles. Les premières sont disposées en chatons simples, solitaires, d'une couleur roussâtre, longs d'environ deux pouces. Ces chatons sont redressés vers le ciel, et ils sont composés d'un grand nombre d'étamines sessiles et imbriquées sur un axe commun. Chaque étamine est formée d'une anthère à deux loges qui s'ouvrent longitudinalement par leur partie inférieure, et elle est terminée ou surmontée par une sorte de crête dirigée en en haut. Les fleurs femelles sont des chatons courts, arrondis, un peu ovoïdes, se changeant, après la fécondation, en des cônes ovales, qui, lors de la maturité, ont depuis deux pouces et demi jusqu'à cinq pouces de haut et qui sont dirigés vers le ciel, ainsi que l'étaient les fleurs femelles. Ces cônes sont composés d'écailles coriaces, imbriquées, serrées les unes contre les autres, très-larges, obtuses et tronquées à leur sommet, minces en leur bord, veloutées et roussâtres sur leur dos. A leur base et à leur partie intérieure, sont situées deux semences surmontées d'une aile mince, membraneuse, dont le bord supérieur est très-élargi, tandis que l'inférieur est plus étroit et enveloppe en grande partie la graine.

Le Cèdre fleurit, dans le climat de Paris, au mois d'octobre et non au printems, comme quelques botanistes l'on dit. Ses fruits sont mûrs un an après ; mais ils peuvent rester plusieurs années sur l'arbre sans tomber et même sans s'ouvrir. Le Cèdre est indigène de l'Asie ; il croît sur le mont Liban et sur le mont Taurus.

2 ABIES Larix. *Tab.* 79. *Fig.* 1.

A. *foliis deciduis, linearibus, solitariis fasciculatisque ; amentis masculis ovato-subrotundis, sparsis ; strobilis ovato-oblongis, erectis ; squamis laxis, rotundatis, apice subemarginatis.*

SAPIN Mélèze. *Pl.* 79. *Fig.* 1.

S. à feuilles caduques, linéaires, solitaires ou fasciculées ; à chatons mâles ovales-arrondis, épars ; à cônes ovales-oblongs, redressés, ayant leurs écailles lâches, arrondies, un peu échancrées au sommet.

ABIES *Larix.* Lam. Illust. tab. 785. fig. 2. Poir. Dict. Enc. 6. pag. 511.

ABIES *foliis fasciculatis, obtusis.* Hort. Cliff. 450. Gmel. Fl. Sib. 1. pag. 176.

LARIX. Bellon. Arb. Conif. pag. 23 *verso*, icon. pag. 25 *verso*. Tabern. Icon. 940. Matth. Valgr. 105. Trag. Stirp. 1119. Camer. Epit. 45, 46. Dodon. Pempt. 868. Bauh. Pin. 493. Dalech. Hist. 1. p. 55. Blackw. Herb. tab. 477.

LARIX *folio deciduo, conifera.* J. Bauh. Hist. 1. lib. 9. pag. 265. Tournef. Inst. 586. Hort. Angl. 43. fig. 11. Garid. Aix. 268. Duham. Arb. 1. pag. 332. tab. 131.

LARIX *decidua.* Mill. Dict. n. 1.

LARIX *Europæa.* Decand. Fl. Fr. n. 2064.

PINUS *Larix.* Lin. Sp. 1420. Willd. Sp. 4. pag. 503. Scop. Carn. n. 1198. All. Fl. Ped. n. 1944. Roth. Fl. Germ. v. 1. pag. 411. v. 2. p. 2. pag. 495. Pall. Fl. Ross. tab. 1. Lamb. Descript. of Pin. pag. 53. tab. 35.

PINUS *foliis fasciculatis deciduis.* Hall. Helv. n. 1658.

5.

Le Mélèze est un grand arbre qui s'élève, lorsqu'il atteint tout son accroissement, à la hauteur de quatre-vingts ou cent pieds et même davantage. Ses branches revêtues, ainsi que le tronc, d'une écorce rougeâtre, un peu grisâtre, sont disposées par étages incomplets et irréguliers ; elles sont horizontales dans la jeunesse de l'arbre, et un peu inclinées sous leur propre poids lorsqu'il avance en âge. Les feuilles étroites, linéaires, aiguës, longues de douze à vingt lignes, d'un vert gai, sont éparses sur les jeunes pousses et disposées en rosettes sur les rameaux d'un ou deux ans. Ces feuilles ne durent que pendant la belle saison ; elles tombent dans le courant de l'automne, et se renouvellent à chaque printems. Ces rosettes de feuilles, qui distinguent le Cèdre et les Mélèzes des Sapins proprement dits, naissent de bourgeons particuliers qui paraissent çà et là sur les rameaux de la jeune pousse, l'année d'avant, et qui sortent tous de l'aisselle d'une feuille. Ces bourgeons sont véritablement les boutons à fleurs auxquels il faut, selon les espèces, plus ou moins de tems pour se former. Dans le Mélèze, ces bourgeons, après avoir produit une rosette de feuilles, la première année de leur développement, donnent, ordinairement la seconde année ou au plus tard la troisième, naissance aux fleurs. Celles-ci sont de deux sortes ; les unes mâles et les autres femelles. Les unes et les autres naissent séparément de bourgeons différens, mais épars sans ordre sur les mêmes rameaux. Les fleurs mâles, composées d'étamines très-petites, forment des chatons ovales-arrondis, sessiles et presqu'entièrement enfoncés au milieu d'un grand nombre de petites écailles qui leur ont servi d'enveloppe. Les chatons femelles, un peu moins nombreux que les mâles, sortent de même d'un groupe de petites écailles roussâtres et très-serrées les unes contre les autres ; ils sont portés sur de courts pédoncules, et tendent toujours à se diriger vers le ciel, quoique plusieurs d'entre eux sortent de la partie inférieure des rameaux. Lors de la fleuraison, ils sont d'une couleur rougeâtre et composés de deux sortes d'écailles ; les extérieures faisant les fonctions de bractées, ayant une forme oblongue, se terminant par une pointe particulière et surpassant en longueur les écailles intérieures qui sont les calices. Ces dernières, au contraire, sont élargies et elles ont la forme d'un ongle ou à peu près. Après la fleuraison, ces écailles prennent, peu à peu, plus d'accroissement que les extérieures, et finissent enfin par les surpasser entièrement lors de la maturité des fruits. Ceux-ci sont des cônes redressés, d'une forme ovale, longs d'un pouce ou un peu plus, composés d'écailles imbriquées, assez lâches, à la base interne desquelles sont deux semences surmontées chacune d'une aile membraneuse.

Le Mélèze fleurit au mois d'avril ou au mois de mai, selon qu'il habite des pays plus ou moins élevés. Il croît sur les Alpes de la France et de la Suisse, sur l'Apennin en Italie ; on le trouve sur les montagnes de l'Allemagne, de la Russie, de la Sibérie et dans la plus grande partie de toutes les régions septentrionales de l'ancien continent ; il n'est pas indiqué en Angleterre.

3 ABIES pendula.	SAPIN à branches pendantes.
A. *foliis deciduis, linearibus, solitariis fasciculatisque ; amentis masculis ovatis, sparsis ; antheris breviter cristatis ; strobilis ovato-oblongis, erectis; squamis laxis, rotundatis, integris.*	S. à feuilles caduques, linéaires, solitaires ou fasciculées; à chatons mâles ovales, épars, ayant leurs anthères munies d'une crête courte; à cônes ovales-oblongs, redressés, dont les écailles sont lâches, arrondies, entières.

ABIES *pendula*. Poir. Dict. Enc. 6. pag. 514.

ABIES vulgaris.

SAPIN commun.

1. 2. 3. 4.

P. Bessa pinx.

J. N. Schöff sculp.

PINUS *pendula*. Ait. Hort. Kew. 3. pag. 369. Willd. Sp. 4. pag. 502. Lamb. Descript. of
Pin. pag. 56. tab. 36.

PINUS *intermedia*. Duroi, Harbk. edit. Pott. vol. 2. pag. 115. Wangenh, Beytr. 42. tab.
16. fig. 37.

PINUS *Larix nigra*. Marsh. Arb. Amer. 103.

Cette espèce paraît être intermédiaire entre le Mélèze d'Europe et celui d'Amérique ; les caractères qui la distinguent sont même si peu prononcés qu'on pourrait croire qu'elle n'est qu'une variété de l'un ou de l'autre. Sir Lambert, d'après lequel je la rapporte, l'indique comme indigène de l'Amérique Septentrionale.

4 ABIES microcarpa. *Tab.* 79. *Fig.* 2.

A. *foliis deciduis, angusto-linearibus, solitariis fasciculatisque ; amentis masculis subrotundis, brevibus, sparsis ; strobilis ovato-subrotundis, erectis ; squamis laxis, rotundatis, integris, paucioribus.*

SAPIN à petits fruits. *Tab.* 79. *Fig.* 2.

S. à feuilles caduques, étroitement linéaires, solitaires ou fasciculées ; à chatons mâles arrondis, courts, épars ; à cônes ovales, presque ronds, redressés, ayant les écailles lâches, arrondies, entières et en petit nombre.

ABIES *microcarpa*. Poir. Dict. Enc. 6. pag. 514.

ABIES *Americana*. Poir. Dict. Enc. 6. pag. 514.

LARIX *Americana*. Mich. Fl. Boreal. Amer. 2. pag. 203. Mich. Arb. Amer. tab. indic. pag. 28.

PINUS *microcarpa*. Willd. Sp. 4. pag. 502. Lamb. Descript. of Pin. pag. 58. tab. 37.

PINUS *pendula*. Willd. Arb. 215.

PINUS *laricina*. Duroi, Harbk. edit. Pott. 2. pag. 117. Wangenh. Beytr. 42. tab. 16. f. 37.

PINUS *Larix nigra*. Marsh. Arb. Amer. 185.

Le Sapin à petits fruits, ou *Mélèze d'Amérique*, a de grands rapports avec notre Mélèze d'Europe ; mais il en diffère certainement par ses feuilles très-menues, moitié plus courtes et moitié plus étroites ; par la petitesse de ses cônes qui n'ont que six lignes de long au plus et qui ne sont composés que d'un très-petit nombre d'écailles.

Cet arbre est indigène de l'Amérique Septentrionale. On le cultive, depuis quelques années, en Angleterre et en France, où il n'est pas encore très-commun. Le plus beau que j'aie vu est chez M. Descemet, pépiniériste à Saint-Denis, près de Paris. Il a dix à douze pieds de haut, donne tous les ans une grande quantité de fruits et paraît, par la vigueur avec laquelle il pousse chaque année, devoir s'élever beaucoup plus haut et devenir au moins un arbre de grandeur moyenne. Il fleurit à la même époque que le Mélèze d'Europe.

** *Feuilles toutes solitaires.*

5 ABIES excelsa. *Tab.* 80.

A. *foliis perennantibus, sparsis, tetraquetris ; strobilis cylindraceis, terminalibus, pendulis ; squamis nudis, apice truncatis emarginatisve ; antheris apice cristâ rotundatâ appendiculatis.*

SAPIN élevé. *Pl.* 80.

S. à feuilles persistantes, éparses, quadrangulaires ; à cônes cylindriques, terminaux, pendans ; à écailles nues, tronquées ou échancrées au sommet ; à anthères terminées à leur sommet par une crête arrondie.

ABIES *excelsa*. Poir. Dict. Enc. 6. pag. 518. Decand. Fl. Fr. n. 2062.

ABIES *rubra*. Trag. Stirp. 1117.

ABIES Dodon. Pempt. 866.

ABIES *tenuiore folio, fructu deorsùm inflexo.* Tournef. Inst. 585. Garid. Aix. pag. 2. tab. 1.
Duham. Arb. vol. 1. pag. 3. tab. 2.

ABIES *foliis solitariis, apice acuminatis.* Lin. Hort. Cliff. 449. Lin. Fl. Suec. 875. Lin. Fl.
Lappon. 347. Gmel. Sib. 1. pag. 175.

ABIES *Picea*. Miller. Dict. n. 2.

PICEA. Bellon. Arb. Conif. pag. 16, icon pag. 19 (*malé*). Tabern. Icon. 940. Camer. Epit. 47. Matth. Valg. 97. Dalech. Hist. 1. pag. 50. Blackw. Herb. tab. 198. Fl. Dan. tab. 193.

PICEA *Latinorum, sive Abies mas Theophrasti.* J. Bauh. Hist. 1. lib. 9. pag. 238.

PINUS *Abies.* Lin. Sp. 1421. Willd. Arb. 221. Willd. Sp. 4. pag. 506. Ait. Hort. Kew. 3. pag. 371. Scop. Carn. n. 1194. All. Fl. Ped. n. 1947. Roth. Fl. Germ. v. 1. pag. 411. v. 2. p. 2. pag. 495. Lamb. Descript. of Pin. pag. 37. tab. 25.

PINUS *excelsus.* Lam. Fl. Fr. edit. 1. vol. 2. pag. 202.

PINUS *foliis solitariis, tetragonis, mucronatis.* Hall. Helv. n. 1656.

Le Sapin élevé, connu sous les noms de *Faux-Sapin, Épicea, Pesse, Serente*, appelé dans les Vosges *Sapin gentil, Pinesse, la Fie*, du mot allemand *Fichte*, est un arbre qui s'élève extrêmement droit, jusqu'à cent vingt pieds ou plus, et qui acquiert à sa base trois pieds de diamètre et même davantage. Son tronc est recouvert d'une écorce mamelonée, assez mince, tirant sur le brun ; il est, dans sa jeunesse, chargé de rameaux dès sa base; mais, dans l'âge adulte, il devient nu jusqu'au tiers ou jusqu'aux deux tiers de sa hauteur et se termine par une pyramide de branches ouvertes à angles droits, verticillées quatre à six ensemble, et dont les rameaux sont pendans. Dans l'intervalle, entre chaque verticille de branches, on trouve très-souvent de plus petits rameaux ; mais ceux-ci ne prennent pas beaucoup d'accroissement, et ils ne deviennent jamais ou presque jamais de grosses branches. Les feuilles sont d'un vert sombre, quadrangulaires, pointues, longues d'un pouce ou environ, paraissant être rangées en tous sens autour des rameaux, et formant, si on les examine bien, une triple spirale ; elles sont articulées sur un renflement particulier de l'écorce, dont le sommet est saillant, long d'une demi-ligne. Les fleurs mâles sont des chatons épars çà et là le long des rameaux, longs de six lignes ou à peu près, portés sur des pédoncules de même longueur, sortant du centre d'une rosette d'écailles scarieuses, arrondies, imbriquées. Les étamines sont formées d'une anthère à deux loges qui s'ouvrent dans toute leur longueur par la partie inférieure, et qui, à leur sommet, sont surmontées d'une appendice en forme de crête, arrondie, un peu déchirée en ses bords et relevée perpendiculairement. Les fleurs femelles forment des chatons solitaires à l'extrémité des rameaux. Les fruits qui leur succèdent sont des cônes pendans, longs de quatre à six pouces, cylindriques, d'une couleur verdâtre et quelquefois d'un rouge vif dans leur jeunesse, devenant roussâtre lors de leur maturité ; ils sont composés d'un grand nombre d'écailles (de cent cinquante à deux cents), larges, applaties, imbriquées sur trois rangs, de manière à former une triple spirale, échancrées ou tronquées à leur sommet ; ces écailles, dans la maturité du fruit, sont tout à fait dépourvues de l'appendice membraneuse en forme de stipule, que M. Decandolle leur attribue d'après Gærtner ; la bractée qu'on observe sur le dos des calices ou de chacune des écailles, lors de la fleuraison, est très-courte, à peine si elle a deux lignes ; elle ne prend aucun accroissement quand le fruit commence à se former, et elle finit par disparaître si complettement qu'on n'en trouve aucune trace dans le fruit mûr. Celui-ci mûrit en automne, et les écailles s'entrouvent pour laisser échapper les graines en décembre, en janvier et même plus tard. Les graines sont petites ; dépouillées de leur aile, elles n'ont que deux lignes de long ; avec leur aile, elles en ont huit à neuf.

Le Sapin élevé croit naturellement sur les montagnes de l'Europe et de l'Asie, dans les lieux humides ; on le trouve, en France, dans les Alpes, les Pyrénées, les Vosges, en Bourgogne, dans la Belgique, etc. Il fleurit au mois d'avril.

6 ABIES alba. *Tab.* 81. *Fig.* 2.   SAPIN blanc. *Pl.* 81. *Fig.* 2.

A. *foliis sparsis, tetraquetris; strobilis*   S. à feuilles éparses, tetragones; à cônes
oblongo-cylindraceis, sparsis; squamis   oblongs, cylindriques, épars, ayant leurs
nudis, integris; antheris cristâ rotun-   écailles nues, entières; à anthères munies
datâ appendiculatis.   d'une crête arrondie.

ABIES *alba.* Mich. Fl. Boreal. Amer. 2. pag. 207. Mich. Arb. Forest. Amer. 1. pag. 133. tab.
12. Poir. Dict. Enc. 6. pag. 521.

ABIES *picea, foliis brevioribus; conis parvis, biuncialibus, laxis.* Duham. Arb. 1. pag. 3.

PINUS *alba.* Ait. Hort. Kew. 3. pag. 371. Willd. Sp. 4. pag. 507. Lamb. Descript. of Pin.
pag. 39. tab. 26.

PINUS *Canadensis.* Wangenh. Beytr. 5. tab. 1. fig. 2. Mill. Dict. n. 4.

β. ABIES *Orientalis, folio brevi et tetragono; fructu minimo, deorsùm inflexo.* Tournef.
Coroll. 41. Duham. Arb. 1. pag. 4. n. 10.

ABIES *Orientalis.* Poir. Dict. Enc. 6. pag. 508.

PINUS *Orientalis.* Lin. Sp. 1421. Willd. Sp. 4. pag. 508. Lamb. Descript. of Pin. pag. 45.
tab. 29.

Le Sapin blanc, appelé encore *Sapinette blanche, Épinette blanche,* ressemble
beaucoup au Sapin élevé; il forme comme lui une pyramide très-régulière, mais
il s'élève moins. Sa hauteur, selon M. Michaux, excède rarement cinquante pieds;
ses feuilles sont moitié plus courtes, d'un vert plus pâle et comme bleuâtres. Les chatons mâles ne diffèrent pas sensiblement dans les deux espèces; mais les cônes sont
très-différens dans le Sapin blanc; leur longueur n'est que de vingt à trente
lignes, et leur diamètre de six à huit; ils sont beaucoup plus nombreux,
disséminés le long des rameaux, ou situés à leur extrémité, ou solitaires,
ou opposés deux à deux, et quelquefois verticillés par six ou huit ensemble: leurs
écailles sont arrondies, nullement échancrées à leur sommet. Les graines sont
petites, elles n'ont que quatre lignes de hauteur avec leur aile.

On a vu Le Sapin blanc est originaire du Canada et du Nord des États-Unis; on le trouve
aussi dans l'ancien Continent, comme il sera dit plus bas. Il est cultivé en France
depuis trente-six à quarante ans, et fleurit au commencement du printems. On
n'en voit pas encore de très-grands dans les jardins; les plus beaux arbres de cette
espèce que j'aie vus, sont dans les jardins de Trianon, près de Versailles; ils
ont vingt à vingt-cinq pieds de haut. Les Sapins blancs fructifient d'ailleurs de bonne
heure: j'en ai vu, qui n'avaient que sept ou huit ans, porter déjà beaucoup de fruits.

On a vu précédemment qu'un Pin d'Amérique (*le Pin rouge* de M. Michaux)
ne devait pas être séparé de notre Pin Laricio. J'ai de même observé, en con-
frontant plusieurs échantillons du Sapin blanc avec la figure du Sapin Oriental
(1) que Tournefort fit faire sur les lieux et qui est maintenant entre les mains

(1) Voici comme Tournefort parle de ce Sapin dans son voyage du Levant, vol. 2. pag. 236 à 238: « Quoique la
» campagne de Trébisonde soit fertile en belles plantes, elle n'est pourtant pas comparable, pour ces sortes de recherches,
» à ces belles montagnes où est bâti le grand couvent de Saint-Jean, à vingt-cinq milles de la ville du côté du sud-est. Il
» n'y a pas de plus belles forêts dans les Alpes. Les montagnes qui sont autour de ce couvent produisent des Hêtres,
» des Chênes, des Charmes, des Guaïacs, des Frênes et des Sapins d'une hauteur prodigieuse.... Après avoir visité les
» environs du couvent, où il y a des plantes qui amusent le plus agréablement du monde, nous montâmes jusqu'aux
» lieux les plus élevés que la neige n'avait abandonnés que depuis quelques jours (le 30 ou le 31 mai), et d'où nous
» en découvrions d'autres qui en étaient encore chargés. Les gens du pays appellent Κεβ'ης les Sapins ordinaires, qui ne
» diffèrent en rien de ceux qui naissent sur les Alpes et sur les Pyrénées; mais ils ont conservé le nom d'Ελάτη pour
» une autre belle espèce de Sapin que je n'avais vue encore qu'autour de ce monastère. Son fruit, qui est tout écailleux
» et comme cylindrique quoiqu'un peu renflé, n'a que deux pouces et demi de long, sur huit ou neuf lignes d'épaisseur,
» terminé en pointe, penché en bas et pendant, composé d'écailles molles, brunes, minces, arrondies, lesquelles couvrent
» des semences fort menues et huileuses. Le tronc et les branches de cet arbre sont de la grandeur de celles du *Picea*
» ordinaire. Ses feuilles n'ont que quatre à cinq lignes de long; elles sont luisantes, vert-brun, fermes, roides, larges seu-
» lement de demi-ligne, relevées de quatre petits coins et rangées comme celles de nos Sapins, c'est-à-dire en
» branche aplatie. »

de M. Antoine-Laurent DE JUSSIEU, avec plusieurs autres dessins de plantes, peints de même dans le cours du voyage que ce célèbre botaniste entreprit dans le Levant ; j'ai de même observé, dis-je, qu'il n'existait pas assez de différences entre le Sapin découvert par TOURNEFORT, aux environs de Trébisonde, et le Sapin blanc du nouveau Continent, pour les considérer plus long-tems comme deux espèces distinctes, et j'ai cru ne devoir rapporter l'un que comme variété de l'autre. Peut-être même que lorsque le Sapin Oriental sera mieux connu, et quand on en possédera des échantillons authentiques, s'assurera-t-on qu'il n'y a pas de quoi bien caractériser deux variétés ; mais jusqu'à présent n'ayant pu consulter, pour le Sapin Oriental, qu'une figure dans laquelle plusieurs caractères ont été négligés, et les descriptions de TOURNEFORT et de M. MICHAUX étant un peu différentes, j'ai présenté ces deux arbres comme variétés l'un de l'autre.

7 ABIES nigra. *Tab.* 81. *Fig.* 1.

A. *foliis perennantibus, solitariis, sparsis, tetraquetris ; strobilis ovatis, axillaribus ; squamis nudis, apice crenulatis divisisve ; antheris cristâ rotundatâ appendiculatis.*

SAPIN noir. *Pl.* 81. *Fig.* 1.

S. à feuilles persistantes, solitaires, éparses, tétragones ; à cônes ovales, axillaires, ayant leurs écailles nues, crénelées ou divisées à leur sommet ; à anthères terminées par une crête arrondie.

ABIES *nigra*. POIR. Dict. Enc. 6. pag. 520. MICH. Arb. Forest. Amer. 1. pag. 123. pl. 11.

ABIES *denticulata*. MICH. Fl. Boreal Amer. 2. pag. 206. POIR. Dict. Enc. 6. pag. 524.

PINUS *nigra*. AIT. Hort. Kew. 3. pag. 370. WILLD. Arb. 220. WILLD. Sp. 4. pag. 506. LAMB. Descript. of Pin. pag. 41. tab. 27.

ABIES *foliis brevioribus, conis biuncialibus.* MILL. Icon. 1. tab. 1.

β. ABIES *rubra*. POIR. Dict. Enc. 6. pag. 520.

PINUS *rubra*. WILLD. Sp. 4. pag. 507. LAMB. Descript. of Pin. pag. 43. tab. 28.

PINUS *Americana, rubra ; foliis solitariis, subulatis, apice acuminatis, bifariàm versis ; conis ovalibus, pendulis.* WANGENH. Beytr. 75. tab. 16. fig. 54.

Le Sapin noir, nommé aussi *Sapin double, Epinette noire, Epinette à la bière*, a de grands rapports avec le Sapin élevé et surtout avec le Sapin blanc. Dans son pays natal, lorsqu'il croît dans les terrains qui lui conviennent le mieux, comme dans des vallons dont le sol est humide, noir, profond et couvert d'un lit très-épais de mousse, il s'élève à soixante-dix ou quatre-vingts pieds. Il forme à son sommet une pyramide très-régulière, et ses branches s'étendent horizontalement sans que leurs extrémités soient inclinées vers la terre comme dans le Sapin élevé. Ses feuilles, disposées comme dans les deux espèces précédentes, sont moitié plus courtes que dans la première et d'un vert plus foncé que dans la seconde. Les fleurs mâles ne présentent aucun caractère sensible par lequel on puisse les distinguer de celles du Sapin blanc ; mais ses cônes sont d'une forme tout à fait différente ; ils sont de près de moitié plus courts, ovales, rétrécis à leur sommet, d'une couleur rougeâtre ou violette, surtout dans leur jeunesse, situés le plus souvent à l'extrémité des rameaux ; ils sont un peu pendans ou légèrement inclinés vers la terre dans leur jeune âge, et souvent redressés lors de leur maturité.

Cet arbre est indigène du Canada et des parties septentrionales des États-Unis d'Amérique. Il est beaucoup plus rarement cultivé en France que le précédent ; je ne l'ai vu que très-petit chez la plupart des Pépiniéristes de la capitale ; le plus grand que j'aie vu aux environs de Paris, est un arbre qui est à Trianon, et je ne crois pas qu'il ait vingt pieds de haut. Le Sapin noir fleurit au commencement du printems, et ses fruits mûrissent en automne.

Fig. 1. **ABIES** nigra.   **SAPIN** noir.

Fig. 2. **ABIES** alba.   **SAPIN** blanc.

P. Bessa pinx.   Didier sculp.

Fig. 1. **ABIES** Canadensis.   **SAPIN** du Canada.

Fig. 2. **ABIES** balsamea.   **SAPIN** Baumier.

P. Bessa del.   Didier sculp.

8 ABIES Canadensis. *Tab.* 83. *Fig.* 1.

SAPIN du Canada. *Pl.* 83. *Fig.* 1.

A. *foliis perennantibus, solitariis, planis, subdenticulatis, obtusis, bifariàm versis; strobilis ovatis, terminalibus, cernuis, nudis, vix folio longioribus.*

S. à feuilles persistantes, solitaires, planes, légèrement denticulées, obtuses, dirigées sur deux rangs opposés; à cônes ovales, terminaux, penchés, nuds, à peine plus longs que les feuilles.

ABIES *Canadensis.* Mich. Fl. Boreal. Amer. 2. pag. 206. Mich. Arb. Forest. Amer. 1. pag. 137. pl. 13. Poir. Dict. Enc. 6. pag. 522.

ABIES *minor pectinatis foliis Virginiana, conis parvis, subrotundis.* Plukn. Almag. pag. 2. Phytogr. tab. 121. f. 1.

ABIES *foliis solitariis, confertis, obtusis, membranaceis.* Gronov. Virg. 191.

ABIES *picea, foliis brevioribus, conis minimis.* Duham. Arb. 1. pag. 3. n. 7.

PINUS *Canadensis.* Lin. Sp. 1421. Willd. Sp. 4. pag. 505. Willd. Arb. 219. Wangenh. Beytr. 39. tab. 15. fig. 36. Lamb. Descript. of Pin. pag. 50. tab. 32.

PINUS *Abies Canadensis.* Marsh. Arb. Amer. pag. 103.

Le Sapin du Canada, connu dans tous les États-Unis sous le nom d'*Hemlock spruce*, et appelé *Pérusse* par les Français du Canada, est un grand arbre qui s'élève bien droit, et qui, dans son pays natal, atteint soixante à quatre-vingts pieds de hauteur, tandis qu'à la base de son tronc il acquiert six à neuf pieds de circonférence. Ses branches et ses rameaux s'étendent horizontalement. Ses feuilles sont linéaires, longues de cinq à six lignes, planes, obtuses, légèrement denticulées en leurs bords, d'une consistance un peu coriace, persistantes, luisantes et d'un vert gai en dessus, d'un vert plus pâle ou légèrement blanchâtre en dessous : elles sont solitaires et éparses sur les rameaux, quant au point de leur insertion ; mais elles se dirigent toutes sur deux rangs opposés de chaque côté et le long des rameaux, comme font les barbes d'une plume. Les fleurs, les unes mâles et les autres femelles, sont disposées séparément en chatons simples. Les premières forment des chatons axillaires, très-courts, arrondis en tête. Les secondes sont terminales et il leur succède de petits cônes qui, lors de leur maturité, n'ont pas plus de six à huit lignes de longueur. Ces cônes sont ovales, d'une couleur rougeâtre ou cendrée ; ils ont leur sommet tourné en en bas, et sont composés d'un petit nombre d'écailles imbriquées, entières et arrondies en leurs bords. A la base intérieure de ces écailles sont logées deux petites graines ailées.

Cet arbre croît dans le Canada et dans les parties les plus septentrionales des États-Unis; lorsqu'on le trouve dans les États du milieu ou du Sud, il est confiné aux monts Alléghanys. Il aime les endroits frais, les bords des torrens, la partie déclive des collines ; mais il ne faut pas que le sol soit trop humide et trop marécageux.

9 ABIES Taxifolia.

SAPIN à feuilles d'If.

A. *foliis perennantibus, solitariis, planis, integerrimis, bifariàm versis, strobilis oblongis, folio longioribus; antheris inflatis, cristâ minimâ, reflexâ appendiculatis.*

S. à feuilles persistantes, solitaires, planes, très-entières, dirigées sur deux rangs opposés; à cônes oblongs, plus grands que les feuilles, à anthères renflées, munies d'une crête très-petite, réfléchie.

ABIES *Taxifolia.* Poir. Dict. Enc. 6. pag. 523.

PINUS *Taxifolia.* Willd. Sp. 4. pag. 505. Lamb. Descript. of Pin. pag. 51. tab. 33.

Cette espèce a le port du Sapin du Canada ; mais ses feuilles sont plus étroites, plus longues, et parfaitement entières en leurs bords. Les chatons mâles sont ovales, presque sessiles, composés d'un grand nombre d'étamines dont les anthères sont renflées, munies d'une crête réfléchie, très-petite. Les cônes diffèrent de ceux du Sapin du Canada en ce qu'ils sont plus longs.

Cet arbre habite sur les côtes occidentales de l'Amérique Septentrionale; je l'indique d'après l'autorité de Sir LAMBERT qui l'a fait connaître en en publiant une figure et une description abrégée. Il n'est pas encore cultivé en Europe.

10 ABIES pectinata. *Tab.* 82.

A. *foliis perennantibus, solitariis, planis, obtusis, bifariàm versis; strobilis axillaribus, cylindraceis, erectis; squamis bracteâ dorsali elongatâ munitis; antheris cristâ brevi, bidentatâ appendiculatis.*

SAPIN en peigne. *Pl.* 82.

S. à feuilles persistantes, solitaires, planes, obtuses, dirigées sur deux rangs opposés; à cônes axillaires, cylindriques, redressés, dont les écailles sont munies d'une bractée dorsale alongée; à anthères ayant une crête courte, à deux dents.

ABIES *pectinata*. DECAND. Fl. Fr. n. 2063.
ABIES *vulgaris*. POIR. Dict. Enc. 6. pag. 514.
ABIES *alba*. MILL. Dict. n. 1.
ABIES *candida*. TRAG. Stirp. 1117.
ABIES. BELLON. Arb. Conif. pag. 28. icon, *verso*. TABERN. Icon. 939 (*malè*). CAMER. Epit. 48 et 49. icon (*benè*). CLUS. Hist. XXXIV. DALECH. Hist. 1. pag. 54.
ABIES *altera*. DODON. Pempt. 866.
ABIES *fœmina*. J. BAUH. Hist. 1. lib. 9. pag. 231.
ABIES *foliis solitariis, apice emarginatis*. LIN. HORT. Cliff. 449. GMEL. Fl. Sib. 1. pag. 176.
ABIES *Taxi folio, fructu sursùm spectante*. TOURNEF. Inst. 585. GARID. Aix. pag. 1. DUHAM. Arb. 1. pag. 3.
ABIES *mas*. BLACKW. Herb. tab. 203.
PINUS *Abies*. Fl. Dan. tab. 193.
PINUS *Picea*. LIN. Sp. 1420. SCOP. Fl. Carn. 1193. PALL. Fl. Ross. 1. pag. 7. tab. 1. fig. F. ALL. Fl. Ped. n. 1946. ROTH. Fl. Germ. v. 1. pag. 411. v. 2. p. 2. pag. 496. WILLD. Sp. 4. pag. 504. LAMB. Descript. of Pin. pag. 46. tab. 30.
PINUS *pectinatus*. LAM. Fl. Fr. édit. 1. vol. 2. pag. 202. LAM. Illust. tab. 785. fig. 1.
PINUS *foliis solitariis, planis, pectinatis, emarginatis*. HALL. Helv. n. 1657.

Le Sapin en peigne, nommé aussi *Sapin argenté*, *Sapin commun*, ou tout simplement *Sapin*, est un grand arbre dont la tige s'élève bien droite jusqu'à la hauteur de cent à cent vingt pieds, et dont le tronc acquiert neuf à dix pieds de circonférence. Dans la jeunesse de l'arbre, l'écorce qui revêt le tronc et les branches est blanchâtre, assez unie; mais, avec l'âge, elle devient grisâtre et crevassée. Les branches sont disposées par verticilles assez réguliers, ouvertes, étalées horizontalement, peu étendues, si on les compare à la hauteur de l'arbre; elles se divisent en rameaux le plus souvent opposés, qui ont aussi une direction horizontale. Les feuilles sont solitaires, linéaires, planes, très-entières, coriaces, persistantes, obtuses ou le plus souvent échancrées à leur sommet, d'un vert foncé et luisantes en dessus, blanchâtres ou glauques en dessous, et munies d'une forte nervure. Ces feuilles sont, quant à leur insertion, très-rapprochées les unes des autres, éparses sur les rameaux, autour desquels elles forment des spirales; mais elles se dirigent toutes sur deux rangs opposés de chaque côté des petites branches, ce qui fait paraître celles-ci ailées. Les chatons mâles sont isolés un à un entre les aisselles des feuilles, mais très-rapprochés les uns des autres et disposés en grand nombre vers l'extrémité des rameaux. Chaque chaton sort du milieu d'un faisceau d'écailles membraneuses, roussâtres, qui lui servent d'enveloppe avant

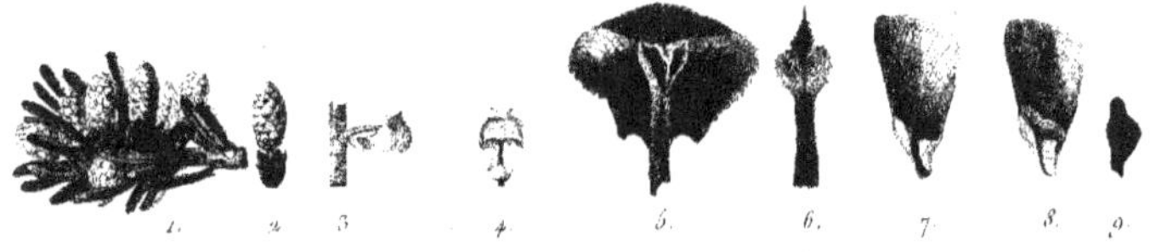

ABIES pectinata.   SAPIN en peigne.

P. Bessa pinx.   Gaby sculp.

son développement ; il est porté sur un pédoncule long de deux à trois lignes, et il en a lui-même trois à quatre de longueur. La forme des étamines diffère assez sensiblement de celle des Sapins à feuilles tétragones ; au lieu de présenter deux loges alongées, s'ouvrant dans le sens de leur longueur, elles se composent de deux loges renflées à leur extrémité et s'ouvrant transversalement; elles sont surmontées par un petit prolongement à deux dents très-courtes. Les fleurs femelles forment des chatons presque cylindriques, d'une couleur rougeâtre, disposés de distance en distance, au nombre d'un, de deux ou de trois, vers l'extrémité des rameaux. Ces chatons ont leur pointe dirigée vers le ciel, ainsi que le cône qui leur succède, et qui est formé d'un grand nombre d'écailles plus larges que longues, planes, coriaces, arrondies en leurs bords, rétrécies à leur base, imbriquées et serrées les unes contre les autres, portant sur leur dos et à leur base une bractée oblongue, élargie dans sa partie supérieure, terminée en pointe aiguë, assez longue et ordinairement réfléchie. Les trois quarts de cette bractée sont cachés sous les écailles; mais la partie supérieure est saillante et surpasse toujours plus ou moins celle-ci. A la partie intérieure de chaque écaille et vers sa base, sont deux semences assez grosses, d'une forme un peu irrégulière, enveloppées et surmontées par une aile membraneuse dont le bord supérieur est un peu plus large que l'inférieur.

Le Sapin est indigène des montagnes de l'Europe ; on le trouve, en France, dans les Pyrénées, les Alpes et les Vosges ; il est indiqué en Suisse, en Suède, en Écosse, en Allemagne, en Russie et en Sibérie. Il fleurit en avril ou mai et même dès la fin de mars, selon qu'il est plus au midi ou au nord. Ses fruits sont mûrs dans le mois d'octobre ; les écailles se détachent spontanément de leur axe dans le mois suivant, et elles tombent en entraînant les semences avec elles.

11 ABIES balsamea. *Tab.* 83. *Fig.* 2.   SAPIN baumier. *Pl.* 83. *Fig.* 2.

A. *foliis perennantibus, solitariis, planis, obtusis, bifariàm versis ; strobilis axillaribus, cylindraceis, erectis ; squamis bracteâ dorsali ovatâ munitis; antheris cristâ brevi, unidentatâ appendiculatis.*

S. à feuilles persistantes, solitaires, planes, obtuses, dirigées sur deux rangs opposés; à cônes axillaires, cylindriques, redressés, dont les écailles sont munies sur leur dos d'une bractée ovale ; à anthères ayant une crête courte, à une dent.

ABIES *Balsamea.* Mill. Dict. n. 3. Poir. Dict. Enc. 6. pag. 521.

ABIES *Balsamifera.* Mich. Fl. Boreal. Amer. 2. pag. 207. Mich. Arb. Forest. Amer. 1. pag. 145. tab. 14.

ABIES *Taxifolio, odore balsami Gileadensis.* Duham. Arb. 1. pag. 3. n. 3.

PINUS *Balsamea.* Lin. Sp. 1421. Willd. Sp. 4. pag. 504. Lamb. Descript. of Pin. pag. 48. tab. 31.

PINUS *Abies Balsamea.* Marshall, Arb. Amer. pag. 102.

Le Sapin Baumier, connu sous le nom de *Sapin argenté* et plus communément encore sous celui de *Baumier de Gilead*, a de très-grands rapports avec notre Sapin d'Europe (*Abies pectinata*) ; il a absolument le même port, le même feuillage, les fleurs et les fruits sont disposés de la même manière ; mais il forme un arbre beaucoup moins élevé, puisque, selon M. Michaux, il s'élève rarement à plus de quarante pieds de hauteur, et qu'il n'a pas ordinairement plus de douze à quinze pouces de diamètre ; les étamines sont chargées d'une petite crête qui, le plus souvent, n'a qu'une dent, et enfin les bractées qui sont sur le dos des écailles des cônes, sont ovales au lieu d'être alongées.

Le Sapin Baumier croît dans les régions froides de l'Amérique Septentrionale; il a été observé jusqu'à présent dans le Canada et dans le Nord des États-Unis; lorsqu'on l'a trouvé vers le Midi dans cette contrée, ce n'a été que sur le sommet des Monts Allgéhanys et sur les plus hautes montagnes de la Caroline Septentrionale. Il fleurit au printems et ses fruits sont mûrs au commencement de l'automne. Les écailles se détachent de leur axe et tombent avec les graines, lors de la parfaite maturité, de même que dans l'espèce précédente.

ABIES lanccolata.	SAPIN lancéolé.
A. *foliis solitariis, planis, lanceolato-linea-ribus, pungentibus; strobilis globosis, cernuis; squamis acuminatis.*	S. à feuilles solitaires, lancéolées - linéaires, piquantes; à cônes globuleux, penchés, dont les écailles sont accuminées.

ABIES *lanceolata.* Poir. Dict. Enc. 6. pag. 523.

ABIES *major Sinensis pectinatis Taxi foliis subtùs cœsiis, conis grandioribus, sursùm rigentibus, foliorum et squammarum apiculis spinosis.* Pluk. Amaleth. Bot. pag. 1. tab. 351. fig. 1.

ABIES *maxima Sinensis pectinatis Taxi foliis, apiculis non spinosis.* Pluk. Amaleth. Bot. pag. 1. tab. 351. fig. 2.

PINUS *lanceolata.* Willd. Sp. 4. pag. 505. Lamb. Descript. of Pin. pag. 52. tab. 34.

Le Sapin lancéolé est fort différent de toutes les autres espèces du même genre; on le distingue facilement par ses feuilles sessiles, éparses, ouvertes, linéaires-lancéolées, élargies à leur base, longues d'un pouce et demi, planes, roides, très-entières, terminées par une pointe piquante. Il est encore remarquable par la forme globuleuse de ses cônes qui sont de la grosseur d'une noix ordinaire, et composés d'écailles ovales, très-aiguës. Les fleurs mâles n'ont pas encore été observées.

Cette espèce croît spontanément en Chine; elle n'est pas jusqu'à présent cultivée en Europe. Je l'indique d'après Sir Lambert.

Recherches historiques, Usages, Propriétés, Culture.

L'histoire du Cèdre remonte aux tems les plus reculés de l'antiquité sacrée et profane. D'après les lois de Moïse, le bois de Cèdre était, chez les Israélites, au nombre des offrandes que les lépreux devaient présenter pour se purifier après leur guérison; il devait être offert avec deux passereaux vivans, de l'écarlate et de l'hysope (1). Les prêtres purifiaient avec les mêmes substances les maisons qui avaient été habitées par des lépreux, lorsque toutefois il était reconnu qu'elles n'étaient pas trop infectées; car alors elles étaient démolies (2). Dans le sacrifice où les Lévites immolaient une vache rousse et la brûlaient à la vue du peuple, le prêtre jetait dans le feu du bois de Cèdre, de l'hysope et de l'écarlate (3).

Lorsque Salomon eut bâti le temple de Jérusalem, il en fit revêtir intérieurement tous les murs de lambris de Cèdre (4), ornés de sculptures et de moulures, et il le fit couvrir en entier avec le même bois (5). Le pavé de ce temple était

---

(1) Levit., cap. 14, v. 4, 6.
(2) Ibid., v. 45 ad 52.
(3) Numb., cap. 19, v. 6.
(4) Reg., lib. 3, cap. 6, v. 10, 15, 18. Flav. Joseph, Antiq. jud., liv. 8, ch. 2, § 327.
(5) Reg., lib. 3, cap. 6, v. 11.

revêtu de planches de Sapin (1), et les portes étaient aussi de ce dernier arbre (2). Outre le temple que Salomon consacra au Seigneur, il bâtit encore pour les rois d'Israël (3) un palais appelé *maison du bois du Liban* (4), parce que ce palais était presqu'en entier construit de Cèdre, toutes les colonnes, les lambris et les plafonds étant de ce bois (5). Salomon n'en ayant pas dans ses états l'immense quantité qu'il lui fallait pour les grands édifices qu'il éleva, il obtint d'Hiram, roi de Tyr, la permission de faire couper sur le mont Liban (6) tous les Cèdres et tous les Sapins dont il avait besoin. Il lui donnait pour paiement, chaque année, vingt mille mesures de froment et vingt mesures d'huile très-pure. Lorsque toutes les constructions qu'il avait entreprises furent terminées, il céda au roi de Tyr vingt villes dans le pays de Galilée (7). Hiram avait aussi envoyé à Salomon tout l'or qui lui avait été nécessaire.

Il est d'ailleurs souvent parlé du Cèdre dans les livres sacrés (8) ; le prophète Ezechiel compare un prince puissant au Cèdre du Liban : *Ecce Assur quasi Cedrus in Libano, pulcher ramis, et frondibus nemorosus, excelsusque altitudine, et inter condensas frondes elevatum est cacumen ejus. Cedri non fuerunt altiores illo in paradiso Dei* (9). Amos met en comparaison la grandeur d'un peuple avec celle du Cèdre, et sa force avec celle du Chêne : *Ego autem exterminavi Amorrhæum à facie eorum ; cujus altitudo, Cedrorum altitudo ejus, et fortis ipse quasi Quercus* (10).

Tout le monde connaît les beaux vers de Racine, dont l'idée principale est empruntée des psaumes de David (11) :

> J'ai vu l'impie adoré sur la terre ;
> Pareil au Cèdre, il cachait dans les cieux
> Son front audacieux ;
> Il semblait à son gré gouverner le tonnerre,
> Foulait aux pieds ses ennemis vaincus :
> Je n'ai fait que passer, il n'était déjà plus.

Les Grecs, si l'on s'en rapporte à la description de Théophraste (12), donnaient le nom de Cèdre à deux arbres fort différens de celui du Liban ; l'un paraît être le Genevrier de Phénicie et l'autre le Genevrier Oxycèdre. Il est fort incertain que Pline ait mieux connu le Cèdre que Théophraste, quoiqu'il en distingue quatre espèces. Il appelle d'abord petits Cèdres les deux Genevriers dont il vient d'être question, et il parle ensuite de deux sortes de grands Cèdres (13). L'un, selon cet auteur, porte des fleurs sans fruits ; l'autre, des fruits sans fleurs, et la fructification est telle qu'on voit toujours paraître un nouveau fruit avant que le précédent soit mûr, et ce fruit ressemble à celui du Cyprès. Il est assez

---

(1) Reg., lib. 3, cap. 6, v. 15.
(2) Reg., lib. 3, cap. 6, v. 34.
(3) Ibid, cap. 9, v. 10.
(4) Ibid, cap. 7, v. 2.
(5) Ibid, cap. 7, v. 2, 3, 7, 11, 12.
(6) Ibid, cap. 5, v. 6, 8, 10.
(7) Ibid, cap. 9, v. 11.
(8) Psalm., 91, v. 12. Isai, cap. 2, v. 13; cap. 9, v. 10; cap. 41, v. 19. Ezech., cap. 27, v. 5.
(9) Ezech., cap. 31, v. 3 et 8.
(10) Amos, cap. 2, v. 9.
(11) *Vidi impium superexaltatum et elevatum sicut Cedros Libani.*
Et transivi, et ecce non erat : et quæsivi eum, et non est inventus locus ejus. Psalm., 36, v. 37 et 38.
(12) Theoph., lib. 3, cap. 12.
(13) Pl., lib. 13, cap. 5.

difficile de déterminer sur cette description incomplette de quel arbre au juste PLINE a voulu parler. On pourrait conjecturer que c'est une espèce de Cyprès, et quelques auteurs (1) ont cru pouvoir le rapporter au *Cupressus horizontalis* de MILLER ; mais une difficulté, c'est que cette espèce est monoïque, et que PLINE désigne évidemment un arbre dioïque. Le Naturaliste latin ajoute d'ailleurs que le grand Cèdre était désigné par quelques-uns sous le nom de *Cedrelate*, c'est-à-dire Cèdre-Sapin ; ce qui convient parfaitement au Cèdre du Liban, et ne peut convenir à aucune espèce de Cyprès. On est donc forcé de convenir que chez les anciens le mot Cèdre était un terme générique appliqué à plusieurs bois de différens genres, ce qui nécessairement doit avoir mis beaucoup de confusion dans ce que les auteurs ont écrit sur cet arbre fameux. Par exemple, ce que PLINE dit dans plusieurs endroits sur les propriétés et les usages des Cèdres, se rapporte tantôt à l'arbre qui s'appelle encore ainsi, tantôt à cet autre arbre soupçonné être le Cyprès horizontal, et tantôt aux Genevriers, auxquels il a donné le nom de petits Cèdres. C'est ainsi qu'il faut sans doute rapporter à ces derniers le passage suivant : « Au tems de la guerre de Troye il n'y avait point encore de parfums, et on n'offrait point d'encens dans les sacrifices ; on n'y employait que la fumée odoriférante des Cèdres (2) et des Citronniers (3).

Les rois d'Égypte et de Syrie employaient, pour la construction de leurs vaisseaux, le bois de Cèdre à la place de celui de Pin dont ils manquaient dans leur pays (4). Sésostris en fit bâtir un qui avait deux cent quatre-vingts coudées de long ; il le fit revêtir d'argent en dedans et d'or en dehors, et il l'offrit au Dieu qu'on adorait à Thèbes (5). Le plus grand Cèdre dont l'histoire fasse mention, est celui qui fut employé pour la galère du roi Démétrius, laquelle avait onze rangs de rames. Il venait de l'île de Chypre ; sa longueur était de cent trente pieds, et sa grosseur de trois brasses (6). L'empereur Caligula fit aussi construire en bois de Cèdre (7) des vaisseaux Liburniques (8) dont les poupes étaient enrichies d'or et de pierreries, les voiles de diverses couleurs, et qui contenaient des bains, des portiques, des salles à manger très-vastes et décorées d'une grande variété de vignes et d'arbres fruitiers. C'était là que, passant les jours à table, au milieu des chœurs et des symphonies, il se plaisait à parcourir les côtes de la Campanie.

Les anciens regardaient le Cèdre comme un bois incorruptible et qui pouvait être d'une durée éternelle. Ils l'employaient à faire les statues des Dieux (9) et des Rois.

> *Quin etiam veterum effigies ex ordine avorum*
> *Antiquâ è Cedro* . . . .
>
> VIRG. Æneid. VII. v. 177.

PLINE rapporte que telle était une statue d'Apollon qui avait été apportée de

---

(1) LAMB., Descript. of Pin, p. 60.

(2) PL., lib. 13, cap. 1.

(3) Le Citronnier, dont PLINE parle ici, était fort différent de l'arbre que nous connaissons aujourd'hui sous ce nom ; il paraît que c'était une espèce de Cyprès. Voyez PLINE, liv. 13, chap. 15 et 16, et THÉOPHRASTE, liv. 5, chap. 5.

(4) THEOPH., lib. 5, cap. 8. PL., lib. 16, cap. 40.

(5) DIOD. de Sic., liv. 1, § 2.

(6) THEOPH., lib. 5, cap. 9. PL., lib. 16, cap. 40.

(7) SUET., in Calig , cap. 37.

(8) Les vaisseaux Liburniques des anciens n'ont peut-être pas de représentans chez les modernes. C'était une sorte de flûte ou de galère d'une grande légèreté.

(9) PL., lib. 13, cap. 5.

Séleucie et qui était conservée dans un temple de Rome. Le toit du temple de Diane, à Ephèse, était de bois de Cèdre. Du tems de Pline (1), il y avait à Utique un fameux temple d'Apollon, dont les poutres, qui étaient de Cèdre de Numidie (2), duraient depuis la première origine de cette ville, c'est-à-dire depuis onze cent soixante-dix-huit ans, et étaient encore dans le même état que lorsqu'on les avait posées. Il y avait aussi près de Sagonte, en Espagne, dans un temple de Diane, une statue de la déesse faite de ce bois, laquelle avait été apportée de l'île de Zante par les fondateurs de cette ville, deux cents ans avant la ruine de Troye.

Le Cèdre passant pour incorruptible, on disait proverbialement, chez les anciens, *digna cedro*, pour désigner des choses qu'on regardait comme devoir être immortelles. C'est ce qui a fait dire à Horace, dans son Art poétique :

> *Speramus carmina fingi*
> *Posse linenda Cedro?*

A Perse, dans sa première Satyre :

> *Et Cedro digna locutus.*

Et à Ovide, dans sa premiere Élégie du premier livre des Tristes :

> *Nec titulus minio, nec Cedro charta notetur.*

C'était, selon Vitruve (3), en frottant les feuilles de Papyrus et les autres objets dont on voulait assurer la conservation, avec une huile ou un suc odorant tiré du Cèdre, et appelé *Cedria*, qu'on les rendait incorruptibles, et qu'on les préservait des vers. Pline, parlant des livres de Numa, qui, sous le consulat de Publius Cornelius Cethegus, c'est-à-dire, cinq cents ans après la mort de ce prince, avaient été trouvés dans son tombeau, sur le mont Janicule, dit que s'ils se conservèrent sans altération pendant un si long espace de tems, c'est qu'ils étaient enduits d'huile de Cèdre (4). C'était aussi avec le *Cedria* ou *Cedrium*, dont il paraît d'ailleurs qu'il y avait plusieurs sortes, qu'on enduisait en Égypte (5) les corps des morts, pour les préserver de la corruption.

Les Cèdres du Liban ont conservé dans les tems modernes la célébrité qu'ils avaient dans l'antiquité. Tous les voyageurs renommés qui ont été en Syrie, ont regardé comme une chose essentielle de visiter des arbres que les Rois et les Prophètes hébreux avaient illustrés dans leurs cantiques sacrés, et que les poètes profanes avaient aussi célébrés dans leurs chants. Mais ces antiques et magnifiques forêts qui couvraient le Liban au tems de Salomon, ont presque entièrement disparu ; il ne reste plus dans une plaine (6) située entre les plus hauts sommets de la montagne, qu'un petit bois d'environ cinq cents toises de circonférence. Ce bois de Cèdres est l'objet principal et le terme ordinaire de ceux qui visitent le Liban (7). Peu de voyageurs se sont élevés plus haut (8), parce qu'au dessus

---

(1) Pl., lib. 16, cap. 40.

(2) Les Botanistes modernes n'ont pas retrouvé le Cèdre en Afrique, ce qui fait croire que, quoique Pline et Vitruve en parlent formellement comme existant dans cette partie du monde, ils ont voulu, sous ce nom, désigner d'autres arbres. Les Cèdres de Crète, d'Afrique et de Syrie sont fort estimés, dit le Naturaliste latin, liv. 16, chap. 39. Vitruve, avant Pline, avait dit la même chose, liv. 2, chap. 9.

(3) Vit., lib 2, cap. 9.

(4) *Et libros Cedratos fuisse, prœtereà arbitrarier tineas non tetigisse.* Pl., lib. 13, cap. 13.

(5) Pl., lib. 16. cap. 11, Diod. de Sic., liv. 1, sect 2.

(6) Laroque, Voyage en Syrie, vol. 1. Voyages de Richard Pockocke, trad. fr., vol. 3.

(7) Laroque, l. c.

(8) Richard Pockocke, le 13 juin 1737, gravit jusqu'au sommet du Liban, en marchant pendant trois heures sur la neige et sur la glace.

de ces arbres, on ne trouve plus que quelques Cyprès rabougris, qui sont le terme de la végétation, et que les sommets de la montagne sont couverts de neiges et de glaces éternelles.

Le Patriarche des Maronites, qui habite dans un couvent sur le Liban même, a cherché à s'opposer, autant qu'il était en lui, à la destruction des Cèdres, et pour prouver le respect que les Chrétiens doivent avoir pour un bois si célèbre dans l'Écriture, il a prononcé l'excommunication contre ceux qui oseraient en abattre. A peine permet-il aux voyageurs ou aux pèlerins d'en prendre quelques morceaux pour faire des croix ou des tabernacles (1). Les Maronites ne peuvent en couper que quelques rameaux, une fois chaque année, la veille de la Transfiguration de J.-C., parce qu'ils se rendent, dès la veille, sur le Liban, pour la célébration de cette fête, et qu'ils y restent la nuit auprès du bois des Cèdres. Là, ils allument des feux avec les rameaux de ces arbres, font rôtir des viandes qu'ils mangent en buvant abondamment de l'excellent vin que fournit le Liban. Toute la nuit se passe ainsi dans la joie et à danser une sorte de Pyrrhique (2). Dans le même lieu, le jour de la fête est célébré avec beaucoup de solemnité par le clergé maronite. Le Patriarche officie pontificalement et dit la messe sur un autel bâti auprès du plus grand et du plus ancien des Cèdres (3).

Malgré le respect que les Maronites ont pour ces arbres, il paraît que leur nombre diminue encore tous les jours sur le Liban, ou si quelques jeunes Cèdres paraissent vouloir s'élever au pied des plus anciens, ils ne sont pas en grande quantité, et il leur faudra bien des années pour égaler la taille colossale des arbres antiques et majestueux qu'ils doivent remplacer. Les divers voyageurs qui les ont visités depuis deux à trois siècles, en ont compté les uns plus et les autres moins; les derniers en général en ont moins trouvé de grands que ceux qui les avaient vus les premiers. Rauwolf (4), en 1574, en compta vingt-six; Thévenot (5), en 1658, n'en trouva plus que vingt-trois; Laroque (6), en 1688, n'en vit plus que vingt. Douze ans plus tard, en 1696, Maundrell (7) trouva encore le nombre réduit, car il n'en compta plus que seize; il est vrai de dire que dans ce nombre il ne comprend que ceux qui étaient d'une grandeur prodigieuse, et qu'il ajoute qu'il y en avait beaucoup de jeunes. Le nombre des anciens et des grands Cèdres était encore diminué en 1787, lorsque M. Labillardière (8) les visita, car ce voyageur assure que ceux-ci étaient réduits à sept. Comme Maundrell, il en observa plusieurs plus petits; mais il ne porte encore la quantité des uns et des autres qu'à une centaine.

Si le Cèdre a presque disparu des montagnes de la Syrie, où il était autrefois si commun, c'est que, comme tous les arbres des genres Pin et Sapin, il ne se multiplie que de graines, ne repousse jamais de ses racines lorsqu'il a été coupé, et que les mains imprévoyantes des Rois et des Peuples qui abattirent les antiques forêts du Liban, ne firent rien pour leur reproduction. Le Cèdre, pour réussir comme arbre cultivé, exige, pendant son enfance, des soins particuliers. Si l'homme, dans les forêts naturelles, ne prend aucune peine pour sa reproduction, il faut au moins qu'il ne fasse rien qui s'oppose à sa multiplication. Les graines de Cèdre,

---

(1) Laroque, Voyage, l. c.

(2) Labillardière, Icon. Plant Syr. dec. 1. in præfat.

(3) Laroque, l. c. Voyages de Pockocke, l. c. Labillardière, l. c.

(4) Leonhardi Rauwolfii, Descriptio itineris, etc., part. 2, cap. 12, pag. 280, et part. 4, tab. 35.

(5) Relation d'un voyage fait au Levant, par Thevenot, ed. in-4°., pag. 443.

(6) Laroque, l. c.

(7) Voyage d'Alep, etc., par Henri Maundrell, trad. de l'Anglais, pag. 239.

(8) Labillardière, l. c.

qui ont été semées naturellement, prospèreront dans un sol frais et couvert de l'ombre protectrice des grands arbres ; les jeunes Cèdres croîtront lentement sous les rameaux de leurs pères ; il leur faudra un grand nombre d'années pour que leur sommet puisse seulement atteindre les premières branches de ceux auxquels ils doivent l'existence. Enfin, ceux-ci après avoir vécu l'âge de plusieurs hommes, tombent sous le poids des siècles ; alors leurs enfans prennent tout-à-coup un plus grand développement ; vingt arbres succèdent à un seul ; leur tige s'élance vers le ciel ; leurs rameaux s'étendent au loin , et ils deviennent à leur tour pères d'une nombreuse postérité. Mais si des hommes imprévoyans ont porté le fer et la flamme dans cette forêt plantée des mains du Créateur (1) ; si tous les arbres, vieux ou jeunes, grands et petits, ont été abattus et enlevés en même tems, le sol reste nu, exposé à toutes les intempéries de l'atmosphère ; quelle que soit sa fécondité, il ne trouve plus en lui seul les moyens de faire prospérer les semences que la nature lui a confiées. A peine celles-ci auront-elles germé, à peine seront-elles hors de terre, qu'un soleil ardent, que le souffle d'un vent desséchant tariront les sources de leur sève. Si quelques graines ont échappé à ces influences désastreuses, et que leurs faibles tiges soient parvenues à la fin du premier été, à peine hors d'un danger, elles vont être exposées à de nouveaux périls. Comment sans abri pourront-elles résister aux terribles aquilons que l'hiver amène avec lui ? et un froid rigoureux n'achèvera-t-il pas bientôt de détruire tout ce qu'une chaleur brûlante n'a pas fait périr ? Voilà comme de grandes forêts sont changées en de vastes déserts ; voilà comme les antiques forêts du Liban sont aujourd'hui réduites à quelques arbres.

Plusieurs modernes ont cru que les Cèdres du Liban étaient les seuls arbres de cette espèce qui fussent spontanées , et leur petit nombre leur avait fait craindre de les voir entièrement disparaître de leur pays natal ; mais le Cèdre n'est pas borné au Liban ; si les voyageurs modernes ne l'ont pas encore retrouvé en Crète, en Chypre et en Afrique , où il a été indiqué par les anciens, ils l'ont observé dans différentes parties de l'Asie. BÉLON (2) dit en avoir vu des forêts dans l'Asie mineure, sur le mont Taurus et sur le mont Aman. PALLAS (3), dans ses voyages en Sibérie, a trouvé, dans les contrées qui sont entre le Volga et le Tobol, et qui s'étendent du cinquante-cinquième au soixantième degré de latitude, ainsi que sur les monts Altaïks (4), dont la latitude est plus méridionale, a trouvé, dis-je, des forêts entières de Cèdres, ou ces arbres mêlés dans les bois de Pins, de Sapins et de Mélèzes. Mais quand bien même les Cèdres n'existeraient plus que sur le mont Liban, on ne doit pas craindre de voir se perdre l'espèce de ces arbres fameux ; depuis plus de cent ans, les botanistes et les cultivateurs de l'Europe se sont occupés de la multiplication des Cèdres dans nos climats, et ils leur ont donné une nouvelle patrie. Ces arbres tiennent aujourd'hui un rang distingué parmi ceux qu'on destine à l'embellissement des jardins paysagers et des parcs ; on peut même espérer que bientôt on en enrichira nos bois et nos forêts.

Les plus anciens Cèdres qui soient en Europe paraissent être ceux qui, d'après MILLER (5), ont été plantés en 1683 dans le jardin de Chelsea, près de Londres. Deux de ces arbres, selon le même auteur, avaient, en 1766, c'est-à-dire quatre-vingt-trois ans après leur plantation, environ douze pieds de circon-

---

(1) *Cedri Libani quas plantavit Deus.* PSALM. 103, v. 18.
(2) Observations par P. BELON , in-4°., pag. 162 et 166.
(3) Voyages de PALLAS , trad. fr. in-4°., vol. 2 , p. 245 , 261 , 284 , 301 , 308 , 309 , 316 , 318 et 334.
(4) PALLAS, l. c., vol. 3, pag. 264, 273 et 274.
(5) MILL., Dict., trad. fr., vol. 4, pag. 350.

férence (1), à deux pieds de terre. Les Cèdres que nous avons en France sont tous beaucoup plus jeunes que ceux de Chelsea. Le plus ancien est celui qui est au jardin des Plantes de Paris ; il a été apporté d'Angleterre en 1734, par BERNARD DE JUSSIEU, et il est probablement un des enfans de ceux dont parle MILLER. Cet arbre, dont on a mesuré la circonférence en divers tems, et les Cèdres du jardin de Chelsea, dont MILLER a fait connaître la grosseur à l'âge de quatre-vingt-dix ans ou à-peu-près, peuvent nous donner la mesure de l'accroissement de ces arbres en Europe. Le Cèdre du jardin des Plantes avait, en 1786, à quatre pieds et demi au dessus de la terre, suivant VARENNES DE FENILLE (2), six pieds sept pouces, et en 1802, suivant M. DUTOUR (3), sept pieds dix pouces. Aujourd'hui (le 3o janvier 1812) qu'il est âgé, ou pour mieux dire qu'il est planté depuis soixante-dix-huit ans, il a huit pieds huit pouces de tour, ce qui donne pour son diamètre deux pieds dix pouces huit lignes, et, pour chaque année, environ cinq lignes d'accroissement dans le même sens. Les Cèdres du jardin de Chelsea ont eu une crue plus prompte, car, d'après la circonférence que leur donne MILLER, à l'âge de quatre-vingt-dix ans, il paraîtrait que leur diamètre s'est accru de près de six lignes chaque année. Il faut probablement attribuer la crue rapide des Cèdres de Chelsea à la bonté du sol dans lequel ils sont plantés.

La nature du terrain et plus encore le climat paraissent avoir une grande influence sur l'accroissement des Cèdres. Celui des arbres dont il vient d'être question a été rapide, et nous avons beaucoup d'arbres indigènes chez lesquels il est plus lent. En Sibérie, quoique le Cèdre y soit spontanée, il est bien loin de croître aussi promptement qu'en France et qu'en Angleterre, et il n'y croît, au contraire, qu'avec une lenteur extrême. PALLAS (4) a compté sur un Cèdre qui n'avait que cinq pouces quatre lignes de diamètre, soixante-douze cercles concentriques, et plus de cent sur plusieurs autres qui n'avaient pas un empan de diamètre. Deux circonstances peuvent contribuer à retarder l'accroissement des Cèdres de la Sibérie, premièrement la rigueur du climat; secondement le trop grand rapprochement, ces arbres venant sans doute très-près les uns des autres, comme cela a lieu dans les forêts primitives, et l'on sait que les végétaux ligneux, ou autres, qui sont ainsi pressés, ont toujours une tige très-grêle, parce que l'air ambiant ne circule pas assez librement autour d'eux, et que leurs racines ne trouvent pas à s'étendre.

Si l'on calculait l'âge des Cèdres du Liban qui ont été mesurés par quelques voyageurs, d'après le diamètre des arbres cités par PALLAS, ceux dont le tronc avait, selon MAUNDRELL (5) et POCKOCKE (6), trente-six pieds de tour, et celui qui, d'après CORNEILLE DE BRUYN (7), avait cinquante-sept paumes de circonférence, ces Cèdres, dis-je, devraient avoir 1800 à 2000 ans. L'imagination s'effraie d'une aussi longue existence, et l'on a peine à y croire; mais, en supposant que leur accroissement a été moyen entre la lenteur des Cèdres de Sibérie et la crue rapide de ceux que nous cultivons, on ne pourra se refuser à donner à ces arbres au moins 900 à 1000 ans d'ancienneté.

---

(1) MILLER dit plus de douze pieds et demi ; mais le pied anglais est d'un pouce plus court que le pied français. Les Cèdres de Chelsea ayant déjà trois pieds de haut quand on les planta dans ce jardin ; on peut croire qu'ils avaient alors sept à huit ans.

(2) VARENNES DE FENILLE, mémoires sur l'Administration forestière.

(3) Nouveau Dictionnaire d'Histoire naturelle, vol. 4, p. 449.

(4) Voyages de PALLAS, trad. fr. in-4°., vol. 2, pag. 247, 354.

(5) Voyage d'Alep à Jérusalem, par MAUNDRELL, pag. 239.

(6) Voyages de POCKOCKE. vol. 3.

(7) Voyage au Levant, pag. 307.

L'accroissement du Cèdre en hauteur est très-lent pendant les premières années ;
à peine, à l'âge de sept ou huit ans, a-t-il quatre pieds d'élévation ; mais dès-lors sa
tige commence à prendre un plus grand essor, elle augmente souvent de plus
d'un pied chaque année, et on en a même vu (1) pousser de plus de quatre
pieds. M. Desfontaines (2) a mesuré, chez Duhamel, un Cèdre de trente-trois
ans, qui avait trente-neuf pieds d'élévation. Nous n'avons pas encore en France
de Cèdres assez vieux pour savoir au juste à quelle hauteur ils peuvent atteindre.
Pallas (3), en parlant de ceux qu'il a observés en Sibérie, dit qu'il est impossible
de voir une plus belle croissance et un plus beau jet que dans les vieux Cèdres,
dont on peut à peine découvrir la cime. Cela n'a rien d'étonnant chez un arbre
qui vit neuf à dix siècles et peut-être davantage, et qui, comme presque tous les arbres
conifères, ne cesse de s'élever tant qu'il est vivant, que lorsque quelqu'accident
lui a fait perdre l'extrémité de sa tige qu'on nomme flèche ou aiguille. Tel est
celui du jardin des Plantes de Paris qui, depuis une vingtaine d'années, a cessé
de prendre de l'accroissement en hauteur. Mais il paraît que, lorsque cet accident
arrive à ces arbres, la force de la sève qui devait servir à l'élévation de la flèche,
se porte sur les branches latérales et donne à celles-ci une plus grande étendue.
C'est ainsi que ce même Cèdre du jardin des Plantes, quoiqu'il ne puisse pas
encore être comparé pour la grosseur à l'un de ceux du mont Liban, dont parle
Maundrell, en approche déjà assez, puisque le Cèdre de ce voyageur, avec un
tronc de trente-six pieds et demi de circonférence, étendait ses branches à cent
onze pieds (4), tandis qu'aujourd'hui les rameaux de celui du jardin des Plantes,
qui n'a que huit pieds huit pouces de tour, s'étendent déjà, de chaque côté, à
trente-quatre pieds du tronc, ce qui, sans compter l'épaisseur de celui-ci, donne
à deux branches opposées soixante-huit pieds d'envergure, si on peut se servir
de cette expression pour désigner le diamètre des rameaux du Cèdre.

Le bois du Cèdre est léger, d'un blanc roussâtre, veiné comme celui du Pin
sauvage, dont il se distingue assez difficilement. Son grain est lâche ; il est sujet
à se fendre par l'effet de la dessication, ce qui fait qu'il tient mal les clous, observation qui avait déjà été faite par Pline (5). Sa pesanteur spécifique est d'environ vingt-
neuf livres par pied cube. Quelques modernes sont loin de le regarder comme incorruptible ainsi que faisaient les anciens ; ils aiment mieux croire que celui qui
avait cette propriété appartenait à un autre genre que l'arbre du Liban. Pallas,
en disant que ce bois pourrait fournir d'excellentes mâtures, convient d'ailleurs
qu'il est plus tendre et moins solide que le Pin et le Mélèze, et cependant, c'est
en parlant des Cèdres de Sibérie dont les couches concentriques sont si rapprochées
les unes des autres, qu'il apprécie si peu ce bois. Sir Lambert le regarde aussi comme
inférieur au Sapin, et dit qu'il n'a que peu ou point d'odeur, et il cite, en preuve
de ce qu'il avance, une table de bois de Cèdre qu'il a vue chez Sir Joseph Banks,
laquelle a été faite d'un des plus gros Cèdres qui aient jamais cru en Angleterre.

Les produits résineux du Cèdre sont peu connus et nullement employés en France.
Il découle des fentes de l'écorce une sorte de térébenthine peu différente en appa-

---

(1) Bosc, Nouveau Dict. d'Agricul., art. *Cèdre*.
(2) Histoire des Arbres, vol. 2, pag. 607.
(3) Voyage de Pallas, vol. 2, pag. 246.
(4) Voyage d'Alep, etc., par Maundrell, pag. 239. Cet auteur dit seulement : « L'étendue de ses branches était de
» 111 pieds », sans expliquer si cela doit s'entendre de l'étendue des rameaux d'un seul côté ou du diamètre entier ; l'étendue
du Cèdre du jardin des Plantes de Paris rend le premier sens probable. Alors le développement entier des rameaux de
l'arbre de Maundrell eût été de 222 pieds de diamètre, et leur circonférence de 666.
(5) Plin., lib. 16, cap. 40.

5.   76

rence de celle du Mélèze. Les anciens croyaient que cette résine n'était propre qu'à faire de la poix : c'est au moins le sentiment de Pline (1).

Les amandes du Cèdre contiennent beaucoup d'huile, comme les semences de tous les Pins ; mais il ne paraît pas que dans aucun pays on ait jamais tenté de l'extraire pour en faire usage. Ces amandes sont du petit nombre des substances dont les Vogouls, peuples de la Sibérie qui habitent entre le Volga et le Tobol, font leur nourriture (2). Pour retirer les amandes hors des cônes, ils mettent ceux-ci dans la cendre chaude, ce qui fait sortir la résine et lever les écailles.

La culture du Cèdre ne diffère pas essentiellement de celle de tous les Pins ; cet arbre paraît seulement nécessiter un peu plus de soin pendant ses premières années. On n'est plus obligé de tirer du Levant les cônes de Cèdres, comme on faisait autrefois ; nous avons maintenant plusieurs de ces arbres assez âgés pour donner des fruits, car ce n'est guère avant vingt-cinq ou trente ans qu'on les voit fructifier. Il faut à ces fruits un an et plus pour mûrir. Les fleurs paraissent au mois d'octobre, et ce n'est ordinairement qu'à la fin du deuxième hiver qu'on fait la récolte des fruits, et si on ne les enlevait pas de l'arbre, ils pourraient y rester attachés pendant plusieurs années. Les écailles des cônes étant très-étroitement serrées les unes contre les autres, il est impossible de se procurer les graines qu'elles contiennent sans employer un moyen artificiel, qui consiste à percer avec une vrille l'axe du cône jusqu'aux deux tiers ou jusqu'aux trois quarts, et à le faire ensuite éclater en chassant à travers de son axe un fer pointu plus gros que le trou que l'on a percé. Souvent une grande partie des graines est avortée ; quelquefois même il ne s'en trouve pas une seule de bonne dans un cône d'ailleurs très-gros ; ou, quoiqu'elles paraissent elles-mêmes avoir acquis tout le développement dont elles sont susceptibles, elles ont subi une altération particulière qui fait qu'au lieu d'une amande on trouve dans leur intérieur une matière résineuse analogue à la térébenthine.

On sème les graines de Cèdre au commencement du printems, dans des terrines ou des caisses remplies de terre de bruyère mêlée d'un peu de terreau et de terre franche. M. Bosc (3), de qui j'emprunte ces détails, parce que je n'ai pas encore sur cette matière assez d'observations qui me soient propres, conseille d'enfoncer ces terrines dans une couche à chassis et médiocrement chaude. Quand les graines seront levées, ce qui aura lieu au bout d'un mois, il veut qu'on mette les plants à l'abri de l'action des rayons directs du soleil, en couvrant les chassis de toiles et de paillassons ; qu'on les préserve d'une trop grande humidité en ne donnant que les arrosemens rigoureusement nécessaires, et enfin qu'on les garantisse de l'effet d'un air stagnant, en renouvellant l'air des chassis le plus souvent possible, même en laissant ceux-ci entr'ouverts pendant toute la journée, si l'état de l'atmosphère le permet. Les jeunes Cèdres étant très-sensibles à la gelée, il faut, dans le climat de Paris, avoir grand soin de les en préserver, en rentrant dans l'orangerie les terrines dans lesquelles on a fait les semis, et ensuite les pots dans lesquels on les a transplantés et dans lesquels on les tient jusqu'à l'âge de trois ou quatre ans. C'est depuis quatre jusqu'à six ans qu'il convient de planter les jeunes Cèdres à demeure ; quand on attend plus tard, ils reprennent très-difficilement, à moins de grandes précautions. Il est encore prudent, les premières années qu'ils sont en pleine terre, de les couvrir, pendant les grandes gelées, avec des feuilles de fougère ou de la paille.

(1) Plin., lib. 14, cap. 20.
(2) Voyages de Pallas, trad. fr., vol. 2, pag 354 et 357.
(3) Nouveau Dictionnaire d'Agriculture, vol. 3, article Cèdre.

Varennes de Fenille dit qu'une partie des jeunes Cèdres qui étaient en France a péri à la suite du froid rigoureux de 1788. Si ces arbres dans leur jeunesse résistent à l'hiver de Sibérie, malgré son extrême rigueur, ce n'est que parce qu'il tombe dans cette contrée une grande quantité de neige, et que souvent ils en sont couverts de plusieurs pieds. A un certain âge, les gelées n'attaquent plus les Cèdres, et ils peuvent alors résister aux hivers les plus violens.

Dans les premiers tems où le Cèdre fut cultivé en Europe, on avait la manie, surtout en Angleterre, où il y en eut bien des années avant qu'il fût planté en France, on avait, dis-je, la manie de le tailler, de le tondre, de l'élaguer pour le façonner, ce qui ôtait à cet arbre toute sa vraie beauté ; mais aujourd'hui on a renoncé à cette mode ridicule par laquelle on voulait assujettir certains arbres, et surtout les arbres verds, à des formes bizarres. On a reconnu que, dans les arbres de ce genre auxquels on retranchait beaucoup de branches, la végétation était considérablement retardée comparativement à ceux qu'on laissait croître en liberté. Miller, en parlant des quatre Cèdres du jardin de Chelsea, dit que deux de ces arbres auxquels on avait retranché toutes les branches inférieures, en ont été tellement affaiblis qu'ils étaient à peine moitié aussi gros que les deux autres, quoiqu'ils eussent été plantés dans le même tems.

Le Cèdre réussit également bien dans les terrains humides et dans les lieux secs. Pallas dit qu'en Sibérie il est superbe dans les places les plus marécageuses, et qu'en général il ne croît qu'auprès des ruisseaux et dans les fonds ; cependant celui du jardin des Plantes est de la plus belle venue quoiqu'il soit planté sur le penchant d'une butte toute composée de plâtras et de décombres. La facilité qu'a cet arbre de s'accommoder de localités si différentes, me paraît présenter de grands avantages et pouvoir contrebalancer les observations de quelques auteurs modernes qui tendent à diminuer beaucoup la haute idée que nous avions du bois de Cèdre. On peut croire d'ailleurs qu'il aurait encore assez de propriétés utiles pour qu'il fût convenable de le multiplier, quand il ne serait pas un des plus beaux arbres d'ornement qu'on puisse employer à la décoration des grands jardins paysagers. En effet, aucun arbre n'a un port aussi magnifique ni aussi majestueux ; aucun ne rappelle des souvenirs aussi grands et aussi religieux. Un bois entier composé de Cèdres présenterait un aspect vraiment imposant. Un seul de ces arbres, planté isolément et comme point de vue, est d'un effet infiniment pittoresque. On pourrait en faire de superbes avenues en les espaçant à trente ou trente-six pieds l'un de l'autre ; mais c'est surtout sur le bord des grandes routes qu'ils me semblent mériter d'être plantés ; le voyageur, en marchant sous leurs voûtes de verdure, pourrait braver les rayons du soleil le plus ardent, il pourrait trouver, sous leur paisible ombrage, un repos salutaire, quelquefois même y goûter un doux sommeil qui ranimerait ses sens et réparerait ses forces épuisées par une longue fatigue.

Les Grecs ne paraissent pas avoir connu le Mélèze ; Théophraste n'en parle point. La description qu'en donne Pline est si incomplette et même si peu exacte (1) qu'il serait bien difficile de reconnaître cet arbre dans celui auquel il donne le nom de *Larix*, si les propriétés qu'il lui attribue (2) et qui sont absolument les mêmes que

(1) *Omnia ea perpetuò virent, nec facile discernuntur in fronde, etiam à peritis. Sed Picea minùs alta quàm Larix. Illa crassior, leviorque cortice, folio villosior, pinguior, et densior, molliorque flexu.* Plin., lib. 16, cap. 10. *E ramis generum horum panicularum modo nucamenta squamatim compacta dependent, praeterquàm Larici.* Plin., l. c. *Nam neque Ilex, Picea, Larix, ullo flore exhilarantur.* Plin., lib 16, cap. 25.

(2) *Quinto generi situs idem, eadem facies : Larix vocatur. Materies praestantior longè (quàm in Abiete), incorrupta

celles qu'on lui reconnaît aujourd'hui, ne faisaient pas juger que l'arbre appelé *Larix* par les Romains doit être le même que notre Mélèze.

De tous les arbres indigènes, il n'en est point qui s'élèvent plus haut, qui soient plus droits et dont le bois soit aussi incorruptible que celui du Mélèze. Celui-ci est tellement estimé en Suisse, que Malesherbes assure que, dans certains cantons, une pièce de ce bois se vend le double d'une pièce de Chêne de la même dimension.

Le bois de Mélèze est rougeâtre avec des veines plus foncées, et plus les arbres sont âgés plus il est coloré; il n'y a que celui des jeunes pieds qui soit blanchâtre. Ce bois est plus serré que celui du Sapin, et moins rempli de nœuds. Sa pesanteur spécifique, lorsqu'il est sec, est de cinquante-deux livres huit onces par pied cube, et elle est à celle du Sapin à-peu-près comme cinq est à trois. Le Mélèze est propre aux constructions civiles et navales. Nul bois ne résiste aussi bien à l'action de l'air et de l'eau. Les charpentes qui en sont faites durent des siècles sans s'altérer; elles ont l'avantage de moins charger les murs que le Chêne, et les poutres ne sont point sujettes à plier. Quand on l'emploie en planches, il faut seulement avoir la précaution de n'en faire usage que lorsqu'il est très-sec, car autrement il est sujet à se déjeter.

En Suisse, en Savoie et dans le Haut-Dauphiné, on bâtit des maisons entières avec le Mélèze, en plaçant des pièces de ce bois d'un pied environ d'équarrissage les unes sur les autres. Les toits sont couverts, au lieu de tuiles, avec des planchettes ou bardeaux du même bois. Ces maisons sont blanches quand elles sont nouvellement bâties; mais au bout de deux à trois ans, elles se rembrunissent. La chaleur du soleil faisant suinter la résine à travers les pores du bois, les jointures entre les différentes pièces s'en remplissent, et, en se durcissant à l'air, elle forme une sorte de vernis qui enduit et lie si parfaitement toutes les pièces de l'édifice, que ces maisons sont impénétrables à l'air et à l'eau, et d'une durée vraiment étonnante. Malesherbes a vu dans le Valais, en 1778, une maison ainsi bâtie qui existait depuis deux cent quarante ans, exposée à toutes les injures de l'air; le bois en était encore parfaitement sain et entier, et si dur qu'il était difficile de l'entamer avec un instrument tranchant.

Aucun autre bois ne résiste aussi long-tems dans l'eau que le Mélèze; il y acquiert, avec le tems, la dureté de la pierre. Wusen, hollandais, qui a écrit sur l'architecture navale, cité par Miller, fait mention d'un vaisseau, trouvé à douze brasses de profondeur dans les mers du Nord, qui était de Mélèze et de Cyprès. Ces bois étaient parfaitement sains quoiqu'ils fussent submergés depuis plus de mille ans, et ils étaient devenus si durs qu'ils résistaient au fer le plus tranchant. Cette propriété de rester intact dans les lieux humides, même lorsqu'il est enterré, rend le Mélèze propre à faire des tuyaux pour la conduite des eaux. A Aix, à Marseille et dans la majeure partie de la Provence, où l'on est dans l'usage d'arroser les jardins potagers à grande eau et par submersion, et non avec des arrosoirs à la main, on se sert, pour la conduite des eaux, de tuyaux faits de bois de Mélèze. Dans les pays où il est commun, on l'emploie pour toutes sortes de menuiseries, et il est, sous ce rapport, d'un grand usage en Provence; il est susceptible de prendre un très-beau poli. On s'en sert dans ce pays à faire des tonneaux pour contenir les liqueurs spiritueuses, et la finesse de son grain fait qu'il y a très-peu d'évaporation. Dans le pays des Grisons et dans le Valais, on en fabrique aussi des futailles qui durent un tems

---

vis, mori contumax : rubens prætereà, et odore acrior. Plusculum huic erumpit liquoris, melleo colore, atque lentiore, numquam durescentis. Plin., lib. 16, cap. 10. *Larici et magis Abieti succisis, humor diù defluit. Hæ omnium arborum altissimæ ac rectissimæ.* Plin., lib. 16, cap. 39.

infini, et dans lesquelles on renferme le vin. Il n'est pas propre pour les ouvrages de tour, parce qu'il graisse l'outil avec lequel on le travaille.

Dans le Valais, les échalas faits avec des branches ou avec du bois de Mélèze refendu sont, pour ainsi dire, éternels. On ne les retire point de la terre où ils restent fichés sans s'altérer pendant un grand nombre d'années et pendant qu'on voit les ceps de vigne mourir et se renouveller plusieurs fois à leur pied. On ne connaît pas les bornes de la durée de ces échalas; des propriétaires ignorent souvent à quelle époque ils ont été plantés par leurs aïeux. Si on se sert du Sapin pour le même usage, il ne dure qu'environ dix ans. Du bois de Mélèze et du bois de Chêne employés ensemble pour faire des treillages, le premier, au bout de quarante-quatre ans, était encore parfaitement sain, tandis que le second était déjà détruit.

En parcourant les forêts des Alpes, dit M. Boissel, cité par M. Desfontaines, on a des preuves fréquentes de l'excellence du bois de Mélèze. La foudre qui frappe souvent ces arbres et les fracasse, les vents qui les rompent, l'âge qui les fait périr de vétusté, ces causes de destruction, et plusieurs autres encore, font qu'on en rencontre un grand nombre de mutilés ou morts sur pied. Ceux qui ne sont que mutilés ne périssent pas pour cela; les branches qui restent intactes poussent avec vigueur, parce que le cœur du bois ne s'altère pas, et ils continuent de vivre dans cet état pendant une longue suite d'années. Ceux qui sont morts résistent à la décomposition et se conservent très-long-tems. On peut ramasser bien des branches de Mélèze sèches; on peut observer des troncs extrêmement vieux, dont le bois s'enlève par couches ou se divise en bûchettes sous l'effort des doigts; mais on ne le trouve jamais dans un état de putréfaction. Le Sapin fracassé, au contraire, périt bientôt, et quand il est desséché en entier, les branches et le tronc tombent en pourriture en peu d'années (1).

La grande durée du bois de Mélèze, la finesse de son grain et l'avantage qu'il a de n'être pas sujet à se fendre, faisaient que les anciens peintres (2) et même ceux du moyen âge, avant qu'on se servît généralement des toiles, l'employaient pour leurs tableaux. On assure que plusieurs de ceux de Raphaël (3) sont peints sur du bois de Mélèze.

Jusqu'à présent on ne se sert pas du Mélèze dans les grandes constructions navales; mais l'usage dont il est pour faire les mâts et les bordages des barques qui servent pour la navigation du lac de Genève, donne lieu de croire qu'il aurait les mêmes avantages s'il était employé plus en grand, car les bordages de ces barques faits en Mélèze durent généralement deux fois autant que ceux faits en Chêne. M. Desfontaines dit que M. Boissel-Monville, auteur d'un ouvrage intéressant sur la navigation du Rhône, ayant fait transporter, en 1798, des Mélèzes du Valais à Toulon, dans le dessein d'en faire des essais pour la marine, il est résulté de l'examen que le bois de Mélèze est plus résineux que celui du Pin Laricio; qu'il est plus léger, ne pesant, par pied cube, que cinquante-deux livres, tandis que celui du Laricio en pèse cinquante-huit; que ses fibres sont plus fortes et résistent mieux à la torsion; et enfin que de beaux arbres de Mélèze qui auraient peu de nœuds pourraient être employés comme mâts de hune, ou même dans la composition des grands mâts.

---

(1) Tout ceci est vrai, mais il faut tenir compte de la différence des températures. Les neiges et le froid retardent, sur les Alpes, la décomposition des Mélèzes, tandis que, dans les vallées inférieures, les alternatives de la chaleur et de l'humidité hâtent la décomposition des Sapins. On trouve, sur le sommet des Vosges, des Hêtres dont le bois est extrêmement dur et ne se pourrit que très-difficilement, tandis que dans les vallons celui de la même espèce s'altère et se décompose avec la plus grande facilité. Les arbres, quels qu'ils soient, croissent lentement dans les régions élevées, et leur tissu est toujours beaucoup plus dur que dans les plaines.

(2) *Inventum est pictorum tabellis immortale, nullisque fissile rimis, hoc lignum.* Plin., lib. 16, cap. 39.

(3) Hort. Essays of Husbandry, pag. 149.

La difficulté ne serait pas de trouver des arbres d'une assez grande dimension, car, quoique la hauteur du Mélèze surpasse proportionnellement sa grosseur, on en rencontre dans les Alpes qui ont douze à quinze pieds de circonférence par le bas, et quoique de tels arbres soient assez rares, ce n'est cependant pas encore le terme de la grosseur à laquelle ils peuvent atteindre. Il existe, sur la montagne d'Endzon, dans les Alpes du Valais, un Mélèze célèbre dans le pays à cause de sa taille énorme. Sa tige est telle par le bas que sept hommes suffisent à peine pour l'embrasser, et elle s'élève à la hauteur de cinquante pieds sans avoir de branches. Cet arbre magnifique a été frappé de la foudre il y a quelques années. PLINE parle d'une poutre de Mélèze (1) qui avait cent vingt pieds (2) de long sur deux d'équarrissage. Ce fut l'empereur Tibère qui la fit transporter à Rome, et Néron l'employa dans la construction de son amphithéâtre. Ce qui empêche qu'on ne puisse tirer du Mélèze autant de parti qu'un bois si précieux en paraît susceptible, c'est que la nature ne le produit ordinairement que sur les montagnes les plus escarpées, au dessus de la région où se trouvent les Sapins, et d'où il est très-difficile de descendre de gros arbres (3).

Les anciens (4) croyaient que le bois de Mélèze était incombustible. On lit dans VITRUVE (5) que César ayant voulu faire mettre le feu à une tour de bois placée devant la porte d'un château des Alpes nommé *Larignum*, dont il faisait le siége, cette tour, bâtie en poutres de Mélèze superposées les unes au dessus des autres à la manière dont ont forme les bûchers, ne put jamais s'enflammer; mais que le feu s'éteignit lorsque les matières combustibles qu'on avait allumées au bas furent brûlées. Ce fait mal interprété avait donné lieu de croire que le Mélèze résistait à l'action du feu; mais DALECHAMP (6) observe très-bien qu'il n'en fallait pas conclure que ce bois fût incombustible, mais seulement que lorsqu'il avait resté long-tems exposé à toutes les injures de l'air et surtout au froid rigoureux qui dure ordinairement très-long-tems dans les Alpes, il acquérait une telle dureté qu'il ne pouvait s'enflammer que difficilement. D'ailleurs tous les bois dont les fibres sont dures et serrées ne s'enflamment qu'avec peine lorsqu'ils sont en grosses masses; il faut qu'ils soient divisés en morceaux pour que le feu les attaque avec facilité; à plus forte raison de grosses poutres de Mélèze, un des bois les plus durs qu'on connaisse, ont-elles pu résister à l'action de quelques matières dont la flamme n'a été que d'une courte durée. Quoi qu'il en soit, il est reconnu aujourd'hui que ce bois brûle bien, qu'il donne plus de chaleur que le Sapin, et qu'il fournit aussi plus de braise. Son charbon est excellent pour la fonte du fer.

L'écorce des jeunes Mélèzes est astringente; on l'emploie, dans les Alpes, pour le tannage des cuirs. En Sibérie, les chasseurs qui sont adonnés à la recherche des Martes-Zibelines sont obligés de s'enfoncer dans des lieux très-déserts et très-éloignés de toute habitation, pour trouver une plus grande quantité de ces animaux. Il

---

(1) *Amplissima arborum ad hoc ævi existimatur Romæ visa, quam propter miraculum Tiberius Cæsar in eodem ponte naumachiario exposuerat advectum cum reliquá materie : duravitque ad Neronis principis amphitheatrum. Fuit autem trabs è Larice, longa pedes CXX, bipedali crassitudine æqualis. Quo intelligebatur vix credibilis reliqua altitudo fastigium ad cacumen æstimantibus.* PLIN., lib. 16, cap. 40.

(2) Cette mesure doit être réduite à cent dix pieds de longueur sur vingt-deux pouces d'équarrissage, le pied romain n'ayant que onze pouces de France.

(3) Ce seroit d'ailleurs un grand mal pour les habitans des Alpes si l'on pouvait exploiter facilement le Mélèze ; la végétation dans les hautes régions ne se fait que très-lentement, et si on les dégarnissait de bois, il faudrait des siècles avant d'y voir de nouvelles forêts, ce qui n'est pas à craindre dans les vallées inférieures, où la reproduction des arbres est bien plus rapide. La destruction des forêts élevées aurait des inconvéniens que l'on n'a pas encore assez calculés.

(4) VITR., lib. 2, cap. 9. PLIN., lib. 16, cap. 10.

(5) VITR., lib. 2, cap 9.

(6) Historia generalis Plantarum. vol. 1., pag. 57.

leur arrive souvent, étant forcés de passer l'hiver dans les endroits les plus froids et les plus rudes, de voir le levain de leur pain geler par le froid extrême qu'ils endurent, ce qui lui ôte toutes ses propriétés. Poussés par la nécessité, ils ont imaginé de se servir du liber des Mélèzes, qu'ils disent être très-doux et rempli de suc. Après qu'ils l'ont fait digérer pendant une heure sur le feu, ils en mêlent une certaine quantité avec de la farine de seigle, enterrent ensuite le tout sous la neige pendant une douzaine d'heures, après lesquelles la fermentation commençant à s'établir dans leur pâte, ils en font des pains comme on fait avec le levain ordinaire (1).

Le Mélèze est non seulement précieux par son bois dont les usages peuvent être si variés, mais il fournit encore, pendant qu'il est sur pied, plusieurs produits qui sont employés dans les arts et en médecine. Le principal de ces produits est la résine ou térébenthine qui suinte à travers les fentes de l'écorce et que l'on retire en plus grande quantité par des procédés particuliers, qui consistent à pratiquer des entailles sur le corps des arbres, ou à faire des trous dans leur substance même. Ce dernier moyen étant le plus usité, je vais entrer dans quelques détails pour le faire connaître.

Dans le pays de Vaud, en Suisse, les paysans percent en différens endroits, avec des tarières qui ont jusqu'à un pouce de diamètre, le tronc des Mélèzes vigoureux, en commençant à trois ou quatre pieds de terre, et en remontant jusqu'à dix ou douze. Ils choisissent de préférence l'exposition du midi, les places d'anciennes branches rompues, dont ils voient suinter la térébenthine, et ils ont soin de faire leurs trous en pente. Ils adaptent à leur orifice des gouttières faites en bois de Mélèze, par le moyen desquelles la térébenthine coule dans des auges disposées à cet effet au pied des arbres. Une fois par jour, ou au plus tard tous les deux ou trois jours, la térébenthine qui a coulé dans les auges est recueillie dans des baquets de bois et transportée à la maison, où on la passe à travers un tamis de crin, lorsqu'il est arrivé que quelques corps étrangers s'y sont mêlés. Les trous qui n'ont point donné de résine ou qui cessent d'en fournir sont bouchés avec des chevilles, et on les rouvre douze à quinze jours après; ils donnent alors, pour l'ordinaire, plus de térébenthine que ceux qu'on perce pour la première fois.

La récolte de la térébenthine commence à la fin de mai et elle se continue jusqu'au milieu ou à la fin de septembre. La quantité qui coule est toujours proportionnée à la chaleur du jour et à l'exposition plus ou moins au midi. On croit, dans la vallée de Chamouni, que plus les trous sont profonds, plus la résine a de qualité; en conséquence, on les fait pénétrer jusqu'au centre de l'arbre. Les Mélèzes vigoureux peuvent fournir, pendant quarante à cinquante ans, sept à huit livres de térébenthine chaque année; mais l'opinion commune est que cela les énerve et que le bois des arbres qui ont ainsi donné de la térébenthine n'est plus aussi propre aux constructions de toute espèce, et qu'il n'est bon qu'à brûler et à faire du charbon (2). Les Mélèzes trop jeunes ou trop vieux ne donnent que peu de térébenthine; aussi choisit-on ceux qui sont dans toute leur vigueur.

La résine de Mélèze reste toujours liquide et de la consistance d'un sirop épais;

---

(1) Gmél., Flor. Sib., 1, pag. 177.

(2) M. Malus, dans un mémoire inséré dans le dixième volume des *Annales d'Agriculture*, est d'un sentiment contraire, et il prétend que l'extraction de la résine ne diminue ni la dureté ni la force des arbres résineux, et que cela augmente leur légèreté. Cette assertion n'est vraie que quant à ce dernier point; mais elle est fausse quant à la dureté et à la force des bois. Il est d'ailleurs suffisamment prouvé par l'expérience que toute espèce de bois résineux est d'une durée d'autant plus grande qu'elle contient plus de résine; delà, le Mélèze passe avant le Pin sauvage et celui-ci avant le Sapin. Il est aussi prouvé, en général, que plus les bois sont légers moins ils sont durables.

elle est claire, transparente, de couleur jaunâtre, d'un goût un peu amer, et d'une odeur aromatique assez agréable. Elle est connue dans le commerce sous le nom de térébenthine de Venise. On l'emploie en médecine ; elle a absolument les mêmes propriétés que celle du Sapin dont il sera question plus bas. En Russie, beaucoup de personnes, de l'un et l'autre sexe, tiennent presque sans cesse de cette résine dans leur bouche et la font tourner continuellement d'un côté de la bouche à l'autre, de telle manière qu'on les prendrait, dit Gmélin (1), pour une espèce d'hommes ruminans. Si l'on distille cette résine avec de l'eau, on en obtient une huile essentielle, mais qui n'est pas si estimée que celle qu'on retire en distillant la térébenthine du Sapin. Duhamel croit qu'on pourrait retirer du bois de Mélèze un goudron fort gras, en suivant les procédés employés pour extraire celui des Pins.

Le second produit du Mélèze est un suc particulier, d'un goût fade et sucré, qui, vers la fin de mai et dans les mois de juin et juillet, suinte, pendant la nuit, de l'écorce des jeunes branches, selon les uns, ou, selon d'autres, transude des bourgeons et des feuilles sur lesquels il se coagule en petits grains blancs et gluans, faciles à écraser. Le matin, avant d'être frappés des rayons du soleil, les jeunes Mélèzes en sont souvent tout couverts ; mais ces grains disparaissent bientôt si on ne les a pas ramassés. Les vents froids s'opposent à la formation de ce suc, qui est connu sous le nom de *Manne de Briançon*, et dont les anciens historiens du Dauphiné ont fait une merveille. Cette manne est un peu purgative, mais moins que celle de la Calabre, qui vient sur des Frènes (*Fraxinus ornus*. Lin., *Fraxinus rotundifolia et F. parviflora* Lam.). Elle n'est pas en usage si ce n'est parmi les gens de la campagne, dans les pays où il y a beaucoup de Mélèzes. M. Villars (2) assure d'ailleurs que cette manne est fort difficile à recueillir ; il ne croit pas qu'on puisse jamais en récolter une grande quantité, et il pense que les propriétés de cette substance, ainsi que la manière dont elle se forme, ne sont pas encore assez connues.

Une autre production du Mélèze est une gomme susceptible de se dissoudre dans l'eau, et qui, selon Pallas (3), a une partie des propriétés de la gomme arabique. Cette matière, connue depuis quelque tems en Russie sous le nom de *Gomme d'Orenbourg*, n'est autre chose, selon le même naturaliste, qu'un suc visqueux qui perce du noyau intérieur des arbres et qui coule de leur cime le long de leur tronc lorsque le feu attaque les Mélèzes jusqu'à la moëlle. Pallas paraît être le premier qui ait parlé de cette gomme.

La dernière production qui naisse sur le Mélèze et dont on fasse usage, est une espèce de champignon connu dans les pharmacies sous le nom d'*Agaric*, et des botanistes sous celui de *Boletus Laricis*. Ce champignon est blanc, friable ; il vient sur le tronc des vieux Mélèzes ou plutôt sur ceux qu'on a coupés à une certaine hauteur. C'est un purgatif que les anciens employaient fréquemment ; ils lui attribuaient des propriétés particulières pour purger les humeurs de la tête. Il est aujourd'hui beaucoup moins usité qu'autrefois ; cependant il l'est encore jusqu'en Sibérie. Dans cette contrée, les gens de la campagne s'en servent comme vomitif et comme purgatif.

La manière de faire des semis de Mélèze et de cultiver les jeunes plants ne différant pas de celle que j'ai indiquée pour les Pins, je ne répéterai pas ce que j'ai dit à ce sujet un peu plus haut (4) ; je finirai seulement ce qui regarde cet arbre important par quelques considérations sur les moyens d'étendre sa culture. Le Mélèze

---

(1) Gmel., Flor. Sib. 1, pag. 177.
(2) Histoire des Plantes du Dauphiné, par M. Villars, vol. 3, pag. 808.
(3) Voyages de Pallas, vol. 1, pag. 694, vol. 2, pag. 172.
(4) Voyez dans ce volume, à l'article *Pin*, la page 253 et les suivantes.

est indigène des Alpes de l'Europe, et en Sibérie toutes les montagnes couvertes de forêts en sont remplies. L'excès de chaleur paraît lui être bien plus contraire que l'excès du froid, puisqu'il ne croît nulle part spontanément dans les plaines de l'Europe tempérée, et qu'au contraire on le rencontre sur les Alpes à des hauteurs où la rigueur du froid ne permet plus aux Sapins de croître, et où la neige reste en permanence pendant six à sept mois de l'année. On a cru pendant long-tems que, parce que le Mélèze ne se trouvait naturellement que sur les hautes montagnes de l'Europe, il n'était pas possible de le cultiver dans les plaines. Aujourd'hui on est détrompé à cet égard; tous les semis et toutes les plantations de Mélèzes qu'on a faits depuis quarante à cinquante ans, dans les expositions convenables, ont eu un plein succès (1). On commence à croire que le Mélèze ne doit pas être regardé, par les propriétaires, simplement comme un arbre d'ornement, mais que sa culture en grand peut être très-avantageuse, surtout si l'on considère les qualités précieuses de son bois. Il n'est d'ailleurs pas délicat sur la nature du sol; les plus mauvais terrains lui conviennent, à l'exception de ceux qui sont marécageux et argilleux. L'exposition qui lui est la plus favorable est celle du nord. On en trouve dans les montagnes les plus stériles; il prospère dans les lieux froids, pierreux et maigres; il réussit dans les fonds secs et sablonneux; enfin, il vient bien sur les collines sèches et arides. Comme il craint la grande chaleur, les pays trop méridionaux ne peuvent lui convenir. Varennes de Fenille croyait qu'il ne pouvait pas réussir dans la plaine, à une latitude plus méridionale que celle de quarante-six degrés; cependant M. Audibert, qui a de belles pépinières auprès de Tarascon, dans le département des Bouches-du-Rhône, m'écrit qu'il ne désespère pas de voir acclimater en Provence les Pins, les Sapins et les Mélèzes du Nord de l'Europe, ainsi que ceux de l'Amérique septentrionale, en les plantant dans un sol frais, à l'exposition du nord, ou en les mettant pendant leur jeunesse à l'abri des rayons d'un soleil trop ardent, au moyen de l'ombre de grands arbres. Des Mélèzes de six ans, qui avaient été ainsi gouvernés chez M. Audibert, avaient dix pieds de hauteur, tandis que des plants du même âge, qui avaient été exposés au soleil, étaient tout rabougris.

Le Mélèze, ainsi que les Pins et le Cèdre, prend son accroissement en hauteur par le développement du bourgeon qui termine sa flèche, et si cette flèche ou ce bourgeon viennent à être rompus ou endommagés par quelqu'accident, l'arbre cesse de s'élever. Par une admirable prévoyance de la nature, ce bourgeon, selon le baron de Tschudi (2), ne s'ouvre que bien long-tems après que l'arbre est garni de feuilles. Il faut un grand mouvement de la sève pour le faire développer, car, comme le Mélèze croît souvent au milieu des neiges et des glaces qui couronnent les plus hautes montagnes, si le bourgeon central et terminal s'ouvrait trop tôt, la tendre pousse qui en sortirait pourrait être saisie par les gelées qui surviennent souvent jusqu'à la moitié du printems, dans les lieux où croissent ces arbres, et, par la perte de ce bourgeon, ils deviendraient rabougris et resteraient toujours ainsi.

Le Mélèze est le seul des Pins et des Sapins d'Europe qui perde ses feuilles en hiver. Lorsque les habitans des Alpes Suisses voient tomber les premières neiges de l'automne, ils regardent si les Mélèzes ont conservé leurs feuilles, car, si ces

---

(1) Le Mélèze a été planté avec beaucoup de succès dans le grand duché de Bade, et il y forme déjà de belles forêts. On a aussi fait de grandes plantations de Mélèzes en Suisse, pour repeupler des forêts qui avaient été détruites, et il y a environ trente ans que le prince-évêque de Murbach et Guebviller fit transplanter une assez grande quantité de Mélèzes au revers nord-ouest du *Ballon de Sultz*, dans les Vosges, où ces arbres sont parfaitement bien venus, et où ils portent aujourd'hui des fruits.

(2) Traité des Arbres résineux, pag. 162.

arbres sont encore verds , ils croient pouvoir assurer que le dégel ne tardera pas à venir , tandis que si les Mélèzes ont perdu leurs feuilles , c'est un signe certain que le froid doit être durable. Cette observation est fort ancienne , et elle ne s'est , dit-on, jamais démentie. Les vieillards les plus âgés qui soient en Suisse assurent n'avoir jamais vu durer la neige sur les feuilles du Mélèze.

Le Mélèze à petits fruits est encore assez rare en France , et le Mélèze à rameaux pendans n'y est même pas encore cultivé. Jusqu'à présent on ne sait rien sur les propriétés économiques de ces arbres ; on peut seulement conjecturer , à cause du grand rapport qu'il y a entre eux et le Mélèze d'Europe, qu'ils ont des propriétés fort analogues. Quelques cultivateurs prétendent avoir multiplié ces Mé-lèzes par marcottes , et particulièrement celui à petits fruits. Il faut coucher, disent-ils, les branches en juillet , en faisant une coche à la partie inférieure de la courbure ; ces marcottes, bien soignées, se trouvent enracinées au troisième automne. On dit aussi qu'on peut greffer les Mélèzes par approche. Sans avoir essayé ces deux moyens de multiplication, je suis très-porté à douter de leur réussite, parce que ce mode de propagation a été refusé par la nature à tous les autres arbres conifères, et que la résine , qui s'écoule par les entailles qu'on est obligé de faire dans ces circonstances , doit toujours s'opposer , soit à la formation des racines, soit à la reprise des greffes. Quand il arriverait d'ailleurs , par extraordinaire , que les Mélèzes pussent reprendre de marcottes ou se greffer les uns sur les autres , ce moyen de multiplication serait plus curieux qu'utile , car il ne pourrait jamais fournir que des arbres rabougris et d'un port désagréable, qui seraient privés de la faculté d'élever leur tige vers le ciel , et qui ne pourraient avoir que des branches latérales , par les raisons qui ont déjà été données sur la manière dont les Pins et les Sapins croissent en hauteur.

Le Sapin élevé ayant, pour les usages et les propriétés, beaucoup de rapports avec le Sapin en peigne, je traiterai, un peu plus bas, de l'un et de l'autre en même tems.

Le bois du Sapin blanc ou Sapinette blanche est employé, dans les États-Unis, à faire des solives , des planches ; mais il est en général moins en usage que celui du Sapin noir, qui est d'une meilleure qualité. La partie fibreuse de ses racines a beaucoup de flexibilité et de force lorsqu'elle a été macérée dans l'eau. On la dépouille par ce moyen de l'écorce qui l'enveloppe , on choisit les brins qui sont de la grosseur d'une plume à écrire , on les fend en deux et on s'en sert pour coudre ensemble les mor-ceaux d'écorce du Bouleau dont on construit des canots en Canada. Les coutures sont ensuite frottées et enduites avec de la résine du Sapin baumier. L'écorce de la Sapinette blanche est employée, selon sir LAMBERT, à tanner les cuirs. M. MICHAUX en doute , et il dit que si cette écorce sert à cet usage, ce ne peut être qu'à Terre-Neuve et dans le Bas-Canada , où il n'a pas voyagé; mais que dans les États-Unis cela n'a pas lieu. Ce dernier assure aussi que ce n'est pas avec les rameaux de cette espèce de Sapin qu'on fabrique en Amérique la Bière de Spruce, comme l'ont dit DUHAMEL, Sir LAMBERT et plusieurs autres , mais qu'on évite au contraire de l'employer parce que ses feuilles répandent, lorsqu'on les froisse , une odeur désagréable qui se com-munique à la liqueur.

On cultive le Sapin blanc dans les parcs et les jardins ; il a un port élégant dans sa jeunesse ; son feuillage est d'une teinte assez claire et sujette à varier, ce qui a fourni aux pépiniéristes l'occasion de distinguer deux variétés dans cette espèce, la Sapinette blanche ou argentée et la Sapinette bleue. L'une et l'autre contrastent agréablement dans les jardins avec la teinte plus foncée des autres Sapins.

Le bois du Sapin noir réunit trois qualités importantes : la force , l'élasticité et la légèreté ; il est beaucoup plus estimé que celui de l'espèce précédente , et les Anglais le regardent comme préférable à celui de notre Sapin Pesse. On en fait d'excellens mâts de hune , de très-bonnes vergues, et il entre dans quelques autres parties des constructions navales. Dans plusieurs endroits des États-Unis, on l'emploie fréquemment pour faire des solives ; il sert aussi pour des planchers, et , comme il a le grain ferme, il a l'avantage, étant employé de cette manière, de résister au frottement et à la pression des meubles ; mais il a l'inconvénient que ses planches sont sujettes à se fendre dans leur milieu. Dans les pays du Nord , où il est très-commun, on débite beaucoup de ce bois en planches qui sont exportées dans les Colonies Occidentales et jusqu'en Angleterre. Ces planches se vendent un quart de moins que celles du Pin de Weimouth. En Amérique, ces planches servent à faire des caisses d'emballage , des barrils pour mettre le poisson salé. Le Sapin noir n'est pas assez résineux, selon M. Michaux, pour qu'on puisse en retirer de la résine en quantité suffisante pour le commerce , et on ne l'exploite pas sous ce rapport. Comme bois de chauffage, il a l'inconvénient de pétiller beaucoup au feu.

La nature du sol influe sur le Sapin noir comme sur la plupart des végétaux ; c'est dans les vallons, dont le sol est humide , noir et profond, que se trouvent les plus belles forêts de cet arbre. M. Michaux dit que, dans un terrain de cette nature , il n'est pas rare de voir de ces Sapins s'élever à la hauteur de quatre-vingts pieds , quoiqu'ils soient si rapprochés qu'ils ne sont quelquefois qu'à trois , quatre , ou cinq pieds les uns des autres. Mais quand cet arbre croît sur le penchant des montagnes, dans des lieux pierreux et assez secs, sa végétation n'est pas aussi belle. Des localités si différentes paraissent avoir encore une autre influence sur le Sapin noir ; son bois est blanc dans l'une , et il a une teinte rougeâtre dans l'autre. Cette différence et quelques autres variations dans la longueur des feuilles et dans la grosseur des cônes, ont engagé Sir Lambert à faire une espèce particulière sous le nom de Sapin rouge (*Abies rubra*); mais M. Michaux assure positivement qu'il est impossible de lui assigner des caractères botaniques qui puissent la faire reconnaître. Au reste, il dit que le Sapin noir, dont le bois est rouge, est bien supérieur en qualité pour tous les usages quelconques à celui qui est blanc.

En Amérique, on fait, avec les jeunes rameaux du Sapin noir, une sorte de bière connue sous le nom de *Bière de Spruce.* Cette boisson se prépare en faisant bouillir une certaine quantité de ces rameaux dans une mesure déterminée d'eau. Après qu'ils ont suffisamment bouilli, ce qui se reconnaît lorsque l'écorce se détache facilement des branches, on délaye de la mélasse ou du sucre brut dans cette eau, et en laissant fermenter le tout, on obtient une liqueur salutaire et très-utile dans les voyages de long cours, par l'avantage qu'elle a d'être bonne contre le scorbut et même de prévenir cette maladie.

Le Sapin noir est rare en France, et, comme je l'ai déjà remarqué, on n'en voit point encore de grands. Ce qui a été dit un peu plus haut sur la nature du sol qui lui convient indique assez aux personnes qui voudront le cultiver, dans quel terrain il faudra le placer. On ne peut d'ailleurs espérer de le voir prospérer que dans les parties septentrionales de la France et sur les hautes montagnes, où la température se rapproche le plus de celle des froides contrées dont il est originaire.

Le Sapin du Canada est très-commun dans le Nord de l'Amérique ; mais, de tous les arbres résineux de cette contrée, c'est celui dont le bois est de la plus mauvaise qualité. Il ne peut se fendre de droit fil ; ses couches concentriques sont souvent désunies, ce qui lui ôte beaucoup de sa force ; il ne vaut rien pour les constructions qui sont exposées aux injures de l'air, parce qu'il pourrit très-promptement. Comme il coûte moins cher que plusieurs autres sortes de bois, on l'emploie, quand on veut économiser, pour faire des charpentes qui doivent être couvertes, parce qu'il est reconnu qu'il dure assez long-tems quand il est à l'abri de l'humidité.

Le plus grand avantage qu'on retire du Sapin du Canada, c'est que son écorce a la propriété de remplacer celle du Chêne pour le tannage des cuirs, et cette propriété rend cet arbre très-précieux dans le Canada et dans tous les États du Nord, où il est commun, tandis que les Chênes y sont fort rares. Cette écorce, qui est intérieurement d'un rouge assez foncé, communique sa couleur au cuir que l'on prépare avec elle. Les Indiens s'en servent, dit-on, pour teindre en rouge les panniers qu'ils font en bois d'Érable.

Le Sapin du Canada est cultivé comme arbre d'ornement. Il a un beau port dans sa jeunesse, mais sa forme est moins belle dans un âge avancé, et il prend souvent un aspect désagréable, parce que ses grosses branches sont le plus ordinairement cassées à quatre ou cinq pieds de leur naissance; au moins M. Micnaux remarque que cet accident lui arrive fréquemment dans son pays natal, ce qu'il attribue à ce que les branches secondaires, toujours placées horizontalement et garnies d'un feuillage touffu et serré, retiennent la neige et s'en surchargent à un tel point qu'elles finissent par rompre sous le poids; accident qui n'a pas lieu dans les jeunes arbres parce que leurs rameaux sont plus flexibles. Le Sapin du Canada est propre à faire des rideaux de verdure ou autres décorations dans les parcs et les jardins, parce qu'il souffre le ciseau et qu'on peut le tailler comme l'If. Il croît plus promptement que ce dernier. Ce n'est que sous le seul rapport de l'agrément que cet arbre peut être cultivé, car, comme on l'a vu, il n'a aucune propriété particulière, et il est inférieur, dans celles qu'il peut avoir, à nos autres Sapins indigènes. Il est d'ailleurs particulier pour ses formes naturelles, et n'a de rapports avec aucune de nos espèces de l'ancien Continent. Le Sapin à feuilles d'If, qu'on ne connaît encore que fort superficiellement et qui est comme lui indigène de l'Amérique septentrionale, mais de la partie occidentale, est le seul avec lequel il ait de l'affinité. On ne sait encore rien sur les propriétés de cette dernière espèce.

Le Sapin élevé, ou *Sapin Pesse* et encore tout simplement la *Pesse*, est le *Picea* des Latins. Les anciens l'employaient dans les funérailles; il était d'usage d'en mettre une branche à la porte des maisons où il y avait un mort, et on s'en servait tout vert pour les bûchers (1).

Le Sapin en peigne, que je n'appellerai plus à l'avenir que du seul nom de Sapin, était désigné chez les anciens sous le nom d'*Abies* (2). Les Romains l'estimaient pour la charpente et surtout pour la construction des vaisseaux (3); c'est ce qui a fait dire à Virgile :

     Casus Abies visura marinos.   Georg. lib. 2., v. 68.

et à Claudien :   *Apta fretis Abies, bellis accommoda Cornus.*

Pline parle d'un Sapin qui formait le mât d'un vaisseau sur lequel l'empereur

---

(1) Plin., lib. 16, cap. 10.

(2) Linné, au lieu d'adopter les noms consacrés par les anciens pour la Pesse et pour le Sapin, les a changés; il a appelé *Pinus Picea* le Sapin dont on ne retire pas la poix, et il a donné le nom de *Pinus Abies* à celui qui la fournit. Ce changement a causé beaucoup de confusion dans la nomenclature et a produit diverses erreurs. Plusieurs auteurs ont suivi Linné et ont conservé les noms qu'il avait imposés; quelques autres, au contraire, pour éviter la confusion causée par les dénominations du Botaniste suédois, ont donné des noms spécifiques entièrement nouveaux à la Pesse et au Sapin. Je crois que pour rectifier complètement la chose, il eût mieux valu revenir aux dénominations de Pline; mais, comme on est obligé dans la nomenclature Linnéenne de prendre le mot *Abies* pour nom générique, il eût été convenable, pour désigner notre Sapin commun, qui est bien celui de Pline et des anciens, de l'appeler *Abies vera*, tandis qu'on eût nommé la Pesse *Abies Picea*.

(3) Pl., lib. 16, cap. 10.

Caligula fit apporter, de l'Égypte à Rome, un obélisque qui fut élevé dans le cirque du mont Vatican. Ce mât avait quatre brasses de tour. De pareils arbres coûtaient fort cher, leur prix allait jusqu'à quatre-vingt mille sesterces (1) ou huit cents francs de notre monnoie.

Les divers usages auxquels la Pesse et le Sapin, ou leurs différens produits sont employés, étant pour la plupart très-importans, j'ai cru devoir traiter cet article dans tous ses détails, et, pour cela, je me suis adressé à M. Mougeot, docteur en médecine à Bruyères, et mon ami, qui a bien voulu me communiquer tout ce qu'il a observé lui-même dans les Vosges au sujet des arbres dont il est ici question. Ce qui va suivre peut donc être regardé plutôt comme l'ouvrage de M. Mougeot que comme le mien, n'ayant ajouté que quelques notes peu importantes au travail qu'il a eu la complaisance de faire pour moi.

Les forêts de Pins forment la majeure partie de celles (2) qui recouvrent la chaîne des Vosges (3), et trois espèces seulement les composent dans des proportions fort différentes. On évalue à-peu-près aux neuf dixièmes la quantité des Sapins, à un vingtième celle de la Pesse, et à autant celle du Pin sauvage. Le Sapin croît partout (4), sur les hauteurs et dans les fonds; la Pesse n'est abondante que dans les terrains granitiques, et elle se plaît particulièrement dans les lieux humides.

Les Sapinières des Vosges, appauvries par les coupes multipliées, par les dégâts commis dans les tems de désordre auxquels nous venons d'échapper, ne sont plus ce qu'elles étaient il y a un demi-siècle, malgré qu'elles s'améliorent depuis quelques années. De vieux bûcherons assurent que, dans leur jeunesse, lorsqu'on commençait l'exploitation d'un bois, à peine pouvait-on manier la coignée, tant les arbres étaient rapprochés. Il n'était pas rare alors de rencontrer des Sapins et des Pesses qui avaient dans le bas quatre à cinq pieds de diamètre et cent quarante pieds et plus d'élévation. C'est une chose peu commune aujourd'hui d'en trouver qui aient acquis de pareilles dimensions; on ne leur donne pas le tems d'y parvenir.

Les forêts de Sapins se repeuplent d'elles-mêmes par les semences que les vieux arbres fournissent en quantité. La *recrue* est souvent si épaisse, surtout dans les lieux frais où il y a beaucoup de terre meuble et pas trop de vieux arbres, que les jeunes pieds se touchent et se soutiennent les uns par les autres. Ce mode de reproduction est une sage prévoyance de la nature, ces arbres étant très-sujets à être abattus par les vents, à cause de leur grande élévation et de leurs racines superficielles et traçantes, qui d'ailleurs sont ordinairement plus fortes et plus longues du côté des grands vents. A mesure que les jeunes Sapins grossissent, les plus vigoureux

---

(1) Plin., lib. 16, cap. 40.

(2) On compte dans le département des Vosges deux cent mille hectares de forêts. (*Note de M. Mougeot.*)

(3) La chaîne des Vosges se dirige du sud au nord dans une étendue de soixante lieues. Elle commence au *Ballon de Servance*, frontière du département de la Haute-Saône, et vient se perdre au mont Tonnerre. Sa plus grande largeur est de dix à douze lieues, et les cimes les plus élevées n'ont que sept cent vingt toises au dessus du niveau de la mer. Sa structure diffère de celle des Alpes et du Jura, dont elle ne paraît être qu'une continuation. Les sommets offrent en général une forme paraboloïde, nommée dans le pays *Ballons*, et les vallées font presque toutes un angle très-aigu avec la chaîne centrale, en se dirigeant les unes au nord-est, les autres au sud-ouest; elles sont aussi plus escarpées du côté de l'Alsace que du côté de la Lorraine. La nature de ces montagnes est granitique, malgré que les deux revers soient souvent recouverts de sable, de grès, de cailloux roulés, de poudingues, et que leur lisière, depuis Épinal jusqu'à Raon-l'Étape, soit même entièrement formée par ces derniers matériaux. N'ayant parcouru jusqu'à présent que la portion de cette chaîne qui se rend du *Ballon de Servance* aux *Donons*, sur une étendue de vingt lieues, portion la plus élevée et dont la crête sert de frontière au département des Vosges, c'est principalement aux forêts de Pins qui recouvrent le revers nord-ouest que sont applicables les observations que je vous communique sur les arbres de cette famille. (*Note de M. Mougeot.*)

(4) Le Sapin croît quelquefois sur des plans presque perpendiculaires. M. Ramond fit cette remarque dans les Alpes, à une lieue et demie de Stanz : « La vue du précipice qui borde le chemin est singulière; sa pente est très-escarpée, » cependant les Sapins y trouvent pied et s'élèvent pour ainsi dire bout à bout, de manière qu'on peut mesurer la pro- » fondeur de la vallée en comptant les longueurs des Sapins ». Ramond, addit. au Voy. de Coxe. vol. 1. pag. 228.

étouffent les plus faibles. Il serait utile d'abattre ces derniers et de les enlever, afin qu'ils ne gênassent pas l'accroissement des autres ; mais cela ne se pratique pas dans les Vosges, quoique cela se fasse dans d'autres pays. Il faut d'ailleurs observer que si on enlève les jeunes arbres qui périssent, du milieu de ceux qui poussent avec vigueur, cela ne doit se faire que lorsque les derniers ont déjà assez de force. En général, il ne faut rien couper dans les Sapinières naissantes. Lorsque les Sapins ont acquis une certaine grosseur et qu'ils s'élancent, ils perdent les branches inférieures qui se dessèchent et tombent en même tems qu'il se fait un bourrelet à l'endroit de leur implantation, et c'est ce qui occasionne les nœuds que l'on voit plus particulièrement dans les troncs des jeunes sujets. Tous ces arbres croissent d'abord lentement ; arrivés à cinq ou six ans, ils poussent assez vite, surtout aux expositions du nord. Dans leur crue la plus vigoureuse, qui a lieu lorsqu'ils sont âgés de douze à trente ans, ils grandissent de deux à trois pieds entre les deux sèves. Il ne faut guère que cinquante ans au Pin sauvage pour devenir un bel arbre et bois de travail, il en faut cent au Sapin et presqu'autant à la Pesse. Cette dernière, qui s'élance d'abord plus vite et prend en peu de tems beaucoup d'élévation, ne grossit pas si promptement que le Sapin. L'un et l'autre viennent mieux en groupe qu'isolés ou mêlés avec d'autres arbres. Cependant les Sapins tendent à se répandre dans les forêts voisines où ils ne se remarquaient pas auparavant ; et l'on observe, par opposition, que d'autres espèces de bois, comme les Hêtres, les Bouleaux, se jettent aussi dans certaines Sapinières trop éclaircies, où elles marient, d'une manière fort agréable, leur feuillage plus gai à la sombre verdure de celles-ci.

Les Sapins et surtout les Pesses peuvent, lorsqu'ils sont encore jeunes, être transplantés, comme l'apprend l'expérience journalière ; mais pour réussir, il faut, autant que possible, les arracher en motte, en évitant de mutiler ou de couper, soit les branches, soit les racines ; il faut aussi choisir le moment favorable qui est celui de la montée de la sève. Il est bon encore d'observer dans la transplantation, si faire se peut, que les racines, auxquelles il ne faut pas toucher avec la serpette, ne soient ni plus ni moins recouvertes de terre qu'auparavant, et que le côté de l'arbre qui regardait le soleil y soit encore tourné. Le moyen de repeupler les forêts de Sapin ou d'en créer de nouvelles par des plantations, n'est presque pas usité dans les Vosges ; les semences y lèvent si bien, que les semis seraient préférables et pourraient y être pratiqués très-avantageusement ; mais ils sont aussi négligés que la transplantation. À l'égard des semis, la manière de les faire est absolument la même que celle que j'ai indiquée pour les Pins (1) ; il faut seulement avoir plus de précaution au sujet des graines du Sapin, parce que si l'on n'avait pas le soin de les faire récolter dès les premiers jours de l'automne, elles tomberaient bientôt, seraient perdues ou au moins bien plus difficiles à recueillir. Les cônes de la Pesse ne laissent pas échapper leurs graines aussi promptement ; mais il est toujours bon qu'ils soient cueillis avant l'hiver.

Les Sapins, une fois coupés, ne fournissent aucun rejet, cependant la souche ou portion du tronc qui tient aux racines, végète encore quelque tems, ses couches ligneuses externes s'accroissent avec le liber, et cherchent, en formant un bourrelet renversé en dedans, à recouvrir l'extrémité coupée, dont le centre se pourrit par la suite.

La Pesse se laisse tailler comme l'If, et elle servait autrefois à orner les jardins de la même manière ; mais aujourd'hui on ne la défigure plus par le ciseau ou par

____

(1) Voyez page 254 et suivantes.

le croissant, on la laisse croître en liberté, et son port en est beaucoup plus beau. Cet arbre peut perdre sa flèche sans que cela nuise à son accroissement ; le plus souvent une pousse collatérale remplace la pousse terminale qu'un accident quelconque a rompue ou détruite. Il n'en est pas de même du Sapin ; une fois couronné, il ne s'élance plus. En revanche, on peut lui retrancher beaucoup de ses branches inférieures trop vigoureuses, et qui absorbent la sève au détriment de la cime ; c'est ce qu'on fait souvent dans les Vosges, non dans l'intention de favoriser l'accroissement en hauteur, mais parce que les habitans emploient ces branches à se chauffer ou à d'autres usages économiques. Il ne faudrait pas les retrancher trop près du tronc, ni sur les arbres trop jeunes, parce que la perte de la résine qui s'écoulerait des plaies nuirait beaucoup à l'arbre. Le hasard ou le besoin supplée ici au raisonnement ; les gens qui vont ainsi émonder les Sapins coupent les branches à un pied du tronc, afin de pouvoir facilement, au moyen des tronçons, monter sur les arbres et en descendre. Il arrive delà que ceux-ci n'en souffrent pas, ces tronçons laissant échapper moins de résine que les branches n'en détourneraient pour leur entretien, et se desséchant d'ailleurs assez promptement.

Si les Sapins ne redoutent pas les froids les plus rigoureux, les grandes sécheresses, causées par les ardeurs de l'été, leur sont très-nuisibles. L'été de 1803, qui a été très-sec, a fait périr, dans les Vosges, de vastes forêts exposées au midi, et où l'on avait trop éclairci les bois. On a vu, les années suivantes, les feuilles jaunir, tomber, et le tronc se dessécher ensuite. La Pesse souffre beaucoup des entailles qu'on lui fait pour en extraire la poix ; il y a même lieu de croire que cette opération, dont il sera question plus bas, donne à son feuillage la teinte jaunâtre, et à tout l'arbre l'aspect caduc qu'il a souvent. La Pesse est quelquefois rabougrie, parce que le *Chermes Abietis* (Lin.) dépose ses œufs sur les bourgeons qui se boursoufflent (1) à la suite de cette piqûre, ce qui en arrête l'accroissement. Les maladies et les avaries qui font plus ou moins de mal dans les forêts de Pins (2) peuvent aussi ravager les Sapinières ; mais la plus grande source de leur dégradation existe d'ailleurs dans une exploitation poussée trop loin ou mal entendue.

On ne cesse de crier contre la destruction des forêts, et on ne se lasse pas de les épuiser ; les propriétaires eux-mêmes en sont cause, parce qu'ils se pressent trop de jouir. Il n'est pas d'usage dans les Vosges de mettre les Sapinières en blancétoc, et cela est fort bien vu ; ces forêts dépérissent ou sont abattues par les vents lorsqu'elles sont trop éclaircies, surtout dans les lieux escarpés, les terrains où il y a peu de terre végétale, et qui sont exposés au soleil (3). On coupe au contraire les arbres isolément par-ci par-là, en ayant soin d'abattre ceux qui ne prennent plus d'accroissement ou qui ont quelques défauts. Cette manière de jardiner les Sapinières les nettoie et facilite leur repeuplement. Mais les choses ne se passent pas toujours ainsi ; souvent on coupe les plus beaux arbres, ceux qui sont pleins de vigueur et dans tout leur accroissement ; on les abat sans les ébrancher ; ils mutilent ou écrasent en tombant ceux qui sont plus faibles et qui se trouvent au devant d'eux. Il arrive aussi, lorsqu'on exploite le sommet ou les flancs escarpés d'une montagne, qu'après avoir ôté les branches d'un arbre, on le lance ensuite, par sa petite extrémité, dans le fond des vallées. On peut juger avec quelle vitesse

---

(1) Les Lapons mangent ces boursoufflures. Voyez *Amœn. Acad.* t. 3, pag. 328. *Miracula insectorum.*

(2) Voyez, dans ce volume, pages 260 et suivantes.

(3) En Bohême et dans certains pays de plaine, on coupe à-la-fois tous les bois d'une Sapinière, et on la ressème ensuite ; mais cela n'est pas praticable dans les pays de montagnes, surtout lorsque celles-ci sont d'une nature sablonneuse et d'un terrain mouvant.

et quelle force un arbre de cent pieds et plus se précipite, surtout vers la fin de sa course ; mais aussi quels ravages ne commet-il pas sur son passage !

C'est par deux entailles opposées, faites au moyen de la coignée, que les bûcherons coupent les Sapins. Autrefois ils faisaient ces entailles à plusieurs pieds au dessus des racines ; plus économes aujourd'hui, ils les font à fleur de terre. Ils sont aussi presque constamment les maîtres de diriger la chute des arbres du côté que bon leur semble, par la raison qu'ils sont très-droits et qu'ils ne penchent que fort rarement ; il leur suffit pour cela d'entailler une des faces un peu plus profondément et un peu plus bas. Mais ces gens, payés par les adjudicataires des coupes, prennent rarement des précautions pour ménager les arbres voisins, ils cherchent plutôt à dégrader ces derniers qui, dans la suite, seront regardés comme bois cassés ou chablis et accordés aux adjudicataires à un prix modique. L'ébranchement éviterait ces dégâts, et il devrait être ordonné dans toutes les exploitations des forêts où l'on abat des arbres au milieu d'une pépinière perpétuelle et au milieu d'autres grands arbres que l'on a intérêt de conserver. Toutes les saisons de l'année ne sont pas également favorables à l'exploitation ; on choisit la montée de la sève, au printems, et la fin de l'été. Le bois de la meilleure qualité est toujours celui qui est coupé lorsque l'arbre est le plus chargé de résine. On a soin d'ôter l'écorce en entier, ou d'en enlever au moins quelques lanières aussitôt l'arbre abattu, afin qu'il se dessèche plus vite, qu'il se conserve mieux, et enfin parce que cette écorce, qui devient inutile au bois de travail, est un excellent combustible. Cette pratique est même de rigueur du mois de mai à celui d'août ; si on la néglige, le bois se pique (1), pour parler le langage des forestiers ; il perd alors beaucoup de sa valeur et n'est souvent plus propre à être débité pour différens usages. L'arbre abattu est ébranché (s'il ne l'a été auparavant) ; son tronc est laissé entier ou scié par tronçons (*Tronces* dans les Vosges), suivant l'emploi auquel on le destine ; la cime et les branches, quelquefois le tronc, surtout s'il est vicié, sont convertis en bois de chauffage ou en charbon. Les racines ne s'arrachent que depuis peu d'années à cause de la chèreté du combustible, et encore cela ne se pratique pas partout. Reste à savoir si cette extraction des racines est avantageuse au repeuplement des forêts, ce n'est pas du moins ce que l'on croyait autrefois ; on avait remarqué que là où d'autres Sapins avaient pourri, le terreau qui en provenait facilitait la reproduction des nouveaux pieds ; d'ailleurs, en creusant des fosses autour de ces racines pour les enlever plus aisément, on doit, de toute nécessité, détruire beaucoup de jeunes sujets. Il est vrai, d'un autre côté, que la terre ayant été remuée, les semences y germent plus promptement, ce qui compense peut-être le mal.

Le Sapin et la Pesse sont employés pour bois de construction et de travail ;

---

(2) Les forestiers entendent par bois piqué une sorte de vermoulure assez curieuse, dont il est convenable d'expliquer sommairement la cause. Plusieurs espèces d'insectes déposent leurs œufs entre les gerçures de l'écorce ou dans l'écorce elle-même, où ils attendent une circonstance favorable pour passer à l'état de larve. Cette circonstance paraît avoir lieu en été. Pendant cette saison, aussitôt que l'arbre est coupé ou qu'il périt sur pied, si on néglige de l'écorcer le jour même ou le suivant, on voit, dans le court espace de deux à trois fois vingt-quatre heures, une quantité de larves creuser des sillons entre l'écorce et le bois, s'enfoncer ensuite dans l'épaisseur de celui-ci, le parcourir en divers sens, en laissant après elles des petits trous d'une forme ovale, du diamètre d'une ligne à-peu-près, ce qui forme une vermoulure plus ou moins abondante. Quelquefois on n'aperçoit, à la surface du tronc, que des points noirs qui, examinés avec plus d'attention, sont dus à la morsure d'une larve qui s'enfonce, comme les précédentes, dans l'intérieur du bois et y creuse un canal très-étroit sans former de vermoulure apparente. Ces larves, bien différentes les unes des autres, appartiennent à plusieurs espèces d'insectes des genres *Curculio*, *Dermestes*, *Tentredo* Lin. ; elles se montrent très-souvent depuis le mois de mai jusqu'en août ; on en trouve même quelques-unes en hiver, qui sont engourdies Il est facile de les faire sortir de l'intérieur du tronc en le heurtant avec un corps dur quelconque ; aussi les oiseaux qui s'en nourrissent, tels que les Pics, ont-ils l'instinct, pour faire sortir les larves, de frapper de leur bec les bois ainsi piqués, et lorsqu'elles paraissent à l'extérieur, ils les dévorent aussitôt. (*Note de M. Mougeot.*)

cependant le Sapin étant le plus commun , c'est celui dont on se sert principalement, et il est aussi préféré à cause de son bois , qui a plus de nerf. La partie
ligneuse dans ces arbres est formée par des paquets de fibres longitudinales de deux
sortes , les unes dures et fauves, les autres tendres et blanches ; plus ces dernières
sont étroites , plus le grain du bois est beau et solide. Il est aussi de remarque
que les couches externes sont plus compactes que les internes. Mais la qualité de
cette partie ligneuse varie singulièrement dans les différens cantons. Les meilleurs
Sapins sont ceux qui ont crû aux expositions du soleil et dans certains terrains
que l'expérience jusqu'à ce jour n'a pas encore assez appris à connaître. La pesanteur
spécifique du bois de Sapin est d'environ trente-deux livres par pied cube.

Pour bois de charpente, de mâture, d'échafaudage, le Sapin et la Pesse ,
par leur tronc droit et très-long , ont de grands avantages ; placés en travers ,
ils ne sont pas sujets à se tourmenter comme le Chêne (1). Le Sapin dure
long-tems dans l'eau et sous terre ; les pilotis des fameuses digues de Hollande
sont de ce bois, et c'est en partie les Vosges qui les ont fournis. C'est avec
des Sapins du diamètre d'environ six pouces que les charrons font des brancards
pour les charriots où l'on veut placer de lourds fardeaux; avec des arbres plus minces ,
ces ouvriers fabriquent diverses pieces de charronnage , entr'autres des échelles de
différentes longueurs , selon le besoin , depuis huit à dix pieds jusqu'à quarante ,
et dont les échelons sont également faits avec des branches de ces arbres qui unissent
la souplesse à la résistance. Les Pesses et les Sapins , dans leur jeunesse , forment
des perches qui sont des brins de bois de la grosseur du bras et de la longueur de
vingt à vingt-cinq pieds , sur lesquelles on étend du linge , ou avec lesquelles on
fait des palissades , des clôtures, etc. On en fait aussi , pour toutes sortes d'outils,
des manches que leur légèreté fait rechercher ; aussi , lorsque toute la France
s'arma de piques, en coupa-t-on des milliers dans les Vosges , et maintenant l'ar-
tillerie les emploie pour les manches des écouvillons. Mais ce n'est pas de nos jours
seulement que le Sapin a servi pour la guerre et pour faire des armes meurtrières ;
les anciens l'employaient pour faire des javelots , comme il le paraît par ces vers de
VIRGILE :

Cujus apertum
Adversi longâ transverberat Abiete pectus.

Les *tronces* avec lesquelles on fabrique les planches et les litteaux , ont de onze
à douze pieds de longueur. Elles sont amenées de la forêt sur le chantier de la
scierie. Rien de plus simple que le mécanisme d'une scierie; il consiste dans une
roue mise en mouvement par l'eau et munie d'un axe ou arbre traversé par deux
bras très-courts qui soulèvent alternativement un fer denté en scie , long de six
pieds , large de six pouces ou plus , et épais de deux à trois lignes. Cette scie,
chargée d'un certain poids, quand elle a été soulevée par les bras de l'axe , retombe
avec force sur la *tronce* qui repose solidement sur un charriot à quatre roues
très-basses. Le charriot, posé lui-même sur un plan un peu incliné très-uni, avance
vers la scie chaque fois que celle-ci est relevée, et il avance au moyen d'un levier
coudé qui agit sur un rouage à crémaillière adapté par un engrenage à l'un de
ses côtés, qui reçoit son mouvement de l'élévation et de l'abaissement de la scie.
L'ouvrier qui dirige cette usine est appelé , dans les Vosges, *Sagar* ou *Saugar*, du

---

(1) C'est ce qu'on sait très-bien dans les Vosges, où un vieux proverbe dit :

Chêne debout, Sapin de travers ,
Femme couchée , porteraient l'Univers.

mot allemand *Sæger* scieur, et il n'a d'autre chose à faire que de placer la *tronce* sur le charriot, et de reculer ce charriot après que chacune des planches est sciée. Deux *sagars* dans une seule scierie, ayant un bon courant d'eau, travaillant nuit et jour, sont capables de faire, par an, trente à trente-six mille planches réduites à neuf pouces de large, sur onze pieds de long, ce qui peut donner une idée de la quantité considérable de planches qui se fabriquent dans le département des Vosges, lorsqu'on saura qu'il y a au moins cinquante à soixante scieries habituellement en activité. Les premières planches qui tombent des quatre côtés de la *tronce* sont appelées *dossaux*, une de leurs surfaces est arrondie ; celles qui viennent ensuite jusqu'au carré parfait de la *tronce* se nomment *chons*, leurs bords sont inégaux ; enfin, les autres qui suivent sont des planches proprement dites, si elles ont un pouce d'épaisseur, des *madriers* si elles ont quinze à vingt lignes, et des *feuilles* si elles ne portent que six lignes. Leur largeur varie de huit pouces à trois pieds. Les plus beaux bois sont employés pour les feuilles, les plus vilains pour les madriers. Les planches qui servent à faire des *litteaux*, ou petites tringles de bois de l'épaisseur de celles-ci, et auxquelles on donne ordinairement un pouce et demi de large, doivent aussi être sans défaut.

En Provence, il y a des scieries dont le mécanisme est aussi simple que dans les Vosges ; mais outre les planches qu'on y prépare, on tire un autre parti des Sapins pour les constructions. Après que les madriers de trois pouces d'épaisseur ont été sciés, on les laisse adhérens par une de leurs extrémités, et par deux pouces environ de solide, à la poutre même dont ils ont été formés; ensuite, on remet celle-ci sur son autre face, afin de scier chaque madrier de manière à former des pièces de bois ou chevrons de trois pouces d'écarrissage. Ces chevrons sont eux-mêmes resciés dans le sens de leur diagonale, ce qui fournit des soliveaux triangulaires. Ces soliveaux sont employés, dans les constructions des maisons, à former les planchers qui partagent les étages ; pour cet effet, on les pose à plat, par leur côté le plus large, sur les poutres, qui sont également en Sapin, et on les arrange de manière à ce qu'ils se touchent par leurs angles aigus. Ces soliveaux se nomment *Cartons* dans le pays. Après qu'ils sont disposés comme on vient de le dire, on remplit de petits plâtras les intervalles ou les creux qui se trouvent entre chaque *Carton*, et on les abreuve de plâtre fin gâché jusqu'à la hauteur des arrêtes formées, comme on peut se le figurer par leur côté qui est à angle droit. Cette opération préliminaire et particulière étant faite, la manière de faire les plafonds ou de carreler les planchers ne diffère pas de ce qui se fait partout ailleurs. Ces planchers sont de la plus grande solidité ; ils peuvent porter des fardeaux très-considérables sans en être ébranlés. Je suis entré dans ces détails qui m'ont été fournis par M. MICHEL, un des éditeurs de cet ouvrage, parce qu'il m'a paru avantageux de faire connaître aux architectes et aux entrepreneurs de bâtimens à Paris, ou dans les différentes parties de la France, le moyen de remplacer, dans leurs constructions, les lourdes solives en Chêne, par des chevrons de Sapin qui réunissent la solidité à la légèreté, et qui, à cet avantage, joignent celui de l'économie et celui de nécessiter moins d'épaisseur, ce qui, sans nuire à la hauteur des appartemens, peut contribuer à diminuer l'épaisseur des planchers et par conséquent un peu de la hauteur totale des maisons.

Les planches de Sapin et de Pesse s'emploient dans toutes sortes de constructions et de meubles, tels que cloisons, plafonds, planchers, parquets, lambris, boiseries, armoires, caisses, tiroirs, tables, bancs, etc. ; mais les menuisiers préfèrent en général celles de Sapin, parce que ce bois est plus fort et se coupe mieux. Les luthiers, au contraire, ne mettent en œuvre, pour les instrumens à corde, que la Pesse, qui se fend bien, qui a le grain très-blanc, et dont le bois a surtout l'avantage de transmettre le mieux les sons, c'est-à-dire de rendre le ton le plus haut lorsqu'on le frappe ou qu'on parle à une des extrémités de ses fibres longitudinales. C'est avec ce bois qu'on fait ces tablettes très-minces employées pour les violons, les basses, les forté-pianos, les harpes, etc. On en expédie beaucoup des Vosges dans toute la France pour cet usage. C'est encore plus particulièrement avec la Pesse que l'on fabrique la boisselerie si commune en Lorraine, tels que cuves, cuveaux, seaux, boîtes de toute forme et de toute grandeur. Pour fabriquer des planches aussi minces que celles qui servent à faire ces boites légères, on scie transversalement le tronc de l'arbre que l'on met en œuvre, en plusieurs sections de la longueur nécessaire pour former la circonférence de la boîte, et on prend la hauteur de la douve ou du cercle dans la largeur qui existe entre le centre et l'écorce, de manière qu'il faudrait de très-gros arbres pour fournir du bois propre à fabriquer des boîtes très-hautes, puisque cette hauteur ne peut se prendre que dans la moitié du diamètre du tronc; aussi ce dernier se fend-il toujours d'abord par quartiers. On débite les douves ou planches au moyen d'une hache nommée *Merrain* (*Scoudret* dans les Vosges). Cette hache, lorsqu'elle est emmanchée, a une forme coudée. L'ouvrier qui travaille avec cet outil se sert beaucoup du manche, sur lequel il presse en cherchant à écarter les fibres du bois, et il frappe, quand il est nécessaire, sur le dos du fer pour le faire prendre dans le bois et diviser celui-ci en autant de petites planchettes qu'il le souhaite. Cet instrument sert aussi à faire du bardeau ou les *essandres* dont il sera parlé plus bas ; sa lame a douze à dix-huit pouces de long, deux à trois pouces de hauteur, six à huit lignes d'épaisseur sur le dos, et son manche n'a qu'un pied à un pied et demi de longueur. Les ouvriers s'en servent très-adroitement pour débiter leur bois, le dresser et le polir. Quant à la fabrication particulière des boîtes, lorsque le bois est divisé en feuilles ou lames, on les amincit et on les polit avec le couteau à deux manches nommé *Plane*. Ensuite, afin de pouvoir les courber convenablement, on les fait tremper dans de l'eau bouillante. C'est avec ces mêmes planchettes, mais en choisissant les plus épaisses, qu'on fait les fonds, auxquels on donne une forme orbiculaire ou ovale, avec un compas particulier, dont une des jambes est terminée par une pointe pour la fixer, et l'autre mobile, pouvant se rapprocher, se reculer et se fixer à volonté, est armée d'un fer tranchant pour couper la planchette. Les habitans de Gerardmer, qui fabriquent de cette boisselerie de Sapin, bien plus que partout ailleurs, la conduisent eux-mêmes, sur de grands charriots faits exprès, jusque sur les côtes de l'Océan et de la Méditerranée, où on l'embarquait autrefois pour les Colonies. Les petites boîtes plates et rondes dans lesquelles les confiseurs de la Capitale et d'une partie de la France mettent leurs dragées ou des confitures sèches, sont en bois de Pesse, et la consommation qu'on en fait, sous ce seul rapport, est très-considérable.

La plupart des maisons des Vosges sont recouvertes en planchettes que l'on appelle *Essandres* lorsqu'elles ont dix-huit pouces de long sur quatre à cinq de large et un d'épaisseur, et du nom d'*Essains* si leur longueur n'est que de douze à treize pouces, leur largeur de trois à quatre, et leur épaisseur de deux à trois lignes (1). Les premières se maintiennent sur les toits déjà lattés en planches, au moyen de pierres posées çà et là ; les secondes, d'un usage plus général, s'y

____

(1) En Franche-Comté, la plupart des maisons, à l'exception de celles des gens riches, sont aussi recouvertes en bardeaux de Sapin, qu'on nomme *Ancelles*.

clouent et se recouvrent les unes par les autres à la manière des ardoises ou des tuiles.

Comme bois de chauffage, celui du Sapin est préférable à celui de la Pesse et il est de plus longue durée; car la Pesse brûle très-vîte, pétille et dégage peu de chaleur. Le charbon des Sapins est très-léger, il vaut moitié moins que celui du Hêtre et du Charme; cependant le fer forgé avec lui est plus doux, parce qu'il a fallu plus long-tems pour le chauffer et le faire rougir, et qu'alors il est mieux travaillé. Les branches sont surtout fort estimées pour faire du charbon, et on les préfère aussi au tronc comme bois de chauffage. Les écorces qu'on a enlevées des bois de charpente et des *tronces* donnent un feu très-vif et très-ardent; elles font plus de braise que le bois même, et brûlent surtout très-bien lorsqu'elles sont sèches.

Les produits particuliers que l'on obtient du Sapin et de la Pesse sont la térébenthine, l'essence de celle-ci, la colophane, la poix blanche, le noir de fumée et le salin.

On retire la térébenthine du Sapin au moyen d'un cornet de ferblanc ou d'une corne de bœuf dont la pointe est tranchante et ouverte, et dont la base est fermée par un fond en bois. Des hommes exercés montent sur les arbres; ils plongent la pointe de cette corne dans les vésicules ou ampoules qui se forment sous l'épiderme de l'écorce pendant le tems de la sève, à mesure qu'ils en rencontrent. La térébenthine s'écoule dans la corne, et lorsque celle-ci est remplie, ils la vident dans un vase d'une plus grande capacité, ordinairement dans une bouteille qu'ils ont attachée à leur ceinture. C'est en été que se fait cette récolte. Les Sapins commencent à fournir de la térébenthine lorsqu'ils ont neuf à dix pouces de tour, et ils continuent d'en donner jusqu'à ce qu'ils aient environ trois pieds de circonférence; à cette époque, l'écorce devient trop épaisse pour permettre aux vessies de se former, ou l'on n'en rencontre plus qu'au sommet de l'arbre, où il serait trop difficile et trop dangereux d'aller les chercher. Lorsque la térébenthine est recueillie, on ne lui fait subir d'autre opération que de la filtrer pour la débarrasser des corps étrangers qui s'y trouvent mêlés.

La térébenthine du Sapin est connue, dans le commerce, sous le nom de *Térébenthine de Strasbourg*, parce que les habitans des Vosges et de la Forêt Noire vont la vendre dans cette ville, d'où elle était expédiée autrefois pour Venise, et nous revenait ensuite sans avoir subi d'autre préparation que d'être mélangée à la térébenthine de Venise, qui est la résine du Mélèze.

La térébenthine du Sapin reste toujours liquide comme celle du Mélèze; elle a, comme celle-ci, la consistance d'un sirop épais; elle est gluante, blanchâtre, transparente; son odeur est très-pénétrante et sa saveur un peu âcre et amère. La térébenthine entre dans les vernis communs; mais elle est peu employée. Son huile essentielle, appelée dans le commerce *Essence de térébenthine*, est d'un usage bien plus considérable; c'est elle qui sert aux peintres pour rendre leurs couleurs plus coulantes et plus sicatives, et aux vernisseurs pour dissoudre des résines concrètes.

La poix blanche, ou pour mieux dire la poix jaune, appelée à Paris poix de Bourgogne, est le suc résineux de la Pesse. Elle s'obtient par des incisions faites à l'écorce et aux premières couches ligneuses dont on a enlevé un lambeau. La récolte s'en fait également en été. Dans les Vosges, beaucoup d'enfans et de grandes personnes, que l'on nomme *Pouchards*, ne font autre chose pendant toute cette saison; ils sont très-agiles pour grimper jusqu'à la cime des arbres, et dans cette opération, comme lorsqu'ils font la récolte de la térébenthine, ils n'ont pas besoin de souliers armés de crampons en usage dans d'autres pays; la plante de leurs pieds et les genoux leur en tiennent lieu. Ils s'arment d'un *racloir* qui est une lame de fer recourbée, de quelques pouces de long, et emmanchée au bout d'un bâton qui n'a qu'un pied ou un pied et demi. Avec ce racloir, ils grattent la poix qui s'est échappée des entailles faites à l'arbre au moyen de la serpe, la reçoivent dans des boîtes et viennent la vendre à Gérardmer. Là, on fait fondre cette résine qui est unie à des débris d'écorce, de bois, de feuilles, et voici comme cela se pratique. Dans une grande chaudière placée sur un feu de flamme et remplie d'eau, on jette la résine pour la faire fondre; quand elle est liquefiée, on la verse dans un sac de toile, on l'exprime au moyen de la presse, et elle est reçue dans des boîtes ou des barrils. Le résidu imbibé de résine qui est resté dans le sac et qui est formé des débris de bois, d'écorce, etc., sert à chauffer l'eau de la chaudière, et, par ce moyen, rien n'est perdu. Souvent la poix est si abondante entre l'écorce et le bois sur les arbres que l'on a entaillés, et où l'on a négligé de la récolter, qu'elle s'y amasse en grandes lames et qu'on l'obtient très-pure. C'est à tort que l'on a dit que cette opération était salutaire à la Pesse; il suffit de jeter un coup-d'œil sur les arbres qui ne l'ont pas subie pour reconnaître qu'ils sont plus vigoureux.

La véritable essence de térébenthine ne s'obtient que par la distillation de la térébenthine du Sapin; c'est la partie la plus soluble, la plus aromatique, une huile essentielle ou volatile. Cette essence se prépare de la même manière que celle qu'on fabrique avec la résine de certains Pins, et dont il a été parlé ci-dessus, pages 269 et 271. La belle térébenthine de Sapin donne à la distillation un quart d'essence, c'est-à-dire que de quatre livres de térébenthine on retire une livre d'huile essentielle.

Après la distillation de la térébenthine, il reste dans la cucurbite une résine concrète appelée *Colophane*. Les joueurs de violon s'en servent pour frotter leurs archets; on en fabrique des vernis. Les chirurgiens en font usage pour saupoudrer les premiers plumaceaux ou bourdonnets qu'ils appliquent après les amputations des membres; elle entre aussi dans la composition de plusieurs onguens et emplâtres.

Dans les pays où l'on récolte beaucoup de poix blanche, on conserve les résidus qui sortent de la presse ou qu'on trouve au fond des chaudières, pour en faire du noir de fumée. Pour cette opération, on construit un cabinet exactement fermé de toute part, si ce n'est qu'on pratique, au milieu de la partie supérieure, une ouverture que l'on couvre d'un cône ou cornet de toile. DUHAMEL, de qui j'emprunte ces détails, en a donné une figure dans son Traité des Arbres, vol. 1, page 18. A quelque distance de ce cabinet, on bâtit un four dont l'intérieur y communique par un tuyaux de cheminée. Un ouvrier allume une petite quantité des résidus dont il vient d'être question, il la met dans le four et il a le soin d'entretenir la combustion de moment en moment par de nouvelles matières. La résine en brûlant forme de la fumée qui passe, par le tuyau de communication, dans le cabinet où elle se porte de préférence dans le cône de toile, et où enfin elle se rassemble et se condense en forme de suie. Quand on juge que le cône est sufisamment rempli de fuliginosités, des enfans battent la toile en dehors, avec des baguettes, pour faire tomber le noir de fumée dans la partie inférieure du cabinet. Il n'y a plus, après cela, qu'à le ramasser et à le mettre dans des barrils.

Les habitans des forêts autour de Bruyères expriment une huile des semences du Sapin de la même manière qu'on retire l'huile fixe des graines de navette, etc., ils s'en servent pour s'éclairer. Ils emploient, à cet effet, des lampes qui n'ont qu'une petite ouverture pour laisser sortir la mèche, et pour empêcher la flamme de se communiquer à cette huile, qui est très-résineuse, ce qui arriverait infailliblement si le récipient n'était pas couvert. Elle brûle en dégageant beaucoup de fumée et une odeur désagréable, que l'habitude seule peut faire supporter.

La poix blanche, fondue avec les huiles grasses, forme la *Graisse de chariot* des Vosgiens, qui sert à graisser les essieux des voitures ; mêlée avec la cire, les jardiniers, dans l'opération de la greffe en fente, s'en servent pour recouvrir l'extrémité des branches qu'ils ont fendues, et pour envelopper la base de la greffe. Dans le blanchissage du linge et des toiles, on mêle la poix blanche à l'eau qui sert à lessiver, lorsque cette eau a déjà passé plusieurs fois sur les cendres, qu'elle est chargée d'alkali et qu'elle est très-chaude, ce qui forme une sorte de savon de starkey, ou savonule résineuse, qui enlève les taches du linge et lui donne une blancheur plus éclatante. Les femmes de ménage assurent même que le linge ainsi lessivé n'est point sujet à être rongé des rats ni des souris, et elles ne manquent jamais d'ajouter de la poix à leur lessive, dans la quantité d'une à deux livres : ce fait mériterait d'être constaté.

Dans le Nord de l'Europe, on a mêlé quelquefois le liber de la Pesse, qui contient un principe muqueux nutritif, à de la farine de seigle ou de sarasin, pour en faire du pain. En Suède et en Norwège, les enfans sont friands de cette partie interne de l'écorce, et il la mangent souvent sans aucune préparation, après l'avoir enlevée avec leur couteau. Dans ces mêmes contrées, on fait avec les feuilles du même arbre une sorte de bière, comme dans le Canada avec les feuilles du Sapin noir. La manière de préparer cette liqueur n'est pas connue dans les Vosges, ni dans les autres parties de la France, où la Pesse peut être commune. On n'a pas oui dire non plus que les habitans des montagnes, même les plus pauvres, aient jamais essayé de mêler le liber de cet arbre à leur farine ; mais les tanneurs emploient quelquefois son écorce, à défaut de celle du Chêne, pour tanner les cuirs ; ceux qui sont ainsi préparés sont cassans et d'un mauvais usage.

Le salin, qui est le sel provenant de la lessive des cendres des végétaux, réduite et évaporée jusqu'à siccité, fait un grand objet de commerce pour les Vosges. Sans doute il ne s'obtient pas seulement des Sapins et des Pesses ; mais ces bois en fournissent la majeure partie. Les *Sagars*, dans les scieries, brûlent la sciure des planches et leurs débris. Pour obtenir une plus grande quantité de salin, ils portent cette sciure dans des étables de chèvres ou de vaches, afin qu'elle s'y imbibe de l'urine de ces animaux ; lorsqu'ils la brûlent ensuite, cela répand une odeur infecte. Le salin, obtenu par ce moyen, est d'une qualité inférieure et se reconnaît à sa couleur jaunâtre. D'autres brûlent tous les débris de bois qu'ils peuvent se procurer, et y ajoutent aussi des plantes herbacées. Tous ces salins sont plus ou moins bien préparés et fournissent plus ou moins de la potasse du commerce ; celle-ci, qui n'est que le même sel calciné et blanchi par la calcination, se prépare encore dans les Vosges. Elle contient, comme toutes les potasses obtenues par l'incinération des végétaux, outre la portion d'alkali caustique, plusieurs sels, entr'autres des carbonates, des sulfates, des muriates de potasse, etc. Les verreries et les blanchisseries du pays en consomment beaucoup ; cependant on en expédie dans toute la France, quoiqu'elle soit d'une médiocre qualité.

La médecine et l'art vétérinaire emploient la térébenthine et la poix, soit à l'intérieur, soit à l'extérieur, ou seules ou dans les préparations pharmaceutiques.

C'est un remède populaire dans les Vosges et dans beaucoup d'endroits, même à Paris, d'appliquer sur la peau de la térébenthine ou de la poix blanche étendue sur du linge, en forme d'emplâtre, contre les douleurs occasionnées par les chutes, les contusions et les rhumatismes. Cette application produit souvent une irritation à la peau qui diminue les douleurs internes. L'essence de térébenthine, mêlée en petite quantité à du bouillon ou à de l'eau-de-vie, est employée à l'intérieur, également par le peuple, dans les coliques, les mauvaises digestions, ce qui aggrave souvent le mal. La poix blanche et la térébenthine entrent dans une infinité d'onguents et d'emplâtres. La première fait la base de la *graisse* ou *onguent des Valdajols*, rebouteurs de membres qui ont assez d'adresse pour la réduction des fractures simples, et qui ont été fort utiles aux habitans des Vosges, dans un tems où les chirurgiens du pays s'occupaient peu de cette partie de leur art. Cette même poix blanche, fondue avec partie égale de suif, versée dans de l'eau froide où elle se fige, et enveloppée dans un nouet, est une sorte d'onguent avantageux pour empêcher les excoriations autour du coccix chez les malades alités; il suffit de faire chauffer le nouet et d'en frotter légèrement la peau. Les fumigations avec les bourgeons de Sapin sont utiles dans les rhumatismes, les œdèmes, suite de fatigue ou de faiblesse locale; les bains partiels, préparés avec leur décoction, sont également avantageux dans les ulcères atoniques, les paralysies et chez les enfans qui ont les membres inférieurs très-faibles; mais il ne faut pas abuser de ces bains, qui irritent beaucoup la peau. Les hydropisies qui ne tiennent pas à des lésions organiques des intestins se dissipent quelquefois par l'infusion vineuse ou alcoolique de ces mêmes bourgeons, qui agit beaucoup sur les reins. Quelques médecins ont recommandé l'usage de la térébenthine dans la phthysie pulmonaire; mais on reconnaît aujourd'hui l'insuffisance de ce moyen dans cette cruelle maladie, et l'on croit plus généralement que l'emploi des substances résineuses accélère la marche du mal. La térébenthine réussit mieux dans les catarrhes des membranes muqueuses des voies urinaires, lorsque le marasme et la fièvre lente n'ont pas encore lieu. Elle donne aux urines une odeur de violette, soit qu'on la prenne à l'intérieur ou qu'elle soit absorbée par les voies extérieures. L'essence de térébenthine vient tout récemment d'être administrée avec beaucoup de succès, par des médecins anglais, contre le ver solitaire; la dose ordinaire est une demi-once mêlée avec du miel. Quant à ce qui regarde l'art vétérinaire, l'essence de térébenthine est d'usage à petite dose dans une infinité de breuvages que l'on administre surtout aux bêtes à cornes; on l'injecte aussi dans leurs naseaux. Les maréchaux l'emploient pour dessécher les plaies des chevaux et pour les guérir de la gale. L'huile retirée des semences du Sapin détruit la vermine, il suffit d'en faire des frictions sur la peau; les onctions légères avec cette huile éloignent en été les mouches qui viennent succer le sang des animaux.

Je terminerai l'histoire des Sapins par un court exposé des propriétés du Sapin Baumier, n'ayant rien à dire sur le Sapin lancéolé, qui n'est pas encore connu sous d'autres rapports que comme espèce du genre *Abies*, et qui même ne l'est qu'imparfaitement. Le Sapin Baumier est, dans l'Amérique septentrionale, le représentant de notre Sapin commun; mais il lui paraît bien inférieur, soit pour les usages, soit pour l'élévation; car il n'atteint guère plus du tiers de la hauteur de notre espèce européenne. Il ne mérite donc d'être cultivé en France que comme arbre d'agrément. Il fournit, dans son pays natal, une sorte de térébenthine que l'on recueille à-peu-près de la même manière que celle de notre Sapin. Cette térébenthine est connue, dans les pharmacies, sous le nom de *Baume blanc du*

Canada ou de *Baume de Gilead*, quoique le véritable baume de Gilead soit le produit d'un arbre très-différent (1). Cette térébenthine n'est que peu employée en médecine, parce qu'elle n'a point de propriétés particulières et qu'on peut fort bien la remplacer par celle du Mélèze ou du Sapin.

EXPLICATION DES PLANCHES.

Pl. 78. Un rameau du Sapin Cèdre ou Cèdre du Liban, chargé d'un cône et d'un chaton de fleurs mâles. Fig. 1. Une partie de l'axe qui porte les étamines dans le chaton mâle. Fig. 2. Une étamine grossie et vue par sa face supérieure. Fig. 3. La même vue par sa face inférieure. Fig. 4 et 5. Écailles du cône vues l'une en dehors et l'autre en dedans. Fig. 6. Une graine chargée de son aile.

Pl. 79. Fig. 1. Un rameau du Sapin Mélèze, avec plusieurs fruits. Fig. *a*. Une graine munie de son aile.

Même planche, fig. 2. Un rameau du Sapin à petits fruits, chargé de plusieurs cônes. Fig. *b*. Une graine munie de son aile.

Pl. 80. Un rameau du Sapin élevé ou Sapin Pesse, avec un cône. C'est une erreur du graveur d'avoir mis au bas de cette planche : ABIES vulgaris. SAPIN commun; il faut y substituer : ABIES excelsa. SAPIN élevé. Fig. 1. Une écaille du cône vue par sa partie postérieure. Fig. 2. La même vue par sa face intérieure. Fig. 3. Une semence avec son aile. Fig. 4. Une feuille vue séparément.

Pl. 81. Fig. 1. Un rameau du Sapin noir chargé de fruits. Le cône qui est dans une situation verticale et qui est plus gros que les autres, est un cône de deux ans; les six autres plus petits sont de l'année et sont représentés avant leur maturité. Fig. A. Extrémité d'un rameau portant deux chatons mâles. Fig. B. Une étamine grossie et vue en dessous. Fig. C. La même vue de côté. Fig. D. Une graine munie de son aile.

Même planche, fig. 2. Un rameau du Sapin blanc représenté avec des fruits qui ne sont pas encore à leur maturité. Fig. F. Un cône vu séparément et à son état de parfaite maturité. Fig. G. Une graine munie de son aile. Fig. H. La même vue séparément et sans l'aile membraneuse. Fig. E. Extrémité d'un rameau portant des chatons mâles.

Pl. 82. Un rameau du Sapin en Peigne chargé de deux cônes qu'on a représentés avec des larmes ou gouttes de térébenthine de diverses formes. Fig. 1. Extrémité d'un rameau portant des chatons mâles. Fig. 2. Un chaton mâle entier, avec les écailles qui sont à sa base. Fig. 3. Une partie de l'axe d'un chaton mâle, auquel on a laissé seulement une étamine pour faire voir la manière dont elle s'y attache; le tout vu à la loupe. Fig. 4. Une étamine grossie à la loupe et vue par sa partie inférieure. Fig. 5. Une écaille du cône vue par sa face extérieure, avec la bractée qu'elle porte à sa base; le tout de grandeur naturelle. Fig. 6. Cette même bractée vue séparément. Fig. 7. Une graine munie de l'aile membraneuse qui la surmonte et l'enveloppe en grande partie. Fig. 8. Cette même aile représentée sans la graine. Fig. 9. La graine vue séparément.

Pl. 83. Fig. 1. Un rameau du Sapin du Canada, avec des cônes de deux années différentes; ceux qui sont entr'ouverts ont un an et demi; les deux autres sont de l'année et prêts d'arriver à leur maturité. Fig. A. Une graine munie de son aile.

Même planche, fig. 2. Un rameau du Sapin Baumier, avec deux cônes tels qu'ils sont à la fin du mois de mai; lors de leur maturité, ils sont une fois plus gros, et les bractées sont moins saillantes. Fig. B. Extrémité d'un rameau portant des chatons mâles. Fig. C. Un chaton mâle représenté grossi, avec les écailles qui sont à sa base, et la feuille de l'aisselle de laquelle il sort. Fig. D. et E. Deux étamines grossies et vues l'une en dessous et l'autre de côté. Fig. F. Une écaille du cône vue par sa face extérieure, avec la bractée qu'elle porte à sa base. Fig. G. Cette bractée vue séparément. L'écaille et la bractée sont tirées de cônes qui n'étaient pas encore mûrs.

---

(1) *Amyris Gileadensis*, LIN. Arbre de la famille des Térébentacées et originaire de l'Arabie.

HEDERA helix.   LIERRE grimpant.

HEDERA.   LIERRE.

HEDERA. Lin. Classe V. *Pentandrie*. Ordre I. *Monogynie*.

HEDERA. Juss. Classe XI. *Dicotylédones monopétales. Corolle épigyne. Anthères distinctes*. Ordre III. Les Chevre-Feuilles. §. IV. Calice simple ; un seul style ; Corolle polypétale.

GENRE.

CALICE.   Campanulé, adhérent avec l'ovaire, à cinq dents très-courtes.

COROLLE.   De cinq pétales élargis à leur base, réfléchis à leur sommet.

ÉTAMINES.   Cinq ; à filamens subulés, droits, de la longueur de la corolle, terminés par des anthères, inclinées, bifurquées à leur base.

PISTIL.   Ovaire turbiné, entouré par le calice, surmonté d'un style court et terminé par un stigmate simple.

PÉRICARPE.   Une baie globuleuse, à trois, quatre ou cinq loges monospermes, dont les cloisons sont oblitérées lors de la maturité.

SEMENCES.   Ovales, convexes d'un côté, anguleuses de l'autre, au nombre de cinq, il n'y en a souvent que trois à quatre, par suite d'avortement : l'ovaire a toujours cinq germes.

Caractère essentiel. Calice à cinq dents. Corolle à cinq pétales élargis à la base. Cinq étamines. Un style. Une baie globuleuse, contenant trois à cinq semences.

Rapports naturels. Le *Lierre* a de l'affinité avec le *Cornouiller*; mais il en diffère par les dents du calice, les pétales et les étamines au nombre de cinq dans le premier, et seulement au nombre de quatre dans le dernier. Il diffère aussi par son fruit qui contient trois à cinq semences au lieu de deux.

Étymologie. Le nom générique du Lierre, *Hedera*, dérive du verbe latin *adhærere*, et son nom spécifique *Helix* vient du mot grec Ελισσω, j'enveloppe : l'un et l'autre expriment la faculté qu'a cet arbrisseau d'adhérer et d'embrasser ou d'envelopper les corps auxquels il s'attache.

ESPÈCES.

1. HEDERA Helix. *Tab.* 84.

LIERRE grimpant. *Pl.* 84.

H. *caulibus sarmentosis ; foliis inferioribus cordatis, tri-quinquelobisve, superioribus ovato - lanceolatis ; floribus umbellatis, erectis.*

L. à tiges sarmenteuses ; à feuilles inférieures en cœur, divisées en trois ou cinq lobes, les supérieures ovales-lancéolées ; à fleurs en ombelles redressées.

HEDERA *Helix*. Lin. Sp. 292. Willd. Sp. 1. pag. 1179. Lam. Dict. Enc. 3. pag. 511. Lam. Illust. tab. 145. Scop. Fl. Carn. 1. pag. 169. Roth. Fl. Germ. 1. pag. 108. Krock. Fl. Siles. 1. pag. 365. Smith. Fl. Brit. 267. Curt. Lond. Fasc. 1. tab. 16. Bull. Herb. tab. 133. Decand. Fl. Fr. n. 3409. Desf. Flor. Atlant. 1. pag. 202.

HEDERA *foliis ovatis lobatisque*. Lin. Fl. Lapp. 91. Fl. Suec. 190. 209. Blackw. Herb. t. 188.

HEDERA *foliis sterilibus trilobatis, fructiferis ovato-lanceolatis*. Hall. Helv. n. 826. Le Lierre. Regnault, Bot. Ic.

α. HEDERA *arborea*. Matth. Valgr. 624. Bauh. Pin. 305. Duham. Arb. 1. pag. 290. Pl. 116.

HEDERA *nigra*. Fuchs. Hist. 422.

HEDERA *corymbosa communis*. Lob. Icon. 614. (*Icon. optima*).

HEDERA. Dod. Pempt. 413. (*Icon. Lobelii*).

β. HEDERA *Helix*. Matth. Valgr. 625. Fuchs. Hist. 423. Dod. Pempt. 413.

HELIX, *sive provoluta sterilis Hedera*. Lob. Icon. 614.

γ. HEDERA *poetica*. Bauh. Pin. 305.

HEDERA *Dionysias Dalechampii*. J. Bauh. Hist. 2. pag. 113.

Le Lierre est un arbrisseau sarmenteux dont la tige, revêtue d'une écorce grisâtre, peut acquérir, avec les années, un pied et plus de circonférence; elle est rampante ou grimpante, s'appuie ordinairement sur les corps environnans, comme le tronc des vieux arbres, les rochers ou les murailles; dans un âge avancé, elle se soutient quelquefois seule : elle se divise toujours en un grand nombre de rameaux sarmenteux qui s'étendent souvent fort loin, et qui s'attachent par des vrilles très-nombreuses, d'une nature particulière, ressemblant à de petites racines, et naissant sur le corps même des tiges et des rameaux, surtout sur le côté qui s'appuie aux objets environnans. Ces vrilles, en quelque quantité qu'elles soient, ne peuvent point remplacer les racines, car quoiqu'elles aient souvent huit lignes à un pouce de long, et qu'elles soient implantées assez profondément dans l'écorce des arbres, dans les fentes des vieux murs ou même dans la terre, cependant elles paraissent ne fournir aucune nourriture aux tiges, et si l'on vient à séparer celles-ci des véritables racines, elles ne tardent pas à se dessécher et à mourir. Les feuilles sont alternes, pétiolées, persistantes, coriaces, lisses, luisantes, très-glabres, d'un vert foncé, d'une forme très-variable; celles qui naissent sur les jeunes pieds ou sur les rameaux rampans et stériles des vieux pieds, sont échancrées à leur base, et leur bord est partagé en trois à cinq lobes plus ou moins profonds; celles au contraire qui viennent sur les rameaux portants les fleurs et les fruits sont entières, très-rarement échancrées à leur base, irrégulièrement ovales et un peu aiguës, ou ovales-lancéolées. Ces variations dans la forme des feuilles ne peuvent, en aucune manière, caractériser deux variétés distinctes, telles qu'elles ont été établies par les anciens botanistes, parce qu'on trouve sur un Lierre qui fructifie, des feuilles de toutes les formes, et que le même pied qui, dans sa jeunesse, n'avait que des feuilles en cœur à trois ou à cinq lobes, prendra certainement des feuilles entières et ovales-lancéolées dès qu'il portera des fleurs. Les fleurs sont petites, d'une couleur verdâtre, réunies en grand nombre, disposées à l'extrémité des rameaux sur plusieurs ombelles qui ont une forme globuleuse et sont portées sur des pédoncules particuliers assez écartés les uns des autres. Ces fleurs se développent en septembre et octobre. Il leur succède des baies grosses comme un pois ordinaire, qui ne mûrissent qu'au commencement du printems suivant. Ces baies sont très-peu succulentes, presque sèches, d'un vert très-foncé qui paraît noirâtre; elles sont divisées en cinq loges qui contiennent chacune une graine; mais le plus souvent une ou deux semences avortent, et le fruit n'a plus que trois à quatre loges. Dans la variété γ, les baies sont jaunes.

Le Lierre croît naturellement dans presque toute l'Europe et dans quelques parties de l'Asie et de l'Afrique. On le trouve dans les bois et les haies, principalement dans les lieux frais, ombragés et exposés au nord.

Le Lierre était, chez les anciens, spécialement consacré à Bacchus. Ce Dieu fut, dit-on, le premier qui s'en couronna, et il enseigna, selon PLUTARQUE, à ceux qui étaient épris de fureurs bachiques, à s'en faire des couronnes, parce qu'on attribuait à cet arbrisseau la propriété d'empêcher de s'enivrer. PLINE dit que les Thraces employaient le Lierre dans leurs cérémonies sacrées, pour orner leurs thyrses, leurs boucliers et leurs casques. THÉOPHRASTE rapporte qu'Alexandre, revenant de la conquête des Indes, voulut que ses soldats en fussent couronnés à l'exemple du Dieu Bacchus.

Le Lierre servait aussi, dans l'antiquité, à faire des couronnes (1) pour les poètes, comme on le voit par ces vers de la première ode d'HORACE :

Me doctarum Ederæ præmia frontium
Dis miscent superis....

---

(1) C'était la variété à fruits jaunes qui était employée à cet usage. *Alicui et semen nigrum, alii crocatum : cujus coronis Poetæ utuntur.* PLIN., lib. 16, cap. 34.

C'est à quoi Virgile fait aussi allusion dans ce vers de sa septième églogue :

Pastores, Ederá crescentem ornate poetam.

Et dans ces autres vers de la huitième églogue qu'il adresse à Pollion :

Accipe jussis
Carmina cœpta tuis, atque hanc sine tempora circum
Inter victrices Ederam tibi serpere Lauros.

Le Lierre sert encore maintenant, au défaut du Laurier, à tresser des couronnes pour orner le front des écoliers dans les distributions des prix; on en fait aussi des guirlandes pour les fêtes et réjouissances publiques; enfin, il a encore retenu quelque chose de son ancienne consécration à Bacchus, les marchands de vin en font des couronnes qu'ils suspendent au devant de leurs boutiques, afin de leur servir d'enseigne.

Dans l'ancien Français, on écrivait Hierre; ce mot se trouve dans plusieurs auteurs, et Ronsard a dit, églogue deux :

J'ai pour maison un antre et un rocher ouvert,
De Lambruche sauvage et d'Hierre couvert.

Du Bellay, dans son ode deux :

Sus donc, qu'un autel on m'appreste
D'Hierre à racine velue,
Et de Vervéne chevelue.

Scudery a dit aussi dans son sixième sonnet sur la fontaine de Vaucluse :

Icy l'on voit ramper l'Hierre aux feuilles menues.

Il paraît que l'article le, étant ainsi joint à Hierre, comme il l'est dans ce dernier vers, on en a fait insensiblement Lierre; on a ajouté ensuite un nouvel article, et on a dit le Lierre. On écrivait aussi autrefois *Liarre*, et on le trouve ainsi écrit dans quelques anciens dictionnaires.

Un Lierre représenté attaché à un chêne après même qu'il est abattu, et ces mots : *Hœretque cadenti*, sont la devise d'un homme qui suit, dans l'adversité, un grand auquel il s'était attaché.

Le bois du Lierre est blanchâtre, un peu grisâtre, léger, poreux quoique ses fibres soient serrées et qu'il ait assez de dureté. Il est rare d'en trouver de gros morceaux; on cite une dalle de Lierre de sept pouces de diamètre comme une chose peu ordinaire; elle venait d'une montagne du canton de Lucerne en Suisse. Les tourneurs emploient quelquefois le bois des gros troncs à faire des vases, des tasses, des tabatières. Il ne peut, dans aucun cas, tenir lieu du Liége, comme cela a été dit.

Les anciens attribuaient aux vases de Lierre une propriété singulière et qui pouvait servir à éprouver si un vin était pur ou mêlé à de l'eau; il ne fallait, selon Caton et Pline, que remplir un de ces vases, de vin, et si cette liqueur était mêlée avec de l'eau, celle-ci restait seule dans le vase, et le vin s'écoulait à travers les pores du bois. Quelques modernes ont répété ce que les anciens avaient dit, mais sans faire aucune expérience à ce sujet; d'autres, sans vérifier davantage la chose, l'ont traitée de conte fait à plaisir. Une personne digne de foi m'ayant parlé de cette propriété particulière du bois de Lierre, mais avec cette différence que, selon elle, c'était l'eau qui filtrait à travers les pores du bois et que le vin restait dans le vase, j'aurais désiré vérifier ce fait assez curieux; mais je n'ai pu le faire n'ayant pu me procurer un tronc de Lierre assez gros pour en faire tourner une tasse. On se sert du bois des racines pour recevoir l'émeri imbibé d'huile, avec lequel on polit les métaux.

Dans les pays chauds, on retire, par incision, des troncs des gros Lierres une résine en larmes, appelée improprement *Gomme de Lierre*. Cette substance est d'un rouge brunâtre, demi-transparente, d'un goût âcre et aromatique, inodore lorsqu'on la touche, mais répandant, quand on la brûle ou qu'on l'approche du feu, une odeur agréable, qui a des rapports avec celle de l'encens Oliban. La plus grande partie de celle qui est dans le commerce nous vient d'Orient. On l'emploie dans la peinture pour la fabrique des vernis ; elle entre dans quelques onguens ; elle est épilatoire ; on la dit aussi résolutive et astringente ; mais, en général, elle est de très-peu d'usage en médecine.

Aujourd'hui, au contraire, on se sert beaucoup des feuilles du Lierre pour appliquer sur les cautères et vésicatoires afin de les tenir frais, car, employées entières, elles n'ont pas d'autres vertus. En décoction, elles peuvent être utiles pour déterger les vieux ulcères et pour faire mourir la vermine. Les fruits passent pour être purgatifs, même émétiques, et pour agir avec violence si on en prend une trop grande quantité. Les médecins ne sont pas dans l'usage de les prescrire ; quelques espèces d'oiseaux en font leur nourriture. DIOSCORIDE a attribué aux différentes parties du Lierre plusieurs autres propriétés qu'il est inutile de rapporter ici.

Le Lierre se multiplie de graines, de drageons et de marcottes. La facilité qu'on a de se procurer du plant en arrachant de jeunes pieds et des drageons dans les haies ou dans les bois, fait que les jardiniers n'en élèvent guere, si ce n'est pour greffer les variétés à feuilles panachées de jaune ou de blanc, et celle à fruits jaunes. Cet arbrisseau est d'un effet très-pittoresque dans les jardins paysagers ; il est propre, par sa verdure perpétuelle, à tapisser les rochers, les grottes, à couvrir les vieilles murailles dont il cache la vétusté. Il est aussi très-bien placé au pied de quelques vieux troncs d'arbres, sur lesquels il fait de très-beaux effets naturels. Quand le Lierre est vieux et qu'on a eu le soin de le tailler et de supprimer une partie de ses rameaux, il se soutient souvent sans appui et forme un petit arbre. On peut même élever des Lierres en buisson en soutenant d'abord leur tige et en tondant leurs branches au ciseau.

Le Lierre passe pour épuiser les arbres auxquels il s'attache, mais c'est une erreur ; ses vrilles, comme je l'ai déjà dit plus haut, ne tirent aucune nourriture de l'arbre sur lequel elles se fixent ; mais, comme il entoure les arbres de ses rameaux, et que ceux-ci, en se joignant les uns sur les autres en divers sens, se greffent souvent par approche et s'anastomosent en quelque façon de manière à former une sorte de réseau dans lequel les arbres se trouvent resserrés, étranglés et comme étouffés, ils périssent par suite de cet étranglement qui les empêche de grossir.

Les botanistes connaissent trois autres espèces de Lierre ; mais elles ne sont pas cultivées en France.

EXPLICATION DE LA PLANCHE 84.

Pl. 84. Un rameau du Lierre grimpant portant des fleurs. Fig. B. Feuille à cinq lobes, telles que sont les feuilles des rameaux stériles. Fig. 1. Une fleur entière vue séparément. Fig. 2. La même fleur vue après qu'elle est entièrement épanouie, les pétales étant réfléchis en arrière. Fig. 3. L'ovaire avec lequel on voit le calice qui l'entoure et lui est adhérent. Fig. 4. Une étamine. Fig. 5. Un fruit entier. Fig. 6. Un fruit coupé horizontalement pour montrer les loges. Fig. 7. Une graine vue séparément.

TABLE,

PAR ORDRE ALPHABÉTIQUE,

DES ARBRES ET ARBUSTES,

DÉCRITS DANS LES CINQ PREMIERS VOLUMES.

* Le chiffre Romain indique le volume, et le chiffre Arabe, la page.

(1) Nous avions annoncé la figure du *Juglans racemosa*, que nous nous proposions de faire peindre et graver ; mais cet arbre ne présentant pas assez d'intérêt pour être figuré, nous ne la fournirons pas. Feu M. Isnard avait mis, dans son herbier que M. de Jussieu possède, une note à côté d'un bel échantillon, qui indique qu'il l'avait cueilli à Fontenay-aux-Roses, le 21 juin 1729. C'est dans le même endroit que nous en avons vu un très-bel arbre qui fleurit et fructifie presque tous les ans, à la maison de campagne de M. Lebrun, membre du Collège Électoral du département de la Seine.

FIN DE LA TABLE DU TOME **V.**

AVIS.

Nous avons cru devoir faire connaître à nos Lecteurs, dans la table du IVe. volume, les différens Collaborateurs qui ont concouru à la publication des quatre premiers volumes de notre *TRAITÉ des Arbres et Arbustes*, qui a paru jusqu'à ce jour sous le nom de Duhamel ; mais si c'est à ce savant que nous devons le titre que nous avons adopté, si les Rédacteurs qui ont travaillé pour l'ouvrage ont souvent puisé dans celui de Duhamel, on ne peut se dissimuler cependant que le *NOUVEAU DUHAMEL*, ou *TRAITÉ des Arbres et Arbustes*, tel que nous l'intitulons, n'est ni une réimpression ni une nouvelle édition de celui de Duhamel, mais que c'est réellement un ouvrage entièrement neuf. Ce savant agronome avait annoncé dans sa préface que son ouvrage n'était qu'une esquisse, et manifesté le désir qu'il fût refait sur un plan plus vaste et mieux entendu dans toutes ses parties ; c'est ce vœu que nous avons essayé de remplir, et notre *NOUVEAU DUHAMEL*, tel qu'il paraît aujourd'hui, a été en effet augmenté de près des deux tiers pour le nombre des genres ou des espèces et leurs variétés ; tous les articles, même ceux que Duhamel avait le mieux travaillés, tant sur les *ARBRES Forestiers et d'Ornement*, que sur les *Arbres Fruitiers*, ont été refaits en entier et considérablement augmentés. Il ne faut, pour s'en convaincre, que jeter un coup-d'œil dans le cinquième volume, sur les traités particuliers du CERISIER, du LAURIER-ROSE, de l'OLIVIER, du CYTISE, de l'ABRICOTIER, du PRUNIER, des PINS, des SAPINS, etc.

Ces considérations nous ont engagé à donner un titre différent et à publier ce volume sous le nom de M. Loiseleur Deslongchamps, qui en est le seul *Rédacteur*, et qui désormais sera chargé seul de la composition de ce qui reste à publier, et qui doit encore former deux volumes.

(Note des Éditeurs.)